普通高等教育农业部“十三五”规划教材配套教材
全国高等农林院校“十三五”规划教材

无机及分析化学学习指导

第二版

赵茂俊　王仁国　主编

中国农业出版社
北　京

内容提要

本书是与普通高等教育农业部“十三五”规划教材《无机及分析化学》（赵茂俊、王仁国主编）配套的辅助教材，目的在于帮助学生理解和掌握无机及分析化学教学大纲要求的知识和内容。本书主要包括化学基本原理、化学平衡、物质结构及定量分析等基本概念和要点，练习题与解答，书末附有8套综合练习题及9套全国硕士研究生入学统一考试农学门类联考化学试题（无机及分析化学部分）的真题、参考答案和简要点评。

本书可供高等农林院校各相关专业的学生复习、自学、考研之用，同时也可供其他院校师生参考。

第二版编写人员名单

主　编　赵茂俊　王仁国

副主编　周冬香　徐春霞　代先祥

编　者　（按姓氏笔画排序）

王仁国　王妍媖　王显祥

代先祥　印家健　刘　勇

李云春　吴明君　张　利

张云松　陈华萍　林　丽

周冬香　赵　颖　赵小庆

赵茂俊　饶含兵　姜　李

姜媛媛　徐春霞　甄　铧

第一版编写人员名单

主　编　王仁国　赵茂俊

副主编　周冬香　董彦莉　代先祥

编　者　（按姓氏笔画排序）

王仁国　王显祥　代先祥

印家健　刘　勇　吴明君

张　利　张云松　陈华萍

周冬香　赵　颖　赵茂俊

姜　李　崔扬健　董彦莉

游承干　甄　铧

第二版前言

解答习题是学好一门课程的必要手段。纵观中外名家大师的成才之路，独立思考，精解习题，是奠定他们以后发展所依存的坚实基础的重要环节。无机及分析化学是全国高等农林院校本科生的一门重要基础课程，也是农科门类硕士研究生入学考试全国统考科目。王仁国、赵茂俊主编的普通高等教育农业部“十二五”规划教材、全国高等农林院校“十二五”规划教材《无机及分析化学学习指导》自2012年出版以来，受到广大师生的好评。然而，近几年来，高等农林院校无机及分析化学教学体系和教学内容有了较大变化，在理论和应用两方面不断更新，在教学方法和考试内容上不断改革，为了顺应时代的发展，我们在第一版的基础上进行了内容的修订，同时对错误之处做了更正。

全书共分十二章，每章均按基本概念与要点、解题示例、自测题及参考答案四部分编写。第一部分归纳总结各章的主要内容和基本概念；第二部分为典型例题的详细分析及解答，第三部分为练习题及解答，题型包括选择题、填空题、计算题和简答题。各章提纲挈领，明确要点，解析难点，澄清疑点。所有选题力求基础性、实用性、趣味性和启发性，避免偏题、怪题和烦琐的难题。本书的特点还在于对出现频率较高的综合题，设专章分门别类进行了详细的分析和讨论。此外，为了全面考查学生综合运用所学知识的能力，书末附有8套综合练习题及9套全国硕士研究生入学统一考试农学门类联考化学试题（无机及分析化学部分）的真题，并附参考答案和简要点评。

作为编者，我们真诚地希望学生在复习时，首先要认真阅读教材，掌握每章的基本内容，然后参考本书的总结以及练习，巩固所学知识，提高解题能力。

学生在使用本教材时，首先要注重基本概念的理解、掌握和运用。“九层之台，起于累土，千里之行，始于足下”，要循序渐进，勿急功近利，浅尝辄止。解题时不要沉迷题海战术，务必精益求精，独立思索，善于总结归纳，举一反三，触类旁通。有些参考答案并非解题的唯一方法，如能深入探索其他更好的解题途径，匠心独具，必能提高学习水准，达到事半功倍的效果。

本书由上海海洋大学、河北农业大学以及四川农业大学共同编写，参加编写的人员有周冬香、徐春霞、赵茂俊、王仁国、姜李、陈华萍、吴明君、张利、印家健、代先祥、张云松、刘勇、王显祥、甄铧、赵颖、饶含兵、李云春、赵小庆、王妍媖、林丽、姜媛媛等，全书由赵茂俊、王仁国、代先祥统稿。

由于编写时间仓促，编写水平有限，书中难免有挂一漏万和错误之处，敬请同行专家及广大读者批评指正。

编　者

2018年5月

第一版前言

解答习题是学好一门课程的必要手段。纵观中外名家大师的成才之路，独立思考，精解习题，是奠定他们以后发展所依存的坚实基础的重要环节。无机及分析化学是全国高等农林院校本科生的一门重要基础课程，也是农科门类硕士研究生入学考试全国统考的科目。

为了指导学生能更准确、更深入地理解该课程中的基本概念及基本原理，使学生通过解题进一步加深和掌握教材的内容，培养学生的科学思维方法，我们组织了一批教学经验丰富、长期从事无机及分析化学教学的教师编写此书。全书共分十二章，每章按基本概念与要点、解题示例、自测题及参考答案四部分编写。第一部分归纳总结各章的主要内容和基本概念；第二部分为典型例题的详细分析及解答；第三部分为练习题及解答，题型包括选择题、填空题、计算题和简答题。各章提纲挈领，明确要点，解析难点，澄清疑点。每章末均附有巩固和加深理解学习内容的练习题，选题力求基础性、实用性、趣味性和启发性，避免偏题、怪题和烦琐的难题。本书还对出现频率较高的综合题型，设专章分门别类进行了详细的分析和讨论。此外，为了考查学生全面综合运用所学知识的能力，书末附有 5 套全国硕士研究生入学统一考试农学门类联考（无机及分析化学部分）的真题、参考答案和简要点评。

学生在使用本教材时，首先要注重基本概念的理解、掌握和运用。“九层之台，起于垒土，千里之行，始于足下”，要循序渐进，勿急功近利，浅尝辄止。解题时不要沉迷题海战术，务必要精益求精，独立思索，善于总结归纳，举一反三，触类旁通。有些参考答案并非解题的唯一方法，如能深入探索其他更好的解题途径，匠心独具，必能提高学习水准，达到事半功倍的效果。

参加本书编写工作的有上海水产大学周冬香，河北农业大学董彦莉，四川农业大学王仁国、赵茂俊、游承干、崔扬健、姜李、陈华萍、吴明君、张利、印家健、代先祥、张云松、刘勇、王显祥、甄铧、赵颖等，全书由王仁国、赵茂俊、代先祥统稿。在编写过程中，四川农业大学化学系的其他同仁，化学生物学专业的研究生杨鸿玉、夏运雪等做了许多有益的工作，在此一并表示衷心的感谢！

由于编写时间仓促，编者水平有限，书中难免有挂一漏万和错误之处，敬请同行专家及广大读者批评指正。

编　者

2012年3月

目　录

第一章

分 散 系

一、基本概念与要点

(一) 分散系的分类及其特点

1. 相 系统中物理、化学性质相同的均匀部分称为一个相。

2. 分散系 一种（或多种）物质分散于另一种物质之中构成的系统称为分散系。在分散系中，被分散的物质称为分散质，又称为分散相，是不连续相，而容纳分散质的物质称为分散剂或分散介质，是连续相。分散系分类见表 1-1。

表 1-1 分散系分类（按分散质粒子大小分类）

类 型	粒子直径/nm	分散系名称	主要特征	
分子或离子分散系	<1	真溶液	最稳定，扩散快，能透过滤纸及半透膜，对光散射极弱	单相体系
胶体分散系	1～100	高分子溶液	很稳定，扩散慢，能透过滤纸，不能透过半透膜，对光散射极弱，黏度大	
		溶胶	稳定，扩散慢，能透过滤纸，不能透过半透膜，光散射强	多相体系
粗分散系	>100	乳状液	不稳定，扩散慢，不能透过滤纸及半透膜，无光散射	
		悬浊液		

(二) 溶液浓度的表示

几种常用浓度的表示见表 1-2。

表 1-2 几种常用浓度的表示

类别	质量浓度（不受温度的影响）			体积浓度
名称	质量分数	质量摩尔浓度	物质的量分数	物质的量浓度
单位		$mol \cdot kg^{-1}$		$mol \cdot L^{-1}$
定义	$w_B=\frac{m_B}{m}$	$b_B=\frac{n_B}{m_A}$	$x_B=\frac{n_B}{n_A+n_B}$	$c_B=\frac{n_B}{V}$

(三) 稀溶液的依数性

1. 依数性 溶液的性质只与溶液单位体积内溶质的粒子数目多少有关，与溶质的本性无关，如溶液的蒸气压、沸点、凝固点及渗透压等，统称为溶液的依数性或通性。而与溶质的本性有关的溶液的性质，如颜色、密度、导电性及酸碱性等则是溶液的另一类性质。

2. 蒸气压（饱和蒸气压） 在一定温度下，在一密闭容器中，液体和它的蒸气处于平衡（即凝结的速度和蒸发的速度相等）时，蒸气所具有的压力。

对于同一溶剂，蒸气压高，它的能量也高。

溶液的蒸气压下降：在相同温度下，溶液中溶剂的蒸气压总是低于纯溶剂的蒸气压，对于非挥发性溶质，如尿素水溶液，溶液的蒸气压即是溶剂水的蒸气压；对于挥发性溶质的水溶液，如乙醚水溶液，溶液的蒸气压为乙醚的蒸气压和水的蒸气压的总和，此溶液的蒸气压并未下降，但对溶剂水而言，蒸气压仍然是下降的。因此，溶液的蒸气压指定为溶剂时，则总是下降的。

$$\Delta p(\text{溶液的蒸气压下降值}) = p_A^*(\text{纯溶剂的蒸气压}) - p_A(\text{溶液的蒸气压})$$

蒸气压下降的定量描述——拉乌尔定律。

（1）拉乌尔定律：在一定温度下，难挥发非电解质稀溶液的蒸气压 p_A 与溶剂的物质的量分数 x_A 成正比，比例常数为纯溶剂的蒸气压 p_A^*。

数学表达式：

$$p_A = p_A^* x_A$$

（2）拉乌尔定律的另一种描述：在一定温度下，难挥发非电解质稀溶液的蒸气压下降和溶质的物质的量分数 x_B 或质量摩尔浓度 b_B 成正比，即

$$\Delta p = p_A^* \cdot x_B = K_{蒸} \cdot b_B$$

式中：$K_{蒸} = p_A^* M_A$；p_A^* 是纯溶剂 A 的蒸气压，kPa；M_A 是纯溶剂的摩尔质量，$kg \cdot mol^{-1}$。

同一温度，溶剂不同，$K_{蒸}$ 不同；同一溶剂，温度不同，$K_{蒸}$ 也不同，表 1-3 为不同温度下水和苯的蒸气压下降常数。

表 1-3 不同温度下水和苯的蒸气压下降常数

溶剂	温度/K	p^*/kPa	$M(H_2O)/(kg \cdot mol^{-1})$	$K_{蒸}/(kPa \cdot kg \cdot mol^{-1})$
H_2O	298	3.17	0.018	0.057
H_2O	293	2.33	0.018	0.042
C_6H_6	299	13.3	0.078	1.04

3. 沸点 液体的蒸气压等于外界压力时的温度。

4. 凝固点 液体蒸气压和固相蒸气压相等（固液两相共存）时的温度。

$$\Delta T_b(\text{溶液的沸点上升}) = T_b(\text{溶液的沸点}) - T_b^*(\text{纯溶剂的沸点})$$

$$\Delta T_f(\text{溶液的凝固点下降}) = T_f^*(\text{纯溶剂的凝固点}) - T_f(\text{溶液的凝固点})$$

对于难挥发的非电解质稀溶液：

$$\Delta T_b = K_b b_B$$

$$\Delta T_f = K_f b_B$$

溶液的沸点升高和凝固点降低与质量摩尔浓度 $b_B(mol \cdot kg^{-1})$ 成正比，比例常数 K_b 为沸点上升常数，K_f 为凝固点下降常数，溶剂不同，数值各异，单位都为 $K \cdot kg \cdot mol^{-1}$（$℃ \cdot kg \cdot mol^{-1}$）。

5. 渗透 溶剂透过半透膜（只对溶剂有透过性的膜）而进入溶液的现象。

6. 渗透压 阻止溶剂通过半透膜进入溶液所施加于溶液的最小的额外压力。

当温度一定时，稀溶液的渗透压（Π）和溶液的物质的量浓度c_B($mol \cdot L^{-1}$)成正比；当浓度不变时，稀溶液的渗透压和热力学温度成正比。

$$\Pi = c_B RT$$

稀溶液定律（依数性定律）：难挥发非电解质稀溶液的性质（Δp、ΔT_b、ΔT_f、Π）与一定量溶剂（或一定体积的溶液）中溶解的溶质的物质的量成正比。其中蒸气压下降 Δp 是导致其他依数性的根本原因。

对于稀溶液 $c_B \approx b_B$，故

$$\frac{\Delta p}{K_{蒸}} = \frac{\Delta T_f}{K_f} = \frac{\Delta T_b}{K_b} = \frac{\Pi}{RT} = b_B$$

7. 依数性应用要点

（1）稀溶液依数性定量计算适用范围：①一定温度；②稀溶液；③溶质为难挥发的非电解质。

（2）如果溶质是易挥发的，则溶液的蒸气压由溶剂和溶质两部分组成，溶液的蒸气压与纯溶剂相比会升高而致沸点下降。但挥发性溶质仍使溶液的凝固点下降。例如，大气中 CO_2 等空气溶解饱和的水溶液，与纯水相比，凝固点降低 0.002 42 ℃。

（3）如果溶质是电解质，溶质分子解离产生更多的粒子，会增大对溶液依数性的影响，而且不同电解质解离的粒子数（即离子数）不同，对溶液的依数性的影响也不同。在相同条件下（浓度相同，溶剂相同），一般而言：电解质大于非电解质，如 $NaCl > C_6H_{12}O_6$（葡萄糖），$HAc > C_6H_{12}O_6$；强电解质大于弱电解质，如 $HCl > HAc$；能解离出较多离子的电解质大于能解离出较少离子的电解质，如 $Na_2SO_4 > NaCl$，见表 1-4。

表 1-4 不同非电解质和电解质水溶液凝固点降低值比较

物质	非电解质水溶液		物质	电解质水溶液	
	质量摩尔浓度/($mol \cdot kg^{-1}$)	ΔT_f/K		质量摩尔浓度/($mol \cdot kg^{-1}$)	ΔT_f/K
甘油	0.100	0.187	(1∶1)HCl	0.100	0.352
乙醇	0.100	0.183	KNO_3	0.100	0.331
葡萄糖	0.100	0.186	KCl	0.100	0.345
蔗糖	0.100	0.188			
蔗糖	0.200	0.376	(1∶2)Na_2SO_4	0.100	0.434
葡萄糖	0.200	0.372	$CaCl_2$	0.100	0.494
葡萄糖	0.300	0.558	(2∶1)$NiCl_2$	0.100	0.538

由表 1-4 看出，强电解质在稀溶液中虽然完全解离，但其离子带有相反的电荷，由于离子间的互吸作用以及形成离子对等因素，会减弱对溶液依数性的影响。例如，实验测得 0.1 $mol \cdot L^{-1}$ HCl溶液的凝固点下降值为 0.352 K，与相同浓度非电解质溶液的 ΔT_f(0.186 K) 相比，它们凝固点下降值不是 2 倍关系而是接近 2 倍，Na_2SO_4 不是 3 倍而是近 3 倍，随着浓度的增大，离子所带的电荷增多，溶质粒子间相互作用加大，偏离更显著。因此，拉乌尔定律必须在溶质为难挥发非电解质，而溶液的浓度较小，即溶质间、溶质与溶剂间的相互作用可以忽略时才适用。

（4）缔合　当溶质在溶剂中因氢键等相互作用发生缔合时，单位体积溶剂中的粒子数会减少，对依数性的影响也随之减小。

（5）依数性具有加和性　无相互作用的溶质，如葡萄糖和蔗糖的混合溶液，它们的浓度分别为 c_1 和 c_2，则溶液的渗透压

$$\Pi=\Pi_1+\Pi_2=c_1RT+c_2RT=(c_1+c_2)RT$$

（6）固体溶液也具有依数性　含有杂质的半导体硅熔点比纯硅低，工业上依此性质通过“区域熔炼”的手段，可分离提纯得到纯度很高的高晶硅。

（四）胶体溶液

1. 吸附　物质的分子或离子自发地聚集到界面的过程。

吸附遵循“相似相吸”的经验规则，即吸附剂容易吸附与它作用力相似或组成相似的吸附质。

2. 溶胶

（1）溶胶的光学性质　胶体粒子对光的散射引起丁达尔效应，它是胶体溶液区别于真溶液、乳浊液及悬浊液的主要特征。

（2）溶胶的动力学性质　溶胶中胶粒做无规则运动，称为布朗运动。

（3）溶胶的电学性质　外加直流电场而产生的电动现象，表现为电泳和电渗。电泳是固相胶粒在电场中的定向移动，液相相对不动；电渗则是液相定向移动而固相不动。通过电动现象可以①判断溶胶的电性；②测定电动电位 ζ，ζ 越大，胶粒所带的电荷越多，溶胶越稳定。

（4）溶胶的胶团结构　稀的 $AgNO_3$ 和 KBr 反应，当 KBr 略过量时，AgBr溶胶的胶团结构式为

$$\underbrace{\underbrace{[\underset{\text{胶核}}{(AgBr)_m}\cdot\overbrace{\underset{\text{电位离子}}{n\,Br^-}\cdot\underset{\text{反离子}}{(n-x)K^+}}^{\text{吸附层}}]^{x-}}_{\text{胶粒}}\cdot\overset{\text{扩散层}}{\underset{\text{反离子}}{xK^+}}}_{\text{胶团}}$$

当 $AgNO_3$ 略过量时，AgBr 胶团的结构式为

$$[(AgBr)_m\cdot nAg^+\cdot(n-x)NO_3^-]^{x+}\cdot xNO_3^-$$

$FeCl_3$ 在沸水中水解制备的 $Fe(OH)_3$ 溶胶的胶团结构为

$$\{[Fe(OH)_3]_m\cdot nFeO^+\cdot(n-x)Cl^-\}^{x+}\cdot xCl^-$$

硅酸溶胶的胶团结构式为

$$[(SiO_2)_m\cdot nHSiO_3^-\cdot(n-x)H^+]^{x-}\cdot xH^+$$

在亚砷酸溶液中通入过量 H_2S，制得的硫化砷溶胶的胶团结构式为

$$[(As_2S_3)_m\cdot nHS^-\cdot(n-x)H^+]^{x-}\cdot xH^+$$

带电胶粒是电泳中的运动单元，电中性胶团是布朗运动的单元。

溶胶稳定存在的原因：①布朗运动使胶粒扩散，阻止胶粒下沉；②形成溶剂化膜（电位离子和反离子与极性水分子结合而水化），膜厚且具弹性；③胶粒带电而产生静电排斥。胶粒带电是胶粒稳定存在的主要原因。

凝结是分散质粒子合并变大沉降的过程。促使凝结的因素有：①加入电解质；②等电量

的正负溶胶的混合；③加热。三种因素中加入电解质促使溶胶凝结是研究最多也是最主要的方法。

电解质中的反离子进入吸附层中中和胶粒所带的电荷，电动电位 ζ 降低，静电排斥作用减小，使分散质粒子聚集而凝结。

凝结能力和凝结值互为相反关系，凝结能力越强，凝结值越小。凝结能力大小取决于电解质中反离子所带的电荷数，三价离子的凝结能力约是一价离子的 3^6 倍，二价离子的凝结能力约是一价离子的 2^6 倍。

（五）乳浊液及类型

高分子溶液是真溶液，足量加入对溶胶有保护作用，少量则有敏化絮凝作用。

1. 盐析　加入大量电解质使高分子从溶剂中析出的现象，与通常所述溶胶凝结的区别在于，洗去电解质后再加水，高分子又会重新溶解。盐析和溶解是可逆过程，而溶胶的凝结则一般不可逆。

2. 乳浊液　两种互不相溶液体的液液粗分散体系。

（1）乳浊液的类型　分为 O/W 和 W/O 型。

（2）表面活性物质　少量加入即可显著降低液体表面张力的物质。表面活性剂的结构特点是具有亲水基和亲油基。

（3）乳浊液是热力学不稳定体系，要使它稳定存在必须有稳定剂（又称乳化剂，多为表面活性物质）。乳浊液的类型与乳化剂的亲油亲水的相对强弱有关，如亲水性强的钠皂形成 O/W 型，亲油性强的钙皂形成 W/O 型。

二、解题示例

【例 1-1】 在 20 ℃将 7.00 g 溶质 B 溶于 100 g 水所形成的溶液的体积为 105 mL，测得溶液的凝固点为 −0.86 ℃。

（1）试求 B 的质量摩尔浓度、物质的量分数和溶质 B 的摩尔质量；

（2）计算 B 的物质的量浓度和溶液的渗透压。

解：（1）质量摩尔浓度 $b_B = \Delta T_f / K_f = 0.86\ ℃ / 1.86\ ℃ \cdot kg \cdot mol^{-1}$

$= 0.46\ mol \cdot kg^{-1}$

物质的量分数 $x_B = \dfrac{0.46\ mol}{0.46\ mol + 1\,000\ g/18.02\ g \cdot mol^{-1}} = \dfrac{0.46\ mol}{0.46\ mol + 55.5\ mol} = 0.008\,2$

1 kg 溶剂水中含有 B 为 7.00 g×1 000 g/100 g＝70.0 g

溶质 B 的摩尔质量为 $70.0\ g/0.46\ mol = 152\ g \cdot mol^{-1} \approx 1.5 \times 10^2\ g \cdot mol^{-1}$

（2）溶质 B 的物质的量浓度 $c_B = \dfrac{0.046\ mol}{105\ mL} \times 1\,000 = 0.44\ mol \cdot L^{-1}$

溶液的渗透压 $\Pi = c_B RT$

$= 0.44\ mol \cdot L^{-1} \times 8.314\ kPa \cdot L \cdot mol^{-1} \cdot K^{-1} \times (20 + 273)K$

$= 1\,072\ kPa \approx 1.1 \times 10^3\ kPa$

本题需要指出的是，在求 ΔT_f 和 ΔT_b 时既可用热力学温度（K）也可用摄氏度（℃），但渗透压中的 T 必须用热力学温度。

【例 1-2】某樟脑酸酯只含有C、H和O，经分析C和H的质量分数分别为65.60%和9.44%，将其0.785 g溶解于8.040 g的樟脑中，测得该溶液的凝固点降低15.2 ℃，试确定其摩尔质量和化学式。[$K_f(C_{10}H_{16}O)=40\ K\cdot kg\cdot mol^{-1}$]

解：设该樟脑酸酯的摩尔质量为$M_{樟}$，则

$$b_{樟}=\frac{0.785\ g}{M_{樟}\times 8.040\ g}\times 1\,000$$

将$b_{樟}=\Delta T_f/K_f$代入

得
$$\frac{0.785\ g}{M_{樟}\times 8.040\ g}\times 1\,000=15.2\ K/40\ K\cdot kg\cdot mol^{-1}$$

$$M_{樟}=\frac{0.785\ g}{(15.2\ K/40\ K\cdot kg\cdot mol^{-1})\times 8.040\ g}\times 1\,000=257\ g\cdot mol^{-1}$$

依题元素分析数据得

C：(257×65.60%)/12=14

H：(257×9.44%)/1=24

O：(257×24.96%)/16=4

溶质的化学式为$C_{14}H_{24}O_4$。

【例 1-3】硝基苯（$C_6H_5NO_2$）和苯（C_6H_6）可无限混溶。二者凝固点分别为5.7 ℃和5.5 ℃，凝固点降低常数分别为$8.10\ K\cdot kg\cdot mol^{-1}$和$5.12\ K\cdot kg\cdot mol^{-1}$。二者按不同比例混合，可配得两种凝固点均为0 ℃的溶液。试计算两溶液中硝基苯的质量分数。[$M(C_6H_5NO_2)=123\ g\cdot mol^{-1}$，$M(C_6H_6)=78\ g\cdot mol^{-1}$]

解：设硝基苯（$C_6H_5NO_2$）在苯（C_6H_6）中的质量摩尔浓度为$b_{硝}$，苯在硝基苯中的质量摩尔浓度为$b_{苯}$，由于所得两溶液凝固点均为0 ℃，依凝固点降低公式

$$\Delta T_{f硝}=K_{f硝}\cdot b_{苯} \qquad 5.7\ K=8.10\ K\cdot kg\cdot mol^{-1}b_{苯}$$

$$b_{苯}=5.7\ K/8.10\ K\cdot kg\cdot mol^{-1}=0.704\ mol\cdot kg^{-1}$$

$$w(C_6H_6)=\frac{0.704\ mol\times 78\ g\cdot mol^{-1}}{1\,000\ g+0.704\ mol\times 78\ g\cdot mol^{-1}}=0.052$$

$$w(C_6H_5NO_2)_1=1-0.052=0.948$$

$$\Delta T_{f苯}=K_{f苯}\cdot b_{硝} \qquad 5.5\ K=5.12\ K\cdot kg\cdot mol^{-1}b_{硝}$$

$$b_{硝}=5.5\ K/5.12\ K\cdot kg\cdot mol^{-1}=1.07\ mol\cdot kg^{-1}$$

$$w(C_6H_5NO_2)_2=\frac{1.07\ mol\times 123\ g\cdot mol^{-1}}{1\,000\ g+1.07\ mol\times 123\ g\cdot mol^{-1}}=0.12$$

【例 1-4】可卡因是一元有机弱碱，化学式为$C_{17}H_{21}NO_4$，其pH=8.53的水溶液在15 ℃的渗透压为7.02 kPa，试近似计算其解离常数$K_b^{\ominus}$。(忽略$C_{17}H_{21}NO_4$的解离)

解：由渗透压可计算可卡因的浓度$c_{可}$

$$c_{可}=\Pi/RT=7.02\ kPa/[8.314\ kPa\cdot L\cdot K^{-1}\cdot mol^{-1}\times(273+15)K]=0.002\,93\ mol\cdot L^{-1}$$

$$pOH=14-8.53=5.47 \qquad [OH^-]_r=10^{-5.47}=3.4\times 10^{-6}$$

依一元弱碱的近似计算式得

$$K_b^{\ominus}=\{[OH^-]_r\}^2/c_{可r}=(3.4\times 10^{-6})^2/0.002\,93=4.0\times 10^{-9}$$

【例 1-5】下列说法正确的是（　　）。

A. 相同质量摩尔浓度的物质的水溶液，其渗透压相同

B. 溶液的蒸气压总是比纯溶剂的蒸气压低

C. 蒸发蔗糖水溶液时沸点恒定不变

D. 0 ℃的冰加入相同温度下的盐溶液中，则冰要融化

答：D。A，未指明电解质和非电解质，电解质在水中解离后，微粒数增多，渗透压较大；B，若溶质是挥发性的，则溶液的蒸气压可能比纯溶剂的蒸气压高；C，随水的蒸发，溶剂减少，蔗糖浓度增大，沸点会继续升高。

【例 1-6】 用 $AgNO_3$ 和 K_2CrO_4 稀溶液制得 Ag_2CrO_4 溶胶，实验结果表明 Na_2SO_4 对溶胶的聚沉值远小于 $Ca(NO_3)_2$，试写出溶胶的胶团结构。

解：对溶胶聚沉起决定作用的是电解质中反离子的电荷数，可忽略浓度的影响。若是负溶胶，则 Ca^{2+} 所带的正电荷大于 Na^+，$Ca(NO_3)_2$ 的聚沉值应小，实验表明恰好相反，说明非负即正。事实也是因为 SO_4^{2-} 所带负电荷高于 NO_3^-，故聚沉值小，可判断为正溶胶，制备时 $AgNO_3$ 略过量，电位离子是 Ag^+，也是稳定剂，胶团结构为

$$[(Ag_2CrO_4)_m \cdot nAg^+ \cdot (n-x)NO_3^-]^{x+} \cdot xNO_3^-,$$

书写胶团结构首先确定难溶物胶核，m 是不定的聚集数，数目只要使聚集体在 1～100 nm的范围内即可，其次根据“相似相吸”经验规则确定电位离子，n 表示吸附数，$(n-x)$表示吸附层中的反离子数，x 表示胶粒所带电荷数。电位离子和反离子都必须是溶胶中大量存在的离子。若电位离子是带两个电荷，如 K_2CrO_4 稍过量，则胶团结构为

$$[(Ag_2CrO_4)_m \cdot nCrO_4^{2-} \cdot 2(n-x)K^+]^{2x-} \cdot 2xK^+$$

随着科学技术的发展，几乎所有的难溶物都可制备为溶胶，这也是目前制备纳米材料的方法之一。另外，某些溶胶的制备中，控制制备条件，可得到正或负溶胶。例如，卤化银溶胶，$BaCl_2$ 与 Na_2SO_4 制备 $BaSO_4$ 溶胶，其中之一稍过量就会制备出正或负溶胶。$FeCl_3$ 水解可制得正溶胶，电位离子是 FeO^+，若加氨水控制水解的 pH，也可得到 $Fe(OH)_3$ 负溶胶，电位离子是 OH^-。

三、自测题

（一）选择题

1. 一蔗糖水溶液，在 101.3 kPa 下凝固点为－0.372 ℃，则沸点为（　　）。（水的 K_f＝1.86 K·kg·mol^{-1}，K_b＝0.52 K·kg·mol^{-1}）

A. 99.896 ℃　　B. 100.104 ℃

C. 101.331 ℃　　D. 102.103 ℃

2. 同体积的甲醛（CH_2O）溶液和葡萄糖（$C_6H_{12}O_6$）溶液在指定温度下，渗透压相等，溶液中甲醛与葡萄糖的质量比为（　　）。（相对原子质量 H＝1，O＝16，C＝12）

A. 6∶1　　B. 1∶6　　C. 1∶1　　D. 1∶3

3. 下列质量摩尔浓度相同的稀溶液：Na_2SO_4、NaCl、$C_6H_{12}O_6$、HAc，它们的凝固点依次为 T_1、T_2、T_3 和 T_4，下列顺序正确的是（　　）。

A. $T_1<T_2<T_4<T_3$　　B. $T_1<T_2<T_3<T_4$

C. $T_1>T_2>T_3>T_4$　　D. $T_4>T_2>T_3>T_1$

4. 将 0.45 g 非电解质溶于 30 g 水中，使水的凝固点降低 0.15 ℃，已知水的 K_f＝

1.86 K·kg·mol^{-1}，则该非电解质的摩尔质量（g·mol^{-1}）是(　　)。

A. 100　　B. 83.2　　C. 186　　D. 204

5. 饮水中残余 Cl_2 可以允许的浓度是 2×10^{-6} g·mL^{-1}，与此相当的质量摩尔浓度为(　　)。(Cl 的相对原子质量为 35.5)

A. 3×10^{-6} mol·kg^{-1}　　B. 3×10^{-5} mol·kg^{-1}

C. 3×10^{-3} mol·kg^{-1}　　D. 3 mol·kg^{-1}

6. 若氨水的质量摩尔浓度为 a，则 NH_3 的物质的量分数为（　　）。[$M_r(H_2O)=18$，$M_r(NH_3)=17$]

A. $\dfrac{a}{1\,000/18}$　　B. $\dfrac{a}{[(1\,000-17a)/18]+a}$

C. $\dfrac{a}{(1\,000/18)+a}$　　D. $\dfrac{a}{(1\,000/17)+a}$

7. 60 ℃时，1 000 g 水中溶有 180 g 葡萄糖 $C_6H_{12}O_6$（$M_r=180$），已知60 ℃时水的蒸气压为 19.9 kPa，则此水溶液的蒸气压应为（　　）。

A. 19.6 kPa　　B. 16.9 kPa　　C. 9.96 kPa　　D. 18.0 kPa

8. 当 1 mol 难挥发非电解质溶于 4 mol 溶剂中，溶液的蒸气压与纯溶剂的蒸气压之比为（　　）。

A. 1∶5　　B. 1∶4　　C. 4∶5　　D. 5∶4

9. 同浓度的下列水溶液中，使溶液沸点升高最多的溶质是（　　）。

A. $CuSO_4$　　B. K_2SO_4

C. $[Ag(NH_3)_2]NO_3$　　D. $KAl(SO_4)_2$

10. 20 ℃时，将 1.5 g A 和 3.0 g B 分别溶解在相同体积的水中所产生的渗透压相等，A、B 都为难挥发非电解质，则 A 与 B 的相对分子质量之比为（　　）。

A. 1∶2　　B. 1∶3　　C. 3∶1　　D. 4∶1

11. 在 H_3AsO_3 的稀溶液中通入 H_2S 制得 As_2S_3 溶胶，其胶团的结构式为（　　）。

A. $[(As_2S_3)_m\cdot nHS^-]^{n-}\cdot nH^+$

B. $[(As_2S_3)_m\cdot nH^+]^{x+}\cdot xHS^-$

C. $[(As_2S_3)_m\cdot nHS^-\cdot(n-x)H^+]^{x-}\cdot xH^+$

D. $[(As_2S_3)_m\cdot nH^+\cdot(n-x)HS^-]^{x+}\cdot xHS^-$

12. 由 10 mL 0.05 mol·L^{-1}的 KCl 溶液和 100 mL 0.002 mol·L^{-1}的 $AgNO_3$ 溶液混合制得的 AgCl 溶胶，若分别用下列电解质使其凝结，则凝结值的大小次序为（　　）。

A. $AlCl_3<ZnSO_4<KCl$　　B. $KCl<ZnSO_4<AlCl_3$

C. $ZnSO_4<KCl<AlCl_3$　　D. $KCl<AlCl_3<ZnSO_4$

13. 已知水的 $K_f=1.86$ K·kg·mol^{-1}，0.005 mol·kg^{-1}化学式为 $FeK_3C_6N_6$ 的配合物的水溶液，其凝固点为−0.037 ℃，该配合物在水中最可能的解离方式为（　　）。

A. $FeK_3C_6N_6 = Fe^{3+}+K_3(CN)_6^{3-}$

B. $FeK_3C_6N_6 = 3K^++Fe(CN)_6^{3-}$

C. $FeK_3C_6N_6 = 3K^++3CN^-+Fe(CN)_3$

D. $FeK_3C_6N_6 = 3K^++Fe^{3+}+6CN^-$

14. 0.01 $mol \cdot L^{-1}$的 AB 水溶液在 27 ℃的渗透压为 24.9 kPa，AB 在水中的解离度为（　　）。

A. 100%　　B. 3%

C. 5%　　D. 0

15. 难挥发非电解质 A 和 B 溶液的渗透压分别为 243 kPa 和 466 kPa，在相同温度下等体积混合（A 与 B 无相互作用）后，溶液的渗透压为（　　）。

A. 236 kPa　　B. 223 kPa

C. 709 kPa　　D. 354 kPa

16. $Al(OH)_3$ 新鲜沉淀上加清水和少许 $AlCl_3$ 后，$Al(OH)_3$ 沉淀便转化为溶胶，下列电解质①KNO_3，②Na_2SO_4，③K_3PO_4，④$K_4[Fe(CN)_6]$ 中，对溶胶聚沉值排序正确的是（　　）。

A. ①>②>④>③　　B. ④<③<②<①

C. ①<②<③<④　　D. ①<②<④<③

17. 石灰（CaO）加水可形成白色乳状浆液，称石灰乳，这是一种（　　）。

A. 不稳定的乳（浊）液　　B. 不稳定的悬（浊）液

C. 稳定的乳（浊）液　　D. 稳定的悬（浊）液

（二）填空题

18. 导致溶液的凝固点降低和沸点升高的根本原因是＿＿＿＿＿＿。

19. 现有 $CaCl_2$、$MgSO_4$、NaCl 和 $(NH_2)_2CO$(尿素) 水溶液的浓度均为 0.01 $mol \cdot kg^{-1}$，凝固点最高的是＿＿＿＿，沸点最高的是＿＿＿＿，ΔT_f最大的是＿＿＿＿。

20. 为使水在－2 ℃不结冰，需在 1 kg 水中加入乙二醇（M_r＝62）＿＿＿＿g。（水的 K_f＝1.86 $K \cdot kg \cdot mol^{-1}$）

21. 严寒的冬天在道路上撒盐的目的是＿＿＿＿＿＿＿＿＿＿＿＿＿＿＿＿＿＿＿＿。

22. 某树的汁液主要是糖溶液，测得汁液的凝固点为－0.372 ℃，此汁液的浓度为＿＿＿＿$mol \cdot kg^{-1}$。25 ℃时此汁液的渗透压为＿＿＿＿kPa。(水的 K_f＝1.86 $K \cdot kg \cdot mol^{-1}$)

23. 12 ℃水苏糖 0.10 g 溶解于 10 mL 水中，测其渗透压为 35.6 kPa，水苏糖的相对分子质量为＿＿＿＿。

24. 杯中水上浮两块冰，此体系为＿＿＿＿相。

25. 质量分数相同的葡萄糖（$C_6H_{12}O_6$）和蔗糖（$C_{12}H_{22}O_{11}$）水溶液，蒸气压较高的是＿＿＿＿水溶液，渗透压较大的是＿＿＿＿水溶液。

26. 土壤胶体粒子带＿＿＿＿电荷，故土壤对 NH_4^+、NO_3^- 及 Cl^- 三者中的＿＿＿＿吸附能力最强。

27. 土壤中的硅酸胶体，其胶团结构式为＿＿＿＿＿＿。

28. 苯和水混合后加入钾肥皂摇动，得到＿＿＿＿型的乳浊液；若加入镁肥皂可得到＿＿＿＿型的乳浊液。

29. 在电场中，溶胶的电泳现象是＿＿＿＿做定向移动。

30. 将等体积的 0.008 $mol \cdot L^{-1}$ KI 溶液与 0.01 $mol \cdot L^{-1}$ $AgNO_3$ 溶液混合制成 AgI 溶胶，胶团结构为＿＿＿＿，电泳时胶粒向＿＿＿＿极移动，在溶胶中加入电解质 Na_2SO_4、$MgCl_2$，聚沉能力较大的是＿＿＿＿。

31. 用 $BaCl_2$ 和 Na_2SO_4 作用制备 $BaSO_4$ 溶胶，分别写出下列条件时的胶团结构：

当 $n(BaCl_2)>n(Na_2SO_4)$ 时，胶团结构为____________；

当 $n(BaCl_2)<n(Na_2SO_4)$ 时，胶团结构为____________。

32. 牛奶掺水后，与掺水前比较其凝固点将________。（填“升高”“降低”或“不变”）

（三）计算及简答题

33. 在 37 ℃人体血液的渗透压为 780 kPa，计算

（1）配制与人体血液等渗的葡萄糖（$M_r=180$）静脉注射液，则在 1 L 水中需加入葡萄糖的质量；

（2）配制等渗的生理盐水，则 1 L 水中需加入氯化钠（$M_r=58.5$）的质量；

（3）若配制等渗的生理盐水和葡萄糖的混合液，已知 1 L 溶液含有氯化钠 5.85 g，则该注射液含有葡萄糖的质量。

34. 樟脑的熔点是 178 ℃，取某有机物的晶体 0.014 g 与 0.20 g 樟脑熔融混合，测定其熔点为 162 ℃，求此有机物的相对分子质量。（樟脑的 $K_f=40\ K\cdot kg\cdot mol^{-1}$）

35. 苯甲酸（C_6H_5COOH）在苯中测定的分子质量是在水中测定的分子质量（$C_7H_6O_2$）的两倍，解释原因。

36. 将 1.00 g 苯 C_6H_6 加入 80.00 g 的环己烷 C_6H_{12} 中，使环己烷的凝固点从 6.5 ℃降低到 3.3 ℃。

（1）试计算环己烷的凝固点降低常数 K_f；

（2）若用凝固点降低法测定能溶解于苯和环己烷中某有机物的摩尔质量，宜选用何种，为什么？

37. 用凝固点降低法和沸点升高法测定溶质的分子质量，哪种方法较好，为什么？

38. 制作冰激凌为何需加乳化剂？

39. 为何盐碱地不利于一般农作物的生长？

40. 橡胶树流出的乳汁是乳状液，加 HCl 溶液会有什么现象发生，为什么？

四、参考答案

（一）选择题

1	2	3	4	5	6	7	8	9	10	11	12	13	14	15	16	17
B	B	A	C	B	C	A	C	D	A	C	A	B	D	D	B	B

（二）填空题

18. 蒸气压下降；　19. $(NH_2)_2CO$、$CaCl_2$、$CaCl_2$；　20. 66.7；

21. 使水的凝固点降低，防止道路结冰；　22. 0.2、495.5；　23. 667；

24. 两；　25. $C_{12}H_{22}O_{11}$、$C_6H_{12}O_6$；　26. 负、NH_4^+；

27. $[(SiO_2)_m\cdot nHSiO_3^-\cdot(n-x)H^+]^{x-}\cdot xH^+$；

28. O/W、W/O；29. 胶粒；

30. $[(AgI)_m\cdot nAg^+\cdot(n-x)NO_3^-]^{x+}\cdot xNO_3^-$、阴、$Na_2SO_4$；

31. $[(BaSO_4)_m\cdot nBa^{2+}\cdot 2(n-x)Cl^-]^{2x+}\cdot 2xCl^-$、$[(BaSO_4)_m\cdot nSO_4^{2-}\cdot 2(n-x)Na^+]^{2x-}\cdot 2xNa^+$；

32. 升高。

(三) 计算及简答题

33. （1）54.5 g；　（2）8.86 g；　（3）18.5 g。

34. 175。

35. 答：在水中苯甲酸的主要存在形式为 C_6H_5COOH，在苯中由于苯甲酸两分子氢键的缔合，主要的存在形式为 $(C_6H_5COOH)_2$。

36. （1）20 K · kg · mol^{-1}；　（2）苯的 K_f 为 5.12 K · kg · mol^{-1}，比环己烷的 K_f 小许多，用环己烷作溶剂测定值误差小，准确度较高。

37. 答：$K_f(H_2O)=1.86$ K · kg · mol^{-1}，$K_b(H_2O)=0.52$ K · kg · mol^{-1}，相同条件下，凝固点法实测温度变化的相对误差小，另外凝固点法仪器操作简便，利于观察。

38. 答：乳化作用使水滴分散细小，微细的结晶冰粒使口感细腻。

39. 答：盐碱地土壤的渗透压比作物细胞体液的高，导致细胞体液中的水向土壤渗透，作物失去水分而枯萎。

40. 答：加 HCl 溶液后，橡胶乳液的表面活性剂被破坏，起到破乳作用。

第二章

化学热力学基础

一、基本概念与要点

(一) 几个基本概念

1. 系统和环境

系统：人为划分出的研究对象称为系统。

环境：系统以外与系统密切相关的其他部分称为环境。

2. 状态和状态函数 在热力学中是用系统的一系列性质来规定其状态的。

状态：热力学平衡态简称状态，它是一个系统的所有宏观物理性质和化学性质的总和。如质量、温度、压力、体积、密度、组成等，当这些性质都有确定值时，系统就处于一定的状态。

状态函数：描述系统性质的一些物理量称为状态函数。状态方程中的 p、V、T、n 都是一个状态函数，即系统的一种性质。状态函数最重要的特征之一是状态函数的改变量只取决于始态和终态，与变化的途径无关。

3. 热力学第一定律（宏观的能量守恒定律） $\Delta U=Q+W$

符号规定：以系统为中心，增加系统热力学能为正，反之则为负，见表 2-1。

表 2-1 热和功符号的规定

符号	+	-
Q	系统吸热	系统放热
W	环境对系统做功	系统对环境做功

$$W=W_e\text{（体积功）}+W_f\text{（非体积功）}$$

功和热不是状态函数，它是系统和环境能量交换的形式，它与变化途径有关。热力学能是状态函数，但是它的变化值 ΔU 不是状态函数。状态函数是单态属性，某一状态必对应于一状态函数值。而状态函数的变化值是双态属性，它不对应于系统的某一状态，它是系统从始态到终态的变化值。所有状态函数的变化值都如此，如 ΔH、ΔS、ΔG 等。

(二) 焓和焓变

1. 焓

(1) 定义 $H=U+pV$。

焓是能量的组合形式。

（2）性质

① 能量是状态函数，不能测得绝对值。

② 具有广度性质，与物质的量成正比。

③ 随温度变化明显。

等压条件（$p_1=p_2=p_{外}$）下，$W_f=0$ 时，$\Delta H=Q_p$。

等容条件（$V_1=V_2$，即 $\Delta V=0$）下，$W_f=0$ 时，$\Delta U=Q_V$。

对于一化学反应，等容反应热 Q_V 和等压反应热 Q_p 的关系：

$$Q_p=Q_V+\Delta n(\mathrm{g})RT$$

$$\Delta_r H_m=\Delta_r U_m+\Delta n(\mathrm{g})RT$$

$\Delta n(\mathrm{g})$ 为生成物气体分子的物质的量与反应物气体分子的物质的量的差值。

2. 焓变

（1）意义　焓变是系统终态和始态的焓之差，数值上等于恒压只做体积功的条件下的反应热效应。

$$\Delta H=H_{终}-H_{始}=Q_p$$

（2）性质

① 正逆反应的 $\Delta_r H$ 相等，符号相反。$\Delta H<0$ 表示过程放热，$\Delta H>0$ 表示过程吸热。

② 化学反应的 $\Delta_r H$ 随温度变化不大；与反应进度 ξ 成正比（$H_{终}$ 和 $H_{始}$ 随温度变化显著，差值 $\Delta_r H$ 可视变化不大）。

3. 反应进度 ξ　物理意义：表示反应进行的程度。当 $\xi=1$ mol 时，表明以计量方程式为基本单元进行了 1 mol 的反应。ξ 恒取正值，单位为 mol。

定义
$$\xi=\frac{n_B(t)-n_B(0)}{\nu_B}$$

式中：ν_B 为反应物和产物在方程式中对应的计量系数，产物取正，反应物取负，单位为 1；B 泛指产物和反应物；$n_B(t)$ 表示反应达 t 时刻的产物和反应物的物质的量；$n_B(0)$ 表示反应初始时刻的产物和反应物的物质的量。

ξ 必须指明基本单元即对应的反应式，如

① $N_2(g)+3H_2(g)═══2NH_3(g)$　$\xi=1$ mol

物理意义为 1 mol $N_2(g)$ 与 3 mol $H_2(g)$ 完全反应生成 2 mol $NH_3(g)$。

若反应式为

② $1/2N_2(g)+3/2H_2(g)═══NH_3(g)$　$\xi=1$ mol

物理意义为 1/2 mol $N_2(g)$ 与 3/2 mol $H_2(g)$ 完全反应生成 1 mol $NH_3(g)$，从实际反应物质的多少而言，反应②只相当于反应①的 $\xi=0.5$ mol。

ΔH（任意进度）与 ΔH_m 的关系：$\Delta H_m=\Delta H/\xi$。

4. 盖斯定律

（1）热化学方程式　表示化学反应与热效应关系的方程式。

$$H_2(g)+1/2O_2(g)\longrightarrow H_2O(l)\quad \Delta_r H_m^{\ominus}=-285.8\ \mathrm{kJ\cdot mol^{-1}}$$

$$2H_2(g)+O_2(g)\longrightarrow 2H_2O(l)\quad \Delta_r H_m^{\ominus}=2\times(-285.8\ \mathrm{kJ\cdot mol^{-1}})$$

热化学方程式既表明物质的化学性质，又表明系统的能量变化。$\Delta_r H$ 是恒压条件下，只做体积功的反应热（热效应）。$\Delta_r H>0$ 为吸热反应，$\Delta_r H<0$ 为放热反应。标准状态及反

应进度 $\xi=1$ mol 时 $\Delta_r H$ 表示为 $\Delta_r H_m^{\ominus}$。

（2）热效应　当系统发生反应后，若使产物的温度回到反应前原始物质的温度且只做体积功的条件下，在这个过程中系统放出或吸收的热量称热效应。

（3）盖斯定律　对于定压或定容下的化学反应，无论化学过程是一步完成还是分几步完成，这个过程的热效应总是相同的。

应用：对于某些不易测得或无法直接测定的热效应可通过盖斯定律间接计算求出。如

盖斯定律　$C(石墨)+1/2O_2(g)=\!=\!=CO(g)$　ΔH_1（第一途径）

$CO(g)+1/2O_2(g)=\!=\!=CO_2(g)$　ΔH_2（第二途径）

$C(石墨)+O_2(g)=\!=\!=CO_2(g)$　$\Delta H=\Delta H_1+\Delta H_2$

只要始态和终态确定，就与所经过的过程和途径无关。

5. 标准反应焓变的计算

（1）应用盖斯定律，由已知反应的标准反应热计算

【例 2－1】已知下列热化学方程式：

（1）$C(石墨)+O_2(g)=\!=\!=CO_2(g)$　　$\Delta_r H_m^{\ominus}(1)=-393.5\ kJ\cdot mol^{-1}$

（2）$H_2(g)+1/2\ O_2(g)=\!=\!=H_2O(l)$　　$\Delta_r H_m^{\ominus}(2)=-285.8\ kJ\cdot mol^{-1}$

（3）$CH_4(g)+2O_2(g)=\!=\!=CO_2(g)+2H_2O(l)$　　$\Delta_r H_m^{\ominus}(3)=-889.5\ kJ\cdot mol^{-1}$

试求反应（4）　$C(石墨)+2H_2(g)=\!=\!=CH_4(g)$ 的 $\Delta_r H_m^{\ominus}$。

解：按盖斯定律，所求反应（4）=（1）+（2）×2－（3），有

$C(石墨)+$ ~~$O_2(g)=\!=\!=CO_2(g)$~~　　$\Delta_r H_m^{\ominus}(1)=-393.5\ kJ\cdot mol^{-1}$

$2\times[H_2(g)+1/2$ ~~$O_2(g)=\!=\!=H_2O(l)$~~$]$　　$\Delta_r H_m^{\ominus}(2)\times 2=-285.8\ kJ\cdot mol^{-1}\times 2$

$+)$ ~~$CO_2(g)$~~ $+2$ ~~$H_2O(l)$~~ $=\!=\!=CH_4(g)+2$ ~~$O_2(g)$~~　　$-\Delta_r H_m^{\ominus}(3)=+889.5\ kJ\cdot mol^{-1}$

$C(石墨)+2H_2(g)\ =\!=\!=CH_4(g)$　　$\Delta_r H_m^{\ominus}=-75.6\ kJ\cdot mol^{-1}$

（2）利用标准摩尔生成焓的热力学数据计算　标准摩尔生成焓定义：在指定温度的标准状态下，由稳定态单质生成 1 mol 纯物质时的反应焓变，称为该物质的标准摩尔生成焓，用符号 $\Delta_f H_m^{\ominus}$ 表示，单位为 $kJ\cdot mol^{-1}$（一般未标明温度即指 298 K）。

热力学规定：标准状态是指标准压力（$p^{\ominus}=10^5$ Pa）下的纯固体和纯液体，标准压力的理想气体；任何稳定单质的标准摩尔生成焓等于零。

反应的标准摩尔焓变

计算通式：$aA+bB=\!=\!=gG+hH$

$$\Delta_r H_m^{\ominus}=\sum\Delta_f H_m^{\ominus}(生成物)-\sum\Delta_f H_m^{\ominus}(反应物)$$
$$=[g\Delta_f H_m^{\ominus}(G)+h\Delta_f H_m^{\ominus}(H)]-[a\Delta_f H_m^{\ominus}(A)+b\Delta_f H_m^{\ominus}(B)]$$

或简写为

$$\Delta_r H_m^{\ominus}=\sum\nu_B\Delta_f H_m^{\ominus}$$

式中：ν_B 为反应式中的计量系数，反应物取负，生成物取正。（下同）

$\Delta_r H_m^{\ominus}$ 单位一般用 $kJ\cdot mol^{-1}$。

（3）利用标准摩尔燃烧热 $\Delta_c H_m^{\ominus}$ 的热力学数据计算　在标准状态下，1 mol 纯物质完全燃烧，反应的焓变称为该物质的标准摩尔燃烧热。完全燃烧的含义是物质中的 H、C、S、Cl 经燃烧后分别变成 $H_2O(l)$、$CO_2(g)$、$SO_2(g)$、$HCl(aq)$。

计算通式：$aA+bB=\!=\!=gG+hH$

$$\Delta_r H_m^\ominus = \sum \Delta_c H_m^\ominus(\text{反应物}) - \sum \Delta_c H_m^\ominus(\text{生成物})$$
$$= [a\Delta_c H_m^\ominus(A) + b\Delta_c H_m^\ominus(B)] - [g\Delta_c H_m^\ominus(G) + h\Delta_c H_m^\ominus(H)]$$

或简写为
$$\Delta_r H_m^\ominus = -\sum \nu_B \Delta_c H_m^\ominus$$

标准摩尔生成焓 $\Delta_f H_m^\ominus$ 和标准摩尔燃烧焓 $\Delta_c H_m^\ominus$ 的区别和联系：它们都指反应在标准状态下进行，反应进度都为 1 mol，而 $\Delta_f H_m^\ominus$ 要求反应物是稳定单质，产物只有一种且为 1 mol。

$H_2(g) + 1/2O_2(g) \xlongequal{} H_2O(l)$　$\Delta_r H_m^\ominus = \Delta_c H_m^\ominus(H_2, g) = \Delta_f H_m^\ominus(H_2O, l)$

同理，$\Delta_c H_m^\ominus$(C，石墨)$= \Delta_f H_m^\ominus(CO_2, g)$，$\Delta_c H_m^\ominus$(S，单斜)$= \Delta_f H_m^\ominus(SO_2, g)$

计算时需注意以下几点：状态、符号、系数、单位。

① 查 $\Delta_f H_m^\ominus$ 表时要注意各物质的聚集状态，状态不同值不同，另外要注意符号（＋或－）。②计算时不要忘记乘以系数。③ΔH 针对任意的状态变化过程，不一定是化学反应，也可以是熔化热、蒸发热等，反应进度不一定是 1 mol。

（三）熵和熵变

1. 熵（S）

（1）意义　反映系统内部质点运动混乱程度的物理量。

（2）性质　①熵是系统的状态函数。②同一物质 $S(g) > S(l) > S(s)$。一般而言，分子复杂，摩尔质量大的熵值也较大。③熵与温度成正比，气体的熵与压力成反比。④熵有绝对值，0 K 时，纯净完美晶体的熵 S_{0K} 等于零。在标准状态下，1 mol 纯物质的熵值就是物质的标准摩尔熵，用 $S_m^\ominus$（$J \cdot mol^{-1} \cdot K^{-1}$）表示，298 K 稳定单质的标准摩尔熵 $S_m^\ominus$ 不等于零，如 $S_m^\ominus(H_2, g) = 130.6\ J \cdot K^{-1} \cdot mol^{-1}$。

2. 熵变（ΔS）

（1）意义　可以看作是化学反应或物理变化中系统混乱度变化的一种量度。

（2）性质　①反应的 $\Delta_r S$ 随温度变化不大。②具有广度性质，与反应进度 ξ 成正比。③如果反应后生成物的气体分子的种类或分子数增多，则估计为熵增的反应，反之为熵减反应。

反应的标准熵变计算通式：

$$aA + bB \xlongequal{} gG + hH$$
$$\Delta_r S_m^\ominus = \sum S_m^\ominus(\text{生成物}) - \sum S_m^\ominus(\text{反应物})$$
$$= [gS_m^\ominus(G) + hS_m^\ominus(H)] - [aS_m^\ominus(A) + bS_m^\ominus(B)]$$

或简写为

$$\Delta_r S_m^\ominus = \sum \nu_B S_m^\ominus$$

（四）自由能和自由能变

1. 自由能（G）

（1）意义　是系统能量的一种组合形式，$G = H - TS$。

（2）性质　①是物质的基本性质，是状态函数。②具有广度性质。

2. 自由能变（ΔG）

（1）意义　是化学反应自发进行的判据，系统的自由能减少等于在恒温恒压下能够对外做出的最大非体积功。

（2）性质　①随温度变化明显。②与反应进度成正比。③正逆反应的 ΔG 值相等，符号相反。

$$aA+bB=\!=\!=gG+hH$$

计算通式 $\Delta_r G_m^\ominus=\sum\Delta_f G_m^\ominus$(生成物)$-\sum\Delta_f G_m^\ominus$(反应物)

$$=[g\Delta_f G_m^\ominus(G)+h\Delta_f G_m^\ominus(H)]-[a\Delta_f G_m^\ominus(A)+b\Delta_f G_m^\ominus(B)]$$

或简写为

$$\Delta_r G_m^\ominus=\sum\nu_B\Delta_f G_m^\ominus$$

化学反应的几个热力学变化量计算公式如表 2-2 所示。

表 2-2 化学反应的几个热力学变化量计算公式

内 容	计算公式
反应热	$\Delta_r H_m^\ominus=\sum\nu_B\Delta_f H_m^\ominus$ $\Delta_r H_m^\ominus=-\sum\nu_B\Delta_c H_m^\ominus$
反应熵变	$\Delta_r S_m^\ominus=\sum\nu_B S_m^\ominus$
反应自由能变	$\Delta_r G_m^\ominus=\sum\nu_B\Delta_f G_m^\ominus$

3. 自由能变与反应自发性规律 等温等压只做体积功

$\Delta G<0$ 反应自发

$\Delta G=0$ 平衡状态

$\Delta G>0$ 反应非自发

(五) 吉布斯-亥姆霍兹公式的应用

决定反应变化方向的因素有两项：能量最低、混乱度最大。ΔH 是化学反应时能量的变化，ΔS 是化学反应的混乱度变化（ΔH 一部分用于增加系统的混乱度）。三者关系归纳总结为吉布斯-亥姆霍兹公式：

一定温度下，任意状态 $\Delta G=\Delta H-T\Delta S$

一定温度下，标准状态 $\Delta_r G_m^\ominus=\Delta_r H_m^\ominus-T\Delta_r S_m^\ominus$

反应的 $\Delta_r H_m^\ominus$ 与 $\Delta_r S_m^\ominus$ 随温度变化不大，则

$$\Delta_r G_m^\ominus(T)\approx\Delta_r H_m^\ominus(298\ K)-T\Delta_r S_m^\ominus(298\ K)$$

温度对反应自发性的影响如表 2-3 所示。

转向温度：$T=\Delta H/\Delta S$

表 2-3 温度对反应自发性的影响

ΔH	ΔS	$\Delta G=\Delta H-T\Delta S$	结论	例
$-$ 焓减	$+$ 熵增	$-$	任何温度自发	$F_2(g)+H_2(g)=\!=\!=2HF(g)$ $2N_2O(g)=\!=\!=2N_2(g)+O_2(g)$
$+$ 焓增	$-$ 熵减	$+$	任何温度不自发	$CO(g)=\!=\!=C(s)+1/2\ O_2(g)$ $3O_2(g)=\!=\!=2O_3(g)$
$-$ 焓减	$-$ 熵减	低温 $-$ 高温 $+$	低温自发 高温不自发	$HCl(g)+NH_3(g)=\!=\!=NH_4Cl(s)$ $H_2O(l)=\!=\!=H_2O(s)$
$+$ 焓增	$+$ 熵增	低温 $+$ 高温 $-$	低温不自发 高温自发	$CaCO_3(s)=\!=\!=CaO(s)+CO_2(g)$ $2NH_3(g)=\!=\!=N_2(g)+3H_2(g)$

二、解题示例

【例 2－1】自发过程的特点是什么？

答：① 自发过程具有单向性，最终达到平衡。

② 自发过程的逆向过程不能自动进行，需外界对其做功。

③ 进行自发过程的系统具有做非体积功的能力。

【例 2－2】什么叫自由能判据？它的应用条件是什么？

答：用自由能的改变量大于、小于或等于零来判断过程是否达到平衡及自发进行的方向的判据称为自由能判据。当用 $\Delta_r G_m$ 来判断时是指任意状态，用 $\Delta_r G_m^{\ominus}$ 判断时是指标准状态，只有当 $\Delta_r G_m^{\ominus}$ 绝对值较大时，才可认为任意状态的 $\Delta_r G_m$ 与之同号，与用 $\Delta_r G_m$ 判断结论一致。

应用条件：等温、等压不做非体积功。

【例 2－3】$\Delta_r G_m$ 与 $\Delta_r G_m^{\ominus}$ 有何区别和联系？

答：$\Delta_r G_m^{\ominus}$ 是反应的标准自由能变化，它是指标准态时，即气态反应物和生成物为理想气体且分压都是标准压力 $p^{\ominus}$，稀溶液中各反应物质浓度都为1 mol · L^{-1}，标准态不包括温度条件。而 $\Delta_r G_m$ 是任意状态下的自由能变化，$\Delta_r G_m^{\ominus}$ 只是 $\Delta_r G_m$ 的一个特例。它们都表示反应进度 ξ 为 1 mol。它们之间的关系为化学反应等温式：

$$\Delta_r G_m = \Delta_r G_m^{\ominus} + RT\ln Q$$

【例 2－4】为什么在自然条件下，自然界的元素大多以化合态而不是游离态的形式存在？

答：从热力学数据可以观察到绝大多数化合物的标准摩尔生成热或生成自由能都是负值，比稳定单质的能量低，这是自发变化的结果。有些能以游离态存在的如 C，一是因为它与 O_2 隔离，二是动力学因素，因活化能高导致反应速率太慢而存在。O_2 大量存在的结果是大自然循环的原因。而 N_2 的存在是大多的氮氧化物的标准摩尔生成热或生成自由能都是正值，故与 O_2 能大量共存。

反应的 ΔH、ΔS、ΔG 的简单计算：

解题思路：①把反应物和生成物的标准生成焓、自由能和标准熵查准确；②查好数据后，乘以方程式中各物质前的系数然后代入公式。

利用公式 $\Delta G = \Delta H - T\Delta S$ 求任意温度的 ΔG，判断反应的自发性和转向温度。

【例 2－5】用题给数据计算反应：$H_2O(g) + CO(g) \longrightarrow H_2(g) + CO_2(g)$ 的 $\Delta_r H_m^{\ominus}$、$\Delta_r G_m^{\ominus}$、$\Delta_r S_m^{\ominus}$ 和 $S_m^{\ominus}(H_2O, g)$。

	$\Delta_f H_m^{\ominus}$/(kJ · mol^{-1})	$\Delta_f G_m^{\ominus}$/(kJ · mol^{-1})	$S_m^{\ominus}$/(J · mol^{-1} · K^{-1})
$H_2O(g)$	−241.8	−228.6	?
$CO(g)$	−110.5	−137.3	197.9
$CO_2(g)$	−393.5	−394.4	213.7
$H_2(g)$	0	0	130.6

解：$\Delta_r H_m^{\ominus} = \sum \nu_B \Delta_f H_m^{\ominus}$

$= \Delta_f H_m^{\ominus}(H_2, g) + \Delta_f H_m^{\ominus}(CO_2, g) - [\Delta_f H_m^{\ominus}(H_2O, g) + \Delta_f H_m^{\ominus}(CO, g)]$

$=0-393.5\ kJ \cdot mol^{-1}-(-241.8\ kJ \cdot mol^{-1}-110.5\ kJ \cdot mol^{-1})$
$=-41.2\ kJ \cdot mol^{-1}$

$\Delta_r G_m^\ominus = \sum \nu_B \Delta_f G_m^\ominus$
$=\Delta_f G_m^\ominus(H_2, g)+\Delta_f G_m^\ominus(CO_2, g)-[\Delta_f G_m^\ominus(H_2O, g)+\Delta_f G_m^\ominus(CO, g)]$
$=0-394.4\ kJ \cdot mol^{-1}-(-137.3\ kJ \cdot mol^{-1}-228.6\ kJ \cdot mol^{-1})$
$=-28.5\ kJ \cdot mol^{-1}$

由吉布斯-亥姆霍兹公式：$\Delta_r G_m^\ominus(298\ K)=\Delta_r H_m^\ominus(298\ K)-T\Delta_r S_m^\ominus(298\ K)$

$\Delta_r S_m^\ominus(298\ K)=[\Delta_r H_m^\ominus(298\ K)-\Delta_r G_m^\ominus(298\ K)]/T$
$=[(-41.2\ J \cdot mol^{-1}+28.5\ J \cdot mol^{-1})\times 10^3]/298\ K$
$=-42.6\ J \cdot mol^{-1} \cdot K^{-1}$

$\Delta_r S_m^\ominus = \sum \nu_B S_m^\ominus$
$=S_m^\ominus(H_2, g)+S_m^\ominus(CO_2, g)-[S_m^\ominus(H_2O, g)+S_m^\ominus(CO, g)]$
$=(130.6\ J \cdot mol^{-1} \cdot K^{-1}+213.7\ J \cdot mol^{-1} \cdot K^{-1})-[S_m^\ominus(H_2O, g)+197.9\ J \cdot mol^{-1} \cdot K^{-1}]$
$=-42.6\ J \cdot K^{-1} \cdot mol^{-1}$

解得 $S_m^\ominus(H_2O, g)=189\ J \cdot mol^{-1} \cdot K^{-1}$

【例 2-6】 在 298 K 时，$CaCO_3(s)$ ══ $CaO(s)+CO_2(g)$，$\Delta_r G_m^\ominus=130.0\ kJ \cdot mol^{-1}$，$\Delta_r S_m^\ominus=160.0\ J \cdot K^{-1} \cdot mol^{-1}$，计算标准状态下该反应自发进行的最低温度及 1 500 K 达平衡时，CO_2 的分压（kPa）。（$p^\ominus=100$ kPa）

解：根据吉布斯-亥姆霍兹公式　$\Delta_r G_m^\ominus=\Delta_r H_m^\ominus-T\Delta_r S_m^\ominus$

$130.0\ kJ \cdot mol^{-1}=\Delta_r H_m^\ominus-298\ K\times 160.0\ kJ \cdot K^{-1} \cdot mol^{-1}\times 10^{-3}$

$$\Delta_r H_m^\ominus=177.7\ kJ \cdot mol^{-1}$$

自发反应 $\Delta_r G_m^\ominus=\Delta_r H_m^\ominus-T\Delta_r S_m^\ominus<0$

$T>\Delta_r H_m^\ominus/\Delta_r S_m^\ominus=177.7\ kJ \cdot mol^{-1}/0.160\,0\ kJ \cdot mol^{-1} \cdot K^{-1}=1\,111\ K$

$\Delta_r G_m^\ominus(1\,500\ K)\approx\Delta_r H_m^\ominus(298\ K)-T\Delta_r S_m^\ominus(298\ K)$
$=177.7\ kJ \cdot mol^{-1}-1\,500\ K\times 0.160\,0\ kJ \cdot K^{-1} \cdot mol^{-1}$
$=-62.3\ kJ \cdot mol^{-1}$

又
$$\Delta_r G_m^\ominus=-RT\ln K^\ominus$$

$$-62.3\times 10^3\ J \cdot mol^{-1}=-8.314\ J \cdot K^{-1} \cdot mol^{-1}\times 1\,500\ K \ln K^\ominus$$

$$\ln K^\ominus=5.00 \qquad K^\ominus=148$$

因为　$K^\ominus=p(CO_2)/p^\ominus$

$$148=p(CO_2)/100\ kPa \quad p(CO_2)=14\,800\ kPa$$

【例 2-7】 合成甲醇的反应如下：

$$CO(g)+2H_2(g) ══ CH_3OH(g)$$

（1）利用以下热力学数据计算 298 K 的 $\Delta_r G_m^\ominus$、$\Delta_r S_m^\ominus$ 和 $\Delta_r H_m^\ominus$；

（2）计算上述反应 298 K 的 $K^\ominus$；

（3）计算上述反应 500 K 的 $K^\ominus$。

	$CO(g)$	$H_2(g)$	$CH_3OH(g)$
$\Delta_f G_m^\ominus/(kJ\cdot mol^{-1})$	-137.2	0	-162.0
$S_m^\ominus/(J\cdot mol^{-1}\cdot K^{-1})$	197.7	130.7	239.8

解：(1) $\Delta_r G_m^\ominus=\sum\nu_B\Delta_f G_m^\ominus$

$=\Delta_f G_m^\ominus(CH_3OH,g)-[2\Delta_f G_m^\ominus(H_2,g)+\Delta_f G_m^\ominus(CO,g)]$

$=-162.0\ kJ\cdot mol^{-1}-(2\times0-137.2\ kJ\cdot mol^{-1})$

$=-24.8\ kJ\cdot mol^{-1}$

$\Delta_r S_m^\ominus=\sum\nu_B S_m^\ominus$

$=S_m^\ominus(CH_3OH,g)-[2S_m^\ominus(H_2,g)+S_m^\ominus(CO,g)]$

$=239.8\ J\cdot mol^{-1}\cdot K^{-1}-(2\times130.7\ J\cdot mol^{-1}\cdot K^{-1}+197.7\ J\cdot mol^{-1}\cdot K^{-1})$

$=-219.3\ J\cdot mol^{-1}\cdot K^{-1}$

$\Delta_r H_m^\ominus=\Delta_r G_m^\ominus+T\Delta_r S_m^\ominus$

$=-24.8\times10^3\ J\cdot mol^{-1}+298K\times(-219.3\ J\cdot mol^{-1}\cdot K^{-1})$

$=-90.15\ kJ\cdot mol^{-1}$

(2) $\Delta_r G_m^\ominus=-RT\ln K^\ominus$

$\ln K^\ominus=-\Delta_r G_m^\ominus/RT$

$=24.8\times10^3\ J\cdot mol^{-1}/(8.314\ J\cdot K^{-1}\cdot mol^{-1}\times298\ K)=10.0$

$K^\ominus=2.22\times10^4$

(3) $\Delta_r G_m^\ominus(500\ K)\approx\Delta_r H_m^\ominus-T\Delta_r S_m^\ominus$

$=-90.15\ kJ\cdot mol^{-1}-500\ K\times(-219.3\times10^{-3}\ kJ\cdot mol^{-1}\cdot K^{-1})$

$=19.5\ kJ\cdot mol^{-1}$

$\Delta_r G_m^\ominus(500\ K)=-RT\ln K^\ominus$

$\ln K^\ominus=-19.5\times10^3\ J\cdot mol^{-1}/(8.314\ J\cdot K^{-1}\cdot mol^{-1}\times500\ K)=-4.69$

$K^\ominus=9.18\times10^{-3}$

也可用 $\ln\frac{K_2^\ominus(T_2)}{K_1^\ominus(T_1)}=\frac{\Delta_r H_m^\ominus}{R}\left(\frac{T_2-T_1}{T_1\times T_2}\right)$来计算 $K^\ominus(500\ K)$，结果相同。

【例 2-8】 由葡萄糖的燃烧热和水及二氧化碳的生成热数据，求葡萄糖的 $\Delta_f H_m^\ominus(C_6H_{12}O_6,s)$。

解：葡萄糖燃烧的反应式为

$$C_6H_{12}O_6(s)+6O_2(g)\!=\!=\!=6CO_2(g)+6H_2O(l)$$

$\Delta_r H_m^\ominus=\Delta_c H_m^\ominus(C_6H_{12}O_6,s)$

$=[6\Delta_f H_m^\ominus(CO_2,g)+6\Delta_f H_m^\ominus(H_2O,l)]-[6\Delta_f H_m^\ominus(O_2,g)+\Delta_f H_m^\ominus(C_6H_{12}O_6,s)]$

$\Delta_f H_m^\ominus(C_6H_{12}O_6,s)=[6\Delta_f H_m^\ominus(CO_2,g)+6\Delta_f H_m^\ominus(H_2O,l)]-0-\Delta_c H_m^\ominus(C_6H_{12}O_6,s)$

$=[6\times(-393.51\ kJ\cdot mol^{-1})+6\times(-285.84\ kJ\cdot mol^{-1})]-2\ 803.03\ kJ\cdot mol^{-1}$

$=-1\ 273.07\ kJ\cdot mol^{-1}$

【例 2-9】 下列一个与其他反应的 ΔH 符号相反的是（　　）。

A. $I_2(s)\longrightarrow I_2(g)$　　B. $Na^+(g)+e^-(g)\longrightarrow Na(g)$

C. $CO_2(g)\longrightarrow C(s)+O_2(g)$　　D. $2NaCl(l)\longrightarrow 2Na(l)+Cl_2(g)$

答：B。A 是固体单质碘升华为气态碘，为吸热，C 和 D 均为分解反应，一般均为吸热，因此 A，C，D 的 ΔH 均为正。B 是元素第一电离能的逆反应，为放热，ΔH 为负，与 A，C，D 的 ΔH 符号相反，选 B。

三、自测题

（一）选择题

1. 5 mol $N_2(g)$ 和 5 mol $H_2(g)$ 混合生成 1 mol 的 $NH_3(g)$，则反应 $N_2(g)+3H_2(g)$ ══ $2NH_3(g)$ 的反应进度 ξ 为（　　）。

A. 1 mol　　B. 2 mol　　C. 0.5 mol　　D. 4 mol

2. 在相同条件下，由相同的反应物变成相同的产物，反应分两步进行与一步完成相比较，下列物理量数值不同的是（　　）。

A. $\Delta_r G_m$　　B. $\Delta_r S_m$　　C. $K^{\ominus}$　　D. 反应速率

3. 反应 $2HCl(g)$ ══ $H_2(g)+Cl_2(g)$ 的 $\Delta_r G_m^{\ominus}=190\ kJ \cdot mol^{-1}$，则 $\Delta_f G_m^{\ominus}(HCl, g)$ 的值为（　　）。

A. 190 $kJ \cdot mol^{-1}$　　B. $-190\ kJ \cdot mol^{-1}$

C. 95 $kJ \cdot mol^{-1}$　　D. $-95\ kJ \cdot mol^{-1}$

4. 标准状态下，在任何温度反应都能自发进行的条件是（　　）。

A. $\Delta_r H_m^{\ominus}<0$，$\Delta_r S_m^{\ominus}<0$　　B. $\Delta_r H_m^{\ominus}<0$，$\Delta_r S_m^{\ominus}>0$

C. $\Delta_r H_m^{\ominus}>0$，$\Delta_r S_m^{\ominus}<0$　　D. $\Delta_r H_m^{\ominus}>0$，$\Delta_r S_m^{\ominus}>0$

5. 已知 $CaF_2(s)$ 的 $\Delta_f H_m^{\ominus}=-1\ 220\ kJ \cdot mol^{-1}$，$CaF(s)$ 的 $\Delta_f H_m^{\ominus}=-362\ kJ \cdot mol^{-1}$，则反应 $2CaF(s) \rightleftharpoons Ca(s)+CaF_2(s)$ 的反应热是（　　）$kJ \cdot mol^{-1}$。

A. -496　　B. $+496$　　C. -858　　D. $+858$

6. 下面四个反应的 $\Delta_r H_m^{\ominus}$ 是液态水的标准摩尔生成热 2 倍的是（　　）。

A. $2H(g)+O(g)$ ══ $H_2O(g)$　　B. $H_2(g)+1/2O_2(g)$ ══ $H_2O(l)$

C. $H_2(g)+1/2O_2(g)$ ══ $H_2O(g)$　　D. $2H_2(g)+O_2(g)$ ══ $2H_2O(l)$

7. 在液体沸腾时，下列（　　）在增加。

A. 熵　　B. 汽化热

C. 蒸气压　　D. 温度

8. 甲烷的燃烧热是 $-965.6\ kJ \cdot mol^{-1}$，其相应的热化学方程式是（　　）。

A. $C(g)+4H(g)$ ══ $CH_4(g)$

B. $C(g)+2H_2(g)$ ══ $CH_4(g)$

C. $CH_4(g)+3/2\ O_2(g)$ ══ $CO(g)+2H_2O(l)$

D. $CH_4(g)+2O_2(g)$ ══ $CO_2(g)+2H_2O(l)$

9. 已知下列热化学方程式：

$Zn(s)+1/2O_2(g) \rightleftharpoons ZnO(s)$　　$\Delta_r H_m^{\ominus}=-357.37\ kJ \cdot mol^{-1}$

$Hg(l)+1/2O_2(g)$ ══ $HgO(s)$　　$\Delta_r H_m^{\ominus}=-90.77\ kJ \cdot mol^{-1}$

由此可知 $Zn(s)+HgO(s)$ ══ $ZnO(s)+Hg(l)$ 的 $\Delta_r H_m^{\ominus}$ 为（　　）。

A. 442.14 $kJ \cdot mol^{-1}$　　B. 255.16 $kJ \cdot mol^{-1}$

C. $-266.6\ kJ \cdot mol^{-1}$　　D. $-442.14\ kJ \cdot mol^{-1}$

10. 等温等压只做体积功的条件下反应达平衡时（　　）。

A. $\Delta_r H=0$　　B. $\Delta_r S=0$

C. $\Delta_r G=0$　　D. $\Delta_r G^{\ominus}=0$

11. 在 459 K 时反应 $NH_4Cl(s) \rightleftharpoons NH_3(g)+HCl(g)$ 的 $\Delta_r G_m^{\ominus}=-20.8\ kJ\cdot mol^{-1}$，$\Delta_r H_m^{\ominus}=156\ kJ\cdot mol^{-1}$，则反应的 $\Delta_r S_m^{\ominus}$ 等于（　　）。

A. $385.2\ J\cdot K^{-1}\cdot mol^{-1}$　　B. $0.3852\ J\cdot K^{-1}\cdot mol^{-1}$

C. $192.6\ J\cdot K^{-1}\cdot mol^{-1}$　　D. $0.1926\ J\cdot K^{-1}\cdot mol^{-1}$

12. 苯的熔化热为 $10.67\ kJ\cdot mol^{-1}$，其熔点为 5 ℃，则苯的熔化过程的 $\Delta_r S_m^{\ominus}$ 约为（　　）。

A. $2.09\ J\cdot K^{-1}\cdot mol^{-1}$　　B. $10.88\ J\cdot K^{-1}\cdot mol^{-1}$

C. $38.38\ J\cdot K^{-1}\cdot mol^{-1}$　　D. $54.39\ J\cdot K^{-1}\cdot mol^{-1}$

13. 在标准状态下，1 mol 石墨燃烧反应的焓变值为 $-393.7\ kJ\cdot mol^{-1}$，1 mol 金刚石燃烧反应的焓变值为 $-395.6\ kJ\cdot mol^{-1}$，则 1 mol 石墨变成金刚石的反应的焓变为（　　）。

A. $-789.3\ kJ\cdot mol^{-1}$　　B. 0

C. $+1.9\ kJ\cdot mol^{-1}$　　D. $-1.9\ kJ\cdot mol^{-1}$

14. 下列物质的数值不为零的是（　　）。

A. $\Delta_c H_m^{\ominus}(SO_2, g)$　　B. $\Delta_f H_m^{\ominus}(O_2, g)$

C. $\Delta_f G_m^{\ominus}(H_2, g)$　　D. $S_m^{\ominus}(O_2, g)$

15. 元素 S 的燃烧热与下列物质的标准生成热相等的是（　　）。

A. $SO_2(l)$　　B. $SO_2(g)$

C. $SO_3(g)$　　D. $H_2SO_4(aq)$

16. 如果系统经过一系列变化，最后又变到初始状态，则系统的（　　）。

A. $Q=0$，$W=0$，$\Delta U=0$，$\Delta H=0$　　B. $Q\neq 0$，$W\neq 0$，$\Delta U=0$，$\Delta H=Q$

C. $Q=-W$，$\Delta U=Q+W$，$\Delta H=0$　　D. $Q\neq W$，$\Delta U=Q+W$，$\Delta H=0$

17. 在一定温度下：(1) $C(石墨)+O_2(g)=\!=\!=CO_2(g)$　　$\Delta_r H_m^{\ominus}(1)$

(2) $C(金刚石)+O_2(g)=\!=\!=CO_2(g)$　　$\Delta_r H_m^{\ominus}(2)$

(3) $C(石墨)=\!=\!=C(金刚石)$　　$\Delta_r H_m^{\ominus}(3)=1.9\ kJ\cdot mol^{-1}$

据此可确定的是（　　）。

A. $\Delta_r H_m^{\ominus}(1)>\Delta_r H_m^{\ominus}(2)$　　B. $\Delta_r H_m^{\ominus}(1)<\Delta_r H_m^{\ominus}(2)$

C. $\Delta_r H_m^{\ominus}(1)=\Delta_r H_m^{\ominus}(2)$　　D. 不能确定

18. 在 25 ℃，1.00 g 铝在常压下燃烧生成 Al_2O_3，释放出 30.92 kJ 的热，则 Al_2O_3 的标准摩尔生成焓为（　　）。（Al 的相对原子质量为 27）

A. $30.92\ kJ\cdot mol^{-1}$　　B. $-30.92\ kJ\cdot mol^{-1}$

C. $-27\times 30.92\ kJ\cdot mol^{-1}$　　D. $-54\times 30.92\ kJ\cdot mol^{-1}$

19. 下列符号所表示的物理量不是状态函数的是（　　）。

A. Q_p　　B. U　　C. S　　D. G

20. 已知：$Mg(s)+Cl_2(g)=\!=\!=MgCl_2(s)$，$\Delta_r H_m^{\ominus}=-642\ kJ\cdot mol^{-1}$，则（　　）。

A. 在任何温度下，正向反应自发

B. 在任何温度下，正向反应不自发

C. 高温下，正向反应自发；低温下，正向反应不自发

D. 高温下，正向反应不自发；低温下，正向反应自发

21. 下列反应中，$\Delta_r H_m^\ominus$ 和 $\Delta_r G_m^\ominus$ 数值最接近的为（　　）。

A. $CCl_4(g)+2H_2O(g)$ ══ $CO_2(g)+4HCl(g)$

B. $CaO(g)+CO_2(g)$ ══ $CaCO_3(g)$

C. $Cu^{2+}(aq)+Zn(s)$ ══ $Cu(s)+Zn^{2+}(aq)$

D. $Na(s)+H^+(aq)+H_2O(l)$ ══ $Na^+(aq)+H_2(g)+OH^-(aq)$

22. 已知反应 $Cu_2O(s)+1/2O_2(g) \rightleftharpoons 2CuO(s)$ 在 300 K 时，其$\Delta_r G_m^\ominus=-107.9\ kJ\cdot mol^{-1}$，400 K 时，$\Delta_r G_m^\ominus=-95.33\ kJ\cdot mol^{-1}$，则该反应的 $\Delta_r H_m^\ominus$ 和 $\Delta_r S_m^\ominus$ 各近似为（　　）。

A. $187.4\ kJ\cdot mol^{-1}$，$-0.126\ kJ\cdot mol^{-1}\cdot K^{-1}$

B. $-187.4\ kJ\cdot mol^{-1}$，$0.126\ kJ\cdot mol^{-1}\cdot K^{-1}$

C. $-145.6\ kJ\cdot mol^{-1}$，$-0.126\ kJ\cdot mol^{-1}\cdot K^{-1}$

D. $145.6\ kJ\cdot mol^{-1}$，$-0.126\ kJ\cdot mol^{-1}\cdot K^{-1}$

23. 下列等式不正确的是（　　）。

A. $\Delta_r G_m^\ominus=-RT\ln K^\ominus$

B. $\Delta_r G_m=-nFE$

C. $\Delta_f H_m^\ominus(CO_2, g)=\Delta_c H_m^\ominus$(C，石墨)

D. $S_m^\ominus(H_2, g)=0$

24. 火星是目前人类可能移居的首选外星。假设火星上的细菌通过下列反应产生甲烷，已知下列反应的反应热：

$6CO_2(g)+6H_2O(l) \longrightarrow C_6H_{12}O_6(s)+6O_2(g)$，$\Delta_r H_m^\ominus=2\,801.6\ kJ\cdot mol^{-1}$

$C_6H_{12}O_6(s) \longrightarrow 2CO_2(g)+2C_2H_5OH(l)$，　$\Delta_r H_m^\ominus=-68.0\ kJ\cdot mol^{-1}$

$C_2H_5OH(l)+H_2O(l) \longrightarrow 2CH_4(g)+O_2(g)$，　$\Delta_r H_m^\ominus=413.9\ kJ\cdot mol^{-1}$

则 $CO_2(g)+2H_2O(l) \longrightarrow CH_4(g)+2O_2(g)$ 的 $\Delta_r H_m^\ominus=$（　　）$kJ\cdot mol^{-1}$。

A. $-890.4\ kJ\cdot mol^{-1}$　　B. $3\,561.6\ kJ\cdot mol^{-1}$

C. $890.4\ kJ\cdot mol^{-1}$　　D. $450.2\ kJ\cdot mol^{-1}$

25. 下列叙述正确的是（　　）。

A. 在恒压下，凡是自发的过程一定是放热的

B. 因为焓是状态函数，而恒压反应的焓变等于恒压反应热，所以恒压反应热也是状态函数

C. 单质的标准生成焓和标准生成自由能都为零

D. 在恒温恒压不做非膨胀功条件下，体系自由能减少的过程都是自发进行的

26. 已知

(1) 葡萄糖＋磷酸盐 $\rightleftharpoons$ 葡萄糖-6-磷酸＋H_2O　$\Delta_r G_{m(1)}^\ominus(310\ K)=a\ kJ\cdot mol^{-1}$

(2) ATP＋$H_2O \rightleftharpoons$ ADP＋磷酸盐　$\Delta_r G_{m(2)}^\ominus(310\ K)=b\ kJ\cdot mol^{-1}$

则反应 ATP＋葡萄糖 $\rightleftharpoons$ ADP＋葡萄糖-6-磷酸的 $\ln K^\ominus(310\ K)$ 为（　　）。

A. $-(a+b)/(8.314\times310)$　　B. $-(a-b)/(8.314\times310)$

C. $-(a+b)/(8.314\times0.310)$　　D. $-(a-b)/(8.314\times0.310)$

27. 298 K 时，$C_6H_6(l)+7.5O_2(g) \longrightarrow 3H_2O(l)+6CO_2(g)$，若反应中的各气体物质可看成理想气体，则其恒压反应热 Q_p 和恒容反应热 Q_V 之间的关系为（　　）。

A. $Q_p > Q_V$ B. $Q_p < Q_V$

C. $Q_p = Q_V$ D. 不能确定

28. 下列顺序排列正确的是（ ）。

A. $S_m^\ominus(CO_2, g) > S_m^\ominus(CO, g) > S_m^\ominus$(C，石墨)$> S_m^\ominus$（C，金刚石）

B. $S_m^\ominus(CO_2, g) > S_m^\ominus(CO, g) > S_m^\ominus$(C，金刚石)$> S_m^\ominus$(C，石墨)

C. $S_m^\ominus(CO, g) > S_m^\ominus(CO_2, g) > S_m^\ominus$(C，石墨)$> S_m^\ominus$(C，金刚石)

D. $S_m^\ominus(CO, g) > S_m^\ominus(CO_2, g) > S_m^\ominus$(C，金刚石)$> S_m^\ominus$(C，石墨)

29. 估计下列反应 $\Delta_r S_m^\ominus < 0$ 的是（ ）。

A. $CO_2(g) + Ca(OH)_2(s) \xlongequal{} CaCO_3(s) + H_2O(l)$

B. $CaCO_3(s) \xlongequal{} CaO(s) + CO_2(g)$

C. $2NaHCO_3(s) \xlongequal{} Na_2CO_3(s) + CO_2(g) + H_2O(g)$

D. $AgCl(s) \xlongequal{} Ag^+(aq) + Cl^-(aq)$

30. Al 元素的一级、二级和三级电离能分别为 $+584\ kJ \cdot mol^{-1}$、$+1\,830\ kJ \cdot mol^{-1}$ 和 $+2\,760\ kJ \cdot mol^{-1}$，则 $Al^{3+}(g) + 2e^- \longrightarrow Al^+(g)$ 的焓变为（ ）$kJ \cdot mol^{-1}$。

A. +2 176 B. −2 176 C. +4 590 D. −4 590

31. 锡的晶型转化反应为 $Sn(\beta) \rightleftharpoons Sn(\alpha)$，在标准状态下，高于 296 K，$Sn(\alpha)$ 转化为 $Sn(\beta)$，则反应的 $\Delta_r H_m^\ominus$ 和 $\Delta_r S_m^\ominus$ 的符号为（ ）。

A. $\Delta_r H_m^\ominus > 0$，$\Delta_r S_m^\ominus > 0$ B. $\Delta_r H_m^\ominus < 0$，$\Delta_r S_m^\ominus < 0$

C. $\Delta_r H_m^\ominus < 0$，$\Delta_r S_m^\ominus > 0$ D. $\Delta_r H_m^\ominus > 0$，$\Delta_r S_m^\ominus < 0$

（二）填空题

32. 比较下列状态函数变化量的相对大小，$\Delta_f H_m^\ominus(H_2O, l)$ ________ $\Delta_f H_m^\ominus(H_2O, g)$，$S_m^\ominus(H_2O, g)$ ________ $S_m^\ominus(H_2O, l)$，$\Delta_f H_m^\ominus$（C，金刚石）________ $\Delta_f H_m^\ominus$（C，石墨），$\Delta_f H_m^\ominus(CO_2, g)$ ________ $\Delta_c H_m^\ominus$（C，石墨），$\Delta_f G_m^\ominus$（C，金刚石）________ $\Delta_f G_m^\ominus$（C，石墨）。（填“>”“<”或“=”）

33. 已知汽车尾气无害化反应：$NO(g) + CO(g) \rightleftharpoons 1/2\ N_2(g) + CO_2(g)$ 的 $\Delta_r H_m^\ominus < 0$，要提高有害气体 NO 和 CO 的最大转化率，可采用的措施是________。

34. 已知 $4NH_3(g) + 5O_2(g) \xlongequal{} 4NO(g) + 6H_2O(l)$ $\Delta_r H_m^\ominus = -1\,170\ kJ \cdot mol^{-1}$

$4NH_3(g) + 3O_2(g) \xlongequal{} 2N_2(g) + 6H_2O(l)$ $\Delta_r H_m^\ominus = -1\,530\ kJ \cdot mol^{-1}$

则 $\Delta_f H_m^\ominus(NO, g)$ 为________。

35. 在标准状态下，灰锡 (α) $\rightleftharpoons$ 白锡 (β) 反应的转变温度为 291 K，$\Delta_r H_m^\ominus = 2.1\ kJ \cdot mol^{-1}$。此过程的 $\Delta_r S_m^\ominus =$ ________ $J \cdot mol^{-1} \cdot K^{-1}$，273 K 时金属锡的稳定晶型为________。

36. 298 K 时，NaCl 在水中的溶解度为每 100 g 水 36.2 g，在 1 L 水中加入 36.2 g NaCl，则此溶解过程的 $\Delta_r G_m^\ominus$ ________ 0，$\Delta_r S_m^\ominus$ ________ 0。（填“>”“<”或“=”）

37. 反应 $A(g) + B(s) \longrightarrow C(g)$，A 和 C 都是理想气体，$\Delta_r H_m^\ominus = -41.80\ kJ \cdot mol^{-1}$，在 298 K 和标准压力下，系统对环境做的最大非体积功是 $40.13\ kJ \cdot mol^{-1}$，放热 $1.67\ kJ \cdot mol^{-1}$，则此变化过程的 $Q=$ ________ $kJ \cdot mol^{-1}$，$W=$ ________ $kJ \cdot mol^{-1}$，$\Delta_r U_m^\ominus =$ ________ $kJ \cdot mol^{-1}$，$\Delta_r S_m^\ominus =$ ________ $J \cdot mol^{-1} \cdot K^{-1}$，$\Delta_r G_m^\ominus =$ ________ $kJ \cdot mol^{-1}$。

[标准状态下，等温（298 K）系统对环境做最大非体积功为负即 $\Delta_r G_m^\ominus$，$\Delta_r H_m^\ominus$ 是等压

只做体积功时才等于 Q_p，与做最大非体积功的放热的 Q 不同。对于一个化学反应，等压只做体积功时，据 $\Delta_r H_m^\ominus = \Delta_r U_m^\ominus + \Delta n(g)RT$ 可计算 $\Delta_r U_m^\ominus$，依热力学第一定律 $\Delta_r U_m^\ominus = Q + W$ 计算 W，用 $\Delta_r G_m^\ominus = \Delta_r H_m^\ominus - T\Delta_r S_m^\ominus$ 求出 $\Delta_r S_m^\ominus$]

38. 某一系统在变化过程中自环境吸热 100 kJ，对环境做功 25 kJ，热力学能变为________kJ。

39. 估计 $I_2(s)$，$Br_2(l)$，$Cl_2(g)$，$F_2(g)$ 等物质的标准摩尔熵值增加的顺序是________。

40. 火山硫矿的形成反应 $2H_2S(g) + SO_2(g) \xlongequal{} 3S(s) + 2H_2O(g)$ 的 $\Delta_r G_m^\ominus(298\ K) = -90.8 kJ \cdot mol^{-1}$，则 $K^\ominus(298\ K) =$________。

（三）计算及简答题

41. 将甲醇转化为乙醇的反应如下：

$$CO(g) + 2H_2(g) + CH_3OH(g) \xlongequal{} C_2H_5OH(g) + H_2O(g)$$

（1）利用以下的热力学数据计算上述反应在 298 K 时的 $\Delta_r G_m^\ominus$、$\Delta_r S_m^\ominus$ 和 $\Delta_r H_m^\ominus$，说明该反应在 298 K、标准状态下能否自发进行；

（2）计算在标准状态下，该反应不能自发进行的最低温度；

（3）计算 750 K 反应的 $K_p^\ominus$。

	$CO(g)$	$H_2(g)$	$CH_3OH(g)$	$C_2H_5OH(g)$	$H_2O(g)$
$\Delta_f G_m^\ominus/(kJ \cdot mol^{-1})$	−137.2	0	−162.0	−168.5	−237.13
$S_m^\ominus/(J \cdot mol^{-1} \cdot K^{-1})$	197.7	130.7	239.8	282.7	69.91

42. 已知

已知	$Ag_2O(s) \xlongequal{} 2Ag(s) + 1/2\ O_2(g)$		
$\Delta_f H_m^\ominus/(kJ \cdot mol^{-1})$	−31.1	0	0
$S_m^\ominus/(J \cdot mol^{-1} \cdot K^{-1})$	121	42.55	205.03

求 Ag_2O 的最低分解温度及该温度下 O_2 的分压。

43. 工业上以硫黄为原料生产硫酸的反应如下：

(a) $S_8(s) + 8O_2(g) \longrightarrow 8SO_2(g)$　　$\Delta_r H_m^\ominus(a)$

(b) $2SO_2(g) + O_2(g) \longrightarrow 2SO_3(g)$　　$\Delta_r H_m^\ominus(b)$

(c) $SO_3(g) + H_2O(l) \longrightarrow H_2SO_4(l)$　　$\Delta_r H_m^\ominus(c)$

根据以下热力学数据：

物质	$S_8(s)$	$O_2(g)$	$SO_2(g)$	$SO_3(g)$	$H_2O(l)$	$H_2SO_4(l)$
$\Delta_f H_m^\ominus/(kJ \cdot mol^{-1})$	0	0	−296.6	−394.8	−285.6	−810.5

（1）计算各反应的 $\Delta_r H_m^\ominus$；

（2）写出生产 1 mol $H_2SO_4(l)$ 的总反应式并计算反应的 $\Delta_r H_m^\ominus$。

44. 某些工业生产的烟道气主要含有氮氧化物的有害气体（如 NO 和 NO_2），对其无害化处理可加入适量氨气进行如下反应：

$$6NO(g) + 4NH_3(g) \longrightarrow 5N_2(g) + 6H_2O(g)$$

根据以下热力学数据：

物质	$NO(g)$	$NH_3(g)$	$N_2(g)$	$H_2O(g)$
$\Delta_f H_m^\ominus/(kJ \cdot mol^{-1})$	91.3	−45.9	0	−241.8

$S_m^\ominus/(J \cdot mol^{-1} \cdot K^{-1})$　210.8　　192.8　　191.6　　188.8

计算 $\Delta_r H_m^\ominus$ 和 298 K 标准状态下反应进行的方向。

四、参考答案

(一) 选择题

1	2	3	4	5	6	7	8	9	10	11	12	13	14	15	16	17
C	D	D	B	A	D	A	D	C	C	A	C	C	D	B	C	A
18	19	20	21	22	23	24	25	26	27	28	29	30	31			
D	A	D	C	C	D	C	D	C	B	A	A	D	B			

(二) 填空题

32. $<$，$>$，$>$，$=$，$>$；

33. 降低反应温度、减小产物浓度、增加反应系统压力；

34. 90 $kJ \cdot mol^{-1}$；　35. 7.2，灰；　36. $<$、$>$；

37. -1.67、-40.13、-41.80、-5.604、-40.13；　38. 75；

39. $I_2(s)$，$Br_2(l)$，$F_2(g)$，$Cl_2(g)$；　40. 8.2×10^{15}。

(三) 计算及简答题

41. (1) $\Delta_r G_m^\ominus = -106.43\ kJ \cdot mol^{-1}$，$\Delta_r S_m^\ominus = -346.29\ J \cdot mol^{-1} \cdot K^{-1}$，$\Delta_r H_m^\ominus = -209.68\ kJ \cdot mol^{-1}$，该反应在标准状态下自发；

(2) $T=605.5\ K$；

(3) $K_p^\ominus = 3.27\times10^{-4}$。

42. $\Delta_r H_m^\ominus = 31.1\ kJ \cdot mol^{-1}$，$\Delta_r S_m^\ominus = 66..6\ J \cdot mol^{-1} \cdot K^{-1}$，最低分解温度 467 K，$O_2$ 的分压是 100 kPa。

43. (1) $\Delta_r H_m^\ominus(a) = -2\,373\ kJ \cdot mol^{-1}$，$\Delta_r H_m^\ominus(b) = -196.4\ kJ \cdot mol^{-1}$，$\Delta_r H_m^\ominus(c) = -130.2\ kJ \cdot mol^{-1}$；

(2) 总反应 $1/8S_8(s) + 3/2O_2(g) + H_2O(l) \longrightarrow H_2SO_4(l)$

$$\Delta_r H_m^\ominus = -525.0\ kJ \cdot mol^{-1}。$$

44. $\Delta_r H_m^\ominus = [5\times\Delta_f H_m^\ominus(N_2, g) + 6\times\Delta_f H_m^\ominus(H_2O, g)] - [6\times\Delta_f H_m^\ominus(NO, g) + 4\times\Delta_f H_m^\ominus(NH_3, g)]$

$= [5\times(0\ kJ \cdot mol^{-1}) + 6\times(-241.8\ kJ \cdot mol^{-1})] - [6\times(91.3\ kJ \cdot mol^{-1}) + 4\times(-45.9\ kJ \cdot mol^{-1})]$

$= -1\,815\ kJ \cdot mol^{-1}$

$\Delta_r S_m^\ominus = \sum \nu_B S_m^\ominus$

$= [5S_m^\ominus(N_2, g) + 6S_m^\ominus(H_2O, g)] - [6S_m^\ominus(NO, g) + 4S_m^\ominus(NH_3, g)]$

$= (5\times191.6\ J \cdot mol^{-1} \cdot K^{-1} + 6\times188.8\ J \cdot mol^{-1} \cdot K^{-1}) - [6\times210.8\ J \cdot mol^{-1} \cdot K^{-1} + 4\times192.8\ J \cdot mol^{-1} \cdot K^{-1}]$

$=54.8\ J \cdot K^{-1} \cdot mol^{-1}$

自发反应 $\Delta_r G_m^{\ominus} = \Delta_r H_m^{\ominus} - T\Delta_r S_m^{\ominus}$

$= -1\,815\ kJ \cdot mol^{-1} - 298\ K \times 0.054\,8\ kJ \cdot K^{-1} \cdot mol^{-1}$

$= -1\,831\ kJ \cdot mol^{-1} < 0$

即 298 K 反应正向自发进行。

第三章 化学反应速率与化学平衡

一、基本概念与要点

（一）化学反应速率

1. 分压定律

（1）组分气体　理想气体混合物中每一种气体称为组分气体。

（2）分压　组分气体B在相同温度下占有与混合气体相同体积时所产生的压力，称为组分气体B的分压。

$$p_B=\frac{n_B RT}{V}$$

混合气体的总压等于混合气体中各组分气体分压之和。

$$p=p_1+p_2+\cdots+p_i+\cdots \text{或} p=\sum p_B$$

$$p_B=p\cdot\frac{n_B}{n}=p\cdot x_B$$

2. 反应速率

（1）概念　在定容状态下（密闭容器中进行的反应及液相反应），反应速率用单位时间内反应物浓度的减少或生成物浓度的增加来表示。

（2）表示法

瞬时速率
$$v=\frac{1}{\nu_B}\cdot\frac{\mathrm{d}c_B}{\mathrm{d}t}$$

ν_B 为反应式中反应物和生成物的计量系数，反应物取负，生成物取正，反应速率为正值。如：

$$N_2+3H_2 \rightleftharpoons 2NH_3$$

$$v=-\frac{1}{1}\cdot\frac{\mathrm{d}c(N_2)}{\mathrm{d}t}=-\frac{1}{3}\cdot\frac{\mathrm{d}c(H_2)}{\mathrm{d}t}=\frac{1}{2}\cdot\frac{\mathrm{d}c(NH_3)}{\mathrm{d}t}$$

3. 反应机理

（1）基元反应　反应物微粒间经一步作用直接转化成产物的反应。

（2）简单反应　由一个基元反应构成的化学反应称为简单反应。

（3）复杂反应　由两个或两个以上的基元反应构成的反应称为复杂反应。

绝大多数化学反应都是复杂反应（非基元反应），对于任一化学反应方程式，除非特别说明，一般只表示化学计量方程式，而不代表基元反应。

反应机理由实验确定。

4. 碰撞理论和活化能

（1）碰撞理论的核心

① 化学反应发生的先决条件是反应物分子之间互相接触发生碰撞。

② 不是所有互相碰撞的分子都能发生反应，只有相碰的反应物分子的能量超过一定数值（发生反应的临界能）且碰撞的空间方位正确时，碰撞后才能发生反应。

（2）有效碰撞　能发生化学反应的分子之间的碰撞。（碰撞分子能量足够高，碰撞方位正确）

（3）活化分子　能量超过一定数值（发生反应的临界能）的分子。

（4）能量因子（活化分子的百分数）　活化分子占分子总数的百分数。

（5）活化能　活化分子所具有的最低能量与反应物分子的平均能量差，是阿仑尼乌斯提出的“经验活化能”，因为它是根据动力学实验（T、K）数据利用阿仑尼乌斯公式（$k=A\cdot e^{-\frac{E_a}{RT}}$）用作图法或计算法得到的。温度变化不是很大时，$E_a$ 视为常数，单位为 $kJ\cdot mol^{-1}$。

（6）活化能与反应热　$E_{a正}-E_{a逆}=\Delta_r H_m$

活化能均为正值，反应热可以为正值也可以为负值。无论是放热还是吸热反应，都需要一定的活化能。催化剂可以降低反应的活化能，对正逆反应活化能降低值相同，不影响反应热的数值。

5. 影响反应速率的因素

内因：反应物的本性，在能量特征上表现为活化能。

外因：浓度、压力（气体反应）、温度、催化剂。（光照、辐射、磁场、固体的比表面积等不在本书讨论之列）

（1）浓度的影响

① 质量作用定律：在一定温度下，基元反应 $aA+bB=gG+hH$ 的速率与各反应物浓度幂的乘积成正比。数学表达式（速率方程）为

$$v=kc^a(A)\cdot c^b(B)$$

若反应物为气体，也可用分压表示，但 k 不同。一切速率方程均由实验确定。

② 速率常数 k：在一定条件（温度、催化剂）下，反应物浓度均为 $1\ mol\cdot L^{-1}$ 时的反应速率。

a. 反应不同，k 不同。

b. 同一反应，温度不同 k 不同。

c. 同一反应，温度一定时，有无催化剂 k 也是不同的。

d. k 的单位为 $(mol\cdot L^{-1})^{1-n}\cdot$（时间）$^{-1}$，$n$ 为反应级数，时间可以是秒（s）、分（min）、小时（h）等。

e. k 是反映反应速率快慢的标志。

③ 反应级数：速率方程中反应物浓度幂指数之和 $a+b$ 为反应级数。对于基元反应，a 和 b 对应于反应物在反应式中的计量系数。但当 a 和 b 与反应式中反应物的计量系数相对应时，反应不一定是基元反应，如 $H_2(g)+I_2(g)=2HI(g)$ 的速率方程为

$$v=kp(H_2)\cdot p(I_2)$$

a 和 b 与反应式中反应物的计量系数一一对应，都为 1，而实验证明 $H_2(g)+I_2(g)=2HI(g)$ 是一个复杂反应。

浓度对反应速率的影响从质量作用定律可看出：温度不变，浓度增大，反应速率相应增大。原因是温度一定时，反应物中活化分子的百分数不变，当反应物浓度增大时，相应的单位体积内活化分子的总数增多，这样有效碰撞的机会也增多，结果反应速率加快。

（2）温度的影响

结论：浓度不变，温度升高，反应速率相应加快。

定量关系：用阿仑尼乌斯公式表示：

$$k=A\cdot e^{-\frac{E_a}{RT}}$$

式中：A 称为指前因子，温度变化范围不大时可视为常数。温度升高，活化分子的百分数增大，k 增大。

需要注意的是反应无论是吸热还是放热，升高温度都能使反应速率加快。如果反应为可逆反应，升高温度使吸热方向的速率 $v_{吸}$ 增加大于放热方向的速率 $v_{放}$ 的增加。

对于同一反应，温度变化不是很大时，E_a 视为常数，则 $k_2(T_2)$ 和 $k_1(T_1)$ 的关系为

$$\ln\frac{k_2(T_2)}{k_1(T_1)}=\frac{E_a}{R}\left(\frac{T_2-T_1}{T_2\times T_1}\right)或\ \lg\frac{k_2(T_2)}{k_1(T_1)}=\frac{E_a}{2.303R}\left(\frac{T_2-T_1}{T_2\times T_1}\right)$$

利用该式可以计算反应的活化能，计算不同温度下的速率常数，确定反应的温度系数等。应用上述公式计算时需注意两点：①温度必须用热力学温度；②单位统一，即活化能的常用单位中的 kJ 换算为 10^3 J，R 为 8.314 J·K^{-1}·mol^{-1}。

（3）催化剂的影响　结论：温度、浓度不变，使用催化剂加快反应速率（一般指正催化剂）。

催化剂能改变反应历程，降低反应的活化能，增加活化分子的百分数，增大 k 值，所以可使反应速率加快。因此，催化剂对反应速率的影响和浓度、温度的影响是不同的。浓度、温度不改变反应历程，而催化剂是通过改变反应历程加快反应速率的。

由于催化剂对正逆反应的活化能降低值相同，所以正逆反应速率增加的倍数是相同的，也即正逆反应的 k 值增加的倍数相同。

① 对于温度不变而活化能不同的两个化学反应，用下式计算反应速率：

$$\frac{k_2}{k_1}=\frac{Ae^{-\frac{E_{a2}}{RT}}}{Ae^{-\frac{E_{a1}}{RT}}}=e^{-\frac{E_{a2}-E_{a1}}{RT}}$$

② 对于同一化学反应，温度改变而活化能基本不变时，用下式计算反应速率：

$$\frac{k_2}{k_1}=\frac{Ae^{-\frac{E_a}{RT_2}}}{Ae^{-\frac{E_a}{RT_1}}}=e^{\frac{E_a}{R}\left(\frac{T_2-T_1}{T_2\times T_1}\right)}$$

影响化学反应速率的因素见表 3-1。

表 3-1　影响化学反应速率的因素

影响因素			影响情况 v	影响情况 k	解　释
内因	活化能	大	慢	小	活化能小，活化分子百分数大，有效碰撞频率大，速率加快
		小	快	大	
	反应物浓度	增大	快	不变	增大反应物浓度，单位体积内活化分子的总数增大，有效碰撞频率大，反应速率加快
		减小	慢	不变	

（续）

影响因素			影响情况		解释
			v	k	
外因	温度	升高	快	大	活化分子百分数增加
		降低	慢	小	
	催化剂	有	快	大	使用催化剂，改变反应途径，降低反应的活化能，活化分子百分数增加
		无	慢	小	

（二）化学平衡

1. 平衡态的特点

（1）前提　恒温、封闭体系中的可逆反应。

（2）条件　$v_{正}=v_{逆}\neq 0$（动态）。

（3）标志　反应物和产物的浓度不随时间而改变。

（4）化学平衡是有条件的平衡。平衡态是反应进行达到的最大程度。

2. 平衡常数　实验证明，在一定温度下，任一可逆化学反应达平衡时，反应物、产物的平衡浓度以计量系数为指数的幂的乘积之比值是一常数。

3. 平衡常数的意义　平衡常数的大小表明在一定条件下反应进行完全的程度。平衡常数越大，表示正反应进行的程度趋势越大，反之越小。它与反应速率的大小并不相关。

4. 实验平衡常数　根据实验数据计算得到的平衡常数，符号 K。

5. 标准平衡常数　用相对浓度 $c_B/c^{\ominus}$，气体必须用相对分压 $p_B/p^{\ominus}$ 来表示的平衡常数，可由热力学计算，符号 $K^{\ominus}$。$c^{\ominus}=1\ \text{mol}\cdot\text{L}^{-1}$，$p^{\ominus}=10^5\ \text{Pa}$。

表 3－2 列出了不同反应中的实验平衡常数与标准平衡常数。

表 3－2　实验平衡常数与标准平衡常数

	实验平衡常数表达式	标准平衡常数表达式	说　明
液相反应 $a\text{A(aq)}+b\text{B(aq)}\rightleftharpoons g\text{G(aq)}+h\text{H(aq)}$	$K_c=\dfrac{c^g(\text{G})c^h(\text{H})}{c^a(\text{A})c^b(\text{B})}$	$K_c^{\ominus}=\dfrac{[c(\text{G})/c^{\ominus}]^g\,[c(\text{H})/c^{\ominus}]^h}{[c(\text{A})/c^{\ominus}]^a[c(\text{B})/c^{\ominus}]^b}$	$K_c^{\ominus}$ 量纲为 1，可由热力学计算；K_c 只能由实验测得，$K_c^{\ominus}=K_c\cdot(c^{\ominus})^{-[(g+h)-(a+b)]}$
气相反应 $a\text{A(g)}+b\text{B(g)}\rightleftharpoons g\text{G(g)}+h\text{H(g)}$	$K_p=\dfrac{p^g(\text{G})p^h(\text{H})}{p^a(\text{A})p^b(\text{B})}$	$K_p^{\ominus}=\dfrac{[p(\text{G})/p^{\ominus}]^g\,[p(\text{H})/p^{\ominus}]^h}{[p(\text{A})/p^{\ominus}]^a\,[p(\text{B})/p^{\ominus}]^b}$	$K_p^{\ominus}$ 量纲为 1，可由热力学计算；K_p 只能由实验测得，$K_p^{\ominus}=K_p\cdot(p^{\ominus})^{-[(g+h)-(a+b)]}$
非均相反应 $a\text{A(g)}+b\text{B(aq)}+d\text{D(s)}\rightleftharpoons g\text{G(g)}+h\text{H(aq)}+z\text{Z(l)}$	$K_c=\dfrac{c^g(\text{G})c^h(\text{H})}{c^a(\text{A})c^b(\text{B})}$ $K=\dfrac{p^g(\text{G})c^h(\text{H})}{p^a(\text{A})c^b(\text{B})}$	$K^{\ominus}=\dfrac{[p(\text{G})/p^{\ominus}]^g[c(\text{H})/c^{\ominus}]^h}{[p(\text{A})/p^{\ominus}]^a\,[c(\text{B})/c^{\ominus}]^b}$	在实验平衡常数表达式中，气体可用分压也可用浓度表示，标准平衡常数，气体必须用相对分压表示。纯固体、纯液体在两者的表达式中为“1”

6. 多重平衡规则　平衡常数的表达式不仅适用于总反应，也适用于分步反应。若总反应是几个反应的总和，则总反应的平衡常数等于各反应平衡常数的乘积。例如

（1）　$\text{A}+\text{B}\rightleftharpoons \text{C}$　　$K_1^{\ominus}$　　$\Delta_r G_m^{\ominus}(1)=-RT\ln K_1^{\ominus}$

（2）　$\text{C}+\text{G}\rightleftharpoons \text{H}$　　$K_2^{\ominus}$　　$\Delta_r G_m^{\ominus}(2)=-RT\ln K_2^{\ominus}$

（3）　$\text{A}+\text{B}+\text{G}\rightleftharpoons \text{H}$　　$K_3^{\ominus}$　　$\Delta_r G_m^{\ominus}(3)=-RT\ln K_3^{\ominus}$

因为③=①+②，所以 $\Delta_r G_m^{\ominus}(3)=\Delta_r G_m^{\ominus}(1)+\Delta_r G_m^{\ominus}(2)$

$$-RT\ln K_3^{\ominus}=-RT\ln K_1^{\ominus}+(-RT\ln K_2^{\ominus})$$

$$K_3^{\ominus}=K_1^{\ominus}\times K_2^{\ominus}$$

7. 平衡转化率　最大转化率，简称转化率，表示反应进行的程度。转化率用 α 表示，它是指反应在一定条件下达到平衡时，某一反应物消耗的量与原始量的比值。

$$\alpha=\frac{\text{反应物消耗的量}}{\text{反应物的起始量}}\times 100\%$$

定容反应　　$$\alpha=\frac{\text{反应物的起始浓度}-\text{反应物的平衡浓度}}{\text{反应物的起始浓度}}\times 100\%$$

对于某一反应，若知道某一温度下的平衡常数及反应物的起始浓度，可计算该反应物的转化率，反之，如果知道反应物的起始浓度、转化率也可计算反应的平衡常数。

8. 化学平衡的有关计算

(1) 平衡常数与转化率的根本区别　平衡常数与初始浓度无关，转化率与初始浓度有关。

(2) 解题思路　一般是写出化学方程式，列出四项关系式：原始物质的量、转化物质的量、平衡物质的量和平衡浓度，按已知条件找出各项物质的量的关系。

① 对于反应物：原始物质的量－转化物质的量=平衡物质的量。

② 对于生成物：原始物质的量+转化物质的量=平衡物质的量。

③ 最后把平衡物质的量换算成平衡浓度，以平衡浓度代入平衡常数表达式。(注：反应中各物质是以物质的量关系进行的，不是以物质的量浓度关系进行的，所以不能列物质的量浓度关系式，只有在恒容的条件下，才可以用物质的量浓度变化关系)

9. 标准平衡常数 $K^{\ominus}$ 与标准自由能变 $\Delta_r G_m^{\ominus}$ 计算

$$\Delta_r G_m^{\ominus}(T)=-RT\ln K^{\ominus}=-2.303RT\lg K^{\ominus}$$

$$\Delta_r G_m^{\ominus}(T)\approx\Delta_r H_m^{\ominus}(298\ \text{K})-T\Delta_r S_m^{\ominus}(298\ \text{K})$$

注意单位一致。

10. 化学平衡的移动　化学平衡为动态平衡，条件改变会使平衡发生移动。

等温方程式　　$$\Delta_r G_m=\Delta_r G_m^{\ominus}+RT\ln Q$$

$$\Delta_r G_m=-RT\ln K^{\ominus}+RT\ln Q=RT\ln(Q/K^{\ominus})$$

(1) 反应商判据

$Q<K^{\ominus}$　　$\Delta_r G_m<0$　　反应正向进行

$Q=K^{\ominus}$　　$\Delta_r G_m=0$　　平衡状态

$Q>K^{\ominus}$　　$\Delta_r G_m>0$　　反应逆向进行

Q 与 $K^{\ominus}$ 的表达式的书写方式和规定完全相同，都与反应式有关，同一反应，反应式的写法不同，数值各异。不同的是平衡常数 $K^{\ominus}$ 表达式对应于平衡态的相对分压或相对浓度，而反应商 Q 是任意状态当然也包括平衡状态的相对分压或相对浓度。

(2) 影响化学反应平衡移动的因素　见表 3-3。

平衡常数与温度的关系式：

$$\ln\frac{K_2^{\ominus}(T_2)}{K_1^{\ominus}(T_1)}=\frac{\Delta_r H_m^{\ominus}}{R}\left(\frac{T_2-T_1}{T_1\times T_2}\right)$$

注意单位统一，T 为热力学温度。

表 3-3　影响化学反应平衡移动的因素

影响因素	条　件	变化情况	影响情况 $K^{\ominus}$	影响情况 Q	影响情况 移动	解　释
反应物浓度		增大	不变	减小	正向	$Q<K^{\ominus}$，$\Delta_r G_m^{\ominus}<0$
		减小	不变	增大	逆向	$Q>K^{\ominus}$，$\Delta_r G_m^{\ominus}>0$
总压力	反应后气体分子数减少	增大	不变	减小	正向	$Q<K^{\ominus}$，$\Delta_r G_m^{\ominus}<0$
	反应后气体分子数增多	减小	不变	减小	正向	$Q<K^{\ominus}$，$\Delta_r G_m^{\ominus}<0$
	反应前后气体分子数不变	增大或减小	不变	不变	不	$Q=K^{\ominus}$，$\Delta_r G_m^{\ominus}=0$
温度	吸热 $\Delta_r H_m^{\ominus}>0$	升高	增大	不变	正向	$Q<K^{\ominus}$，$\Delta_r G_m^{\ominus}<0$
	放热 $\Delta_r H_m^{\ominus}<0$	降低	增大	不变	正向	$Q<K^{\ominus}$，$\Delta_r G_m^{\ominus}<0$
催化剂		加入	不变	不变	不	$Q=K^{\ominus}$，$\Delta_r G_m^{\ominus}=0$

二、解题示例

【例 3-1】 已知反应 $H_2O_2(l)=1/2\ O_2(g)+H_2O(l)$，$E_a=75.2\ kJ\cdot mol^{-1}$，当温度从 20 ℃升高到 30 ℃时反应速率增加多少倍？

解：$\lg\dfrac{v_{303}}{v_{293}}=\lg\dfrac{k_{303}}{k_{293}}=\dfrac{75.2\times10^3\ J\cdot mol^{-1}}{2.303\times8.314\ J\cdot K^{-1}\cdot mol^{-1}}\times\left(\dfrac{303\ K-293\ K}{303\ K\times293\ K}\right)=0.442$

$$\frac{v_{303}}{v_{293}}=2.77$$

温度升高 10 K，反应速率增加 2～4 倍的范氏规则是一个近似规则，适用于活化能在 53～105 kJ·mol^{-1}范围内的反应。

【例 3-2】 现有两反应，活化能分别为 100 kJ·mol^{-1}和 200 kJ·mol^{-1}，若将温度从 300 K 升高到 310 K，计算两反应的速率常数 k 各增大多少倍。

解：假设指前因子 A 相同，当 $E_a=100\ kJ\cdot mol^{-1}$时

$$\frac{k_2}{k_1}=\frac{Ae^{-\frac{E_a}{RT_2}}}{Ae^{-\frac{E_a}{RT_1}}}=\frac{e^{-\frac{100\times10^3\ J\cdot mol^{-1}}{8.314\ J\cdot K^{-1}\cdot mol^{-1}\times310\ K}}}{e^{-\frac{100\times10^3\ J\cdot mol^{-1}}{8.314\ J\cdot K^{-1}\cdot mol^{-1}\times300\ K}}}=\frac{e^{-38.8}}{e^{-40.1}}=3.67$$

当 $E_a'=200\ kJ\cdot mol^{-1}$时

$$\frac{k_2}{k_1}=\frac{Ae^{-\frac{E_a'}{RT_2}}}{Ae^{-\frac{E_a'}{RT_1}}}=\frac{e^{-\frac{200\times10^3\ J\cdot mol^{-1}}{8.314\ J\cdot K^{-1}\cdot mol^{-1}\times310\ K}}}{e^{-\frac{200\times10^3\ J\cdot mol^{-1}}{8.314\ J\cdot K^{-1}\cdot mol^{-1}\times300\ K}}}=\frac{e^{-77.6}}{e^{-80.2}}=13.5$$

此例说明升高温度有利于活化能大的反应。

【例 3-3】 660 K 时的反应 $2NO+O_2\longrightarrow2NO_2$，NO 和 O_2 的初始浓度$c(NO)$和 $c(O_2)$

及反应初始速率 v 的实验数据如下所示：

$c(NO)/(mol \cdot L^{-1})$	$c(O_2)/(mol \cdot L^{-1})$	$v/(mol \cdot L^{-1} \cdot s^{-1})$
0.10	0.10	0.030
0.10	0.20	0.060
0.20	0.20	0.240

（1）写出反应的速率方程，确定反应的级数；

（2）计算速率常数；

（3）求 $c(NO)=c(O_2)=0.15\ mol \cdot L^{-1}$时的反应速率。

解：（1）设反应的速率方程为 $v=kc^x(NO)c^y(O_2)$

$$\frac{v_2}{v_1}=\frac{0.060\ mol \cdot L^{-1} \cdot s^{-1}}{0.030\ mol \cdot L^{-1} \cdot s^{-1}}=\frac{\cancel{k(0.10\ mol \cdot L^{-1})^x}\ (0.20\ mol \cdot L^{-1})^y}{\cancel{k(0.10\ mol \cdot L^{-1})^x}\ (0.10\ mol \cdot L^{-1})^y}=2^y=2$$

$$y=1$$

$$\frac{v_3}{v_2}=\frac{0.240\ mol \cdot L^{-1} \cdot s^{-1}}{0.060\ mol \cdot L^{-1} \cdot s^{-1}}=\frac{\cancel{k}(0.20\ mol \cdot L^{-1})^x\ \cancel{(0.20\ mol \cdot L^{-1})^y}}{\cancel{k}(0.10\ mol \cdot L^{-1})^x\ \cancel{(0.20\ mol \cdot L^{-1})^y}}=2^x=4$$

$$x=2$$

将 x 和 y 代入得

$$v=kc^2(NO)c(O_2)$$

反应级数为 2+1=3。

（2）将第一组数据代入速率方程，

$$0.030\ mol \cdot L^{-1} \cdot s^{-1}=k(0.10\ mol \cdot L^{-1})^2 \times (0.10\ mol \cdot L^{-1})$$

解得

$$k=30\ L^2 \cdot mol^{-2} \cdot s^{-1}$$

（3）$v=30\ L^2 \cdot mol^{-2} \cdot s^{-1} \times (0.15\ mol \cdot L^{-1})^2 \times 0.15\ mol \cdot L^{-1}$

$=0.10\ mol \cdot L^{-1} \cdot s^{-1}$

此例说明速率方程是由实验确定的。

【例 3-4】 实验证明，在一定条件下 $2NO_2(g) \rightleftharpoons 2NO(g)+O_2(g)$ 是一可逆基元反应，$E_{a正}=114\ kJ \cdot mol^{-1}$，反应吸热 $113\ kJ \cdot mol^{-1}$，则逆反应的活化能为多少？700 K 时正反应速率是 298 K 的多少倍？逆反应速率是298 K的多少倍？

解：　$E_{a正}-E_{a逆}=\Delta_r H_m$

$E_{a逆}=114\ kJ \cdot mol^{-1}-113\ kJ \cdot mol^{-1}=1\ kJ \cdot mol^{-1}$

700 K 时，$\ln\frac{k_正(700\ K)}{k_正(298\ K)}=\frac{114\times10^3\ J \cdot mol^{-1}}{8.314\ J \cdot K^{-1} \cdot mol^{-1}}\times\left(\frac{700\ K-298\ K}{700\ K\times298\ K}\right)=26.4$

$$\frac{k_正(700\ K)}{k_正(298\ K)}=2.92\times10^{11}$$

$$\ln\frac{k_逆(700\ K)}{k_逆(298\ K)}=\frac{1\times10^3\ J \cdot mol^{-1}}{8.314\ J \cdot K^{-1} \cdot mol^{-1}}\times\left(\frac{700\ K-298\ K}{700\ K\times298\ K}\right)=0.232$$

$$\frac{k_逆(700\ K)}{k_逆(298\ K)}=1.26$$

由此题可看出，升温正逆反应的反应速率都增大，但增大的倍数不同，活化能大的反应，温度对其影响更大。

【例 3-5】下列叙述正确的是（　　）。

A. 反应的 ΔG 越小，则反应速率越快　　B. 反应的 ΔH 越小，反应速率越快

C. 反应的 ΔS 越大，则反应速率越快　　D. 反应的 E_a 越小，反应速率越快

答：D。ΔG、ΔH 和 ΔS 是热力学状态函数的改变量，只与始终态有关与变化过程无关。反应速率与反应机理即步骤有关，催化剂改变 E_a 正是改变了反应过程的原因，E_a 大小是决定反应速率快慢的主要原因。故答案选 D。

【例 3-6】将反应物 A 和 B 置于含有催化剂的密闭容器中进行下述反应：

$$A(g)+B(g)\rightleftharpoons C(g)$$

（1）反应达平衡后，保持温度不变，在 t_1 时刻加入少量某惰性气体使催化剂中毒失活，下列表示此变化过程正反应速率随时间变化图正确的是（　　）。

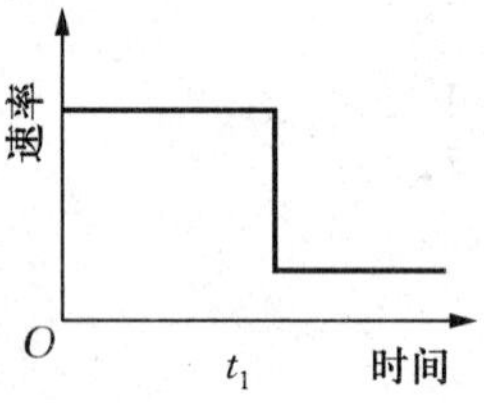

图Ⅰ

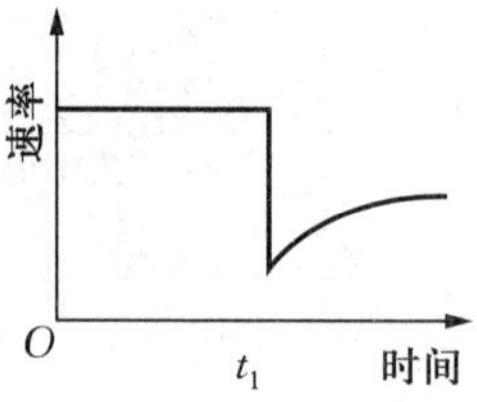

图Ⅱ

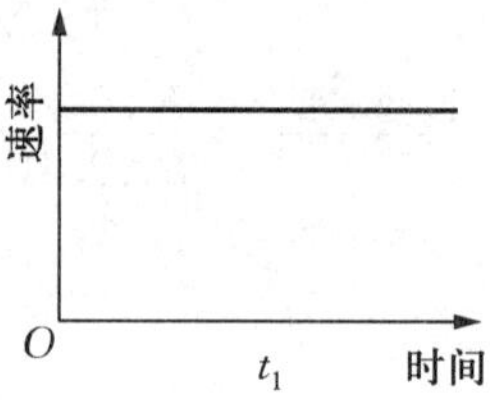

图Ⅲ

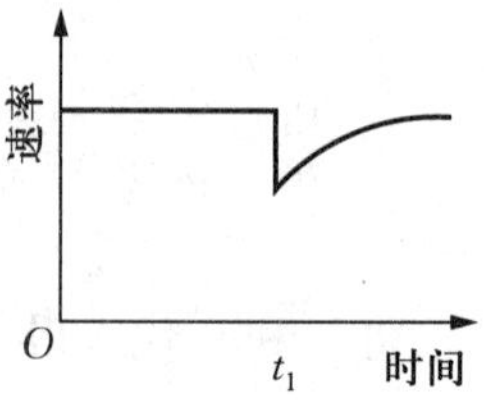

图Ⅳ

A. 图Ⅰ　　B. 图Ⅱ　　C. 图Ⅲ　　D. 图Ⅳ

（2）产物 C 的浓度随时间的变化图为（　　）。

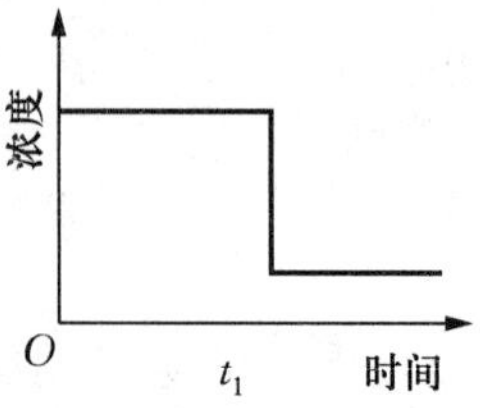

图Ⅰ

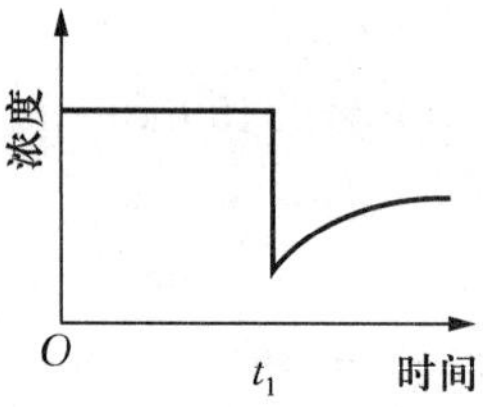

图Ⅱ

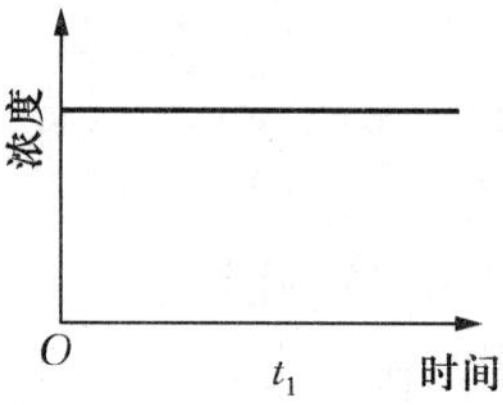

图Ⅲ

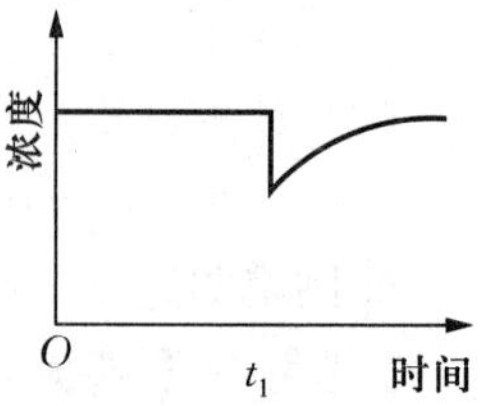

图Ⅳ

A. 图Ⅰ　　B. 图Ⅱ　　C. 图Ⅲ　　D. 图Ⅳ

答：（1）A。保持温度不变，等容条件下，惰性气体的加入不能移动平衡，而催化剂只能改变速率常数 k，加快达到平衡的时间，不能移动平衡，不能改变平衡浓度，对于正反应的速率 $v=k_{正}\,c^m(A)c^n(B)$，$c(A)$ 和 $c(B)$ 不变，催化剂在 t_1 时刻处失活，$k_{正}$ 减小，v 减小并随时间不变。（2）C，同理。

【例 3-7】已知在 1 000 ℃时，反应 $FeO(s)+CO(g)\rightleftharpoons Fe(s)+CO_2(g)$ 的 $K_p^{\ominus}=0.403$，问欲制得 1.00 mol 的铁，需通入多少 CO？

分析：这是一综合题，虽然已知条件里涉及的是铁，但我们知道平衡表达式里不应出现固体。欲制铁需要还原剂 CO，通过铁的量求 CO 的转化量，这是解题的关键所在。

解：设通入的 CO 的物质的量为 x，从方程可知，有 1 mol Fe 生成，必定消耗 1 mol CO。

$$FeO(s)+CO(g) \rightleftharpoons Fe(s)+CO_2(g)$$

原始物质的量	x	0
转化物质的量	1	1
平衡时物质的量	$x-1$	1

平衡时总物质的量　$n_{总}=x-1+1=x$

$$p(CO)=p_{总}\cdot\frac{n(CO)}{n_{总}}=p_{总}\cdot\frac{x-1}{x}$$

$$K_p^{\ominus}=\frac{p(CO_2)/p^{\ominus}}{p(CO)/p^{\ominus}}=\frac{p_{总}\cdot\frac{1}{x}}{p_{总}\cdot\frac{x-1}{x}}=\frac{1}{x-1}=0.403\quad x=3.48$$

【例 3-8】 把 3 体积 H_2 和 1 体积 N_2 的混合物加热至 400 ℃，若外压为 $10p^{\ominus}$，当平衡时，其中含 NH_3 3.85%（体积分数）。试计算：

（1）$N_2+3H_2 \rightleftharpoons 2NH_3$ 的 $K_p^{\ominus}$；

（2）在此温度下要得到 5%的 NH_3，需要多大压力？

分析：求 $K_p^{\ominus}$ 首先要知道平衡时各气体物质的平衡分压，这可从已知条件氨的体积分数入手，同温同压下$\frac{V(NH_3)}{V_{总}}=\frac{n(NH_3)}{n_{总}}$，总压为 $10p^{\ominus}$，氨的平衡分压即可求。同理，起始 N_2 与 H_2 的体积比为 1∶3，那么物质的量之比就是 1∶3，在反应过程中是以 1∶3 的物质的量之比进行的，所以平衡时$n(N_2)∶n(H_2)=1∶3$，N_2 和 H_2 的分压之和在总压中占（1－3.85%），进而可求 $p(N_2)$ 和 $p(H_2)$。

解：（1）$p(NH_3)=p_{总}\cdot\frac{n(NH_3)}{n_{总}}=p_{总}\cdot\frac{V(NH_3)}{V_{总}}=10p^{\ominus}\times3.85/100=0.385p^{\ominus}$

$$\frac{V(N_2)+V(H_2)}{V_{总}}=\frac{V_{总}-V(NH_3)}{V_{总}}=\frac{100-3.85}{100}=96.15/100$$

因为　$n(N_2):n(H_2)=1:3，n(H_2)=3n(N_2)$

则　$\frac{n(N_2)+n(H_2)}{n_{总}}=\frac{n(N_2)+3n(N_2)}{n_{总}}=\frac{4n(N_2)}{n_{总}}=96.15/100$

$$\frac{n(N_2)}{n_{总}}=0.24\qquad\frac{n(H_2)}{n_{总}}=0.72$$

$$p(N_2)=p_{总}\cdot\frac{n(N_2)}{n_{总}}=10p^{\ominus}\times0.24=2.4p^{\ominus}$$

$$p(H_2)=p_{总}\cdot\frac{n(H_2)}{n_{总}}=10p^{\ominus}\times0.72=7.2p^{\ominus}$$

$$K_p^{\ominus}=\frac{[p(NH_3)/p^{\ominus}]^2}{[p(N_2)/p^{\ominus}]\cdot[p(H_2)/p^{\ominus}]^3}=\frac{(0.385)^2}{2.4\times(7.2)^3}=1.6\times10^{-4}$$

（2）设需加的压力即总压为 $xp^{\ominus}$，则

$$p(NH_3)=xp^{\ominus}\cdot\frac{n(NH_3)}{n}=xp^{\ominus}\cdot\frac{V(NH_3)}{V}=5\%xp^{\ominus}=0.05xp^{\ominus}$$

因为　$n(N_2):n(H_2)=1:3$

所以 $\frac{n(N_2)}{n}=\frac{1}{4}\times(1-0.05)$ $\frac{n(H_2)}{n}=\frac{3}{4}\times(1-0.05)$

$$p(N_2)=xp^{\ominus}\cdot\frac{n(N_2)}{n}=xp^{\ominus}\times\frac{1}{4}\times0.95$$

$$p(H_2)=xp^{\ominus}\cdot\frac{n(H_2)}{n}=xp^{\ominus}\times\frac{3}{4}\times0.95$$

$$K_p^{\ominus}=\frac{[p(NH_3)/p^{\ominus}]^2}{[p(N_2)/p^{\ominus}]\cdot[p(H_2)/p^{\ominus}]^3}=\frac{(0.05)^2\cdot x^2}{\frac{1}{4}\times0.95\times x\times\left(\frac{3}{4}\times0.95\right)^3\times x^3}$$

$$=1.6\times10^{-4}$$

解得 $x=13.5$，总压为 1.3×10^6 Pa。

【例 3-9】在 585 K 和总压力为 100 kPa 时，有 56.4% NOCl 按下式分解：$2NOCl(g)\rightleftharpoons 2NO(g)+Cl_2(g)$，计算：

(1) 各组分平衡分压；

(2) 585 K 时的 $K^{\ominus}$。

解：(1) 设初始时 NOCl 的物质的量为 n mol

	$2NOCl(g)\rightleftharpoons$	$2NO(g)+$	$Cl_2(g)$
初始/mol	n	0	0
平衡/mol	$n-0.564n$	$0.564n$	$0.282n$

$$p(NOCl)=p_{总}\times\frac{n(NOCl)}{n_{总}}=100\text{ kPa}\times\frac{n(1-0.564)}{1.282n}=34.0\text{ kPa}$$

$$p(NO)=p_{总}\times\frac{n(NO)}{n_{总}}=100\text{ kPa}\times\frac{0.564n}{1.282n}=44.0\text{ kPa}$$

$$p(Cl_2)=p_{总}\times\frac{n(Cl_2)}{n_{总}}=100\text{ kPa}\times\frac{0.282n}{1.282n}=22.0\text{ kPa}$$

(2) $K^{\ominus}=\frac{[p(NO)/p^{\ominus}]^2\cdot[p(Cl_2)/p^{\ominus}]}{[p(NOCl)/p^{\ominus}]^2}$

$$=\frac{[44.0\text{ kPa}/100\text{ kPa}]^2\times[22.0\text{ kPa}/100\text{ kPa}]}{[34.0\text{ kPa}/100\text{ kPa}]^2}$$

$$=\frac{0.440^2\times0.220}{0.340^2}=0.368$$

【例 3-10】碘化氢受热分解为碘蒸气和氢气，在某温度时，平衡常数 $K_c=1/64$，求碘化氢的转化率。

分析：转化率是转化物质的量与初始物质的量的百分比。关键是求出平衡后的碘化氢的转化量。已知条件只有 K_c，所以设辅助量，设 HI 的初始物质的量为 a mol，转化物质的量为 x mol，则转化率为 $(x/a)\times100\%$

解：	$2HI$ $\rightleftharpoons$	H_2 +	I_2
初始物质/mol	a	0	0
转化物质/mol	x	$x/2$	$x/2$
平衡物质/mol	$a-x$	$x/2$	$x/2$
平衡浓度/($mol\cdot L^{-1}$)	$(a-x)/V$	$x/2V$	$x/2V$

$$K_c=\frac{c(H_2)\cdot c(I_2)}{c^2(HI)}=\frac{(x/2V)\cdot(x/2V)}{\left(\frac{a-x}{V}\right)^2}=\frac{1}{64}$$

$x=a/5$　　　　转化率$=x/a\times100\%=20\%$

理想气体反应的实验平衡常数 K_c 与 K_p 可通过 $p=nRT/V=cRT$ 换算。$K_c=K_p(RT)^{-[(g+h)-(a+b)]}$，本题为 $K_c=K_p(RT)^{-[(1+1)-2]}=K_p(RT)^0=K_p$。

【例 3-11】下述化学平衡 A(g)+B(g)$\rightleftharpoons$C(g)，在相同温度下，若体积缩小 1/3，则压力商 Q_p 和平衡常数 $K_p^{\ominus}$ 的关系为（　　）。

A. $Q_p=3K_p^{\ominus}$　　B. $Q_p=1/3K_p^{\ominus}$

C. $Q_p=3/2K_p^{\ominus}$　　D. $Q_p=2/3K_p^{\ominus}$

答：D。缩小体积即增大总压力，平衡向分子数减少的方向移动，$Q_p<K_p^{\ominus}$，仅 B、D 满足此条件。若体积缩小 1/3，则缩小后反应系统的总体积为原来的 2/3，温度一定时压力与体积成反比，$p_1/p_2=V_2/V_1$，则总压力为原来的 3/2 倍，各组分气体的分压也增大到原来的 3/2 倍，则

$$Q_p=\frac{3/2p_C}{(3/2p_A)(3/2p_B)}=2/3K_p^{\ominus}$$

【例 3-12】某反应在 716 K 时，$k_1=3.10\times10^{-3}\ mol^{-1}\cdot L\cdot min^{-1}$，745 K时，$k_2=6.78\times10^{-3}\ mol^{-1}\cdot L\cdot min^{-1}$，该反应的反应级数和活化能分别为（　　）。

A. 1 和$-119.7\ kJ\cdot mol^{-1}$　　B. 1 和 $119.7\ kJ\cdot mol^{-1}$

C. 2 和$-119.7\ kJ\cdot mol^{-1}$　　D. 2 和 $119.7\ kJ\cdot mol^{1}$

答：D。活化能不可能为负，只有 B、D 可能正确，由速率常数的单位 $(mol\cdot L^{-1})^{1-n}\cdot min^{-1}=mol^{-1}\cdot L\cdot min^{-1}$ 可知，$n=2$，D 正确。不必用速率常数与温度的关系式计算。

三、自测题

(一) 选择题

1. 某温度 T 和压力 p 的条件下，Mg 与稀硫酸反应产生的 H_2 所排开水的体积为 V，H_2 的分压为 $p(H_2)$，物质的量为 $n(H_2)$，该温度下水的蒸气压为 $p(H_2O)$，下列关系式错误的是（　　）。

A. $p(H_2)V=n(H_2)RT$　　B. $p(H_2O)V=n(H_2O)RT$

C. $p=p(H_2)=p(H_2O)$　　D. $p=p(H_2)+p(H_2O)$

2. 升高温度能加快反应速率的主要原因是（　　）。

A. 能加快分子运动的速率，增加碰撞频率

B. 能改变反应的历程，降低反应的活化能

C. 能加快反应物的消耗

D. 能增大能量因子（活化分子百分率）

3. 当反应速率常数 k 的单位为 $L\cdot mol^{-1}\cdot s^{-1}$时，反应是（　　）。

A. 2 级反应　　B. 1.5 级反应

C. 1 级反应　　D. 1/2 级反应

4. 对于基元反应：$2A(g)+B_2(g)=\!=\!=2AB(g)$，若将体系的压力由原来的 $p^{\ominus}$ 增大到 $2p^{\ominus}$，则正反应的速率为原来的（　　）。

A. 2 倍　　B. 4 倍

C. 6 倍　　D. 8 倍

5. 反应 $H_2(g)+Cl_2(g)=\!=\!=2HCl(g)$ 的速率方程式为 $v=kp^x(H_2)p^y(Cl_2)$，在 $p(H_2)$ 一定时，当 $p(Cl_2)$ 增大至原来的 3 倍后，反应速率增加 1 倍，则 y 为（　　）。

A. $(\lg 2)/(\lg 3)$　　B. $(\lg 3)-(\lg 2)$

C. $(\lg 3)/(\lg 2)$　　D. 不能确定

6. 已知 $2NO(g)+Br_2(g)=\!=\!=2NOBr(g)$ 反应的反应历程是

（1）$NO(g)+Br_2(g)=\!=\!=NOBr_2(g)$　　（快）

（2）$NOBr_2(g)+NO(g)=\!=\!=2NOBr(g)$　　（慢）

下列叙述不正确的是（　　）。

A. 总反应是复杂反应，反应的级数为 2

B. （1）和（2）都是基元反应，反应级数均为 2

C. 总反应的速率方程为 $v=kc(NOBr_2)c(NO)$

D. 增大 Br_2 的浓度反应速率加快

7. 反应 $A(g)+2B(g)\rightleftharpoons D(g)$，$\Delta H>0$，对此反应升温则有（　　）。

A. $v_{正}$ 增大，$v_{逆}$ 减小　　B. $v_{正}$、$v_{逆}$ 均增大

C. $v_{正}$ 减小，$v_{逆}$ 增大　　D. $v_{正}$、$v_{逆}$ 均减小

8. 下列说法不正确的是（　　）。

A. 反应级数越大，反应速率也越大

B. 某反应速率方程式为 $v=kc^2(A)c^{1/2}(B)$，该反应的反应级数为 2.5

C. 复杂反应至少含有两个基元反应

D. 平衡时，正、逆反应的速率相等

9. 对于零级反应，下列说法不正确的是（　　）。

A. 反应速率与反应物浓度无关

B. 速率常数 k 的单位为 $mol \cdot L^{-1} \cdot s^{-1}$

C. 酶催化反应，在底物浓度足够大时为零级反应

D. 随反应的进行，反应的速率会减小

10. 某反应在一定条件下的平衡转化率为 25.3%，当有一催化剂存在时，其转化率将（　　）。

A. >25.3%　　B. <25.3%

C. 不变　　D. 与是否为均相催化有关

11. $2N_2O_5=\!=\!=4NO_2+O_2$ 的反应速率 $\Delta c(NO_2)/\Delta t$ 等于（　　）。

A. $-\dfrac{\Delta c(N_2O_5)}{\Delta t}$　　B. $-\dfrac{\Delta c(O_2)}{\Delta t}$

C. $2\left[-\dfrac{\Delta c(N_2O_5)}{\Delta t}\right]$　　D. $4\left[-\dfrac{\Delta c(O_2)}{\Delta t}\right]$

12. 已知 $2NO+O_2=\!=\!=2NO_2$，$v=-\dfrac{dc(O_2)}{dt}=kc^2(NO)c(O_2)$，则该反应是（　　）。

A. 基元反应，三级反应　　　　B. 复杂反应，三级反应

C. 基元反应，三分子反应　　　　D. 不能确定

13. 反应 $A+BC$ ══ $AB+C$ 的反应历程如右图所示，升高温度时反应速率的变化是（　　）。

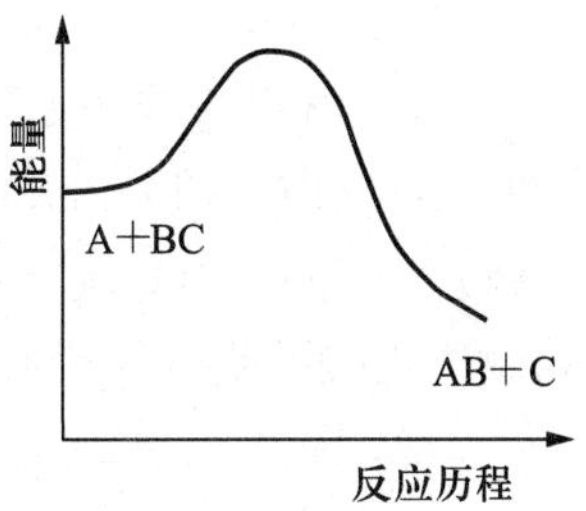

A. 正反应速率＞逆反应速率

B. 正反应速率＜逆反应速率

C. 正反应速率＝逆反应速率

D. 温度升高不影响反应速率

14. 对反应 $2N_2O_5 \longrightarrow 4NO_2 + O_2$，当 $-\frac{dc(N_2O_5)}{dt}=0.25\ mol \cdot L^{-1} \cdot min^{-1}$ 时，$\frac{dc(NO_2)}{dt}$的数值为（　　）。

A. 1.00　　　　B. 0.125

C. 0.50　　　　D. 0.25

15. 在酸性溶液中，甲酸甲酯的水解反应及其速率方程如下：$HCOOCH_3+H_2O \longrightarrow HCOOH+CH_3OH$，$v=kc(HCOOCH_3)c(H^+)$，在反应方程式中没有 H^+，而速率方程中有 $c(H^+)$，对此确切的解释是（　　）。

A. H^+是催化剂，参加了反应

B. H^+是该反应中间过程的一种反应物

C. H^+是最慢一步反应中的反应物

D. H^+是反应的中间产物

16. 对 $2SO_2(g)+O_2(g) \longrightarrow 2SO_3(g)$，它的化学反应速率可表示为（　　）。

A. $-\frac{dc(O_2)}{dt}=\frac{dc(SO_2)}{dt}=-\frac{dc(SO_3)}{dt}$

B. $\frac{dc(O_2)}{dt}=\frac{dc(SO_2)}{2dt}=\frac{dc(SO_3)}{2dt}$

C. $-\frac{dc(O_2)}{dt}=-\frac{dc(SO_2)}{2dt}=\frac{dc(SO_3)}{2dt}$

D. $-\frac{dc(O_2)}{dt}=-\frac{2dc(SO_2)}{dt}=\frac{2dc(SO_3)}{dt}$

17. 设有两个化学反应 A 和 B，其反应的活化能分别为 E_A 和 E_B，$E_A>E_B$，若反应温度变化情况相同（由 $T_1 \rightarrow T_2$），则反应的速率常数 k_A 和 k_B 的变化情况为（　　）。

A. k_A 改变的倍数大　　　　B. k_B 改变的倍数大

C. k_A 和 k_B 改变的倍数相同　　　　D. k_A 和 k_B 均不改变

18. $N_2O+O \longrightarrow N_2+O_2$　　$N_2+O_2 \longrightarrow 2NO$

$NO+O_3 \longrightarrow NO_2+O_2$　　$NO_2+O \longrightarrow NO+O_2$

上述反应式代表了臭氧层受到破坏的一个方面，从中可看作催化剂的是（　　）。

A. O 和 O_2　　B. O_2　　C. NO　　D. N_2

19. 对于基元反应：$2A(g)$ ══ $B(g)$，若将体系的压力由原来的 10^5 Pa 增大到 2×10^5 Pa，则正反应的速率为原来的（　　）。

A. 2倍　　B. 4倍　　C. 6倍　　D. 8倍

20. 反应 $aA+bB=gG+hH$ 的反应级数是（　　）。

A. $a+b$　　B. $(a+b)-(g+h)$

C. 有可能等于 $a+b$　　D. 不可能等于 $a+b$

21. 对反应：(1) $2NO_2(g)=N_2O_4(g)$　$\Delta_rG_m^\ominus(1)=-5.8\ kJ\cdot mol^{-1}$

(2) $N_2(g)+3H_2(g)=2NH_3(g)$　$\Delta_rG_m^\ominus(2)=-32.9\ kJ\cdot mol^{-1}$

下列说法正确的是（　　）。

A. 因 $\Delta_rG_m^\ominus(2)<\Delta_rG_m^\ominus(1)$，所以反应（2）比反应（1）快

B. 因 $\Delta_rG_m^\ominus(2)<\Delta_rG_m^\ominus(1)$，所以 $K_p^\ominus(1)<K_p^\ominus(2)$

C. 升高温度，$\Delta_rG_m^\ominus(1)$ 和 $\Delta_rG_m^\ominus(2)$ 不变，平衡不移动

D. 增大压力，$\Delta_rG_m^\ominus(1)$ 和 $\Delta_rG_m^\ominus(2)$ 都将增大，平衡正向移动

22. 在加压条件下，下列平衡均正向移动的是（　　）。

(1) $N_2(g)+3H_2(g)\rightleftharpoons 2NH_3(g)$

(2) $2H_2O(l)\rightleftharpoons 2H_2(g)+O_2(g)$

(3) $2SO_2(g)+O_2(g)\rightleftharpoons 2SO_3(g)$

(4) $H_2O(g)+CO(g)\rightleftharpoons H_2(g)+CO_2(g)$

A. (1) 和 (3)　　B. (2) 和 (4)

C. (1) 和 (2)　　D. (3) 和 (4)

23. 500 K 时，反应 $SO_2(g)+1/2\ O_2(g)\rightleftharpoons SO_3(g)$ 的 $K_p^\ominus=50$，在同温下，反应 $2SO_3(g)\rightleftharpoons 2SO_2(g)+O_2(g)$ 的 $K_p^\ominus$ 为（　　）。

A. 100　　B. 2×10^{-2}

C. 2 500　　D. 4×10^{-4}

24. 在一定条件下，可逆反应达到平衡的标志是（　　）。

A. 正、逆反应速率相等且为零

B. 正、逆反应速率常数相等

C. 各物质浓度不随时间改变而改变

D. 反应的标准摩尔自由能变为零

25. 在 523 K 时，$PCl_5(g)\rightleftharpoons PCl_3(g)+Cl_2(g)$ 的 $K_p^\ominus=1.85$，则反应的 $\Delta_rG_m^\ominus(kJ\cdot mol^{-1})$ 为（　　）。

A. 2.67　　B. −2.67　　C. 26.38　　D. −2 670

26. 已知在 20 ℃时，$H_2O(l)\rightleftharpoons H_2O(g)$，$\Delta_rG_m^\ominus=9.14\ kJ\cdot mol^{-1}$，水的饱和蒸气压为 2.29 kPa，则（　　）。

A. 因 $\Delta_rG_m^\ominus>0$，$H_2O(g)$ 将全部变为液态

B. 20 ℃平衡对应的 $K_p^\ominus=2.34\ kPa$

C. 20 ℃时，$p(H_2O)=2.29\ kPa$，系统的 $\Delta_rG_m=0$

D. 在平衡系统中加入 20 ℃的液态水，平衡向蒸发的方向移动

27. 硫酸铜不同水合物的平衡如下

$$CuSO_4\cdot 5H_2O(s)\rightleftharpoons CuSO_4\cdot 3H_2O(s)+2H_2O(g)\quad K_{p1}$$

$$CuSO_4\cdot 3H_2O(s)\rightleftharpoons CuSO_4\cdot H_2O(s)+2H_2O(g)\quad K_{p2}$$

$$CuSO_4 \cdot H_2O(s) \rightleftharpoons CuSO_4(s) + H_2O(g) \qquad K_{p3}$$

为了使$CuSO_4 \cdot H_2O$晶体保持稳定（不风化也不潮解），容器中水蒸气压$p(H_2O)$应为（　　）。

A. $K_{p1} < p(H_2O) < K_{p3}$　　B. $p(H_2O)$ 必须恰好等于 K_{p3}

C. $K_{p1} > p(H_2O) > K_{p2}$　　D. $\sqrt{K_{p2}} > p(H_2O) > K_{p3}$

28. 在相同温度下

$$2H_2(g) + S_2(g) \rightleftharpoons 2H_2S(g) \qquad K_{p1}^{\ominus}$$

$$2Br_2(g) + 2H_2S(g) \rightleftharpoons 4HBr(g) + S_2 \qquad K_{p2}^{\ominus}$$

$$H_2(g) + Br_2(g) \rightleftharpoons 2HBr(g) \qquad K_{p3}^{\ominus}$$

则 $K_{p2}^{\ominus}$ 等于（　　）。

A. $K_{p1}^{\ominus} \times K_{p3}^{\ominus}$　　B. $(K_{p3}^{\ominus})^2 / K_{p1}^{\ominus}$

C. $2 \times K_{p1}^{\ominus} \times K_{p3}^{\ominus}$　　D. $K_{p3}^{\ominus} / K_{p1}^{\ominus}$

29. 反应 $N_2O_4(g) \rightleftharpoons 2NO_2(g)$ 在 600 ℃时 $K_p^{\ominus} = 1.78 \times 10^4$，1 000 ℃时 $K_p^{\ominus} = 2.82 \times 10^4$，由此可以断定的是（　　）。

A. $\Delta_r H_m^{\ominus} < 0$　　B. $\Delta_r H_m^{\ominus} > 0$

C. $\Delta_r S_m^{\ominus} < 0$　　D. $\Delta_r S_m^{\ominus} = 0$

30. 可使任何反应达到平衡时产率增加的措施是（　　）。

A. 升高温度　　B. 增大总压

C. 增大反应物浓度　　D. 加入催化剂

31. 反应 $N_2(g) + 3H_2(g) \rightleftharpoons 2NH_3(g)$，$\Delta_r H_m^{\ominus} = -92\ kJ \cdot mol^{-1}$，从热力学观点看要使 H_2 达到最大转化率，反应的条件应该是（　　）。

A. 低温高压　　B. 低温低压

C. 高温高压　　D. 高温低压

32. 在一定温度下，密闭容器中 100 kPa 的 NO_2 发生聚合反应 $2NO_2 \rightleftharpoons N_2O_4$，达到平衡后的压力为 85 kPa，则 NO_2 的聚合度为（　　）。

A. 15%　　B. 30%　　C. 45%　　D. 60%

33. 298 K 时，反应 $BaCl_2 \cdot H_2O(s) \rightleftharpoons BaCl_2(s) + H_2O(g)$ 达到平衡时 $p(H_2O) = 330$ Pa，反应的 $\Delta_r G_m^{\ominus}$ 为（　　）。

A. $-14.2\ kJ \cdot mol^{-1}$　　B. $+14.2\ kJ \cdot mol^{-1}$

C. $+139\ kJ \cdot mol^{-1}$　　D. $-142\ kJ \cdot mol^{-1}$

34. 已知 $NO_2(g)$ 为棕红色，而 $N_2O_4(g)$ 为无色，当反应 $2NO_2(g) \rightleftharpoons N_2O_4(g)$ 达到平衡时，降低温度混合气体的颜色会变浅，说明此反应的逆反应的（　　）。

A. $\Delta_r H_m^{\ominus} < 0$　　B. $\Delta_r H_m^{\ominus} > 0$

C. $\Delta_r S_m^{\ominus} < 0$　　D. $\Delta_r G_m^{\ominus} < 0$

35. 下列反应均在恒压下进行，若压缩容器体积，增加其总压力，平衡正向移动的是（　　）。

A. $CaCO_3(s) \rightleftharpoons CaO(s) + CO_2(g)$　　B. $H_2(g) + Cl_2(g) \rightleftharpoons 2HCl(g)$

C. $2NO(g) + O_2(g) \rightleftharpoons 2NO_2$　　D. $COCl_2(g) \rightleftharpoons CO(g) + Cl_2(g)$

36. $S(s) + S^{2-} \rightleftharpoons S_2^{2-}$　　$K_1^{\ominus} = 12$

$2S(s) + S^{2-} \rightleftharpoons S_3^{2-}$　　$K_2^{\ominus} = 130$

平衡时［S_2^{2-}］与［S_3^{2-}］的比值为（　　）。

A. 11　　B. 1/11

C. 13　　D. 1/13

37. 当反应 $PCl_5(g) \rightleftharpoons PCl_3(g) + Cl_2(g)$ 的转化率 $\alpha = 50\%$ 时，总压力为 p，K_p 为（　　）。

A. $p/2$　　B. $p/3$　　C. $p/4$　　D. $p/5$

38. $A(g) + 2B(g) \longrightarrow C(g) + D(g)$ 是一基元反应，A 和 B 的初始分压分别为 $p_A = 0.60p^{\ominus}$，$p_B = 0.80p^{\ominus}$，当 $p_C = 0.20p^{\ominus}$ 时，反应速率是初始的（　　）。

A. 1/6　　B. 1/24　　C. 9/16　　D. 1/48

39. 对于同一反应，在 25 ℃时，加入催化剂后假设指前因子 A 不变，活化能降低 n，则速率常数将是原来的（　　）倍。

A. $1.5n$　　B. $(1.5)^n$　　C. 2^n　　D. $(4.8)^n$

40. $Cl_2 + CO \longrightarrow Cl_2CO$（光气）的反应速率可表示为 $v = kc^x(Cl_2) \cdot c(CO)$，当 $c(Cl_2)$ 增大为原来的 2 倍时，反应速率增大为原来的 2.8 倍，则该反应的级数为（　　）。

A. 1.5 级　　B. 2.5 级　　C. 3 级　　D. 2 级

41. 对于气相反应 $aA(g) + bB(g) \rightleftharpoons cC(g) + dD(g)$，产物的产率随温度和压力变化的关系如右图所示，由图可判断（　　）。

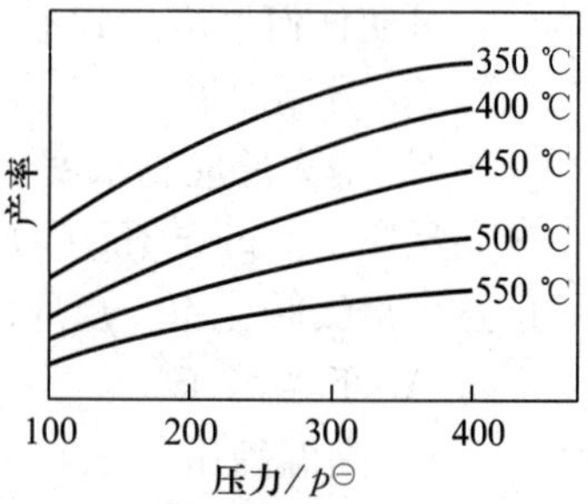

A. $a+b<c+d$，$\Delta H<0$

B. $a+b>c+d$，$\Delta H<0$

C. $a+b<c+d$，$\Delta H>0$

D. $a+b>c+d$，$\Delta H>0$

42. 据报道，科学家开发出了利用太阳能分解水的新型催化剂。下列有关水分解过程的能量变化示意图正确的是（　　）。已知水的分解反应为吸热反应。

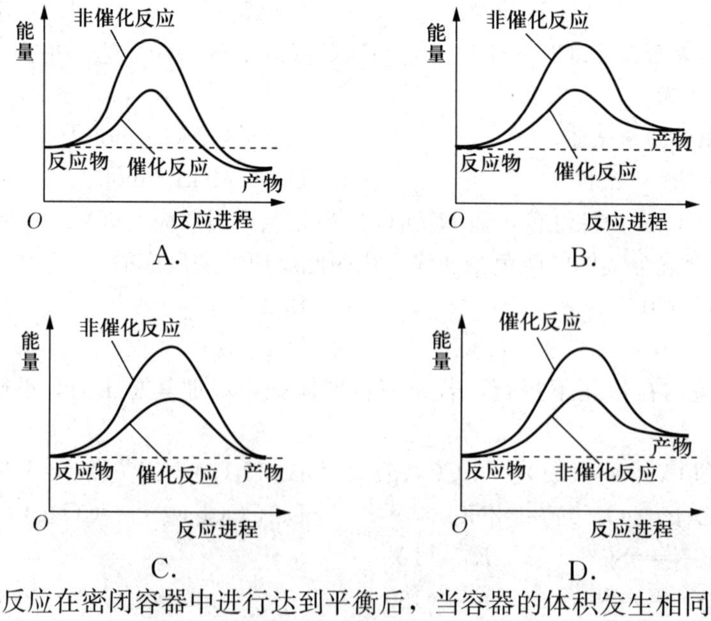

43. 下列各反应在密闭容器中进行达到平衡后，当容器的体积发生相同的变化时，其中

反应商 Q 变化最大的是（　　）。

A. $N_2O_4(g) \rightleftharpoons 2NO_2(g)$　　B. $H_2(g)+I_2(g) \rightleftharpoons 2HI(g)$

C. $2CO_2(g) \rightleftharpoons 2CO(g)+O_2(g)$　　D. $CO(g)+2H_2(g) \rightleftharpoons CH_3OH(g)$

44. 对于一个气体分子数减少的气相反应，右图中Ⅰ，Ⅱ和Ⅲ代表能量数值，当温度保持不变时，缩小气体容器的体积，下列判断正确的是（　　）。

A. Ⅰ不变Ⅱ减小

B. Ⅰ减小Ⅱ不变

C. Ⅲ不变Ⅱ减小

D. Ⅰ，Ⅱ和Ⅲ均不变

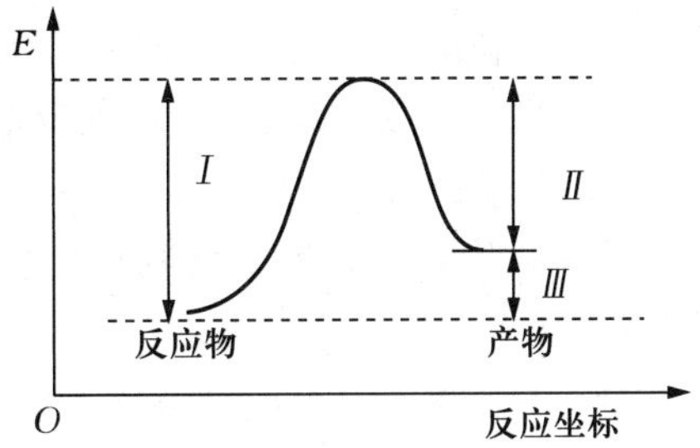

45. 根据下表中定温下的实验数据，反应 X+Y+Z⟶产物的速率方程为（　　）。

实验编号	浓度/(mol・L^{-1})			速　率
	c(X)	c(Y)	c(Z)	mol・L^{-1}・s^{-1}
1	1.0	1.0	1.0	0.3
2	1.0	2.0	1.0	0.6
3	2.0	2.0	1.0	1.2
4	2.0	1.0	2.0	0.6

A. $kc(X)$　　B. $kc(X)c(Y)$

C. $kc(X)c^2(Y)$　　D. $kc(X)c(Y)c(Z)$

（二）填空题

46. 质量作用定律只适用于________，其________可根据反应式直接写出。

47. 某可逆反应，温度升高时，正反应的速率增大的倍数大于逆反应速率增大的倍数，则 $E_{a正}$________$E_{a逆}$。（填“>”“<”或“=”）

48. 已知（1）$2CO(g)+O_2(g) \rightleftharpoons 2CO_2(g)$，$\Delta_r H_m^\ominus=-566\ kJ \cdot mol^{-1}$，（2）$2C(s)+O_2(g) \rightleftharpoons 2CO(g)$，$\Delta_r H_m^\ominus=-221\ kJ \cdot mol^{-1}$，随反应温度升高，反应（1）的 $\Delta_r G_m^\ominus$________，$K_1^\ominus$________，反应（2）的 $\Delta_r G_m^\ominus$________，$K_2^\ominus$________。（填“增大”“减小”或“不变”）

49. $CaCO_3(s) \rightleftharpoons CaO(s)+CO_2(g)$ 的标准平衡常数表达式为________，实验平衡常数表达式为________。

50. 人体血红蛋白 Hb 携氧的反应 $Hb(aq)+O_2(aq) = HbO_2(aq)$ 为二级［其中 Hb(aq) 的反应级数为 1，$O_2(aq)$ 的反应级数也为 1］，37 ℃的速率常数 $k=2.1\times10^6\ mol \cdot L^{-1} \cdot s^{-1}$，成人肺部血液中的 $c(Hb)=8.0\times10^{-6}\ mol \cdot L^{-1}$，$c(O_2)=1.5\times10^{-6}\ mol \cdot L^{-1}$，反应的速率方程为________，$HbO_2$ 的生成速率为________。若因体育锻炼 HbO_2 的生成速率增加到 $1.4\times10^{-4}\ mol \cdot L^{-1} \cdot s^{-1}$，假定 Hb 的浓度不变，$O_2$ 的浓度应维持在________。

51. 某温度下，反应 $3H_2+N_2 \rightleftharpoons 2NH_3$ 在密闭容器中达到平衡。将平衡混合气体的体积减小一半，容器中气体总压力将________，平衡向________移动。加入 3 mol $H_2(g)$，总压力将________，平衡________移动。

52. 反应 $O_2(g) \rightleftharpoons O_2(aq)$ 的标准平衡常数表达式为________，已知20 ℃、$p(O_2)=$

100 kPa 时，氧气在水中溶解度约为 1.38×10^{-3} $mol\cdot L^{-1}$，则 20 ℃时的 $K^{\ominus}=$________，20 ℃时与 100 kPa 大气平衡的水中 $c(O_2)$ 为________$mol\cdot L^{-1}$。[大气中 $p(O_2)=21.0$ kPa]

53. 已知 $N_2(g)+3H_2(g)═══2NH_3(g)$，$1/2N_2(g)+3/2H_2(g)═══NH_3(g)$，$2/3NH_3(g)=1/3N_2(g)+H_2(g)$，平衡常数依次为 $K_1^{\ominus}$、$K_2^{\ominus}$、$K_3^{\ominus}$，它们之间的关系为________。

54. 一定温度下，两个化学反应的标准摩尔自由能变化分别为 $\Delta_rG_m^{\ominus}(1)$ 及 $\Delta_rG_m^{\ominus}(2)$，又知 $\Delta_rG_m^{\ominus}(2)=2\Delta_rG_m^{\ominus}(1)$，则两反应的标准平衡常数的关系为________。

55. 反应 $CO(g)+2H_2(g)\rightleftharpoons CH_3OH(g)$ 的 $K_p^{\ominus}=7.22\times10^4(K_c=14.5)$，若反应在 10 L 的密闭容器中进行，各物质的量为 1.00 mol，总压是________kPa，平衡向________移动。

56. 反应 $N_2(g)+3H_2(g)\rightleftharpoons 2NH_3(g)$ 的 $K_p^{\ominus}(673\ K)=5.7\times10^{-4}$，$K_p^{\ominus}(473\ K)=0.61$，则该反应的 $\Delta_rH_m^{\ominus}=$________$kJ\cdot mol^{-1}$，$K_p^{\ominus}(873\ K)=$________。

57. 复杂反应 $S_2O_8^{2-}+3I^-=2SO_4^{2-}+I_3^-$ 是由下列基元反应所组成：

① $S_2O_8^{2-}+I^-═══IS_2O_8^{3-}$　　(慢)

② $IS_2O_8^{3-}═══2SO_4^{2-}+I^+$　　(快)

③ $I^++I^-═══I_2$　　(快)

④ $I_2+I^-═══I_3^-$　　(快)

则该反应的速率方程为________。

58. 已知 500 K 时反应 $SO_2(g)+1/2O_2(g)\rightleftharpoons SO_3(g)$ 的 $K_p^{\ominus}=50$，则反应 $2SO_3(g)\rightleftharpoons 2SO_2(g)+O_2(g)$ 的 $K_p^{\ominus}{}'=$________。

59. 反应 $CO(g)+2H_2(g)\rightleftharpoons CH_3OH(g)$ 的 $\Delta_rH_m^{\ominus}=-90\ kJ\cdot mol^{-1}$，升高温度 $v_{正}$________，$v_{逆}$________。(填“增大”“不变”或“减小”)

60. 反应 $A+B\longrightarrow C$，T_1 的平衡转化率为 α_1，T_2 的平衡转化率为 α_2，若 $T_2>T_1$，$\alpha_2>\alpha_1$，其他条件不变，则该反应是________反应。(填“吸热”“放热”或“不能确定是否为吸热或放热”)

61. 反应 $2O_3(g)=3O_2(g)$ 的速率方程为 $v=k\dfrac{c^2(O_3)}{c(O_2)}$，则其反应级数为________。

(三) 计算及简答题

62. 燃烧硫铁矿所得混合气体，其体积组成是：SO_2 占 7%、O_2 占 11%、N_2 占 82%，将混合气体通入接触室，在同温同压下生成 SO_3，当平衡建立后，混合气体的体积变为原来的 96.7%，求 SO_2 的转化率。

63. 已知反应 $N_2O_4\rightleftharpoons 2NO_2$ 在 52 ℃，10^5 Pa 下 50%的 N_2O_4 解离为 NO_2，求 $K_p^{\ominus}$，假如温度不变，在 2×10^5 Pa 下，求 N_2O_4 的解离百分率，并分析计算的结果说明什么问题。

64. 某温度下，在一封闭容器中进行着如下的反应：$2SO_2+O_2\rightleftharpoons 2SO_3$，$SO_2$ 的起始浓度是 $0.04\ mol\cdot L^{-1}$，O_2 的起始浓度为 $0.84\ mol\cdot L^{-1}$，当 80%的 SO_2 转化为 SO_3 时，反应即达到平衡，求平衡时三种气体的浓度及平衡常数。

65. 常温下 I_2 在水中的溶解度为 $0.330\ g\cdot L^{-1}$，加入 KI 存在以下平衡 $I_2+I^-\rightleftharpoons I_3^-$，当 I^- 的浓度为 $0.100\ mol\cdot L^{-1}$时，I_2 的溶解度增加到$12.5\ g\cdot L^{-1}$，计算反应的平衡常数。

66. 某反应的活化能为 $180\ kJ\cdot mol^{-1}$，800 K 时反应速率常数为 k_1，求 $k_2=2k_1$ 时的反应温度。

67. 某一催化反应的活化能 $E_a=50\ kJ\cdot mol^{-1}$，当温度从 37 ℃增加到47 ℃时，该反应的反应速率常数是原来的几倍？

68. 已知乙醛的催化分解与非催化分解反应分别为

① $CH_3CHO=\!=\!=CH_4+CO$　　$E_{a催}=136\ kJ\cdot mol^{-1}$

② $CH_3CHO=\!=\!=CH_4+CO$　　$E_{a非}=190\ kJ\cdot mol^{-1}$

若反应①与②的指前因子近似相等，试求在 300 K 时，反应①的反应速率是反应②的多少倍。

69. 28 ℃时，鲜牛奶在 4 h 变酸，而在 5 ℃的冰箱中可保持 48 h。若反应速率与变酸时间成反比，则牛奶变酸反应的活化能为多少？若要保持牛奶 72 h 不变酸，应维持温度为多少？

70. 速率常数 k 与平衡常数 K 有何联系和不同？

71. 在 $N_2(g)+3H_2(g)\rightleftharpoons 2NH_3(g)$ 平衡体系中加入一定量的不参加反应的其他气体，（1）体积保持不变，（2）总压保持不变，试分别分析平衡是否发生移动。

72. CO 可用于合成甲醇，反应方程式为 $CO(g)+2H_2(g)\rightleftharpoons CH_3OH(g)$。CO 在不同温度下的平衡转化率与压强的关系如右图所示。该反应是吸热还是放热？实际生产条件控制在 250 ℃、1.3×10^4 kPa 左右，选择此压强的理由是什么？

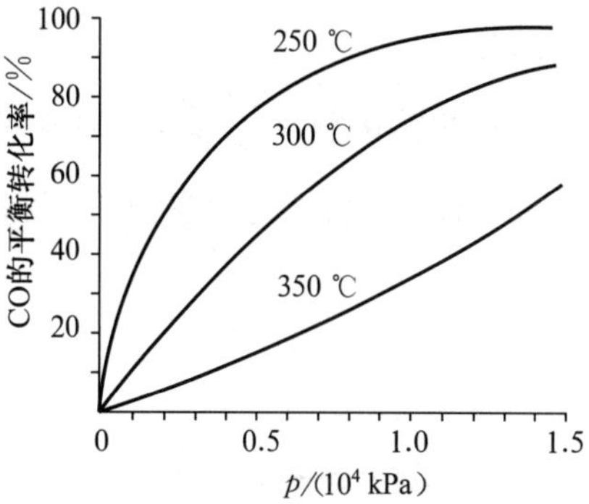

四、参考答案

（一）选择题

1	2	3	4	5	6	7	8	9	10	11	12	13	14	15	16	17
C	D	A	D	A	D	B	A	D	C	C	D	B	C	C	C	A
18	19	20	21	22	23	24	25	26	27	28	29	30	31	32	33	34
C	B	C	B	A	D	C	B	C	D	B	B	C	A	B	B	B
35	36	37	38	39	40	41	42	43	44	45						
C	B	B	A	B	B	B	B	D	D	B						

（二）填空题

46. 基元反应、速率方程；　47. >；　48. 增大、减小、减小、增大；

49. $K_p^{\ominus}=p(CO_2)/p^{\ominus}$、$K_p=p(CO_2)$；

50. $v=kc(Hb)c(O_2)$、$2.5\times10^{-5}\ mol\cdot L^{-1}\cdot s^{-1}$、$8.3\times10^{-6}\ mol\cdot L^{-1}$；

51. 增大、正向、增大、正向；

52. $K^{\ominus}=\dfrac{c(O_2)/c^{\ominus}}{p(O_2)/p^{\ominus}}$、$1.38\times10^{-3}$、$2.90\times10^{-4}$；

53. $K_1^\ominus=(K_2^\ominus)^2=(1/K_3^\ominus)^3$； 54. $K_2^\ominus=(K_1^\ominus)^2$； 55. 743、逆向；
56. −92.3、1.3×10^{-5}； 57. $v=kc(S_2O_8^{2-})c(I^-)$； 58. 1/2 500；
59. 增大、增大； 60. 吸热； 61. 1 级

(三) 计算及简答题

62. 解：设达平衡后生成的 SO_3 的体积为 x，则

$$2SO_2 \quad + \quad O_2 \rightleftharpoons 2SO_3$$

平衡时 $\quad 0.07-x \qquad 0.11-\frac{x}{2} \qquad x$

依题意，平衡建立后，混合气体的体积变为原来的 96.7%，则

$$(0.07-x)+\left(0.11-\frac{x}{2}\right)+x+0.82=0.967$$

解得
$$x=0.066$$

SO_2 的转化率$=\frac{0.066}{0.07}\times100\%=94.4\%$

63. 解：①根据转化率为 50%得

$$N_2O_4 \rightleftharpoons 2NO_2$$

$$0.5 \qquad 1.0$$

$$0.5+1.0=1.5$$

$$p(N_2O_4)=\frac{0.5}{1.5}\times p^\ominus=\frac{5}{15}p^\ominus=\frac{1}{3}p^\ominus \qquad p(NO_2)=\frac{1.0}{1.5}\times p^\ominus=\frac{10}{15}p^\ominus=\frac{2}{3}p^\ominus$$

$$K_p^\ominus=\frac{p_r^2(NO_2)}{p_r(N_2O_4)}=\frac{(2/3)^2}{1/3}=4/3$$

② 在 2×10^5 Pa 时，设 N_2O_4 的解离百分率为 x，则

$$N_2O_4 \rightleftharpoons 2NO_2$$

$$1-x \qquad 2x$$

$$1-x+2x=1+x$$

$$p(NO_2)=2\times\frac{2x}{1+x}\times p^\ominus=\frac{4x}{1+x}p^\ominus$$

$$p(N_2O_4)=2\times\frac{1-x}{1+x}\times p^\ominus=\frac{2-2x}{1+x}p^\ominus$$

代入平衡常数方程式有

$$K_p^\ominus=\frac{p_r^2(NO_2)}{p_r(N_2O_4)}=\frac{[4x/(1+x)]^2}{(2-2x)\ /\ (1+x)}=4/3$$

整理得
$$\frac{16x^2}{2\times(1-x^2)}=\frac{4}{3}$$

$$x^2=0.142 \quad x=0.38$$

所以解离百分率为 38%。

64. 解：设达平衡后转化的 SO_2 为 x，则

$$2SO_2+O_2 \rightleftharpoons 2SO_3$$

转化率：
$$\frac{x}{0.04}\times100\%=80\%$$

$$x=0.8\times0.04=0.032$$

	$2SO_2$	+	O_2	$\rightleftharpoons$	$2SO_3$
	0.04		0.84		
平衡浓度/$(\mathrm{mol\cdot L^{-1}})$	0.04－0.032		0.84－0.032/2		0.032
	0.008		0.824		0.032

$$K=\frac{0.032^2}{0.008^2\times0.824}=\frac{1.024\times10^2}{6.4\times0.824}=1.95$$

则各物质的平衡浓度为 $c(SO_2)=0.04\ \mathrm{mol\cdot L^{-1}}-0.032\ \mathrm{mol\cdot L^{-1}}$

$$=0.008\ \mathrm{mol\cdot L^{-1}}$$

$$c(O_2)=0.84\ \mathrm{mol\cdot L^{-1}}-0.032/2\ \mathrm{mol\cdot L^{-1}}=0.824\ \mathrm{mol\cdot L^{-1}}$$

$$c(SO_3)=0.032\ \mathrm{mol\cdot L^{-1}}$$

65. 解：

水中 $[I_2]=0.330\ \mathrm{g\cdot L^{-1}}/254\ \mathrm{g\cdot mol^{-1}}=0.001\ 3\ \mathrm{mol\cdot L^{-1}}$

I^-存在下 $[I_2]=12.5\ \mathrm{g\cdot L^{-1}}/254\ \mathrm{g\cdot mol^{-1}}=0.049\ \mathrm{mol\cdot L^{-1}}$

转化为 $[I_3^-]=0.049-0.001\ 3=0.047\ 7\ \mathrm{mol\cdot L^{-1}}$

$[I^-]=0.100-0.047\ 7=0.052\ 3\ \mathrm{mol\cdot L^{-1}}$

$$K^{\ominus}=\frac{[I_3^-]_r}{[I_2]_r[I^-]_r}=\frac{0.047\ 7}{0.001\ 3\times0.052\ 3}=702$$

66. $T_2=821\ \mathrm{K}$

67. 解：据 $\lg\frac{k_2}{k_1}=\frac{E_a}{2.303R}\left(\frac{T_2-T_1}{T_2T_1}\right)$

$T_2=273\ \mathrm{K}+47\ \mathrm{K}=320\ \mathrm{K}$　　　　$T_1=273\ \mathrm{K}+37\ \mathrm{K}=310\ \mathrm{K}$

$$\lg\frac{k_2}{k_1}=\frac{50\times10^3\ \mathrm{J\cdot mol^{-1}}}{2.303\times8.314\ \mathrm{J\cdot mol^{-1}\cdot K^{-1}}}\times\left(\frac{10\ \mathrm{K}}{320\ \mathrm{K}\times310\ \mathrm{K}}\right)=0.263\qquad\frac{k_2}{k_1}=1.8$$

68. 解：$k_{催}=A\cdot e^{-\frac{E_{a催}}{RT}}$，$k_{非}=A\cdot e^{-\frac{E_{a非}}{RT}}$

$$\frac{k_{催}}{k_{非}}=\frac{A\cdot e^{-\frac{E_{a催}}{RT}}}{A\cdot e^{-\frac{E_{a非}}{RT}}}=e^{\frac{-E_{a催}+E_{a非}}{RT}}=e^{\frac{54\times10^3\ \mathrm{J}}{8.314\ \mathrm{J\cdot mol^{-1}\cdot K^{-1}}\times300\ \mathrm{K}}}=2.5\times10^9$$

69. 解：反应速率与牛奶变酸的时间成反比。设 5 ℃时速率常数为 k_1，28 ℃时速率常数为 k_2，将 5 ℃换算为 278 K，28 ℃换算为 301 K，代入下式，则

$$\ln\frac{k_2}{k_1}=\frac{E_a}{R}\left(\frac{T_2-T_1}{T_1T_2}\right)$$

$$\ln\frac{48}{4}=\frac{E_a}{8.314\ \mathrm{J\cdot mol^{-1}\cdot K^{-1}}}\times\left(\frac{301\ \mathrm{K}-278\ \mathrm{K}}{301\ \mathrm{K}\times278\ \mathrm{K}}\right)\qquad E_a=75\ \mathrm{kJ\cdot mol^{-1}}$$

设保持牛奶 72 h 不变酸的温度为 T_3，则

$$\ln\frac{72}{48}=\frac{75\times10^3\ \mathrm{J\cdot mol^{-1}}}{8.314\ \mathrm{J\cdot mol^{-1}\cdot K^{-1}}}\times\left(\frac{278\ \mathrm{K}-T_3}{278\ \mathrm{K}\cdot T_3}\right)\qquad T_3=274.6\ \mathrm{K}，即为\ 1.6\ ℃$$

70. 答：平衡态时，正、逆反应速率相等，所以 $K=\frac{k_{正}}{k_{逆}}$，但两种常数的物理意义是不同的。

(1) k 表示单向过程反应速率大小，K 则是可逆反应能进行多大程度的标志，与过程变

化、反应的快慢无关。

(2) k 对物质的浓度要求可以是任意的，K 则要求各物质的浓度必须是平衡时的浓度。

(3) k 随温度的升高而增大，而 K 随温度升高可增大（吸热反应）或减小（放热反应）。

(4) 催化剂使正、逆反应的速率常数 k 增大，且增大的倍数相同，但 K 不变。

71. 答：(1) 体积保持不变，加入其他气体后总压增大，总压增加的原因是加入气体的分压对总压的贡献，反应气体本身的分压 $p_B = n_B RT/V$，n_B、T、V 均未改变，p_B 不变，Q_p 不变，平衡不移动。

(2) 当总压保持不变，加入其他气体后体积必然变大。此时，n_B、T 不变，而 V 增大，p_B 减小，对于本题合成氨的 $Q_p > K_p$，平衡逆向移动。

72. 答：由图可知在相同的压强下，温度越高 CO 平衡转化率越低，这说明升高温度平衡向逆反应方向移动，因此正反应是放热反应；实际生产条件的选择既要考虑反应的特点、反应的速率和转化率，还要考虑生产设备和生产成本。由图可知在 1.3×10^4 kPa 左右时，CO 的转化率已经很高，继续增加压强，CO 的转化率增加不大，但对生产设备和生产成本的要求却增加，所以选择该生产条件。

第四章 物质结构基础

一、基本概念与要点

(一) 原子结构与周期系

1. 原子结构与周期系 $\nu=3.29\times10^{15}\left(\frac{1}{n_1^2}-\frac{1}{n_2^2}\right)$

式中：n 只能取正整数，由于频率 ν 决定于两谱项之差，所以原子光谱的谱线的波长是不连续的，也就是量子化的。当 $n_1=2$，n_2 分别等于 3、4、5、6 时，就是实验见到的四条氢光谱线。

虽然光谱具有这样明显的规律性，但直到 1913 年玻尔提出了氢原子结构的模型，才成功地解释了氢原子光谱的规律性。

2. 玻尔理论核心

(1) 电子只能在核外一些具有一定能量（即 $E=-R/n^2$）的轨道上运动，才不吸收也不放出能量，处于定态（轨道能量是量子化的，这些具有一定能量的轨道也就是原子能级或电子层）。

(2) 电子从高能级轨道跃迁到低能级轨道时，两轨道的能量差（$h\nu=E_2-E_1$）就以光的形式发射出来。

基于这两点，成功地解释了氢原子光谱的规律性。玻尔理论提出的氢原子结构的模型，解决了以下几个问题：

① 原子的辐射能是不连续的（量子化）。

② 说明了激发态原子回到较低能量的能级时，为什么会发出光射线。

③ 揭示了 n 的物理意义，n 是原子能级，也是后面提到的主量子数。

3. 玻尔理论的不足 玻尔理论是用宏观的经典力学（电子如行星，原子核如太阳，行星围绕太阳旋转具有固定的轨道）加上一些人为的量子化条件来揭示电子的运动，没有认识到微观粒子的波粒二象性，所以不能解释氢原子光谱的精细结构，以及多电子原子、分子或固体的光谱规律。

(二) 量子力学对核外电子运动状态的描述

1. 核外电子运动特点

(1) 能量是量子化的　微观物体的力学量（如能量、动量等）只能采取一些特定值，而且这些量的变化是跳跃式的、不连续的，称为量子化的。电子在跃迁过程中，能量的吸收或发射就是量子化的。

（2）运动是二象性的　微观粒子的运动特点是它既有粒子性，又有波动性。

（3）行为是统计性的　在宏观世界里，质点的运动可以用牛顿力学定律精确地描述。微观粒子运动的二象性，不能同时准确地测定一个运动电子的速度和位置，只能用统计的方法来描述大量粒子的集体行为或一个粒子的多次行为，即电子在核外某区域出现的机会多少。常用的术语是概率和概率密度，统计的结果分别称原子轨道和电子云。

2. 核外电子运动状态的描述

（1）几个概念

① 波函数和原子轨道

波函数：波的数学函数式，$\Psi_{n,l,m}(r, \theta, \varphi)=R_{n,l}(r) \cdot Y_{l,m}(\theta, \varphi)$，它是描述原子中电子运动状态的数学式，由径向部分和角度部分组成。每一组量子数所确定的波函数代表原子中电子运动的一种状态，也称原子轨道。

② 概率密度和电子云

概率密度：电子在核外空间某处单位体积内出现的概率称为概率密度。它反映了电子在空间的概率分布。波函数的平方即$|\Psi|^2$就是电子的概率密度。

电子云：$|\Psi|^2$在空间的具体图像称为电子云。它是用小黑点的疏密程度来表示$|\Psi|^2$大小的图形。所谓电子云，就是指电子在核外空间各点出现的概率密度的大小。

（2）原子轨道和电子云的图形

① 原子轨道和电子云的角度分布图

原子轨道角度分布图：该图只能表示电子在空间不同角度所出现的概率大小，不能表示电子出现的概率和离核远近的关系。角度分布的特点是，原子轨道角度分布有正负，但正负号仅代表波函数角度部分的对称性，不代表电荷。

电子云角度分布图：该图的意义与原子轨道角度分布图相同，而图形与原子轨道角度分布图相似。但有两点区别：电子云角度分布图没有正负；图形比原子轨道角度分布图要“瘦”些。

② 原子轨道和电子云的径向分布图

原子轨道径向分布图：原子轨道径向部分又称为径向波函数$R_{n,l}(r)$。以$R_{n,l}(r)$对r作图，表示任何方向上，$R_{n,l}(r)$随r变化情况。

电子云径向分布图：该图只能表示电子出现的概率大小和离核远近的关系，不能表示出电子出现的概率和角度的关系。常用的是径向分布函数$4\pi r^2R^2$，它表示在离核距离为r，厚度为dr的薄球壳体积内发现电子的概率。

上述两种图形只反映了原子轨道和电子云的两个侧面，而原子轨道和电子云在空间的实际分布是由径向分布和角度分布乘积决定的。

（3）量子数的意义　描述核外电子运动状态的四个量子数的取值和物理意义如表4-1所示。

第n层共有n个原子轨道，可容纳$2n^2$个电子。

单电子原子体系（H，He^+，Li^{2+}）电子能量：$E_n=-2.179\times10^{-18}\left(\frac{Z}{n}\right)^2$，只与$n$和核电荷$Z$有关。对于这些单电子原子体系，同一原子电子的轨道能级只与n有关，即ns=np=nd=nf。

表 4-1　四个量子数的取值和物理意义

名称	取值	意义
主量子数 n	正整数 1,2,3,4,5,… K，L，M，N，O,…	a. 表示电子离核平均距离的远近。b. 表示电子能量的高低，n 值越大，能量越高。对单电子原子轨道，能量完全由 n 的大小所决定；对于多电子原子轨道，能量主要由 n 决定。习惯上也称电子层
角量子数 l	0,1,2,3,…,($n-1$) s，p，d，f,… 取值个数共 n 个 最大取值为（$n-1$）	a. 决定原子轨道或电子云角度分布的形状，s 代表球形，p 代表哑铃形，d 代表四橄榄形。代表电子在空间不同角度出现概率的情况。b. 是参与决定多电子原子能级的一个因素，不是主要的，故又称为副量子数。习惯上也称电子亚层
磁量子数 m	取值个数（$2l+1$）个，受角量子数制约。取值范围 0，± 1，± 2,…,$\pm l$	确定原子轨道或电子云在空间的伸展方向。s 表示无方向性，p 表示三个方向，d 表示五个方向
自旋量子数 m_s	$+1/2$(↑)，$-1/2$(↓)	电子的自旋取向，同一轨道只能允许两个相反方向的取向

多电子原子体系：$E_n=-2.179\times10^{-18}\left(\frac{Z-\sigma}{n}\right)^2$，$\sigma$ 的大小与角量子数有关。

综上所述，要正确描述核外一个电子的运动状态，四个量子数缺一不可，必须指出它所在的电子层（n）、电子亚层（l）、空间取向（m）和自旋状况（m_s）。

（三）原子核外电子排布与周期系

1. 核外电子排布原则

（1）能量最低原理　核外电子进入基态原子轨道时，总是首先进入能量最低的轨道。随着原子序数的增加，电子依次填入较高的能级。

（2）保里不相容原理　每个轨道至多能容纳两个电子，而且这两个电子自旋方向必须相反，或可以说，在同一原子中没有彼此完全处于相同状态（四个量子数完全相同）的电子。

（3）洪特规则　在相同能量的原子轨道（简并轨道）上，电子的排布尽可能占据不同的轨道，而且自旋的方向相同。作为洪特规则的特例，简并轨道在全空（p^0，d^0，f^0）、全满（p^6，d^{10}，f^{14}）、半满（p^3，d^5，f^7）时较稳定。

2. 排布的关键——能级交错

（1）屏蔽效应　在多电子原子中，内层电子对外层电子的排斥和遮挡，使外层电子与核电荷之间的引力减弱，能量升高，这种对核电荷的抵消作用称为屏蔽效应，其数值大小常用屏蔽常数 σ 表示。

（2）钻穿效应　在多电子原子中，外层电子钻入内层在原子核附近，使其与核电荷之间的引力增强，能量降低。钻穿效应与屏蔽效应的作用相反。

（3）两种效应作用结果

① n 不同 l 相同时，　$E_{1s}<E_{2s}<E_{3s}<E_{4s}\cdots$

② n 相同 l 不同时，　$E_{3s}<E_{3p}<E_{3d}$

③ n 和 l 均不同时，能级交错。多电子原子的电子排布时要注意能级交错顺序：

$$ns<(n-2)f<(n-1)d<np$$

$$E_{4s}<E_{3d}<E_{4p}$$
$$E_{5s}<E_{4d}<E_{5p}$$
$$E_{6s}<E_{4f}<E_{5d}<E_{6p}$$

(4) 实例　基态原子的排布实例见表 4-2。

表 4-2　基态原子的排布实例

区	族	基态原子核外电子排布实例	简写		实例价电子构型及通式
s	ⅠA，ⅡA	Na $1s^2 2s^2 2p^6 3s^1$	[Ne]$3s^1$	$3s^1$	$ns^{1\sim2}$
		Ca $1s^2 2s^2 2p^6 3s^2 3p^6 4s^2$	[Ar]$4s^2$	$4s^2$	
p	ⅢA～ⅦA，0	O $1s^2 2s^2 2p^4$	[He]$2s^2 2p^4$	$2s^2 2p^4$	$ns^{1\sim2}np^{1\sim6}$
		Cl $1s^2 2s^2 2p^6 3s^2 3p^5$	[Ne]$3s^2 3p^5$	$3s^2 3p^5$	
d	ⅢB～ⅦB，Ⅷ	Cr $1s^2 2s^2 2p^6 3s^2 3p^6 3d^5 4s^1$	[Ar]$3d^5 4s^1$	$3d^5 4s^1$	$(n-1)d^{1\sim9}ns^{1\sim2}$
		Mn $1s^2 2s^2 2p^6 3s^2 3p^6 3d^5 4s^2$	[Ar]$3d^5 4s^2$	$3d^5 4s^2$	
		Fe $1s^2 2s^2 2p^6 3s^2 3p^6 3d^6 4s^2$	[Ar]$3d^6 4s^2$	$3d^6 4s^2$	
ds	ⅠB，ⅡB	Cu $1s^2 2s^2 2p^6 3s^2 3p^6 3d^{10} 4s^1$	[Ar]$3d^{10} 4s^1$	$3d^{10} 4s^1$	$(n-1)d^{10}ns^{1\sim2}$
		Zn $1s^2 2s^2 2p^6 3s^2 3p^6 3d^{10} 4s^2$	[Ar]$3d^{10} 4s^2$	$3d^{10} 4s^2$	

① Mn：[Ar]$3d^5 4s^2$，[Ar] 为原子实不参加化学反应，为稀有气体的原子的电子排布。原子实以外为外层电子（价电子）。Cr：$1s^2 2s^2 2p^6 3s^2 3p^6 3d^5 4s^1$（遵循洪特规则，不是 $3d^4 4s^2$）。

② 在原子电子排布式的基础上，最外层得到或失去电子后即是离子电子排布式。如：

$$Mn^{2+}：[Ar]3d^5 \quad S^{2-}：[Ne]3s^2 3p^6$$

3. 电子排布与周期表

周期数＝电子层数＝最高能级组数

能级组：能量相近的不同能级划为一组。如 4s、3d、4p 为一能级组。

划分方法（徐光宪规则）：

$n+0.7l$ 值的整数部分相同者为一组，并且该能级所在能级组的组数就是 $n+0.7l$ 的整数部分。

第一能级组　1s　　$n+0.7l=1$

第二能级组　2s 2p　　$n+0.7l=2(2s)$，$2.7(2p)$

第三能级组　3s 3p　　$n+0.7l=3(3s)$，$3.7(3p)$

第四能级组　4s 3d 4p　　$n+0.7l=4(4s)$，$4.4(3d)$，$4.7(4p)$

第五能级组　5s 4d 5p　　$n+0.7l=5(5s)$，$5.4(4d)$，$5.7(5p)$

第六能级组　6s 4f 5d 6p　　$n+0.7l=6(6s)$，$6.1(4f)$，$6.4(5d)$，$6.7(6p)$

第七能级组　7s 5f 6d 7p　　$n+0.7l=7(7s)$，$7.1(5f)$，$7.4(6d)$，$7.7(7p)$

能级组的划分是造成元素能够划分周期的本质原因。

族数　主族　s 区：s 电子数　　p 区：(s+p) 电子数

　　　副族　d 区：(d+s) 电子数　ds 区：s 电子数

(四) 核外电子层结构与元素的性质

元素原子外层电子结构的周期性，决定了元素性质的周期性。与电子结构相关的一些性质也呈周期性变化。

1. 原子半径

主族：同一周期的元素从左至右，原子半径一般是逐渐减小，金属性减弱，非金属性增强。同一族元素从上至下，原子半径逐渐增大，金属性增强，非金属性减弱。

副族：从左至右，原子半径变化不大，金属性相应递减较缓慢。从上至下，原子半径有增大趋势，金属性增强。但是有些过渡元素，由于镧系收缩，原子半径几乎不变，所以金属性很相近。

2. 电离能、电子亲和能、电负性

主族：主族元素且同周期从左至右，电离能增大，电子亲和能和电负性增大，金属性减弱，非金属性增强。从上至下，电离能减弱，电子亲和能和电负性减弱，非金属性减弱，金属性增强。

副族：副族元素上述性质变化还缺乏规律性。

（五）化学键

化学键：分子或晶体内两个或多个原子之间强烈的相互作用力称为化学键。

键参数：表征化学键性质的物理量，包括键长、键角、键能和键级。可以用来定性或半定性地解释分子的某些性质。

类型：根据分子内原子之间作用力的方式不同可分为离子键、共价键和金属键。

1. 离子键

（1）定义　化合物中正、负离子之间由静电引力所形成的化学键。

（2）特点　没有方向性和饱和性。

（3）离子的特征

① 离子的电荷：离子电荷有正负之分，离子间的作用力与电荷多少成正比，如作用力 CaO>KF。

② 离子的半径：离子半径是决定离子间作用力的重要因素，离子半径越小，离子间的作用力就越大，也即晶格能越大，拆开它们所需要的能量就越多，如 NaF>KF>RbF。

③ 离子的构型：离子外层构型有五种，如表 4－3 所示。

表 4－3　离子外层构型

离子外层电子构型	外层电子构型排布	周期表中主要区域	实　例
2	$1s^2$	ⅠA、ⅡA族	Li^+，Be^{2+}
8	ns^2np^6	ⅠA、ⅡA金属阳离子和ⅥA、ⅦA非金属阴离子	Na^+，Ca^{2+}，Al^{3+}，Cl^-，O^{2-}
18	$ns^2np^6nd^{10}$	ⅠB、ⅡB族	Zn^{2+}，Ag^+，Cu^+
18+2	$ns^2np^6nd^{10}(n+1)s^2$	ⅣA、ⅤA	Pb^{2+}，Bi^{3+}，Sn^{2+}
9～17	$ns^2np^6nd^{1\sim9}$	d区	Fe^{2+}，Cr^{3+}，Mn^{2+}

在电荷和半径相近的情况下，不同构型的阳离子与相同阴离子的结合力大小顺序：

18 电子构型和（18+2）电子构型>9～17 电子构型>8 电子构型和 2 电子构型

（4）离子化合物存在形式为离子晶体。

2. 共价键

（1）定义　原子间通过共用电子对所形成的化学键。

（2）价键理论（电子配对法）要点

① 两原子自旋相反的成单电子相互接近时，两两偶合成对，形成稳定的化学键。

② 成单电子的原子轨道相互重叠，要满足对称性匹配（＋＋）（－－）和最大重叠原则。原子轨道重叠得越多，电子云密度越大，所形成的共价键就越稳固。

（3）共价键的本质　共价键是电性的，自旋相反的两个电子（共用电子）占据的原子轨道重叠，电子云密度加大。

（4）特点　共价键有方向性和饱和性。

（5）键型　共价键按原子轨道重叠方式不同可分为以下两种：

σ 键：原子轨道沿核间连线方向以“头碰头”方式重叠，沿键轴可旋转。

π 键：原子轨道沿垂直于核间连线方向以“肩并肩”的方式重叠，不可沿键轴旋转。

σ 键一般比 π 键稳定。

（6）价键理论的应用

① 阐明了共价键形成的本质。

② 成功地解释了共价键的方向性和饱和性。

③ 可解释一些共价分子的形成，如 H_2、Cl_2、BF_3、PH_3 等。

（7）局限性

① 无法解释没有成单电子的原子如何形成分子，如 Be_2。

② 无法解释两原子电子数之和为奇数的分子的形成，如 NO、NO_2 等。

③ 无法解释有些分子的形成与实验不符的现象，如 O_2、CO、B_2 等无成单电子，却有顺磁性。

④ 不能解释分子真实的空间构型，如 H_2O、CH_4 等。

3. 杂化轨道理论和分子的空间构型

（1）杂化轨道理论的核心

① 中心原子能量相近的原子轨道混合起来，重新组合成的新的原子轨道称为杂化轨道。杂化后，成键能力增强。杂化轨道与其他原子的原子轨道重叠形成 σ 化学键。

② 化学键形成过程中，要经过激发、杂化、配对（轨道重叠）过程，但这是同时进行的。

③ 几个原子轨道进行杂化就形成几个杂化轨道。例如，一个 s 轨道与一个 p 轨道杂化形成两个 sp 杂化轨道。表 4－4 列出了杂化类型与分子空间构型的关系。

表 4－4　杂化类型与分子空间构型

杂化类型	sp	sp^2	sp^3	sp^3 不等性
参加杂化的轨道	1 个 s，1 个 p	1 个 s，2 个 p	1 个 s，3 个 p	1 个 s，3 个 p（含孤对电子）
分子空间构型	直线形 键角 180°	平面三角形 键角 120°	正四面体 键角 109°28′	V 形或三角锥 键角＜109°28′
分子的形式	AB_2	AB_3	AB_4	AB_2（两对），AB_3（一对）
实例	$BeCl_2$，$HgCl_2$， CO_2，C_2H_2	BCl_3，SO_3， CO_3^{2-}，NO_3^-	CH_4，$SiCl_4$， NH_4^+，SO_4^{2-}，$Zn(NH_3)_4^{2+}$	H_2O，H_2S，NH_3， PCl_3

等性杂化：各个杂化轨道成分完全相同。

不等性杂化：各个杂化轨道成分不完全相同，中心原子有孤对电子。例如，等性的 sp^3，每个 sp^3 都含 1/4 的 s 成分和 3/4 的 p 成分，而不等性 sp^3 杂化，如 NH_3（三角锥形，一对孤对电子）分子中 N 的中心原子有 $2s^2$ 一对孤对电子参加杂化，孤对电子单独占据其中一个 sp^3 杂化轨道的 s 成分比其余 3 个多。同一主族的 PCl_3 也如此。H_2O，H_2S（V 形，两对孤对电子）也属于 sp^3 不等性杂化。但不等性杂化不只限于 sp^3，例如：

sp 不等性杂化：NO，CO（直线形，有一对孤对电子）。

sp^2 不等性杂化：SO_2，O_3，ClO_2（V 形，有一对孤对电子）。

（2）共价键的极性与分子的极性

非极性键：两原子均享共用电子对，电子对不偏向任何一方的原子，正负电荷的重心重合。

极性键：两原子间的共用电子对偏向电负性较大的原子一方，正负电荷的重心不重合。

极性分子：分子中的正负电荷重心不重合，偶极矩不等于零。

非极性分子：分子的正负电荷重心重合，偶极矩等于零。

同核双原子分子键无极性，是非极性分子，如 O_2、N_2、H_2、Cl_2 等。异核双原子分子键有极性，是极性分子，如 CO、NO、HCl 等。

多原子（两个以上的原子）分子，必有极性键，若分子的空间结构对称，抵消了键的极性，使整个分子的正负电荷重心重合，偶极矩等于零，则为非极性分子，如 CO_2、CS_2、BCl_3、SiH_4、C_2H_4 等，否则为极性分子。

（六）分子间力和氢键

1. 分子间力

（1）类型

① 取向力：极性分子之间固有偶极的相互静电作用力。

② 诱导力：极性分子与非极性分子之间，由于诱导偶极与固有偶极的静电作用产生的力。

③ 色散力：非极性分子间因存在的瞬时偶极而产生的静电作用力。

分子间力由这三种力组成。非极性分子之间只存在色散力。非极性分子与极性分子之间存在色散力和诱导力。极性分子之间三种力都存在。其中以色散力为主，存在也最普遍。

（2）特征

① 分子中永久存在的一种力。

② 没有方向性和饱和性。

③ 强度较弱，比化学键小一两个数量级。

（3）对物质物理性质的影响

分子间力是决定物质的沸点、熔点、溶解度等物理性质的主要因素。一般分子间力越大，物质的熔点、沸点越高。例如，类型相同的单质（卤素、稀有气体），随着相对分子质量的增加，熔点、沸点升高。这主要是随着相对分子质量的增加，色散力加大的缘故。

2. 氢键

（1）定义　同电负性大的原子以共价键结合的氢原子，与相邻分子中另一个电负性较强而原子半径较小的原子（O、F、N）相互吸引而形成的键。

（2）本质　氢键的形成基本上是静电吸引作用力。

（3）特点　氢键具有方向性和饱和性。键能比化学键弱，与分子间力大致相同。

（4）形成条件

① 一个与电负性大的原子形成共价键的 H 原子。

② 一个电负性大并有孤对电子，且原子半径较小的原子（如 F、O、N）。

（5）类型

① 分子间氢键：一个分子的氢原子与另一个分子的电负性很大的原子相吸引而形成的氢键。

② 分子内氢键：一个分子的氢原子与同一分子内部的电负性大且有孤对电子的原子相吸引形成的氢键。

（6）对物质物理性质的影响

① 熔点、沸点：具有分子间氢键的 NH_3、H_2O、HF 的熔点、沸点比没有氢键的同类型氢化物显著升高。但分子内形成氢键时，常使熔点、沸点低于同类化合物。

② 溶解度、溶液的密度和黏度：在极性溶剂中，如果溶质与溶剂分子之间可生成氢键，则溶质的溶解度增大；如果溶质产生了分子内氢键，在极性溶剂中溶解度减小，在非极性溶剂中溶解度加大。通常，氢键的形成会增大溶液的密度和黏度。

（七）晶体的类型与物质性质

分类原则：构成晶格结点的微粒不同，微粒之间的作用力不同。

1. 离子晶体

晶格结点上微粒：正、负离子。

微粒间作用力：离子键。

晶体性质：晶体中没有独立的简单分子，熔点高、硬度大。一般易溶于水，熔融态或水溶液易导电。

典型的离子晶体并不多，一般 s 区金属的氯化物（除 $MgCl_2$、$BeCl_2$ 外）、氧化物均是离子晶体。在类型相同的离子晶体中，离子的电荷数越多，半径越小，晶体的熔点越高，硬度越大。在半径相近时，可从电荷数角度分析问题；在电荷数相同时，应从半径角度考虑和分析有关问题。如熔点 NaF＞NaCl（电荷相同）；CaO＞NaF（半径相近）。

2. 原子晶体

晶格结点上微粒：原子。

微粒间作用力：共价键。

晶体性质：晶体中不存在独立的简单分子。熔点高、硬度大、不易加工。不溶于水，导电能力差，有的晶体可做半导体。

原子晶体较少，目前知道的有金刚石（C）、Si、Ge、SiC、SiO_2、B_4C、GeAs、AlN、BN。

3. 分子晶体

晶格结点上微粒：分子。

微粒间作用力：分子间力（或氢键）。

晶体性质：晶体中有独立的分子，这点是不同于其他晶体的。此种晶体由于分子间作用力较弱，所以熔点低、硬度小、导电能力差。只有某些含强极性键的分子晶体溶于水后，溶液能导电。

分子晶体在晶格结点上的微粒，多半是非金属形成的分子，分子内是共价键，但要与原子晶体区别开。

4. 金属晶体

晶格结点上微粒：金属原子或金属阳离子。

微粒间作用力：金属键。

晶体性质：晶体中没有独立的分子。金属晶体是电和热的良导体，有延展性，易于机械加工。熔点一般较高，硬度一般较大。

5. 过渡型晶体

（1）特点　过渡型晶体是混合键型的晶体，微粒间的作用力不止一种。

（2）类型

① 链状晶体（如石棉）

特点：链与链之间的作用力是弱的静电引力。链内作用力是共价键。

② 层状晶体（如石墨）

特点：同层内 C 原子之间的作用力是共价键。层与层之间的作用力是分子间力和离域大 π 键。

二、解题示例

【例 4-1】量子和量子化的含义是什么？

答：微观世界中有些物理量不能连续变化，只能以某一小单位的整数倍发生变化，这个最小单位称为该量的量子。例如，微观世界中，光子所具有的能量就是最小的单位，称为光量子；电子所具有的电量是电量的最小单位，也可称为电量子。某个微观粒子所带电量不可能是 1.5 倍电子所具有的电量，只能是其整数倍。这种只能以某一最小单位的整数倍不连续的变化，称为量子化。宏观世界的法拉第常数是电子电量的 6.023×10^{23} 整数倍，这时强调量子化就无实际意义了。

【例 4-2】概率和概率密度有什么不同和联系？

答：用统计学的方法认识电子在核外空间某区域出现的机会，在数学上称概率，用百分数表示。电子在核外空间某处单位体积内出现的概率称为概率密度。二者的关系：概率＝概率密度$\times dV=\Psi^2\cdot dV$

【例 4-3】为什么每周期元素的原子最外电子数最多不超过 8 个，次外层电子数最多不超过 18 个？

答：这是能级交错的结果。每层填充的电子如要超过 8 个，除填满 s、p 外，还要填 d 轨道。而主量子数 $n>3$ 时才有 d 轨道。在第四周期里，$E_{4s}<E_{3d}$，电子填充时必须填充 4s 轨道，这样电子进入 4s 就增加了一个新的电子层，3d 已变成次外层，所以最外层电子数最多不超过 8 个。

同理可述，次外层电子数要超过 18 个，必须填充 f 轨道，由于能级交错 $E_{ns}<E_{(n-2)f}$，在填充次外层 f 轨道前，必须先填充 s 轨道，这样又增加了一个新的电子层，原来的次外层变成了倒数第三层。所以，任何原子的次外电子层上最多不超过 18 个电子，这也是核外电

子排布规律的反映。

【例 4－4】ⅠA 和ⅠB 族元素外层电子数都是 1，它们的金属性强弱却不相同，若从原子结构方面来考虑，这是什么原因？

答：ⅠA 元素的次外层电子数为 8 电子，而ⅠB 次外层为 18 电子。同一周期比较，虽然 18 电子的屏蔽作用较大，但有效核电荷仍然增加，使原子核对外层 s 电子的吸引力较强，其原子半径也较小，不易失去电子，所以ⅠB 比ⅠA 族元素的金属性要弱。

【例 4－5】填充电子的顺序和失去电子的顺序有何不同？

答：从近似能级图可知，$E_{ns}<E_{(n-1)d}$，电子是先填充 ns，后填入 $(n-1)$d，而失去电子成为离子时，是先失去 ns 电子。这是因为当最后电子填入 $(n-1)$d 后，电子和原子核所组成的中心力场发生变化，结果 $E_{(n-1)d}<E_{ns}$，失去电子的次序决定于离子中电子能级的高低，而不决定于原子的能级。在离子中由于电子数减少，有效核电荷增加，原子核正电场集中，原子实紧缩，使 ns 的穿透作用减小，结果使 ns 能量升高，所以失电子总是先失外层 ns 电子。

可见电子填充后 $E_{3d}<E_{4s}$，所以首先失去 4s 电子。

【例 4－6】简述原子序数对原子轨道能量的影响。

答：光谱分析和 X 射线衍射实验发现，随着原子序数的增加，原子中轨道能量发生了一些规律性的变化。不难看出，除原子序数为 1 的氢原子外，其他元素的原子随着原子序数的增加，主量子数相同的原子，各能级都不同程度地发生了能级分裂。

一般规律是，随原子序数的增大，各轨道能量都不同程度地下降。这是由于随着原子序数的增加，核电荷增大，对各层电子的引力增强，因而各轨道的能量都会降低。

原子序数小的 1～18 号元素：变化不大，按正常顺序填入电子。

从 21 号元素开始有明显变化：①电子填充后，原子中能级顺序变成 3d<4s<4p。②随着原子序数的增大，原子中轨道的能量逐渐有规律地降低。③当原子序数很大时，内层电子能级在下降的过程中又彼此分层集中，呈现出没有能级交错的正常能级高低顺序，并有再次简并的倾向。

三、自测题

（一）选择题

1. 具有 $1s^2 2s^2 2p^6 3s^2 3p^1$ 电子结构的原子是（　　）。

   A. Mg　　B. Na　　C. Cr　　D. Al

2. 在 $n=4$ 的电子层中最多能有（　　）个 p 电子。

   A. 2　　B. 6　　C. 8　　D. 10

3. 一个电子排布为 $1s^2 2s^2 2p^6 3s^2 3p^1$ 的元素最可能的价态是（　　）。

   A. +1　　B. +2　　C. +3　　D. −5

4. 某元素的外层电子构型为 $3d^6 4s^2$，此元素的原子序数为（　　）。

   A. 16　　B. 18　　C. 26　　D. 28

5. 下列原子轨道能量与角量子数 l **无关**的是（　　）。

   A. Na　　B. Ne　　C. F　　D. H

6. 下列四种电子构型的原子电离能最低的是（　　）。

A. ns^2np^3　　B. ns^2np^4　　C. ns^2np^5　　D. ns^2np^6

7. 下列第一电离能最大的元素是（　　）。

A. B　　B. C　　C. Al　　D. Si

8. 下列第一电子亲和能最大（放出能量最多）的元素是（　　）。

A. N　　B. O　　C. P　　D. S

9. 下述排列顺序中元素第一电离能依次增大的是（　　）。

A. K，Na，Li　　B. C，N，O

C. Na，Mg，Al　　D. He，Ne，Ar

10. 下述排列顺序中元素电负性依次减小的是（　　）。

A. K，Na，Li　　B. O，Cl，H

C. As，P，H　　D. N，O，F

11. 下列（　　）轨道上的电子在 xy 平面上的电子概率密度为零。

A. $3p_z$　　B. $3d_{xy}$　　C. 3s　　D. $3p_x$

12. 下列叙述正确的是（　　）。

A. 电子的钻穿本领越大，屏蔽效应越小

B. 电子的钻穿本领越大，屏蔽效应越大

C. 两者并无关系

D. A 和 B 两种关系都可能

13. 原子轨道中“填充”电子时必须遵循能量最低原理，这里的能量主要是指电子的（　　）。

A. 亲和能　　B. 电能　　C. 势能　　D. 动能

14. 零族元素中原子序数增加电离能随之减小，这符合的一般规律是（　　）。

A. 原子质量增加致使电离能减小

B. 核电荷增加致使电离能减小

C. 原子半径增加致使电离能减小

D. 元素的金属性增加致使电离能减小

15. He^+ 的量子数 $n=4$ 的各原子轨道的能级是（　　）。

A. $E_{4s}>E_{4p}>E_{4d}>E_{4f}$　　B. $E_{4s}<E_{4p}<E_{4d}<E_{4f}$

C. $E_{4s}=E_{4p}=E_{4d}=E_{4f}$　　D. A、B、C 都不对

16. 下列各组数字分别是指原子的次外层、最外层电子数和元素的氧化数，（　　）组最符合硫的情况。

A. 2,6，－2　　B. 8,6，－2

C. 18,6，＋4　　D. 2,6，＋6

17. 某元素原子基态的电子组态为 $[Kr]4d^{10}5s^25p^1$，它在元素周期表中位于（　　）。

A. d 区　　B. ds 区　　C. p 区　　D. s 区

18. 量子力学中所说的原子轨道是指（　　）。

A. $|\Psi_{n,l,m}|^2$　　B. 电子云　　C. $\Psi_{n,l,m}$　　D. 概率密度

19. 在一个多电子原子中，具有下列各套量子数（n，l，m，m_s）的电子，能量最大的

电子具有的量子数是（　　）。

A. 3，2，+1，+1/2　　B. 2，1，+1，−1/2

C. 3，1，0，−1/2　　D. 3，1，−1，+1/2

20. 按类氢原子轨道能量计算公式，Li^{2+} 电子在 $n=1$ 轨道上的能量与 H 原子在 $n=1$ 轨道上能量之比值为（　　）。

A. 3∶1　　B. 6∶1　　C. 9∶1　　D. 1∶3

21. 基态原子的第五层只有 2 个电子，则原子的第四电子层中的电子数（　　）。

A. 肯定为 8 个　　B. 肯定为 18 个

C. 肯定为 8～18 个　　D. 肯定为 8～32 个

22. 下列电子层的结构（K，L，M，…）中不是卤素的电子结构者为（　　）。

A. 2　　B. 2，7

C. 2，8，18，7　　D. 2，8，7

23. 下列离子中外层 d 轨道达半充满状态的是（　　）。

A. Cr^{3+}　　B. Fe^{3+}　　C. Co^{3+}　　D. Cu^{+}

24. 游离铁原子（$Z=26$）在基态下未成对的电子数是（　　）。

A. 0　　B. 2　　C. 3　　D. 4

25. 原子序数为 19 的元素的价电子的四个量子数为（　　）。

A. $n=1$，$l=0$，$m=0$，$m_s=+1/2$

B. $n=2$，$l=1$，$m=0$，$m_s=+1/2$

C. $n=3$，$l=2$，$m=1$，$m_s=+1/2$

D. $n=4$，$l=0$，$m=0$，$m_s=+1/2$

26. 若氢原子中的电子处于主量子数 $n=100$ 的能级上，其能量是（　　）。

A. 13.6 eV　　B. $\frac{13.6}{10\,000}$ eV　　C. $-\frac{13.6}{10\,000}$ eV　　D. $\frac{-13.6}{100}$ eV

27. 下列几组波函数中合理的是（　　）。

A. $\Psi_{2,1,0}$　　B. $\Psi_{2,2,-1}$　　C. $\Psi_{2,0,1}$　　D. $\Psi_{2,0,-1}$

28. 水分子与氨基酸分子间存在（　　）。

A. 色散力、诱导力、取向力、氢键

B. 诱导力、取向力、氢键

C. 色散力、取向力、氢键

D. 色散力、诱导力、取向力

29. 下列分子间范德华力的说法错误的是（　　）。

A. 非极性分子间没有取向力

B. 分子的极性越大，取向力越大

C. 极性分子间没有色散力

D. 诱导力在三种范德华力中相对较小

30. 下列说法不正确的是（　　）。

A. H_2O 中 O 原子是 sp^3 不等性杂化，分子的空间构型为角形

B. NH_3 中 N 原子是 sp^3 不等性杂化，分子的空间构型为三角锥形

C. $[Ni(CN)_4]^{2-}$ 的中心离子是 sp^3 等性杂化，配离子的空间构型为四面体形

D. CH_4 中 C 原子是 sp^3 等性杂化，分子的空间构型为正四面体形

31. 下列分子的中心离子不属于 sp^3 杂化的是（　　）。

A. CH_4　　B. $[Cu(NH)_4]^{2+}$

C. $[Zn(NH_3)_4]^{2+}$　　D. SiO_2

32. 下列叙述正确的是（　　）。

A. NF_3 分子中的 N 原子采取 sp^3 不等性杂化，空间几何构型为三角锥，有极性键是极性分子

B. NF_3 分子中的 N 原子采取 sp^3 等性杂化，空间几何构型为三角锥，有极性键是非极性分子

C. NF_3 分子中的 N 原子采取 sp^2 杂化，空间几何构型为平面三角形，有极性键是非极性分子

D. NF_3 分子中的 N 原子采取 sp^2 杂化，空间几何构型为平面正三角形，有极性键是极性分子

33. 下列分子中，两个相邻共价键夹角最小的是（　　）。

A. BF_3　　B. CO_2

C. NH_3　　D. H_2O

34. 下列物质中，熔点最高的是（　　）。

A. KCl　　B. Zn　　C. I_2　　D. 金刚石

35. 下列分子间作用力最强的是（　　）。

A. CCl_4　　B. $CHCl_3$　　C. CH_2Cl_2　　D. CH_3Cl

36. 下列说法正确的是（　　）。

A. 非极性分子内的化学键总是非极性键

B. 色散力仅存在于非极性分子之间

C. 取向力仅存在于极性分子之间

D. 凡是有氢原子的物质分子间一定存在氢键

37. 下列属极性分子的是（　　）。

A. C_2H_2　　B. BCl_3　　C. NCl_3　　D. BeF_2

38. 下列物质熔点高低顺序正确的是（　　）。

A. He>Kr　　B. Na<Rb

C. HF<HCl　　D. MgO>CaO

39. 下列化合物中，有分子内氢键的化合物是（　　）。

A. H_2O　　B. NH_3　　C. CH_3F　　D. HNO_3

40. CO_2 分子中，碳原子轨道采取的杂化方式是（　　）。

A. sp　　B. sp^2

C. sp^3 等性杂化　　D. sp^3 不等性杂化

41. 干冰升华吸收能量以克服（　　）。

A. 氢键　　B. 取向力

C. 诱导力　　D. 色散力

42. 下列化合物中，极性最大的是（　　）。

A. CS_2　　B. H_2O　　C. SO_3　　D. $SnCl_4$

43. 下列只需要克服色散力就能使之沸腾的物质是（　　）。

A. O_2　　B. SO_2　　C. HF　　D. H_2O

44. 下列各组判断中，不正确的是（　　）。

A. CH_4，CO_2，BCl_3 是非极性分子

B. $CHCl_3$，HCl，H_2S 是极性分子

C. CH_4，CO_2，BCl_3，H_2S 是非极性分子

D. $CHCl_3$，HCl 是极性分子

45. 下列各分子中，偶极矩不为零的分子为（　　）。

A. $BeCl_2$　　B. BF_3　　C. NF_3　　D. CH_4

46. 下列各体系中，溶质和溶剂分子之间，三种范德华力和氢键都存在的是（　　）。

A. I_2 的 CCl_4 溶液　　B. I_2 的酒精溶液

C. 酒精的水溶液　　D. CH_3Cl 的 CCl_4 溶液

47. 下列各组原子轨道中不能叠加成键的是（　　）。

A. p_x-p_x　　B. p_x-p_y　　C. $s-p_x$　　D. $s-p_z$

48. 下列化学键中，极性最弱的是（　　）。

A. H—F　　B. H—O　　C. O—F　　D. C—F

49. 乙醇的沸点比乙醚的高的主要原因是（　　）。

A. 相对分子质量不同

B. 分子的极性不同

C. 乙醇分子间存在氢键，而乙醚之间无氢键存在

D. 乙醇分子间取向力强

50. 下列能形成分子内氢键的物质是（　　）。

A. 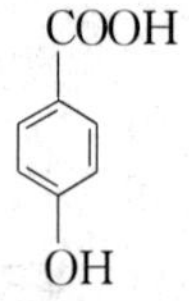

B. 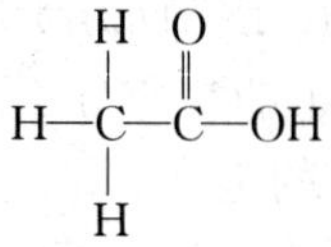

C. 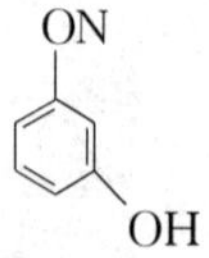

D. 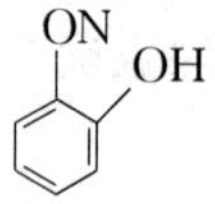

51. 下列各原子的电子排布式不正确的是（　　）。

A. $1s^2 2s^2 2p^1$　　B. $1s^2 2s^2 2p^2$

C. $1s^2 2s^2 2p^6 3s^2 3p^6 3d^{10} 4s^1$　　D. $1s^2 2s^2 2p^2 2d^{10} 3s^2 3p^6 3d^5$

52. 下列原子半径大小顺序正确的是（　　）。

A. Be＜Na＜Mg　　B. Be＜Mg＜Na

C. Be＞Na＞Mg　　D. Na＜Be＜Mg

53. 有 6 组量子数

① $n=3$，$l=1$，$m=-1$　②$n=3$，$l=0$，$m=0$　③$n=2$，$l=2$，$m=-1$

④ $n=2$，$l=1$，$m=0$ ⑤$n=2$，$l=0$，$m=-1$ ⑥$n=2$，$l=3$，$m=2$
其中正确的是（ ）。

A. ①②③ B. ①②④ C. ④⑤⑥ D. ②④⑤

54. 下列 He^{+} 的原子轨道能级排列正确的是（ ）。

A. $E_{4s}>E_{4p}>E_{4d}>E_{4f}$ B. $E_{4s}<E_{4p}<E_{4d}<E_{4f}$

C. $E_{4s}=E_{4p}=E_{4d}=E_{4f}$ D. $E_{6s}<E_{4f}<E_{5d}<E_{6p}$

55. 下列说法错误的是（ ）。

A. CS_2 的 C 原子采取 sp 杂化成键，是直线形分子，键有极性，分子无极性

B. CH_3Cl 的 C 原子采取 sp^3 杂化成键，是四面体形分子，键有极性，分子有极性

C. CH_2Cl_2 的 C 原子采取 sp^3 杂化成键，是四面体形分子，键有极性，分子无极性

D. CCl_4 的 C 原子采取 sp^3 杂化成键，是四面体形分子，键有极性，分子无极性

56. 常温下 CF_4、CCl_4、CI_4 分别为气态、液态和固态，这主要是因为（ ）。

A. 它们的色散力依次减小 B. 它们的色散力依次增大

C. 它们的卤原子的电负性依次减小 D. 它们的键的极性依次减小

57. 某元素基态原子的价电子构型为 $4d^{10}5s^1$，该元素位于周期表中的（ ）。

A. 第四周期ⅡB族 B. 第五周期ⅡB族

C. 第四周期ⅠB族 D. 第五周期ⅠB族

58. 据杂化轨道理论，BF_3 分子和 NF_3 分子的空间构型描述正确的是（ ）。

A. 均为平面三角形

B. 均为三角锥形

C. BF_3 为平面三角形，NF_3 为三角锥形

D. BF_3 为三角锥形，NF_3 为平面三角形

59. 下列为原子基态时的电子组态，其中正确的是（ ）。

A. Li($1s^2 2p^1$) B. Cu([Ar]$3d^9 4s^2$)

C. B($1s^2 2s^1 2p^2$) D. Fe([Ar]$3d^6 4s^2$)

60. 下列氢键中最强的是（ ）。

A. F—H…N B. N—H…N C. F—H…F D. O—H…N

61. 下列为各基态元素的价电子构型，其中还原性最强的元素的原子是（ ）。

A. $3s^2\ 3p^1$ B. $3s^2\ 3p^5$ C. $3d^6\ 4s^2$ D. $3d^{10}4s^2$

（二）填空题

62. K 半径比 Br 半径________。

63. $3p_x$ 符号的原子轨道形状是________，极大值的方向在________轴，原子轨道数为________，所容纳最多电子数为________。

64. $n=3$，$l=2$，电子云的伸展方向有________个。

65. 基态原子 $^{39}_{19}K$ 的电子排布式为________。

66. H 原子、Li^{2+}、He^{+} 等的原子轨道能级由________量子数决定，而 Li 原子的原子轨道能级由________量子数决定。

67. 如果一个基态原子有 f 电子，说明其主量子数中必有 $n\geq$________。

68. 基态原子的电子构型为 [Ar] $3d^8 4s^2$，它在元素周期表中的位置是________区，

________族。

69. 原子序数为 24 的元素是________，电子排布式为________，属第________周期，第________族，________区。

70. 第四周期成单电子最多的基态原子是________。

71. 水和氨在同族的氢化物中具有反常的高沸点，是因为分子间存在________。

72. O 原子的外层电子构型为________，它以________杂化和 H 结合生成 H_2O 分子，分子空间构型为________。偶极矩________零，在 H_2O 晶体中，晶格结点上的粒子是________，粒子间作用力为________，所以是________型晶体。

73. H_3O^+ 离子的中心原子 O 采用________杂化，其中有________个 σ 单键和________个 σ 配键，离子的几何构型为________。

74. C_2H_4 分子中，C 原子采取________杂化，C 与 C 之间形成一个________键和一个________键，C 与 H 之间形成________键。

75. 根据价键理论，氮分子的三个键中，有一个________键，两个________键。

（三）计算及简答题

76. 现有 A、B、C、D 四元素。A 是ⅠA 族第五周期元素，B 是第三周期元素。B、C、D 的价电子分别为 2，2 和 7 个。四元素原子序数从小到大的顺序是 B、C、D、A。已知 C 和 D 的次外层电子均为 18 个。

（1）判断 A、B、C、D 是什么元素；

（2）写出 A、B、C、D 简单离子的形式；

（3）这四种元素中互相生成二元化合物有几种？

77. 已知 A、B、C、D 四元素的近似相对原子质量分别为 27、35、40、65。它们的原子中的中子数分别为 14、18、20、35 个。

（1）指出它们的电子构型；

（2）指出它们是什么元素和各元素处在周期表中的族次和周期数；

（3）哪些元素的氧化物有两性性质？

78. 不查数据排列下列几组“原子”的顺序：

（1）Mg^{2+}、Ar、Br^-、Ca^{2+} 的“原子”半径顺序；

（2）Na、Na^+、O、Ne 的电离能顺序；

（3）H、F、Al、O 的电负性顺序。

79. 怎样理解离子键没有方向性和饱和性？

80. 怎样理解共价键的方向性和饱和性？

81. 等性杂化的分子都是非极性分子吗？

82. NH_4^+ 和 NH_3 的空间几何构型各是什么？键角是否相同？解释其原因。

83. 为什么分子间力随分子质量的增大而增大？

84. 常温下为什么 F_2、Cl_2 是气体，Br_2 是液体，I_2 为固体？

85. 分析下列化合物，为什么相对分子质量大的熔点、沸点反而低？[M_r(NaF)=42，熔点 1 040 ℃；$M_r(P_4)$=124，熔点 44.1 ℃]

86. 共价键一般比离子键强，为什么共价分子的熔点、沸点却比离子型化合物低？

87. C_2H_5OH 的沸点与 CH_3OCH_3 的沸点何者高，为什么？

四、参考答案

(一) 选择题

1	2	3	4	5	6	7	8	9	10	11	12	13	14	15	16
D	B	C	C	D	B	B	D	A	B	A	A	C	C	C	B
17	18	19	20	21	22	23	24	25	26	27	28	29	30	31	32
C	C	A	C	C	A	B	D	D	C	A	A	C	C	B	A
33	34	35	36	37	38	39	40	41	42	43	44	45	46	47	48
D	D	A	C	C	D	D	A	D	B	A	C	C	C	B	C
49	50	51	52	53	54	55	56	57	58	59	60	61			
C	D	D	B	B	C	C	B	D	C	D	C	A			

(二) 填空题

62. 大；　63. 哑铃形、x、1、2；　64. 5；　65. $1s^2 2s^2 2p^6 3s^2 3p^6 4s^1$；

66. 主量子数（n）、主量子数（n）和角量子数（l）；　67. 6；　68. d、Ⅷ；

69. Cr、$1s^2 2s^2 2p^6 3s^2 3p^6 3d^5 4s^1$、四、ⅥB、d；　70. Cr；　71. 氢键；

72. $2s^2 2p^4$、sp^3 不等性、角形（V 形）、不为、分子、范德华力和氢键（分子间力和氢键）、分子；

73. sp^3 不等性、2、1、三角锥；　74. sp^2、σ、π、σ；　75. σ、π。

(三) 计算及简答题

76. (1) A、B、C、D 分别为 Rb、Mg、Zn、Br；

(2) A、B、C、D 简单离子的形式 Rb^+、Mg^{2+}、Zn^{2+}、Br^-；

(3) 二元化合物有 RbBr、$MgBr_2$、$ZnBr_2$。

77. (1) A：$1s^2 2s^2 2p^6 3s^2 3p^1$；　　B：$1s^2 2s^2 2p^6 3s^2 3p^5$

C：$1s^2 2s^2 2p^6 3s^2 3p^6 4s^2$　　D：$1s^2 2s^2 2p^6 3s^2 3p^6 3d^{10} 4s^2$

(2) 四元素分别为

A：Al，第三周期，ⅢA；B：Cl，第三周期，ⅦA；

C：Ca，第四周期，ⅡA；D：Zn，第四周期，ⅡB。

(3) Al、Zn 的氧化物有两性性质。

78. (1) "原子"半径顺序：$Mg^{2+} < Ca^{2+} < Ar < Br^-$；

(2) 电离能顺序：$Na < O < Ne < Na^+$；

(3) 电负性顺序：$Al < H < O < F$。

79. 答：离子键的特点是没有方向性和饱和性。没有方向性是指由于离子电荷的分布是球形对称的，它在任何方向都可以和相反电荷的离子相互吸引。没有饱和性是指离子之间以静电引力相互作用，使每个离子可以同时与几个相反电荷的离子作用，只要空间和半径允许，尽可能多地吸引，最后形成一个巨大的离子晶体。

80. 答：共价键的特点是具有方向性和饱和性。方向性是指元素原子成键时，原子轨道沿着重叠最大、最多的方向成键。饱和性是指元素的原子中未成对的电子配对成键后，就不再与其他原子成键。

81. 答：不一定。多原子分子的极性决定于键的极性和分子的空间构型。等性杂化是对中心原子而言，整个分子还要包括配位原子。例如，CH_3Cl 分子，C 原子是等性 sp^3 杂化，但配位原子不同，空间构型不对称，键的极性不能抵消，所以 CH_3Cl 是极性分子。

82. 答：NH_4^+ 离子是正四面体形，NH_3 分子是三角锥形。NH_4^+ 中 N—H 键间的键角大于 NH_3 中 N—H 键间的键角。NH_3 中的 N 原子是 sp^3 不等性杂化，有一对未成键的孤对电子，指向四面体的一个角顶。这一孤对电子 s 成分多，电子云密度更靠近原子核，将 NH_3 中的三个指向四面体角顶的 N—H 键排斥压迫使其更加靠近，故键角变小。当其孤对电子所占据的一个 sp^3 杂化轨道与 H^+ 的空的 1s 轨道头碰头成键后，形成 NH_4^+ 的四个 N—H键完全等同，无孤对电子存在，N 为 sp^3 等性杂化，空间构型为正四面体，故键角比三角锥大。

83. 答：分子间力的产生是分子在外电场作用下发生变形的结果。变形性越大，分子间力就越大。而一般来说分子质量增大，分子所含的电子就越多，电子层也增多，分子的变形性就越大。色散力的大小又是由分子的变形性决定的，分子间力主要以色散力为主，所以说分子间力随分子质量增大而增大。

84. 答：卤素分子都是非极性分子，分子间的作用力主要是色散力。从 F_2 到 I_2，原子序数增大，分子质量从小到大，分子间色散力也从小逐渐增大，所以它们的聚集状态依照它们的分子间力的强弱，分别表现为气态、液态和固态。

85. 答：NaF 是离子晶体，晶格结点间作用力是离子键。而 P_4 是分子型晶体，晶格结点间作用力是分子间力，比较弱，因此 NaF 比 P_4 的熔点、沸点高。不同类型的晶体，是不能用分子质量大小来比较性质变化规律的。

86. 答：共价分子绝大部分是以分子晶体存在的，晶格结点上的微粒是共价分子，分子内是共价键，而结点间的作用力却是分子间力，共价分子熔化、液化只需克服晶格结点间的作用力——分子间力，与分子内的共价键毫无关系。而离子型化合物的熔化、液化需克服晶格结点间的作用力是远比分子间力大得多的离子键，所以共价分子的熔点、沸点通常较低。

87. 答：C_2H_5OH 的沸点高。虽然 $M_r(C_2H_5OH)=M_r(CH_3OCH_3)$，但 CH_3OCH_3 分子为中心对称，是非极性分子，分子间只存在色散力；而 C_2H_5OH 是极性分子，除了存在分子间的三种作用力外，更重要的是还存在氢键，而 CH_3OCH_3 分子没有氢键。

第五章

酸碱和沉淀溶解平衡

一、基本概念与要点

（一）酸碱平衡

1. 酸碱质子理论

（1）共轭酸碱定义

质子酸：凡是给出质子的物质。

质子碱：凡是接受质子的物质。

酸碱两性物质：既能给出质子，又能接受质子的物质。

共轭酸碱对：组成上相差一个质子的一对酸碱。

（2）酸和碱的解离常数　互为共轭酸碱对的解离常数 $K_a^\ominus$ 和 $K_b^\ominus$ 的关系为 $K_a^\ominus \times K_b^\ominus = K_w^\ominus$。

2. 弱酸、弱碱溶液 H^+ 浓度的计算　单一弱酸、弱碱 H^+ 浓度近似计算式及应用条件如表 5－1 所示。

表 5－1　单一弱酸、弱碱溶液 H^+ 浓度近似计算式及应用条件

	一元弱酸 HAc、NH_4^+	多元弱酸 H_2S、H_2CO_3	一元弱碱 NH_3、Ac^-	多元弱碱 S^{2-}、CO_3^{2-}	两性物质 HCO_3^-、 $H_2PO_4^-$、NH_4Ac
最简式 $[H^+]_r$(酸及两性) $[OH^-]_r$(碱)	$\sqrt{c_r K_a^\ominus}$	$\sqrt{c_r K_{a1}^\ominus}$	$\sqrt{c_r K_b^\ominus}$	$\sqrt{c_r K_{b1}^\ominus}$	$\sqrt{K_{a1}^\ominus K_{a2}^\ominus}$ $\sqrt{K^\ominus(HAc)K^\ominus(NH_4^+)}$
条件	$\frac{c_r}{K_a^\ominus} \geqslant 500$	$\frac{c_r}{K_{a1}^\ominus} \geqslant 500$ $K_{a1}^\ominus \gg K_{a2}^\ominus$	$\frac{c_r}{K_b^\ominus} \geqslant 500$	$\frac{c_r}{K_{b1}^\ominus} \geqslant 500$ $K_{b1}^\ominus \gg K_{b2}^\ominus$	$c_r K_{a2}^\ominus \geqslant 20K_w^\ominus$ $c_r \geqslant 20K_{a1}^\ominus$

多元弱酸 H_2CO_3 的 $c(CO_3^{2-}) \approx K_{a2}^\ominus(H_2CO_3)$，$H_2S$ 的 $c(S^{2-}) \approx K_{a2}^\ominus(H_2S)$。

多元弱碱 CO_3^{2-} 的 $c(H_2CO_3) \approx K_{b2}^\ominus(CO_3^{2-})$。

上述公式均只适用于不含同离子的水溶液，即单一的一元弱酸、弱碱，单一的多元弱酸、弱碱水溶液。

3. 影响弱酸、弱碱解离平衡和难溶电解质溶解沉淀平衡的因素　影响解离平衡移动的是三个效应。

（1）同离子效应　在弱电解质或难溶电解质溶液中，加入与弱电解质或难溶电解质具有相同离子的强电解质，结果使弱电解质或难溶电解质的解离度或溶解度降低的现象。例如，在 HAc 中加入 NaAc，在 $BaSO_4$ 中加入 $BaCl_2$。

（2）稀释效应　在一定温度下，稀释弱电解质溶液，弱电解质的解离度随溶液的稀释而增大。溶液越稀，单位体积内所含溶质的粒子（分子或离子）数目越少，所以平衡会向离子数目增加方向移动。对于难溶电解质，平衡移动但溶解度不变。

（3）盐效应　在弱电解质或难溶电解质溶液中，加入不含相同离子的强电解质，使弱电解质的解离度或难溶电解质的溶解度增大，这种现象称为盐效应。例如，在 HAc 或 $BaSO_4$ 溶液中加入 NaCl。应当注意的是，在发生同离子效应的同时，必然伴随盐效应的发生，但同离子效应的影响占主导地位。一般在较稀溶液中，可不考虑盐效应的影响。

4. 缓冲溶液

（1）缓冲溶液

定义：能够抵抗少量强酸、强碱或稀释，而保持 pH 基本不变的溶液称为缓冲溶液。

组成：弱酸及其共轭碱（存在相对大量的抗碱和抗酸成分）。常见的缓冲溶液有

HAc－NaAc；H_2CO_3－$NaHCO_3$；NH_4Cl－$NH_3\cdot H_2O$；

$NaHCO_3$－Na_2CO_3；NaH_2PO_4－Na_2HPO_4。

上述缓冲作用所具有的缓冲因素：①弱电解质的解离平衡，②体系含有较多的抗酸和抗碱的两种成分。

根据缓冲性质的定义，浓的强酸和强碱及两性物质也存在缓冲作用。

（2）缓冲溶液 pH 的计算　在缓冲溶液中存在同离子效应，因此关于 pH 的计算，实质上是弱酸或弱碱在同离子作用下的 pH 计算。它不是单一的弱电解质的纯水溶液，切记不能用最简式来进行计算。

① 弱酸及其共轭碱缓冲溶液计算式为

$$[H^+]_r = K_a^{\ominus}\frac{c_{a,r}}{c_{b,r}} \qquad pH = pK_a^{\ominus} - \lg\frac{c_{a,r}}{c_{b,r}}$$

② 弱碱及其共轭酸缓冲溶液计算式为

$$[OH^-]_r = K_b^{\ominus}\frac{c_{b,r}}{c_{a,r}} \qquad pOH = pK_b^{\ominus} - \lg\frac{c_{b,r}}{c_{a,r}}$$

$$pH = 14 - pK_b^{\ominus} + \lg\frac{c_{b,r}}{c_{a,r}} = pK_a^{\ominus} - \lg\frac{c_{a,r}}{c_{b,r}}$$

（3）缓冲溶液的缓冲容量与范围

① 缓冲溶液的缓冲能力决定于缓冲对的总浓度和比值，当总浓度一定时，缓冲比越接近于 1，缓冲能力越大，等于 1 时最大；当缓冲比一定时，缓冲对的总浓度越大，则缓冲溶液的缓冲能力越大。

② 缓冲溶液的缓冲能力不是无限的，当缓冲对浓度比为 10～1/10 时，有较好的缓冲作用，是缓冲溶液有效的 pH 范围。缓冲范围 $pH = pK_a^{\ominus} \pm 1$ 或 $pOH = pK_b^{\ominus} \pm 1$。

（4）酸碱平衡的质子条件式和分布系数

① 质子条件式（PBE）：书写的原则为 a. 选取参与得失质子的水及水溶液中大量存在的物质作为零水准。b. 得失质子组分的浓度相等。

例如，NaH_2PO_4 水溶液中大量存在并参与质子转移的物质是 H_2O 和 $H_2PO_4^-$（Na^+ 大量存在但未参与质子转移，溶液中存在的 HPO_4^{2-}、PO_4^{3-} 及 H_3PO_4 等是少量的，均不是零

水准）。只要是稀水溶液，H_2O 必是零水准。

零水准	失质子产物	得质子产物
$H_2PO_4^- + H_2O \rightleftharpoons$	HPO_4^{2-} +	H_3O^+
$H_2PO_4^- + 2H_2O \rightleftharpoons$	PO_4^{3-} +	$2H_3O^+$
$H_2PO_4^- + H_2O \rightleftharpoons$	OH^- +	H_3PO_4
$H_2O + H_2O \rightleftharpoons$	OH^- +	H_3O^+

其中第二个平衡的得质子产物浓度是失质子产物 PO_4^{3-} 浓度的两倍，根据得失质子产物的浓度相等，则质子条件式为

$[H_3O^+]+[H_3PO_4]=[OH^-]+2[PO_4^{3-}]+[HPO_4^{2-}]$（$H_3O^+$ 可简写为 H^+）

常见物质的质子条件式见表 5-2。

表 5-2　常见物质的质子条件式

物　质	零水准	质子条件式
一元弱酸 HAc	HAc 给出 1 个质子平衡　H_2O（自偶解离平衡，下同）	$[H^+]=[Ac^-]+[OH^-]$
一元弱碱 NH_3	NH_3 接受 1 个质子平衡　H_2O	$[H^+]+[NH_4^+]=[OH^-]$
两性（酸式盐）Na_2HPO_4	HPO_4^{2-} 给出 1 个质子及接受 1 和 2 个质子 3 个平衡　H_2O	$[H^+]+[H_2PO_4^-]+2[H_3PO_4]=[PO_4^{3-}]+[OH^-]$
两性（酸式盐）NaH_2PO_4	$H_2PO_4^-$ 给出 1 和 2 个质子及接受 1 个质子 3 个平衡　H_2O	$[H^+]+[H_3PO_4]=[HPO_4^{2-}]+2[PO_4^{3-}]+[OH^-]$
两性（酸式盐）$NaHCO_3$	HCO_3^- 给出和接受各 1 个质子平衡　H_2O	$[H^+]+[H_2CO_3]=[CO_3^{2-}]+[OH^-]$
两性（酸式盐）NaHS	HS^- 给出和接受各 1 个质子平衡　H_2O	$[H^+]+[H_2S]=[S^{2-}]+[OH^-]$
两性（多元弱酸弱碱盐）NH_4HCO_3	NH_4^+ 给出 1 个质子平衡 HCO_3^- 给出和接受各 1 个质子平衡　H_2O	$[H^+]+[H_2CO_3]=[NH_3]+[CO_3^{2-}]+[OH^-]$
两性（一元弱酸弱碱盐）NH_4Ac	NH_4^+ 给出 1 个质子平衡　Ac^- 接受 1 个质子平衡　H_2O	$[H^+]+[HAc]=[NH_3]+[OH^-]$
多元弱酸 H_2S	H_2S 给出 1 个质子平衡和给出 2 个质子平衡　H_2O	$[H^+]=[HS^-]+2[S^{2-}]+[OH^-]$
多元弱碱（多元弱酸盐）Na_2S	S^{2-} 接受 1 个质子平衡和接受 2 个质子平衡　H_2O	$[H^+]+[HS^-]+2[H_2S]=[OH^-]$
强酸 HCl	HCl 完全解离　H_2O	$[H^+]=[Cl^-]+[OH^-]=c(HCl)+[OH^-]$
强碱 NaOH	NaOH 完全解离　H_2O	$[H^+]=[Na^+]+[OH^-]=c(NaOH)+[OH^-]$

② 分布系数 δ：弱酸或弱碱的各组分型体的平衡浓度与总浓度（分析浓度）之比。

例如：

$$HAc \rightleftharpoons H^+ + Ac^-$$

$$总浓度\ c(HAc) = [HAc] + [Ac^-]$$

$$\delta(HAc) = \frac{[HAc]_r}{c_r(HAc)} = \frac{[H^+]_r}{[H^+]_r + K_a^{\ominus}} \qquad \delta(Ac^-) = \frac{[Ac^-]_r}{c_r(HAc)} = \frac{K_a^{\ominus}}{[H^+]_r + K_a^{\ominus}}$$

由以上两式可看出分布系数只是 H^+ 浓度的函数，与弱酸或弱碱的浓度无关。H^+ 浓度可通过外加的酸碱进行调节。H^+ 浓度增大，共轭酸的分布系数增大，而共轭碱的分布系数减小。当 $[H^+]_r = K_a^{\ominus}$ 即 $pH = pK_a^{\ominus}$ 时，对于一元弱酸弱碱，其共轭酸碱均为总浓度的一半。

多元弱酸、弱碱的分布系数要复杂一些，但仍然是 H^+ 浓度的函数。如下图所示，磷酸 H_3PO_4 水溶液中的型体为 H_3PO_4、$H_2PO_4^-$、HPO_4^{2-}、PO_4^{3-}，其中 $\delta(H_3PO_4)$ 随溶液 pH 的增大而单纯地减小，$\delta(PO_4^{3-})$ 则单纯地增大。而 $\delta(H_2PO_4^-)$ 随溶液 pH 的增大先增大后减小，当 $pH = 1/2(pK_{a1}^{\ominus} + pK_{a2}^{\ominus}) = 4.68$ 时达到最大值。$\delta(HPO_4^{2-})$ 也类似，在 $pH = 1/2(pK_{a2}^{\ominus} + pK_{a3}^{\ominus}) = 9.79$ 时达到最大值。另外，当 $pH = pK_{a1}^{\ominus}$ 时，$[H_3PO_4] \approx [H_2PO_4^-]$；$pH = pK_{a2}^{\ominus}$ 时，$[H_2PO_4^-] \approx [HPO_4^{2-}]$；$pH = pK_{a3}^{\ominus}$ 时，$[HPO_4^{2-}] \approx [PO_4^{3-}]$。

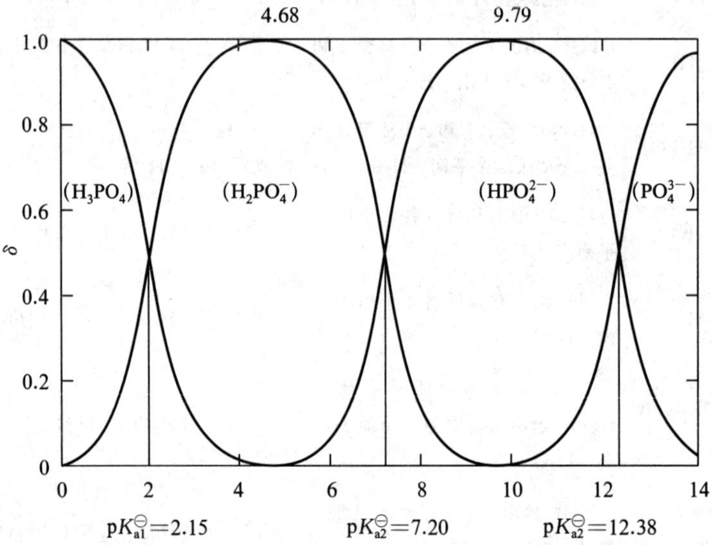

（二）沉淀溶解平衡

1. 溶度积 一定温度时，难溶电解质的饱和溶液中，其离子浓度（以溶解平衡式中系数为指数）的乘积为一常数，称为溶度积，通常以 $K_{sp}^{\ominus}$ 表示。平衡的特点是多相离子平衡，平衡时的溶液是饱和溶液。

$$A_mB_n(s) \rightleftharpoons mA^{n+} + nB^{m-} \quad K_{sp}^{\ominus} = [A^{n+}]_r^m [B^{m-}]_r^n$$

2. 溶度积和溶解度的关系 同类型的难溶电解质的溶度积和溶解度是一致的，溶度积小，溶解度也小，可以用溶度积来比较难溶电解质的溶解能力。

不同类型的难溶电解质的溶解能力，不能用溶度积量度。溶度积小，溶解度不一定小。所以一定要通过计算用溶解度来比较溶解能力的大小。

例如，Ag_2CrO_4 的 $K_{sp}^{\ominus} = 9.0 \times 10^{-12}$，AgCl 的 $K_{sp}^{\ominus} = 1.56 \times 10^{-10}$，但 Ag_2CrO_4 的溶解

度大于 AgCl 的溶解度。

但当溶度积相差较大时则可做出判断，如 $K_{sp}^{\ominus}\{Fe(OH)_2\}=8.0\times10^{-16}$，$K_{sp}^{\ominus}\{Fe(OH)_3\}=2.65\times10^{-39}$，显然 $Fe(OH)_2$ 的溶解度比 $Fe(OH)_3$ 大。

3. 溶度积和溶解度的换算公式　表 5-3 列出了难溶电解质在纯水中的溶解度与 $K_{sp}^{\ominus}$ 的关系。

表 5-3　难溶电解质在纯水中的溶解度与 $K_{sp}^{\ominus}$ 的关系

难溶电解质	沉淀溶解平衡	$K_{sp}^{\ominus}$	S_r（单一电解质）	实　例
AB 型	$AB(s) \rightleftharpoons A+B$ $S_r \quad S_r$	$S_r \cdot S_r$	$\sqrt{K_{sp}^{\ominus}}$	AgCl、$BaSO_4$、CuS、$CaCO_3$
AB_2 或 A_2B 型	$AB_2(s) \rightleftharpoons A+2B$ $S_r \quad 2S_r$ $A_2B(s) \rightleftharpoons 2A+B$	$S_r \cdot (2S_r)^2$ $(2S_r)^2 \cdot S_r$	$\sqrt[3]{\frac{K_{sp}^{\ominus}}{4}}$	$Mg(OH)_2$，Ag_2CrO_4，$PbCl_2$，Ag_2S
AB_3 或 A_3B 型	$AB_3(s) \rightleftharpoons A+3B$ $S_r \quad 3S_r$ $A_3B(s) \rightleftharpoons 3A+B$	$S_r \cdot (3S_r)^3$ $(3S_r)^3 \cdot S_r$	$\sqrt[4]{\frac{K_{sp}^{\ominus}}{27}}$	$Fe(OH)_3$、Ag_3PO_4
A_2B_3 或 A_3B_2 型	$A_2B_3 \rightleftharpoons 2A+3B$ $2S_r \quad 3S_r$ $A_3B_2 \rightleftharpoons 3A+2B$	$(2S_r)^2 \cdot (3S_r)^3$ $(3S_r)^3 \cdot (2S_r)^2$	$\sqrt[5]{\frac{K_{sp}^{\ominus}}{108}}$	$Ca_3(PO_4)_2$

注：表中离子略去电荷，S_r 是单一电解质（不含同离子）的相对溶解度（$mol \cdot L^{-1}$）。如有同离子存在，上述关系不成立。

4. 溶度积规则　难溶电解质的沉淀溶解平衡通式

$$A_nB_m(s) \rightleftharpoons nA^{m+}+mB^{n-}$$

任意浓度的离子积 $Q=c_r^n(A^{m+}) \cdot c_r^m(B^{n-})$

$Q<K_{sp}^{\ominus}$，无沉淀析出，如已存在沉淀将溶解；

$Q=K_{sp}^{\ominus}$，平衡态，无沉淀生成和溶解；

$Q>K_{sp}^{\ominus}$，沉淀析出。

5. 沉淀的溶解　条件：$c_r^n(A^{m+}) \cdot c_r^m(B^{n-})<K_{sp}^{\ominus}$

（1）加入适当的试剂　难溶氢氧化物和难溶弱酸盐一般加酸，生成弱电解质使沉淀溶解。只要加入的酸比组成难溶盐的酸强，难溶盐就可以溶解。

（2）通过氧化还原反应使难溶盐溶解　溶度积较大的金属硫化物，可用加酸的方法使之溶解。对于溶度积很小（一般小于 10^{-30}）的硫化物，加酸不能溶解，因为溶液中 $c(S^{2-})$ 太小。只能利用硝酸来氧化 S^{2-}，使 S^{2-} 变为单质硫，达到降低 S^{2-} 浓度的目的。CuS 能溶于硝酸，HgS 只能溶于王水。

$$3CuS+8HNO_3 = 3Cu(NO_3)_2+2NO+3S+4H_2O$$

$$3HgS+2HNO_3+12HCl \rightleftharpoons 3[HgCl_4]^{2-}+6H^++3S+2NO\uparrow+4H_2O$$

（3）生成配合物　不溶于酸（或碱）的难溶物，可利用易生成配合物的方法来降低某离子的浓度，使离子积小于溶度积。

例如，$AgCl+2NH_3 \cdot H_2O \rightleftharpoons [Ag(NH_3)_2]Cl+2H_2O$，加氨水生成了稳定的配合物，降低了溶液中 $c(Ag^+)$，使 $c(Ag^+) \cdot c(Cl^-)<K_{sp}^{\ominus}$，所以沉淀溶解。

6. 沉淀的转化　在难溶电解质的饱和溶液中，加入适当试剂与某离子结合成溶解度更小的难溶物，这样原沉淀溶解，新沉淀物生成。

（1）同类型难溶电解质　$AgCl+Br^- \rightleftharpoons AgBr+Cl^-$

$K_{sp}^{\ominus}(AgBr)<K_{sp}^{\ominus}(AgCl)$　　反应正向进行

$AgBr+I^- \rightleftharpoons AgI+Br^-$

$K_{sp}^{\ominus}(AgBr)>K_{sp}^{\ominus}(AgI)$　　反应正向进行

反应向着生成 $K_{sp}^{\ominus}$ 更小的沉淀方向转化。

（2）不同类型难溶电解质　$Ag_2CrO_4+2Cl^- \rightleftharpoons 2AgCl+CrO_4^{2-}$

$$K_j^{\ominus}=\frac{[CrO_4^{2-}]_r}{[Cl^-]_r^2}\times\frac{[Ag^+]_r^2}{[Ag^+]_r^2}=\frac{K_{sp}^{\ominus}(Ag_2CrO_4)}{[K_{sp}^{\ominus}(AgCl)]^2}=\frac{1.1\times10^{-12}}{(1.8\times10^{-10})^2}=3.4\times10^7$$

$K_j^{\ominus}$ 很大，说明正反应进行的程度大。由此可见，对于不同类型的难溶电解质，不能仅凭 $K_{sp}^{\ominus}$ 的大小来判断其转化方向。

7. 分步沉淀　当溶液中含有多种离子，加入沉淀剂均可生成难溶化合物而沉淀时，沉淀不是同时发生，而是有先后的，这样先后沉淀的过程称为分步沉淀。

分步沉淀的顺序：

（1）溶液中含有同类型（同价态）、同浓度的多种离子（如 Cl^-、Br^-、I^-）时，加入沉淀剂均可生成同类型难溶化合物，$K_{sp}^{\ominus}$ 小的先沉淀。

（2）溶液中含有同类型但不同浓度的多种离子，例如，海水的 $c(Cl^-)/c(I^-)$ 约 1.0×10^6，滴入 $AgNO_3$ 时，AgCl 先沉淀。因此，加入沉淀剂后，不能简单根据 $K_{sp}^{\ominus}$ 来判断沉淀的先后次序，必须通过计算结果才能决定。所以分步沉淀的顺序不是固定的，它取决于两个因素：沉淀物的溶度积和被沉淀离子的浓度。用溶度积规则判断：离子积先达其溶度积者先沉淀。

二、解题示例

【例 5-1】 什么叫表观解离度？

答：强电解质在水溶液中能完全解离，所以不存在分子和离子之间的解离平衡，但它们的解离度并不等于 100%。

例如，18 ℃时测得 $0.10\ mol\cdot L^{-1}$ 不同电解质溶液的解离度分别是：HCl 92%，HNO_3 92%，NaOH 91%，KCl 86%等。这是因为解离后，每个离子的运动都要受到它周围其他离子的影响。在弱电解质溶液里由于离子浓度很小，离子间影响可以忽略不计。在强电解质溶液中离子浓度较大，每个离子周围吸引着较多的带相反电荷的离子，使离子间互相牵制不能完全自由运动。离子间也可能形成离子对，这样已解离的离子并非自由独立，所以实验测得的强电解质的解离度都小于 100%。这种由实验测得的解离度，并不真正代表强电解质在溶液中解离的百分数，而仅能反映溶液中离子之间相互牵制作用的强弱程度，因此通常称它为表观解离度。

【例 5-2】 是否只有弱酸（碱）及其共轭碱（酸）才有缓冲作用，为什么？

答：否。两性物质的强电解质如酸式盐 $NaHCO_3$、NaH_2PO_4、氨基酸等，它们既能酸式解离，可抗碱，也能碱式解离，可抗酸。弱酸弱碱盐如 NH_4Ac、NH_4^+ 为抗碱成分，Ac^- 是抗酸成分。不过这些物质的缓冲能力较弱。另外在不很稀的强酸或强碱溶液中，由于 H^+

或 OH^- 浓度较高，外加少量酸或碱不会对溶液的 pH 产生较大的影响，故也可认为强酸或强碱的浓溶液是缓冲溶液。强酸强碱溶液的缓冲机理和上述物质的不同之处在于它们不是通过平衡移动来达到缓冲作用的。

【例 5-3】 酸度和酸的浓度（分析浓度）有何区别？

答：酸度是指已解离的酸的浓度（H^+ 浓度），酸的浓度包括已解离的酸的浓度和未解离的酸的浓度，未解离的酸的浓度在适当条件下仍可发挥酸的作用。在强酸溶液中，酸度和酸的浓度没有区别，但在弱酸溶液中，它们是两个不同的概念。例如，$0.1\ mol\cdot L^{-1}$ HCl 和 $0.1\ mol\cdot L^{-1}$ HAc，前者酸的浓度和酸度（H^+ 浓度）都是 $0.1\ mol\cdot L^{-1}$，而后者酸的浓度为 $0.1\ mol\cdot L^{-1}$，酸度是 $[H^+]_r=\sqrt{c_r\cdot K_a^{\ominus}}=\sqrt{0.1\times1.8\times10^{-5}}=1.34\times10^{-3}$。

【例 5-4】 对同一难溶电解质，离子积和溶度积有何不同？

答：离子积和溶度积书写的表达形式相同。溶度积是指在难溶电解质的饱和溶液中，有关离子浓度的乘积在一定温度下是一常数，这里离子浓度是平衡浓度，强调的是难溶电解质的饱和溶液。离子积是指有关离子任意浓度之积。因此离子积可以大于、小于或等于溶度积。

【例 5-5】 怎样理解难溶电解质是强电解质？

答：强电解质的概念主要是指电解质在溶液中完全解离，而难溶电解质尽管溶解度很小，但溶解的部分完全解离，所以从这个意义上讲，难溶电解质是强电解质。除此之外，本章所讨论的电解质忽略其在水中可能的分子形式，解离出的离子不考虑水解等因素。

【例 5-6】 同离子效应和盐效应有什么本质区别？

答：同离子效应的实质是浓度对化学平衡的影响，盐效应的实质是离子间静电的相互牵制作用，前者体现在存在解离平衡的弱电解质溶液中，而盐效应在各种物质的水溶液中均存在。

【例 5-7】 将浓度为 $0.1\ mol\cdot L^{-1}$ HF 溶液加水不断稀释，下列各量始终保持增大的是（　　）。

A. $c(H^+)$　　B. $K_a^{\ominus}(HF)$　　C. $\dfrac{c(F^-)}{c(H^+)}$　　D. $\dfrac{c(H^+)}{c(HF)}$

分析：HF 属于弱电解质，$HF \rightleftharpoons H^+ + F^-$，平衡后加水稀释则 $Q<K_a^{\ominus}$，HF 的解离平衡向右移动，即解离度增大，但解离平衡常数只与温度有关，保持不变；同时溶液的体积也增大，$c(HF)$ 减小，所以 $[H^+]_r=\sqrt{c_r(HF)K_a^{\ominus}}$，$c(H^+)$ 降低，由于水还会解离出 H^+，$c(F^-)<c(H^+)$，当无限稀释时，$c(H^+)$ 就不再发生变化，但 $c(F^-)$ 和 $c(HF)$ 却一直会降低，所以选项 D 符合题意。

【例 5-8】 在 $0.3\ mol\cdot L^{-1}$ HCl 中通入 H_2S 至饱和，求溶液中 S^{2-} 的浓度。（H_2S 的 $K_{a1}^{\ominus}=9.1\times10^{-8}$，$K_{a1}^{\ominus}=1.1\times10^{-12}$）

分析：本题为 HCl 和 H_2S 的混合溶液，不是单一的 H_2S 溶液，H^+ 浓度不能按一元弱酸解离计算，同离子效应的作用，H^+ 浓度即 HCl 浓度，$c(S^{2-})\neq K_{a2}^{\ominus}$，它受 $c(H^+)$ 制约，要利用总平衡关系计算。由于酸的加入，溶液中 $c(H^+)$ 增加，$c(S^{2-})$ 必然减小，二步解离要综合考虑。

解：设 $c(S^{2-})$ 为 x

$$H_2S \rightleftharpoons 2H^+ + S^{2-}$$

平衡浓度/$(mol\cdot L^{-1})$　　$0.1-x$　　$0.3+2x$　　x

$$c_r(S^{2-})=\frac{K_{a1}^{\ominus}\cdot K_{a2}^{\ominus}\cdot c_r(H_2S)}{c_r^2(H^+)}=\frac{1\times10^{-19}\times0.1}{(0.3)^2}=1.1\times10^{-19}$$

$$x=c(S^{2-})=c_r(S^{2-})\times1\ mol\cdot L^{-1}=1.1\times10^{-19}mol\cdot L^{-1}$$

【例 5-9】 有三瓶 10 mL 0.5 $mol\cdot L^{-1}$ NaOH 溶液。分别加入①15 mL 1 $mol\cdot L^{-1}$ HAc 溶液；②10 mL 0.3 $mol\cdot L^{-1}$ HAc 溶液；③10 mL 0.5 $mol\cdot L^{-1}$ HAc溶液。求各瓶溶液的 pH。[$K_a^{\ominus}(HAc)=1.80\times10^{-5}$]

分析：强酸（碱）与弱碱（酸）中和反应有以下方式：a. 酸碱完全中和，以生成的共轭酸碱处理；b. 强酸或强碱过量，以过量的强酸或强碱的浓度计算；c. 若弱酸弱碱过量以缓冲溶液的公式计算。

解：①不等体积混合 NaOH 与 HAc，反应后剩余的 HAc 和产物 NaAc 组成了缓冲溶液

$$NaOH\ +\ HAc \rightleftharpoons NaAc\ +\ H_2O$$

混合后浓度/($mol\cdot L^{-1}$)　10×0.5/25　15×1/25　10×0.5/25（体积变化忽略）

产物　$c(NaAc)=(0.5\ mol\cdot L^{-1}\times10\ mL)/25\ mL=0.2\ mol\cdot L^{-1}$

剩余酸　$c(HAc)=(1\ mol\cdot L^{-1}\times15\ mL-0.5\ mol\cdot L^{-1}\times10\ mL)/25\ mL=0.4\ mol\cdot L^{-1}$

HAc-NaAc 组成缓冲体系

$$pH=pK_a^{\ominus}-\lg\frac{c_r(HAc)}{c_r(Ac^-)}=4.75-\lg(0.4/0.2)=4.45$$

② NaOH 过量，$c(NaOH)=(0.5\ mol\cdot L^{-1}\times10\ mL-0.3\ mol\cdot L^{-1}\times10\ mL)/20\ mL$

$=0.1\ mol\cdot L^{-1}$

$$pH=14-pOH=14-1=13$$

③ 加入等体积等浓度的 HAc，反应后生成共轭碱 NaAc，溶液的 pH 按一元弱碱计算。

$$NaOH\ +\ HAc \rightleftharpoons NaAc+H_2O$$

等体积混合后　0.5/2　0.5/2　0.5/2

根据反应式可知，酸碱完全反应生成了盐 NaAc，则

$$c_r(OH^-)=\sqrt{\frac{c_r\cdot K_w^{\ominus}}{K_a^{\ominus}}}\qquad c_r(H^+)=\sqrt{\frac{K_w^{\ominus}\cdot K_a^{\ominus}}{c_r}}$$

$$pH=7+(1/2)pK_a^{\ominus}+(1/2\lg c_r)=9.07$$

【例 5-10】 HAc 的 $K_a^{\ominus}=1.77\times10^{-5}$，要加多少克 NaAc 到 2 L 0.20 $mol\cdot L^{-1}$ HAc溶液中才能保持 $c_r(H^+)$ 为 6.5×10^{-5} $mol\cdot L^{-1}$？[$M(NaAc)=82\ g\cdot mol^{-1}$]

分析：此题是在弱酸中加入相同离子的强电解质，已构成缓冲溶液。

解：根据 $c_r(H^+)=K_a^{\ominus}\cdot c_r(HAc)/c_r(NaAc)=6.5\times10^{-5}$

解得　$c_r(NaAc)=K_a^{\ominus}\cdot c_{ar}/c_r(H^+)$

$=1.77\times10^{-5}\times0.20\ mol\cdot L^{-1}/(6.5\times10^{-5})$

$=0.055\ mol\cdot L^{-1}$

2 L 溶液中 NaAc 的物质的量 $0.055\ mol\cdot L^{-1}\times2\ L=0.11\ mol$

则要加入 NaAc 的质量为 $82\ g\cdot mol^{-1}\times0.11\ mol=9.0\ g$

【例 5-11】 欲配 pH=5.0，HAc 浓度为 0.2 $mol\cdot L^{-1}$ 的缓冲溶液 1 L，需要 $NaAc\cdot3H_2O$ 多少克？需要 1 $mol\cdot L^{-1}$ HAc 溶液多少毫升？

分析：已知欲配的缓冲溶液 $c(HAc)$ 的浓度，通过公式可求缓冲体系中的 $c(Ac^-)$，进

而可换算成 $NaAc \cdot 3H_2O$ 的质量。

解：$pH=pK_a^{\ominus}-\lg\dfrac{c_r(HAc)}{c_r(Ac^-)}=4.75-\lg\dfrac{0.2}{c_r(Ac^-)}=5.0$

$$\lg\frac{c_r(Ac^-)}{0.2}=0.25 \qquad \frac{c_r(Ac^-)}{0.2}=1.78$$

$$c(Ac^-)=0.356\ mol\cdot L^{-1}$$

则需要 $NaAc \cdot 3H_2O$ 的质量为 $0.356\ mol\cdot L^{-1}\times136\ g\cdot mol^{-1}=48\ g$

$$1\times0.2=V\times1 \qquad V=0.2\ L=200\ mL$$

【例 5-12】 欲配制 pH＝10.00 的 NH_3-NH_4Cl 缓冲溶液 1 L，其中 $c(NH_4^+)=0.10\ mol\cdot L^{-1}$，所需 $\rho(NH_3)=0.904\ g\cdot mL^{-1}$，$w(NH_3)=27\%$ 的浓氨水体积及固体氯化铵质量各为多少？[$K_b^{\ominus}(NH_3)=1.77\times10^{-5}$，$M(NH_4Cl)=53.5\ g\cdot mol^{-1}$]

解：$pH=pK_a^{\ominus}(NH_4^+)-\lg\dfrac{c_r(NH_4^+)}{c_r(NH_3)}=14-pK_b^{\ominus}(NH_3)-\lg\dfrac{c_r(NH_4^+)}{c_r(NH_3)}$

$$=14+\lg(1.77\times10^{-5})-\lg\frac{0.10}{c_r(NH_3)}$$

$$10.00=9.25-\lg\frac{0.10}{c_r(NH_3)} \qquad \frac{0.10}{c_r(NH_3)}=0.18$$

解得　$c(NH_3)=0.56\ mol\cdot L^{-1}$

浓氨水的浓度为 $\dfrac{\rho(NH_3)\times w(NH_3)\times1\ L}{M(NH_3)}=\dfrac{0.904\times10^3\ g\cdot L^{-1}\times27\%\times1\ L}{17\ g\cdot mol^{-1}\times1\ L}=14.3\ mol\cdot L^{-1}$

需氨水的体积为 $\dfrac{1\ L\times0.56\ mol\cdot L^{-1}}{14.3\ mol\cdot L^{-1}}=0.039\ L=39\ mL$

需 NH_4Cl 的质量为

$c(NH_4^+)\times1\ L\times M(NH_4Cl)=0.10\ mol\cdot L^{-1}\times1\ L\times53.5\ g\cdot mol^{-1}=5.35\ g$

【例 5-13】 已知难溶电解质 Ag_2CrO_4 的 $K_{sp}^{\ominus}=1.12\times10^{-12}$，$Ag^+$ 的浓度为（　　）。

A. $1.30\times10^{-4}\ mol\cdot L^{-1}$　　B. $6.54\times10^{-5}\ mol\cdot L^{-1}$

C. $2.62\times10^{-4}\ mol\cdot L^{-1}$　　D. $4.21\times10^{-4}\ mol\cdot L^{-1}$

答：A。解析：Ag_2CrO_4 属于 A_2B 型，S_r 和 $K_{sp}^{\ominus}$ 的关系是 $S_r=\sqrt[3]{\dfrac{K_{sp}^{\ominus}}{4}}=6.54\times10^{-5}$。$Ag^+$ 的浓度为 $2S=6.54\times10^{-5}\times2\ mol\cdot L^{-1}\approx1.30\times10^{-4}\ mol\cdot L^{-1}$。

【例 5-14】 海水中 Mg^{2+} 浓度大约为 $0.059\ mol\cdot L^{-1}$。在工业提取镁的过程中，需要首先把 Mg^{2+} 转化成 $Mg(OH)_2$ 沉淀。若加入碱后，某海水样品中的 $c(OH^-)=2.0\times10^{-3}\ mol\cdot L^{-1}$，则

（1）沉淀后，溶液中剩余 Mg^{2+} 浓度 $c(Mg^{2+})$ 为多少？{已知 $K_{sp}^{\ominus}[Mg(OH)_2]=5.6\times10^{-12}$}

（2）在以上条件下，Mg^{2+} 是否被沉淀完全？

解：（1）溶液中 $c(OH^-)=2.0\times10^{-3}\ mol\cdot L^{-1}$，代入溶度积常数表达式：

$$K_{sp}^{\ominus}[Mg(OH)_2]=[Mg^{2+}]_r\cdot[OH^-]_r^2$$

得 $[Mg^{2+}]_r=1.4\times10^{-6}$，则 $c(Mg^{2+})=1.4\times10^{-6}\ mol\cdot L^{-1}$。

（2）$1.4\times10^{-6}\ mol\cdot L^{-1}<10^{-5}\ mol\cdot L^{-1}$，故在该条件下，$Mg^{2+}$ 已沉淀完全。

【例 5-15】锅炉中锅垢的主要成分是 $CaSO_4$，很难用直接溶解的方法（包括水溶、酸溶等）除去，常用 Na_2CO_3 溶液处理，转化为 $CaCO_3$，然后再用酸溶解 $CaCO_3$，达到消除锅垢的目的。在 1.0 L Na_2CO_3 溶液中，使 0.010 mol $CaSO_4$ 转化为 $CaCO_3$，计算 Na_2CO_3 的最初浓度。[$K_{sp}^{\ominus}(CaSO_4)=7.1\times10^{-5}$，$K_{sp}^{\ominus}(CaCO_3)=4.96\times10^{-9}$]

解：沉淀转化的反应如下所示：

$$CaSO_4(s)+CO_3^{2-} \rightleftharpoons CaCO_3(s)+SO_4^{2-}$$

平衡浓度/($mol\cdot L^{-1}$)　　　x　　　　　　0.010

此反应的平衡常数为

$$K_j^{\ominus}=\frac{[SO_4^{2-}]_r}{[CO_3^{2-}]_r}=\frac{[SO_4^{2-}]_r\cdot[Ca^{2+}]_r}{[CO_3^{2-}]_r\cdot[Ca^{2+}]_r}=\frac{K_{sp}^{\ominus}(CaSO_4)}{K_{sp}^{\ominus}(CaCO_3)}=\frac{7.1\times10^{-5}}{4.96\times10^{-9}}=1.4\times10^{4}$$

所以，达平衡时 CO_3^{2-} 的浓度是

$$[CO_3^{2-}]_r=x=\frac{[SO_4^{2-}]_r}{K_j^{\ominus}}=\frac{0.010}{1.4\times10^{4}}=7.1\times10^{-7}$$

由于与 0.010 mol $CaSO_4$ 反应需要 0.010 mol Na_2CO_3，故 Na_2CO_3 的最初浓度为

$$7.1\times10^{-7}\ mol\cdot L^{-1}+0.010\ mol\cdot L^{-1}\approx0.010\ mol\cdot L^{-1}$$

【例 5-16】在 $c(Ni^{2+})=1.0\ mol\cdot L^{-1}$ 的溶液中含有少量 Fe^{3+} 杂质，计算 pH 控制在什么范围内可将 Fe^{3+} 除去？

解：欲使 $Fe(OH)_3$ 沉淀完全：

$$[OH^-]_r>\sqrt[3]{\frac{K_{sp}^{\ominus}[Fe(OH)_3]}{10^{-5}}}=\sqrt[3]{\frac{2.64\times10^{-39}}{10^{-5}}}=6.4\times10^{-12}$$

$$pOH=-lg(6.4\times10^{-12})=11.19，pH>2.81$$

欲使 Ni^{2+} 不生成 $Ni(OH)_2$ 沉淀：

$$[OH^-]_r<\sqrt{\frac{K_{sp}^{\ominus}[Ni(OH)_2]}{1.0}}=\sqrt{\frac{5.47\times10^{-16}}{1.0}}=2.34\times10^{-8}$$

$$pOH=-lg(2.34\times10^{-8})=7.63，pH<6.37$$

所以应控制 pH 在 2.81～6.37 范围。

三、自测题

（一）选择题

1. 浓度为 0.1 $mol\cdot L^{-1}$ 的 HAc 达平衡后加水稀释，下面说法正确的是（　　）。

A. pH 增大，平衡向离子化方向移动

B. pH 减小，平衡向离子化方向移动

C. pH 减小，平衡向分子化方向移动

D. pH 增大，平衡不移动

2. H_3PO_4 的各级解离常数为 $K_{a1}^{\ominus}$，$K_{a2}^{\ominus}$，$K_{a3}^{\ominus}$，PO_4^{3-} 的 $K_{b1}^{\ominus}$ 为（　　）。

A. $\frac{K_w^{\ominus}}{K_{a1}^{\ominus}}$　　B. $\frac{K_w^{\ominus}}{K_{a2}^{\ominus}}$　　C. $\frac{K_w^{\ominus}}{K_{a3}^{\ominus}}$　　D. $\frac{K_w^{\ominus}}{K_{a1}^{\ominus}K_{a2}^{\ominus}}$

3. 若 NH_4Cl 的浓度为 $c_{a,r}$，$K_a^{\ominus}$ 和 $K_b^{\ominus}$ 分别为 NH_4^+ 和 NH_3 的解离常数，则该溶液 pH

的计算公式为（　　）。

A. $pH=\frac{1}{2}pK_b^{\ominus}-1/2\lg c_{a,r}$　　B. $pH=7-1/2pK_a^{\ominus}-1/2\lg c_{a,r}$

C. $pH=7-1/2pK_b^{\ominus}-1/2\lg c_{a,r}$　　D. $pH=7-1/2pK_b^{\ominus}+1/2\lg c_{a,r}$

4. 氨水溶液中 $c(OH^-)=2.4\times10^{-3}$ mol · L^{-1}，氨水的浓度（mol · L^{-1}）为（　　）。[$K_b^{\ominus}(NH_3)=1.8\times10^{-5}$]

A. 0.32　　B. 0.18　　C. 1.8　　D. 0.25

5. NH_3 的共轭碱是（　　）。

A. NH_4^+　　B. $NH_3\cdot H_2O$　　C. NH_2　　D. NH_2^-

6. 下列（　　）不能起酸的作用。

A. HSO_4^-　　B. NH_4^+　　C. H_2O　　D. H^-

7. 将 20 mL 0.1 mol · L^{-1} HAc 与 10 mL 0.1 mol · L^{-1} NaOH 溶液混合后，该溶液的 pH 为（　　）。[$K_a^{\ominus}(HAc)=1.8\times10^{-5}$]

A. 6.29　　B. 4.76　　C. 3.17　　D. 5.50

8. 1.0 L 0.10 mol · L^{-1} H_2CO_3 溶液用等体积水稀释后，溶液中 CO_3^{2-} 浓度为（　　）。(H_2CO_3 的 $K_{a1}^{\ominus}=4.3\times10^{-7}$，$K_{a2}^{\ominus}=5.6\times10^{-11}$)

A. 2.8×10^{-2} mol · L^{-1}　　B. 5.6×10^{-11} mol · L^{-1}

C. 4.3×10^{-7} mol · L^{-1}　　D. 7.6×10^{-6} mol · L^{-1}

9. pH=1.0 和 pH=3.0 两种盐酸溶液等体积混合后溶液的 pH 是（　　）。

A. 0.3　　B. 1.0　　C. 1.3　　D. 1.5

10. 配制 pH=7 的缓冲溶液时，最合适的缓冲对是（　　）。

[$K_a^{\ominus}(HAc)=1.76\times10^{-5}$；$K_b^{\ominus}(NH_3)=1.76\times10^{-5}$；$H_3PO_4$：$K_{a1}^{\ominus}=7.52\times10^{-3}$，$K_{a2}^{\ominus}=6.23\times10^{-8}$，$K_{a3}^{\ominus}=4.4\times10^{-13}$；$H_2CO_3$：$K_{a1}^{\ominus}=4.30\times10^{-7}$，$K_{a2}^{\ominus}=5.61\times10^{-11}$]

A. HAc - NaAc　　B. NH_3 - NH_4Cl

C. NaH_2PO_4 - Na_2HPO_4　　D. $NaHCO_3$ - Na_2CO_3

11. 0.2 mol · L^{-1}甲酸溶液中有 3.2%的甲酸解离，它的解离常数是（　　）。

A. 9.6×10^{-3}　　B. 4.8×10^{-5}

C. 1.25×10^{-6}　　D. 2.1×10^{-4}

12. $K_w^{\ominus}$ 的值是 0.64×10^{-14}(18 ℃) 和 1.00×10^{-14}(25 ℃)，下列说法中正确的是（　　）。

A. 水的解离是放热过程

B. 水的 pH 在 25 ℃时大于在 18 ℃时

C. 在 18 ℃时，水中氢氧根离子的浓度是 0.8×10^{-7} mol · L^{-1}

D. 仅在 25 ℃时，水才是中性的

13. 下列溶液不能组成缓冲溶液的是（　　）。

A. H_2CO_3 和 $NaHCO_3$　　B. $H_2PO_4^-$ 和 HPO_4^{2-}

C. HCl 和过量的氨水　　D. 氨水和过量的 HCl

14. 根据酸碱质子理论，下列各物质中，既可做酸，又可做碱的是（　　）。

A. H_3O^+　　B. CO_3^{2-}

C. NH_4^+　　D. H_2O

15. 下列各组混合液中，能作为缓冲溶液的是（　　）。

A. 10 mL 0.2 mol・L^{-1} HCl 和 10 mL 0.1 mol・L^{-1} NaCl

B. 10 mL 0.2 mol・L^{-1} HAc 和 10 mL 0.1 mol・L^{-1} NaOH

C. 10 mL 0.2 mol・L^{-1} HAc 和 10 mL 0.3 mol・L^{-1} NaOH

D. 10 mL 0.2 mol・L^{-1} HCl 和 10 mL 0.2 mol・L^{-1} NaOH

16. 在 0.10 L 0.10 mol・L^{-1} HAc 溶液中，加入 0.10 mol NaCl 晶体，溶液的 pH 将会（　　）。

A. 升高　　B. 降低　　C. 不变　　D. 无法判断

17. 把 100 mL 0.1 mol・L^{-1} HCN（$K_a=4.9\times10^{-10}$）溶液稀释到400 mL，氢离子浓度约为原来的（　　）。

A. 1/2 倍　　B. 1/4 倍　　C. 2 倍　　D. 4 倍

18. 已知：H_2CO_3 的 $K_{a1}^{\ominus}=4.7\times10^{-7}$，$K_{a2}^{\ominus}=5.6\times10^{-11}$，$NH_3$ 的 $K_b^{\ominus}=1.8\times10^{-5}$，HAc 的 $K_a^{\ominus}=1.8\times10^{-5}$，现需配制 pH=9 的缓冲溶液，应选用最合适的缓冲对是（　　）。

A. H_2CO_3－$NaHCO_3$　　B. $NaHCO_3$－Na_2CO_3

C. NH_3－NH_4Cl　　D. HAc－NaAc

19. 20 mL 0.10 mol・L^{-1}的 HCl 溶液和 20 mL 0.10 mol・L^{-1}的 NaAc 溶液混合，其 pH 为（　　）。[$K_a^{\ominus}$(HAc)=1.76×10^{-5}]

A. 3.97　　B. 3.03　　C. 3.42　　D. 3.38

20. 将 0.20 mol・L^{-1} HAc 溶液和 0.20 mol・L^{-1} NaAc 溶液等体积混合，其 pK_a＝4.8，若将此混合溶液再与等体积的水混合，则稀释液的 pH 是（　　）。

A. 2.4　　B. 9.6　　C. 7.0　　D. 4.8

21. 不能配制 pH=7 左右的缓冲溶液的共轭酸碱混合物是（　　）。（H_3PO_4：$K_{a1}^{\ominus}$＝7.52×10^{-3}，$K_{a2}^{\ominus}=6.23\times10^{-8}$，$K_{a3}^{\ominus}=4.4\times10^{-13}$；$H_2CO_3$：$K_{a1}^{\ominus}=4.30\times10^{-7}$，$K_{a2}^{\ominus}$＝$5.61\times10^{-11}$；HClO 的 $K_a^{\ominus}=2.95\times10^{-8}$）

A. $NaHCO_3$－Na_2CO_3　　B. NaH_2PO_4－Na_2HPO_4

C. HClO－NaClO　　D. H_2CO_3－$NaHCO_3$

22. 在 HAc 水溶液中加入 NaAc 使 HAc 解离度降低，在 $BaSO_4$ 饱和溶液中加入 Na_2SO_4 使 $BaSO_4$ 沉淀量增加，这是由于（　　）。

A. 前者叫同离子效应，后者叫盐析

B. 前者叫同离子效应，后者叫盐效应

C. 两者均属同离子效应

D. 两者均属盐效应

23. 0.1 mol・L^{-1} Na_2CO_3 的水溶液中溶液的 H^+ 浓度是（　　）。

[$K_{a1}^{\ominus}$和 $K_{a2}^{\ominus}$分别为 H_2CO_3 的一级和二级解离常数]

A. $\sqrt{0.1K_{a1}^{\ominus}}$　　B. $\sqrt{0.1\times\frac{K_{w1}^{\ominus}}{K_{a2}^{\ominus}}}$　　C. $\sqrt{\frac{K_w^{\ominus}K_{a2}^{\ominus}}{0.1}}$　　D. $\sqrt{\frac{K_w^{\ominus}K_{a1}^{\ominus}}{0.1}}$

24. 20 mL 0.10 mol・L^{-1} HCl 和 20 mL 0.20 mol・L^{-1} NH_3・H_2O 混合，其 pH 为（　　）。[$K_b^{\ominus}$(NH_3・H_2O)=1.76×10^{-5}]

A. 11.25　　B. 4.75　　C. 9.25　　D. 4.25

25. 0.1 mol·L^{-1}碳酸氢钠溶液的 pH 为（　　）。[$K_{a1}^{\ominus}(H_2CO_3)=4.30\times10^{-7}$，$K_{a2}^{\ominus}(H_2CO_3)=5.61\times10^{-11}$]

A. 5.6　　B. 7.0　　C. 8.4　　D. 13.0

26. 向 0.10 mol·L^{-1} HCl 溶液中通 H_2S 气体至饱和（0.10 mol·L^{-1}），溶液中 S^{2-} 浓度为（　　）。（H_2S 的 $K_{a1}^{\ominus}=9.1\times10^{-8}$，$K_{a2}^{\ominus}=1.1\times10^{-12}$）

A. 1.0×10^{-18} mol·L^{-1}　　B. 1.1×10^{-12} mol·L^{-1}

C. 1.0×10^{-19} mol·L^{-1}　　D. 9.5×10^{-5} mol·L^{-1}

27. 根据酸碱质子理论，$HNO_3+H_2SO_4 \rightleftharpoons H_2NO_3^++HSO_4^-$ 反应体系中的酸是（　　）。

A. $H_2NO_3^+$ 和 HSO_4^-　　B. HNO_3 和 HSO_4^-

C. H_2SO_4 和 HNO_3　　D. $H_2NO_3^+$ 和 H_2SO_4

28. 在 HAc 溶液中加入 NaAc 会导致（　　）。

A. 同离子效应　　B. 同离子效应和盐效应

C. 盐效应　　D. 溶液中 HAc 浓度降低

29. 决定酸碱强弱的因素是（　　）。

A. 浓度　　B. 解离度　　C. 解离常数　　D. 溶解度

30. 0.02 mol·L^{-1}的 NH_4Cl 溶液的 pH 是（　　）。[$NH_3\cdot H_2O$ 的$K_b^{\ominus}=1.76\times10^{-5}$]

A. 4　　B. 8.2　　C. 5.47　　D. 6.8

31. HAc－NaAc 缓冲溶液的缓冲范围是（　　）。

A. pH±1　　B. $K_a\pm1$　　C. $K_b\pm1$　　D. $pK_a\pm1$

32. 配制 $SnCl_2$ 溶液，为防止水解，应加入（　　）。

A. NaOH　　B. NaCl　　C. HCl　　D. HNO_3

33. 用等体积的浓度为 0.05 mol·L^{-1}的醋酸和 0.025 mol·L^{-1}的醋酸钠配制的缓冲溶液 pH 是（　　）。（醋酸的 $K_a^{\ominus}=1.8\times10^{-5}$）

A. 4.45　　B. 4.75　　C. 5.05　　D. 5.15

34. 在稀 $NH_3\cdot H_2O$ 溶液中加入固体 NH_4Cl，此混合溶液中不变的量是（　　）。

A. pH　　B. 解离度

C. 解离常数　　D. NH_4^+ 浓度

35. H_2O、HAc、HCN 的共轭碱的碱性强弱顺序是（　　）。

[$K_w^{\ominus}=1.0\times10^{-14}$，$K_a^{\ominus}(HAc)=1.8\times10^{-5}$，$K_a^{\ominus}(HCN)=4.9\times10^{-10}$]

A. $OH^->Ac^->CN^-$　　B. $CN^->OH^->Ac^-$

C. $OH^->CN^->Ac^-$　　D. $CN^->Ac^->OH^-$

36. 欲维持含有少量 Ca^{2+} 的溶液的 pH 在 10 左右，宜选用下列（　　）缓冲对。

A. $NaH_2PO_4-Na_2HPO_4$　[$pK_{a2}^{\ominus}(H_3PO_4)=7.21$]

B. HAc－NaAc　[$pK_a^{\ominus}(HAc)=4.75$]

C. $NH_3\cdot H_2O-NH_4Cl$　[$pK_b^{\ominus}(NH_3)=4.75$]

D. $NaHCO_3-Na_2CO_3$　[$pK_{a2}^{\ominus}(H_2CO_3)=10.25$]

37. 浓度为 c 的 $(NH_4)_2SO_4$ 水溶液，下列公式正确的是（　　）。

A. $[H^+]_r=1/2\sqrt{\dfrac{K_w^{\ominus}}{K_b^{\ominus}(NH_3\cdot H_2O)}c_r}$　　B. $[H^+]_r=\dfrac{1}{\sqrt{2}}\sqrt{\dfrac{K_w^{\ominus}}{K_b^{\ominus}(NH_3\cdot H_2O)}c_r}$

C. $[H^+]_r=2\sqrt{c_r \cdot K_a^{\ominus}(NH_4^+)}$　　D. $[H^+]_r=\sqrt{2c_r \cdot K_a^{\ominus}(NH_4^+)}$

38. 下列物质溶解后阳离子的浓度最接近于阴离子浓度两倍的是（　　）。

A. K_2S　　B. K_2CO_3　　C. K_2HPO_4　　D. $K_2[HgI_4]$

39. pH=9.78 的 H_3PO_4 溶液中，浓度最大的是（　　）。（H_3PO_4 的 $pK_{a1}^{\ominus}=2.18$，$pK_{a2}^{\ominus}=7.20$，$pK_{a3}^{\ominus}=12.35$）

A. PO_4^{3-}　　B. HPO_4^{2-}　　C. $H_2PO_4^-$　　D. H_3PO_4

40. 已知某二元弱酸 H_2A 的 $pK_{a1}^{\ominus}=1.23$，$pK_{a2}^{\ominus}=4.19$，在该二元弱酸的水溶液中加入 NaOH 调 pH=3.00，则下述正确的是（　　）。

A. $\delta(H_2A)>50\%$　　B. $\delta(HA^-)>50\%$

C. $\delta(HA^-)=50\%$　　D. $\delta(A^{2-})>50\%$

41. 欲配制 pH=7.21 的缓冲溶液，应向 100 mL 0.10 mol·L^{-1} H_3PO_4 溶液中加入相同浓度的 NaOH（　　）mL。（H_3PO_4 的 $pK_{a1}^{\ominus}=2.18$，$pK_{a2}^{\ominus}=7.21$，$pK_{a3}^{\ominus}=12.35$）

A. 50　　B. 100　　C. 150　　D. 200

[提示：$pH=pK_{a2}^{\ominus}$时，$c(H_2PO_4^-)=c(HPO_4^{2-})$

$2H_3PO_4+3NaOH=NaH_2PO_4+Na_2HPO_4+3H_2O$　$n(H_3PO_4):n(NaOH)=2:3$]

42. 下列物质的水溶液不具有缓冲性质的是（　　）。

A. 氨基酸　　B. 浓硫酸　　C. 碳酸氢钠　　D. 醋酸钠

43. 将 NaOH 水溶液用等体积的水稀释后，溶液的 pH 降低（　　）个 pH 单位。

A. 1/2lg2　　B. lg2　　C. lg(1/2)　　D. 1

44. 已知某一元弱酸水溶液 pH=4.00，若将溶液稀释一倍，则稀释后溶液的 pH 为（　　）。

A. 2.00　　B. 4.00　　C. 4.00+1/2lg2　　D. 4.00−1/2lg2

45. 吡啶-3羧酸即烟酸可看作一元弱酸，当其浓度为 0.020 mol·L^{-1}时，测得 pH=3.26，则其共轭碱的解离常数为（　　）。

A. 1.5×10^{-5}　　B. 1.5×10^{-10}

C. 6.6×10^{-5}　　D. 6.6×10^{-10}

46. 抗坏血酸的化学式为 $H_2C_6H_6O_6$，其 $K_{a1}^{\ominus}$和 $K_{a2}^{\ominus}$分别为 8.0×10^{-5}和 1.6×10^{-12}，它的水溶液中，下列离子关系不正确的是（　　）。

A. $c_r(C_6H_6O_6^{2-})\approx1.6\times10^{-12}$　　B. $c(HC_6H_6O_6^-)\approx c(H^+)$

C. $c(H^+)\approx\sqrt{c_rK_{a1}^{\ominus}}$　　D. $c(HC_6H_6O_6^-)\approx\sqrt{c_rK_{a2}^{\ominus}}$

47. 25 ℃时，下列各组物质的水溶液 pH 都大于 7 的是（　　）。

A. $NaHCO_3$，NaAc，NH_4Ac

B. $[Ag(NH_3)_2]Cl_2$，NH_3，CH_3NH_2

C. $(NH_4)_2SO_4$，NH_4Cl，$(NH_4)_2CO_3$

D. $FeCl_3$，$CuSO_4$，$HCo(CO)_4$

48. 下列有关一元弱酸 HA 水溶液的解离度 α 关系不正确的是（　　）。

A. $\alpha=\dfrac{1}{1+10^{(pK_a^{\ominus}-pH)}}$　　B. $K_a^{\ominus}=\dfrac{c\alpha^2}{1-c\alpha}$

C. $K_a^\ominus=\frac{c\alpha^2}{1-\alpha}$　　　　D. $\alpha=\sqrt{\frac{K_a^\ominus}{c}}$

49. 下列有关分步沉淀的叙述，正确的是（　　）。

A. 溶解度小者先沉淀出来

B. 沉淀时所需沉淀剂浓度最小者先沉淀出来

C. 溶度积较小者先沉淀出来

D. 被沉淀离子浓度较大者先沉淀出来

50. 已知 AgCl 的 $K_{sp}^\ominus=1.8\times10^{-10}$，$Ag_2CrO_4$ 的 $K_{sp}^\ominus=1.1\times10^{-12}$，$Mg(OH)_2$的 $K_{sp}^\ominus=7.04\times10^{-11}$，$Al(OH)_3$ 的 $K_{sp}^\ominus=2\times10^{-32}$，溶解度最大的是（　　）。(不考虑水解)

A. AgCl　　　　B. Ag_2CrO_4

C. $Mg(OH)_2$　　　　D. $Al(OH)_3$

51. $H_2PO_4^-$ 的共轭碱是（　　）。

A. H_3PO_4　　B. HPO_4^{2-}　　C. $H_2PO_3^-$　　D. PO_4^{3-}

52. 过量 AgCl 固体在下列各物质中溶解度最大的是（　　）。

A. 100 mL 水　　　　B. 1 000 mL 水

C. 100 mL 0.2 mol・L^{-1} KCl 溶液　　　　D. 1 000 mL 0.5 mol・L^{-1} KNO_3 溶液

53. CaC_2O_4 的 $K_{sp}^\ominus$为 2.6×10^{-9}，要使 0.020 mol・L^{-1} $CaCl_2$ 溶液生成沉淀，需要的草酸根离子浓度是（　　）。

A. 1.3×10^{-7} mol・L^{-1}　　　　B. 1.0×10^{-9} mol・L^{-1}

C. 5.2×10^{-10} mol・L^{-1}　　　　D. 2.6×10^{-5} mol・L^{-1}

54. AgCl 在纯水中的溶解度比在 0.10 mol・L^{-1} NaCl 溶液中的溶解度大（　　）。(AgCl 的 $K_{sp}^\ominus=1.77\times10^{-10}$)

A. 约 7.5×10^3 倍　　　　B. 约 7.5×10^2 倍

C. 约 75 倍　　　　D. 以上数据都不正确

55. CaF_2 的 $K_{sp}^\ominus=5.3\times10^{-9}$，在 F^- 浓度为 3.0 mol・L^{-1}的溶液中，Ca^{2+} 可能的最高浓度为（　　）。

A. 1.3×10^{-11} mol・L^{-1}　　　　B. 5.9×10^{-10} mol・L^{-1}

C. 2.0×10^{-6} mol・L^{-1}　　　　D. 6.2×10^{-6} mol・L^{-1}

56. BaF_2 在 0.4 mol・L^{-1} NaF 溶液中的溶解度为（　　）。[$K_{sp}^\ominus(BaF_2)=2.4\times10^{-5}$，忽略 F^- 水解]

A. 1.5×10^{-4} mol・L^{-1}　　　　B. 6.0×10^{-5} mol・L^{-1}

C. 3.8×10^{-6} mol・L^{-1}　　　　D. 9.6×10^{-6} mol・L^{-1}

57. 难溶强电解质 A_2B 的溶解度是 S，则它的 $K_{sp}^\ominus$是（　　）。

A. S^2　　B. $2S^3$　　C. $4S^3$　　D. $4S^2$

58. $Ca_3(PO_4)_2$ 的溶解度为 $a/2$，其 $K_{sp}^\ominus$为（　　）。

A. $36a^5$　　B. $4/9a^5$　　C. $9/4a^5$　　D. $27/8a^5$

59. $PbSO_4$ 在水及下列（　　）溶液中的溶解度最大。

A. $Pb(NO_3)_2$　　B. Na_2SO_4　　C. NH_4Ac　　D. H_2O

60. AgCl 的溶度积等于 1.2×10^{-10}，在 Cl^- 浓度为 6×10^{-3} mol・L^{-1}的溶液中，开始

生成 AgCl 沉淀的 Ag^+ 浓度是（　　）。

A. 2×10^{-7} mol·L^{-1}　　B. 2×10^{-8} mol·L^{-1}

C. 7.2×10^{-8} mol·L^{-1}　　D. 7.2×10^{-10} mol·L^{-1}

61. $Mg(OH)_2$ 沉淀在下列四种情况下，溶解度最大的是（　　）。

A. 纯水中

B. 0.10 mol·dm^{-3} HAc 溶液中

C. 0.10 mol·dm^{-3} $NH_3\cdot H_2O$ 溶液中

D. 0.10 mol·dm^{-3} $MgCl_2$ 溶液中

62. $Al(OH)_3$ 中加入 NaOH，使之溶解度明显增加，这是因为（　　）。

A. 同离子效应减弱　　B. 盐效应增强

C. 有 $Na[Al(OH)_4]$　　D. A、B、C 都正确

63. $BaSO_4$ 饱和溶液加水稀释后，下面说法正确的是（　　）。

A. $BaSO_4$ 的溶解度增大　　B. $BaSO_4$ 的溶解度减小

C. $BaSO_4$ 的 $K_{sp}^{\ominus}$增大　　D. $BaSO_4$ 的离子积减小

64. 提纯含有少量硝酸钡杂质的硝酸钾溶液，可以使用的方法为（　　）。

A. 加入过量碳酸钠溶液，过滤，除去沉淀，溶液中补加适量硝酸

B. 加入过量碳酸钾溶液，过滤，除去沉淀，溶液中补加适量硝酸

C. 加入过量硫酸钠溶液，过滤，除去沉淀，溶液中补加适量硝酸

D. 加入过量碳酸钾溶液，过滤，除去沉淀，溶液中补加适量盐酸

65. 宇航员每天呼出的 CO_2，在标准状况下的体积为 5.8×10^2 L，空间站用 LiOH(s) 吸收，则每天所需的 LiOH 为（　　）g。[M(LiOH)=24 g·mol^{-1}，$M(CO_2)$=44 g·mol^{-1}]

A. 2.4×10^4　　B. 1.2×10^3　　C. 2.4×10^3　　D. 1.2×10^2

66. 某溶液中含有 0.010 mol·L^{-1} $AgNO_3$、0.010 mol·L^{-1} $Sr(NO_3)_2$、0.010 mol·L^{-1} $Pb(NO_3)_2$ 和 0.010 mol·L^{-1} $Ba(NO_3)_2$ 四种物质，搅拌下向该溶液中逐滴加入 K_2CrO_4 溶液，沉淀的先后顺序是（　　）。[$K_{sp}^{\ominus}(Ag_2CrO_4)=1.1\times10^{-12}$，$K_{sp}^{\ominus}(PbCrO_4)=1.8\times10^{-14}$，$K_{sp}^{\ominus}(SrCrO_4)=2.2\times10^{-5}$，$K_{sp}^{\ominus}(BaCrO_4)=1.2\times10^{-10}$]

A. Ag_2CrO_4，$PbCrO_4$，$SrCrO_4$，$BaCrO_4$

B. $PbCrO_4$，Ag_2CrO_4，$SrCrO_4$，$BaCrO_4$

C. $SrCrO_4$，$PbCrO_4$，Ag_2CrO_4，$BaCrO_4$

D. $PbCrO_4$，Ag_2CrO_4，$BaCrO_4$，$SrCrO_4$

67. 向含 Pb^{2+} 和 Ba^{2+} 离子的溶液中逐滴加入 Na_2SO_4，首先有 $BaSO_4$ 生成。此现象说明（　　）。

A. $K_{sp}^{\ominus}(PbSO_4)>K_{sp}^{\ominus}(BaSO_4)$

B. $c_r(Pb^{2+})>c_r(Ba^{2+})$

C. $c_r(Pb^{2+})/c_r(Ba^{2+})>K_{sp}^{\ominus}(PbSO_4)/K_{sp}^{\ominus}(BaSO_4)$

D. $c_r(Pb^{2+})/c_r(Ba^{2+})<K_{sp}^{\ominus}(PbSO_4)/K_{sp}^{\ominus}(BaSO_4)$

68. 已知 $K_{sp}^{\ominus}(AgCl)=1.77\times10^{-10}$，$K_{sp}^{\ominus}(AgBr)=5.35\times10^{-13}$，$K_{sp}^{\ominus}(Ag_2CrO_4)=1.12\times10^{-12}$，$K_{sp}^{\ominus}(Ag_2CO_3)=8.45\times10^{-12}$。下列难溶盐的饱和溶液中 Ag^+ 浓度最大的是（　　）。

A. AgCl　　B. AgBr　　C. Ag_2CrO_4　　D. Ag_2CO_3

（二）填空题

69. 根据酸碱质子理论写出两个阴离子酸________、________。

70. NH_3 和 NH_4Cl 组成的缓冲溶液的有效缓冲 pH 在________范围。[$K_b^\ominus(NH_3)=1.76\times10^{-5}$]

71. $0.10\ mol\cdot L^{-1}\ Na_2CO_3$ 水溶液中，$c_r(H_2CO_3)\approx$________。[$K_{a1}^\ominus(H_2CO_3)=4.3\times10^{-7}$，$K_{a2}^\ominus(H_2CO_3)=5.61\times10^{-11}$]

72. 欲配制 pH＝9 的缓冲溶液 1 000 mL，应取 $0.2\ mol\cdot L^{-1}$ 氨水________mL和 $0.1\ mol\cdot L^{-1}$ 盐酸________mL。（氨水的 $K_b^\ominus=1.76\times10^{-5}$）

73. pH＝7.3 的 $H_2CO_3-HCO_3^-$ 缓冲溶液，$c(H_2CO_3):c(HCO_3^-)=$________。[$K_{a1}^\ominus(H_2CO_3)=4.3\times10^{-7}$，$K_{a2}^\ominus(H_2CO_3)=5.61\times10^{-11}$]

74. $H_2PO_4^-(0.10\ mol\cdot L^{-1})-HPO_4^{2-}(0.10\ mol\cdot L^{-1})$ 溶液的 pH 为________。（$K_{a1}^\ominus$，$K_{a2}^\ominus$，$K_{a3}^\ominus$ 分别为 H_3PO_4 的一、二、三级解离常数）

75. $0.10\ mol\cdot L^{-1}$ 邻苯二甲酸氢钾的 pH 约为________。（邻苯二甲酸 $C_8H_6O_4$ 的 $K_{a1}^\ominus=1.1\times10^{-3}$，$K_{a2}^\ominus=3.91\times10^{-6}$）

76. $0.208\%(g\cdot mL^{-1})$ 的 $BaCl_2$ 溶液中，SO_4^{2-} 的允许浓度约为________$mol\cdot L^{-1}$。[$K_{sp}^\ominus(BaSO_4)=1.07\times10^{-10}$，$M(BaCl_2)=208.24\ g\cdot mol^{-1}$]

77. 要使 1.0 mol AgBr 溶解于 1 L $Na_2S_2O_3$ 溶液，溶解后体积变化忽略不计，$Na_2S_2O_3$ 溶液的浓度至少为________$mol\cdot L^{-1}$。{$K_f^\ominus[Ag(S_2O_3)_2^{3-}]=7.7\times10^{13}$，$K_{sp}^\ominus(AgBr)=5.35\times10^{-13}$}

78. 酸碱质子理论认为，当水作为酸时，它的共轭碱是________，当水作为碱时，它的共轭酸是________。

79. 按酸碱质子理论 $[Fe(H_2O)_5OH]^{2+}$ 的共轭碱是________。

80. 按酸碱质子理论 $C_6H_5NH_2$ 的共轭酸是________。

81. 人体静脉血的 pH＝7.35，动脉血的 pH＝7.45，它们 H^+ 浓度之比为________。

82. $MgNH_4PO_4$ 是难溶电解质，其 $K_{sp}^\ominus$ 表达式为________。

83. $BaSO_4+CO_3^{2-}\rightleftharpoons BaCO_3+SO_4^{2-}$ 的平衡常数 $K^\ominus=$________，欲使 1 L Na_2CO_3 溶液中溶解 0.04 mol 的 $BaSO_4$，则 Na_2CO_3 的浓度至少为________$mol\cdot L^{-1}$。[$K_{sp}^\ominus(BaSO_4)=1.1\times10^{-10}$，$K_{sp}^\ominus(BaCO_3)=2.6\times10^{-9}$]

84. 欲使 0.01 mol ZnS 溶于 1 L 盐酸溶液中，该盐酸的最低浓度为________$mol\cdot L^{-1}$。[$K_{sp}^\ominus(ZnS)=2.9\times10^{-25}$，$K_a^\ominus(H_2S)=1.0\times10^{-19}$]

85. CaF_2 溶解度为 $2\times10^{-4}\ mol\cdot L^{-1}$，它的溶度积 $K_{sp}^\ominus$ 为________。

86. 在一含有 CaF_2 和 $CaCO_3$ 沉淀的溶液中，$c(F^-)=2.0\times10^{-4}\ mol\cdot L^{-1}$，则 $c(CO_3^{2-})=$________$mol\cdot L^{-1}$。[$K_{sp}^\ominus(CaCO_3)=4.96\times10^{-9}$，$K_{sp}^\ominus(CaF_2)=5.3\times10^{-9}$]

87. 在①$CaCO_3$（$K_{sp}^\ominus=4.96\times10^{-9}$），②$CaF_2$（$K_{sp}^\ominus=5.3\times10^{-9}$），③$Ca_3(PO_4)_2$（$K_{sp}^\ominus=2.1\times10^{-33}$）的饱和溶液中，$Ca^{2+}$ 浓度由大到小的顺序为________。

88. Ag^+、Pb^{2+}、Ba^{2+} 混合溶液 10 mL，各离子浓度均为 $0.0010\ mol\cdot L^{-1}$，往溶液中滴加稀的 K_2CrO_4 试剂，并摇动，最先生成的沉淀是________，最后生成的沉淀是________。[$K_{sp}^\ominus(PbCrO_4)=1.77\times10^{-14}$，$K_{sp}^\ominus(BaCrO_4)=1.17\times10^{-10}$，$K_{sp}^\ominus(Ag_2CrO_4)=1.12\times10^{-12}$]

89. 将 H_2S 通入 Cd^{2+} 溶液直至饱和，此溶液的 pH ________。（填“升高”“降低”或“不变”）[$K_{sp}^{\ominus}(CdS)=1.4\times10^{-29}$]

90. $Ca_3(PO_4)_2(s) \rightleftharpoons 3Ca^{2+}+2PO_4^{3-}$ 的 $K_{sp}^{\ominus}$ 表达式为________。

91. 溶度积规则：$Q<K_{sp}^{\ominus}$ 时，为________溶液；$Q>K_{sp}^{\ominus}$ 时，为________溶液；$Q=K_{sp}^{\ominus}$ 时，为________溶液。（填“饱和”“不饱和”或“过饱和”）

92. 已知 $K_{sp}^{\ominus}(Ag_2SO_4)=1.2\times10^{-5}$，$K_{sp}^{\ominus}(AgCl)=1.77\times10^{-10}$，$K_{sp}^{\ominus}(BaSO_4)=1.0\times10^{-10}$。将等体积的 $c(Ag_2SO_4)=0.002\ 0\ mol\cdot L^{-1}$ 的 Ag_2SO_4 溶液与 $c(BaCl_2)=2.0\times10^{-6}\ mol\cdot L^{-1}$ 的 $BaCl_2$ 溶液混合，则生成的沉淀为________和________。

93. 某难溶电解质 A_3B_2 在水中的溶解度 $S=1.0\times10^{-6}\ mol\cdot L^{-1}$，则在其饱和溶液中，$c(A^{2+})=$________，$c(B^{3-})=$________，$K_{sp}^{\ominus}(A_3B_2)=$________。

（三）计算及简答题

94. 欲配制 250 mL pH 为 5.0 的缓冲溶液，问在 125 mL 1 $mol\cdot L^{-1}$ NaAc 溶液中加 6 $mol\cdot L^{-1}$ HAc 多少毫升？

95. 1 L 0.1 $mol\cdot L^{-1}$ 的 HAc 溶液中加入 0.1 mol NaAc 固体并混合均匀，求混合溶液的 pH。（$K_a^{\ominus}=1.77\times10^{-5}$）

96. 0.1 $mol\cdot L^{-1}$ HAc 与 0.2 $mol\cdot L^{-1}$ NaAc 等体积混合后 pH 为多少？

97. 求饱和 H_2S 溶液中的 $c(H^+)$、$c(HS^-)$ 和 $c(S^{2-})$。

98. 5 mL 0.1 $mol\cdot L^{-1}$ $MgCl_2$ 和 15 mL 0.01 $mol\cdot L^{-1}$ 氨水混合时，是否有 $Mg(OH)_2$ 沉淀生成？{$K_{sp}^{\ominus}[Mg(OH)_2]=1.2\times10^{-11}$，$K_b^{\ominus}(NH_3\cdot H_2O)=1.8\times10^{-5}$}

99. 计算 18 ℃时 CuS 和 ZnS 溶于酸的反应平衡常数，并求当 $c(H_2S)=0.1\ mol\cdot L^{-1}$，$c(H^+)=0.3\ mol\cdot L^{-1}$ 时，CuS 和 ZnS 的溶解度。

100. 在 0.10 $mol\cdot L^{-1}$ $CuSO_4$ 溶液中不断通入 H_2S 气体至饱和 $c(H_2S)=0.10\ mol\cdot L^{-1}$。试计算溶液中残留的 Cu^{2+} 浓度。

101. 工业上常用 FeS 处理含 Pb^{2+} 废水，为什么？

102. 为防止热带鱼池中的水藻生长，需使水中的 Cu^{2+} 质量浓度保持在 $\rho=0.75\ mg\cdot L^{-1}$ 左右。为避免换水带来的不便，为此，可将固体含铜化合物放在池底。在下列 $CuSO_4$、CuS、$Cu(OH)_2$、$CuCO_3$、$Cu(NO_3)_2$ 等 Cu(Ⅱ) 的化合物中，哪种最合适？{$K_{sp}^{\ominus}(CuS)=1.27\times10^{-36}$，$K_{sp}^{\ominus}(CuCO_3)=1.44\times10^{-10}$，$K_{sp}^{\ominus}[Cu(OH)_2]=1.27\times10^{-36}$}

103. 痛风病表现为关节炎和肾结石的症状，其原因是血液中尿酸（HUr）和尿酸盐（Ur^-）含量过高所致。

（1）已知 37 ℃下 NaUr 的溶解度为 8.0 $mmol\cdot L^{-1}$，当血清中 Na^+ 浓度恒为 130 $mmol\cdot L^{-1}$ 时，为了不生成 NaUr 沉淀，最多允许尿酸盐 Ur^- 浓度为多少？

（2）尿酸的电离平衡为 $HUr \rightleftharpoons H^+ + Ur^-$，37 ℃时 $pK_a^{\ominus}=5.4$，已知血清 pH 为 7.4，由上面计算的尿酸盐浓度求血清中尿酸的浓度。

（3）肾结石是尿酸的结晶，已知 37 ℃时尿酸在水中的溶解度是 0.5 $mmol\cdot L^{-1}$，在尿液中尿酸和尿酸盐总浓度为 2.0 $mmol\cdot L^{-1}$，求尿酸晶体析出时尿液 pH 为多少？

104. 废水中 Cr^{3+} 的浓度为 0.010 $mol\cdot L^{-1}$，加入固体 NaOH 使之生成 $Cr(OH)_3$ 沉淀，设加入固体 NaOH 后溶液体积不变，$K_{sp}^{\ominus}[Cr(OH)_3]=6\times10^{-31}$，试计算：

（1）开始生成沉淀时，溶液 OH^- 的最低浓度；

(2) 若要使 Cr^{3+} 的浓度小于 0.050 mg·L^{-1}(Cr 的摩尔质量为52 g·mol^{-1})以达到排放标准，此时溶液的 pH 最小应为多少?

105. 计算说明 $2HI(aq)+2Ag(s)=\!=\!=2AgI(s)+H_2(g)$ 在标准状态下反应自发进行的方向和平衡常数 $K^{\ominus}$。[$K_{sp}^{\ominus}(AgI)=8.51\times10^{-17}$，$\varphi^{\ominus}(Ag^+/Ag)=0.799$ V]

106. 20.0mL $c(Na_3PO_4)=0.10$ mol·L^{-1}的 Na_3PO_4 水溶液与 20.0 mL $c(H_3PO_4)=0.10$ mol·L^{-1}的 H_3PO_4 水溶液混合，计算混合液的 pH。

[$K_{a1}^{\ominus}(H_3PO_4)=7.5\times10^{-3}$，$K_{a2}^{\ominus}(H_3PO_4)=6.2\times10^{-8}$，$K_{a3}^{\ominus}(H_3PO_4)=2.2\times10^{-13}$]

107. 在游泳池中浓度为 $10^{-6}\sim10^{-5}$ g·L^{-1}的 Ag^+ 可作为有效的杀菌剂使用，大于 10^{-5} g·L^{-1}，对人体健康有害，小于 10^{-6} g·L^{-1}则杀菌不完全。通过计算确定在 AgCl ($K_{sp}^{\ominus}=1.8\times10^{-10}$)、AgBr($K_{sp}^{\ominus}=5.35\times10^{-13}$)、AgI($K_{sp}^{\ominus}=8.51\times10^{-17}$)和 Ag_2CO_3($K_{sp}^{\ominus}=8.45\times10^{-12}$) 中最适合的 Ag^+ 源。

108. 骨骼、牙齿的基本矿物质是羟基磷灰石 $Ca_{10}(PO_4)_6(OH)_2$，它转化为$Ca_{10}(PO_4)_6F_2$磷灰石对酸更稳定，为什么?

109. $[Ag(NH_3)_2]^+$ 溶液中加入足量的 $AgNO_3$，会有沉淀生成，沉淀是什么? 解释原因。

110. 依据酸碱质子理论，举例说明有无阳离子碱。

四、参考答案

(一) 选择题

1	2	3	4	5	6	7	8	9	10	11	12	13	14	15	16	17
A	C	C	A	D	D	B	B	C	C	D	C	D	D	B	B	A
18	19	20	21	22	23	24	25	26	27	28	29	30	31	32	33	34
C	B	D	A	C	C	C	C	A	D	B	C	C	D	C	A	C
35	36	37	38	39	40	41	42	43	44	45	46	47	48	49	50	51
C	C	D	D	B	B	C	D	B	C	D	D	B	B	B	C	B
52	53	54	55	56	57	58	59	60	61	62	63	64	65	66	67	68
D	A	A	B	A	C	D	C	B	B	C	D	B	B	D	D	D

(二) 填空题

69. HCO_3^-、HS^-； 70. 8.25～10.25； 71. 2.3×10^{-8}；

72. 438、562； 73. 0.11； 74. $pK_{a2}^{\ominus}$； 75. 4.18； 76. 1.07×10^{-8}；

77. 2.2； 78. OH^-、H_3O^+； 79. $[Fe(H_2O)_4(OH)_2]^+$；

80. $C_6H_5NH_3^+$； 81. 1∶0.78；

82. $[Mg^{2+}]_r[NH_4^+]_r[PO_4^{3-}]_r$； 83. 0.042、0.99； 84. 5.89；

85. 3.2×10^{-11}； 86. 3.7×10^{-8}； 87. ②>①>③；

88. $PbCrO_4$、Ag_2CrO_4； 89. 降低； 90. $[Ca^{2+}]_r^3\cdot[PO_4^{3-}]_r^2$；

91. 不饱和、过饱和、饱和； 92. $BaSO_4$ 和 AgCl；

93. 3.0×10^{-6}、2.0×10^{-6}、1.08×10^{-28}。

（三）计算及简答题

94. 分析：已知缓冲体系总体积为 250 mL，解题关键是求出混合后的 c_a 和 c_b，根据单位体积内的物质的量即可求出。

解：$c_b=125\ \text{mL}\times1\ \text{mol}\cdot\text{L}^{-1}/250\ \text{mL}=0.5\ \text{mol}\cdot\text{L}^{-1}$

设加入 HAc 的体积为 V，

$$c_a=6\ \text{mol}\cdot\text{L}^{-1}V/250\ \text{mL}$$

代入公式：$c_r(H^+)=K_a^{\ominus}\cdot c_{ra}/c_{rb}$

$$6\times V/250=0.5\times10^{-5}/(1.8\times10^{-5})$$

$$V=11.1\ \text{mL}$$

95. 解：混合后溶液为缓冲溶液，$pH=pK_a^{\ominus}-\lg\dfrac{c_r(HAc)}{c_r(Ac^-)}=4.75$

96. 解：等体积混合后，HAc、NaAc 浓度各自减半

$$pH=pK_a^{\ominus}-\lg\frac{c_r(HAc)}{c_r(Ac^-)}=4.75-\lg\frac{0.05}{0.1}=5.05$$

97. 分析：这是单一的多元弱酸溶液，可按一元弱酸解离处理。

解：饱和 H_2S 溶液的浓度为 $0.1\ \text{mol}\cdot\text{L}^{-1}$，$0.1/K_{a1}^{\ominus}>500$

$$c_r(HS^-)\approx c_r(H^+)=\sqrt{c_r(H_2S)\cdot K_a^{\ominus}}=\sqrt{0.1\times9.1\times10^{-8}}=9.5\times10^{-5}$$

$$c_r(S^{2-})\approx K_{a2}^{\ominus}=1.1\times10^{-12}$$

98. 分析：首先要求出混合后由体积变化而引起的浓度变化；解题关键是氨水的浓度并不等于 OH^- 浓度；求出 OH^- 浓度才能计算离子积，判断有无沉淀。

解：混合后浓度

$c(Mg^{2+})=0.1\ \text{mol}\cdot\text{L}^{-1}\times5\ \text{mL}/20\ \text{mL}=0.025\ \text{mol}\cdot\text{L}^{-1}$

$c(NH_3\cdot H_2O)=0.01\ \text{mol}\cdot\text{L}^{-1}\times15\ \text{mL}/20\ \text{mL}=0.0075\ \text{mol}\cdot\text{L}^{-1}$

$c_r(OH^-)=\sqrt{c_r\cdot K_b^{\ominus}(NH_3\cdot H_2O)}=\sqrt{0.0075\times1.8\times10^{-5}}=1.16\times10^{-4}$

$c_r(Mg^{2+})\cdot c_r^2(OH^-)=0.025\times(1.16\times10^{-4})^2=3.37\times10^{-10}>1.2\times10^{-11}$

有 $Mg(OH)_2$ 沉淀生成。

99. 解：$CuS(s)+2H^+\rightleftharpoons Cu^{2+}+H_2S$

$$K_j^{\ominus}=\frac{[Cu^{2+}]_r\cdot[H_2S]_r}{[H^+]_r^2}=\frac{K_{sp}^{\ominus}(CuS)}{K^{\ominus}(H_2S)}=\frac{6.3\times10^{-36}}{9.1\times10^{-8}\times1.1\times10^{-12}}=6.3\times10^{-17}$$

同理　$ZnS(s)+2H^+\rightleftharpoons Zn^{2+}+H_2S$

$$K_j^{\ominus}=\frac{[Zn^{2+}]_r\cdot[H_2S]_r}{[H^+]_r^2}=\frac{K_{sp}^{\ominus}(ZnS)}{K_a^{\ominus}(H_2S)}=\frac{2.5\times10^{-22}}{9.1\times10^{-8}\times1.1\times10^{-12}}=2.5\times10^{-3}$$

求溶解度

$$[Cu^{2+}]_r=K_j^{\ominus}\times\frac{[H^+]_r^2}{[H_2S]_r}=6.3\times10^{-17}\times0.3^2\div0.1=5.7\times10^{-17}$$

$$[Zn^{2+}]_r=K_j^{\ominus}\times\frac{[H^+]_r^2}{[H_2S]_r}=2.5\times10^{-3}\times0.3^2\div0.1=2.3\times10^{-3}$$

说明：ZnS 的溶解度大于 CuS 的溶解度，同时也表明当 $c(H^+)=0.3\ \text{mol}\cdot\text{L}^{-1}$ 的酸性

溶液中通 H_2S 于含 Zn^{2+} 和 Cu^{2+} 的混合溶液中，CuS 沉淀完全，而 ZnS 则不能生成沉淀。

100. 分析：由于 CuS 的溶度积很小，极易生成 CuS 沉淀。Cu^{2+} 与 H_2S 可完全作用，反应为 $Cu^{2+}+H_2S \rightleftharpoons CuS+2H^+$，从反应式可看出，消耗1 mol H_2S可生成 2 mol H^+。所以 $c(H^+)$ 应等于 0.20 mol · L^{-1}，找出溶液中 $c(H^+)$ 是解题的关键。

解：　　　　　　　　$H_2S \quad + \quad Cu^{2+} \rightleftharpoons CuS+2H^+$

平衡浓度/(mol · L^{-1})　0.10　　　$[Cu^{2+}]$　　　0.20

$$K_j=\frac{K_{a1}^{\ominus}(H_2S)\cdot K_{a2}^{\ominus}(H_2S)}{K_{sp}^{\ominus}(CuS)}=\frac{[H^+]_r^2}{[H_2S]_r\,[Cu^{2+}]_r}$$

$$[Cu^{2+}]_r=\frac{K_{sp}^{\ominus}(CuS)\cdot[H^+]_r^2}{K_{a1}^{\ominus}(H_2S)\cdot K_{a2}^{\ominus}(H_2S)\cdot[H_2S]_r}=\frac{1.27\times10^{-36}\times(0.20)^2}{9.1\times10^{-8}\times1.1\times10^{-12}\times0.10}$$

$$=5.1\times10^{-15}$$

$$[Cu^{2+}]=5.1\times10^{-15}\ \text{mol}\cdot\text{L}^{-1}$$

101. 答：由于 FeS 的溶解度比 PbS 大，应用沉淀转化的原理，FeS 和废水中的 Pb^{2+} 发生下列反应：$FeS(s)+Pb^{2+} \rightleftharpoons PbS(s)+Fe^{2+}$，$Pb^{2+}$转化为更难溶的 PbS 而除去。

102. 分析：可溶性的 $CuSO_4$ 显然不适合。分别计算难溶的铜（Ⅱ）化合物的溶解度，可知，$CuCO_3$ 的溶解度为 1.2×10^{-5} mol · L^{-1}，即饱和水溶液的 Cu^{2+} 质量浓度为 0.76 mg · L^{-1}，所以应选 $CuCO_3$。

103. 解：(1) NaUr 的溶度积为

$$K_{sp}^{\ominus}(NaUr)=S^2=0.008^2=6.4\times10^{-5}$$

平衡时，当血清中 Na^+浓度恒为 130 mmol · L^{-1}时，溶液中最多允许的$c(Ur^-)$为

$$c_r(Ur^-)=\frac{K_{sp}^{\ominus}(NaUr)}{c_r(Na^+)}=\frac{6.4\times10^{-5}}{0.13}=4.9\times10^{-4}$$

(2) $pH=pK_a^{\ominus}-\lg\frac{c_{ar}}{c_{br}}$

$$7.4=5.4-\lg\frac{c_r(HUr)}{4.9\times10^{-4}}$$

$$c(HUr)=4.9\times10^{-6}\ \text{mol}\cdot\text{L}^{-1}$$

(3) $pH=pK_a^{\ominus}-\lg\frac{c_{ar}}{c_{br}}=5.4-\lg\frac{0.5}{2.0-0.5}=5.88$

104. 解：(1) $c_r(Cr^{3+})\cdot c_r{}^3(OH^-)\geqslant K_{sp}^{\ominus}[Cr(OH)_3]$

$$c_r(OH^-)\geqslant\sqrt[3]{\frac{K_{sp}^{\ominus}[Cr(OH_3)]}{c_r(Cr^{3+})}}=\sqrt[3]{\frac{6\times10^{-31}}{0.010}}=3.9\times10^{-10}$$

开始生成沉淀时，溶液 OH^- 的最低浓度为 3.9×10^{-10} mol · L^{-1}

(2) $c_r(OH^-)\geqslant\sqrt[3]{\frac{K_{sp}^{\ominus}[Cr(OH)_3]}{c_r(Cr^{3+})}}=\sqrt[3]{\frac{6\times10^{-31}}{0.050\times10^{-3}/52}}=8.55\times10^{-9}$

pOH=8.07　pH=5.93

此时溶液的 pH 最小应为 5.93。

105. 解：该题其实就是算 AgI/Ag 电极和 H^+/H_2 电极的标准电动势。只要电动势知道了，反应的方向和平衡常数都可以知道了。

$$\varphi^{\ominus}(AgI/Ag)=\varphi(Ag^+/Ag)=\varphi^{\ominus}(Ag^+/Ag)+0.0592\ \text{V}\lg K_{sp}^{\ominus}(AgI)$$

$$=0.799\ \text{V}+0.0592\ \text{V}\lg(8.51\times10^{-17})=-0.15\ \text{V}$$

$$E^{\ominus}=\varphi_{+}^{\ominus}-\varphi_{-}^{\ominus}=\varphi^{\ominus}(H^{+}/H_2)-\varphi^{\ominus}(AgI/Ag)=0.00\ \text{V}-(-0.15\ \text{V})$$
$$=0.15\ \text{V}$$

反应能正向自发进行。

$$\lg K^{\ominus}=\frac{nE^{\ominus}}{0.0592\ \text{V}}=\frac{2\times0.15\ \text{V}}{0.0592\ \text{V}}=5.07$$

$K^{\ominus}=1.2\times10^{5}$

106. 解：20.0 mL $c(Na_3PO_4)=0.10\ mol\cdot L^{-1}$的 Na_3PO_4 水溶液与20.0 mL $c(H_3PO_4)=0.10\ mol\cdot L^{-1}$的 H_3PO_4 水溶液混合，由于是 1∶1 反应，最终保留的是 NaH_2PO_4 和 Na_2HPO_4，浓度均为 $0.050\ mol\cdot L^{-1}$，是缓冲溶液，则

$$pH=pK_{a2}^{\ominus}-\lg\frac{c_r(NaH_2PO_4)}{c_r(Na_2HPO_4)}=-\lg(6.2\times10^{-8})-\lg\frac{0.050}{0.050}=7.2$$

107. 解：

$$S_r(AgCl)=\sqrt{K_{sp}^{\ominus}(AgCl)}=\sqrt{1.8\times10^{-10}}=1.34\times10^{-5}=c_r(Ag^{+})$$
$$S_r(AgBr)=\sqrt{K_{sp}^{\ominus}\ (AgBr)}=\sqrt{5.35\times10^{-13}}=7.31\times10^{-7}=c_r(Ag^{+})$$
$$S_r(AgI)=\sqrt{K_{sp}^{\ominus}(AgI)}=\sqrt{8.51\times10^{-17}}=9.22\times10^{-9}=c_r(Ag^{+})$$
$$S_r(Ag_2CO_3)=\sqrt[3]{K_{sp}^{\ominus}(Ag_2CO_3)/4}=\sqrt[3]{8.45\times10^{-12}/4}=1.28\times10^{-4}$$
$$c_r(Ag^{+})=2S_r(Ag_2CO_3)=2.56\times10^{-4}$$

所以，选用 AgCl 固体作为 Ag^{+} 源最好。

108. 答：羟基磷灰石 $Ca_{10}(PO_4)_6(OH)_2$ 里面含有 OH^{-}，它是比 F^{-} 更强的碱，与酸反应的能力强。它转化为 $Ca_{10}(PO_4)_6F_2$ 磷灰石后，OH^{-} 变为 F^{-}，而 F^{-} 的碱性较小，较难与酸反应，所以它对酸更稳定。

109. 答：沉淀是 Ag_2O。在 $[Ag(NH_3)_2]^{+}$ 溶液中加入足量的 $AgNO_3$，因 $[Ag(NH_3)_2]^{+}$ 溶液中解离的 NH_3 会电离出 NH_4^{+} 和 OH^{-}，当加入 Ag^{+} 的浓度与溶液中 OH^{-} 浓度的离子积大于 AgOH 的 $K_{sp}^{\ominus}$ 时，即有 AgOH 沉淀生成，AgOH 沉淀很不稳定，很快转化为 Ag_2O 沉淀。同时 NH_3 不断被消耗，也使得 $[Ag(NH_3)_2]^{+}$ 的配位平衡向解离的方向移动，$[Ag(NH_3)_2]^{+}$ 被破坏，最终都转化为 Ag_2O 沉淀。

110. 答：有，如 EDTA 在酸度较高的溶液中，H_4Y 结合一个 H^{+} 形成 H_5Y^{+}，H_5Y^{+}(碱)$+H^{+}\rightleftharpoons H_6Y^{2+}$(酸)

第六章

配位化合物

一、基本概念与要点

（一）配合物的组成和命名

1. 定义 配合物是由可以给出孤对电子或多个不定域电子的一定数目的离子或分子（称为配体）和具有接受孤对电子或多个不定域电子的空位原子或离子（形成体），按一定的组成和空间构型所形成的化合物。

2. 组成 配合物由内界和外界组成。内界是配合物的特征部分，一般要用方括号括起来，它又由中心离子或原子、配体组成。有些配合物如 $[Co(NH_3)_3Cl_3]$ 只有内界没有外界。

配体有单基（NH_3，CN^-）和多基（en，$C_2O_4^{2-}$）之分。

3. 命名 原则上服从一般无机化合物的命名原则。配合物的酸根是一个简单离子，叫“某化某”，如果酸根是一个复杂的阴离子，便叫“某酸某”。用这个“化”或“酸”字把内界和外界分开，不同的是配合物内界有自己的命名方法。

内界命名方法：一般按分子式中元素从左向右的顺序先简单后复杂，先阴离子后中性分子，先无机配体后有机配体，同类配体按配位原子的英文顺序（先 NH_3 后 H_2O），形成体氧化数用罗马数字表示。例如：

$[CoCl_2(NH_3)_3(H_2O)]Cl$	一氯化二氯·三氨·一水合钴（Ⅲ）
两可配体	
$[CoCl(SCN)(en)_2]NO_3$	硝酸一氯·一（硫氰酸根）·二（乙二胺）合钴（Ⅲ）
$K_3[Fe(NCS)_6]$	六（异硫氰酸根）合铁（Ⅲ）酸钾
$[Co(NO_2)_3(NH_3)_3]$	三硝基·三氨合钴（Ⅲ）
$[Co(ONO)(NH_3)_5]SO_4$	硫酸一亚硝酸根·五氨合钴（Ⅲ）
$[CrCl_2(H_2O)_4]Cl\cdot 2H_2O$	二水一氯化二氯·四水合铬（Ⅲ）
$[CoCl(SCN)(en)_2]Cl$	氯化一氯·一（硫氰酸根）·二（乙二胺）合钴（Ⅲ）

4. 配位数 直接与中心离子（或原子）配位的配位原子的数目称为中心离子的配位数。

配位数与配体个数的区别和联系：

单基配体：配位数＝配体的个数

多基配体：配位数＞配体的个数

（二）价键理论与配合物的空间构型

1. 配合物的中心离子（或原子）与配位体之间以配位键结合。

2. 中心离子（或原子）提供空的杂化轨道，配体提供孤对电子。由于成键轨道是杂化轨道，因此配合物有一定的空间构型。

3. 由于中心离子杂化时采用的能级轨道不同，因而形成的配离子分内轨型和外轨型。表 6-1 列出了配合物的杂化与空间构型。

表 6-1　配合物的杂化与空间构型

配位数	杂化轨道类型	参与杂化轨道	空间构型	实　例
2	sp	$nsnp$ 外轨	直线形	$[Ag(NH_3)_2]^+$，$[Cu(NH_3)_2]^+$
4	sp^3	$nsnp$ 外轨	正四面体	$[Zn(NH_3)_4]^{2+}$，$[Cd(CN)_4]^{2-}$
4	dsp^2	$(n-1)dnsnp$ 内轨	平面四方形	$[Cu(NH_3)_4]^{2+}$，$[Ni(CN)_4]^{2-}$，$[PtCl_4]^{2-}$
6	sp^3d^2	$nsnpnd$ 外轨	八面体	$[FeF_6]^{3-}$，$[AlF_6]^{3-}$，$[SiF_6]^{2-}$，$[PtCl_6]^{4-}$，$[Fe(H_2O)_6]^{3+}$，$[Co(NH_3)_6]^{2+}$
6	d^2sp^3	$(n-1)dnsnp$ 内轨	八面体	$[Fe(CN)_6]^{3-}$，$[Co(NH_3)_6]^{3+}$

影响配合物类型的因素

（1）中心离子的电子构型　ds 区的 d^{10}（Cu^+、Ag^+、Au^+、Zn^{2+}、Cd^{2+}、Hg^{2+}），p 区的离子 ns^2np^6［Al(Ⅲ)，Si(Ⅳ)］形成的配合物必定是外轨型。$d^{4\sim9}$ 构型的形成体与配体有关。目前尚未见诸形成体有 3 个 d 轨道参加杂化的报道。

（2）配体　强场配体如 CO、NO_2^-、CN^- 一般使 d 电子重排，弱场配体电负性较大的如 F^-、Cl^- 及 H_2O 等不使 d 电子重排，居于两者之间的中强配体 NH_3、en、$C_2O_4^{2-}$ 等是否使形成体的 d 电子发生重排，因形成体而异。电荷高的 d^6 电子构型的 Co^{3+}，NH_3 与之配位，d 电子重排，形成的 $[Co(NH_3)_6]^{3+}$ 为内轨型，电荷低的 d^7 电子构型的 Co^{2+}，NH_3 与之配位，d 电子不重排，形成的 $[Co(NH_3)_6]^{2+}$ 为外轨型。内轨型的配合物一般比外轨型的配合物稳定。

（3）磁性　配合物有成单电子，为顺磁性，无成单电子则为反磁性。磁性用磁矩来量度。

$$\mu=\sqrt{n(n+2)}\quad \text{B. M.}$$

式中：n 为中心离子未成对的 d 电子数。中心离子的 d 电子是奇数，则重排与否均为顺磁性，重排后成单电子减少，磁矩较小。中心离子的 d 电子是偶数的，重排后无成单电子，无顺磁性，$\mu=0$，未重排的有顺磁性。

形成体是中性原子的，重排是电子构型所有轨道的全部电子，不仅仅是 d 电子，如 Ni $3d^84s^2$，羰基 CO 与之配位，重排后为 $3d^{10}4s^0$，外层的 1 个 4s 和 3 个 4p 杂化形成 4 个 sp^3 杂化轨道，因此 $Ni(CO)_4$ 空间构型为四面体，外轨型。

（三）配位平衡

1. 配位平衡常数

$$ML_n \rightleftharpoons M+nL$$

$$K_d^{\ominus}=\frac{[M]_r\cdot[L]_r^n}{[ML_n]_r}$$

$K_d^\ominus$ 称为配离子的不稳定常数，$K_d^\ominus$ 越大，配离子越易解离。

$$M+nL \rightleftharpoons ML_n$$

$$K_f^\ominus=\frac{[ML_n]_r}{[M]_r \cdot [L]_r^n}$$

$K_f^\ominus$ 称为配离子的稳定常数，$K_f^\ominus$ 越大，配离子越稳定，越不易解离。

$$K_f^\ominus=1/K_d^\ominus$$

2. 配位平衡的移动

（1）配体浓度的影响　增大配体的浓度，平衡向生成配离子的方向移动，减小配体的浓度，平衡向配离子解离的方向移动。

（2）酸度的影响

$$[FeF_6]^{3-}+6H^+ \rightleftharpoons Fe^{3+}+6HF$$

$$K_j^\ominus=\frac{[Fe^{3+}]_r \cdot [HF]_r^6}{[FeF_6^{3-}]_r\ [H^+]_r^6}=\frac{1}{K_f^\ominus[FeF_6^{3-}][K_a^\ominus(HF)]^6}=\frac{K_d^\ominus[FeF_6^{3-}]}{[K_a^\ominus(HF)]^6}$$

$K_j^\ominus$ 越大，说明在酸性条件下，反应向右进行的程度越大，配离子越易解离。同时可看出，$K_j^\ominus$ 的大小决定于配离子的 $K_f^\ominus$ 和生成的酸的 $K_a^\ominus$。

溶液的碱性过大，金属离子生成氢氧化物沉淀，因此要使配离子稳定存在，溶液的酸碱性必须合适。

（3）配位平衡与沉淀平衡

$$AgCl+2NH_3 \rightleftharpoons [Ag(NH_3)_2]^++Cl^-$$

$$K_j^\ominus=\frac{[Ag(NH_3)_2^+]_r \cdot [Cl^-]_r}{[NH_3]_r^2}=K_f^\ominus[Ag(NH_3)_2^+] \cdot K_{sp}^\ominus(AgCl)$$

$K_f^\ominus$ 和 $K_{sp}^\ominus$ 越大，则 $K_j^\ominus$ 越大，沉淀越易溶解；反之，$K_f^\ominus$ 和 $K_{sp}^\ominus$ 越小，则 $K_j^\ominus$ 越小，沉淀越不易溶解。同时 NH_3、Cl^- 的浓度也可使平衡发生移动。

（4）配位平衡与氧化还原平衡

$$2[Fe(SCN)_6]^{3-}+Sn^{2+} \rightleftharpoons 2Fe^{2+}+Sn^{4+}+12SCN^-$$

加入还原剂 Sn^{2+}，Fe^{3+} 被还原成 Fe^{2+}，配离子向着解离的方向移动。

$$2Fe^{2+}+I_2+12F^- \rightleftharpoons 2[FeF_6]^{3-}+2I^-$$

配位剂 F^- 与 Fe^{3+} 生成配离子，影响了 Fe^{3+}/Fe^{2+} 的电极电势，使得单质 I_2 能够氧化 Fe^{2+}。

（5）配合物之间的转化

$$[Fe(SCN)_6]^{3-}+6F^- \rightleftharpoons [FeF_6]^{3-}+6SCN^-$$

$$K_j^\ominus=\frac{[FeF_6^{3-}]_r \cdot [SCN^-]_r^6}{[Fe(SCN)_6^{3-}]_r \cdot [F^-]_r^6}=\frac{K_f^\ominus[FeF_6^{3-}]}{K_f^\ominus[Fe(SCN)_6^{3-}]}$$

$K_j^\ominus$ 越大，反应越易正向进行，即反应总是向着生成 $K_f^\ominus$ 大的配离子方向进行。

二、解题示例

【例 6－1】 无水 $CrCl_3$ 和氨作用能形成两种配合物 A 和 B，组成分别为 $CrCl_3 \cdot 6NH_3$ 和 $CrCl_3 \cdot 5NH_3$。加入 $AgNO_3$，A 溶液中几乎全部氯沉淀为 AgCl，而 B 溶液中只有 2/3 的

氯沉淀出来。加入 NaOH 并加热，两种溶液均无氨味。试写出这两种配合物的化学式并命名。

解：因加入 $AgNO_3$，A溶液中几乎全部氯沉淀为 AgCl，可知 A 中的三个 Cl^- 全部为外界离子，B溶液中只有 2/3 的氯沉淀出来，说明 B 中有两个 Cl^- 为外界，一个 Cl^- 属内界。加入 NaOH，两种溶液无氨味，可知氨为内界。因此 A、B 的化学式和命名应为 A：$[Cr(NH_3)_6]Cl_3$ 三氯化六氨合铬（Ⅲ）；B：$[CrCl(NH_3)_5]Cl_2$　二氯化一氯·五氨合铬（Ⅲ）。

【例 6-2】 指出下列配合物的中心离子、配体、配位数、配离子电荷数和配合物名称。

解：

配合物	中心离子	配体	配位数	配离子电荷数	配合物名称
$K_2[HgI_4]$	Hg^{2+}	I^-	4	−2	四碘合汞（Ⅱ）酸钾
$[CrCl_2(H_2O)_4]Cl$	Cr^{3+}	Cl^-，H_2O	6	+1	氯化二氯·四水合铬（Ⅲ）
$[Co(NH_3)_2(en)_2](NO_3)_2$	Co^{2+}	NH_3，en	6	+2	硝酸二氨·二（乙二胺）合钴（Ⅱ）
$Fe_3[Fe(CN)_6]_2$	Fe^{3+}	CN^-	6	−3	六氰合铁（Ⅲ）酸亚铁
$K[Co(NO_2)_4(NH_3)_2]$	Co^{3+}	NO_2^-，NH_3	6	−1	四硝基·二氨合钴（Ⅲ）酸钾
$Fe(CO)_5$	Fe	CO	5	0	五羰基合铁

【例 6-3】 若在 $0.10\ mol\cdot L^{-1}$ 的 $[Ag(NH_3)_2]^+$ 中通入氨，使氨的浓度为 $1\ mol\cdot L^{-1}$，溶液中的 Ag^+ 浓度是多少？

分析：根据平衡移动原理，加入配体氨，平衡应向着生成配离子的方向移动，Ag^+ 浓度减小。

解：　$Ag^+ + 2NH_3 \rightleftharpoons [Ag(NH_3)_2]^+$

初始浓度/($mol\cdot L^{-1}$)　0　1　0.10

平衡浓度/($mol\cdot L^{-1}$)　x　$1+2x$　$0.10-x$

$$K_f^{\ominus}=\frac{[Ag(NH_3)_2^+]_r}{[Ag^+]_r\cdot[NH_3]_r^2}=\frac{0.10-x}{x(1+2x)^2}=1.7\times10^7$$

$$0.10-x\approx0.10 \qquad 1+2x\approx1$$

解得　$x=5.9\times10^{-9}$

【例 6-4】 分别计算 $Zn(OH)_2$ 溶于氨水生成 $[Zn(NH_3)_4]^{2+}$ 和生成 $[Zn(OH)_4]^{2-}$ 时的平衡常数。若溶液中 NH_3 和 NH_4^+ 的浓度均为 $0.10\ mol\cdot L^{-1}$，则 $Zn(OH)_2$ 溶于该溶液中主要生成哪一种配离子？

分析：$Zn(OH)_2$ 溶于氨水生成 $[Zn(NH_3)_4]^{2+}$，反应的平衡常数为竞争平衡常数 $K_{j1}^{\ominus}$，同理 $Zn(OH)_2$ 溶于氨水生成 $[Zn(OH)_4]^{2-}$，反应的平衡常数也为竞争平衡常数 $K_{j2}^{\ominus}$。$Zn(OH)_2$ 溶于 NH_3 和 NH_4^+ 的浓度均为 $0.10\ mol\cdot L^{-1}$ 溶液中，主要生成什么配离子除了与两配离子的 $K_f^{\ominus}$ 大小有关外，还与溶液中 OH^- 浓度有关。

解：　$Zn(OH)_2+4NH_3 \rightleftharpoons [Zn(NH_3)_4]^{2+}+2OH^-$

$$K_{j1}^{\ominus}=\frac{[Zn(NH_3)_4^{2+}]_r\cdot[OH^-]_r^2}{[NH_3]_r^4}=K_f^{\ominus}[Zn(NH_3)_4^{2+}]\cdot K_{sp}^{\ominus}[Zn(OH)_2]$$

$$=2.9\times10^9\times6.68\times10^{-17}=1.9\times10^{-7}$$

$$Zn(OH)_2+2OH^- \rightleftharpoons [Zn(OH)_4]^{2-}$$

$$K_{j2}^{\ominus}=\frac{[Zn(OH)_4^{2-}]_r}{[OH^-]_r^2}=K_f^{\ominus}[Zn(OH)_4^{2-}]\cdot K_{sp}^{\ominus}[Zn(OH)_2]$$

$$=4.6\times10^{17}\times6.68\times10^{-17}=30.7$$

当溶液中 NH_3 和 NH_4^+ 的浓度均为 0.10 mol·L^{-1}时，设 OH^- 浓度为 x mol·L^{-1}，则

$$NH_3\cdot H_2O \rightleftharpoons NH_4^+ + OH^-$$

平衡浓度/(mol·L^{-1})　0.10　　0.10　　x

$$K_b^{\ominus}=\frac{0.10x}{0.10}=1.77\times10^{-5}\quad x=1.77\times10^{-5}$$

$$[Zn(NH_3)_4]^{2+}+4OH^- \rightleftharpoons [Zn(OH)_4]^{2-}+4NH_3$$

平衡浓度/(mol·L^{-1})　　1.77×10^{-5}　　　0.10

$$K_j^{\ominus}=\frac{[Zn(OH)_4^{2-}]_r\cdot[NH_3]_r^4}{[Zn(NH_3)_4^{2+}]_r\cdot[OH^-]_r^4}=\frac{K_f^{\ominus}[Zn(OH)_4^{2-}]}{K_f^{\ominus}[Zn(NH_3)_4^{2+}]}=\frac{4.6\times10^{17}}{2.9\times10^{9}}=1.6\times10^{8}$$

$$K_j^{\ominus}=\frac{[Zn(OH)_4^{2-}]_r\cdot(0.10)^4}{[Zn(NH_3)_4^{2+}]_r\cdot(1.77\times10^{-5})^4}=1.6\times10^{8}$$

$$\frac{[Zn(OH)_4^{2-}]_r}{[Zn(NH_3)_4^{2+}]_r}=1.6\times10^{8}\times\frac{(1.77\times10^{-5})^4}{0.10^4}=1.6\times10^{-7}$$

当溶液中 NH_3 和 NH_4^+ 的浓度均为 0.10 mol·L^{-1}时，$Zn(OH)_2$ 溶于该溶液中主要生成 $[Zn(NH_3)_4]^{2+}$。

【例 6-5】将含有 0.2 mol·L^{-1} NH_3 和 1.0 mol·L^{-1} NH_4^+ 的缓冲溶液与 0.02 mol·L^{-1} $[Cu(NH_3)_4]^{2+}$ 溶液等体积混合，有无 $Cu(OH)_2$ 沉淀生成？［$Cu(OH)_2$ 的 $K_{sp}^{\ominus}=2.2\times10^{-20}$］

分析：根据溶度积规则，应确定离子积 $Q=c_r(Cu^{2+})\cdot c_r^2(OH^-)$ 与 $K_{sp}^{\ominus}$的关系，因此应先分别计算出混合溶液中 Cu^{2+} 和 OH^- 浓度。

解：等体积混合后，NH_3、NH_4^+、$[Cu(NH_3)_4]^{2+}$ 的浓度各自减半，设 Cu^{2+} 浓度为 x mol·L^{-1}，则

$$Cu^{2+}+4NH_3 \rightleftharpoons [Cu(NH_3)_4]^{2+}$$

平衡时　　x　　$0.1+4x$　　$0.01-x$

$$K_f^{\ominus}=\frac{0.01-x}{x(0.1+4x)^4}=2.1\times10^{13}$$

$$0.01-x\approx0.01\qquad 0.1+4x\approx0.1\qquad x=4.8\times10^{-12}$$

设混合液中 OH^- 浓度为 y mol·L^{-1}，则

$$NH_3\cdot H_2O \rightleftharpoons NH_4^+ + OH^-$$

平衡时　　$0.1-y$　　$0.5+y$　　y

$$K_b^{\ominus}=\frac{(0.5+y)y}{0.1-y}=1.77\times10^{-5}$$

$$0.1-y\approx0.1\qquad 0.5+y\approx0.5\qquad y=3.5\times10^{-6}$$

$c_r(Cu^{2+})c_r^2(OH^-)=4.8\times10^{-12}\times(3.5\times10^{-6})^2=5.9\times10^{-23}$，小于 $Cu(OH)_2$ 的 $K_{sp}^{\ominus}$，故无 $Cu(OH)_2$ 沉淀生成。

【例 6-6】50 mL 0.1 mol·L^{-1} $AgNO_3$ 溶液与等量的 6 mol·L^{-1} 氨水混合后，向此溶

液中加入 0.119 g KBr 固体，有无 AgBr 沉淀析出？如欲阻止 AgBr 析出，原混合溶液中氨的初始浓度至少应为多少？

分析：当混合溶液中 $c_r(Ag^+)c_r(Br^-) \leqslant K_{sp}^{\ominus}(AgBr)$ 时，无 AgBr 沉淀，因此应先算出混合溶液中 Ag^+ 和 Br^- 的浓度。要阻止 AgBr 析出，可增大混合液中氨的浓度，使 Ag^+ 与 NH_3 进一步生成配离子 $[Ag(NH_3)_2]^+$，降低 Ag^+ 浓度，达到 $c_r(Ag^+)c_r(Br^-) \leqslant K_{sp}^{\ominus}(AgBr)$ 的目的。

解：50 mL 0.1 $mol \cdot L^{-1}$ $AgNO_3$ 溶液与等量的 6 $mol \cdot L^{-1}$ 氨水混合后，各自的浓度减半，$AgNO_3$ 溶液和氨水的浓度分别为 0.05 $mol \cdot L^{-1}$ 和 3 $mol \cdot L^{-1}$，反应生成 0.05 $mol \cdot L^{-1}$ $[Ag(NH_3)_2]^+$，设平衡时 Ag^+ 浓度为 x $mol \cdot L^{-1}$。

$$Ag^+ + 2NH_3 \rightleftharpoons [Ag(NH_3)_2]^+$$

平衡浓度/($mol \cdot L^{-1}$)　x　$2.9+2x$　$0.05-x$

$$K_f^{\ominus} = \frac{[Ag(NH_3)_2^+]_r}{[Ag^+]_r \cdot [NH_3]_r^2} = \frac{0.05-x}{x(2.9+2x)^2} = 1.1 \times 10^7$$

$$0.05-x \approx 0.05 \qquad 2.9+2x \approx 2.9 \qquad x = 5.4 \times 10^{-10}$$

加入 0.119 g KBr 固体后，$c(Br^-) = \dfrac{m(KBr)}{M(KBr) \cdot V} = \dfrac{0.119\ g}{119\ g \cdot mol^{-1} \times 0.10\ L} = 0.01\ mol \cdot L^{-1}$

$c_r(Ag^+)c_r(Br^-) = 5.4 \times 10^{-10} \times 0.01 = 5.4 \times 10^{-12} > K_{sp}^{\ominus}(AgBr) = 5.35 \times 10^{-13}$，有 AgBr沉淀析出。

欲阻止生成 AgBr 沉淀，$c_r(Ag^+) \leqslant 5.35 \times 10^{-13}/0.01 = 5.35 \times 10^{-11}$

$c(Ag^+) = 5.35 \times 10^{-11}\ mol \cdot L^{-1}$

$$Ag^+ + 2NH_3 \rightleftharpoons [Ag(NH_3)_2]^+$$

平衡浓度/($mol \cdot L^{-1}$)　5.35×10^{-11}　$x + 2 \times 5.35 \times 10^{-11}$　$0.05 - 5.35 \times 10^{-11}$

$$x + 2 \times 5.35 \times 10^{-11} \approx x \qquad 0.05 - 5.35 \times 10^{-11} \approx 0.05$$

$$K_f^{\ominus} = \frac{[Ag(NH_3)_2^+]_r}{[Ag^+]_r \cdot [NH_3]_r^2} = \frac{0.05}{5.35 \times 10^{-11} \cdot x^2} = 1.1 \times 10^7 \quad x = 9.2$$

氨水的初浓度 = 9.2 $mol \cdot L^{-1}$ + 0.1 $mol \cdot L^{-1}$ = 9.3 $mol \cdot L^{-1}$

【例 6-7】 将 10 mL 0.050 $mol \cdot L^{-1}$ $[Ag(NH_3)_2]^+$ 溶液与 1.0 mL 0.10 $mol \cdot L^{-1}$ NaCl 溶液混合，问此混合液须含有 NH_3 的浓度为多大，才能防止 AgCl 沉淀生成？

$\{K_f^{\ominus}[Ag(NH_3)_2^+] = 1.1 \times 10^7,\ K_{sp}^{\ominus}(AgCl) = 1.8 \times 10^{-10}\}$

分析：当溶液中 $c_r(Ag^+)c_r(Cl^-) \leqslant K_{sp}^{\ominus}(AgCl)$ 时，无 AgCl 沉淀生成。此题用两种方法计算。

解法 1：$c_r(Ag^+)c_r(Cl^-) \leqslant K_{sp}^{\ominus}(AgCl)$ 时无沉淀，即

$$c_r(Ag^+) \leqslant K_{sp}^{\ominus}(AgCl)/c_r(Cl^-)$$

混合后 $c(Cl^-) = 1.0\ mL \times 0.10\ mol \cdot L^{-1}/(1.0+10)mL = 0.009\ mol \cdot L^{-1}$

$$c_r(Ag^+) \leqslant 1.8 \times 10^{-10}/0.009 = 2.0 \times 10^{-8}$$

$$Ag^+ + 2NH_3 \rightleftharpoons [Ag(NH_3)_2]^+$$

平衡浓度/($mol \cdot L^{-1}$)　2.0×10^{-8}　x　$0.050 \times 10/11 - 2.0 \times 10^{-8} \approx 0.045$

$$K_f^{\ominus} = \frac{[Ag(NH_3)_2^+]_r}{[Ag^+]_r \cdot [NH_3]_r^2} = \frac{0.045}{2.0 \times 10^{-8} \cdot x^2} = 1.1 \times 10^7$$

$$x=0.45$$

解法 2：

$$[Ag(NH_3)_2]^+ + Cl^- \rightleftharpoons AgCl + 2NH_3$$

平衡浓度/$(mol \cdot L^{-1})$　　0.045　　0.009　　x

$$K_j^{\ominus}=\frac{[NH_3]_r^2}{[Ag(NH_3)_2^+]_r \cdot [Cl^-]_r}=\frac{1}{K_{sp}^{\ominus}(AgCl) \cdot K_f^{\ominus}[Ag(NH_3)_2^+]}$$

$$\frac{x^2}{0.045 \times 0.009}=\frac{1}{1.8 \times 10^{-10} \times 1.1 \times 10^7}$$

$$\frac{0.10 \times 0.10}{x^2}=1.8 \times 10^{11}$$

$$x=0.45$$

【例 6-8】在 1 L NH_3 的浓度为 0.1 $mol \cdot L^{-1}$，$[Cu(NH_3)_4]^{2+}$ 的浓度为 0.15 $mol \cdot L^{-1}$ 的溶液中，加入 NH_4Cl 晶体 0.1 mol，通过计算说明是否有 $Cu(OH)_2$ 沉淀生成。{NH_3 的 $K_b^{\ominus}=1.8 \times 10^{-5}$，$[Cu(NH_3)_4]^{2+}$ 的 $K_f^{\ominus}=4.2 \times 10^{12}$，$Cu(OH)_2$ 的 $K_{sp}^{\ominus}=5.6 \times 10^{-20}$}

分析：根据溶度积规则，$c_r(Cu^{2+}) \cdot c_r^2(OH^-) > K_{sp}^{\ominus}[Cu(OH)_2]$ 有 $Cu(OH)_2$ 沉淀生成，若 $c_r(Cu^{2+}) \cdot c_r^2(OH^-) < K_{sp}^{\ominus}[Cu(OH)_2]$，无 $Cu(OH)_2$ 沉淀生成。混合液中，Cu^{2+} 浓度可由配位平衡计算，OH^- 浓度按 NH_3 - NH_4Cl 缓冲溶液计算。

解：

$$Cu^{2+} + 4NH_3 \rightleftharpoons [Cu(NH_3)_4]^{2+}$$

平衡浓度/$(mol \cdot L^{-1})$　　x　　0.1　　0.15

$$K_f^{\ominus}=\frac{0.15}{x(0.1)^4}=4.2 \times 10^{12} \quad x=3.6 \times 10^{-10}$$

$$NH_3 \cdot H_2O \rightleftharpoons NH_4^+ + OH^-$$

平衡浓度/$(mol \cdot L^{-1})$　　0.1　　0.1　　y

$$c_r(OH^-)=K_b^{\ominus} \cdot \frac{0.1}{0.1}=1.8 \times 10^{-5} \quad y=1.8 \times 10^{-5}$$

$c_r(Cu^{2+})c_r^2(OH^-)=3.6 \times 10^{-10} \times (1.8 \times 10^{-5})^2=1.2 \times 10^{-19} > K_{sp}^{\ominus}[Cu(OH)_2]=5.6 \times 10^{-20}$，故有 $Cu(OH)_2$ 沉淀生成。

三、自测题

(一) 选择题

1. $[Ni(en)_3]^{2+}$ 离子中镍的氧化数和配位数是（　　）。

A. +2，3　　B. +3，6　　C. +2，6　　D. +3，3

2. $[Co(SCN)_4]^{2-}$ 离子中钴的氧化数和配位数分别是（　　）。

A. −2，4　　B. +2，4　　C. +3，2　　D. +2，12

3. 在 $[Co(C_2O_4)_2(en)]^-$ 中，中心离子 Co^{3+} 的配位数为（　　）。

A. 3　　B. 4　　C. 5　　D. 6

4. Al^{3+} 与 EDTA 形成（　　）。

A. 螯合物　　B. 聚合物

C. 非计量化合物　　D. 夹心化合物

5. 下列几种物质中最稳定的是（　　）。

A. $[Co(SCN)_4]^{2-}$　　B. $[Co(NH_3)_6]^{3+}$

C. $[Co(NH_3)_6]^{2+}$　　D. $[Co(en)_3]^{3+}$

6. 估计下列配合物的稳定性，从大到小的顺序，正确的是（　　）。

A. $[HgI_4]^{2-}>[HgCl_4]^{2-}>[Hg(CN)_4]^{2-}$

B. $[Co(NH_3)_6]^{3+}>[Co(SCN)_4]^{2-}>[Co(CN)_6]^{3-}$

C. $[Ni(en)_3]^{2+}>[Ni(NH_3)_6]^{2+}>[Ni(H_2O)_6]^{2+}$

D. $[Fe(SCN)_6]^{3-}>[Fe(CN)_6]^{3-}>[Fe(CN)_6]^{4-}$

7. $[Ni(CN)_4]^{2-}$是平面四方形构型，中心离子的杂化轨道类型和 d 电子数分别是（　　）。

A. sp^2，d^7　　B. sp^3，d^8

C. d^2sp^3，d^6　　D. dsp^2，d^8

8. 下列配合物中，属于螯合物的是（　　）。

A. $[Ni(en)_2]Cl_2$　　B. $K_2[PtCl_6]$

C. $(NH_4)[Cr(NH_3)_2(SCN)_4]$　　D. $Li[AlH_4]$

9. $[Ca(EDTA)]^{2-}$配离子中，Ca^{2+}的配位数是（　　）。

A. 1　　B. 2　　C. 4　　D. 6

10. 向 $[Cu(NH_3)_4]^{2+}$水溶液中通入氨气，则（　　）。

A. $[Cu(NH_3)_4]^{2+}$的 $K_f^\ominus$ 增大　　B. $c(Cu^{2+})$ 增大

C. $[Cu(NH_3)_4]^{2+}$的 $K_f^\ominus$ 减小　　D. $c(Cu^{2+})$ 减小

11. 在 0.20 $mol\cdot L^{-1}$ $[Ag(NH_3)_2]Cl$ 溶液中，加入等体积的水稀释（忽略离子强度影响），则下列各物质的浓度约为原来浓度的 1/2 的是（　　）。

A. $[Ag(NH_3)_2]^+$　　B. Ag^+

C. $NH_3\cdot H_2O$　　D. OH^-

12. 下列反应中配离子作为氧化剂的反应是（　　）。

A. $[Ag(NH_3)_2]Cl+KI \rightleftharpoons AgI\downarrow+KCl+2NH_3$

B. $2[Ag(NH_3)_2]OH+CH_3CHO \rightleftharpoons CH_3COOH+2Ag\downarrow+4NH_3+H_2O$

C. $[Cu(NH_3)_4]^{2+}+S^{2-} \rightleftharpoons CuS\downarrow+4NH_3$

D. $3[Fe(CN)_6]^{4-}+4Fe^{3+} \rightleftharpoons Fe_4[Fe(CN)_6]_3$

13. 下列溶液中 $c(Zn^{2+})$ 最小的是（　　）。

A. 1 $mol\cdot L^{-1}$ $[Zn(CN)_4]^{2-}$　　$K_d^\ominus=2\times10^{-17}$

B. 1 $mol\cdot L^{-1}$ $[Zn(NH_3)_4]^{2+}$　　$K_f^\ominus=2.8\times10^{9}$

C. 1 $mol\cdot L^{-1}$ $[Zn(OH)_4]^{2-}$　　$K_d^\ominus=2.5\times10^{-16}$

D. 1 $mol\cdot L^{-1}$ $[Zn(SCN)_4]^{2-}$　　$pK_f^\ominus=-1.3$

14. 能较好地溶解 AgBr 的试剂是（　　）。

A. $NH_3\cdot H_2O$　　B. HNO_3　　C. $Na_2S_2O_3$　　D. HF

15. 下列说法欠妥的是（　　）。

A. 配合物中心原子大多是中性原子或带正电荷的离子

B. 螯合物以六元环、五元环较稳定

C. 配位数就是配位体的个数

D. 二乙二胺合铜（Ⅱ）离子比四氨合铜（Ⅱ）离子稳定

16. 下列配离子能在强酸中稳定存在的是（　　）。

A. $[Fe(C_2O_4)_3]^{3-}$　　B. $[AlF_6]^{3-}$

C. $[Mn(NH_3)_6]^{2+}$　　D. $[AgCl_2]^-$

17. 下列说法中错误的是（　　）。

A. 铜容器不能用于储存氨水

B. $[Ag(NH_3)_2]^+$ 的氧化能力比相同浓度的 Ag^+ 强

C. 加碱可以破坏 $[Fe(SCN)_6]^{3-}$

D. $[Fe(SCN)_6]^{3-}$ 中的 Fe^{3+} 能被 $SnCl_2$ 还原

18. 用 $AgNO_3$ 处理 $[Fe(H_2O)_5Cl]Br$ 溶液，产生的沉淀主要是（　　）。

A. AgCl　　B. AgBr　　C. AgCl 和 AgBr　　D. $Fe(OH)_3$

19. 在配离子 $[Cu(NH_3)_4]^{2+}$ 中，中心离子的杂化类型、氧化数和配位数分别是（　　）。

A. sp^3，+3，4　　B. sp^2d，+3，4

C. dsp^3，+2，5　　D. dsp^2，+2，4

20. 下列物质中不能作为配体的是（　　）。

A. NH_4^+　　B. NH_3　　C. OH^-　　D. NO_2^-

21. $[Ag(NH_3)_2]^+ + 2CN^- \rightleftharpoons [Ag(CN)_2]^- + 2NH_3$ 的竞争平衡常数 $K_j^\ominus$ =（　　）。

A. $\dfrac{K_f^\ominus[Ag(CN)_2^-]}{K_f^\ominus[Ag(NH_3)_2^+]}$

B. $K_f^\ominus[Ag(CN)_2^-] \cdot K_f^\ominus[Ag(NH_3)_2^+]$

C. $K_f^\ominus[Ag(CN)_2^-] + K_f^\ominus[Ag(NH_3)_2^+]$

D. $K_f^\ominus[Ag(CN)_2^-] - K_f^\ominus[Ag(NH_3)_2^+]$

22. $[Fe(CO)_5]$ 配合物中 Fe 的氧化数为（　　）。

A. +Ⅲ　　B. +Ⅱ　　C. +Ⅴ　　D. 0

23. $[CoCl_2(NH_3)_3(H_2O)]Cl$ 配合物的正确命名为（　　）。

A. 氯化三氨·一水·二氯合钴（Ⅲ）

B. 氯化二氯·三氨·一水合钴（Ⅲ）

C. 氯化·二氯·三氨·一水·合钴（Ⅲ）

D. 氯化二氯·一水·三氨合钴

24. 对于 $[Fe(C_2O_4)_3]^{3-}$ 配离子，下列说法错误的是（　　）。

A. $C_2O_4^{2-}$ 是多基配位体，$[Fe(C_2O_4)_3]^{3-}$ 属于螯合物

B. 中心离子的氧化数和配位数分别为+3，6

C. 螯合比为 1∶3

D. $[Fe(C_2O_4)_3]^{3-}$ 的稳定性小于 $[Fe(SCN)_6]^{3-}$

25. 反应 $FeF_6^{3-} + H^+ \longrightarrow Fe^{3+} + HF$ 的竞争平衡常数 $K_j^\ominus$ 用 $K_f^\ominus$ 和 $K_a^\ominus$ 表示等于（　　）。

A. $K_f^\ominus(K_a^\ominus)^6$　　B. $\dfrac{1}{K_f^\ominus(K_a^\ominus)^6}$

C. $\dfrac{(K_a^\ominus)^6}{K_f^\ominus}$　　D. $\dfrac{K_f^\ominus}{(K_a^\ominus)^6}$

26. 下列物质不能与金属离子生成稳定螯合物的是（　　）。

A. en　　B. HCOOH　　C. $C_2O_4^{2-}$　　D. EDTA

27. 配合物 $[Cu(NH_3)_4]^{2+}$ 的二级解离常数 $K_{d2}^{\ominus}$ 等于（　　）。

A. $1/K_{f1}^{\ominus}$　　B. $1/K_{f2}^{\ominus}$　　C. $1/K_{f3}^{\ominus}$　　D. $1/K_{f4}^{\ominus}$

28. 下列物质，能在强酸中稳定存在的是（　　）。

A. $[Ag(S_2O_3)_2]^{3-}$　　B. $[Ni(NH_3)_6]^{2+}$

C. $[Fe(C_2O_4)_3]^{3-}$　　D. $[HgCl_4]^{2-}$

29. 中心离子以 dsp^2 杂化轨道成键而形成的配合物，其空间构型是（　　）。

A. 平面四方形　　B. 正四面体形　　C. 直线形　　D. 正八面体形

30. AgI 在下列 1 $mol \cdot L^{-1}$ 溶液中溶解度最大的是（　　）。

A. $NH_3 \cdot H_2O$　　B. $Na_2S_2O_3$　　C. NaCN　　D. HNO_3

31. 已知巯基（—SH）与某些重金属离子形成强配位键，下列各物质中是重金属离子的最好的螯合剂的是（　　）。

A. CH_3—SH　　B. H—SH

C. CH_3—S—S—CH_3　　D. HS—CH_2—CH(SH)—CH_2—OH

32. 下列配合物系统命名错误的是（　　）。

A. $K_2[HgI_4]$ 四碘合汞（Ⅱ）酸钾

B. $[Al(OH)_4]^-$ 四羟基合铝（Ⅲ）离子

C. $[Ni(CO)_4]$ 四羰基合镍（Ⅱ）

D. $[PtCl_2(NH_3)_2]$ 二氯·二氨合铂（Ⅱ）

33. $[Ni(en)_2]^{2+}$ 离子中镍的配位数和氧化数分别是（　　）。

A. 2，+2　　B. 2，+3　　C. 6，+2　　D. 4，+2

34. $AgCl + 3Cl^- \rightleftharpoons [AgCl_4]^{3-}$ 的竞争平衡常数 $K_j^{\ominus}$ 为（　　）。

A. $pK_j^{\ominus} = pK_{sp}^{\ominus}(AgCl) - pK_f^{\ominus}([AgCl_4]^{3-})$

B. $pK_j^{\ominus} = pK_{sp}^{\ominus}(AgCl) + pK_f^{\ominus}([AgCl_4]^{3-})$

C. $pK_j^{\ominus} = pK_{sp}^{\ominus}(AgCl) \times pK_f^{\ominus}([AgCl_4]^{3-})$

D. $pK_j^{\ominus} = pK_{sp}^{\ominus}(AgCl) / pK_f^{\ominus}([AgCl_4]^{3-})$

35. 下列关于 $[Zn(NH_3)_4][CuCl_4]$ 叙述正确的是（　　）。

A. 配合物的外界是 $[CuCl_4]^{2-}$，内界是 $[Zn(NH_3)_4]^{2+}$

B. 配合物的中心离子是 Zn^{2+} 和 Cu^{2+}，配位体是 Cl 和 NH_3

C. 配合物的中心离子是 Zn^{2+} 和 Cu^{2+}，配位体是 Cl_4 和 NH_3

D. 配合物没有外界只有内界，在水中离解成 $[Zn(NH_3)_4]^{2+}$ 和 $[CuCl_4]^{2-}$

36. $[FeF_6]^{3-}$ 和 $[Fe(CN)_6]^{3-}$ 的磁矩分别为 5.92 和 1.73 波尔磁子（μ_0），下列叙述错误的是（　　）。

A. $[FeF_6]^{3-}$ 和 $[Fe(CN)_6]^{3-}$ 都有成单电子

B. $[FeF_6]^{3-}$ 是外轨型配离子，而 $[Fe(CN)_6]^{3-}$ 是内轨型配离子

C. $[FeF_6]^{3-}$ 和 $[Fe(CN)_6]^{3-}$ 的中心离子为 sp^3d^2 杂化，配离子的空间构型是八面体

D. $[Fe(CN)_6]^{3-}$ 比 $[FeF_6]^{3-}$ 稳定

37. $[Fe(H_2O)_6]^{2+}$ 是外轨型配离子，最适于描述 $[Fe(H_2O)_6]^{2+}$ 的是（　　）。

A. sp^3d^2 杂化，顺磁性　　B. sp^3d^2 杂化，反磁性

C. d^2sp^3 杂化，顺磁性　　D. d^2sp^3 杂化，反磁性

38. 0.01 mol 氯化铬（$CrCl_3 \cdot 6H_2O$）在水溶液中用过量的 $AgNO_3$ 处理，产生 0.02 mol 的 AgCl 沉淀，此氯化铬最可能为（　　）。

A. $[Cr(H_2O)_6]Cl_3$　　B. $[Cr(H_2O)_5 \cdot Cl]Cl_2 \cdot H_2O$

C. $[Cr(H_2O)_5 \cdot Cl_2]\ Cl \cdot H_2O$　　D. $[Cr(H_2O)_4 \cdot Cl_2]Cl \cdot 2H_2O$

39. 在含有 Fe^{3+} 的溶液中加入 NH_4CNS 后，再加入 $(NH_4)_2C_2O_4$，所观察到的现象是，血红色生成后消失为黄色，下列有关叙述错误的是（　　）。

A. 反应中有血红色的 $Fe(CNS)_3$ 生成

B. 反应中有黄色的 $[Fe(C_2O_4)_3]^{3-}$ 生成

C. $K_f^\ominus[Fe(CNS)_3] < K_f^\ominus\{[Fe(C_2O_4)_3]^{3-}\}$

D. $Fe(CNS)_3$ 中的 Fe^{3+} 被 $(NH_4)_2C_2O_4$ 还原而破坏

40. 下列各配离子中，有成单电子的是（　　）。

A. $[Ag(NH_3)_2]^+$　　B. $[Zn(NH_3)_4]^{2+}$

C. $[Ni(CN)_4]^{2-}$　　D. $[Cu(NH_3)_4]^{2+}$

41. 下列试剂中，能将 Fe^{3+} 从 Co^{3+} 中分离出来的是（　　）。

A. KCNS　　B. $NH_3 \cdot H_2O$

C. $(NH_4)_2SO_4$　　D. NaOH

42. 1 mol 组成为 $CoCl_3(en)_2 \cdot H_2O$ 的配合物，加入到氢型阳离子交换柱中，交换出的 H^+ 也为 1 mol，则配合物的结构式可能是（　　）。

A. $[CoCl_2(en)_2]Cl \cdot (H_2O)$　　B. $[CoCl_3(en)_2(H_2O)]$

C. $[CoCl(en)_2(H_2O)]Cl_2 \cdot H_2O$　　D. $[Co(en)_2]Cl_3 \cdot H_2O$

43. 可用于检验 Fe^{2+} 的试剂是（　　）。

A. NH_4CNS　　B. $K_3Fe(CN)_6$

C. $K_4Fe(CN)_6$　　D. H_2S

44. 血液中的许多痕量元素的离子与甘氨酸（Gly）中的氮和氧两个配位原子键合形成螯合物，下列这类螯合物的空间构型为四面体的是（　　）。

A. $[Co(Gly)_3]$　　B. $[Zn(Gly)_2]$

C. $[Cu(Gly)_2]$　　D. $[Pt(Gly)_2]$

（二）填空题

45. 在 $[Cu(NH_3)_4]\ SO_4$ 溶液中，存在平衡：$[Cu(NH_3)_4]^{2+} \rightleftharpoons Cu^{2+} + 4NH_3$，加入 HCl，由于生成________，平衡向________方向移动。加入 Na_2S，由于生成________，平衡向________方向移动。

46. 配合物 $(NH_4)_2[FeF_5(H_2O)]$ 的系统命名为____________________。配离子的电荷是____________，配位体是____________，配位原子是____________，属________型配合物。

47. 在 $CuSO_4$ 溶液中加入少量氨水，将生成________，继续加入过量的氨水，溶液的

颜色变为________色，因为生成了______。

48. 已知 $[Fe(CN)_6]^{3-}$ 的 $K_f^{\ominus}=1.0\times10^{42}$，$[FeF_6]^{3-}$ 的 $K_f^{\ominus}=2.0\times10^{14}$，则反应：$[Fe(CN)_6]^{3-}+6F^- \rightleftharpoons [FeF_6]^{3-}+6CN^-$应向生成________的方向进行。

49. 配合物二氯二氨合铂（Ⅱ）的化学式是__________，中心离子氧化数为________，配位数为______________。

50. $[Co(H_2O)_6]^{3+}$是外轨型配离子，它的磁矩约为________B. M.（玻尔磁子）。

51. $[Co(C_2O_4)_2(en)]^-$的正确命名为________，中心离子的配位数为________。

52. $0.1\ mol\cdot L^{-1}$的银氨配离子在 $1.0\ mol\cdot L^{-1}$的氨水中的 Ag^+ 的浓度与在 $0.1\ mol\cdot L^{-1}$的氨水中的比值是________。$\{K_f^{\ominus}[Ag(NH_3)_2^+]\approx10^7\}$

53. 某配合物的命名为四氯合铂（Ⅱ）酸四吡啶合铂（Ⅱ），它的化学式为________。（吡啶：Py）

54. 某白色化合物 A 溶解于水生成蓝色溶液，加入二氯化钡溶液后有白色沉淀 B 生成，B 不溶于稀硝酸，蓝色溶液滴加氨水有浅蓝色胶状沉淀 C 生成，继续加氨水沉淀溶解生成深蓝色物质 D，由此可知它们的化学式分别为 A ________，B ________，C ________，D ________，化合物的金属离子的电子构型为____________。

55. EDTA 分子中可与中心离子直接配位的原子个数为________。

56. 某浅绿色晶体 A，溶解于水加入 $BaCl_2$，生成不溶于酸的白色沉淀 B，过滤所得滤液加入 H_2O_2 后，加 NaOH 则生成红棕色的胶状沉淀 C，加 HCl 沉淀 C 溶解，若滴加 KSCN 有血红色物质 D 生成。A，B，C，D 的化学式分别是________，________，________，________。

57. $[FeF_6]^{3-}$的磁矩 $\mu=5.9$ B. M.，由此可推断出它有________个成单电子。

58. $[MgY]^{2-}$（Y 为 EDTA）的螯合物中，有________个五元环，中心离子的配位数是________。

59. $[Pt(NH_3)_6][PtCl_4]$ 的命名是________。

（三）计算及简答题

60. $0.20\ mol\cdot L^{-1}$的 $AgNO_3$ 和 $0.60\ mol\cdot L^{-1}$的 $NH_3\cdot H_2O$ 等体积混合后，平衡时 Ag^+ 的浓度是多少？$\{K_f^{\ominus}[Ag(NH_3)_2^+]=1.1\times10^7\}$

61. 要使 1.0 mmol AgBr 溶解，至少需加 1 mL 多大浓度的 $Na_2S_2O_3$ 溶液？

$$\{K_f^{\ominus}[Ag(S_2O_3)_2^{3-}]=7.7\times10^{13},\ K_{sp}^{\ominus}(AgBr)=3.0\times10^{-13}\}$$

62. 一配合物组成为 $CoCl_3(en)_2\cdot H_2O$，摩尔质量为 $330\ g\cdot mol^{-1}$，取 66.0 mg 配合物溶于水，加到氢型阳离子交换柱中，在此条件下配离子能稳定存在，它交换出的酸需 10.00 mL $0.040\ 00\ mol\cdot L^{-1}$NaOH 才能中和，试写出配合物的化学式。

63. 已知 $[Ag(NH_3)_2]^+ + e^- \rightleftharpoons Ag + 2NH_3$ 的标准电极电势 $\varphi^{\ominus}=0.373$ V，当 $c[Ag(NH_3)_2^+]=0.1\ mol\cdot L^{-1}$，$c(NH_3)=1.0\ mol\cdot L^{-1}$时的电极电势为多少？$Ag^+$ 的浓度是多少？$\{K_f^{\ominus}[Ag(NH_3)_2^+]=1.7\times10^7\}$

64. 有两个组成相同的配合物，其化学式均为 $CoBr(SO_4)(NH_3)_5$，但颜色不同，红色者加入 $AgNO_3$ 后生成 AgBr 沉淀，但加入 $BaCl_2$ 后不生成沉淀；另一个为紫色，加入 $BaCl_2$ 后生成沉淀，但加入 $AgNO_3$ 后不生成沉淀，试写出它们的化学式并给予命名。

65. 铝锅煮酸性食物时，若无 F^- 存在，10 min 可溶出铝 $0.2\ mg\cdot L^{-1}$，如果有 F^- 存在（如鱼类含氟 $100\sim700\ \mu g\cdot g^{-1}$），10 min 会溶出铝 $0.2\ g\cdot L^{-1}$，为什么？

四、参考答案

(一) 选择题

1	2	3	4	5	6	7	8	9	10	11	12	13	14	15
C	B	D	A	D	C	D	A	D	D	A	B	A	C	C
16	17	18	19	20	21	22	23	24	25	26	27	28	29	30
D	B	B	D	A	A	D	B	D	B	B	C	D	A	C
31	32	33	34	35	36	37	38	39	40	41	42	43	44	
D	C	D	B	D	C	A	B	D	D	B	A	B	B	

(二) 填空题

45. NH_4^+、正反应、CuS 沉淀、正反应；

46. 五氟·一水合铁（Ⅲ）酸铵、−2、F^- 和 H_2O、F 和 O、外轨；

47. $Cu(OH)_2$ 沉淀、深蓝、$[Cu(NH_3)_4]^{2+}$；

48. $[Fe(CN)_6]^{3-}$；　49. $[Pt\,Cl_2(NH_3)_2]$、+2、4；　50. 4.9；

51. 二草酸根·（乙二胺）合钴（Ⅲ）离子、6；　52. 1∶100；

53. $[Pt(Py)_4][PtCl_4]$；

54. $CuSO_4$、$BaSO_4$、$Cu(OH)_2$、$[Cu(NH_3)_4]SO_4$、$1s^2 2s^2 2p^6 3s^2 3p^6 3d^9$；

55. 6；　56. $FeSO_4\cdot 7H_2O$、$BaSO_4$、$Fe(OH)_3$、$[Fe(SCN)_6]^{3-}$；

57. 5；　58. 5、6；　59. 四氯合铂（Ⅱ）酸六氨合铂（Ⅱ）。

(三) 计算及简答题

60. 解：由于等体积混合，混合后溶液中 $c(Ag^+)=0.10\ mol\cdot L^{-1}$，$c(NH_3)=0.30\ mol\cdot L^{-1}$，$NH_3$ 过量，则设剩余 $c(Ag^+)$ 为 x，有

$$Ag^+ \quad + \quad 2NH_3 \rightleftharpoons [Ag(NH_3)_2]^+$$

平衡浓度/$(mol\cdot L^{-1})$　　x　　$0.30-2\times(0.10-x)$　　$0.10-x$

$$K_f^{\ominus}=\frac{[Ag(NH_3)_2^+]_r}{[Ag^+]_r\cdot[NH_3]_r^2}=\frac{0.10-x}{x(0.10+2x)^2}=1.1\times10^7$$

$$x=9.0\times10^{-7}\ mol\cdot L^{-1}$$

61. 解：假如 1.0 mmol 的 AgBr 溶解完全时，设溶液中 $S_2O_3^{2-}$ 的浓度需保持 $x\ mol\cdot L^{-1}$

$$AgBr(s)+2S_2O_3^{2-} \rightleftharpoons [Ag(S_2O_3)_2]^{3-}+Br^-$$

平衡浓度/$(mol\cdot L^{-1})$　　x　　1.0　　1.0

$$K_j^{\ominus}=\frac{[Br^-]_r\cdot[Ag(S_2O_3)_2^{3-}]_r}{c^2(S_2O_3^{2-})}=\frac{1.0\times1.0}{x^2}$$

$$=K_f^{\ominus}[Ag(S_2O_3)_2^{3-}]\cdot K_{sp}^{\ominus}(AgBr)$$

$$=7.7\times10^{13}\times3.0\times10^{-13}=23$$

$$x=\sqrt{\frac{1.0}{23}}=0.21$$

由于要溶解 AgBr，故要消耗 $2.0\ mol\cdot L^{-1}$ 的 $S_2O_3^{2-}$，所以 $S_2O_3^{2-}$ 原始浓度最少为 $2+0.21=2.21(mol\cdot L^{-1})$

62. 解：根据题意，66.0mg 该配合物的物质的量为

$$\frac{66.0\times10^{-3}\text{g}}{330\text{ g}\cdot\text{mol}^{-1}}=2\times10^{-4}\text{ mol}$$

而置换出来的酸完全被中和需要加入 NaOH 的物质的量为

$$10.00\text{ mL}\times0.04000\text{ mol}\cdot\text{L}^{-1}\times10^{-3}=4\times10^{-4}\text{ mol}$$

酸碱的比值为 2∶1，配离子带 2 个单位的正电荷，所以该配合物的化学式为 $[CoCl(H_2O)(en)_2]\cdot Cl_2$。

63. 解：$[Ag(NH_3)_2]^+ + e^- \rightleftharpoons Ag + 2NH_3$

$$\varphi=\varphi^{\ominus}+\frac{0.0592\text{ V}}{1}\lg\frac{c_r[Ag(NH_3)_2^+]}{c_r^2(NH_3)}$$

$$=0.373\text{ V}+0.0592\text{ V}\times\lg0.1$$

$$\approx0.314\text{ V}$$

设 Ag^+ 平衡时的浓度为 x mol·L^{-1}

$$[Ag(NH_3)_2]^+ \rightleftharpoons Ag^+ + 2NH_3$$

	$[Ag(NH_3)_2]^+$	Ag^+	NH_3
初始浓度/(mol·L^{-1})	0.1	0	1.0
终点浓度/(mol·L^{-1})	$0.1-x$	x	$1.0+2x$

$$K_f^{\ominus}[Ag(NH_3)_2^+]=\frac{[Ag(NH_3)_2^+]_r}{[Ag^+]_r\times[NH_3]_r^2}=\frac{0.1-x}{x\times(1.0+2x)^2}$$

$$1.7\times10^7=\frac{0.1-x}{x\times(1.0+2x)^2}\approx\frac{0.1}{x\times1^2}$$

$$x=5.8\times10^{-9}$$

64. 答：红色者加入 $AgNO_3$ 后生成 AgBr 沉淀，但加入 $BaCl_2$ 后不生成沉淀，说明 Br^- 在外界，SO_4^{2-} 在内界，则该物质的化学式为 $[Co(SO_4)(NH_3)_5]$ Br，命名：溴化一硫酸根·五氨合钴（Ⅲ）；另一个为紫色，加入 $BaCl_2$ 后生成沉淀，但加入 $AgNO_3$ 后不生成沉淀，该物质的化学式为 $[CoBr(NH_3)_5]$ SO_4，命名：硫酸一溴·五氨合钴（Ⅲ）。

65. 答：在没有 F^- 存在时，Al^{3+} 不发生配位反应，所以溶出 Al^{3+} 的含量低；当有 F^- 存在时，发生配位反应：$Al^{3+}+6F^- \rightleftharpoons [AlF_6]^{3-}$，加快了 Al^{3+} 的溶解。

第七章

氧化还原反应

一、基本概念与要点

（一）氧化剂和还原剂

1. 氧化剂 在氧化还原反应中得电子的物质，具有氧化性，在反应中被还原，氧化数降低。

2. 还原剂 在反应中失电子的物质，具有还原性，在反应中被氧化，氧化数升高。

3. 氧化还原电对 同一元素不同氧化数的两种物质组成氧化还原电对。

（二）氧化还原反应

1. 本质 氧化还原反应实质是电子的转移，电子从还原剂转移到氧化剂。

2. 表现形式 电子转移的结果，元素的氧化数发生变化。反应前后元素氧化数的变化也是发生氧化还原反应的一种标志。

（三）氧化还原反应方程式的配平

1. 氧化数法

配平原则：还原剂中元素氧化数升高的总数值与氧化剂中元素氧化数降低的总数值必须相等。

2. 离子电子法

配平原则：两个半反应式中电子得失数目相等。

配平步骤：

（1）把离子反应方程式分解为氧化半反应和还原半反应（氧化剂中起氧化作用的离子及还原产物，还原剂中起还原作用的离子及其氧化产物），写成两个半反应的离子方程式。

（2）分别配平半反应式。

① 原子配平：首先配平发生电子转移的原子，如果式中需要补充氢、氧，在酸性介质中，H^+加在氧化态一边，另一边生成 H_2O，在碱性介质中 OH^-加在还原态一边，另一边生成 H_2O。

② 配平电荷：加电子于氧化态一边，其数目等于氧化数改变数。

（3）对两个半反应式各乘以适当的系数，使电子得失数目相等。

（4）将两个半反应相加，消去式中两边重复的分子和离子；检查两边各种原子的数目、电荷数相等即可。

（四）原电池

在一般化学反应中，氧化剂和还原剂热运动相遇时会发生有效碰撞和电子转移。由于分子热运动没有一定的方向，因此不形成电流，通常以热能的形式表现出来。如果设计一定的装置，让电子转移变成电子的定向运动——电流，把化学能变成电能，这种装置称为原电池。其关键是将氧化剂和还原剂及产物分隔为两部分，如果放在同一容器中，化学反应会直接发生，就不可能产生电流。

1. 原电池组成 两个电极、一根导线、盐桥和两个分开的装电解质溶液的半电池，外电路用导线接通，半电池用盐桥连接。

2. 原电池表示方法

① 习惯上负极写在左边，正极写在右边。

② 写出电极的名称与溶液的浓度。

③ 用“｜”表示相界面，表示导体和溶液的界面，用“||”表示盐桥。

④ 离子、气体物质本身不是导体，需外加一个惰性电极并表示出来。

$$Fe^{2+}+Ag^{+}\rightleftharpoons Fe^{3+}+Ag$$

电池符号：$(-)Pt|Fe^{2+}(c_1), Fe^{3+}(c_2)||Ag^{+}(c_3)|Ag(+)$

$$H_2+Cu^{2+}\rightleftharpoons Cu+2H^{+}$$

$$(-)Pt|H_2(p)|H^{+}(c_1)||Cu^{2+}(c_2)|Cu(+)$$

反应在同一体系里直接发生，则不用盐桥。常见电极的种类和电极符号见表 7-1。

表 7-1 电极的种类和电极符号

电极的类型	电极反应	电极符号
金属-金属离子电极	$Cu^{2+}+2e^{-}\rightleftharpoons Cu$	$Cu(s)\mid Cu^{2+}(c)$
	$Ag^{+}+e^{-}\rightleftharpoons Ag$	$Ag(s)\mid Ag^{+}(c)$
氧化还原电极	$Fe^{3+}+e^{-}\rightleftharpoons Fe^{2+}$	$Pt(s)\mid Fe^{3+}(c_1), Fe^{2+}(c_2)$
	$Cr_2O_7^{2-}+14H^{+}+6e^{-}\rightleftharpoons 2Cr^{3+}+7H_2O$	$Pt(s)\mid Cr_2O_7^{2-}(c_1), Cr^{3+}(c_2), H^{+}(c_3)$
金属-金属难溶盐电极	$AgCl(s)+e^{-}\rightleftharpoons Ag(s)+Cl^{-}(c)$	$Ag(s)\mid AgCl(s)\mid Cl^{-}(c)$
	$Hg_2Cl_2(s)+2e^{-}\rightleftharpoons 2Hg(l)+2Cl^{-}(c)$	$Pt(s)\mid Hg(l)\mid Hg_2Cl_2(s)\mid Cl^{-}(c)$
气体电极	$2H^{+}+2e^{-}\rightleftharpoons H_2$	$Pt(s)\mid H_2(p)\mid H^{+}(c)$
	$O_2+2H_2O+4e^{-}\rightleftharpoons 4OH^{-}$	$Pt(s)\mid O_2(p)\mid OH^{-}(c)$

（五）电极电势的意义及应用

1. 定义 电极的标准电极电势：凡是组成电极的各种物质浓度为 1 mol·L^{-1}（严格是活度为 1），气体的分压为标准压力 $p^{\ominus}$，标准压力下的纯液体和纯固体，则称为电极的标准状态。标准状态和温度无关。通常测定温度为 25 ℃。

2. 电极电势的应用 φ 越大表明氧化态的氧化能力越强而还原态的还原能力越弱。电极电势的应用主要有以下几个方面：

（1）可排列溶液中的金属活泼顺序。

（2）计算电池电动势。

正极与负极的电极电势之差为电池电动势。反应物的氧化剂对应的电对作正极，还原剂对应的电对作负极。

任意状态 $E=\varphi_{+}-\varphi_{-}$　　　标准状态 $E^{\ominus}=\varphi_{+}^{\ominus}-\varphi_{-}^{\ominus}$

（3）判断氧化剂、还原剂的相对强弱。

（4）判断氧化还原反应的方向

任意状态 $\Delta_r G_m = -nFE$　　标准状态 $\Delta_r G_m^{\ominus} = -nFE^{\ominus}$

判据：

任意状态$\Delta_r G_m < 0$，$E > 0$，$\varphi_+ > \varphi_-$，正反应自发；

$\Delta_r G_m = 0$，$E = 0$，$\varphi_+ = \varphi_-$，平衡状态；

$\Delta_r G_m > 0$，$E < 0$，$\varphi_+ < \varphi_-$，逆反应自发。

标准状态判据结论同上，但仅指反应体系的各物质处于标准状态的条件下。

反应方向的判断：电极电势高的氧化态能氧化电极电势比它小的还原态。

φ 与 $\varphi^{\ominus}$ 的关系——能斯特方程

电极反应的能斯特方程：氧化态$+ne^- \rightleftharpoons$还原态

298 K 时：$\varphi = \varphi^{\ominus} + \dfrac{0.059\,2\ \text{V}}{n} \lg \dfrac{c_r(\text{氧化态})}{c_r(\text{还原态})}$

电池反应的能斯特方程：$a\text{A} + b\text{B} \rightleftharpoons g\text{G} + h\text{H}$

298 K 时：$E = E^{\ominus} - \dfrac{0.059\,2\ \text{V}}{n} \lg \dfrac{c_r^g(\text{G}) \cdot c_r^h(\text{H})}{c_r^a(\text{A}) \cdot c_r^b(\text{B})}$

使用能斯特方程时应注意：

① 纯固体、纯液体的浓度在能斯特公式中不表示出来，视为常数，习惯上当作 1 处理，溶液的浓度用相对浓度，气体必须用相对分压表示。

② 电极反应中无电子得失的 H^+ 和 OH^- 的浓度要在方程式中表示出来。

③ 反应式中各物质系数均列入浓度或分压的指数（方次）。

（5）判断氧化还原反应进行的程度　平衡常数是反应进行程度的标志，所以氧化还原反应达到平衡时，也是由平衡常数的大小来衡量的，平衡常数与标准电池电动势的关系是

$$-\Delta_r G_m^{\ominus} = nFE^{\ominus}$$

$$-\Delta_r G_m^{\ominus} = 2.303RT\lg K^{\ominus}$$

$$\lg K^{\ominus} = \frac{nFE^{\ominus}}{2.303RT}$$

式中：$F = 96\,487\ \text{J} \cdot \text{V}^{-1}$；$R = 8.314\ \text{J} \cdot \text{mol}^{-1} \cdot \text{K}^{-1}$。

当 $T = 298$ K 时

$$\frac{F}{2.303RT} = \frac{96\,487}{2.303 \times 8.314 \times 298} = \frac{1}{0.059\,2} = 16.9$$

$$\lg K^{\ominus} = \frac{nFE^{\ominus}}{2.303RT} = \frac{nE^{\ominus}}{0.059\,2} = 16.9nE^{\ominus}$$

3. 影响电极电势的因素　影响电极电势的因素主要有三个：

① 电极的本性；

② 温度，在通常情况下，温度对电势影响不大；

③ 氧化态或还原态物质的浓度。

介质酸度（生成弱电解质）、生成沉淀、生成配合物等引起氧化态与还原态浓度的变化。

4. 元素电势图　将同一元素不同氧化数的物质组成的各电对的标准电极电势以图的形式，按氧化数由高到低从左到右，排列出来，即为元素电势图。有酸性和碱性介质之分。

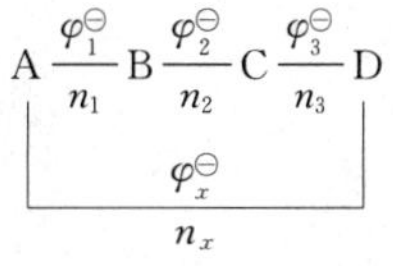

元素电势图的主要应用

（1）由多个已知的$\varphi^{\ominus}$求未知的$\varphi_x^{\ominus}$。

$$\varphi_x^{\ominus}=\frac{n_1\varphi_1^{\ominus}+n_2\varphi_2^{\ominus}+n_3\varphi_3^{\ominus}}{n_x}$$

n为氧化数变化值或电子转移数，$n_x=n_1+n_2+n_3$。

（2）判断中间氧化数的物质能否发生歧化反应。例如，中间氧化数的物质B，若$\varphi_2^{\ominus}(\varphi_{右}^{\ominus})>\varphi_1^{\ominus}(\varphi_{左}^{\ominus})$，B歧化为A和C，若$\varphi_2^{\ominus}(\varphi_{右}^{\ominus})<\varphi_1^{\ominus}(\varphi_{左}^{\ominus})$，A和C反歧化生成B。

$\varphi_B^{\ominus}$/V（B表示碱性介质）

$$BrO_4^- \xrightarrow[7]{0.93} BrO_3^- \xrightarrow[4]{0.54} BrO^- \xrightarrow[1]{0.45} Br_2 \quad (BrO_3^- \to Br_2:\ \varphi_x^{\ominus})$$

$$\varphi^{\ominus}(BrO_3^-/Br_2)=\frac{4\times\varphi^{\ominus}(BrO_3^-/BrO^-)+1\times\varphi^{\ominus}(BrO^-/Br_2)}{4+1}$$

$$=\frac{4\times0.54\ V+1\times0.45\ V}{5}=0.52\ V$$

$\varphi_{右}^{\ominus}=0.45\ V<\varphi_{左}^{\ominus}=0.54\ V$，在碱性介质的标准状态下，$Br_2+BrO_3^-\longrightarrow BrO^-$。

BrO^-—Br_2，只考虑元素氧化数改变，不涉及原子个数。

二、解题示例

【例7-1】 25 ℃时，在标准Hg^{2+}/Hg电极中加入过量CN^-，使$c(CN^-)=1\ mol\cdot L^{-1}$时，试计算该电极的电极电势。计算中忽略溶液体积的变化。{$\varphi^{\ominus}(Hg^{2+}/Hg)=0.851\ V$，$K_f^{\ominus}[Hg(CN)_4^{2-}]=3.3\times10^{41}$}

分析：标准Hg^{2+}/Hg电极中，$c(Hg^{2+})=1\ mol\cdot L^{-1}$，加入$CN^-$后，由于生成了$[Hg(CN)_4]^{2-}$，使得$c(Hg^{2+})$大大降低，$Hg^{2+}/Hg$电极的电极电势下降。当$c[Hg(CN)_4^{2-}]=c(CN^-)=1\ mol\cdot L^{-1}$时，此电极电势即为电对$[Hg(CN)_4^{2-}]/Hg$的标准电极电势。

解：Hg^{2+}/Hg电极的电极反应为$Hg^{2+}+2e^-\rightleftharpoons Hg$

加入CN^-后，发生配位反应：$Hg^{2+}+4CN^-\rightleftharpoons[Hg(CN)_4]^{2-}$

平衡浓度/($mol\cdot L^{-1}$)　　x　　1　　1

$$K_f^{\ominus}=\frac{[Hg(CN)_4^{2-}]_r}{[Hg^{2+}]_r\cdot[CN^-]_r^4}$$

$$[Hg^{2+}]_r=\frac{[Hg(CN)_4^{2-}]_r}{K_f^{\ominus}\cdot[CN^-]_r^4}=\frac{1}{1^4\times3.3\times10^{41}}=3.0\times10^{-42}$$

$$\varphi(Hg^{2+}/Hg)=\varphi^{\ominus}(Hg^{2+}/Hg)+\frac{0.059\,2\ V}{2}\lg[Hg^{2+}]_r$$

$$=0.851\ V+\frac{0.059\,2\ V}{2}\lg(3.0\times10^{-42})$$

$$=0.851\ V-1.229\ V=-0.378\ V$$

$$\varphi^{\ominus}[Hg(CN)_4^{2-}/Hg]=\varphi(Hg^{2+}/Hg)=-0.378\ V$$

$$[Hg(CN)_4]^{2-}+2e^-\rightleftharpoons Hg+4CN^-$$

由于生成配合物，大大降低了氧化态物质 Hg^{2+} 的浓度，使电极电势大大降低，即氧化型 Hg^{2+} 的氧化性降低，而还原态 Hg 的还原性增强。

【例 7-2】 298 K 时，在 Fe^{3+}、Fe^{2+} 的混合溶液中加入 NaOH 时，只有 $Fe(OH)_3$ 和 $Fe(OH)_2$ 沉淀生成。当沉淀反应达到平衡时，保持 $c(OH^-)=1.0\ mol\cdot L^{-1}$，已知 $\varphi^{\ominus}(Fe^{3+}/Fe^{2+})=0.77\ V$，计算 $\varphi(Fe^{3+}/Fe^{2+})$。

分析：Fe^{3+} 和 Fe^{2+} 生成 $Fe(OH)_3$ 和 $Fe(OH)_2$ 沉淀后，溶液中 Fe^{3+}、Fe^{2+} 的浓度与 $Fe(OH)_3$ 和 $Fe(OH)_2$ 的 $K_{sp}^{\ominus}$ 有关。

解：混合液中，$[Fe^{3+}]_r[OH^-]_r^3=K_{sp}^{\ominus}[Fe(OH)_3]$，$[OH^-]=1.0\ mol\cdot L^{-1}$ 时，

$[Fe^{3+}]_r=K_{sp}^{\ominus}[Fe(OH)_3]$，同理，$[Fe^{2+}]_r=K_{sp}^{\ominus}[Fe(OH)_2]$

$$\varphi^{\ominus}(Fe^{3+}/Fe^{2+})=0.77\ V+0.059\ 2\ V\lg\frac{[Fe^{3+}]_r}{[Fe^{2+}]_r}$$

$$=0.77\ V+0.059\ 2\ V\lg\frac{2.64\times10^{-39}}{8.0\times10^{-16}}=-0.62\ V$$

【例 7-3】 计算 298 K 时 $[Fe(CN)_6]^{3-}/[Fe(CN)_6]^{4-}$ 电对的标准电极电势。

分析：已知电对 Fe^{3+}/Fe^{2+} 的标准电极电势为 0.77 V，生成 $[Fe(CN)_6]^{3-}$ 和 $[Fe(CN)_6]^{4-}$ 后，Fe^{3+} 和 Fe^{2+} 的浓度大大降低，标准态时，其降低的程度与 $[Fe(CN)_6]^{3-}$ 和 $[Fe(CN)_6]^{4-}$ 的 $K_f^{\ominus}$ 有关。

解：　　$[Fe(CN)_6]^{3-}+e^-\rightleftharpoons[Fe(CN)_6]^{4-}$

标准态时，$c[Fe(CN)_6^{3-}]=c[Fe(CN)_6^{4-}]=c(CN^-)=1\ mol\cdot L^{-1}$

$$[Fe^{3+}]_r=\frac{1}{K_f^{\ominus}[Fe(CN)_6^{3-}]}=\frac{1}{1.0\times10^{42}}=1.0\times10^{-42}$$

$$[Fe^{2+}]_r=\frac{1}{K_f^{\ominus}[Fe(CN)_6^{4-}]}=\frac{1}{1.0\times10^{35}}=1.0\times10^{-35}$$

$$\varphi^{\ominus}[Fe(CN)_6^{3-}/Fe(CN)_6^{4-}]=\varphi^{\ominus}(Fe^{3+}/Fe^{2+})+0.059\ 2\ V\lg\frac{[Fe^{3+}]_r}{[Fe^{2+}]_r}$$

$$=0.77\ V+0.059\ 2\ V\lg\frac{1.0\times10^{-42}}{1.0\times10^{-35}}=0.36\ V$$

【例 7-4】 将 Cu 片插入 $0.10\ mol\cdot L^{-1}[Cu(NH_3)_4]^{2+}$ 和 $0.10\ mol\cdot L^{-1}NH_3$ 的混合溶液中，298 K 时测得该电极电势 $\varphi=0.056\ V$。求 $[Cu(NH_3)_4]^{2+}$ 的稳定常数 $K_f^{\ominus}$。

分析：通过配位平衡常数的表达式可求得 Cu^{2+} 与 $K_f^{\ominus}$ 的关系，再通过能斯特公式求出 $K_f^{\ominus}$。

解：	Cu^{2+}	+	$4NH_3$	$\rightleftharpoons$	$[Cu(NH_3)_4]^{2+}$
平衡浓度/($mol\cdot L^{-1}$)	x		0.10		0.10

$$K_f^{\ominus}[Cu(NH_3)_4^{2+}]=\frac{[Cu(NH_3)_4^{2+}]_r}{[Cu^{2+}]_r\cdot[NH_3]_r^4}=\frac{0.10}{x\cdot(0.10)^4}$$

$$[Cu^{2+}]_r=\frac{1\ 000}{K_f^{\ominus}[Cu(NH_3)_4^{2+}]}$$

据电极反应 $Cu^{2+}+2e^-\rightleftharpoons Cu$，则

$$\varphi^{\ominus}[Cu(NH_3)_4^{2+}/Cu]=\varphi(Cu^{2+}/Cu)=\varphi^{\ominus}(Cu^{2+}/Cu)+\frac{0.059\ 2\ V}{2}\lg[Cu^{2+}]_r$$

$$=0.34\ V+\frac{0.0592\ V}{2}\lg\frac{1000}{K_f^{\ominus}[Cu(NH_3)_4^{2+}]}=0.056\ V$$

则
$$K_f^{\ominus}[Cu(NH_3)_4^{2+}]=4.6\times10^{12}$$

【例7-5】汞蒸气是对人有害的气体，在空气中的最大允许含量是0.1 mg·m^{-3}，而20 ℃时其饱和蒸气压为14 mg·m^{-3}，因此汞洒落时务必回收处理。若用$FeCl_3$处理，其反应为$2Fe^{3+}+2Hg+2Cl^-\rightleftharpoons 2Hg_2Cl_2+2Fe^{2+}$。试计算该反应的平衡常数。

[$\varphi^{\ominus}(Fe^{3+}/Fe^{2+})=0.771\ V$，$\varphi^{\ominus}(Hg_2^{2+}/Hg)=0.789\ V$，$K_{sp}^{\ominus}(Hg_2Cl_2)=1.45\times10^{-18}$]

分析：若利用上述反应构成原电池，正极为Fe^{3+}/Fe^{2+}，其标准电极电势已知；负极为Hg_2Cl_2/Hg，其标准电极电势需通过能斯特公式和Hg_2Cl_2的$K_{sp}^{\ominus}$进行计算。然后算出标准电池电动势，再根据标准电池电动势与平衡常数的关系求出反应的平衡常数K。

解：$[Hg_2^{2+}]_r[Cl^-]_r^2=1.45\times10^{-18}$，标准态时$c(Cl^-)=1\ mol\cdot L^{-1}$。

$$[Hg_2^{2+}]=1.45\times10^{-18}\ mol\cdot L^{-1}$$

$$\varphi^{\ominus}(Hg_2Cl_2/Hg)=\varphi^{\ominus}(Hg_2^{2+}/Hg)+\frac{0.0592\ V}{2}\lg[Hg_2^{2+}]_r$$

$$=0.789\ V+0.0296\ V\lg(1.45\times10^{-18})=0.261\ V$$

$$E^{\ominus}=\varphi_+^{\ominus}-\varphi_-^{\ominus}=0.771\ V-0.261\ V=0.510\ V$$

$$\lg K^{\ominus}=\frac{nE^{\ominus}}{0.0592\ V}=\frac{2\times0.510\ V}{0.0592\ V}=17.2$$

$$K^{\ominus}=1.70\times10^{17}$$

【例7-6】原电池$Pt|H_2(p^{\ominus})\,|\,HA(0.10\ mol\cdot L^{-1})\,\|$标准氢电极，在298 K时的电池电动势$E=0.17\ V$，求一元弱酸HA的电离常数。

分析：该原电池正极为标准氢电极，其标准电极电势为零，因此，负极的电极电势可根据电池电动势求出。又根据电离平衡常数表达式可得出H^+浓度与电离平衡常数之间的关系，再代入能斯特公式即可求出该一元弱酸的电离平衡常数。

解：$E=\varphi^{\ominus}(H^+/H_2)-\varphi(HA/H_2)=0\ V-\varphi(HA/H_2)=0.17\ V$

$$\varphi(HA/H_2)=-0.17\ V$$

$$HA\rightleftharpoons H^++A^-$$

$$K_a^{\ominus}(HA)=\frac{[H^+]_r\cdot[A^-]_r}{[HA]_r}=\frac{[H^+]_r^2}{[HA]_r}\qquad [H^+]_r^2=K_a^{\ominus}(HA)\cdot[HA]_r$$

$$\varphi(H^+/H_2)=\varphi^{\ominus}(H^+/H_2)+\frac{0.0592\ V}{2}\lg\frac{[H^+]_r^2}{p(H_2)/p^{\ominus}}$$

$$=0\ V+\frac{0.0592\ V}{2}\lg\frac{K_a^{\ominus}(HA)\cdot[HA]_r}{1}$$

$$=0.0296\ V\lg\frac{K_a^{\ominus}(HA)\times0.10}{1}=-0.17\ V$$

$\lg(0.10K_a^{\ominus})=-5.74$　　$0.10K_a^{\ominus}=1.8\times10^{-6}$　　$K_a^{\ominus}=1.8\times10^{-5}$

【例7-7】实验测得原电池：$(-)Pb\,|\,PbSO_4\,|\,SO_4^{2-}(c^{\ominus})\,\|\,Sn^{2+}(c^{\ominus})\,|\,Sn(+)$的电池电动势为0.22 V，求$PbSO_4$的$K_{sp}^{\ominus}$。[$\varphi^{\ominus}(Pb^{2+}/Pb)=-1.26\ V$，$\varphi^{\ominus}(Sn^{2+}/Sn)=-0.14\ V$]

分析：此电池正极的电极电势已知，电池电动势也已知，负极的电极电势即可求出。根据溶度积规则，在已知 $c(SO_4^{2-})$ 情况下，可求出 Pb^{2+} 与 $K_{sp}^{\ominus}$ 的关系，代入能斯特公式，就可求出 $PbSO_4$ 的 $K_{sp}^{\ominus}$。

解：$E^{\ominus}=\varphi^{\ominus}(Sn^{2+}/Sn)-\varphi^{\ominus}(Pb^{2+}/Pb)$，$0.22\ V=-0.14\ V-\varphi^{\ominus}(Pb^{2+}/Pb)$

$$\varphi^{\ominus}(Pb^{2+}/Pb)=-0.36\ V$$

$K_{sp}^{\ominus}=[Pb^{2+}]_r[SO_4^{2-}]_r$，因 $[SO_4^{2-}]=1\ mol\cdot L^{-1}$，所以 $[Pb^{2+}]_r=K_{sp}^{\ominus}$。

根据能斯特方程

$$\varphi^{\ominus}(PbSO_4/Pb)=\varphi^{\ominus}(Pb^{2+}/Pb)+\frac{0.059\,2\ V}{2}\lg[Pb^{2+}]_r$$

$$-0.36\ V=-0.13\ V+\frac{0.059\,2\ V}{2}\lg K_{sp}^{\ominus}$$

$$\lg K_{sp}^{\ominus}=-7.8$$

$$K_{sp}^{\ominus}=1.6\times10^{-8}$$

三、自测题

(一) 选择题

1. 下列电极中 $\varphi^{\ominus}$ 最大的是（　　）。

A. Ag^{+}/Ag　　B. $[Ag(NH_3)_2]^{+}/Ag$

C. $[Ag(CN)_2]^{-}/Ag$　　D. $AgCl/Ag$

2. 下列电极电势的大小不受 H^{+} 浓度大小影响的是（　　）。

A. O_2/H_2O　　B. MnO_4^{-}/MnO_4^{2-}

C. H^{+}/H_2　　D. MnO_4^{-}/MnO_2

3. 对于电极反应 $O_2+4H^{+}+4e^{-}\rightleftharpoons 2H_2O$ 来说，当 $p(O_2)=100\ kPa$ 时，酸度对电极电势影响的关系式为（　　）。

A. $\varphi=\varphi^{\ominus}+0.059\,2pH$　　B. $\varphi=\varphi^{\ominus}-0.059\,2pH$

C. $\varphi=\varphi^{\ominus}+0.014\,8pH$　　D. $\varphi=\varphi^{\ominus}-0.014\,8pH$

4. a、b、c、d 四种金属，将 a、b 用导线连接，浸在稀硫酸中，在 a 表面上有氢气放出，b 逐渐溶解；将含有 a、c 两种金属的阳离子溶液进行电解时，阴极上先析出 c；把 d 置于 b 的盐溶液中有 b 析出。这四种金属还原性由强到弱的顺序是（　　）。

A. a>b>c>d　　B. d>b>a>c

C. c>d>a>b　　D. b>c>d>a

5. 已知 $\varphi^{\ominus}(Ti^{+}/Ti)=-0.34\ V$，$\varphi^{\ominus}(Ti^{3+}/Ti)=0.72\ V$，则 $\varphi^{\ominus}(Ti^{3+}/Ti^{+})$ 为（　　）。

A. $(0.72+0.34)/2\ V$　　B. $(0.72-0.34)/2\ V$

C. $(0.72\times3+0.34)/2\ V$　　D. $0.72\times3+0.34\ V$

6. 已知金属 M 的下列标准电极电势数据：

① $M^{2+}(aq)+e^{-}\rightleftharpoons M^{+}(aq)$　　$\varphi_1^{\ominus}=-0.60\ V$

② $M^{3+}(aq)+2e^{-}\rightleftharpoons M^{+}(aq)$　　$\varphi_2^{\ominus}=0.20\ V$

则 $M^{3+}(aq)+e^{-}=M^{2+}(aq)$ 的 $\varphi_3^{\ominus}$ 是（　　）。

A. 0.80 V　　B. −0.20 V　　C. −0.40 V　　D. 1.00 V

7. 利用反应 $Zn+2Ag^+ \rightleftharpoons 2Ag+Zn^{2+}$ 组成原电池，当 $c(Zn^{2+})$ 和 $c(Ag^+)$ 均为 $1\ mol \cdot L^{-1}$，在 298.15 K 时，该电池的标准电动势 $E^{\ominus}$ 为（　　）。

A. $E^{\ominus}=2\varphi^{\ominus}(Ag^+/Ag)-\varphi^{\ominus}(Zn^{2+}/Zn)$

B. $E^{\ominus}=[\varphi^{\ominus}(Ag^+/Ag)]^2-\varphi^{\ominus}(Zn^{2+}/Zn)$

C. $E^{\ominus}=\varphi^{\ominus}(Ag^+/Ag)-\varphi^{\ominus}(Zn^{2+}/Zn)$

D. $E^{\ominus}=\varphi^{\ominus}(Zn^{2+}/Zn)-\varphi^{\ominus}(Ag^+/Ag)$

8. 不用惰性电极的电池反应是（　　）。

A. $H_2+Cl_2 \rightleftharpoons 2HCl(aq)$

B. $Ce^{4+}+Fe^{2+} \rightleftharpoons Ce^{3+}+Fe^{3+}$

C. $Ag^++Cl^- \rightleftharpoons AgCl(s)$

D. $2Hg^{2+}+Sn^{2+}+2Cl^- \rightleftharpoons Hg_2Cl_2+Sn^{4+}$

9. $\varphi^{\ominus}(MnO_4^-/Mn^{2+})=1.51\ V$，$\varphi^{\ominus}(MnO_4^-/MnO_2)=1.68\ V$，$\varphi^{\ominus}(MnO_4^-/MnO_4^{2-})=0.558\ V$，则还原型物质的还原性由强到弱排列的次序是（　　）。

A. $MnO_4^{2-}>MnO_2>Mn^{2+}$　　B. $Mn^{2+}>MnO_4^{2-}>MnO_2$

C. $MnO_4^{2-}>Mn^{2+}>MnO_2$　　D. $MnO_2>MnO_4^{2-}>Mn^{2+}$

10. 反应 $3A^{2+}+2B \rightleftharpoons 3A+2B^{3+}$ 在标准状态下电池电动势为 1.8 V，某浓度时反应的电池电动势为 1.6 V，则此时该反应的 $\lg K^{\ominus}$ 为（　　）。

A. $\frac{3\times1.8}{0.0592}$　　B. $\frac{3\times1.6}{0.0592}$

C. $\frac{6\times1.6}{0.0592}$　　D. $\frac{6\times1.8}{0.0592}$

11. 市面上买到的电池中有 MnO_2，它的主要作用是（　　）。

A. 吸收反应中产生的水分　　B. 起导电作用

C. 作为填料　　D. 参加正极反应

12. 根据铁在酸性溶液中的电势图，下列说法中错误的是（　　）。

$$Fe^{3+}\ \underline{\ +0.77\ V\ }\ Fe^{2+}\ \underline{\ -0.44\ V\ }\ Fe$$

A. $\varphi^{\ominus}(Fe^{3+}/Fe)=-0.04\ V$

B. Fe 与稀酸反应生成 Fe^{2+} 和氢气

C. 在酸性溶液中 Fe^{2+} 能发生歧化反应

D. Fe 与氯气反应生成 Fe^{3+} 和 Cl^-　　$[\varphi^{\ominus}(Cl_2/Cl^-)=0.14\ V]$

13. 正极为饱和甘汞电极，负极为玻璃电极，分别插入以下各种溶液中，组成四种电池，电池电动势最大的溶液是（　　）。

A. $0.10\ mol \cdot L^{-1}$ HAc　　B. $0.10\ mol \cdot L^{-1}$ HCOOH

C. $0.10\ mol \cdot L^{-1}$ NaAc　　D. $0.10\ mol \cdot L^{-1}$ HCl

14. 对于反应 $I_2+2ClO_3^- = 2IO_3^-+Cl_2$，下面说法中不正确的是（　　）。

A. 此反应为氧化还原反应

B. I_2 得到电子，ClO_3^- 失去电子

C. I_2 是还原剂，ClO_3^- 是氧化剂

D. 碘的氧化数由 0 增至+5，氯的氧化数由+5 降为 0

15. 对于一个氧化还原反应，下列各组中所表示的 $\Delta_r G_m^{\ominus}$，$E^{\ominus}$ 和 $K^{\ominus}$ 的关系正确的是（　　）。

A. $\Delta_r G_m^{\ominus}>0$，$E^{\ominus}<0$，$K^{\ominus}<1$　　B. $\Delta_r G_m^{\ominus}>0$，$E^{\ominus}>0$，$K^{\ominus}>1$

C. $\Delta_r G_m^{\ominus}<0$，$E^{\ominus}<0$，$K^{\ominus}>1$　　D. $\Delta_r G_m^{\ominus}<0$，$E^{\ominus}>0$，$K^{\ominus}<1$

16. 对于下面两个反应方程式，说法完全正确的是（　　）。

$2Fe^{3+}+Sn^{2+} \rightleftharpoons Sn^{4+}+2Fe^{2+}$　　$Fe^{3+}+1/2Sn^{2+} \rightleftharpoons 1/2Sn^{4+}+Fe^{2+}$

A. 两式的 $\Delta_r G_m^{\ominus}$、$E^{\ominus}$、$K^{\ominus}$ 都相等

B. 两式的 $\Delta_r G_m^{\ominus}$、$E^{\ominus}$、$K^{\ominus}$ 不相等

C. 两式的 $\Delta_r G_m^{\ominus}$ 相等，$E^{\ominus}$、$K^{\ominus}$ 不相等

D. 两式的 $E^{\ominus}$ 相等，$\Delta_r G_m^{\ominus}$、$K^{\ominus}$ 不相等

17. 下列各电对中，$\varphi^{\ominus}$ 值最小的是（　　）。

{$K_{sp}^{\ominus}(AgCl)=1.77\times10^{-10}$，$K_{sp}^{\ominus}(AgBr)=5.35\times10^{-13}$，$K_{sp}^{\ominus}(AgI)=8.51\times10^{-17}$，$K_f^{\ominus}[Ag(CN)_2^-]=1.3\times10^{21}$}

A. AgCl/Ag　　B. AgBr/Ag

C. AgI/Ag　　D. $[Ag(CN)_2]^-/Ag$

18. 下列电对的电极电势与 pH 无关的是（　　）。

A. MnO_4^-/Mn^{2+}　　B. H_2O_2/H_2O

C. O_2/H_2O_2　　D. $S_2O_8^{2-}/SO_4^{2-}$

19. 下列电极电势不受 pH 影响的是（　　）。

A. $\varphi^{\ominus}(Cl_2/Cl^-)$　　B. $\varphi^{\ominus}(ClO_4^-/ClO_3^-)$

C. $\varphi^{\ominus}(ClO_3^-/ClO_2)$　　D. $\varphi^{\ominus}(ClO^-/Cl^-)$

20. $M^{3+} \xrightarrow{0.30\ V} M^{+} \xrightarrow{-0.60\ V} M$，则 $\varphi^{\ominus}(M^{3+}/M)$ 为（　　）。

A. 0.00 V　　B. 0.10 V　　C. 0.30 V　　D. 0.90 V

21. 向原电池 Zn | Zn^{2+}(1 mol·L^{-1}) ‖ Cu^{2+}(1 mol·L^{-1}) | Cu 的正极中通入 H_2S 气体，则电池的电动势将（　　）。

A. 增大　　B. 减小　　C. 不变　　D. 无法判断

22. 电池反应：$H_2(100\ kPa)+2AgCl(s) \rightleftharpoons 2HCl(aq)+2Ag(s)$，$E^{\ominus}=0.22$ V，当电池的电动势为 0.385 V 时，电池溶液的 pH 为（　　）。

A. $(E-E^{\ominus})/p(H_2)$　　B. (0.358−0.220)/0.059 2

C. (0.358−0.220)/2×0.059 2　　D. 0

23. 已知：$\varphi^{\ominus}(Fe^{3+}/Fe^{2+})=0.77$ V，$\varphi^{\ominus}(Br_2/Br^-)=1.07$ V，$\varphi^{\ominus}(H_2O_2/H_2O)=1.78$ V，$\varphi^{\ominus}(Cu^{2+}/Cu)=0.34$ V，$\varphi^{\ominus}(Sn^{4+}/Sn^{2+})=0.15$ V，则下列各组物质在标准态下能够共存的是（　　）。

A. Fe^{3+}，Cu　　B. Fe^{3+}，Br_2

C. Sn^{2+}，Fe^{3+}　　D. H_2O_2，Fe^{2+}

24. 在由 Cu^{2+}/Cu 和 Ag^+/Ag 组成自发放电的原电池的正负极中，加入一定量的氨水，达到平衡后 $c(NH_3\cdot H_2O)=1$ mol·L^{-1}，则电池的电动势与未加氨水前相比将（　　）。

{$[Cu(NH_3)_4]^{2+}$ 的 $K_f^{\ominus}=2.1\times10^{13}$，$[Ag(NH_3)_2]^{+}$ 的 $K_f^{\ominus}=1.1\times10^{7}$}

A. 变大　　B. 变小　　C. 不变　　D. 无法判断

25. 有一原电池：

$Pt \mid Fe^{3+}(1\ mol\cdot L^{-1}),\ Fe^{2+}(1\ mol\cdot L^{-1}) \parallel Ce^{4+}(1\ mol\cdot L^{-1}),\ Ce^{3+}(1\ mol\cdot L^{-1}) \mid Pt$，该电池的电池反应是（　　）。

A. $Ce^{3+}+Fe^{3+} \rightleftharpoons Ce^{4+}+Fe^{2+}$　　B. $Ce^{4+}+Fe^{2+} \rightleftharpoons Ce^{3+}+Fe^{3+}$

C. $Ce^{3+}+Fe^{2+} \rightleftharpoons Ce^{4+}+Fe^{3+}$　　D. $Ce^{4+}+Fe^{3+} \rightleftharpoons Ce^{3+}+Fe^{2+}$

26. 某一电池由下列两个半反应组成：$A \rightleftharpoons A^{2+}+2e^-$ 和 $B^{2+}+2e^- \rightleftharpoons B$。反应 $A+B^{2+} \rightleftharpoons A^{2+}+B$ 的平衡常数是 1.0×10^4，则该电池的标准电动势是（　　）。

A. +1.20 V　　B. +0.12 V　　C. +0.07 V　　D. −0.50 V

27. 常用的三种甘汞电极，即①饱和甘汞电极、②摩尔甘汞电极、③0.10 mol·L^{-1}甘汞电极，其电极反应为：$Hg_2Cl_2(s)+2e^- = 2Hg(l)+2Cl^-(aq)$，在 25 ℃时三种甘汞电极 $\varphi^{\ominus}$ 的大小次序为（　　）。

A. $\varphi_1^{\ominus}>\varphi_2^{\ominus}>\varphi_3^{\ominus}$　　B. $\varphi_2^{\ominus}>\varphi_1^{\ominus}>\varphi_3^{\ominus}$

C. $\varphi_3^{\ominus}>\varphi_2^{\ominus}>\varphi_1^{\ominus}$　　D. $\varphi_1^{\ominus}=\varphi_2^{\ominus}=\varphi_3^{\ominus}$

28. 铅蓄电池充电时，在阴极上发生的反应为（　　）。

A. $2H^+ +2e^- \rightleftharpoons H_2$

B. $Pb^{2+}+SO_4^{2-} \rightleftharpoons PbSO_4$

C. $PbSO_4+2H_2O \rightleftharpoons PbO_2+4H^+ +SO_4^{2-}+2e^-$

D. $PbSO_4+2e^- \rightleftharpoons Pb+SO_4^{2-}$

29. 已知 H_2O_2 的电势图

酸性介质中　$O_2 \xrightarrow{0.67\ V} H_2O_2 \xrightarrow{1.77\ V} H_2O$

碱性介质中　$O_2 \xrightarrow{-0.68\ V} H_2O_2 \xrightarrow{0.87\ V} 2OH^-$，说明 H_2O_2 的歧化反应（　　）。

A. 只在酸性介质中发生　　B. 只在碱性介质中发生

C. 无论在酸碱性介质中都发生　　D. 无论在酸碱性介质中都不发生

30. pH 计上所用的指示电极是（　　）。

A. 饱和甘汞电极　　B. 玻璃电极

C. 氯化银电极　　D. 铂电极

31. 用 Nernst 方程式计算 Br_2/Br^- 电对的电极电势，下列叙述中正确的是（　　）。

A. Br_2 的浓度增大，φ 减小　　B. Br^- 的浓度增大，φ 减小

C. H^+ 的浓度增大，φ 减小　　D. 温度升高对 φ 无影响

32. 在相同条件下有反应式 (1)$A+B = 2C$，$\Delta_rG_m^{\ominus}(1)$，$E_1^{\ominus}(1)$；(2)$1/2A+1/2B = C$，$\Delta_rG_m^{\ominus}(2)$，$E_1^{\ominus}(2)$。则对应于 (1) 和 (2) 两式关系正确的是（　　）。

A. $\Delta_rG_m^{\ominus}(1)=2\Delta_rG_m^{\ominus}(2)$，$E_1^{\ominus}(1)=2E_1^{\ominus}(2)$

B. $\Delta_rG_m^{\ominus}(1)=\Delta_rG_m^{\ominus}(2)$，$E_1^{\ominus}(1)=E_1^{\ominus}(2)$

C. $\Delta_rG_m^{\ominus}(1)=2\Delta_rG_m^{\ominus}(2)$，$E_1^{\ominus}(1)=E_1^{\ominus}(2)$

D. $\Delta_rG_m^{\ominus}(1)=\Delta_rG_m^{\ominus}(2)$，$E_1^{\ominus}(1)=2E_1^{\ominus}(2)$

33. 下列氧化剂随 H^+ 浓度的增大其氧化性增强的是（　　）。

A. $K_2Cr_2O_7$　　B. $FeCl_3$　　C. $K_2[PtCl_4]$　　D. Cl_2

34. 在酸性高锰酸钾溶液中加入亚硫酸钠，所观察到的现象是（　　）。

A. 紫色褪去，绿色溶液生成

B. 紫色褪去，溶液无色

C. 棕色沉淀生成

D. 绿色溶液生成，放置后转变为棕色沉淀

35. 由电对 MnO_4^-/Mn^{2+} 与 Fe^{3+}/Fe^{2+} 组成原电池，已知电对 MnO_4^-/Mn^{2+} 的 $\varphi^\ominus$ 大于 Fe^{3+}/Fe^{2+} 的 $\varphi^\ominus$，若增大溶液的 pH，原电池的电动势将（　　）。

A. 增大　　B. 减小　　C. 不变　　D. 无法判断

36. 使已变暗的古油画恢复原来的白色，使用的方法为（　　）。

A. 用稀 H_2O_2 水溶液擦洗　　B. 用清水小心擦洗

C. 用钛白粉细心涂描　　D. 用 SO_2 漂白

37. $H_2S_2O_8$ 分子中 S 的氧化数是（　　）。

A. 6.0　　B. 6.5　　C. 7.0　　D. 7.5

38. 已知：丙酮酸＋NADH＋H^+ ══ 乳酸＋NAD^+，$\varphi^\ominus(NAD^+/NADH)=-0.32$ V，$\varphi^\ominus$（丙酮酸/乳酸）＝-0.19 V，则该反应的 $E^\ominus$ 为（　　）。

A. -0.13 V　　B. $+0.13$ V　　C. $+0.51$ V　　D. -0.51 V

39. 已知 $K_{sp}^\ominus(ZnS)=1.2\times10^{-23}$，$K_{sp}^\ominus(MnS)=1.4\times10^{-15}$，则（　　）。

A. $\varphi^\ominus(S/MnS)>\varphi^\ominus(S/ZnS)>\varphi^\ominus(S/S^{2-})$

B. $\varphi^\ominus(S/ZnS)>\varphi^\ominus(S/MnS)>\varphi^\ominus(S/S^{2-})$

C. $\varphi^\ominus(S/S^{2-})>\varphi^\ominus(S/ZnS)>\varphi^\ominus(S/MnS)$

D. $\varphi^\ominus(S/S^{2-})>\varphi^\ominus(S/MnS)>\varphi^\ominus(S/ZnS)$

40. 下列电池中电池电动势值最小的是（　　）。

A. $Zn\mid Zn^{2+}(c^\ominus)\parallel Ag^+(c^\ominus)\mid Ag$

B. $Zn\mid Zn^{2+}(0.1\ mol\cdot L^{-1})\parallel Ag^+(c^\ominus)\mid Ag$

C. $Zn\mid Zn^{2+}(0.1\ mol\cdot L^{-1})\parallel Ag^+(0.1\ mol\cdot L^{-1})\mid Ag$

D. $Zn\mid Zn^{2+}(c^\ominus)\parallel Ag^+(0.1\ mol\cdot L^{-1})\mid Ag$

41. 下列反应中配离子作为氧化剂的反应是（　　）。

A. $[Ag(NH_3)_2]Cl+KI = AgI+KCl+2NH_3$

B. $2[Ag(NH_3)_2]OH+CH_3CHO = CH_3COOH+2Ag\downarrow+4NH_3+H_2O$

C. $3[Fe(CN)_6]^{4-}+4Fe^{3+} = Fe_4[Fe(CN)_6]_3$

D. $[Fe(CNS)_6]^{3-}+3OH^- = Fe(OH)_3+6CNS^-$

42. 细胞色素与 Fe^{2+} 的配离子用 $[CyFe]^{2+}$ 表示，通过呼吸与 O_2 发生反应产生的能量用于合成三磷酸腺苷 ATP。在 pH 7.0 时，根据下列电极反应的数据

$$[CyFe]^{3+}(aq)+e^- \rightleftharpoons [CyFe]^{2+}(aq)\qquad \varphi_1=0.22\ V$$

$$O_2(g)+4H^+(aq)+4e^- \rightleftharpoons 2H_2O(l)\qquad \varphi_2=0.82\ V$$

所得的反应 $O_2(g)+4[CyFe]^{2+}(aq)+4H^+(aq) \rightleftharpoons 4[CyFe]^{3+}(aq)+2H_2O(l)$ 的 Δ_rG_m 为（　　）。

A. $-4\times96\,485\times0.60$ J　　B. $4\times96\,485\times0.60$ J

C. $-1\times96\,485\times0.60$ J　　D. $1\times96\,485\times0.60$ J

43. 电池反应中 Q 是浓度商，$K^{\ominus}$ 是平衡常数，E 是电池电动势，下列关系式正确的是（　　）。

A. $Q>K^{\ominus}$，$\Delta_r G_m>0$，$E>0$　　B. $Q<K^{\ominus}$，$\Delta_r G_m<0$，$E<0$

C. $Q>K^{\ominus}$，$\Delta_r G_m>0$，$E<0$　　D. $Q>K^{\ominus}$，$\Delta_r G_m^{\ominus}>0$，$E^{\ominus}<0$

44. 下列电池中能测定 $\Delta_f G_m^{\ominus}$[AgCl(s)] 的是（　　）。

A. Ag(s) | AgCl(s) | KCl(1 mol·L^{-1}) | $Cl_2(p^{\ominus})$ | Pt

B. Ag(s) | Ag^+(1 mol·L^{-1}) || KCl(1 mol·L^{-1}) | $Cl_2(p^{\ominus})$ | Pt

C. Ag(s) | Ag^+(1 mol·L^{-1}) || KCl(0.1 mol·L^{-1}) | $Cl_2(p^{\ominus})$ | Pt

D. Ag(s) | Ag^+(1 mol·L^{-1}) || KCl(1 mol·L^{-1}) | AgCl(s) | Ag

45. 用 0.1 mol·L^{-1} Sn^{2+} 和 0.01 mol·L^{-1} Sn^{4+} 组成的电极，其电极电势是（　　）。

A. $\varphi^{\ominus}(Sn^{4+}/Sn^{2+})+\dfrac{0.059\ V}{2}$　　B. $\varphi^{\ominus}(Sn^{4+}/Sn^{2+})+0.059$ V

C. $\varphi^{\ominus}(Sn^{4+}/Sn^{2+})-0.059$ V　　D. $\varphi^{\ominus}(Sn^{4+}/Sn^{2+})-\dfrac{0.059\ V}{2}$

46. 测得电池 Hg(l) | Hg(Ⅰ)aq(10^{-5} mol·L^{-1}) || Hg(Ⅰ)aq(10^{-1} mol·L^{-1}) | Hg(l) 的电池电动势为 0.115 V，可判断电池中的 Hg(Ⅰ) 为（　　）。

A. $(Hg-Hg)^{2+}$　　B. $(Hg-Hg)^{+}$

C. Hg^{2+}　　D. Hg^{+}

47. 甲烷氧化为二氧化碳和水的反应可设计成一燃料电池，其负极的反应为 $CH_4(g)+2H_2O(l)\longrightarrow CO_2(g)+8H^+(aq)+8e^-$，则正极的反应是（　　）。

A. $2H_2O(l)+4e^-\longrightarrow 4H^+(aq)+O_2(g)$

B. $4H^+(aq)+O_2(g)\longrightarrow 2H_2O(l)$

C. $2H_2O(l)\longrightarrow 4H^+(aq)+O_2(g)+4e^-$

D. $4H^+(aq)+O_2(g)+4e^-\longrightarrow 2H_2O(l)$

（二）填空题

48. 在 Zn | $ZnSO_4$ || $CuSO_4$ | Cu 原电池中，向 $ZnSO_4$ 溶液中通入 NH_3，电池电动势________。向 $CuSO_4$ 溶液中通入 H_2S，电池电动势________。(填“增大”“减小”或“不变”)。

49. 在 K_2CrO_4 溶液中，加入 H_2SO_4 酸化，溶液由________色变________色，再加 KI 后，有________色产生，配平的离子方程式为____________________________。

50. Au 的元素电势图为：$Au^{3+}\ \overset{1.41}{\text{——}}\ Au^{+}\ \overset{1.68}{\text{——}}\ Au$，此三种物质之间能进行的离子反应方程式为________________________；$\varphi^{\ominus}(Au^{3+}/Au)$ 为________V。

51. 写出电极反应 $MnO_4^-+8H^++5e^-\rightleftharpoons Mn^{2+}+4H_2O$ 的能斯特方程式____________________________。

52. $\varphi^{\ominus}(Cu^{2+}/Cu)=0.34$ V，$\varphi^{\ominus}(Zn^{2+}/Zn)=-0.76$ V，则反应 $Cu+Zn^{2+}$(0.1 mol·L^{-1}) $\rightleftharpoons Cu^{2+}$(1 mol·$L^{-1}$)+Zn 在 298 K 时的平衡常数为________。

53. 碱性介质中碘元素的标准电极电势图为：

$$IO_3^-\ \overset{0.14}{\text{——}}\ IO^-\ \overset{0.45}{\text{——}}\ I_2\ \overset{0.54}{\text{——}}\ I^-$$

（IO_3^- 至 I_2：0.49 V）

能发生歧化的物质是________，歧化的最终产物是__________。

54. $Cr_2O_7^{2-}$ 与 CrO_4^{2-} 在溶液中存在的缩合水解平衡，反应式是____________________________，往溶液中加入 Ag^+ 则生成________色________沉淀。

55. 根据碱性介质中，$\varphi^\ominus(ClO^-/Cl_2)=0.40\ V$，$\varphi^\ominus(Cl_2/Cl^-)=1.36\ V$，则氯气在碱性介质中配平的反应方程式为________________________。

56. 原电池中，接受电子的电极为________极，该电极上发生________反应。

57. $2MnO_4^- + 10Fe^{2+} + 16H^+ \rightleftharpoons 2Mn^{2+} + 10Fe^{3+} + 8H_2O$，电池符号的表示式为__________________________________。

58. $Zn(s) + 2H^+ \rightleftharpoons Zn^{2+} + H_2(g)$ 的 $K^\ominus=$____________。$[\varphi^\ominus(Zn^{2+}/Zn)=-0.76\ V]$

59. 已知 $\varphi^\ominus(Fe^{2+}/Fe)=-0.441\ V$，$\varphi^\ominus(Fe^{3+}/Fe^{2+})=0.771\ V$，$\varphi^\ominus(MnO_4^-/Mn^{2+})=1.51\ V$，据此可知氧化能力最强的是________，还原能力最强的是________。

60. 已知 $\varphi^\ominus(Fe^{3+}/Fe^{2+})=0.771\ V$，$\varphi^\ominus(Cu^{2+}/Cu)=0.34\ V$，将这两个电对组成自发放电的标准电池，其电池电动势为________V。

61. 已知电对 $Ag^+ + e \rightleftharpoons Ag$，$\varphi^\ominus(Ag^+/Ag)=0.799\ V$，AgI 的 $K_{sp}^\ominus=8.3\times10^{-17}$，则电对 $AgI + e^- \rightleftharpoons Ag + I^-$ 的标准电极电势等于________V。

62. 下列氧化还原反应：$2I^- + 2Fe^{3+} \rightleftharpoons I_2 + 2Fe^{2+}$ 在标准状态下向________方向进行。$[\varphi^\ominus(Fe^{3+}/Fe^{2+})=0.771\ V$，$\varphi^\ominus(I_2/I^-)=0.54\ V]$

63. 将反应 $Cu + 2Ag^+(1\ mol\cdot L^{-1}) \rightleftharpoons Cu^{2+}(0.10\ mol\cdot L^{-1}) + 2Ag$ 设计为原电池，若 $\varphi^\ominus(Cu^{2+}/Cu)=0.34\ V$，$\varphi^\ominus(Ag^+/Ag)=0.799\ V$，则原电池电动势 $E=$________V。

64. $(-)Fe \mid Fe^{2+} \parallel Cu^{2+} \mid Cu(+)$ 电池的电池反应为______________。

65. 将铅蓄电池反应 $PbO_2 + Pb + H^+ + SO_4^{2-} \longrightarrow PbSO_4 + H_2O$ 配平为______________。电池符号表示为____________________________。

66. 电池：$M \mid H_2(g) \mid KOH(aq) \mid O_2(g) \mid M$（M 为惰性金属）的电池反应为____________________。

67. 用于测量驾驶员酒精浓度的呼吸分析仪是一燃料电池，在酸性介质中的电池反应为

$C_2H_5OH(aq) + O_2(g) \longrightarrow CH_3COOH(aq) + H_2O(l)$

配平负极的反应是__________________。

（三）计算及简答题

68. 用离子-电子法配平反应式 $H_2O_2 + PbS \longrightarrow PbSO_4 + H_2O$ （酸性介质）。

69. 铈（Ce）是地壳中含量最高的稀土元素。在某强酸性混合稀土溶液中加入 H_2O_2，调节 pH≈3，在此条件下，Ce^{3+} 形成 $Ce(OH)_4$ 沉淀得以分离。用离子-电子法步骤写出配平的反应离子方程式。

70. 电镀和从金矿中提金要用到氰化物，由于 CN^- 有剧毒，其废水加次氯酸钠进行氧化处理，在碱性介质中主要产物为氮气、碳酸钠和氯化钠，试用离子-电子法写出配平的最简的离子方程式。

71. 锅炉里水中的 O_2 使锅炉材料 Fe 氧化而被腐蚀，防止的方法是在水中加入联氨 N_2H_4，产物为水和氮气，写出其配平的反应式。

72. 水溶液中，I_2 不能氧化 Fe^{2+}，但当有过量 F^- 存在时，I_2 却能氧化 Fe^{2+}。这是为什么?

73. 分别判断反应：H_3AsO_4(1 mol·L^{-1})+$2I^-$(1 mol·L^{-1})+$2H^+ \rightleftharpoons H_3AsO_3$(1 mol·$L^{-1}$)+$I_2+H_2O$ 在 $c(H^+)=10^{-6}$ mol·L^{-1}及 $c(H^+)=1$ mol·L^{-1}时的反应方向。

74. 已知 $\varphi^\ominus(Cu^+/Cu)=0.521$ V，$K_{sp}^\ominus(CuI)=1.1\times10^{-12}$，试求$\varphi^\ominus(CuI/Cu)$。

75. 写出下列电池 Zn(s) | $Zn(OH)_2$(s) | OH^-(0.1 mol·L^{-1}) | Ag_2O | Ag 的电池反应并计算其 $\lg K^\ominus$。

{$K^\ominus$为电池反应的平衡常数，$\varphi^\ominus[Zn(OH)_2/Zn]=-1.25$ V，$\varphi^\ominus(Ag_2O/Ag)=+0.342$ V}

76. 已知：$\varphi^\ominus(Zn^{2+}/Zn)=-0.763$ V，$K_f^\ominus[Zn(NH_3)_4]^{2+}=5.0\times10^8$，试计算$[Zn(NH_3)_4]^{2+}+2e^- = Zn(s)+4NH_3$ 的标准电极电势。

77. 在彩色照相术中去银用下面的反应：

$Ag+[Fe(CN)_6]^{3-}+2S_2O_3^{2-} \rightleftharpoons [Fe(CN)_6]^{4-}+[Ag(S_2O_3)_2]^{3-}$，它是由以下两个反应所构成：

$Ag+[Fe(CN)_6]^{3-} \rightleftharpoons Ag^++[Fe(CN)_6]^{4-}$

$Ag^++2S_2O_3^{2-} \rightleftharpoons [Ag(S_2O_3)_2]^{3-}$

已知$\varphi^\ominus[Fe(CN)_6^{3-}/Fe(CN)_6^{4-}]=0.36$ V，$\varphi^\ominus(Ag^+/Ag)=0.80$ V，$K_f^\ominus[Ag(S_2O_3)_2]^{3-}=3.0\times10^{13}$，试计算反应的 $K_j^\ominus$。

78. 已知 $\varphi^\ominus(Ag^+/Ag)=0.80$ V，$K_f^\ominus[Ag(NH_3)_2^+]\approx10^7$，计算 298 K 时下列电极的电极电势。

Ag | $[Ag(NH_3)_2]^+$(0.10 mol·L^{-1})，NH_3(0.10 mol·L^{-1})

79. 已知 $\varphi^\ominus(O_2/OH^-)=0.40$ V，写出其电极反应式，求此电对在$c(H^+)=1$ mol·L^{-1}、$p(O_2)=100$ kPa 时的 φ，并计算说明此条件下 O_2 能否将溶液中浓度为 0.01 mol·L^{-1}的 Br^- 氧化？[$\varphi^\ominus(Br_2/Br^-)=1.07$ V，设其他物质均处于标准态下]

80. 求电池(−)Ag| $Ag_2C_2O_4$ | $C_2O_4^{2-}$ || Ag^+ | Ag(+)的标准电池电动势。[$K_{sp}^\ominus(Ag_2C_2O_4)=3.5\times10^{-11}$]

81. 计算说明 2HI(aq)+2Ag(s)=2AgI(s)+H_2(g) 在标准状态下反应自发进行的方向和平衡常数 K。[$K_{sp}^\ominus(AgI)=9.3\times10^{-17}$，$\varphi^\ominus(Ag^+/Ag)=0.799$ V]

四、参考答案

（一）选择题

1	2	3	4	5	6	7	8	9	10	11	12	13	14	15	16
A	B	B	B	C	D	C	C	C	D	D	C	C	B	A	D
17	18	19	20	21	22	23	24	25	26	27	28	29	30	31	32
D	D	A	A	B	B	B	B	B	B	C	D	C	B	B	C
33	34	35	36	37	38	39	40	41	42	43	44	45	46	47	
A	B	B	A	C	B	B	D	B	A	C	A	D	A	D	

（二）填空题

48. 增大、减小；

49. 黄、橙、棕红、$Cr_2O_7^{2-}+6I^-+14H^+ \rightleftharpoons 2Cr^{3+}+3I_2+7H_2O$；

50. $3Au^+ \rightleftharpoons Au^{3+}+2Au$、1.5；

51. $\varphi(MnO_4^-/Mn^{2+})=\varphi^{\ominus}(MnO_4^-/Mn^{2+})+\frac{0.0592\ V}{5}\lg\frac{c_r(MnO_4^-)\cdot c_r^8(H^+)}{c_r(Mn^{2+})}$；

52. 6.9×10^{-38}；　53. IO^-、I_2，IO_3^-、I^-；

54. $2CrO_4^{2-}+2H^+ \rightleftharpoons Cr_2O_7^{2-}+H_2O$、砖红、$Ag_2CrO_4$；

55. $Cl_2+2OH^- \rightleftharpoons ClO^-+Cl^-+H_2O$；　56. 正、还原；

57. Pt | $Fe^{2+}[c(Fe^{2+})]$，$Fe^{3+}[c(Fe^{3+})]$ ‖ $Mn^{2+}[c(Mn^{2+})]$，$MnO_4^-[c(MnO_4^-)]$ | Pt；

58. 4.7×10^{25}；　59. MnO_4^-，Fe；　60. 0.43；　61. −0.153；

62. 正；　63. 0.489；　64. $Fe+Cu^{2+}=Fe^{2+}+Cu$；

65. $PbO_2+Pb+4H^++2SO_4^{2-}=2PbSO_4+2H_2O$

电池符号 (−)Pb | $PbSO_4$ | $SO_4^{2-}(c)$ ‖ $H^+[c(H^+)]$，$SO_4^{2-}(c)$ | PbO_2 | $PbSO_4$ | Pb(+)；

66. $2H_2(g)+O_2(g)=2H_2O(l)$；

67. $C_2H_5OH+H_2O \longrightarrow CH_3COOH+4e^-+4H^+$。

(三) 计算及简答题

68.

$$H_2O_2+2e^-+2H^+ \longrightarrow 2H_2O \qquad \times4$$

$$PbS+4H_2O \longrightarrow PbSO_4+8H^++8e^- \qquad \times1$$

$$4H_2O_2+PbS+8H^++4H_2O=8H_2O+PbSO_4+8H^+$$

简化　$4H_2O_2+PbS=4H_2O+PbSO_4$

69.

$$H_2O_2+2e^-+2H^+ \longrightarrow 2H_2O \qquad \times1$$

$$Ce^{3+}+4H_2O \longrightarrow Ce(OH)_4\downarrow+4H^++e^- \qquad \times2$$

$$2Ce^{3+}+H_2O_2+6H_2O=2Ce(OH)_4\downarrow+6H^+$$

70.

$$ClO^-+H_2O+2e^- \longrightarrow Cl^-+2OH^- \qquad \times5$$

$$2CN^-+12OH^- \longrightarrow N_2+2CO_3^{2-}+6H_2O+10e^- \qquad \times1$$

$$2CN^-+5ClO^-+2OH^-=N_2+2CO_3^{2-}+5Cl^-+H_2O$$

71. $O_2+N_2H_4=N_2+2H_2O$

72. 答：Fe^{3+}与F^-反应生成$[FeF_6]^{3-}$，使Fe^{3+}/Fe^{2+}的电极电势降低，$\varphi(I_2/I^-)>\varphi(Fe^{3+}/Fe^{2+})$。

73. 分析：根据平衡移动的原理，增大H^+浓度，平衡应向正反应方向移动，H_3AsO_4的氧化性增强。

解：$c(H^+)=10^{-6}\ mol\cdot L^{-1}$时，电极反应：$H_3AsO_4+2H^++2e^- \rightleftharpoons H_3AsO_3+H_2O$

$$I_2+2e^- \rightleftharpoons 2I^-$$

$$\varphi(H_3AsO_4/H_3AsO_3)=\varphi^{\ominus}(H_3AsO_4/H_3AsO_3)+\frac{0.0592}{2}\ V\lg\frac{c_r(H_3AsO_4)\cdot c_r^2(H^+)}{c_r(H_3AsO_3)}$$

$$=0.58\ V+\frac{0.0592}{2}V\lg10^{-12}=0.225\ V$$

$$\varphi(I_2/I^-)=\varphi^\ominus(I_2/I^-)=0.535\ \text{V}$$

因为$\varphi^\ominus(I_2/I^-)>\varphi(H_3AsO_4/H_3AsO_3)$，故反应逆向自发进行。

$c(H^+)=1\ \text{mol}\cdot\text{L}^{-1}$时，其他各物质均处于标准状态。

$\varphi^\ominus(H_3AsO_4/H_3AsO_3)>\varphi^\ominus(I_2/I^-)$，故反应正向自发进行。可见酸度不仅影响电极电势的大小，还可改变反应的方向。

74. 解：当I^-浓度保持$1.0\ \text{mol}\cdot\text{L}^{-1}$时，电极反应$CuI+e^-\rightleftharpoons Cu+I^-$的电极电势为$\varphi^\ominus(CuI/Cu)$，该电极的实质反应为$Cu^++e^-\rightleftharpoons Cu$。

$$\varphi^\ominus(CuI/Cu)=\varphi(Cu^+/Cu)=\varphi^\ominus(Cu^+/Cu)+\frac{0.059\ 2\ \text{V}}{n}\lg c_r(Cu^+)$$

$$=\varphi^\ominus(Cu^+/Cu)+\frac{0.059\ 2\ \text{V}}{1}\lg\frac{K_{sp}^\ominus(CuI)}{c_r(I^-)}$$

$$=0.521\ \text{V}+\frac{0.059\ 2\ \text{V}}{1}\lg\frac{1.1\times10^{-12}}{1.0}=-0.19\ \text{V}$$

75. 解：$Ag_2O+Zn+H_2O\rightleftharpoons 2Ag+Zn(OH)_2$

$$\lg K^\ominus=\frac{2\times(0.342+1.25)}{0.059\ 2}=53.78$$

76. 解：$[Zn(NH_3)_4]^{2+}+2e^-\rightleftharpoons Zn(s)+4NH_3$ 的标准电极电势其实就是标准锌电极$\varphi^\ominus(Zn^{2+}/Zn)$ 里加入氨水后，并保持$c[Zn(NH_3)_4^{2+}]=1\ \text{mol}\cdot\text{L}^{-1}$，$c(NH_3)=1\ \text{mol}\cdot\text{L}^{-1}$时的$\varphi(Zn^{2+}/Zn)$，而且因为$K_f^\ominus$ 大，NH_3 过量，Zn^{2+}几乎全部变为 $[Zn(NH_3)_4]^{2+}$，所以有

$$\varphi^\ominus\{[Zn(NH_3)_4^{2+}]/Zn\}=\varphi(Zn^{2+}/Zn)$$

$$=\varphi^\ominus(Zn^{2+}/Zn)+0.059\ 2\ \text{V}\lg c_r(Zn^{2+})$$

$$=-0.763\ \text{V}+\frac{0.059\ 2\ \text{V}}{2}\lg\frac{1}{K_f^\ominus\{[Zn(NH_3)_4]^{2+}\}}$$

$$=-0.763\ \text{V}+\frac{0.059\ 2\ \text{V}}{2}\lg\frac{1}{5.0\times10^8}=-1.02\ \text{V}$$

77. 解：对于反应　　$Ag+[Fe(CN)_6]^{3-}\rightleftharpoons Ag^++[Fe(CN)_6]^{4-}$

$$\lg K^\ominus=16.9nE^\ominus=16.9\times1\times\{\varphi^\ominus[Fe(CN)_6^{3-}/Fe(CN)_6^{4-}]-\varphi^\ominus(Ag^+/Ag)\}$$

$$=16.9\times(0.36-0.80)=-7.43$$

$K^\ominus=3.6\times10^{-8}$

$K_j^\ominus=K^\ominus\times K_f^\ominus=3.6\times10^{-8}\times3.0\times10^{13}=1.1\times10^6$

78. 解：　　$[Ag(NH_3)_2]^+\rightleftharpoons Ag^++2NH_3$

平衡浓度/$(\text{mol}\cdot\text{L}^{-1})$　　$0.10-x$　　x　　$0.10+2x$

$$K_f^\ominus=\frac{[Ag(NH_3)_2^+]_r}{[NH_3]_r^2\cdot[Ag^+]_r}=\frac{0.10}{(0.10)^2\times x}\qquad x=\frac{10}{K_f^\ominus}=\frac{10}{10^7}=10^{-6}$$

$$Ag+e^-\rightleftharpoons Ag$$

$$\varphi^\ominus\{[Ag(NH_3)_2^+]/Ag\}=\varphi(Ag^+/Ag)=\varphi^\ominus(Ag^+/Ag)+0.059\ 2\ \text{V}\lg c_r(Ag^+)$$

$$=0.80\ \text{V}+0.059\ 2\ \text{V}\lg10^{-6}=0.444\ \text{V}$$

79. 解：电极反应式：$O_2+2H_2O+4e^-=\!=\!=4OH^-$

在$c(H^+)=1\ \text{mol}\cdot\text{L}^{-1}$、$p(O_2)=100\ \text{kPa}$时：

$$\varphi(O_2/OH^-)=\varphi^{\ominus}(O_2/OH^-)+\frac{0.059\ 2\ V}{n}\lg\frac{p(O_2)/p^{\ominus}}{c_r^4(OH^-)}$$

$$=0.40\ V+\frac{0.059\ 2\ V}{4}\lg\frac{100\ kPa/100\ kPa}{(1.0\times10^{-14})^4}$$

$$=0.40\ V+0.83\ V=1.23\ V$$

$$\varphi(Br_2/Br^-)=\varphi^{\ominus}(Br_2/Br^-)+\frac{0.059\ 2\ V}{2}\lg\frac{1}{c_r^2(Br^-)}$$

$$=1.07\ V+\frac{0.059\ 2\ V}{2}\lg\frac{1}{0.01^2}$$

$$=1.07\ V+0.118\ V$$

$$=1.19\ V$$

能够氧化 Br^-。

80. 解：由题意可知，正极为 Ag^+/Ag 电极，负极为 $Ag_2C_2O_4/Ag$ 电极，在标准状态下，负极的电极反应中，$Ag_2C_2O_4+2e^-$ ══ $2Ag+C_2O_4^{2-}$，保持1 mol · L^{-1}，有

$$\varphi^{\ominus}(Ag_2C_2O_4/Ag)=\varphi(Ag^+/Ag)=\varphi^{\ominus}(Ag^+/Ag)+\frac{0.059\ 2\ V}{1}\lg\frac{c(Ag^+)}{1}$$

$$=\varphi^{\ominus}(Ag^+/Ag)+\frac{0.059\ 2\ V}{1}\lg\frac{\sqrt{K_{sp}^{\ominus}(Ag_2C_2O_4)/c(C_2O_4^{2-})}}{1}$$

$$=\varphi^{\ominus}(Ag^+/Ag)+\frac{0.059\ 2\ V}{1}\lg\frac{\sqrt{3.5\times10^{-11}/1}}{1}$$

$$E^{\ominus}=\varphi_+^{\ominus}-\varphi_-^{\ominus}=\varphi^{\ominus}(Ag^+/Ag)-\left(\varphi^{\ominus}(Ag^+/Ag)+\frac{0.059\ 2\ V}{1}\lg\frac{\sqrt{3.5\times10^{-11}}}{1}\right)$$

$$=-\frac{0.059\ 2\ V}{1}\lg\frac{\sqrt{3.5\times10^{-11}}}{1}$$

$$=0.31\ V$$

81. 解：该题其实就是算 AgI/Ag 电极和 H^+/H_2 电极的标准电动势。只要电动势知道了，反应的方向和平衡常数都可以知道。

$$\varphi^{\ominus}(AgI/Ag)=\varphi(Ag^+/Ag)=\varphi^{\ominus}(Ag^+/Ag)+0.059\ 2\ V\lg K_{sp}^{\ominus}(AgI)$$

$$=0.799\ V+0.059\ 2\ V\lg(9.3\times10^{-17})$$

$$=-0.15\ V$$

$$E^{\ominus}=\varphi_+^{\ominus}-\varphi_-^{\ominus}$$

$$=\varphi^{\ominus}(H^+/H_2)-\varphi^{\ominus}(AgI/Ag)$$

$$=0.00\ V-(-0.15\ V)$$

$$=0.15\ V$$

$E^{\ominus}>0$，在标准状态下反应能正向自发进行。

第八章

综合平衡

无机及分析化学的无机综合题多为四大平衡的竞争平衡，本章就常见的综合题型归类进行分别讨论。

一、解题示例

（一）酸碱与沉淀

【例 8-1】欲溶解 0.10 mol $Mg(OH)_2$ 沉淀于 1 L $(NH_4)_2SO_4$ 溶液中，问 $(NH_4)_2SO_4$ 的浓度最低应为多少？{$K_b^{\ominus}(NH_3)=1.77\times10^{-5}$，$K_{sp}^{\ominus}[Mg(OH)_2]=5.61\times10^{-12}$}

分析：$Mg(OH)_2$ 沉淀的溶解决定于溶液中 OH^- 的浓度，它的大小受 NH_4^+ 浓度控制，本题是 NH_4^+ 的解离平衡与 $Mg(OH)_2$ 沉淀溶解平衡的竞争结果的计算。写出竞争平衡，求出竞争平衡常数 $K_j^{\ominus}$，确定平衡浓度是解题的关键。

解：① $Mg(OH)_2(s) \rightleftharpoons Mg^{2+}(aq)+2OH^-(aq)$　　$K_{sp}^{\ominus}$

一）② $2NH_3\cdot H_2O(aq) \rightleftharpoons 2NH_4^+(aq)+2OH^-(aq)$　　$(K_b^{\ominus})^2$

③ $Mg(OH)_2(s)+2NH_4^+(aq) \rightleftharpoons Mg^{2+}(aq)+2NH_3\cdot H_2O(aq)$　　$K_j^{\ominus}$

平衡浓度/$(mol\cdot L^{-1})$　　x　　0.10　　0.20

$$K_j^{\ominus}=\frac{K_{sp}^{\ominus}[Mg(OH)_2]}{[K_b^{\ominus}(NH_3)]^2}=\frac{5.61\times10^{-12}}{(1.77\times10^{-5})^2}=1.79\times10^{-2}$$

$$K_j^{\ominus}=\frac{[NH_3\cdot H_2O]_r^2\cdot[Mg^{2+}]_r}{[NH_4^+]_r^2}=\frac{(0.20)^2\times0.10}{x^2}=1.79\times10^{-2}$$

解得　　$x=0.47$

由方程式可知溶解 0.10 mol $Mg(OH)_2$ 需消耗 0.20 mol 的 NH_4^+。

$c(NH_4^+)=0.20\ mol\cdot L^{-1}+0.47\ mol\cdot L^{-1}=0.67mol\cdot L^{-1}$，而 1 mol 的 $(NH_4)_2SO_4$ 能完全解离出 2 mol 的 NH_4^+，故 $(NH_4)_2SO_4$ 的最低浓度约为 $0.34\ mol\cdot L^{-1}$。

【例 8-2】计算 0.10 mol MnS 可溶于 1 L 多大浓度的醋酸。

分析：MnS 溶于醋酸是因为 MnS 沉淀溶解生成的 S^{2-} 与 HAc 解离出的 H^+ 结合生成了比 HAc 更弱的氢硫酸 H_2S，降低了 S^{2-} 的浓度，使 $Q<K_{sp}^{\ominus}(MnS)$，沉淀溶解平衡向溶解的方向移动的结果。明确本题存在三个平衡的竞争。

解：①$MnS(s) \rightleftharpoons Mn^{2+}(aq)+S^{2-}(aq)$　　$K_{sp}^{\ominus}$

② $2HAc(aq) \rightleftharpoons 2H^+(aq)+2Ac^-(aq)$　　$[K_a^{\ominus}(HAc)]^2$

③ $H_2S(aq) \rightleftharpoons 2H^+(aq)+S^{2-}(aq)$　　$K_a^{\ominus}(H_2S)$

①+②-③得

$$MnS + 2HAc \rightleftharpoons Mn^{2+} + 2Ac^{-} + H_2S$$

平衡浓度/(mol·L^{-1})　　x　　0.10　0.20　0.10

$$K_j^{\ominus} = \frac{[Mn^{2+}]_r \cdot [Ac^-]_r^2 \cdot [H_2S]_r}{[HAc]_r^2} = \frac{0.10\times(0.20)^2\times0.10}{x^2}$$

$$= \frac{K_{sp}^{\ominus}[MnS]\cdot[K_a^{\ominus}(HAc)]^2}{K_a^{\ominus}(H_2S)} = \frac{4.65\times10^{-14}\times(1.76\times10^{-5})^2}{9.1\times10^{-8}\times1.1\times10^{-12}} = 1.4\times10^{-4}$$

解得　　$x=1.7$

所需 HAc 的最低浓度为 0.10 mol·L^{-1}×2+1.7 mol·L^{-1}=1.9 mol·L^{-1}

（二）酸碱与配位

【例 8-3】（1）1.0 mol·L^{-1}的 $[Ag(NH_3)_2]^+$ 溶液的 pH 是多少？（2）1 L此溶液中 HNO_3 存在使 $[Ag(NH_3)_2]^+$ 解离率为 99%时溶液的 pH 为多大？

分析：$[Ag(NH_3)_2]^+$ 解离出的 NH_3 在水中要电离出 OH^-，从而可计算出 $c(H^+)$；当有 HNO_3 存在时，由于中和反应配体 NH_3 变成 NH_4^+ 而浓度降低，促使 $[Ag(NH_3)_2]^+$ 解离。

解：（1）　　$[Ag(NH_3)_2]^+(aq) \rightleftharpoons Ag^+(aq) + 2NH_3(aq)$

平衡浓度/(mol·L^{-1})　$1.0-x/2$　　$x/2$　　x

$K_f^{\ominus}[Ag(NH_3)_2^+]$ 较大，则 $1.0-x/2\approx1.0$。

$$K_f^{\ominus} = \frac{[Ag(NH_3)_2^+]_r}{[Ag^+]_r\cdot[NH_3]_r^2} = \frac{1.0}{(x/2)\times x^2} = 1.1\times10^7$$

解得 $x=5.7\times10^{-3}$，代入

$$[OH^-]_r = \sqrt{c_r(NH_3)\cdot K_b^{\ominus}(NH_3)} = \sqrt{5.7\times10^{-3}\times1.77\times10^{-5}} = 3.2\times10^{-4}$$

$pH=14-pOH=14+\lg[OH]_r=14+\lg(3.2\times10^{-4})=14-3.49=10.51$

（2）存在 HNO_3 后，解离了 99%的 $[Ag(NH_3)_2]^+$

$$Ag^+(aq) + 2NH_3(aq) \rightleftharpoons [Ag(NH_3)_2]^+(aq)$$

0.99　　+　　1−0.99

$2H^+$

‖

$2NH_4^+$　　$(2\times0.99=1.98)$

$$NH_4^+(aq) + H_2O \rightleftharpoons H^+(aq) + NH_3\cdot H_2O(aq)$$

考虑平衡时由配离子所解离的氨：

$$K_f^{\ominus} = \frac{[Ag(NH_3)_2^+]_r}{[Ag^+]_r\ [NH_3\cdot H_2O]_r^2} = \frac{0.010}{0.99\times\ [NH_3\cdot H_2O]_r^2} = 1.1\times10^7$$

$[NH_3\cdot H_2O]_r=3.03\times10^{-5}$，与 NH_4^+ 组成缓冲溶液，故

$$[H^+]_r = K_a^{\ominus}(NH_4^+)\cdot\frac{c_r(NH_4^+)}{c_r(NH_3\cdot H_2O)} = 5.6\times10^{-10}\times\frac{1.98}{3.03\times10^{-5}} = 3.7\times10^{-5}$$

$$pH=-\lg[H^+]_r=-\lg(3.7\times10^{-5})=4.44$$

【例 8-4】 含有 1.0 mol·L^{-1} F^- 的 0.10 mol·L^{-1}的 $[FeF_6]^{3-}$ 溶液1 L，加入 NaOH 固体，忽略体积变化，若有 $Fe(OH)_3$ 沉淀生成，溶液中 OH^- 的最低浓度应大于多少？

分析：沉淀生成的条件：$Q>K_{sp}^{\ominus}[Fe(OH)_3]$，$Fe^{3+}$ 来自于 $[FeF_6]^{3-}$ 的解离。

解：$Fe^{3+}(aq)+6F^-(aq) \rightleftharpoons [FeF_6]^{3-}(aq) \quad K_f^\ominus$

平衡浓度/($mol \cdot L^{-1}$) x 1.0 $0.10-x\approx 0.10$

$$K_f^\ominus=\frac{[FeF_6^{3-}]_r}{[Fe^{3+}]_r \cdot [F^-]_r^6}=\frac{0.10}{x\cdot(1.0)^6}=1.0\times 10^{16}$$

解得 $x=1.0\times 10^{-17}$

$$Fe(OH)_3(s) \rightleftharpoons Fe^{3+}(aq)+3OH^-(aq) \quad K_{sp}^\ominus$$

平衡浓度/($mol \cdot L^{-1}$) 1.0×10^{-17} y

$$K_{sp}^\ominus[Fe(OH)_3]=[Fe^{3+}]_r \cdot [OH^-]_r^3=1.0\times 10^{-17}\cdot y^3=2.64\times 10^{-39}$$

解得 $y=6.42\times 10^{-8}$

溶液中 OH^- 的浓度大于 6.42×10^{-8} $mol \cdot L^{-1}$，即有 $Fe(OH)_3$ 沉淀生成。

【例 8-5】0.10 $mol \cdot L^{-1}$ 的 $CuSO_4$ 水溶液中通入 H_2S 气体至饱和（H_2S 浓度为 0.10 $mol \cdot L^{-1}$），平衡时溶液中 Cu^{2+} 的浓度是多少？［H_2S 的 $K_{a1}^\ominus=9.1\times 10^{-8}$，$K_{a2}^\ominus=1.1\times 10^{-12}$，$K_{sp}^\ominus(CuS)=1.27\times 10^{-36}$］

分析：$CuSO_4$ 水溶液中通入 H_2S 气体，Cu^{2+} 与 H_2S 反应产生 CuS 沉淀，有 H^+ 生成，溶液中存在两个平衡，弱酸 H_2S 的解离平衡和 CuS 的沉淀溶解平衡，溶液中 Cu^{2+} 的浓度可通过竞争平衡常数的表达式求出。

解：平衡时溶液中 Cu^{2+} 的浓度为 x $mol \cdot L^{-1}$。

$$Cu^{2+}(aq)+H_2S(aq) \rightleftharpoons CuS(s)+2H^+(aq)$$

平衡浓度/($mol \cdot L^{-1}$) x 0.10 $0.10\times 2-2x\approx 0.20$

$$K_j^\ominus=\frac{[H^+]_r^2}{[Cu^{2+}]_r \cdot [H_2S]_r}=\frac{K_a^\ominus[H_2S]}{K_{sp}^\ominus[CuS]}=\frac{1.0\times 10^{-19}}{1.27\times 10^{-36}}=7.7\times 10^{16}$$

$$7.7\times 10^{16}=\frac{(0.20)^2}{0.10x}$$

$$x=5.2\times 10^{-18}$$

（三）依数性与解离平衡

【例 8-6】$SrSO_4$ 饱和溶液在 25 ℃时的渗透压为 2.80 kPa，试求此温度下 $SrSO_4$ 的溶度积常数。

分析：$SrSO_4$ 是难溶电解质，它的沉淀溶解平衡为

$$SrSO_4(s) \rightleftharpoons Sr^{2+}(aq)+SO_4^{2-}(aq)$$

其饱和溶液是稀溶液，产生的渗透压的浓度 $c=[Sr^{2+}]+[SO_4^{2-}]$

解：根据渗透压的公式 $\Pi=cRT$

$$2.80\ kPa=c\times 8.314\ kPa\cdot L\cdot K^{-1}\cdot mol^{-1}\times(273+25)K$$

解得 $c=1.13\times 10^{-3} mol\cdot L^{-1}$

在纯水中 $[Sr^{2+}]=[SO_4^{2-}]=c/2$

$$=1.13\times 10^{-3}\ mol\cdot L^{-1}/2=5.65\times 10^{-4}\ mol\cdot L^{-1}$$

$$K_{sp}^\ominus=[Sr^{2+}]_r \cdot [SO_4^{2-}]_r=(5.65\times 10^{-4})^2=3.19\times 10^{-7}$$

【例 8-7】浓度为 a 的某一元弱酸 HA 水溶液，其冰点由实验测得下降了 t(℃)，已知 $K_f(H_2O)=1.86\ K\cdot kg\cdot mol^{-1}$，试求该一元弱酸的电离常数 $K_a^\ominus$。

分析：一元弱酸解离使溶液的微粒数增多，其大小与一元弱酸的解离常数 $K_a^\ominus$ 有关，因

此决定了依数性的测定结果。

解：

$$HA(aq) \rightleftharpoons H^+(aq) + A^-(aq)$$

平衡浓度/($mol \cdot L^{-1}$)　　$a-x$　　x　　x

解离达平衡后，溶液微粒的总浓度为 $b=a-x+x+x=a+x$

根据依数性公式 $\Delta t=K_f(a+x)$，$x=(\Delta t/K_f)-a$

$$K_a^{\ominus}=\frac{x^2}{a-x}\approx\frac{x^2}{a}=\frac{(\Delta t/K_f^{\ominus}-a)^2}{a}$$

（四）酸碱与氧化还原

主要表现为 pH 对电极电势的影响。

【例 8－8】已知下列原电池在 25 ℃时的电动势 $E=0.381\ V$，$\varphi(Hg_2Cl_2/Hg)$（饱和）$=0.241\,2\ V$。

$Pt \mid H_2(p^{\ominus}) \mid HCOOH(0.10\ mol \cdot L^{-1}) \parallel Cl^-$（饱和）$\mid Hg_2Cl_2(s) \mid Hg(l) \mid Pt$

求 HCOOH（蚁酸）的电离常数 $K_a^{\ominus}$。

分析：负极是甲酸的解离平衡产生的 H^+ 与 H_2 组成的非标准的氢电极，H^+ 浓度的大小与甲酸 $K_a^{\ominus}$ 有关。

解：　$E=\varphi_+-\varphi_-$　　$\varphi_-=\varphi_+-E=0.241\,2\ V-0.381\ V=-0.14\ V$

$\varphi_-=\varphi^{\ominus}(H^+/H_2)+0.059\,2\ V\ \lg c_r(H^+)$　　$-0.14\ V=0\ V+0.059\,2\ V\ \lg c_r(H^+)$

解得　　$c(H^+)=[H^+]=4.3\times10^{-3}\ mol \cdot L^{-1}$

甲酸的电离平衡为

$$HCOOH(aq) \rightleftharpoons H^+(aq) + HCOO^-(aq)$$

平衡浓度/($mol \cdot L^{-1}$)　　$0.10-4.3\times10^{-3}$　　4.3×10^{-3}　　4.3×10^{-3}

$$K_a^{\ominus}=\frac{[H^+]_r \cdot [HCOO^-]_r}{[HCOOH]_r}=\frac{(4.3\times10^{-3})^2}{0.10-4.3\times10^{-3}}=1.9\times10^{-4}$$

（五）沉淀与配位

【例 8－9】在 $0.004\,0\ mol \cdot L^{-1}$的 $AgNO_3$ 溶液中通入 NH_3，若在此溶液中加入 NaCl，使 Cl^- 的浓度达到 $0.001\,0\ mol \cdot L^{-1}$而无 AgCl 沉淀生成，计算溶液中 NH_3 的最低浓度。

分析：NH_3 的浓度越大，$[Ag(NH_3)_2]^+$ 解离出的 Ag^+ 的浓度越小，当它与 Cl^- 的离子积小于或等于 AgCl 的 $K_{sp}^{\ominus}$时无沉淀生成。

解法 1：

$$AgCl(s) \rightleftharpoons Ag^+(aq) + Cl^-(aq)$$

平衡浓度/($mol \cdot L^{-1}$)　　x　　$0.001\,0$

$$x=K_{sp}^{\ominus}(AgCl)/0.001\,0=1.8\times10^{-10}/0.001\,0=1.8\times10^{-7}$$

$$Ag^+ + 2NH_3 \rightleftharpoons [Ag(NH_3)_2]^+$$

平衡浓度/($mol \cdot L^{-1}$)　　1.8×10^{-7}　　x　　$0.004\,0-1.8\times10^{-7}\approx0.004\,0$

$$K_f^{\ominus}=\frac{[Ag(NH_3)_2^+]_r}{[NH_3]_r^2 \cdot [Ag^+]_r}=\frac{0.004\,0}{x^2 \cdot 1.8\times10^{-7}}=1.1\times10^7$$

解得　　$x=4.5\times10^{-2}\ mol \cdot L^{-1}$

NH_3 的最低浓度为 $0.004\,0\times2\ mol \cdot L^{-1}+4.5\times10^{-2}\ mol \cdot L^{-1}=0.053\ mol \cdot L^{-1}$

解法 2：　用综合平衡计算

① $AgCl(s) \rightleftharpoons Ag^{+}(aq) + Cl^{-}(aq)$　　　　$K_{sp}^{\ominus}$

+)② $Ag^{+}(aq) + 2NH_3(aq) \rightleftharpoons [Ag(NH_3)_2]^{+}(aq)$　　　　$K_f^{\ominus}$

③ $AgCl + 2NH_3 \rightleftharpoons [Ag(NH_3)_2]^{+} + Cl^{-}$　　$K_j^{\ominus} = K_{sp}^{\ominus} \times K_f^{\ominus}$

平衡浓度/($mol \cdot L^{-1}$)　x　　0.004 0　　0.001 0

$$K_j^{\ominus} = \frac{[Cl^{-}]_r \cdot [Ag(NH_3)_2^{+}]_r}{[NH_3]_r^2} = \frac{0.001\,0 \times 0.004\,0}{x^2}$$

$$= K_{sp}^{\ominus} \cdot K_f^{\ominus} = 1.8 \times 10^{-10} \times 1.1 \times 10^{7} = 2.0 \times 10^{-3}$$

解得　　$x = 4.5 \times 10^{-2}$

NH_3 的最低浓度为：$0.004\,0 \times 2\ mol \cdot L^{-1} + 4.5 \times 10^{-2}\ mol \cdot L^{-1} = 0.053\ mol \cdot L^{-1}$

第二种解法是假定 Ag^{+} 全部生成了 $[Ag(NH_3)_2]^{+}$，实际上 $[Ag(NH_3)_2^{+}]_r = 0.004\,0 - K_{sp}^{\ominus}(AgCl)/0.001\,0 \approx 0.004\,0$。

【例 8-10】 1.0 L 6.0 $mol \cdot L^{-1}$的氨水中加入 0.010 mol 的固体 $CuSO_4$ 溶解后，在此溶液中再加入 0.010 mol 的 NaOH 固体，忽略体积变化，铜氨配合物能否被破坏。{$K_{sp}^{\ominus}[Cu(OH)_2] = 2.2 \times 10^{-20}$，$K_f^{\ominus}[Cu(NH_3)_4^{2+}] = 2.09 \times 10^{13}$}

分析：题意是判断有无 $Cu(OH)_2$ 沉淀生成。

解法 1：　　$[Cu(NH_3)_4]^{2+}(aq) \rightleftharpoons Cu^{2+}(aq) + 4NH_3(aq)$

平衡浓度/($mol \cdot L^{-1}$)　$0.010 - x$　　x　　$6.0 - 4 \times 0.010 + 4x$

$$6.0 - 4 \times 0.010 + 4x \approx 5.96$$

$$K_f^{\ominus} = \frac{[Cu(NH_3)_4^{2+}]_r}{[NH_3]_r^4 \cdot [Cu^{2+}]_r} = \frac{0.010 - x}{(5.96)^4 x} \approx \frac{0.010}{(5.96)^4 x} = 2.09 \times 10^{13}$$

解得　　$x = 3.8 \times 10^{-19}$

$Q = c_r(Cu^{2+}) c_r^{\,2}(OH^{-}) = 3.8 \times 10^{-19} \times (0.010)^2 = 3.8 \times 10^{-23} < K_{sp}^{\ominus}[Cu(OH)_2] = 2.2 \times 10^{-20}$，无 $Cu(OH)_2$ 沉淀生成。

解法 2：用综合平衡求解

① $Cu^{2+}(aq) + 2OH^{-}(aq) \rightleftharpoons Cu(OH)_2(s)$　　$1/K_{sp}^{\ominus}$

+)② $[Cu(NH_3)_4]^{2+} \rightleftharpoons Cu^{2+}(aq) + 4NH_3(aq)$　　$K_d^{\ominus}$

③ $[Cu(NH_3)_4]^{2+}(aq) + 2OH^{-}(aq) \rightleftharpoons Cu(OH)_2(s) + 4NH_3(aq)$

$$K_j^{\ominus} = (1/K_{sp}^{\ominus}) \times K_d^{\ominus}$$

$$K_j^{\ominus} = \frac{K_d^{\ominus}}{K_{sp}^{\ominus}} = \frac{1}{K_f^{\ominus} \cdot K_{sp}^{\ominus}} = \frac{1}{2.09 \times 10^{13} \times 2.2 \times 10^{-20}} = 2.2 \times 10^{6}$$

根据题给条件，反应商

$$Q = \frac{c_r^4(NH_3)}{c_r^2(OH^{-}) \cdot c_r\{[Cu(NH_3)_4^{2+}]\}} = \frac{(6.0 - 4 \times 0.010)^4}{(0.010)^2 \times 0.010}$$

$$= 1.3 \times 10^{9} > K_j^{\ominus} = 2.2 \times 10^{6}$$

反应逆向进行，在此条件下应无 $Cu(OH)_2$ 沉淀生成。当有过量的配体存在时，可用综合平衡计算。结论与解法 1 相同。

【例 8-11】 已知 $K_{sp}^{\ominus}[Mn(OH)_2] = 2.1 \times 10^{-13}$，$K_{sp}^{\ominus}[Ni(OH)_2] = 2.0 \times 10^{-15}$，$K_f^{\ominus}\{[Ni(en)_2]^{2+}\} = 4.8 \times 10^{13}$，$K_f^{\ominus}\{[Mn(en)_2]^{2+}\} = 6.3 \times 10^{4}$。

(1) 对 Mn^{2+} 和 Ni^{2+} 的浓度都为 0.10 $mol \cdot L^{-1}$的混合溶液，能否只用 NaOH 将两者进

行定量分离；

（2）若在溶液中先加入乙二胺（en）过量至 1.0 mol·L^{-1}，然后滴加入 NaOH 至平衡时 $c(OH^-)=0.10$ mol·L^{-1}（体积变化忽略）时，$[Mn(en)_2]^{2+}$ 为多少？

分析：（1）为分步沉淀。由于 Mn^{2+}、Ni^{2+} 相应的氢氧化物的类型相同，由题给的 $K_{sp}^{\ominus}$ 可知：$Ni(OH)_2$ 应先生成沉淀，若能控制适宜的 pH，使 $[Ni^{2+}]<10^{-5}$ mol·L^{-1}，而不生成 $Mn(OH)_2$ 沉淀，则 Ni^{2+} 和 Mn^{2+} 可定性分离。

（2）当加入 en 后，因有配合物生成，存在配位和沉淀的竞争平衡。

解：（1）设当 $[Ni^{2+}]=10^{-5}$ mol·L^{-1}时，$[OH^-]$ 为 x，则

$$Ni(OH)_2(s) \rightleftharpoons Ni^{2+}(aq)+2OH^-(aq)$$

平衡浓度/(mol·L^{-1})　　10^{-5}　　x

$$[Ni^{2+}]_r \cdot [OH^-]_r^2 = K_{sp}^{\ominus}[Ni(OH)_2]$$

$$10^{-5}x^2=2.0\times10^{-15}$$

解得

$$x=1.4\times10^{-5}$$

$$Q=c_r(Mn^{2+})\cdot c_r^2(OH^-)=0.10\times(1.4\times10^{-5})^2$$
$$=2.0\times10^{-11}>K_{sp}^{\ominus}[Mn(OH)_2]=2.1\times10^{-13}$$

所以不能定性分离。

（2）

$$[Mn(en)_2]^{2+} \rightleftharpoons Mn^{2+}+2en \qquad 1/K_f^{\ominus}$$

$$+)\quad Mn^{2+}+2OH^- \rightleftharpoons Mn(OH)_2 \qquad 1/K_{sp}^{\ominus}$$

$$[Mn(en)_2]^{2+}+2OH^- \rightleftharpoons Mn(OH)_2+2en \qquad K_j^{\ominus}=1/(K_f^{\ominus}\cdot K_{sp}^{\ominus})$$

平衡浓度/(mol·L^{-1})　　x　　0.10　　1.0

$$K_j^{\ominus}=\frac{[en]_r^2}{[Mn(en)_2^{2+}]_r\cdot[OH^-]_r^2}$$

$$=\frac{1.0^2}{x\cdot(0.10)^2}=\frac{1.0^2}{K_f^{\ominus}\cdot K_{sp}^{\ominus}}=\frac{1.0}{6.3\times10^4\times2.1\times10^{-13}}=7.6\times10^7$$

解得

$$x=1.3\times10^{-6}$$

$$Mn^{2+}+2en \rightleftharpoons [Mn(en)_2]^{2+}$$

平衡浓度/(mol·L^{-1})　　y　　1.0　　$1.3\times10^{-6}-y\approx1.3\times10^{-6}$

$$K_f^{\ominus}=\frac{[Mn(en)_2^{2+}]_r}{[en]_r^2\cdot[Mn^{2+}]_r}=\frac{1.3\times10^{-6}}{1.0^2y}\approx\frac{1.3\times10^{-6}}{y}=6.3\times10^4$$

$$y=2.1\times10^{-11}\ （近似合理）$$

设在此条件下，$[Ni(en)_2^{2+}]=z$ mol·L^{-1}，同理

$$K_j^{\ominus}=\frac{[en]_r^2}{[Ni(en)_2^{2+}]_r\cdot[OH^-]_r^2}$$

$$=\frac{1.0^2}{z\cdot(0.10)^2}=\frac{1.0^2}{K_f^{\ominus}\cdot K_{sp}^{\ominus}}=\frac{1.0}{4.8\times10^{13}\times2.0\times10^{-15}}=10.4$$

解得 $z=9.6$，说明在 $[OH^-]=0.10$ mol·L^{-1}，$[en]=1.0$ mol·L^{-1}时，$[Ni(en)_2]^{2+}$ 的最大浓度可达到 9.6 mol·L^{-1}，而 Ni^{2+} 全部生成$[Ni(en)_2]^{2+}$的浓度最大仅 0.10 mol·L^{-1}，无 $Ni(OH)_2$ 沉淀生成。此时 Mn^{2+} 的浓度 2.1×10^{-11} mol·L$^{-1}<10^{-5}$ mol·L^{-1}，Ni^{2+} 和 Mn^{2+}可定性分离。

（六）沉淀与氧化还原、电化学

【例 8－12】$Fe^{3+}+e^-=Fe^{2+}$，$\varphi^\ominus=0.77$ V，当溶液中 Fe^{3+} 和 Fe^{2+} 的浓度分别为 0.01 mol·L^{-1}及 0.001 mol·L^{-1}时，电极电势是多少？在上述溶液中加入 NaOH 至 $Fe(OH)_3$ 沉淀完全，若体积变化忽略不计，溶液的 pH 是多少？电极电势是多少？［$Fe(OH)_2$ 的 $K_{sp}^\ominus=4.87\times10^{-17}$，$Fe(OH)_3$ 的 $K_{sp}^\ominus=2.6\times10^{-39}$］

分析：已知 $c(Fe^{3+})$ 和 $c(Fe^{2+})$，可根据能斯特公式求出 Fe^{3+}/Fe^{2+} 的电极电势。当 $Fe(OH)_3$沉淀完全时，溶液中 $c(Fe^{3+})\leqslant10^{-5}$mol·L^{-1}，根据溶度积规则可求出 $c(OH^-)$及 $c(Fe^{3+})$，从而求出溶液的 pH 和电极电势。

解：
$$Fe^{3+}+e^-\rightleftharpoons Fe^{2+}$$

$$\varphi(Fe^{3+}/Fe^{2+})=\varphi^\ominus(Fe^{3+}/Fe^{2+})+0.059\,2\text{ V}\lg\frac{c_r(Fe^{3+})}{c_r(Fe^{2+})}$$

$$=0.77\text{ V}+0.059\,2\text{ V}\lg\frac{0.01}{0.001}=0.829\text{ V}$$

$$Fe^{3+}(aq)+3OH^-(aq)\rightleftharpoons Fe(OH)_3(s)$$

沉淀完全时，$[Fe^{3+}]\leqslant10^{-5}$mol·L^{-1}

$$[Fe^{3+}]_r\cdot[OH^-]_r^3=K_{sp}^\ominus[Fe(OH)_3]$$

$$[OH^-]_r=\sqrt[3]{\frac{K_{sp}^\ominus[Fe(OH)_3]}{[Fe^{3+}]_r}}=\sqrt[3]{\frac{2.6\times10^{-39}}{10^{-5}}}=6.4\times10^{-12}$$

$$pOH=-\lg(6.4\times10^{-12})=11.2,\ pH=14-11.2=2.8$$

$$Fe^{2+}(aq)+2OH^-(aq)\rightleftharpoons Fe(OH)_2(s)$$

已知 $c(OH^-)=6.4\times10^{-12}$ mol·L^{-1}

$$c_r(Fe^{2+})c_r{}^2(OH^-)<K_{sp}^\ominus[Fe(OH)_2]$$

Fe^{2+}未生成 $Fe(OH)_2$ 沉淀，所以 $c(Fe^{2+})=0.001$ mol·L^{-1}

$$\varphi(Fe^{3+}/Fe^{2+})=\varphi^\ominus(Fe^{3+}/Fe^{2+})+0.059\,2\text{ V}\lg\frac{c_r(Fe^{3+})}{c_r(Fe^{2+})}$$

$$=0.77\text{ V}+0.059\,2\text{ V}\lg\frac{10^{-5}}{10^{-3}}=0.65\text{ V}$$

【例 8－13】通过计算，说明 Ag 可否从饱和 H_2S 溶液中置换出氢。实际上把 Ag 片投入饱和 H_2S 溶液中，可观察到什么现象？［H_2S 的 $K_{a1}^\ominus=9.1\times10^{-8}$，$K_{a2}^\ominus=1.1\times10^{-12}$，$K_{sp}^\ominus(Ag_2S)=6.69\times10^{-50}$，$\varphi^\ominus(Ag^+/Ag)=0.799\,6$ V］

分析：题意为判断反应 $2Ag(s)+H_2S(aq)=Ag_2S(s)+H_2(g)$进行的方向。

解：上述反应是由以下几个平衡竞争的综合平衡。

① $2Ag(s)+2H^+=2Ag^++H_2(g)$　　$K_1^\ominus$

② $2Ag^++S^{2-}=Ag_2S(s)$　　$1/K_{sp}^\ominus=1/(6.69\times10^{-50})=1.5\times10^{49}$

+）③ $H_2S(aq)=S^{2-}(aq)+2H^+(aq)$　　$K_{a1}^\ominus\cdot K_{a2}^\ominus=1.0\times10^{-19}$

$2Ag(s)+H_2S(aq)=Ag_2S(s)+H_2(g)$，$K_j^\ominus=K_1^\ominus\cdot(1/K_{sp}^\ominus)\cdot K_{a1}^\ominus\cdot K_{a2}^\ominus$

$$\lg K_1^\ominus=\frac{nE^\ominus}{0.059\,2\text{ V}}=\frac{n\,[\varphi^\ominus(H^+/H_2)-\varphi^\ominus(Ag^+/Ag)]}{0.059\,2\text{ V}}$$

$$=\frac{2\times(0\text{ V}-0.799\,6\text{ V})}{0.059\,2\text{ V}}=-27.0$$

$K_j^{\ominus}=K_f^{\ominus}\cdot(1/K_{sp}^{\ominus})\cdot K_{a1}^{\ominus}\cdot K_{a2}^{\ominus}=1.0\times10^{-27}\times1.5\times10^{49}\times1.0\times10^{-19}=1.5\times10^{3}$，反应商 $Q=p_r'/c_r(H_2S)$，开始时体系无 H_2，$c_r(H_2S)=0.10$，故 $Q<K_j^{\ominus}$，应有 H_2 产生，实际上反应后生成的 Ag_2S 沉淀覆盖于银片的表面，反应很快停止。

【例 8－14】 已知 298 K　①$I_2(aq)+2e^-\rightleftharpoons 2I^-$　　$\varphi^{\ominus}=0.621\ V$

②$I_2(s)+2e^-\rightleftharpoons 2I^-$　　$\varphi^{\ominus}=0.545\ V$

计算 I_2 在水中的饱和溶解度。

分析：若固液两相平衡，则为饱和溶液。

解：上述两个电极反应可组成一个电池 $Pt\mid I_2(aq)\mid I^-(1.0\ mol\cdot L^{-1})\mid I_2(s)\mid Pt$

用②－①得

$$I_2(s)\rightleftharpoons I_2(aq)\qquad E^{\ominus}=0.545\ V-0.621\ V=-0.076\ V$$

$$\lg K^{\ominus}=\frac{nE^{\ominus}}{0.059\,2\ V}=\frac{2\times(-0.076\ V)}{0.059\,2\ V}=-2.57\qquad K^{\ominus}=2.7\times10^{-3}$$

$$K^{\ominus}=\frac{[I_2]_r}{1}=2.7\times10^{-3}\qquad [I_2]=2.7\times10^{-3}\ mol\cdot L^{-1}$$

（七）氧化还原与配位

【例 8－15】 5.0 mL 0.50 mol·L^{-1}的 $FeCl_3$ 溶液中加入 30 mL 1.0 mol·L^{-1}的 NaF，然后再加入 5 mL 1.0 mol·L^{-1}的 KI 溶液，判断有无 I_2 析出［若 $c(I_2)<10^{-5}\ mol\cdot L^{-1}$，认为无 I_2 析出］，Fe^{2+} 与 F^- 配合不计。［$K_f^{\ominus}(FeF_3)=1.0\times10^{12}$，$\varphi^{\ominus}(Fe^{3+}/Fe^{2+})=0.77\ V$，$\varphi^{\ominus}(I_2,\ aq/I^-)=0.621\ V$］

解法 1：混合后 $c(Fe^{3+})=(5.0\ mL/40\ mL)\times0.50\ mol\cdot L^{-1}=0.062\ mol\cdot L^{-1}$

$$c(F^-)=(30\ mL/40\ mL)\times1.0\ mol\cdot L^{-1}=0.75\ mol\cdot L^{-1}$$

	Fe^{3+}	+	$3F^-$	$\rightleftharpoons$	FeF_3
平衡浓度/(mol·L^{-1})	x		$0.75-3\times(0.062-x)$		$0.062-x$

$$0.75-3\times(0.062-x)=0.564+3x\approx0.56$$

$$K_f^{\ominus}=\frac{[FeF_3]_r}{[F^-]_r^3\cdot[Fe^{3+}]_r}=\frac{0.062-x}{(0.56)^3\cdot x}\approx\frac{0.062}{(0.56)^3\cdot x}=1.0\times10^{12}$$

解得　　$x=3.5\times10^{-13}$

由 $2Fe^{3+}(aq)+2I^-(aq)\rightleftharpoons 2Fe^{2+}(aq)+I_2(aq)$ 可知，若平衡时 $c(I_2)=10^{-5}\ mol\cdot L^{-1}$，则 $c(Fe^{2+})=2\times10^{-5}\ mol\cdot L^{-1}$。

$$\varphi(Fe^{3+}/Fe^{2+})=\varphi^{\ominus}(Fe^{3+}/Fe^{2+})+0.059\,2\ V\lg\frac{c_r(Fe^{3+})}{c_r(Fe^{2+})}$$

$$=0.77\ V+0.059\,2\ V\lg\frac{3.5\times10^{-13}}{2\times10^{-5}}=0.29\ V$$

$$I_2(aq)+2e^-\rightleftharpoons 2I^-\qquad \varphi^{\ominus}=0.621\ V$$

$$\varphi(I_2,\ aq/I^-)=\varphi^{\ominus}(I_2,\ aq/I^-)+\frac{0.059\,2\ V}{n}\lg\frac{c_r(I_2)}{c_r^2(I^-)}$$

$$=0.621\ V+\frac{0.059\,2\ V}{2}\lg\frac{10^{-5}}{(0.125)^2}=0.53\ V$$

$\varphi(Fe^{3+}/Fe^{2+})<\varphi(I_2/I^-)$，则在此条件下，$I^-$不能被氧化。

解法 2：
$$2Fe^{3+}+2I^- \rightleftharpoons 2Fe^{2+}+I_2(aq)$$

根据
$$\lg K^\ominus=16.9nE^\ominus$$

$$\lg K^\ominus=16.9\times2\ [\varphi^\ominus(Fe^{3+}/Fe^{2+})-\varphi^\ominus(I_2/I^-)]=16.9\times2\times(0.77-0.621)=5.0$$

$$K^\ominus=1.0\times10^5$$

$$①\ 2FeF_3 \rightleftharpoons 2Fe^{3+}+6F^- \qquad (1/K_f^\ominus)^2$$

$$+)②\ 2Fe^{3+}+2I^- \rightleftharpoons 2Fe^{2+}+I_2(aq) \qquad K^\ominus$$

$$③\ 2FeF_3(aq)+2I^-(aq) \rightleftharpoons 2Fe^{2+}(aq)+I_2(aq)+6F^-(aq) \qquad K_j^\ominus$$

	FeF_3	I^-	Fe^{2+}	I_2	F^-
平衡浓度/$(mol\cdot L^{-1})$	$0.062-2x$	$0.125-2x$	$2x$	x	$0.75-3\times(0.062-2x)$
近似	0.062	0.125	$2x$	x	0.56

$$K_j^\ominus=\frac{K^\ominus}{(K_f^\ominus)^2}=\frac{[Fe^{2+}]_r^2\cdot[I_2]_r\cdot[F^-]_r^6}{[FeF_3]_r^2\cdot[I^-]_r^2}=\frac{(2x)^2\cdot x\cdot(0.56)^6}{(0.062)^2\times(0.125)^2}$$

$$=1.0\times10^5\times(1/1.0\times10^{12})^2=1.0\times10^{-19}$$

解得 $x=3.6\times10^{-8}\ mol\cdot L^{-1}<10^{-5}\ mol\cdot L^{-1}$，在此条件下，无 I_2 析出。

【例 8-16】 工业上用氰化物法浸取提金的主要反应为

① $4Au+8CN^-+O_2+2H_2O \rightleftharpoons 4\ [Au(CN)_2]^-+4OH^-$

② $2[Au(CN)_2]^-+Zn \rightleftharpoons 2Au+[Zn(CN)_4]^{2-}$

已知 $\varphi^\ominus(Au^+/Au)=1.69\ V$　$\varphi^\ominus(Zn^{2+}/Zn)=-0.76\ V$　$K_f^\ominus[Au(CN)_2^-]=2.0\times10^{38}$，$K_f^\ominus[Zn(CN)_4^{2-}]=5.0\times10^{16}$，试计算②反应的标准平衡常数。

分析：获得平衡常数的方法：（1）平衡时用各反应物和产物的浓度代入平衡常数表达式；（2）组成综合平衡的各平衡常数的乘除；（3）$\Delta_r G_m^\ominus=-RT\ln K^\ominus$；（4）$\lg K^\ominus=\frac{nE^\ominus}{0.059\ 2\ V}$。依题意用（4）法求 $E^\ominus$，而 $E^\ominus=\varphi_+^\ominus-\varphi_-^\ominus$。对于氧化还原反应，反应物中的氧化剂对应的电对作正极，还原剂对应的电对作负极。

解：$\varphi^\ominus[Au(CN)_2^-/Au]=\varphi[Au^+/Au]$

$$=\varphi^\ominus[Au^+/Au]+0.059\ 2\ V\lg\frac{1}{K_f^\ominus[Au(CN)_2^-]}$$

$$=1.69\ V+0.059\ 2\ V\lg\frac{1}{2.0\times10^{38}}=-0.58\ V$$

$\varphi^\ominus[Zn(CN)_4^{2-}/Zn]=\varphi[Zn^{2+}/Zn]$

$$=\varphi^\ominus[Zn^{2+}/Zn]+\frac{0.059\ 2\ V}{2}\lg\frac{1}{K_f^\ominus[Zn(CN)_4^{2-}]}$$

$$=-0.76\ V+\frac{0.059\ 2\ V}{2}\lg\frac{1}{5.0\times10^{16}}=-1.25\ V$$

$$E^\ominus=\varphi_+^\ominus-\varphi_-^\ominus=-0.58\ V-(-1.25\ V)=0.67\ V$$

$$\lg K^\ominus=\frac{nE^\ominus}{0.059\ 2\ V}=\frac{2\times0.67\ V}{0.059\ 2\ V}=22.64 \qquad K^\ominus=4.4\times10^{22}$$

（八）混合酸碱

【例 8-17】 试计算在 $0.100\ mol\cdot L^{-1}$ 的 HAc($K_a^\ominus=1.77\times10^{-5}$) 和 $0.200\ mol\cdot L^{-1}$ HCN($K_a^\ominus=6.2\times10^{-10}$)的溶液中 H^+，Ac^- 和 CN^- 的浓度。

分析：对于混合酸，$K_a^\ominus(HAc) \gg K_a^\ominus(HCN)$，溶液中 $c(H^+)$ 主要来自 HAc。

解：设 $c(H^+)=c(Ac^-)=x$

$$HAc \rightleftharpoons H^+ + Ac^-$$

平衡浓度/($mol \cdot L^{-1}$)　　$0.100-x$　　x　　x

$\frac{c_{a,r}}{K_a^\ominus} \geqslant 500$，满足最简式的条件 $x=\sqrt{c_{a,r} \cdot K_a^\ominus}=\sqrt{0.100 \times 1.77 \times 10^{-5}}=1.33 \times 10^{-3}$

同一溶液 H^+ 也应满足下述平衡：

$$HCN \rightleftharpoons H^+ + CN^-$$

平衡浓度/($mol \cdot L^{-1}$)　　$0.200-x$　　x　　y

　　0.200　　1.33×10^{-3}　　y

$$\frac{[H^+]_r \cdot [CN^-]_r}{[HCN]_r}=\frac{1.33 \times 10^{-3} y}{0.200}=6.2 \times 10^{-10}$$

解得 $y=9.3 \times 10^{-8} mol \cdot L^{-1}$，近似合理。

【例 8-18】 计算浓度都为 $0.100\ mol \cdot L^{-1}$ 的甲酸 HCOOH($K_a^\ominus=1.8 \times 10^{-4}$) 和氰酸 HOCN($K_a^\ominus=3.3 \times 10^{-4}$) 混合溶液的 H^+ 的浓度。

分析：$K_a^\ominus$(HCOOH) 与 $K_a^\ominus$(HOCN) 相近，溶液中 H^+ 是两种酸解离共同提供。

解：设 HCOOH 电离出的 H^+ 浓度为 x，HOCN 电离出的 H^+ 浓度为 y，则溶液中 $c(H^+)=x+y$，电离平衡如下：

$$HAc \rightleftharpoons H^+ + Ac^-$$

平衡浓度/($mol \cdot L^{-1}$)　　$0.100-x$　　$x+y$　　x

　　0.100　　$x+y$　　x

$$HOCN \rightleftharpoons H^+ + OCN^-$$

平衡浓度/($mol \cdot L^{-1}$)　　$0.100-y$　　$x+y$　　y

　　0.100　　$x+y$　　y

根据解离平衡常数表达式得 $\begin{cases} \frac{x(x+y)}{0.100}=1.8 \times 10^{-4} \\ \frac{y(x+y)}{0.100}=3.3 \times 10^{-4} \end{cases}$　解得 $\begin{cases} x=2.5 \times 10^{-3}\ mol \cdot L^{-1} \\ y=4.6 \times 10^{-3}\ mol \cdot L^{-1} \end{cases}$

$$[H^+]=x+y=2.5 \times 10^{-3}\ mol \cdot L^{-1}+4.6 \times 10^{-3}\ mol \cdot L^{-1}=7.1 \times 10^{-3}\ mol \cdot L^{-1}$$

【例 8-19】 H_3PO_4 的 $pK_{a1}^\ominus$、$pK_{a2}^\ominus$、$pK_{a3}^\ominus$ 分别为 2.12，7.20，12.3。今用 $0.10\ mol \cdot L^{-1}$ H_3PO_4 20.0 mL 和 $0.10\ mol \cdot L^{-1}$ NaOH 多少毫升才能配制成 pH=7.20 的缓冲溶液。

分析：H_3PO_4 与 NaOH 反应的产物因它们的物质的量之比而不同。当 1∶1 时为 NaH_2PO_4；1∶2 时为 Na_2HPO_4；1∶3 时为 Na_3PO_4；2∶1 时为 $H_3PO_4-NaH_2PO_4$；2∶3 时为 NaH_2PO_4 和 Na_2HPO_4；2∶5 时为 $Na_2HPO_4-Na_3PO_4$。

解：依题条件 pH=7.20 即 $pK_{a2}^\ominus$，故反应产物体系应为 $NaH_2PO_4-Na_2HPO_4$，它们物质的量之比为 2∶3，则

$$c(H_3PO_4)V(H_3PO_4) : c(NaOH)V(NaOH)=2:3$$

$$(0.10 \times 20.0)/(0.10x)=2:3 \quad 解得 \quad x=30.0\ mL$$

（九）沉淀转化

【例 8-20】 欲将 0.1 mol 的 $BaSO_4$ 沉淀全部转化为 $BaCO_3$，问每次用 2.0 mL 1.0 mol·L^{-1} 的 Na_2CO_3 溶液处理几次才能达到目的？已知 $K_{sp}^{\ominus}(BaSO_4)=1.1\times10^{-10}$，$K_{sp}^{\ominus}(BaCO_3)=5.1\times10^{-9}$。

分析：题意为难溶电解质的沉淀转化，溶液存在两个沉淀溶解的竞争平衡。

解：设每次能溶解的 $BaSO_4$ 沉淀的物质的量为 x，根据下述竞争平衡：

① $BaSO_4 \rightleftharpoons Ba^{2+}+SO_4^{2-}$　　$K_{sp}^{\ominus}(BaSO_4)$

−）② $BaCO_3 \rightleftharpoons Ba^{2+}+CO_3^{2-}$　　$K_{sp}^{\ominus}(BaCO_3)$

③ $BaSO_4 + CO_3^{2-} \rightleftharpoons BaCO_3+SO_4^{2-}$　　$K_j^{\ominus}=K_{sp}^{\ominus}(BaSO_4)/K_{sp}^{\ominus}(BaCO_3)$

平衡浓度/(mol·L^{-1})　　$(2.0\times1.0-x)/2.0$　　$x/2.0$

$$K_j^{\ominus}=\frac{c_r(SO_4^{2-})}{c_r(CO_3^{2-})}=\frac{x/2.0}{(2.0\times1.0-x)/2.0}=\frac{1.1\times10^{-10}}{5.1\times10^{-9}}=\frac{1}{46}$$

解得 $x=0.043$ mol，$0.10/0.043\approx3$，由计算说明加入 Na_2CO_3 溶液达到平衡后，移去清液，如此反复 3 次可达到转化沉淀的目的。

【例 8-21】 计算 AgSCN 和 AgBr 同时存在的溶解度。［$K_{sp}^{\ominus}(AgSCN)=1.1\times10^{-12}$，$K_{sp}^{\ominus}(AgBr)=5.3\times10^{-13}$］

解：根据 AgSCN 和 AgBr 的沉淀溶解平衡

① $[Ag^+]_r\cdot[SCN^-]_r=K_{sp}^{\ominus}(AgSCN)=1.1\times10^{-12}$

② $[Ag^+]_r\cdot[Br^-]_r=K_{sp}^{\ominus}(AgBr)=5.3\times10^{-13}$

用①÷②得，$[SCN^-]_r/[Br^-]_r=2.1$

溶液为电中性，电荷应平衡 $[SCN^-]_r+[Br^-]_r=[Ag^+]_r$，两边同除以 $[Br^-]_r$

$[SCN^-]_r/[Br^-]_r+1=[Ag^+]_r/[Br^-]_r$

③ $2.1+1=[Ag^+]_r/[Br^-]_r$

①，②，③式联立解得

$[Ag^+]=1.27\times10^{-6}$ mol·L^{-1}，$[SCN^-]=8.6\times10^{-7}$ mol·L^{-1}，$[Br^-]=4.1\times10^{-7}$ mol·L^{-1}。

AgBr 的溶解度为 4.1×10^{-7} mol·L^{-1}，AgSCN 的溶解度 8.6×10^{-7} mol·L^{-1}。

（十）配位转化

【例 8-22】 在 0.010 mol·L^{-1} 的 Fe^{3+} 中加入 KSCN 和 NH_4F 达平衡时，$c(F^-)=c(SCN^-)=1.0$ mol·L^{-1}，则溶液中，FeF_3 与 $Fe(SCN)_3$ 浓度的比值是多少？Fe^{3+} 浓度是多少？{$K_f^{\ominus}[Fe(SCN)_3]=4.0\times10^5$，$K_f^{\ominus}(FeF_3)=1.0\times10^{12}$}

分析：题意为配离子的转化，溶液中存在两个配离子的竞争平衡。因为 $K_f^{\ominus}(FeF_3)\gg K_f^{\ominus}[Fe(SCN)_3]$，所以 $c(Fe^{3+})$的大小由 $[FeF_6]^{3-}$ 的配位平衡决定。

解：① $Fe^{3+}+3F^- \rightleftharpoons [FeF_3]$　　$K_f^{\ominus}(FeF_3)$

−）② $Fe^{3+}+3SCN^- \rightleftharpoons Fe(SCN)_3$　　$K_f^{\ominus}[Fe(SCN)_3]$

③ $Fe(SCN)_3+3F^- \rightleftharpoons [FeF_3]+3SCN^-$　　$K_j^{\ominus}=K_f^{\ominus}(FeF_3)/K_f^{\ominus}[Fe(SCN)_3]$

$$K_j^{\ominus}=\frac{[FeF_3]_r\cdot[SCN^-]_r^3}{[Fe(SCN)_3]_r\cdot[F^-]_r^3}=\frac{[FeF_3]_r}{[Fe(SCN)_3]_r}=\frac{1.0\times10^{12}}{4.0\times10^5}=2.5\times10^6$$

假定 Fe^{3+} 全部生成 FeF_3 后离解出 Fe^{3+} 达平衡

$$Fe^{3+} + 3F^- \rightleftharpoons FeF_3$$

平衡浓度/$(mol \cdot L^{-1})$　　x　　1.0　　$0.010-x$

　　x　　1.0　　0.010

$$K_f^\ominus(FeF_3) = \frac{[FeF_3]_r}{[Fe^{3+}]_r \cdot [F^-]_r^3} = \frac{0.010-x}{x \cdot (1.0)^3} = \frac{0.010}{x \cdot (1.0)^3} = 1.0 \times 10^{12}$$

解得　　$x = 1.0 \times 10^{-14}\ mol \cdot L^{-1}$

（十一）平衡与热力学

【例 8-23】 已知下列反应的热力学函数，求 298 K 时 AgCl 的 $K_{sp}^\ominus$。

	Ag^+	+ Cl^-	$\rightleftharpoons$ AgCl
$\Delta_f H_m^\ominus/(kJ \cdot mol^{-1})$	105.9	−167.4	−127.0
$S_m^\ominus/(J \cdot K^{-1} \cdot mol^{-1})$	73.92	55.11	96.11

分析：首先根据热力学函数求出反应的 $\Delta_r H_m^\ominus$、$\Delta_r S_m^\ominus$，再代入吉布斯公式求出反应的 $\Delta_r G_m^\ominus$，最后由 $\Delta_r G_m^\ominus = -RT \ln K^\ominus$ 算出 $K_{sp}^\ominus$。

解：$\Delta_r H_m^\ominus = \Delta_f H_m^\ominus(AgCl) - \Delta_f H_m^\ominus(Cl^-) - \Delta_f H_m^\ominus(Ag^+)$

$= (-127.0\ kJ \cdot mol^{-1}) - (105.9\ kJ \cdot mol^{-1} - 167.4\ kJ \cdot mol^{-1})$

$= -65.5\ kJ \cdot mol^{-1}$

$\Delta_r S_m^\ominus = S_m^\ominus(AgCl) - S_m^\ominus(Cl^-) - S_m^\ominus(Ag^+)$

$= 96.11\ J \cdot K^{-1} \cdot mol^{-1} - (73.92\ J \cdot K^{-1} \cdot mol^{-1} + 55.11\ J \cdot K^{-1} \cdot mol^{-1})$

$= -32.92\ J \cdot K^{-1} \cdot mol^{-1}$

$\Delta_r G_m^\ominus = \Delta_r H_m^\ominus - T\Delta_r S_m^\ominus$

$= -65.5\ kJ \cdot mol^{-1} - 298\ K \times (-32.92) \times 10^{-3}\ kJ \cdot K^{-1} \cdot mol^{-1}$

$= -55.7\ kJ \cdot mol^{-1}$

$\Delta_r G_m^\ominus = -RT \ln K^\ominus$

$-55.7\ kJ \cdot mol^{-1} = -8.314 \times 10^{-3}\ kJ \cdot mol^{-1} \cdot K^{-1} \times 298\ K \times \ln K^\ominus$

$\ln K^\ominus = 22.48$

$K^\ominus = 5.8 \times 10^9$

$$K_{sp}^\ominus = 1/K^\ominus = \frac{1}{5.8 \times 10^9} = 1.7 \times 10^{-10}$$

【例 8-24】 已知 $Ca(OH)_2(s)$ 和 $H_2O(l)$ 的 $\Delta_f G_m^\ominus$ 分别为 $-898.6\ kJ \cdot mol^{-1}$ 和 $-237.2\ kJ \cdot mol^{-1}$，$K_{sp}^\ominus[Ca(OH)_2] = 5.0 \times 10^{-6}$，求 $\varphi^\ominus(Ca^{2+}/Ca)$。

分析：由题意知如能得到一电池反应对应的 $\Delta_r G_m^\ominus$ 和另一电极的电极电势即能求得 $\varphi^\ominus(Ca^{2+}/Ca)$。

解：① $Ca(s) + O_2(g) + H_2(g) = Ca(OH)_2(s)$　　$\Delta_r G_m^\ominus(1) = -898.6\ kJ \cdot mol^{-1}$

② $1/2O_2(g) + H_2(g) = H_2O(l)$　　$\Delta_r G_m^\ominus(2) = -237.2\ kJ \cdot mol^{-1}$

③ $Ca(OH)_2(s) \rightleftharpoons Ca^{2+}(aq) + 2OH^-(aq)$　　$\Delta_r G_m^\ominus(3) = -RT\ln K_{sp}^\ominus$

④ $H_2O(l) \rightleftharpoons H^+(aq) + OH^-(aq)$　　$\Delta_r G_m^\ominus(4) = -RT\ln K_w^\ominus$

①−2×②+③−2×④得

$$Ca(s) + 2H^+(aq) = Ca^{2+}(aq) + H_2(g)$$

$$\Delta_r G_m^\ominus = \Delta_r G_m^\ominus(1) - 2\times\Delta_r G_m^\ominus(2) + \Delta_r G_m^\ominus(3) - 2\times\Delta_r G_m^\ominus(4)$$
$$= (-898.6\ \mathrm{kJ\cdot mol^{-1}}) - 2\times(-237.2\ \mathrm{kJ\cdot mol^{-1}}) +$$
$$[-8.314\times10^{-3}\mathrm{kJ\cdot mol^{-1}\cdot K^{-1}}\times298\ \mathrm{K}\ln(5.0\times10^{-6})] -$$
$$[-2\times8.314\times10^{-3}\ \mathrm{kJ\cdot mol^{-1}\cdot K^{-1}}\times298\ \mathrm{K}\ln(1.0\times10^{-14})]$$
$$= -898.6\ \mathrm{kJ\cdot mol^{-1}} + 474.4\ \mathrm{kJ\cdot mol^{-1}} + 30.2\ \mathrm{kJ\cdot mol^{-1}} - 159.6\ \mathrm{kJ\cdot mol^{-1}}$$
$$= -553.6\ \mathrm{kJ\cdot mol^{-1}}$$

$$\Delta_r G_m^\ominus = -nFE^\ominus \quad E^\ominus = \frac{\Delta_r G_m^\ominus}{-nF} = \frac{553.6\times10^3\ \mathrm{J\cdot mol^{-1}}}{2\times96\,485\ \mathrm{C\cdot mol^{-1}}} = 2.87\ \mathrm{V}$$

$$E^\ominus = \varphi^\ominus(H^+/H_2) - \varphi^\ominus(Ca^{2+}/Ca) \qquad 2.87\ \mathrm{V} = 0\ \mathrm{V} - \varphi^\ominus(Ca^{2+}/Ca)$$

$$\varphi^\ominus(Ca^{2+}/Ca) = -2.87\ \mathrm{V}$$

【例 8－25】 已知某反应在 300 K 时，正、逆反应的速度常数分别为 $0.1\ \mathrm{s^{-1}}$ 和 $0.001\ \mathrm{s^{-1}}$，$\Delta_r H_m^\ominus = 40\ \mathrm{kJ\cdot mol^{-1}}$，求反应在 327 ℃时的平衡常数。

分析：正逆反应的速率常数之比即反应的平衡常数，不同温度的平衡常数可用范特霍夫公式求解。注意单位统一。

解：$K^\ominus = \dfrac{k_{正}}{k_{逆}} = \dfrac{0.1\ \mathrm{s^{-1}}}{0.001\ \mathrm{s^{-1}}} = 100$

设 $T_1 = 300\ \mathrm{K}$，$T_2 = 273\ \mathrm{K} + 327\ \mathrm{K} = 600\ \mathrm{K}$

$$\lg\frac{K_2^\ominus}{K_1^\ominus} = \frac{\Delta_r H_m^\ominus}{2.303R}\left(\frac{T_2 - T_1}{T_1 T_2}\right)$$

$$\lg\frac{K_2^\ominus}{100} = \frac{40\times10^3\ \mathrm{J\cdot mol^{-1}}}{2.303\times8.314\ \mathrm{J\cdot mol^{-1}\cdot K^{-1}}}\times\left(\frac{600\ \mathrm{K} - 300\ \mathrm{K}}{300\ \mathrm{K}\times600\ \mathrm{K}}\right) = 3.48$$

$$K_2^\ominus = 3.0\times10^5$$

二、自测题

1. $CaCO_3$ 能溶解于 HAc 中，设沉淀达到平衡时 $c(\mathrm{HAc}) = 1.0\ \mathrm{mol\cdot L^{-1}}$，已知室温下反应产物 H_2CO_3 的饱和浓度为 $0.040\ \mathrm{mol\cdot L^{-1}}$，求 1 L 溶液中能溶解多少 $CaCO_3$？共需多大浓度的 HAc？[$K_{sp}^\ominus(CaCO_3) = 4.96\times10^{-9}$，$K_a^\ominus(\mathrm{HAc}) = 1.76\times10^{-5}$，$K_a^\ominus(H_2CO_3) = K_{a1}^\ominus\cdot K_{a2}^\ominus = 4.3\times10^{-7}\times5.6\times10^{-11}$]

2. 将 1.0 mL $1.0\ \mathrm{mol\cdot L^{-1}}$ 的 $Cd(NO_3)_2$ 溶液加到 1.0 L $5.0\ \mathrm{mol\cdot L^{-1}}$ 氨水中，计算说明将生成 $Cd(OH)_2$ 还是 $[Cd(NH_3)_4]^{2+}$。

{$K_{sp}^\ominus[Cd(OH)_2] = 5.3\times10^{-15}$，$K_f^\ominus[Cd(NH_3)_4^{2+}] = 1.3\times10^7$}

3. 可卡因($C_{17}H_{21}NO_4$)是一元有机弱碱，在 15 ℃时测得其水溶液的 pH 是 8.53，渗透压是 7.03 kPa，试计算可卡因的电离常数 $K_b^\ominus$。

4. 某樟脑酸酯只含有 C、H 和 O，经分析 C 和 H 的质量分数分别为 65.60%和 9.44%，将其 0.785 g 溶解于 8.040 g 的樟脑中，测得该溶液的冰点降低 15.2 ℃，试确定其分子质量和化学式。[$K_f(C_{10}H_{16}O) = 40\ \mathrm{K\cdot kg\cdot mol^{-1}}$]

5. 将 0.1 mol 的 $AgNO_3$ 溶于 1 L $1.0\ \mathrm{mol\cdot L^{-1}}$ 的氨水中，问最少需加入多少克 KBr 才有 AgBr 沉淀析出？{$[Ag(NH_3)_2]^+$ 的 $K_f^\ominus = 1.7\times10^7$，$M_r(\mathrm{KBr}) = 119$，$K_{sp}^\ominus(\mathrm{AgBr}) =$

7.7×10^{-13}}

6. 在 1.0 L 水中溶解 5.0×10^{-4} mol 的 $Cd(OH)_2$，需加入固体 $Na_2S_2O_3$ 多少克？已知 $K_{sp}^{\ominus}[Cd(OH)_2]=4.58\times10^{-15}$，$K_f^{\ominus}\{[Cd(S_2O_3)_2]^{2-}\}=2.1\times10^6$。

7. 计算 AgSCN 在 0.003 0 mol・L^{-1} $NH_3\cdot H_2O$ 中的溶解度。

8. 在 0.004 0 mol・L^{-1}的 $[Ag(NH_3)_2]^+$ 溶液中加入 NaCl，使 Cl^- 的浓度达到 0.001 0 mol・L^{-1}，计算有无 AgCl 沉淀生成。

9. 电池 Ag | Ag^+(1.00 mol・L^{-1}) ‖ Cl^-(1.00 mol・L^{-1}) | AgCl | Ag 的电池电动势为 −0.577 V，$\varphi^{\ominus}(Ag^+/Ag)=0.799$ V，写出电池反应式并计算反应的平衡常数。

10. 一个 Au 电极浸在一种含有 $[Au(CN)_2]^-$ 和 CN^- 的浓度都为 1.00 mol・L^{-1}的溶液里，若用标准氢电极作正极，经实验测得它和 Au 电极之间的电势差为 0.57 V，$\varphi^{\ominus}(Au^+/Au)=1.69$ V。

(1) 写出原电池的电池符号表示式；

(2) 试计算配离子 $[Au(CN)_2]^-$ 的稳定常数。

11. 已知 $Co^{3+}+e^- \rightleftharpoons Co^{2+}$ 的标准电极电势为 1.83 V，$O_2+4H^++4e^- \rightleftharpoons 2H_2O$ 的标准电极电势为 1.23 V，Co^{3+} 能氧化水，故在水中不能稳定存在。若在 $Co^{3+}+e^- \rightleftharpoons Co^{2+}$ 体系中加入氨水，使平衡 NH_3 的浓度为1.0 mol・L^{-1}，计算 $[Co(NH_3)_6]^{3+}+e^- \rightleftharpoons [Co(NH_3)_6]^{2+}$ 的标准电极电势，并判断 $[Co(NH_3)_6]^{3+}$ 水溶液的稳定性。

12. 将铜丝插入浓度为 1 mol・L^{-1} 的 $CuSO_4$ 溶液中，银丝插入浓度为 1 mol・L^{-1} 的 $AgNO_3$ 溶液中，组成原电池。

(1) 计算原电池的标准电极电势；

(2) 若加氨气于 $CuSO_4$ 溶液中，使达平衡时氨的浓度为 1 mol・L^{-1}，计算此时的电池电动势；(忽略加氨后溶液体积变化)

(3) 若在 (1) 中加入 NaCl 固体于 $AgNO_3$ 溶液中，使 Cl^- 浓度保持1 mol・L^{-1}，计算此时的电池电动势，并指出电池反应的方向。(忽略加 NaCl 后溶液体积变化)

已知 $\varphi^{\ominus}(Cu^{2+}/Cu)=0.34$ V，$\varphi^{\ominus}(Ag^+/Ag)=0.799$ V，$K_f^{\ominus}[Cu(NH_3)_4^{2+}]=2.08\times10^{13}$，$K_{sp}^{\ominus}(AgCl)=1.8\times10^{-10}$。

三、参考答案

1. 分析：此溶液中存在三个平衡：一是难溶电解质 $CaCO_3$ 的沉淀溶解平衡，二是 HAc 的电离平衡，三是 H_2CO_3 的电离平衡。三个平衡相互影响。

解法 1：$CaCO_3$ 溶解于 HAc 的反应为

$$CaCO_3+2HAc \rightleftharpoons Ca^{2+}+H_2CO_3+2Ac^-$$

该反应综合以下三个平衡

(1) $CaCO_3 \rightleftharpoons Ca^{2+}+CO_3^{2-}$　　$K_{sp}^{\ominus}$

(2) $H_2CO_3 \rightleftharpoons 2H^++CO_3^{2-}$　　$K_{a1}^{\ominus}\times K_{a2}^{\ominus}$

(3) $2HAc \rightleftharpoons 2H^++2Ac^-$　　$(K_a^{\ominus})^2(HAc)$

(1)−(2)+(3)得总反应，则

$$K_j^{\ominus}=\frac{K_{sp}^{\ominus}(CaCO_3)\cdot(K_a^{\ominus})^2(HAc)}{K_a^{\ominus}(H_2CO_3)}=\frac{4.96\times10^{-9}\times(1.76\times10^{-5})^2}{4.3\times10^{-7}\times5.6\times10^{-11}}=6.4\times10^{-2}$$

设 1 L 溶液中能溶解 $CaCO_3$ 的物质的量为 x，则

$$CaCO_3+2HAc \rightleftharpoons Ca^{2+}+H_2CO_3+2Ac^-$$

平衡浓度/($mol\cdot L^{-1}$)　　1.0　　x　　0.040　　$2x$

代入平衡常数表达式 $K_j^{\ominus}$ 中

$$K_j^{\ominus}=\frac{[Ca^{2+}]_r\cdot[H_2CO_3]_r\cdot[Ac^-]_r^2}{[HAc]_r^2}=\frac{x\times0.040\times(2x)^2}{1.0^2}=6.4\times10^{-2}$$

$$x=\sqrt[3]{\frac{6.4\times10^{-2}}{4\times0.040}}=0.74$$

HAc 的初始浓度$=0.74\ mol\cdot L^{-1}\times2+1.0\ mol\cdot L^{-1}=2.48\ mol\cdot L^{-1}$

解法 2：

1 L 溶液中能溶解 $CaCO_3$ 的物质的量为 x，平衡时溶液中 $[H^+]$ 为 y，则

$$CaCO_3+2H^+ \rightleftharpoons Ca^{2+}+H_2CO_3$$

平衡浓度/($mol\cdot L^{-1}$)　　y　　x　　0.040

$$K_j^{\ominus}=\frac{[Ca^{2+}]_r\cdot[H_2CO_3]_r}{[H^+]_r^2}\times\frac{[CO_3^{2-}]_r}{[CO_3^{2-}]_r}=\frac{K_{sp}^{\ominus}(CaCO_3)}{K_a^{\ominus}(H_2CO_3)}$$

$$=\frac{4.96\times10^{-9}}{4.3\times10^{-7}\times5.6\times10^{-11}}=2.06\times10^{8}$$

$\frac{x\cdot0.040}{y^2}=2.06\times10^8$，因为平衡时 $c(HAc)=1.0\ mol\cdot L^{-1}$，则

$$HAc \rightleftharpoons H^++Ac^-$$

平衡浓度/($mol\cdot L^{-1}$)　　1.0　　y　　$2x+y$

因为 $K_j^{\ominus}$ 很大，HAc 的 $K_a^{\ominus}$ 很小，所以 $2x+y\approx2x$。

$$K_a^{\ominus}=\frac{y(2x)}{1.0}=1.76\times10^{-5}\qquad y=\frac{K_a^{\ominus}}{2x}$$

代入上式

$$\frac{x\cdot0.040}{y^2}=\frac{x\cdot0.040}{(K_a^{\ominus}/2x)^2}=2.06\times10^8$$

$$4x^3\cdot0.040=2.06\times10^8\cdot(K_a^{\ominus})^2$$

$$x=\sqrt[3]{\frac{2.06\times10^8\times(1.76\times10^{-5})^2}{4\times0.040}}=0.74$$

HAc 的初始浓度$=0.74\ mol\cdot L^{-1}\times2+1.0\ mol\cdot L^{-1}=2.48\ mol\cdot L^{-1}$

2. 解：如果生成 $[Cd(NH_3)_4]^{2+}$，其反应如下：

$$Cd^{2+}+4NH_3 \rightleftharpoons [Cd(NH_3)_4]^{2+}$$

平衡时 $[Cd(NH_3)_4^{2+}]_r=1.0\ mol\cdot L^{-1}\times1.0\ mL/1\,001\ mL\approx1.0\times10^{-3}mol\cdot L^{-1}$

$[NH_3]_r=(5.0\ mol\cdot L^{-1}\times1\,000\ mL-1.0\ mol\cdot L^{-1}\times1.0\ mL\times4)/1\,001\ mL\approx5.0\ mol\cdot L^{-1}$

$$NH_3\cdot H_2O \rightleftharpoons NH_4^++OH^-$$

$$[OH^-]_r=\sqrt{5.0\times1.77\times10^{-5}}=9.4\times10^{-3}$$

如果生成 $Cd(OH)_2$，反应如下：

$$[Cd(NH_3)_4]^{2+}+2OH^- \rightleftharpoons Cd(OH)_2+4NH_3$$

$$K_j^{\ominus}=\frac{[NH_3]_r^4}{[Cd(NH_3)_4^{2+}]_r\cdot[OH^-]_r^2}\cdot\frac{[Cd^{2+}]_r}{[Cd^{2+}]_r}$$

$$=\frac{1}{K_f^{\ominus}\ \{[Cd(NH_3)_4^{2+}]\}\cdot K_{sp}^{\ominus}[Cd(OH)_2]}=1.45\times10^{-8}$$

$K_j^{\ominus}$ 很小，说明反应正向进行的趋势极小，且 $c(NH_3)$ 又大，溶液中生成的应是 $[Cd(NH_3)_4]^{2+}$。或直接求出 $c(Cd^{2+})$，再根据溶度积规则判断是否生成 $Cd(OH)_2$。

$$Cd^{2+}+4NH_3 \rightleftharpoons [Cd(NH_3)_4]^{2+}$$

平衡浓度/$(mol\cdot L^{-1})$　　x　　5.0　　0.001

$$K_f^{\ominus}=\frac{0.001}{x\cdot(5.0)^4}=1.3\times10^7$$

$$c(Cd^{2+})=x=1.2\times10^{-13}\ mol\cdot L^{-1}$$

$$c_r(Cd^{2+})c_r^2(OH^-)=1.2\times10^{-13}\times(9.4\times10^{-3})^2$$

$$=1.1\times10^{-17}<K_{sp}^{\ominus}[Cd(OH)_2]=5.3\times10^{-15}$$

无 $Cd(OH)_2$ 沉淀生成。

3. 分析：可卡因在水中存在电离平衡，要发生微弱的电离，溶液产生的渗透压是可卡因分子及其电离出的离子浓度总和而产生的。

解：根据渗透压的公式　　$\Pi=cRT$

$$7.03\ kPa=c\times8.314\ kPa\cdot L\cdot K^{-1}\cdot mol^{-1}\times(273+15)K$$

解得　　$c=2.94\times10^{-3}\ mol\cdot L^{-1}$

$pOH=14-pH=14.0-8.53=5.47$，$c(OH^-)=3.4\times10^{-6}mol\cdot L^{-1}$，$c\gg c(OH^-)$，根据最简式　　$c_r(OH^-)=\sqrt{c_r\cdot K_b^{\ominus}}$

$$3.4\times10^{-6}=\sqrt{2.94\times10^{-3}\cdot K_b^{\ominus}}$$

解得　　$K_b^{\ominus}=3.9\times10^{-9}$

4. 分析：通过依数性冰点降低计算出溶质的质量摩尔浓度，从而可得到樟脑酸酯的摩尔质量。

解：设该樟脑酸酯的摩尔质量为 M，则它的质量摩尔浓度 b 为

$$b=\left(\frac{0.785\ g}{M}\Big/8.040\ kg\right)\times1\ 000$$

$$\Delta T_f=K_f b\qquad b=\Delta T_f/K_f$$

$$\Delta T_f/K_f=\left(\frac{0.785\ g}{M}\Big/8.040\ kg\right)\times1\ 000$$

$$M=\frac{0.785\ g\times1\ 000\times K_f}{\Delta T_f\times8.040\ kg}=\frac{0.785\ g\times1\ 000\times40\ K\cdot kg\cdot mol^{-1}}{15.2\ K\times8.040\ kg}=256.9\ g\cdot mol^{-1}$$

C：$(256.9\times65.60\%)/12=14$

H：$(256.9\times9.44\%)/1=24$

O：$(256.9\times24.96\%)/16=4$

溶质的化学式为 $C_{14}H_{24}O_4$。

5. 分析：$AgNO_3$ 溶于 1 L 1.0 $mol\cdot L^{-1}$ 的氨水中，Ag^+ 与 NH_3 作用生成 $[Ag(NH_3)_2]^+$ 配离子，由于 NH_3 过量且配离子的 K_f 较大，配位反应很完全，Ag^+ 的浓度可通过配位平衡计算。当 $c_r(Ag^+)c_r(Br^-)>K_{sp}^{\ominus}(AgBr)$ 时，有 AgBr 沉淀产生，由此可计算出 $c(Br^-)$。

解：设溶液中 $c(Ag^+)$ 为 x mol·L^{-1}。

$$Ag^+ + 2NH_3 \rightleftharpoons [Ag(NH_3)_2]^+$$

平衡浓度/(mol·L^{-1})　x　$1.0-0.2+2x$　$0.1-x$

$$K_f^\ominus=\frac{0.1-x}{x(0.8+2x)^2}=1.7\times10^7$$

$$x=\frac{0.1}{0.8^2\times1.7\times10^7}=9.2\times10^{-9}$$

$$c_r(Ag^+)c_r(Br^-)>K_{sp}^\ominus(AgBr)$$

$$c_r(Br^-)=K_{sp}^\ominus(AgBr)/c_r(Ag^+)=7.7\times10^{-13}/(9.2\times10^{-9})=8.4\times10^{-5}$$

则
$$c(Br^-)=8.4\times10^{-5}\ mol\cdot L^{-1}$$

$$8.4\times10^{-5}\ mol\cdot L^{-1}\times1\ L\times119\ g\cdot mol^{-1}=0.01\ g$$

最少需加入 0.01 g KBr 才有 AgBr 沉淀析出。

6. 分析：本题为 $Cd(OH)_2$ 的沉淀平衡和 $[Cd(S_2O_3)_2]^{2-}$ 的配位平衡竞争的综合题。正确写出竞争平衡，求出竞争平衡常数 $K_j^\ominus$，确定平衡浓度是解题的关键。

解：① $Cd(OH)_2 \rightleftharpoons Cd^{2+}+2OH^-$　　$K_{sp}^\ominus$

+）② $Cd^{2+}+2S_2O_3^{2-} \rightleftharpoons [Cd(S_2O_3)_2]^{2-}$　　$K_f^\ominus$

③ $Cd(OH)_2+2S_2O_3^{2-} \rightleftharpoons [Cd(S_2O_3)_2]^{2-}+2OH^-$　　$K_j^\ominus=K_{sp}^\ominus\times K_f^\ominus$

平衡浓度/(mol·L^{-1})　x　5.0×10^{-4}　$2\times5.0\times10^{-4}$

$$K_j^\ominus=\frac{c_r^2(OH^-)\cdot c_r\{[Cd(S_2O_3)_2]^{2-}\}}{c_r^2(S_2O_3^{2-})}=\frac{(1.0\times10^{-3})^2\times5.0\times10^{-4}}{x^2}$$

$$=K_{sp}^\ominus\cdot K_f^\ominus=4.58\times10^{-15}\times2.1\times10^6=9.6\times10^{-9}$$

解得 $x=0.23$ mol·L^{-1}，故原始浓度为 $x+2\times5.0\times10^{-4}\approx x=0.23$ mol·L^{-1}

$$m(Na_2S_2O_3)=0.23\ mol\cdot L^{-1}\times1\ L\times158.1\ g\cdot mol^{-1}=36.4\ g$$

7. 分析：AgSCN 是难溶电解质，溶解出的 Ag^+ 与 NH_3 生成 $[Ag(NH_3)_2]^+$ 使 AgSCN 的溶解度增大，假定溶解的 Ag^+ 全部生成 $[Ag(NH_3)_2]^+$，则 $c[Ag(NH_3)_2^+]=c(SCN^-)$。

解：
① $AgSCN \rightleftharpoons Ag^++SCN^-$　　$K_{sp}^\ominus$

+）② $Ag^++2NH_3 \rightleftharpoons [Ag(NH_3)_2]^+$　　$K_f^\ominus$

③ $AgSCN+2NH_3 \rightleftharpoons [Ag(NH_3)_2]^++SCN^-$　　$K_j^\ominus=K_{sp}^\ominus\times K_f^\ominus$

平衡浓度/(mol·L^{-1})　$0.0030-2x$　x　x

$$K_j^\ominus=\frac{c_r(SCN^-)\cdot c_r[Ag(NH_3)_2^+]}{c_r^2(NH_3)}=\frac{x^2}{(0.0030-2x)^2}$$

$$=K_{sp}^\ominus\cdot K_f^\ominus=1.1\times10^{-12}\times1.1\times10^7=1.1\times10^{-5}$$

假定
$$0.0030-2x\approx0.0030$$

解得
$$x=1.0\times10^{-5}\ mol\cdot L^{-1}$$

$2x=2.0\times10^{-5}$ 与 0.003 0 相比可忽略不计，近似合理。

8. 分析：最简便的解法是先用配位平衡计算出 $[Ag(NH_3)_2]^+$ 解离出的 Ag^+ 浓度，根据溶度积规则判断它与 Cl^- 的离子积是否大于 AgCl 的溶度积，不宜用综合平衡进行计算。

解：
$$Ag^++2NH_3 \rightleftharpoons [Ag(NH_3)_2]^+$$

平衡浓度/(mol·L^{-1})　x　$2x$　$0.0040-x$

$$K_f^{\ominus}=\frac{c_r[Ag(NH_3)_2^+]}{c_r^2(NH_3)\cdot c_r(Ag^+)}=\frac{0.0040-x}{(2x)^2\cdot x}\approx\frac{0.0040}{4x^3}=1.1\times10^7$$

解得　　$x=4.5\times10^{-4}\ mol\cdot L^{-1}$

$c_r(Ag^+)\cdot c_r(Cl^-)=4.5\times10^{-4}\times0.0010=4.5\times10^{-7}>K_{sp}^{\ominus}(AgCl)=1.8\times10^{-10}$，有AgCl沉淀生成。

9. 解：正极反应：$AgCl+e^-\rightleftharpoons Ag+Cl^-$

+）负极反应：$Ag\rightleftharpoons Ag^++e^-$

总反应：$AgCl\rightleftharpoons Ag^++Cl^-$

该电池的电池电动势为标准电池电动势，故

$$\lg K_{sp}^{\ominus}=\frac{nE^{\ominus}}{0.0592\ V}=\frac{1\times(-0.577)}{0.0592\ V}=-9.75\qquad K_{sp}^{\ominus}=1.8\times10^{-10}$$

10. 解：(1)原电池可表示为

$(-)Au\mid[Au(CN)_2]^-(1.00\ mol\cdot L^{-1}),\ CN^-(1.00\ mol\cdot L^{-1})\parallel H^+\mid H_2(g)(p^{\ominus})\mid Pt(+)$

(2) $E=E^{\ominus}=\varphi_+^{\ominus}-\varphi_-^{\ominus}=\varphi^{\ominus}(H^+/H_2)-\varphi^{\ominus}([Au(CN)_2]^-/Au)$

$\varphi^{\ominus}([Au(CN)_2]^-/Au)=\varphi^{\ominus}(H^+/H_2)-E=0.00-0.57\ V=-0.57\ V$

$$[Au(CN)_2]^-\rightleftharpoons Au^++2CN^-$$

$$K_f^{\ominus}=\frac{c_r[Au(CN)_2^-]}{c_r^2(CN^-)\cdot c_r(Au^+)}=\frac{1}{c_r(Au^+)}$$

$$Au^++e^-\rightleftharpoons Au$$

$$\varphi^{\ominus}([Au(CN)_2]^-/Au)=\varphi^{\ominus}(Au^+/Au)+0.0592\ V\lg c(Au^+)$$

$$-0.57\ V=1.69\ V+0.0592\ V\lg\frac{1}{K_f^{\ominus}}$$

解得　　$K_f^{\ominus}=1.5\times10^{38}$

11. 分析：所求的标准电极电势实质是 $[Co(NH_3)_6]^{3+}$，$[Co(NH_3)_6]^{2+}$ 及 NH_3 的浓度都为 1.0 $mol\cdot L^{-1}$的条件下解离的 Co^{3+} 与 Co^{2+} 电对的非标准电极电势，与 $\varphi^{\ominus}(O_2/H_2O)$ 比较大小来判断 $[Co(NH_3)_6]^{3+}$ 水溶液的稳定性。

解：　$Co^{3+}+6NH_3\rightleftharpoons[Co(NH_3)_6]^{3+}$

$$\frac{c_r([Co(NH_3)_6]^{3+})}{c_r^6(NH_3)\cdot c_r(Co^{3+})}=K_{f1}^{\ominus}=2.9\times10^{33}\qquad c_r(Co^{3+})=\frac{c_r([Co(NH_3)_6]^{3+})}{c_r^6(NH_3)\cdot K_{f1}^{\ominus}}$$

$$Co^{2+}+6NH_3\rightleftharpoons[Co(NH_3)_6]^{2+}$$

$$\frac{c_r([Co(NH_3)_6]^{2+})}{c_r^6(NH_3)\cdot c_r(Co^{2+})}=K_{f2}^{\ominus}=2.4\times10^{4}\qquad c_r(Co^{2+})=\frac{c_r([Co(NH_3)_6]^{2+})}{c_r^6(NH_3)\cdot K_{f2}^{\ominus}}$$

$$Co^{3+}+e^-\rightleftharpoons Co^{2+}$$

$$\varphi^{\ominus}([Co(NH_3)_6]^{3+}/[Co(NH_3)_6]^{2+})=\varphi^{\ominus}(Co^{3+}/Co^{2+})+0.0592\ V\lg\frac{c_r(Co^{3+})}{c_r(Co^{2+})}$$

$$=1.83\ V+0.0592\ V\lg\frac{\dfrac{c_r([Co(NH_3)_6]^{3+})}{c_r^6(NH_3)\cdot K_{f1}^{\ominus}}}{\dfrac{c_r([Co(NH_3)_6]^{2+})}{c_r^6(NH_3)\cdot K_{f2}^{\ominus}}}$$

$$=1.83\ V+0.0592\ V\lg\frac{K_{f2}^{\ominus}}{K_{f1}^{\ominus}}$$

$$=1.83\ V+0.0592\ V\lg\frac{2.4\times10^{4}}{2.9\times10^{33}}$$

$$=0.108\ V$$

因为 0.108<1.23，故 $[Co(NH_3)_6]^{3+}$ 水溶液能稳定存在。

由计算可知，只要 $c([Co(NH_3)_6]^{3+})=c([Co(NH_3)_6]^{2+})=c(NH_3)$，也可得到同样的结果。

12. 分析：(1) 标准电池电动势等于正极的标准电极电势减去负极的标准电极电势。(2) 加氨气于 $CuSO_4$ 溶液，Cu^{2+} 与 NH_3 作用生成配离子 $[Cu(NH_3)_4]^{2+}$，由于配离子的 $K_f^\ominus$ 值很大，因此反应进行得很完全，残留的 Cu^{2+} 浓度可根据配位平衡计算。由于电对 Cu^{2+}/Cu 中 Cu^{2+} 浓度大大降低，其电极电势减小，电池电动势将增大。(3)加 NaCl 固体于 $AgNO_3$ 溶液，Ag^+ 与 Cl^- 作用生成 AgCl 沉淀，Ag^+ 的浓度降低，电对 Ag^+/Ag 的电极电势减小，电池电动势将减小。若 Ag^+/Ag 的电极电势小于 Cu^{2+}/Cu，反应的方向可发生改变。

解：

(1) $E^\ominus=\varphi^\ominus(Ag^+/Ag)-\varphi^\ominus(Cu^{2+}/Cu)=0.799\ V-0.34\ V=0.459\ V$

(2) 达平衡时 $c(NH_3)=1\ mol\cdot L^{-1}$，则

$$Cu \quad + \quad 4NH_3 \rightleftharpoons [Cu(NH_3)_4]^{2+}$$

平衡浓度/$(mol\cdot L^{-1})$　　1　　1

$$c_r(Cu^{2+})=\frac{c_r([Cu(NH_3)_4]^{2+})}{K_f^\ominus\cdot c_r^4(NH_3)}=\frac{1}{2.08\times10^{13}\times1^4}=4.8\times10^{-14}$$

$$\varphi(Cu^{2+}/Cu)=\varphi^\ominus(Cu^{2+}/Cu)+\frac{0.0592\ V}{2}\lg c_r(Cu^{2+})$$

$$=0.34\ V+\frac{0.0592\ V}{2}\lg(4.8\times10^{-14})$$

$$=-0.0542\ V$$

$E=\varphi^\ominus(Ag^+/Ag)-\varphi(Cu^{2+}/Cu)=0.799\ V-(-0.0542\ V)=0.853\ V$

(3) $Ag^++Cl^-\rightleftharpoons AgCl$，达平衡时 $c(Cl^-)=1\ mol\cdot L^{-1}$

$$c_r(Ag^+)=\frac{K_{sp}^\ominus(AgCl)}{c_r(Cl^-)}=1.8\times10^{-10}$$

$$\varphi(Ag^+/Ag)=\varphi^\ominus(Ag^+/Ag)+0.0592\ V\lg c_r(Ag^+)$$

$$=0.799\ V+0.0592\ V\lg(1.8\times10^{-10})$$

$$=0.222\ V$$

$$E=\varphi(Ag^+/Ag)-\varphi^\ominus(Cu^{2+}/Cu)=0.222\ V-0.34\ V=-0.118\ V<0$$

此时反应方向为 $2Ag+Cu^{2+}\rightleftharpoons 2Ag^++Cu$，正向进行。

第九章 分析化学概述

一、基本概念与要点

(一) 误差

1. 系统误差（可测误差） 是由某些经常性的、固定的原因造成的误差。其特点是具有单向性和重复性。

系统误差又分为方法误差、试剂误差、仪器误差、操作误差。

系统误差可通过下列措施减免或校正：①选择适当的测定方法；②对照试验；③空白试验。

2. 偶然误差（随机误差） 由一些不确定的、偶然因素造成的误差。其特点是时大时小、有正有负、难以预测。

偶然误差符合正态分布规律，绝对值相等的正误差和负误差出现的机会均等，小误差出现的概率大，大误差出现的概率小。在消除系统误差的前提下，增加平行测定的次数可减小偶然误差。

3. 定量分析中误差的表示方法

(1) 准确度及误差　准确度是指分析结果和真实值相符合的程度。准确度的高低用误差来衡量。

绝对误差：测定值与真实值之差，$E=x_i-x_T$。

相对误差：绝对误差占真实值的百分率，$E_r=E/x_T\times100\%$。

在滴定分析中，使用万分之一天平称取试样质量至少为 0.2 g，使用 50 mL 滴定管消耗体积至少为 20 mL，可使称量或测量溶液体积所引起的相对误差小于千分之一，保证分析结果的准确度。

(2) 精密度与偏差　精密度是指同一试样多次平行测定值之间相互符合的程度。精密度高低用偏差来衡量。

绝对偏差：$d_i=x_i-\bar{x}$

相对偏差：$d_r=\dfrac{d_i}{\bar{x}}\times100\%$

平均偏差：$\bar{d}=\dfrac{|d_1|+|d_2|+\cdots+|d_n|}{n}=\dfrac{\sum_{i=1}^{n}|d_i|}{n}$

相对平均偏差：$\bar{d}_r=\dfrac{\bar{d}}{\bar{x}}\times100\%$

总体标准偏差：$\sigma=\sqrt{\frac{\sum_{i=1}^{n}(x_i-\mu)^2}{n}}=\sqrt{\frac{\sum_{i=1}^{n}d_i^2}{n}}$

式中：μ 是无限多次测定的总体平均值，在校正了系统误差的前提下，μ 即为真实值。

标准偏差：当测定次数 $n<20$ 时，$S=\sqrt{\frac{\sum_{i=1}^{n}(x_i-\bar{x})^2}{n-1}}=\sqrt{\frac{\sum_{i=1}^{n}d_i^2}{n-1}}$

相对标准偏差：$S_r=\frac{S}{\bar{x}}\times100\%$

（3）准确度与精密度的关系　测定结果的精密度高低由偶然误差决定，准确度主要由系统误差和偶然误差决定。精密度是保证准确度的前提条件。准确度高一定要求精密度高，但精密度高不一定保证准确度高。在消除系统误差的情况下，测定数据的差异主要由偶然误差造成，用精密度便可以评价分析结果的优劣。

（二）分析数据的处理

1. 置信度和置信区间　在要求较高准确度的分析工作中，分析结果应同时指出试样含量的真实值所在的范围（置信区间），以及试样含量落在此范围内的概率（置信度），以此说明分析结果的可靠程度。

（1）置信区间　$\mu=\bar{x}\pm\frac{ts}{\sqrt{n}}$（式中，$t$ 为校正系数，可由统计学计算或查表获得），它表示在一定置信度下，以平均值 $\bar{x}$ 为中心，包含无限次测定的平均值 μ 在内的可靠性范围或区间。

（2）置信度 P　是测定值在置信区间范围内出现的概率。

置信区间的大小与下列因素有关，置信度 P 越大（即估计的把握程度越大），t 越大，置信区间越大，表示估计的准确度越差（定量分析中一般取 $P=0.9$ 或 0.95）；测定次数 n 越大，t 越小，计算所得的置信区间越小，表示估计的准确度越高；S 越大，置信区间越大，表示估计的准确度越差。

2. 可疑值的取舍　在多次平行测定中，常会有个别数据与同组数据偏离较大，此数据称为可疑值。如果该值由“过失”所致，则应舍去；否则，要用统计学方法决定其取舍。常用方法是 Q 检验法。

Q 检验法：适合于测定次数为 10 次以内的分析中对可疑数据的检验。将数据从小到大排列，x_1 或 x_n 为可疑值。计算最大值与最小值之差，即极差，$R=x_n-x_1$，则 $Q_{计算}=\frac{x_n-x_{n-1}}{x_n-x_1}$。

根据测定次数和指定置信度，查 Q 值表，若 $Q_{计算}>Q_{表}$，则应舍去可疑值，否则应保留。

3. 有效数字运算规则　有效数字是实际测定到的数字，其中除最后一位不甚准确外，其他数字均是准确的。科学实验中之所以使用有效数字，是因为它不仅能反映测定结果的大小，而且可反映测定误差的大小。

有效数字的修约规则是“四舍六入五成双”。

有效数字的运算规则：加减运算中以小数点后位数最少（即绝对误差最大）的数为依

据，先修约后运算；乘除法运算中，以有效数字位数最少（即相对误差最大）的数为依据，先修约后运算。

定量分析一般要求有四位有效数字；有关化学平衡的计算（如离子的浓度）一般保留两位或三位有效数字；表示误差或偏差时，通常取两位有效数字。

（三）滴定分析法概述

滴定分析法是将已知准确浓度的标准溶液滴加到待测物质溶液中，达到化学计量点时，根据标准溶液的浓度和所消耗的体积，计算出待测物质含量的分析方法。滴定分析一般利用指示剂颜色的变化来判断滴定终点，滴定终点与化学计量点之间的差异，称为终点误差。

滴定分析对化学反应的要求：反应必须定量且无副反应，反应速率快、完全（达 99.9%以上），有适当的方法确定滴定终点。

标准溶液可由基准物质直接配制，或近似配成所需浓度，然后用基准物质进行标定。标准溶液的浓度常用物质的量浓度 c 及滴定度 T 表示。

1. 物质的量浓度 $c_B = n_B/V$，单位为 $mol \cdot L^{-1}$。

2. 滴定度 指每毫升标准溶液可滴定的或相当于被测物质的质量，单位为 $g \cdot mL^{-1}$。常用 T（待测物/滴定剂）表示。

（四）滴定分析中的计算

1. 配制溶液的计算 由固体物质配制一定浓度的溶液，依据溶液浓度、溶质的物质的量、溶质的质量、溶液体积之间的关系进行计算。

2. 确定溶液浓度的计算 由基准物或一种标准溶液来确定另一种标准溶液的浓度，根据两者物质的量之间的化学计量关系进行计算。

3. 分析结果的计算 对于滴定反应 $aA + bB = cC + dD$，滴定到达终点时，根据物质的量比规则，标准溶液 B 和待测物质 A 的物质的量关系为

$$n_A = \frac{a}{b} n_B$$

若待测物质 A 是固体，则其在试样中的质量分数按下式计算：

$$\frac{m_A}{M_A} = \frac{a}{b} c_B \cdot V_B$$

$$w_A = \frac{m_A}{m_s} = \frac{\frac{a}{b} c_B \cdot V_B \cdot M_A}{m_s}$$

二、解题示例

【例 9-1】定量分析中，下列情况将引起系统误差还是偶然误差或对测定结果无影响？

（1）以失去部分结晶水的硼砂为基准物，标定 HCl 溶液的浓度：________。

（2）重量分析法测 SiO_2 时，试样中硅酸沉淀不完全：________。

（3）天平零点的突然变动：________。

（4）配制样品溶液时，使用了未经干燥的容量瓶：________。

（5）用 pH 计测定溶液酸度时，电源电压不稳定：________。

解：（1）系统误差；（2）系统误差；（3）偶然误差；（4）无影响；（5）偶然误差。

【例 9-2】下列数字为 3 位有效数字的是（　　）。

A. 1.235　　B. 0.04　　C. pH=4.27　　D. 0.004 00

答：D。A. 小数点后有 3 位数字，但是是 4 位有效数字。B. 两个 0 均起定位作用，是 1 位有效数字。C. 对数首数仅起定位作用，不是有效数字，故只有 2 位有效数字。D. 4 前面的三个 0 起定位作用，不是有效数字，4 后面的两个 0 均为测定到的数字，故为 3 位有效数字。

【例 9-3】关于偶然误差，下列叙述正确的是（　　）。

A. 做平行试验的目的是减小偶然误差

B. 做对照试验可减免偶然误差

C. 偶然误差影响测定的精密度，对准确度无影响

D. 偶然误差影响测定的准确度，对精密度无影响

答：A。对照试验可检验和减免系统误差，故 B 不正确。偶然误差既影响精密度，又影响准确度，故 C、D 均不正确。根据偶然误差出现的规律，做平行试验可减小偶然误差。

【例 9-4】使用万分之一分析天平称量物体质量，欲使测量误差小于等于±0.1%，则物体质量不得小于（　　）。

A. 0.1 g　　B. 0.2 g　　C. 2 g　　D. 0.2 mg

答：B。万分之一分析天平，读数误差为±0.000 1 g，称量时需首先调节零点，所以每称量一次需读数两次，故其测量误差为±0.000 2 g。根据相对误差定义可知，为保证测量误差小于等于±0.1%，物体质量 $m \geqslant \dfrac{\pm 0.000\,2\ \text{g}}{\pm 0.1\%}$，即 $m \geqslant 0.2$ g。

【例 9-5】测定某蛋白质质量分数 7 次，数据为 79.58%，79.45%，79.47%，79.50%，79.38%，79.62%，79.80%。

（1）试用 Q 检验法判断可疑值取舍（置信度 90%）；

（2）求平均值、平均偏差、相对平均偏差、标准偏差、相对标准偏差；

（3）求置信度为 90%时平均值的置信区间。

解：（1）首先用 Q 检验法决定可疑值取舍：

将数据由小到大排列：

79.38%，79.45%，79.47%，79.50%，79.58%，79.62%，79.80%

极差 R=79.80%−79.38%=0.42%，其中最小值 79.38%和最大值 79.80%为可疑值，应由 Q 检验法决定其取舍。

对于 79.38%：$Q_{计} = \dfrac{|79.38\% - 79.45\%|}{0.42\%} = 0.16$

对于 79.80%：$Q_{计} = \dfrac{|79.80\% - 79.62\%|}{0.42\%} = 0.43$

查 Q 表，当 P=90%、n=7 时，$Q_{表}$=0.51，两值均小于 $Q_{表}$，所以均应保留。

（2）$\bar{x} = 1/7 \times (79.38\% + 79.45\% + 79.47\% + 79.50\% + 79.58\% + 79.62\% + 79.80\%) = 79.54\%$

$\bar{d} = 1/7 \times (|-0.16\%| + |-0.09\%| + |-0.07\%| + |-0.04\%| + |0.04\%| + |0.08\%| + |0.26\%|) = 0.11\%$

$$\bar{d}_r = \frac{\bar{d}}{\bar{x}} \times 100\% = \frac{0.11\%}{79.54\%} \times 100\% = 0.14\%$$

$$S=\sqrt{\frac{(-0.16\%)^2+(-0.09\%)^2+(-0.07\%)^2+(-0.04\%)^2+(0.04\%)^2+(0.08\%)^2+(0.26\%)^2}{7-1}}$$
$$=0.14\%$$

$$S_r=\frac{S}{\bar{x}}\times100\%=\frac{0.14\%}{79.54\%}\times100\%=0.18\%$$

(3) 求置信区间：查表可知，当 $P=90\%$、$n=7$ 时，$t=1.94$，所以

$$\mu=\left(79.54\pm\frac{1.94\times0.14}{\sqrt{7}}\right)\%=(79.54\pm0.10)\%$$

即有 90%的把握认为，试样的蛋白质质量分数为(79.54±0.10)%。

三、自测题

(一) 选择题

1. 定量分析工作要求测定结果的误差（　　）。
   A. 等于零　　B. 略小于允许误差
   C. 略大于允许误差　　D. 在允许误差范围之内
2. 以下各项措施中，可消除系统误差的是（　　）。
   A. 增加测定次数　　B. 增加称样量
   C. 做对照试验　　D. 提高分析人员水平
3. 滴定分析中，指示剂颜色突变时停止滴定，这一点称为（　　）。
   A. 化学计量点　　B. 突跃范围
   C. 滴定终点　　D. 滴定误差
4. 有一组平行测定值，要舍弃可疑值，应采用（　　）。
   A. Q 检验　　B. 方差分析
   C. t 检验　　D. 求标准偏差
5. 从精密度好就可判断分析结果可靠的前提是（　　）。
   A. 偶然误差小　　B. 系统误差小
   C. 平均偏差小　　D. 标准偏差小
6. 下列各式中，有效数字位数正确的是（　　）。
   A. $c(H^+)=3.24\times10^{-2}$，3 位　　B. pH=3.24，3 位
   C. 0.0420，5 位　　D. 100.0 g，3 位
7. 用未干燥的 Na_2CO_3 标定 HCl 溶液，则 HCl 溶液的浓度将（　　）。
   A. 偏高　　B. 偏低　　C. 无影响　　D. 不能确定
8. 下列情况中，使分析结果产生正误差的是（　　）。
   A. 以 HCl 标准溶液滴定某碱样时，所用滴定管未洗干净，滴定时内壁挂有液珠
   B. 某试样在称量时吸潮了
   C. 以失去部分结晶水的硼砂为基准物，标定 HCl 溶液的浓度
   D. 以 EDTA 标准溶液滴定钙镁含量时，在终点到达之前停止滴定
9. 将 Ca^{2+} 沉淀为 CaC_2O_4，然后用酸溶解，再用 $KMnO_4$ 标准溶液滴定生成的 $H_2C_2O_4$，

从而求算 Ca^{2+} 的含量，所采用的滴定方式是（　　）。

A. 直接滴定法　　B. 间接滴定法

C. 返滴定法　　D. 氧化还原滴定法

10. 使用 50 mL 滴定管进行滴定操作，欲使测定误差小于等于±0.1%，滴定时放出溶液体积不得小于（　　）。

A. 1 mL　　B. 2 mL

C. 10 mL　　D. 20 mL

11. 用同一 $KMnO_4$ 标准溶液分别滴定体积相等的 $FeSO_4$ 和 $H_2C_2O_4$ 溶液，耗用的标准溶液体积相等，则 $FeSO_4$ 和 $H_2C_2O_4$ 两溶液的浓度之间的关系为（　　）。

A. $2c(FeSO_4)=c(H_2C_2O_4)$　　B. $c(FeSO_4)=2c(H_2C_2O_4)$

C. $c(FeSO_4)=c(H_2C_2O_4)$　　D. $5c(FeSO_4)=c(H_2C_2O_4)$

12. 用误差为±0.1mg 的天平准确称取 0.5 g 左右试样，有效数字应取（　　）。

A. 1 位　　B. 2 位

C. 3 位　　D. 4 位

13. 已知某溶液的 pOH=0.076，其 $c(OH^-)$ 为（　　）。

A. 0.8 $mol \cdot L^{-1}$　　B. 0.84 $mol \cdot L^{-1}$

C. 0.839 $mol \cdot L^{-1}$　　D. 0.839 4 $mol \cdot L^{-1}$

14. 用来标定 NaOH 溶液的基准物质最好选用（　　）。

A. 邻苯二甲酸氢钾　　B. $H_2C_2O_4 \cdot H_2O$

C. 硼砂　　D. As_2O_3

15. 下列可用来直接配制标准溶液的是（　　）。

A. H_2SO_4　　B. KOH

C. $Na_2S_2O_3$　　D. $K_2Cr_2O_7$

（二）填空题

16. 系统误差是指测定条件下由于某种________因素引起的误差。系统误差包括________、________、________和________。

17. 平行试验的目的是________________，对照试验的目的是________，空白试验的目的是________。

18. 对一标准值为 0.321 5 的样品进行 4 次平行测定，结果分别为 0.325 5，0.326 0，0.325 8，0.326 0。测定结果的相对平均偏差为________，相对误差为________。由计算结果可知，测定过程中必定存在较大的________误差。

19. 25.550 8 有________位有效数字，若保留三位有效数字，应按________的原则修约为________，计算下式 $\dfrac{0.1001\times(25.4508-21.52)\times246.43}{2.0359\times1000}$ 的结果为________。

20. 称取 5.883 6 g 纯 $K_2Cr_2O_7$，配制成 1 000 mL 溶液，则此溶液的 $c(K_2Cr_2O_7)$ 为________ $mol \cdot L^{-1}$；$c(1/6K_2Cr_2O_7)$ 为________ $mol \cdot L^{-1}$；$T(Fe/K_2Cr_2O_7)$ 为________ $g \cdot mL^{-1}$。[$M(Fe)=55.85\ g \cdot mol^{-1}$，$M(K_2Cr_2O_7)=294.2\ g \cdot mol^{-1}$]

（三）计算及简答题

21. 间接滴定法和置换滴定法有什么区别?

22. 为什么 50 mL 滴定管的液体所在的刻度必须估读到小数点后两位？

23. 在进行容量分析时，所用的仪器如 25 mL 的移液管和 100 mL 的容量瓶为什么应记为 25.00 mL 和 100.0 mL，而不应记为 25.0 mL 和 100.00 mL？

24. 分析某试样中铁含量的质量分数，数据如下：37.45%，37.20%，37.25%，37.30%，37.50%，求结果的平均值、极差、平均偏差、相对平均偏差、标准偏差、相对标准偏差。

25. 某试样中含铁量平行测定 5 次，结果为 39.10%，39.12%，39.19%，39.17%，39.22%。

(1) 求置信度为 95%时平均值的置信区间；

(2) 如果要使置信度为 95%时置信区间为±0.05，至少应平行测定多少次？

26. 食品含糖量测定结果如下：15.48%，15.51%，15.52%，15.52%，15.53%，15.53%，15.54%，15.56%，15.56%，15.68%，试用 Q 检验法判断有无异常值需舍去。（置信度 90%）

27. 称取邻苯二甲酸氢钾基准物质 0.512 5 g，标定 NaOH 时，用去此溶液 25.00 mL，求 NaOH 溶液的浓度。[M（邻苯二甲酸氢钾）$=204.2\ g\cdot mol^{-1}$]

28. 0.250 0 g 不纯 $CaCO_3$ 试样中不含干扰测定的组分，加入 25.00 mL 0.260 0 $mol\cdot L^{-1}$ HCl 溶解，用 0.245 0 $mol\cdot L^{-1}$ NaOH 溶液返滴定过量的盐酸，消耗 6.50 mL，计算试样中 $CaCO_3$ 的质量分数。[$M_r(CaCO_3)=100.09$]

29. 用邻苯二甲酸氢钾（KHP）作基准试剂标定 NaOH 溶液的浓度，得到如下四组数据：

m(KHP)/g	0.443 7	0.464 7	0.450 2	0.446 6
V(NaOH)/mL	21.18	22.20	22.09	0.212 7

计算说明：(1) 有无过失数据；

(2) 分析结果应如何表示。

已知：$M(KHP)=204.2\ g\cdot mol^{-1}$

$P=95\%$　　$n=3$　　$Q=0.94$　　$t=4.3$

$n=4$　　$Q=0.77$　　$t=3.2$

30. 用凯氏法测定蛋白质含氮量，称取样品 1.658 g，消化后，加碱蒸馏出的 NH_3 用盐酸吸收，过量的盐酸用 $c(NaOH)=0.160\ 0\ mol\cdot L^{-1}$ 的氢氧化钠 9.15 mL 滴定至终点。另做空白试验，滴定消耗氢氧化钠 30.53 mL。计算 w(N)。（提示：做空白试验时，除不加入样品外，其他操作与测定时完全相同）[$M(N)=14.00\ g\cdot mol^{-1}$]

四、参考答案

（一）选择题

1	2	3	4	5	6	7	8	9	10	11	12	13	14	15
D	C	C	A	B	A	A	A	B	D	B	D	C	A	D

（二）填空题

16. 固定、方法误差、试剂误差、仪器误差、操作误差；

17. 减小偶然误差、检验方法误差、检验试剂误差；

18. 0.05%、+1.3%、系统；

19. 六、四舍六入五成双、25.6、0.047 6；

20. 0.020 00、0.120 0、0.006 702。

（三）计算及简答题

21. 答：间接滴定法是指滴定剂不能与待测物反应，如高锰酸钾标准溶液测 Ca，高锰酸钾不与 Ca^{2+} 反应，是通过其他的反应将钙定量沉淀为草酸钙，用 H_2SO_4 溶解后生成的 $H_2C_2O_4$ 与 $KMnO_4$ 反应，从而达到测定 Ca 的目的。置换滴定法则是滴定剂能与待测物反应，但不满足滴定反应的要求，而是通过定量置换出其他物质的方式完成测定的目的。例如，$K_2Cr_2O_7$ 定量置换出的 I_2 与 $Na_2S_2O_3$ 反应，而不能用 $K_2Cr_2O_7$ 直接与 $Na_2S_2O_3$ 反应，因为存在副反应；EDTA 直接滴定 Ag^+，银与 EDTA 的配合物不稳定，则用 Ag^+ 置换出 $[Ni(CN)_4]^{2-}$ 中的 Ni^{2+}，用 EDTA 滴定 Ni^{2+}。这里与用直接法和间接法配制标准溶液的"间接"的意义有所不同。

22. 答：有效数字是仪器所能测量到的数字，最后一位为不确定的数字，如读数为 20.34 mL，意味最后一位数字"4"是不确定的，有±0.01 mL 的绝对误差，之前的"3"是确定的。若不估读，记为 20.3 mL，则"3"为不确定的数字，有±0.1 mL 的不确定性，未能正确表达所用仪器的精度。

23. 答：这是依据容量分析的准确度应达到相对误差在±0.1%的范围，使用的仪器须达此要求。若记为 25.0，依据有效数字的含义，最后一位 0 为不确定的数字，绝对误差应为±0.1，与 25 比即相对误差是±0.4%>±0.1%；记为 25.00，则最后一位为不确定的数字，绝对误差应为±0.01，与 25 比得到的相对误差为±0.04%<±0.1%，满足要求。100.00 最后一位不确定的数字，绝对误差为±0.01，与 100 比得到的相对误差为±0.01%≪±0.1%，无必要选择如此精度的仪器，而 100.0 则达到相对误差为±0.1%的要求。

24. $\bar{x}=37.34\%$；$R=0.30\%$；$\bar{d}=0.11\%$；$\bar{d}_r=0.29\%$；$S=0.13\%$；$S_r=0.35\%$。

25. （1）$\mu=(39.16\pm0.06)\%$；（2）至少平行测定 6 次。

26. 15.68%应舍弃

27. $0.100\ 4\ mol\cdot L^{-1}$。

28. 解：$CaCO_3 \sim 2HCl$，$NaOH \sim HCl$

$$w(CaCO_3)=\frac{n(CaCO_3)M(CaCO_3)}{m_s}\times100\%$$

$$=\frac{1/2\ [c(HCl)V(HCl)-c(NaOH)V(NaOH)]\ M(CaCO_3)}{m_s}\times100\%$$

$$=\frac{1/2\times(0.260\ 0\ mol\cdot L^{-1}\times0.025\ 00\ L-0.245\ 0\ mol\cdot L^{-1}\times0.006\ 50\ L)\times100.09\ g\cdot mol^{-1}}{0.250\ 0\ g}\times100\%$$

$$=98.3\%$$

消耗的 NaOH 只有 6.50 mL，6.50 为三位有效数字，滴定管两次读数产生的相对误差为±0.02/6.50=±0.3%，如果结果记为 98.24%，为四位有效数字，则相对误差为±0.1%，显然不合理。若测定的试样纯度较低，返滴定所用 NaOH 为 20.00 mL，所测定得到的都为四位有效数字，但是实际消耗在试样中的酸只有 6.15 mL，同理，结果也只应保留三位有效数字。因此，必须按照有效数字的运算法则进行计算才能得到合理的结果。

29. 解：(1)

$$c_1=\frac{0.443\,7\ \mathrm{g}}{204.2\ \mathrm{g\cdot mol^{-1}}\times 0.021\,18\ \mathrm{L}}=0.102\,6\ \mathrm{mol\cdot L^{-1}}$$

$$c_2=\frac{0.464\,7\ \mathrm{g}}{204.2\ \mathrm{g\cdot mol^{-1}}\times 0.022\,20\ \mathrm{L}}=0.102\,5\ \mathrm{mol\cdot L^{-1}}$$

$$c_3=\frac{0.450\,2\ \mathrm{g}}{204.2\ \mathrm{g\cdot mol^{-1}}\times 0.022\,09\ \mathrm{L}}=0.099\,81\ \mathrm{mol\cdot L^{-1}}$$

$$c_4=\frac{0.446\,6\ \mathrm{g}}{204.2\ \mathrm{g\cdot mol^{-1}}\times 0.021\,27\ \mathrm{L}}=0.102\,8\ \mathrm{mol\cdot L^{-1}}$$

$Q_{计}=\frac{|0.099\,81-0.102\,5|}{0.102\,8-0.099\,81}=0.90$　　$Q_{计}>Q=0.77$　　0.099 81 应舍去

(2) $\bar{x}=\frac{(0.102\,6+0.102\,5+0.102\,8)\mathrm{mol\cdot L^{-1}}}{3}=0.102\,6\ \mathrm{mol\cdot L^{-1}}$

$$S=\sqrt{\frac{\sum(x_i-\bar{x})^2}{n-1}}=1.6\times10^{-4}\mathrm{mol\cdot L^{-1}}$$

$$\mu=\bar{x}\pm\frac{tS}{\sqrt{n}}=(0.102\,6\pm0.000\,4)\mathrm{mol\cdot L^{-1}}$$

30. $w(\mathrm{N})=2.89\%$。

第十章 容量分析

一、基本概念与要点

（一）指示剂概述

滴定分析需要用指示剂的颜色变化来确定滴定终点。

1. 变色原理 大多数指示剂存在一个化学平衡，通过平衡的移动，指示剂发生颜色变化指示终点。

2. 变色点 指示剂在平衡中的两种颜色浓度相等时溶液的 pH、pM 或电极电势 φ。

3. 变色范围 平衡时当两种颜色浓度在 1∶10～10∶1 之间溶液的 pH、pM 或电极电势 φ 数值的区间。

4. 指示剂选择的原则 指示剂的变色范围必须全部或部分落在滴定曲线的突跃范围内，即变色点落在滴定的突跃范围内。

表 10－1 列出了三种滴定类型的指示剂小结。

表 10－1 三种滴定类型的指示剂小结

指示剂	原理		变色范围	变色点
酸碱	$HIn \rightleftharpoons H^+ + In^-$ （酸式色） （碱式色）	$pH = pK^\ominus_{HIn} - \lg \frac{[HIn]_r}{[In^-]_r}$	$pH = pK^\ominus_{HIn} \pm 1$	$pH = pK^\ominus_{HIn}$
金属	$MIn \rightleftharpoons M + In$ （配位色）（游离色）	$\lg K'_{MIn} = pM + \lg \frac{[MIn]'_r}{[In]'_r}$	$\lg K'_{MIn} = pM \pm 1$	$pM = \lg K'_{MIn}$
氧化还原	$In^{n+} + ne^- \rightleftharpoons In$ （氧化态色）（还原态色）	$\varphi = \varphi' + \frac{0.059\,2\ V}{n} \lg \frac{[In^{n+}]_r}{[In]_r}$	$\varphi = \varphi' \pm \frac{0.059\,2\ V}{n}$	$\varphi = \varphi'$

（二）酸碱指示剂

1. 指示剂种类 单一酸碱指示剂、混合酸碱指示剂（通过互补色可使变色敏锐，变色范围更窄）。

2. 指示剂用量 双色指示剂所观察到的变色点与用量无关，但不能多，否则颜色深而变化不明显。单色指示剂与用量有关，如酚酞，用量多则 pH 较低时粉红色出现。

最常用酸碱指示剂颜色变化如表 10－2 所示。

表 10-2 常用酸碱指示剂颜色变化

指示剂	变色范围（pH）	颜色变化	变色点（理论 $pK^{\ominus}_{HIn}$）	变色点（实际）
甲基橙	3.1～4.4	红-橙-黄	3.4	4.0
甲基红	4.4～6.2	红-橙-黄	5.0	5.0
酚酞	8.0～10.0	无-粉红-红	9.1	
百里酚酞	9.4～10.6	无色-淡蓝-蓝	10.0	10.0

（三）金属指示剂

1. MIn 与 In MIn 与 In 应为不同的颜色，因金属指示剂多为有机弱酸，其颜色随 pH 而变，必须控制合适的 pH 范围。

2. 防止封闭 指示剂与某些金属离子生成极稳定的配合物，以致计量点后过量的配位滴定剂也不能夺取 MIn 中的金属离子，指示剂不变色。

3. 防止僵化 指示剂与金属离子形成的配合物溶解度小或稳定性差，使 EDTA 与 MIn 之间的交换反应缓慢，滴定终点不明显或拖长。

4. 金属指示剂应具备的条件之一 $\lg K'(MY)-\lg K'(MIn)>2$

5. 指示剂的氧化变质现象 指示剂易被日光、氧化剂和空气等氧化或分解，有的在水中不稳定。常配成固体混合物，用时现配。例如，铬黑 T 或钙指示剂用 1 g，与 NaCl 固体 100 g 研磨，其中，NaCl 起稀释的作用。

常用金属指示剂的适宜 pH 范围及颜色变化见表 10-3。一般而言指示剂结合金属离子时偏红，为此使用时需注意 pH 的控制。

表 10-3 常用金属指示剂的适宜 pH 范围及颜色变化

指示剂	pH 范围	颜色变化
铬黑 T（EBT）	9～10.5	酒红-纯蓝
钙指示剂（NN）	12～13	酒红-纯蓝
二甲酚橙（XO）	5～6	红-亮黄
PAN	2～12	紫红-黄
磺基水杨酸（SSal）	1.5～2.5	紫红-无

（四）氧化还原滴定指示剂

1. 自身指示剂 标准溶液或被测物质本身有颜色，到终点时以自身的颜色指示终点。

例如，高锰酸钾法用的滴定剂 $KMnO_4$ 过量半滴，溶液呈粉红色为终点。（可观察到紫色时的浓度约为 2×10^{-6} mol·L^{-1}）

2. 专用指示剂 碘量法中淀粉指示剂与 I_2 生成一种蓝色配合物，借蓝色变化指示滴定终点。

3. 氧化还原指示剂 指示剂本身参与氧化还原反应即被滴定剂氧化或还原，由于指示剂氧化态和还原态颜色不同而指示滴定终点，与以上两种指示剂不同。

4. 常用的氧化还原指示剂

二苯胺磺酸钠：氧化态为紫红，还原态为无色，变色点为 0.85 V。

邻二氮菲亚铁：氧化态为浅蓝，还原态为橘红，变色点为 1.06 V。

（五）沉淀滴定指示剂

滴定原理 利用生成的沉淀性质的不同，应用最多的沉淀滴定法是银量法。沉淀滴定法及指示剂小结见表 10-4。

表 10-4 沉淀滴定法及指示剂小结

方法	滴定剂	滴定原理及测定对象	指示剂及其反应	要点
莫尔法（Mohr）	$AgNO_3$	$Ag^+ + Cl^- = AgCl\downarrow$ $Ag^+ + Br^- = AgBr\downarrow$ 可测 Cl^-、Br^-、CN^-	0.005 mol·L^{-1} K_2CrO_4 $2Ag^+ + CrO_4^{2-} = Ag_2CrO_4\downarrow$ 砖红色	pH 6.5～10.5 中性或弱碱性，以防止 $HCrO_4^-$ 生成导致终点过迟 不能测定 I^-、SCN^-
佛尔哈德法（Volhard）	NH_4SCN	Ag^+（过量）$+ Cl^- = AgCl\downarrow$ $SCN^- + Ag^+ = AgSCN\downarrow$ Ag^+（直接滴定）	铁铵矾 $NH_4Fe(SO_4)_2$ $Fe^{3+} + SCN^- = FeSCN^{2+}$ 血红色	HNO_3 介质防止 Fe^{3+} 水解，测 Cl^- 时，Fe^{3+} 达 0.2 mol·L^{-1}，可测 I^-、Br^-、SCN^-
法扬司法（Fajans）	$AgNO_3$ Cl^-	与卤素离子生成沉淀吸附指示剂使其结构改变，Cl^-、Br^-、I^-、SCN^-、Ag^+ 和 SO_4^{2-}	吸附指示剂（指示剂被沉淀吸附而发生颜色变化） $AgCl\cdot Ag^+ + FIn^- =$ $AgCl\cdot Ag^+\cdot FIn^-$（粉红色）	使指示剂呈阴离子（FIn^-）状态 可用糊精等增大沉淀比表面积

（六）滴定曲线的构成

酸碱滴定曲线：pH 对滴定分数作图。

配位滴定曲线：pM 对滴定分数作图。

氧化还原滴定曲线：溶液电极电势 φ 对滴定分数作图。

沉淀滴定法（银量法）：pAg 对滴定分数作图。

滴定曲线的突跃范围：相对误差在±0.1%时，对应的 ΔpH、ΔpM 和电极电势 $\Delta\varphi$。

（七）配位滴定的条件稳定常数 K_f'

1. 滴定剂 EDTA 的性质 EDTA 用 H_4Y 表示，其二钠盐 $Na_2H_2Y\cdot 2H_2O$ 浓度为 0.01 mol·L^{-1}时 pH 约为 4.8。$M(Na_2H_2Y\cdot 2H_2O)=372.26$ g·mol^{-1}。EDTA 可形成六元酸 H_6Y^{2+}，在水中有六级解离平衡。各种型体的分布系数与 pH 有关。

2. 副反应系数 配位滴定反应的副反应系数有酸效应系数 $\alpha[Y(H)]$、金属离子的副反应系数 $\alpha(M)$、共存离子副反应系数 $\alpha[Y(N)]$、EDTA 配合物的副反应系数 $\alpha(MY)$等，其中 $\alpha(MY)$有利于主反应的进行。主要应掌握 EDTA 的酸效应系数 $\alpha[Y(H)]$。

（1）酸效应和酸效应系数 Y 与 H^+ 形成 HY^{3-}、H_2Y^{2-}、…使 Y 的配位能力降低的现象，称为酸效应。酸效应系数即未与金属离子 M 配位的配位剂各种型体的浓度 [Y′] 是游离配位剂浓度 [Y] 的多少倍。数学表达式：

$$\alpha[Y(H)]=\frac{[Y']_r}{[Y]_r}$$

只考虑酸效应的条件稳定常数：

$$\frac{K_f^{\ominus}}{\alpha[Y(H)]}=\frac{[MY]_r}{[M']_r[Y']_r}=K_f'$$

$$\lg K_f'=\lg K_f^{\ominus}-\lg\alpha[Y(H)]$$

pH 越小，酸效应系数越大，条件稳定常数越小。pH 与 $\alpha[Y(H)]$ 一一对应。若 pH≥12，$[Y']=[Y]$，酸效应系数最小为 1，$\lg\alpha[Y(H)]=0$

（2）酸效应曲线　以不同的 $\lg K_f(MY)$ 对相应的最低 pH 作图得到的曲线。

3. 提高配位滴定选择性的方法

（1）控制酸度　用酸效应曲线确定金属离子能准确滴定的最高酸度。

$$\lg K_f' = \lg K_f^{\ominus} - \lg \alpha[Y(H)] \geqslant 8$$

被滴定的金属离子不生成沉淀的最低酸度：

$$[M^{n+}]_r[OH^-]_r^n \leqslant K_{sp}^{\ominus}$$

（2）加入掩蔽剂。

（3）加入沉淀剂。

（4）改变金属离子氧化数。

（5）解蔽。

（八）氧化还原的条件电极电势

1. 条件电极电势 φ'　在特定条件下（介质的离子强度 I，副反应系数 α），氧化态和还原态的浓度都为 $1\ mol \cdot L^{-1}$ 时溶液的实际电极电势，由实验测得。

2. 条件平衡常数

$$\lg K' = \frac{n(\varphi'_+ - \varphi'_-)}{0.059\ 2\ V}$$

三种常用的氧化还原滴定法小结见表 10－5。

表 10－5　三种常用的氧化还原滴定法小结

类别		滴定条件	标定	指示剂	典型实例
$KMnO_4$ 法		强酸性（H_2SO_4），温度 75～85 ℃，滴定速率慢-快-慢	$Na_2C_2O_4$ $H_2C_2O_4 \cdot 2H_2O$ As_2O_3	自身	间接法测 Ca，直接法测 H_2O_2
$K_2Cr_2O_7$ 法		酸性	不需标定	二苯胺磺酸钠	测 Fe
碘量法	碘滴定法（直接），I_2 标准液	弱酸性或中性，指示剂临近终点时加入，防止 I_2 挥发	As_2O_3	淀粉	测维生素 C
	滴定碘法（间接），将 I^- 氧化	同上并加过量 I^- 生成 I_3^-，防止 I_2 挥发，防止 I^- 被 O_2 氧化	$Na_2S_2O_3$ 标液滴定 I_2	淀粉	测 Cu

酸碱滴定、配位滴定和氧化还原滴定三种滴定类型的小结见表 10－6。

表 10－6　三种滴定类型的小结

滴定类型	酸碱滴定		配位滴定	氧化还原滴定
	强碱（酸）滴定同浓度强酸（碱）	强碱（酸）滴定同浓度弱酸（碱）		
影响因素	强碱和强酸浓度	弱酸 $K_a^{\ominus}$ 和强碱浓度	M 浓度 K_f'	条件电极电势 φ'
突跃范围	强碱（酸）的浓度各增大 10 倍，突跃范围增大 2 个 pH 单位	$K_a^{\ominus}$ 或强碱浓度各增大 10 倍，突跃范围各增大 1 个 pH 单位，弱酸浓度无影响	金属离子浓度或 K_f' 各增大 10 倍，突跃范围各增大 1 个 pM 单位	$\varphi_+' - \varphi_-'$ 差值越大，突跃范围越大；与浓度无关

（续）

滴定类型	酸碱滴定		配位滴定	氧化还原滴定
	强碱（酸）滴定同浓度强酸（碱）	强碱（酸）滴定同浓度弱酸（碱）		
计量点	$[H^+]_r=10^{-7}$	$[H]_r=\sqrt{c_{sp,r}K_a^{\ominus}}$	$[M']_r=\sqrt{\frac{c_{sp,r}(M)}{K'(MY)}}$	$\varphi'_{sp}=\frac{n_1\varphi'_1+n_2\varphi'_2}{n_1+n_2}$
准确滴定的条件		$c_{sp,r}K_a^{\ominus}\geqslant10^{-8}$	$c_{sp,r}(M)K'_f\geqslant10^6$	$\varphi'_+-\varphi'_->0.4\ V$
分步滴定（多元酸碱），选择滴定（配位）		多元酸碱 $c_{sp,r}K_{ai}^{\ominus}\geqslant10^{-8}$ $K_{ai}^{\ominus}/K_{a(i+1)}^{\ominus}>10^4$	$c_{sp,r}(M)K'_f\geqslant10^6$ $\frac{c_{r计}(M)K'_f(MY)}{c_{r计}(N)K'_f(NY)}\geqslant10^6$	

对表 10-6 的几点说明：

（1）滴定剂浓度与被滴定物的浓度相同。

（2）因滴定对象不同，$K_a^{\ominus}$ 与 $K_b^{\ominus}$ 可替换。“sp”是 stoichiometric point 的缩写，代表化学计量点。

（3）以强碱（酸）滴定弱酸（碱），当 $E_r=+0.1\%$ 即强碱（酸）浓度过量 0.1%，以其浓度计算 pH，若其浓度增大 10 倍，突跃范围增加 1 个 pH 单位。例如，NaOH 滴定 HAc：

$E_r=+0.1\%\ c(OH^-)=c(NaOH)\times\frac{V(HAc)_{原始}\times0.1\%}{V(HAc)_{原始}+V(NaOH)_{加入}}$，与 NaOH 的浓度有关。

而当 $E_r=-0.1\%$，用缓冲溶液公式计算：

$$[H^+]_r=K_a^{\ominus}(HAc)\times\frac{c(HAc)}{c(Ac^-)}=K_a^{\ominus}(HAc)\times\frac{0.01}{99.9}$$

式中：$K_a^{\ominus}$ 是常数。$[H^+]_r$ 与弱酸的浓度及强碱的浓度基本无关，而与 $K_a^{\ominus}$ 有关，$K_a^{\ominus}$ 增大 10 倍，突跃范围增加 1 个 pH 单位。

（4）不同相对误差的要求，滴定的条件也不同。准确滴定指相对误差 E_r 在 ±0.1%～±0.5%，多元酸碱滴定一般达到相对误差 E_r 在 ±0.5% 即可。

必须强调的是，能否准确滴定和能否反应是两个不同的概念。例如，NaOH 不能准确滴定 NH_4Cl，但 NaOH 能与 NH_4Cl 发生反应而且进行的程度很大，但 $c_{sp,r}K_a^{\ominus}\leqslant10^{-8}$，突跃范围小于目视颜色变化的极限 0.3 pH 单位，观察不到指示剂颜色变化，无法判断终点。

（5）氧化还原滴定计量点的计算公式仅限于对称氧化还原反应，即反应式中氧化剂对应的电对和还原剂对应的电对在反应式中的计量系数相等。对称氧化还原反应的突跃范围与氧化剂和还原剂的浓度无关。其突跃范围：

$$\varphi'_2-\frac{3\times0.0592\ V}{n_2}\sim\varphi'_1+\frac{3\times0.0592\ V}{n_1}$$

式中：φ'_1 为待测物的条件电极电势；φ'_2 为滴定剂的条件电极电势；n_1、n_2 分别代表待测物和滴定剂电极反应中的电子转移数。

（6）因 $M+Y\rightleftharpoons MY$，$K'_f(MY)$ 一般较大，配位滴定计量点的 [MY] 即 $c_{sp}(M)$ 为分析浓度 $c(M)$ 的一半。条件稳定常数 K'_f 受 pH 的影响，pH 升高，K'_f 增大，突跃增大。

二、解题示例

有关滴定的计算要点：①理解滴定方法和过程；②确定滴定剂和待测物反应的物质的量之比。

（一）酸碱滴定

【例 10－1】 以 0.100 0 mol·L^{-1} NaOH 滴定 0.100 0 mol·L^{-1} $H_2C_2O_4$，计算滴定终点时溶液的 pH，可选何种指示剂？（$H_2C_2O_4$ 的 $K_{a1}^{\ominus}=5.9\times10^{-2}$，$K_{a2}^{\ominus}=6.4\times10^{-5}$）

解：$c_rK_{a1}^{\ominus}=5.9\times10^{-3}>10^{-8}$，$c_rK_{a2}^{\ominus}=0.05\times6.4\times10^{-5}>10^{-8}$，两个 H^+ 都可被滴定。由于 $K_{a1}^{\ominus}/K_{a2}^{\ominus}=9.2\times10^{2}<10^{4}$，相差不大，$H_2C_2O_4$ 尚未定量滴定至 $HC_2O_4^-$，已有相当部分的 $HC_2O_4^-$ 被滴定成 $C_2O_4^{2-}$，故不能分步滴定，只有一个突跃。

反应如下：

$$2NaOH+H_2C_2O_4 \rightleftharpoons Na_2C_2O_4+2H_2O$$

计量点时产物 $Na_2C_2O_4$ 的水溶液呈碱性：

$$[OH^-]_r=\sqrt{K_{b1}^{\ominus}c_{b,r}}=\sqrt{\frac{K_w^{\ominus}}{K_{a2}^{\ominus}}\times\frac{0.100\,0}{3}}=2.8\times10^{-6}$$

$$pOH=5.55，pH=8.45$$

选酚酞作指示剂。

知道反应计量比不必写出反应式，滴定到终点时，体积为原来的 3 倍，故 $Na_2C_2O_4$ 的浓度为 0.100 0/3 mol·L^{-1}。

【例 10－2】 称取含 Na_3PO_4 和 Na_2HPO_4 及其他惰性杂质的试样 0.987 5 g，溶于适量水后，以酚酞作指示剂，用 0.280 2 mol·L^{-1} HCl 标准溶液滴至终点，用去 HCl 溶液17.86 mL，再加甲基橙指示剂，继续用 HCl 溶液滴定，至终点时又用去 HCl 溶液 20.12 mL，计算试样中 Na_3PO_4、Na_2HPO_4 的质量分数。

解：

$$\left.\begin{array}{l}PO_4^{3-}\\HPO_4^{2-}\end{array}\right\}\xrightarrow[V_1]{H^+}\left\{\begin{array}{l}HPO_4^{2-}\\HPO_4^{2-}\end{array}\right.\xrightarrow[V_2]{H^+}\left\{\begin{array}{l}H_2PO_4^-\\H_2PO_4^-\end{array}\right.$$

酚酞终点　　　　甲基橙终点

$$w(Na_3PO_4)=\frac{c(HCl)V_1\times M(Na_3PO_4)}{1\,000\times m_s}\times100\%$$

$$=\frac{0.280\,2\ mol\cdot L^{-1}\times17.86\ L\times10^{-3}\times163.94\ g\cdot mol^{-1}}{0.987\,5\ g}\times100\%$$

$$=83.08\%$$

$$w(Na_2HPO_4)=\frac{c(HCl)(V_2-V_1)\times M(Na_2HPO_4)}{1\,000\times m_s}\times100\%$$

$$=\frac{0.280\,2\ mol\cdot L^{-1}\times(20.12\ L-17.86\ L)\times10^{-3}\times141.96\ g\cdot mol^{-1}}{0.987\,5\ g}\times100\%$$

$$=9.10\%$$

【例 10－3】 有两份含有 H_3PO_4 和 H_2SO_4 的混合液 50.00 mL，用 0.100 0 mol·L^{-1}

NaOH 滴定。一份用甲基橙指示剂，需 26.15 mL NaOH 滴定到终点；另一份用酚酞作指示剂，需 36.03 mL NaOH 到达终点，计算试样中两种酸的浓度。

解：

第一份

$$\left.\begin{matrix}H_3PO_4\\H_2SO_4\end{matrix}\right\}\xrightarrow[V_1]{OH^-}\begin{matrix}H_2PO_4^-\\Na_2SO_4\end{matrix}$$

甲基橙终点 $\downarrow V_2-V_1$

第二份

$$\left.\begin{matrix}H_3PO_4\\H_2SO_4\end{matrix}\right\}\xrightarrow[V_2]{OH^-}\begin{matrix}HPO_4^{2-}\\Na_2SO_4\end{matrix}$$

酚酞终点

与 H_2SO_4 反应的 NaOH 体积$=V_1-(V_2-V_1)$

$$c(H_3PO_4)=\frac{0.1000\ mol\cdot L^{-1}\times(36.03\ mL-26.15\ mL)}{50.00\ mL}$$

$$=0.01976mol\cdot L^{-1}$$

$$36.03\ mL-26.15\ mL=9.88\ mL$$

$$c(H_2SO_4)=\frac{0.1000\ mol\cdot L^{-1}\times(26.15\ mL-9.88\ mL)}{50.00\ mL\times 2}$$

$$=0.0163\ mol\cdot L^{-1}$$

混合碱的测定：HCl 标准溶液作滴定剂，双指示剂（酚酞和甲基橙）法测定混合碱，V_1 为酚酞终点 HCl 消耗的体积，V_2 为甲基橙终点 HCl 消耗的体积，混合碱的组成与消耗 HCl 体积关系见表 10-7。

表 10-7 双指示剂法测定混合碱的实验数据

V_1 与 V_2 的关系	$V_1>V_2$，$V_2\neq0$	$V_1<V_2$，$V_1\neq0$	$V_1=V_2$	$V_1\neq0$，$V_2=0$	$V_1=0$，$V_2\neq0$
碱的组成	$OH^-+CO_3^{2-}$	$HCO_3^-+CO_3^{2-}$	CO_3^{2-}	OH^-	HCO_3^-

消除 CO_2 影响的方法：①用新煮沸后冷却的蒸馏水配制 NaOH 溶液；②用不含 Na_2CO_3 的 NaOH 配制标准溶液；③标定和测定用同一指示剂。

【例 10-4】某一含混合碱及惰性杂质的样品 1.000 g，加水溶解后用酚酞作指示剂，滴至终点需 0.2500 mol·L^{-1} HCl 20.40 mL，再以甲基橙为指示剂，继续以 HCl 滴至终点，需 HCl 溶液 28.46 mL，试求该混合碱的组成及含量。

解：$V_1<V_2$，其组成为 Na_2CO_3 与 $NaHCO_3$

$$w(Na_2CO_3)=\frac{0.2500\ mol\cdot L^{-1}\times20.40\times10^{-3}\ L\times105.99\ g\cdot mol^{-1}}{1.000\ g}\times100\%$$

$$=54.05\%$$

$$w(NaHCO_3)=\frac{(28.46\ L-20.40\ L)\times10^{-3}\times0.2500\ mol\cdot L^{-1}\times84.01\ g\cdot mol^{-1}}{1.000\ g}\times100\%$$

$$=16.93\%$$

【例 10-5】含有 $Na_2HPO_4\cdot12H_2O$ 和 $NaH_2PO_4\cdot H_2O$ 的混合试样 0.6000 g，用甲基橙指示剂以 0.1000 mol·L^{-1} HCl 14.00 mL 滴定至终点，同样质量的试样用酚酞作指示剂

时需用 5.00 mL 0.120 0 mol・L^{-1} NaOH 滴至终点，计算各组分的质量分数。[$M_r(Na_2HPO_4 \cdot 12H_2O)=358.14$，$M_r(NaH_2PO_4 \cdot H_2O)=138$]

解：用甲基橙作指示剂（3.1～4.4）把 Na_2HPO_4 滴定到 NaH_2PO_4

$$w(Na_2HPO_4 \cdot 12H_2O)=\frac{0.100\,0\ mol \cdot L^{-1}\times 14.00\ L\times 10^{-3}\times 358.14\ g \cdot mol^{-1}}{0.600\,0\ g}\times 100\%$$

$$=83.6\%$$

用酚酞作指示剂（8.0～10.0）把 NaH_2PO_4 滴定至 Na_2HPO_4。

$$w(NaH_2PO_4 \cdot H_2O)=\frac{0.120\,0\ mol \cdot L^{-1}\times 5.00\ L\times 10^{-3}\times 138\ g \cdot mol^{-1}}{0.600\,0\ g}\times 100\%$$

$$=13.8\%$$

【例 10-6】称取仅含有 Na_2CO_3 和 K_2CO_3 的试样 1.000 g 溶于水后以甲基橙作指示剂，滴至终点时耗去 0.500 0 mol・L^{-1} HCl 30.00 mL。试计算样品中 Na_2CO_3 和 K_2CO_3 的含量。[$M_r(Na_2CO_3)=105.99$，$M_r(K_2CO_3)=138.21$]

解：设 Na_2CO_3 的质量为 x，则 K_2CO_3 的质量为（$1-x$）

$$\left(\frac{x}{105.99\ g \cdot mol^{-1}}+\frac{1-x}{138.21\ g \cdot mol^{-1}}\right)\times 2=0.500\,0\ mol \cdot L^{-1}\times 30.00\ L\times 10^{-3}$$

解得 $x=0.120\,5$ g

K_2CO_3 为 1.000 g−0.120 5 g=0.879 5 g

$$w(K_2CO_3)=\frac{0.879\,5\ g}{1.000\ g}\times 100\%=87.95\%$$

$$w(Na_2CO_3)=\frac{0.120\,5\ g}{1.000\ g}\times 100\%=12.05\%$$

【例 10-7】称取 $CaCO_3$ 0.500 0 g 溶于 50.00 mL HCl 中，多余的酸用 NaOH 回滴，耗碱 6.20 mL，1 mL NaOH 溶液相当于 1.010 mL HCl 溶液，求这两种溶液的浓度。

解：根据反应计量比的关系：

$$CaCO_3 \sim 2HCl \sim 2NaOH$$

由反应的等物质的量规则：

$$\frac{[V(HCl)-V(NaOH)\times 1.010]}{2}\times c(HCl)=\frac{m(CaCO_3)}{M(CaCO_3)}\times 1\,000$$

$$\frac{(50.00\ mL-6.20\ mL)\times 1.010}{2}\times c(HCl)=\frac{0.500\,0\ g}{100.09\ g \cdot mol^{-1}}\times 1\,000$$

$c(HCl)=0.228\,4\ mol \cdot L^{-1}$

$c(NaOH)=c(HCl)\times 1.010=0.230\,7\ mol \cdot L^{-1}$

【例 10-8】阿司匹林即乙酰水杨酸，与 NaOH 的反应如下：

$$HOOCC_6H_4OCOCH_3+3NaOH \longrightarrow NaOOCC_6H_4ONa+CH_3COONa$$

称取阿司匹林药片（其他成分不参加反应）0.250 0 g，加入 50.00 mL 0.102 0 mol・L^{-1}的 NaOH 溶液，煮沸冷却后，以 0.052 64 mol・L^{-1}的 H_2SO_4 回滴过量的 NaOH，以酚酞作指示剂指示终点，消耗体积为 23.75 mL，求试样中乙酰水杨酸的质量分数。

解：根据反应计量比的关系：

$$HOOCC_6H_4OCOCH_3 \sim \frac{1}{3}NaOH \sim \frac{2}{3}H_2SO_4$$

由反应的等物质的量规则：

$$w(\text{乙酰水杨酸})=\frac{\frac{1}{3}[c(\mathrm{NaOH})V(\mathrm{NaOH})-2c(\mathrm{H_2SO_4})V(\mathrm{H_2SO_4})]M(\text{乙酰水杨酸})}{m_s}\times 100\%$$

$$=\frac{\frac{1}{3}\times(0.1020\ \mathrm{mol\cdot L^{-1}}\times 0.05000\ \mathrm{L}-2\times 0.05264\ \mathrm{mol\cdot L^{-1}}\times 0.02375\ \mathrm{L})\times 180.16\ \mathrm{g\cdot mol^{-1}}}{0.2500\ \mathrm{g}}$$

$=62.45\%$

（二）配位滴定

【例 10-9】 用 2×10^{-2} mol·L^{-1} 的 EDTA 滴定同浓度的 Fe^{3+}，要求相对误差为±0.1%，求滴定应满足的 pH 范围。

解：$\lg\alpha[Y(H)]=\lg K'(FeY)-8=25.1-8=17.1$，查酸效应曲线，pH 约为 1.0，为防止滴定开始时生成 $Fe(OH)_3$ 沉淀，必须满足：

$$[OH^-]_r=\sqrt[3]{\frac{K_{sp}^{\ominus}[Fe(OH)_3]}{[Fe^{3+}]_r}}=\sqrt[3]{\frac{2.64\times10^{-39}}{2\times10^{-2}}}=5.1\times10^{-13}$$

$$pH=14-\lg(5.1\times10^{-13})=1.7$$

即
$$1.0<pH<1.7$$

【例 10-10】 收集 24 h 尿样共 2.00 L，用 EDTA 滴定。(1) 取 10.0 mL 上述尿样，加入 pH=10 的缓冲溶液，用 0.005 00 mol·L^{-1} 的 EDTA 滴定，消耗 23.5 mL；(2) 另取 10.0 mL 该尿样，使 Ca^{2+} 形成 CaC_2O_4 沉淀除去，仍用同浓度的 EDTA 滴定其中的 Mg^{2+}，需 EDTA 12.0 mL。求尿样中 Ca^{2+} 和 Mg^{2+} 的质量浓度。[$M_r(Ca)=40.08$，$M_r(Mg)=24.31$]

解：$$\rho(Mg)=\frac{0.00500\ \mathrm{mol\cdot L^{-1}}\times 12.0\ \mathrm{mL}\times 24.31\ \mathrm{g\cdot mol^{-1}}}{10.0\ \mathrm{mL}}=0.146\ \mathrm{g\cdot L^{-1}}$$

$$\rho(Ca)=\frac{0.00500\ \mathrm{mol\cdot L^{-1}}\times(23.5\ \mathrm{mL}-12.0\ \mathrm{mL})\times 40.08\ \mathrm{g\cdot mol^{-1}}}{10.0\ \mathrm{mL}}$$

$=0.230\ \mathrm{g\cdot L^{-1}}$

【例 10-11】 药物中咖啡因含量可用间接配位滴定法测定。称取 0.381 1 g 试样，溶于酸中，定容于 50.00 mL 容量瓶。移取 20.00 mL 试液于烧杯中，加入 5.00 mL 0.250 7 mol·L^{-1} $KBiI_4$ 溶液，此时生成 $(C_8H_{10}N_4O_2)HBiI_4$ 沉淀。过滤弃去沉淀。移取 10.00 mL 滤液在 HAc-Ac^- 缓冲液中，用 0.049 19 mol·L^{-1} EDTA 滴定剩余 Bi^{3+} 至 BiI_4^- 黄色消除，耗去 EDTA 5.11 mL。计算试样中咖啡因($C_8H_{10}N_4O_2$)的质量分数。[$M_r(C_8H_{10}N_4O_2)=194.2$]

解：咖啡因（$C_8H_{10}N_4O_2$）的质量分数

$w(C_8H_{10}N_4O_2)$

$$=\frac{\left(0.2507\ \mathrm{mol\cdot L^{-1}}\times5.00\ \mathrm{mL}-0.04919\ \mathrm{mol\cdot L^{-1}}\times5.11\ \mathrm{mL}\times\frac{5}{2}\right)\times50.00\ \mathrm{mL}\times194.2\ \mathrm{g\cdot mol^{-1}}}{20.00\ \mathrm{mL}\times0.3811\ \mathrm{g}\times1000}\times100\%$$

$=79.6\%$

【例 10-12】 在 pH=10.0，浓度均为 0.010 mol·L^{-1} 的 Ca^{2+}、Ba^{2+} 混合试液中加入 K_2CrO_4，使 [CrO_4^{2-}] 为 0.010 mol·L^{-1}。问能否掩蔽 Ba^{2+} 而准确滴定 Ca^{2+}？(pH=10.0 时，

$\lg\alpha[Y(H)]=0.45$；$\lg K(CaY)=10.69$；$\lg K^{\ominus}(BaY)=7.86$；$K_{sp}^{\ominus}(BaCrO_4)=1.2\times10^{-10}$）

解：当 $[CrO_4^{2-}]$ 为 0.010 mol·L^{-1}时，$[Ba^{2+}]_r=\frac{K_{sp}^{\ominus}(BaCrO_4)}{[CrO_4^{2-}]_r}=\frac{1.2\times10^{-10}}{0.010}=1.2\times10^{-8}$

因为$\frac{c(Ca^{2+})K'(CaY)}{c(Ba^{2+})K'(BaY)}=\frac{0.010\times10^{10.69-0.45}}{1.2\times10^{-8}\times10^{7.86-0.45}}>10^5$，可以掩蔽 Ba^{2+} 而准确滴定 Ca^{2+}。

【例 10-13】 为分析苯巴比妥钠（$C_{12}H_{11}N_2O_3Na$）含量，称取试样 0.243 8 g，加碱溶解后用 HAc 酸化转移于 250.0 mL 容量瓶中，加入 25.00 mL 0.020 31 mol·L^{-1} $Hg(ClO_4)_2$，稀释至刻度，此时生成 $Hg(C_{12}H_{11}N_2O_3)_2$ 沉淀，过滤弃去沉淀，移取 50.00 mL 滤液，加入 10 mL 0.01 mol·L^{-1} MgY 溶液，在 pH=10 时用 0.012 12 mol·L^{-1} EDTA 标准溶液滴定置换出的 Mg^{2+}，耗去 5.89 mL，计算试样中苯巴比妥钠的质量分数。[$M_r(C_{12}H_{11}N_2O_3Na)=254.2$]

解：$w(C_{12}H_{11}N_2O_3Na)=$

$$\frac{(25.00\ \text{mL}\times0.020\,31\ \text{mol}\cdot\text{L}^{-1}-0.012\,12\ \text{mol}\cdot\text{L}^{-1}\times5.89\ \text{mL}\times5)\times2\times254.2\ \text{g}\cdot\text{mol}^{-1}}{0.243\,8\ \text{g}\times1\,000}\times100\%$$

$=31.4\%$

【例 10-14】 已知 Ca^{2+}、Mg^{2+} 及 EDTA 浓度均为 0.020 mol·L^{-1}，试证明用沉淀掩蔽法在 pH=12 时用 EDTA 能准确滴定 Ca^{2+}、Mg^{2+} 混合溶液中的 Ca^{2+} 而 Mg^{2+} 不干扰。$Mg(OH)_2$ 的 $pK_{sp}^{\ominus}=10.7$，$\lg K^{\ominus}(CaY)=10.7$，$\lg K^{\ominus}(MgY)=8.7$，pH=12 时 $\lg\alpha_{Y(H)}=0$。

解：pH=12 时，$[Mg^{2+}]_r=\frac{10^{-10.7}}{(10^{-2})^2}=10^{-6.7}$

因为 $\lg[c_r(Ca^{2+})K'(CaY)]-\lg[c_r(Mg^{2+})K'(MgY)]=8.7-2>5$，所以在 pH=12 时用 EDTA 能准确滴定 Ca^{2+}、Mg^{2+} 混合溶液中的 Ca^{2+} 而 Mg^{2+} 不干扰。

【例 10-15】 取含 Ni^{2+} 的试液 1.00 mL，用蒸馏水和 NH_3-NH_4Cl 缓冲溶液稀释后，用 15.00 mL 0.010 00 mol·L^{-1}的过量 EDTA 标准溶液处理。过量的 EDTA 用 0.015 00 mol·L^{-1}的 $MgCl_2$ 标准溶液回滴定，用去 4.37 mL。计算原试样中 Ni^{2+} 的浓度。

解：原试样中

$$c(Ni^{2+})=\frac{0.010\,00\ \text{mol}\cdot\text{L}^{-1}\times15.00\ \text{mL}-0.015\,00\ \text{mol}\cdot\text{L}^{-1}\times4.37\ \text{mL}}{1.00\ \text{mL}}$$

$=0.084\,4\ \text{mol}\cdot\text{L}^{-1}$

【例 10-16】 分析含铜镁锌的合金试样。取试样 0.500 0 g 溶解后定容成 250.0 mL，吸取此试液 25.00 mL，调节 pH=6，以 PAN 作指示剂，用 0.020 00 mol·L^{-1}的 EDTA 标准溶液滴定 Zn^{2+} 和 Cu^{2+}，消耗 37.30 mL。另吸取 25.00 mL，调节 pH=10，用 KCN 掩蔽 Cu^{2+} 和 Zn^{2+}，以 0.020 00 mol·L^{-1}的 EDTA 标准溶液滴定 Mg^{2+}，消耗 4.10 mL。然后加入甲醛试剂解蔽 Zn^{2+}，再用 0.020 00 mol·L^{-1}的 EDTA 标准溶液滴定，消耗 13.40 mL。计算试样中 Cu、Zn、Mg 的质量分数。

解：$$w(Mg)=\frac{0.020\,00\ \text{mol}\cdot\text{L}^{-1}\times4.10\ \text{mL}\times24.31\ \text{g}\cdot\text{mol}^{-1}}{1\,000\times0.500\,0\ \text{g}\times\frac{25.00\ \text{mL}}{250.0\ \text{mL}}}\times100\%$$

$=3.99\%$

$$w(Zn)=\frac{0.020\,00\ \text{mol}\cdot\text{L}^{-1}\times13.40\ \text{mL}\times65.39\ \text{g}\cdot\text{mol}^{-1}}{1\,000\times0.500\,0\ \text{g}\times\frac{25.00\ \text{mL}}{250.0\ \text{mL}}}\times100\%$$

$=35.05\%$

$$w(Cu)=\frac{0.020\,00\ mol\cdot L^{-1}\times(37.30\ mL-13.40\ mL)\times63.55\ g\cdot mol^{-1}}{1\,000\times0.500\,0\ g\times\frac{25.00\ mL}{250.0\ mL}}\times100\%$$

$=60.75\%$

【例 10－17】 称取某有机试样 0.108 4 g 测定其中的含磷量。将试样处理成溶液，并将其中的磷氧化成 PO_4^{3-}，加入其他试剂使之形成 $MgNH_4PO_4$ 沉淀。沉淀经过滤洗涤后，再溶解于盐酸中，并用 NH_3-NH_4Cl 缓冲溶液调至 pH＝10，以 EBT 为指示剂，需用 0.010 04 mol · L^{-1} 的 EDTA 标准溶液 21.04 mL 滴定至终点，计算试样中磷的质量分数。[$M_r(P)=30.97$]

解：$$w(P)=\frac{0.010\,04\ mol\cdot L^{-1}\times21.04\ mL\times30.97\ g\cdot mol^{-1}}{1\,000\times0.108\,4\ g}\times100\%$$

$=6.035\%$

【例 10－18】 计算在误差±1%时，用 0.010 00 mol · L^{-1} EDTA 滴定 20.00 mL 0.010 00 mol · L^{-1} Ca^{2+} 的突跃范围。

解：Ca＋Y══CaY，滴定到 99.0%时，$c_r(Ca^{2+})=(0.20\times0.010\,00)/39.80=5.0\times10^{-5}$，

$$pCa=4.3$$

滴定到 100%时，$[CaY]_r=0.005\,000$，$[Ca^{2+}]_r=\sqrt{\frac{0.005\,000}{K'(CaY)}}=\sqrt{\frac{0.005\,000}{10^{10.68}}}=3.23\times10^{-7}$，pCa＝6.5

滴定到 101%时，$[CaY]_r=0.005\,000$，$[Y]_r=(0.20\times0.010\,00)/40.20=5.0\times10^{-5}$，$[Ca^{2+}]_r=0.005\,000/(10^{10.68}\times5.0\times10^{-5})=2.0\times10^{-9}$

$$[Ca^{2+}]_r=2.0\times10^{-9},\ pCa=8.7$$

【例 10－19】 称取含 Fe_2O_3 和 Al_2O_3 试样 0.201 5 g，溶解后，在 pH＝1.6 时以磺基水杨酸为指示剂，加热后，以 0.020 08 mol · L^{-1} 的 EDTA 滴定至红色消失，消耗 EDTA 15.20 mL，然后加入上述 EDTA 标准溶液 25.00 mL，加热煮沸，调节 pH＝4.5，以 PAN 为指示剂，趁热用 0.021 12 mol · L^{-1} Cu^{2+} 标准溶液返滴定，用去 8.16 mL，计算 Fe_2O_3 和 Al_2O_3 的质量分数。

解：根据酸效应曲线可知 pH 为 1.6 时 EDTA(Y^{4-})滴定 Fe^{3+}，Al^{3+} 无干扰，Al^{3+} 与 Y^{4-} 结合稳定但反应速率慢，加热煮沸生成 AlY^-，剩余的 Y^{4-} 用 Cu^{2+} 返滴定，来确定 Al^{3+}。由等物质的量规则 $Fe_2O_3\sim2Y^-$，$Al_2O_3\sim2Y^-$，即 $2n(Fe_2O_3)\sim n(Y^-)$，$2n(Al_2O_3)\sim n(Y^-)$，则

$$w(Fe_2O_3)=\frac{\frac{1}{2}c(Y^{4-})V_1(Y^{4-})M(Fe_2O_3)}{m_s}$$

$$=\frac{\frac{1}{2}\times0.020\,08\ mol\cdot L^{-1}\times0.015\,20\ L\times159.69\ g\cdot mol^{-1}}{0.201\,5\ g}\times100\%$$

$=12.09\%$

$$w(Al_2O_3)=\frac{\frac{1}{2}\left[c(Y^{4-})V(Y^{4-})-c(Cu^{2+})V(Cu^{2+})\right]M(Al_2O_3)}{m_s}$$

$$=\frac{(0.02008\ \text{mol}\cdot\text{L}^{-1}\times0.02500\ \text{L}-0.02112\ \text{mol}\cdot\text{L}^{-1}\times0.00816\ \text{L})\times101.96\ \text{g}\cdot\text{mol}^{-1}}{2\times0.2015\ \text{g}}\times100\%$$

$=8.34\%$

（三）氧化还原滴定

【例 10-20】 称取 2.125 g 铜矿石，溶解后全部转移至 250 mL 容量瓶中定容。从中取出 25.00 mL 于锥形瓶中，酸化后加入过量 KI，生成的 I_2 需用 0.1028 $mol\cdot L^{-1}$ 的 $Na_2S_2O_3$ 溶液 21.08 mL 滴定。计算铜矿石中铜的质量分数。[$M(Cu)=63.55\ g\cdot mol^{-1}$]

解：$1\ mol\ Cu^{2+}\sim\frac{1}{2}\ mol\ I_2\sim1\ mol\ S_2O_3^{2-}$

$$w(\text{Cu})=\frac{0.1028\ \text{mol}\cdot\text{L}^{-1}\times21.08\ \text{L}\times10^{-3}\times63.55\ \text{g}\cdot\text{mol}^{-1}}{2.125\ \text{g}\times\frac{25.00\ \text{mL}}{250\ \text{mL}}}\times100\%$$

$=64.81\%$

【例 10-21】 称取含有 KI 的试样 0.5000 g，溶于水先用 Cl_2 氧化 I^- 为 IO_3^-，煮沸除去过量 Cl_2 后，加过量 KI 并酸化，析出 I_2，耗去 0.02082 $mol\cdot L^{-1}$ $Na_2S_2O_3$ 21.30 mL，计算 KI 的质量分数。[$5I^-+IO_3^-+6H^+=3I_2+3H_2O$，$M(KI)=166.0\ g\cdot mol^{-1}$]

解：$I^-\sim IO_3^-\sim3I_2\sim6S_2O_3^{2-}$

$$w(\text{KI})=\frac{\frac{1}{6}c(\text{S}_2\text{O}_3^{2-})V(\text{S}_2\text{O}_3^{2-})M(\text{KI})}{m_s}$$

$$=\frac{\frac{1}{6}\times0.02082\ \text{mol}\cdot\text{L}^{-1}\times21.30\ \text{L}\times10^{-3}\times166.0\ \text{g}\cdot\text{mol}^{-1}}{0.5000\ \text{g}}\times100\%$$

$=2.454\%$

【例 10-22】 称取软锰矿 0.3216 g，分析纯的 $Na_2C_2O_4$ 0.3685 g，共置于同一烧杯中，加入硫酸并加热，待反应完全后，用 0.02400 $mol\cdot L^{-1}$ $KMnO_4$ 标准溶液滴定剩余的 $Na_2C_2O_4$，消耗 $KMnO_4$ 标准溶液 11.26 mL。计算软锰矿中 MnO_2 的质量分数。[$M(Na_2C_2O_4)=134.0\ g\cdot mol^{-1}$，$M(MnO_2)=86.94\ g\cdot mol^{-1}$]

解：
$$MnO_2+Na_2C_2O_4+2H_2SO_4 \rightleftharpoons MnSO_4+Na_2SO_4+2CO_2\uparrow+2H_2O$$
$$2MnO_4^-+5H_2C_2O_4+6H^+ \rightleftharpoons 2Mn^{2+}+10CO_2\uparrow+8H_2O$$

$$w(\text{MnO}_2)=\left[\frac{m(\text{Na}_2\text{C}_2\text{O}_4)}{M(\text{Na}_2\text{C}_2\text{O}_4)}-\frac{5}{2}c(\text{KMnO}_4)V(\text{KMnO}_4)\times10^{-3}\right]\times M(\text{MnO}_2)/m_s$$

$$=\frac{\left(\frac{0.3685\ \text{g}}{134.0\ \text{g}\cdot\text{mol}^{-1}}-\frac{5}{2}\times0.02400\ \text{mol}\cdot\text{L}^{-1}\times11.26\ \text{L}\times10^{-3}\right)\times86.94\ \text{g}\cdot\text{mol}^{-1}}{0.3216\ \text{g}}$$

$=0.5608=56.08\%$

【例 10-23】 某钙溶液在 pH=10.0 的氨性缓冲介质中，用 0.02000 $mol\cdot L^{-1}$ EDTA 标准溶液滴定，耗去 40.00 mL。计算相同体积的钙溶液采用 $KMnO_4$ 间接法测定钙时，消耗 0.02000 $mol\cdot L^{-1}$ $KMnO_4$ 标准溶液多少毫升？

解：$5Ca^{2+}\sim5CaC_2O_4\sim2MnO_4^-\sim5EDTA$，$n(EDTA)=\frac{5}{2}n(MnO_4^-)$，设消耗 $KMnO_4$

标准溶液的体积为 $V(KMnO_4)$

$$V(KMnO_4)=\frac{\frac{2}{5}\times c(EDTA)V(EDTA)}{c(KMnO_4)}=\frac{2\times 40.00\ mL\times 0.020\,00\ mol\cdot L^{-1}}{5\times 0.020\,00\ mol\cdot L^{-1}}$$

$$=16.00\ mL$$

【例 10-24】配制 $c(1/6K_2Cr_2O_7)=0.100\,0\ mol\cdot L^{-1}$ 的 $K_2Cr_2O_7$ 标准溶液 500.0 mL，需称取 $K_2Cr_2O_7$ 多少克？此标准溶液对 Fe_2O_3 的滴定度是多少？［$M(Fe_2O_3)=159.7\ g\cdot mol^{-1}$，$M(K_2Cr_2O_7)=294.2\ g\cdot mol^{-1}$］

解：

$$Cr_2O_7^{2-}+6Fe^{2+}+14H^+ = 2Cr^{3+}+6Fe^{3+}+7H_2O$$

$$m(K_2Cr_2O_7)=c\left(\frac{1}{6}K_2Cr_2O_7\right)V\left(\frac{1}{6}K_2Cr_2O_7\right)\times M(K_2Cr_2O_7)/6$$

$$=0.100\,0\ mol\cdot L^{-1}\times 500.0\times 10^{-3}\ L\times 294.2\ g\cdot mol^{-1}/6$$

$$=2.452\ g$$

$$K_2Cr_2O_7\sim 3Fe_2O_3 \qquad \frac{1}{6}K_2Cr_2O_7\sim\frac{1}{2}Fe_2O_3$$

$$T(Fe_2O_3/K_2Cr_2O_7)=\frac{\frac{1}{2}c\left(\frac{1}{6}K_2Cr_2O_7\right)\times M(Fe_2O_3)}{1\,000}$$

$$=\frac{\frac{1}{2}\times 0.100\,0\ mol\cdot L^{-1}\times 159.7\ g\cdot mol^{-1}}{1\,000}$$

$$=0.007\,985\ g\cdot mL^{-1}$$

【例 10-25】一份 H_2SO_4 与 $KMnO_4$ 的混合液 50.00 mL，需用 40.00 mL 0.100 0 $mol\cdot L^{-1}$ 的 NaOH 溶液中和，另一份 50.00 mL 混合液，则需要用 25.00 mL 0.100 0 $mol\cdot L^{-1}$ 的 $FeSO_4$ 溶液将 $KMnO_4$ 还原。求每升混合夜中含 H_2SO_4 和 $KMnO_4$ 各多少克。［$M_r(KMnO_4)=158.0$，$M_r(H_2SO_4)=98.07$］

解：

$$c(NaOH)V(NaOH)=2c(H_2SO_4)V(H_2SO_4)$$

硫酸的质量浓度为

$$\rho(H_2SO_4)=\frac{\frac{1}{2}c(NaOH)V(NaOH)M(H_2SO_4)}{V(H_2SO_4)}$$

$$=\frac{1}{2\times 0.050\,00\ L}\times 0.100\,0\ mol\cdot L^{-1}\times 40.00\times 10^{-3}\ L\times 98.07\ g\cdot mol^{-1}$$

$$=3.923\ g\cdot L^{-1}$$

$KMnO_4$ 与 $FeSO_4$ 的反应为

$$MnO_4^-+5Fe^{2+}+8H^+ = Mn^{2+}+5Fe^{3+}+4H_2O$$

高锰酸钾的质量浓度为

$$\rho(KMnO_4)=\frac{\frac{1}{5}c(FeSO_4)V(FeSO_4)M(KMnO_4)}{V(KMnO_4)}$$

$$=\frac{\frac{1}{5}\times 0.100\,0\ mol\cdot L^{-1}\times 25.00\times 10^{-3}\ L\times 158.0\ g\cdot mol^{-1}}{50.00\times 10^{-3}\ L}$$

$$=\frac{1}{5\times0.050\,00\ \text{L}}\times0.100\,0\ \text{mol}\cdot\text{L}^{-1}\times25.00\times10^{-3}\ \text{L}\times158.0\ \text{g}\cdot\text{mol}^{-1}$$

$$=1.580\ \text{g}\cdot\text{L}^{-1}$$

【例 10-26】用 30.00 mL $KMnO_4$ 溶液恰能氧化一定质量的 $KHC_2O_4\cdot H_2O$，同样质量的 $KHC_2O_4\cdot H_2O$ 又恰能被 25.20 mL 0.2000 mol · L^{-1} KOH 溶液中和，计算 $KMnO_4$ 溶液的浓度。

解：酸碱中和反应　　　　$KOH\sim KHC_2O_4\cdot H_2O$

$$c(\text{KOH})\times V(\text{KOH})\times10^{-3}=\frac{m(\text{KHC}_2\text{O}_4\cdot\text{H}_2\text{O})}{M(\text{KHC}_2\text{O}_4\cdot\text{H}_2\text{O})}$$

$$2MnO_4^-+5H_2C_2O_4+6H^+\rightleftharpoons 2Mn^{2+}+10CO_2\uparrow+8H_2O$$

$$5KOH\sim5KHC_2O_4\cdot H_2O\sim2MnO_4^-$$

$$c(\text{KMnO}_4)\cdot V(\text{KMnO}_4)=\frac{2}{5}\times\frac{m(\text{KHC}_2\text{O}_4\cdot\text{H}_2\text{O})}{M(\text{KHC}_2\text{O}_4\cdot\text{H}_2\text{O})}=\frac{2}{5}c(\text{KOH})\times V(\text{KOH})$$

$$c(\text{KMnO}_4)\times30.00\ \text{mL}=\frac{2}{5}\times25.20\ \text{mL}\times0.200\,0\ \text{mol}\cdot\text{L}^{-1}$$

$$c(\text{KMnO}_4)=0.067\,20\ \text{mol}\cdot\text{L}^{-1}$$

【例 10-27】准确吸取 25.00 mLH_2O_2 样品溶液，置于 250 mL 容量瓶中，加水至刻度，摇匀。吸取此稀释液 25.00 mL，置于锥形瓶中，加 H_2SO_4 酸化，用 0.025 32 mol · L^{-1}的 $KMnO_4$ 标准溶液滴定，到达终点时消耗 $KMnO_4$ 标准溶液 27.68 mL。试计算每 100 mL 样品溶液中含 H_2O_2 多少克。[$M(H_2O_2)=34.02\ g\cdot mol^{-1}$]

解：　　　$$2MnO_4^-+5H_2O_2+6H^+=\!=\!=2Mn^{2+}+5O_2\uparrow+8H_2O$$

$$w(\text{H}_2\text{O}_2)=\frac{\frac{5}{2}c(\text{KMnO}_4)\times V(\text{KMnO}_4)\times10^{-3}\times M(\text{H}_2\text{O}_2)}{25.00\ \text{mL}}\times\frac{250\ \text{mL}}{25.00\ \text{mL}}\times100$$

$$=\frac{\frac{5}{2}\times0.025\,32\ \text{mol}\cdot\text{L}^{-1}\times27.68\ \text{L}\times10^{-3}\times34.02\ \text{g}\cdot\text{mol}^{-1}}{25.00\ \text{mL}}\times10\times100$$

$$=2.384\ \text{g}$$

【例 10-28】有一试样用重量法获得 Al_2O_3 及 Fe_2O_3 共重 0.500 0 g，将此混合物用酸溶解，再用重铬酸钾法测铁。若重铬酸钾标准溶液的浓度为 0.033 33 mol · L^{-1}，消耗 25.00 mL，计算混合物中 FeO 的质量分数。[$M(FeO)=71.85\ g\cdot mol^{-1}$]

解：　　　$$Cr_2O_7^{2-}+6Fe^{2+}+14H^+=\!=\!=2Cr^{3+}+6Fe^{3+}+7H_2O$$

$$Cr_2O_7^{2-}\sim6FeO$$

$$w(\text{FeO})=\frac{6\times0.033\,33\ \text{mol}\cdot\text{L}^{-1}\times25.00\ \text{L}\times10^{-3}\times71.85\ \text{g}\cdot\text{mol}^{-1}}{0.500\,0\ \text{g}}$$

$$=0.718\,4$$

【例 10-29】有一铁矿石样品，用盐酸分解后，加预处理剂 $SnCl_2$ 等将 Fe^{3+} 还原为 Fe^{2+} 后，用 $KMnO_4$ 标准溶液滴定。已知 1 mL $KMnO_4$ 标准溶液相当于 0.006 700 g $Na_2C_2O_4$。计算 $KMnO_4$ 溶液对 Fe 的滴定度 [$M(Fe)=55.85\ g\cdot mol^{-1}$，$M(Na_2C_2O_4)=134.0\ g\cdot mol^{-1}$]

解：　　　$$2MnO_4^-+5C_2O_4^{2-}+16H^+\rightleftharpoons 2Mn^{2+}+10CO_2\uparrow+8H_2O$$

$$5C_2O_4^{2-}\sim2MnO_4^-$$

设 $KMnO_4$ 标准溶液的浓度为 c

$$1\times10^{-3}\ \text{L}\times c(KMnO_4)=2/5\times\frac{0.006\,700\ \text{g}}{134.0\ \text{g}\cdot\text{mol}^{-1}}$$

$$c(KMnO_4)=0.020\,00\ \text{mol}\cdot\text{L}^{-1}$$

$$MnO_4^- + 5Fe^{2+} + 8H^+ \xlongequal{} Mn^{2+} + 5Fe^{3+} + 4H_2O$$

$$T(\text{Fe/KMnO}_4)=\frac{5\times c(KMnO_4)\times M(\text{Fe})}{1\,000}=\frac{5\times0.020\,00\ \text{mol}\cdot\text{L}^{-1}\times55.85\ \text{g}\cdot\text{mol}^{-1}}{1\,000}$$

$$=5.585\times10^{-3}\ \text{g}\cdot\text{mL}^{-1}$$

【例 10 - 30】称取含有苯酚（C_6H_5OH)的试样 0.500 0 g，溶解后加入 0.100 0 mol·L^{-1}的 $KBrO_3$ 溶液（含过量的 KBr)25.00 mL，并加 HCl 酸化，放置。待反应完全后，生成的 Br_2 加入过量的 KI，滴定析出的 I_2 消耗了 0.100 3 mol·L^{-1}的 $Na_2S_2O_3$ 溶液 29.91 mL。计算试样中苯酚的质量分数。

解：1 mol 的 C_6H_5OH 与 3mol 的 Br_2 定量反应生成三溴苯酚，1 mol 的 $KBrO_3$ 与 5 mol 的 Br^- 反应生成 3 mol 的 Br_2，由 Br_2 与 KI 及 I_2 与 $Na_2S_2O_3$ 的反应可知：

$$C_6H_5OH\sim KBrO_3\sim 3Br_2\sim 3I_2\sim 6Na_2S_2O_3$$

$$w(C_6H_5OH)=\frac{\left[c(KBrO_3)V(KBrO_3)-\frac{1}{6}c(Na_2S_2O_3)V(Na_2S_2O_3)\right]M(C_6H_5OH)}{m_s}$$

$$=\frac{(0.100\,0\ \text{mol}\cdot\text{L}^{-1}\times25.00\times10^{-3}\ \text{L}-\frac{1}{6}\times0.100\,3\ \text{mol}\cdot\text{L}^{-1}\times29.91\times10^{-3}\ \text{L})\times94.11\ \text{g}\cdot\text{mol}^{-1}}{0.500\,0\ \text{g}}$$

$$=0.376\,4$$

【例 10 - 31】用作防锈漆填料的丹铅 Pb_3O_4，组成是 $2PbO\cdot PbO_2$，称取含 Pb_3O_4 的试样 1.234 g，用 20.00 mL 0.250 0 mol·L^{-1} $H_2C_2O_4$ 溶液将 PbO_2 还原为 Pb^{2+}，然后用氨水中和，这时 Pb^{2+} 以 PbC_2O_4 的形式沉淀，过滤，滤液酸化后用 $KMnO_4$ 滴定，消耗 0.040 0 mol·L^{-1} $KMnO_4$ 溶液 10.00 mL；沉淀溶于酸中，滴定时消耗 0.040 0 mol·L^{-1} $KMnO_4$ 溶液30.00 mL。计算试液中 PbO 和 PbO_2 的质量分数。

解：本题的 $H_2C_2O_4$ 既作为还原剂也作为沉淀剂，反应如下：

$$Pb^{4+}+H_2C_2O_4 \xlongequal{} Pb^{2+}+2CO_2\uparrow+2H^+\qquad Pb^{2+}+C_2O_4^{2-}\xlongequal{} PbC_2O_4\downarrow$$

$$5H_2C_2O_4+2MnO_4^-+6H^+\xlongequal{}10CO_2\uparrow+2Mn^{2+}+8H_2O$$

$$Pb^{4+}\sim Pb^{2+}\sim PbC_2O_4\sim H_2C_2O_4\sim\frac{2}{5}MnO_4^-\qquad n(PbO_2)=\frac{5}{2}n(MnO_4^-)$$

生成的 PbC_2O_4 沉淀是 PbO 和 PbO_2 共同转化的。作为沉淀剂的 $H_2C_2O_4$ 未被氧化。被氧化的 $H_2C_2O_4$ 是总量扣除沉淀所消耗的量和既未被氧化，又未作沉淀剂的量即滤液的量，由反应知被氧化的 $H_2C_2O_4$ 的物质的量即是 PbO_2 的物质的量。

$$n(PbO_2)=n(H_2C_2O_4)-\frac{5}{2}n_1(MnO_4^-)-\frac{5}{2}n_2(MnO_4^-)$$

$$n(PbO_2)=c(H_2C_2O_4)V(H_2C_2O_4)-\frac{5}{2}\left[c(KMnO_4)V_1(KMnO_4)+c(KMnO_4)V_2(KMnO_4)\right]$$

$$=0.250\,0\ \text{mol}\cdot\text{L}^{-1}\times0.020\,00\ \text{L}-\frac{5}{2}\times(0.040\,0\ \text{mol}\cdot\text{L}^{-1}\times0.030\,00\ \text{L}+0.040\,0\ \text{mol}\cdot\text{L}^{-1}\times0.010\,00\ \text{L})$$

$=1.00\times10^{-3}\ \text{mol}$

$$w(PbO_2)=\frac{n(PbO_2)M(PbO_2)}{m_s}\times100\%$$

$$=\frac{1.00\times10^{-3}\ \text{mol}\times239.2\ \text{g}\cdot\text{mol}^{-1}}{1.234\ \text{g}}\times100\%$$

$$=19.4\%$$

$$w(PbO)=\frac{\left[\frac{5}{2}c(KMnO_4)V_1(KMnO_4)-1.00\times10^{-3}\ \text{mol}\right]M(PbO)}{m_s}\times100\%$$

$$=\frac{\left(\frac{5}{2}\times0.0400\ \text{mol}\cdot\text{L}^{-1}\times0.03000\ \text{L}-1.00\times10^{-3}\ \text{mol}\right)\times223.2\ \text{g}\cdot\text{mol}^{-1}}{1.234\ \text{g}}\times100\%$$

$$=36.2\%$$

或　$$w(PbO)=19.4\%\times\frac{2M(PbO)}{M(PbO_2)}=19.4\%\times\frac{2\times223.2}{239.2}=36.2\%$$

【例 10-32】称取含 $NaIO_3$ 和 $NaIO_4$ 的混合试样 1.000 g，溶解后定容于 250 mL 容量瓶中，准确移取试液 50.00 mL，用硼砂调至弱碱性，加入过量的 KI，此时 IO_4^- 被还原为 IO_3^-（此条件下 IO_3^- 不能氧化 I^-）并释放出 I_2，用 0.040 00 mol·L^{-1}的 $Na_2S_2O_3$ 滴定至终点耗去 10.00 mL。另移取 20.00 mL，用 HCl 酸化，加入过量的 KI，释放出的 I_2 用同浓度的 $Na_2S_2O_3$ 滴定至终点耗去 30.00 mL。计算混合试样中 $NaIO_3$ 和 $NaIO_4$ 的质量分数。（相对原子质量 Na：23，I：127，O：16）

解：提示
$$IO_4^-+2I^-+2H^+=\!=\!=IO_3^-+I_2+H_2O$$
$$I_2+2S_2O_3^{2-}=\!=\!=S_4O_6^{2-}+2I^-$$
$$IO_4^-\sim I_2\sim 2S_2O_3^{2-}\qquad n(IO_4^-)=n/2(S_2O_3^{2-})$$

酸化后
$$IO_4^-+7I^-+8H^+=\!=\!=4I_2+4H_2O$$
$$IO_3^-+5I^-+6H^+=\!=\!=3I_2+3H_2O$$

$$n(IO_4^-)=\frac{n}{4}(I_2)=\frac{n}{8}(S_2O_3^{2-})\qquad n(IO_3^-)=\frac{n}{3}(I_2)=\frac{n}{6}(S_2O_3^{2-})$$

$$w(NaIO_3)=23.10\%\qquad w(NaIO_4)=21.40\%$$

【例 10-33】莫尔法测定 Cl^- 和 Ag^+ 时，使用的滴定剂分别为（　　）。

A. $AgNO_3$、NaCl　　B. $AgNO_3$、$AgNO_3$

C. $AgNO_3$、曙红　　D. $AgNO_3$、NH_4SCN

答：B。分析：因为指示剂 CrO_4^{2-} 与 Ag^+ 反应生成沉淀，所以莫尔法测定 Ag^+ 时必须用返滴定法，故 A 不正确，曙红是法扬司法中所用指示剂，NH_4SCN 是佛尔哈德法中所用滴定剂，故 C、D 不正确。正确答案为 B。

【例 10-34】有生理盐水 10.00 mL，加入 K_2CrO_4 指示剂，以 0.104 3 mol·L^{-1} $AgNO_3$ 标准溶液滴定至出现砖红色，用去 $AgNO_3$ 标准溶液 14.58 mL，计算生理盐水中 NaCl 的质量浓度 ρ。[$M(NaCl)=58.44\ \text{g}\cdot\text{mol}^{-1}$]

解：　$$\rho(NaCl)=\frac{c(AgNO_3)\cdot V(AgNO_3)\cdot M(NaCl)}{10.00\ \text{mL}}$$

$$=\frac{0.1043\ \text{mol}\cdot\text{L}^{-1}\times 14.58\times 10^{-3}\ \text{L}\times 58.44\ \text{g}\cdot\text{mol}^{-1}}{10.00\ \text{mL}}$$

$$=8.887\times 10^{-3}\ \text{g}\cdot\text{mL}^{-1}$$

【例 10-35】 称取可溶性氯化物 0.226 6 g，加水溶解后，加入 $c(AgNO_3)=0.1120\ mol\cdot L^{-1}$ 的 $AgNO_3$ 标准溶液 30.00 mL，过量的 $AgNO_3$ 用 $c(NH_4SCN)=0.1183\ mol\cdot L^{-1}$ 的 NH_4SCN 标准溶液滴定，用去 6.50 mL。计算试样中氯的质量分数。[$M(Cl)=35.45\ g\cdot mol^{-1}$]

解：本题涉及佛尔哈德法中的返滴定方式。

$$w(\text{Cl})=\frac{[c(\text{AgNO}_3)\cdot V(\text{AgNO}_3)-c(\text{NH}_4\text{SCN})\cdot V(\text{NH}_4\text{SCN})]\cdot M(\text{Cl})}{m_s}\times 100\%$$

$$=\frac{(0.1120\ \text{mol}\cdot\text{L}^{-1}\times 0.03000\ \text{L}-0.1183\ \text{mol}\cdot\text{L}^{-1}\times 0.00650\ \text{L})\times 35.45\ \text{g}\cdot\text{mol}^{-1}}{0.2266\ \text{g}}\times 100\%$$

$$=40.54\%$$

三、自测题

(一) 选择题

Ⅰ. 酸碱滴定选择题

1. 某混合碱先用 HCl 滴定至酚酞变色，耗去 HCl 体积为 V_1，继续以甲基橙为指示剂，耗去 HCl 体积为 V_2。已知 $V_1<V_2$，其组成是（　　）。

A. $NaOH+Na_2CO_3$　　B. Na_2CO_3

C. $NaHCO_3$　　D. $NaHCO_3+Na_2CO_3$

2. 称取一定质量的邻苯二甲酸氢钾基准物，标定 NaOH 溶液的浓度，下列情况中能引起测量结果偏高的是（　　）。

A. 滴定时滴定终点在计量点之前达到

B. 滴定时滴定终点在计量点之后达到

C. 称量中使用的一只 10 mg 砝码，事后发现校正后的值为 10.5 mg

D. 所称基准物中含有少量的邻苯二甲酸

3. 配制 NaOH 标准溶液时，正确的操作方法是（　　）。

A. 在托盘天平上迅速称取一定质量的 NaOH，溶解后用容量瓶定容

B. 在托盘天平上迅速称取一定质量的 NaOH，溶解后稀释到一定体积，再进行标定

C. 在分析天平上准确称取一定质量的 NaOH，溶解后用容量瓶定容

D. 在分析天平上准确称取一定质量的 NaOH，溶解后用量筒定容

4. 用 $Na_2B_4O_7\cdot 10H_2O$ 作为基准物质标定 HCl 溶液的浓度，失去部分结晶水，标定 HCl 浓度的结果是（　　）。

A. 偏高　　B. 偏低　　C. 无影响　　D. 无法确定

5. 用含少量 $NaHCO_3$ 的基准 Na_2CO_3 标定盐酸溶液时（指示剂变色点为 pH=5.1），结果将（　　）。

A. 偏低　　B. 偏高　　C. 无误差　　D. 不确定

6. 用同一盐酸分别滴定体积相等的 $Ba(OH)_2$ 溶液和 $NH_3\cdot H_2O$ 溶液，消耗 HCl 溶液

的体积相等，说明 $Ba(OH)_2$ 和 $NH_3 \cdot H_2O$ 溶液的（　　）。

A. pOH 相等　　B. $c[Ba(OH)_2]=c(NH_3 \cdot H_2O)$

C. $n[Ba(OH)_2]=2n(NH_3 \cdot H_2O)$　　D. $2n[Ba(OH)_2]=n(NH_3 \cdot H_2O)$

7. 用 0.1 $mol \cdot L^{-1}$的 NaOH 溶液滴定含有 NH_4Cl 的 HCl 混合溶液，合适的指示剂是（　　）。[NH_3 的 $K_b^\ominus=1.8\times10^{-5}$]

A. 百里酚蓝 [$pK^\ominus(HIn)=8.9$]　　B. 甲基红 [$pK^\ominus(HIn)=5.0$]

C. 溴百里酚蓝 [$pK^\ominus(HIn)=7.3$]　　D. 酚酞 [$pK^\ominus(HIn)=9.1$]

8. 用 NaOH 标准溶液滴定 H_2A($pK_{a1}^\ominus=6.00$，$pK_{a2}^\ominus=10.00$)至 HA^-，最合适的指示剂是（　　）。

A. 甲基橙 [$pK^\ominus(HIn)=3.4$]　　B. 酚酞 [$pK^\ominus(HIn)=9.1$]

C. 溴甲酚绿 [$pK^\ominus(HIn)=4.9$]　　D. 甲基红 [$pK^\ominus(HIn)=5.0$]

9. 一元弱碱能被强酸直接滴定的条件为（　　）。

A. $c_rK_a^\ominus\geq10^{-8}$　　B. $c_rK_b^\ominus\geq10^{-8}$

C. $c_rK_a^\ominus\geq10^{-6}$　　D. $c_rK_b^\ominus\geq10^{-6}$

10. 已知用 0.100 0 $mol \cdot L^{-1}$ NaOH 标准溶液滴定 0.100 0 $mol \cdot L^{-1}$ HCl 溶液，滴定的突跃范围是 pH 为 4.30～9.70，如果用 0.010 00 $mol \cdot L^{-1}$ NaOH 标准溶液滴定 0.010 00 $mol \cdot L^{-1}$ HCl 溶液，下面哪一种指示剂不能选用？（　　）

A. 甲基橙（变色范围 pH 为 3.1～4.4）

B. 中性红（变色范围 pH 为 6.8～8.0）

C. 甲基红（变色范围 pH 为 4.4～6.2）

D. 酚酞（变色范围 pH 为 8.0～10.0）

11. 用 0.100 0 $mol \cdot L^{-1}$NaOH 溶液分别滴定 25.00 mL 未知浓度的 HCOOH 和 H_2SO_4 溶液，若消耗的溶液体积相同，则 H_2SO_4 和 HCOOH 两种溶液的浓度关系是（　　）。

A. $c(HCOOH)=c(H_2SO_4)$　　B. $4c(HCOOH)=c(H_2SO_4)$

C. $c(HCOOH)=2c(H_2SO_4)$　　D. $c(HCOOH)=c(H_2SO_4)$

12. 下列四种酸碱滴定，突跃范围由大到小的顺序是（　　）。

① 0.1 $mol \cdot L^{-1}$ NaOH 溶液滴定等浓度的 HCl 溶液

② 0.1 $mol \cdot L^{-1}$ NaOH 溶液滴定等浓度的 HAc 溶液 [$pK_a^\ominus(HAc)=1.76\times10^{-5}$]

③ 1.0 $mol \cdot L^{-1}$ NaOH 溶液滴定等浓度的 HCl 溶液

④ 0.1 $mol \cdot L^{-1}$ NaOH 溶液滴定等浓度的 HCOOH 溶液 [$pK_a^\ominus(HCOOH)=1.8\times10^{-4}$]

A. ③>①>④>②　　B. ①>④>②>③

C. ①>②>③>④　　D. ①<②<③<④

13. 用酸碱滴定法测定石灰石中 $CaCO_3$ 的含量时，应采用（　　）。

A. 直接滴定　　B. 返滴定

C. 置换滴定　　D. 间接滴定

14. 标定 HCl 和 NaOH 溶液常用的基准物是（　　）。

A. 硼砂和草酸钠　　B. 草酸和重铬酸钾

C. 硼砂和邻苯二甲酸氢钾　　D. 碳酸钙和草酸

15. 以 NaOH 滴定 H_3PO_4($pK_{a1}^\ominus=2.12$，$pK_{a2}^\ominus=7.21$，$pK_{a3}^\ominus=12.36$)至第一计量点，溶

液的 pH 约为（　　）。

A. 3.6　　B. 4.7　　C. 5.8　　D. 9.8

16. 二元酸准确分步滴定的条件是（　　）。

A. $c_r K_{a1}^{\ominus} \geqslant 10^{-8}$，$K_{a1}^{\ominus}/K_{a2}^{\ominus} \geqslant 10^4$

B. $c_r K_{a2}^{\ominus} \geqslant 10^{-8}$，$K_{a1}^{\ominus}/K_{a2}^{\ominus} \geqslant 10^4$

C. $c_r K_{a1}^{\ominus} \geqslant 10^{-8}$，$c_r K_{a2}^{\ominus} \geqslant 10^{-8}$，$K_{a1}^{\ominus}/K_{a2}^{\ominus} \geqslant 10^4$

D. $c_r K_{a1}^{\ominus} \geqslant 10^{-8}$，$c_r K_{a2}^{\ominus} \geqslant 10^{-8}$

17. 下面关于指示剂变色点说法错误的是（　　）。

A. 指示剂在变色点时，[HIn]=[In]

B. 指示剂在变色点时，$pH = pK_a^{\ominus}(HIn)$

C. 指示剂的变色范围是 $pK_a^{\ominus}(HIn) \pm 1$

D. 指示剂的变色点与温度无关

18. 欲配制 0.2 mol·L^{-1} HCl 溶液和 0.2 mol·L^{-1} H_2SO_4 溶液，量取浓酸的合适的量器是（　　）。

A. 容量瓶　　B. 移液管

C. 量筒　　D. 酸式或碱式滴定管

19. 下列各溶液浓度均为 0.10 mol·L^{-1}，不能用强酸标准溶液直接准确滴定的盐是（　　）。

A. Na_2CO_3（H_2CO_3 的 $K_{a1}^{\ominus} = 4.2 \times 10^{-7}$，$K_{a2}^{\ominus} = 5.6 \times 10^{-11}$）

B. $Na_2B_4O_7 \cdot 10H_2O$（H_3BO_3 的 $K_a^{\ominus} = 5.8 \times 10^{-10}$）

C. NaAc（HAc 的 $K_a^{\ominus} = 1.8 \times 10^{-5}$）

D. Na_3PO_4（H_3PO_4 的 $K_{a1}^{\ominus} = 7.5 \times 10^{-3}$，$K_{a2}^{\ominus} = 6.2 \times 10^{-8}$，$K_{a3}^{\ominus} = 2.2 \times 10^{-13}$）

20. 以下各酸碱溶液的浓度均为 0.10 mol·L^{-1}，其中只能准确滴定到第一步的物质是（　　）。

A. 草酸（$K_{a1}^{\ominus} = 5.9 \times 10^{-2}$，$K_{a2}^{\ominus} = 6.4 \times 10^{-5}$）

B. 联氨（$K_{b1}^{\ominus} = 3.0 \times 10^{-5}$，$K_{b2}^{\ominus} = 7.59 \times 10^{-15}$）

C. 邻苯二甲酸（$K_{a1}^{\ominus} = 1.1 \times 10^{-3}$，$K_{a2}^{\ominus} = 3.91 \times 10^{-6}$）

D. 亚硫酸（$K_{a1}^{\ominus} = 1.54 \times 10^{-2}$，$K_{a2}^{\ominus} = 1.02 \times 10^{-7}$）

21. 浓度已知的 NaOH 标准溶液放置时吸收少量的 CO_2，用它标定盐酸时，不考虑终点误差，对标定出来的盐酸的浓度影响是（　　）。

A. 偏高　　B. 偏低

C. 决定滴定时所用的指示剂　　D. 无影响

22. 用 0.10 mol·L^{-1} HCl 标准溶液滴定 0.10 mol·L^{-1} 乙醇胺（$pK_b^{\ominus} = 4.50$）时，最好应选用的指示剂是（　　）。

A. 甲基橙 [$pK^{\ominus}$(HIn)]=3.4)　　B. 溴甲酚绿 [$pK^{\ominus}$(HIn)=4.9]

C. 酚红 [$pK^{\ominus}$(HIn)=8.0]　　D. 酚酞 [$pK^{\ominus}$(HIn)=9.1]

23. 0.10 mol·L^{-1}的焦磷酸 $pK_{a1}^{\ominus} = 1.52$，$pK_{a2}^{\ominus} = 2.37$，$pK_{a3}^{\ominus} = 6.60$，$pK_{a4}^{\ominus} = 9.25$，可被 NaOH 滴定至（　　）。

A. 第一化学计量点　　B. 第二化学计量点

C. 第三化学计量点　　D. 第四化学计量点

24. 蒸馏法测定铵盐中 N 含量时，能用作吸收液的是（　　）。

A. 硼砂　　B. HCl　　C. HAc　　D. NH_4Cl

25. 蒸馏法测定 NH_4^+（$K_a^\ominus=5.6\times10^{-10}$），蒸出的 NH_3 用 H_3BO_3（$K_a^\ominus=5.8\times10^{-10}$）溶液吸收，然后用标准 HCl 滴定，所用 H_3BO_3（　　）。

A. 浓度必须准确　　B. 浓度、体积均不必准确

C. 浓度、体积均必须准确　　D. 浓度、体积均不必准确，但必须过量

26. 配制 NaOH 标准溶液的试剂中含有少量 Na_2CO_3，当用 HCl 标准溶液标定该 NaOH 时，以甲基橙作指示剂标得浓度为 c_1，以酚酞作指示剂标得浓度为 c_2，则（　　）。

A. $c_1<c_2$　　B. $c_1>c_2$　　C. $c_1=c_2$　　D. 不能确定

27. 从 250 mL 的容量瓶中移取 25.00 mL Na_2CO_3 标准溶液用于标定 0.1 mol・L^{-1}的 HCl，以甲基橙作指示剂，则应称取 Na_2CO_3 基准物的质量约为（　　）。[$M_r(Na_2CO_3)=105.99$]

A. 1.3 g　　B. 5.3 g　　C. 0.53 g　　D. 0.26 g

28. 在下列多元酸或混合酸中，用 NaOH 溶液滴定时出现两个滴定突跃的是（　　）。

A. H_2S（$K_{a1}^\ominus=1.3\times10^{-7}$，$K_{a2}^\ominus=7.1\times10^{-15}$）

B. $H_2C_2O_4$（$K_{a1}^\ominus=5.9\times10^{-2}$，$K_{a2}^\ominus=6.4\times10^{-5}$）

C. H_3PO_4（$K_{a1}^\ominus=7.6\times10^{-3}$，$K_{a2}^\ominus=6.3\times10^{-8}$，$K_{a3}^\ominus=4.4\times10^{-13}$）

D. $HCl+NH_4Cl$（NH_4Cl 的 $K_a^\ominus=5.7\times10^{-10}$）

29. 测定 $(NH_4)_2SO_4$ 中的氮时，不能用 NaOH 标准溶液直接滴定，这是因为（　　）。

A. NH_3 的 $K_b^\ominus$　　B. $(NH_4)_2SO_4$ 不是酸

C. NH_4^+ 的 $K_a^\ominus$ 太小　　D. $(NH_4)_2SO_4$ 中含游离 H_2SO_4

30. 现有一含 H_3PO_4 和 NaH_2PO_4 的溶液，用 NaOH 标准溶液滴定至甲基橙变色，滴定体积为 a。同一试液若改用酚酞作指示剂，滴定体积为 b，则 a 和 b 的关系是（　　）。

A. $a>b$　　B. $b=2a$　　C. $b>2a$　　D. $a=b$

31. 用双指示剂法测定可能含有 NaOH 及各种磷酸盐的混合液。现取一定体积的该试液，用 HCl 标准溶液滴定，以酚酞为指示剂，用去 HCl 的体积为 18.02 mL。然后加入甲基橙指示剂继续滴定至橙色时，又用去 20.50 mL，则此溶液的组成是（　　）。

A. Na_3PO_4　　B. Na_2HPO_4

C. $NaOH+Na_3PO_4$　　D. $Na_3PO_4+Na_2HPO_4$

32. 某溶液可能含有 NaOH 和各种磷酸盐，今用 HCl 标准溶液滴定，以酚酞为指示剂时，用去 12.84 mL，若改用甲基橙为指示剂则需 20.24 mL，此混合液的组成是（　　）。

A. Na_3PO_4　　B. Na_3PO_4+NaOH

C. $Na_3PO_4+Na_2HPO_4$　　D. $Na_2HPO_4+NaH_2PO_4$

Ⅱ. 配位滴定选择题

33. 用 EDTA 滴定法测定某水样中 Ca^{2+} 的含量，最宜用于标定 EDTA 的基准物质为（　　）。

A. $MgSO_4\cdot7H_2O$　　B. Na_2CO_3

C. ZnO　　D. $CaCO_3$

34. 用 EDTA 测定石灰石中的 CaO（$M_r=56.08$）的含量，采用 0.02 mol・L^{-1}EDTA 滴定。设

试样含 CaO 的质量分数约为 50%，试样溶解后定容于 250 mL 容量瓶中，移取 25 mL 试样溶液进行滴定，若滴定剂 EDTA 的消耗量为 20～30 mL，则试样的称取量宜为（　　）g。

A. 0.023～0.034　　B. 0.46～0.68

C. 0.23～0.34　　D. 0.12～0.17

35. 某溶液主要含有 Ca^{2+}、Mg^{2+} 和极少量 Fe^{3+}、Al^{3+}。今在酸性介质中加入三乙醇胺后，调节 pH=10，用铬黑 T 为指示剂，以 EDTA 滴定，则测定的是（　　）。

A. Mg^{2+} 含量　　B. Ca^{2+} 含量

C. Ca^{2+}，Mg^{2+} 总量　　D. Fe^{3+}，Al^{3+} 总量

36. 在 pH=10.0 时，用 0.010 00 mol·L^{-1} EDTA 标准溶液滴定 20.00 mL 0.010 00 mol·L^{-1} Ca^{2+} 溶液，其突跃范围为（　　）。{$\lg K^{\ominus}(CaY)$ =10.69，pH=10.0 时，$\lg \alpha[Y(H)]$=0.45}

A. 5.30～7.50　　B. 5.30～7.96

C. 5.30～10.51　　D. 6.40～10.51

37. 已知 pH=3.0、4.0、5.0 和 6.0 时，$\lg \alpha[Y(H)]$ 分别为 10.8、8.6、6.6 和 4.8；$\lg K_f^{\ominus}(ZnY)$=16.6。用 1.0×10^{-2} mol·L^{-1}的 EDTA 滴定同浓度的 Zn^{2+} 的最低 pH 为（　　）。

A. 3.0　　B. 4.0　　C. 5.0　　D. 6.0

38. 下列叙述中错误的是（　　）。

A. 酸效应使配合物的稳定性降低　　B. 共存离子使配合物的稳定性降低

C. 配位效应使配合物的稳定性降低　　D. 各种副反应均使配合物的稳定性降低

39. 测定水中钙时，消除 Mg^{2+} 的干扰所用方法是（　　）。

A. 控制酸度法　　B. 配位掩蔽法

C. 氧化还原掩蔽法　　D. 沉淀掩蔽法

40. 以铬黑 T 为指示剂，用 EDTA 标准溶液滴定 Mg^{2+}，可选择的缓冲溶液是(　　)

A. NaAc - HAc　　B. Na_2HPO_4 - NaH_2PO_4

C. $NH_3\cdot H_2O$ - NH_4Cl　　D. NaH_2PO_4 - H_3PO_4

41. 配位滴定中，Fe^{3+}，Al^{3+} 对铬黑 T 有（　　）。

A. 僵化作用　　B. 氧化作用　　C. 沉淀作用　　D. 封闭作用

42. 用 EDTA 标准溶液滴定金属离子 M，当达到化学计量点时，溶液中金属离子 M 的浓度是(不考虑副反应)（　　）。

A. $pM=1/2[pMY-pK_f^{\ominus}(MY)]$　　B. $pM=1/2[pK_f^{\ominus}(MY)-p(MY)]$

C. $pM=1/2[pMY+pK_f^{\ominus}(MY)]$　　D. $pM=-1/2[pK_f^{\ominus}(MY)+p(MY)]$

43. 在一定酸度下，用 EDTA 滴定金属离子 M。当溶液中存在干扰离子 N 时，影响配位总副反应系数大小的因素是（　　）。

A. 酸效应系数 $\alpha[Y(H)]$

B. 共存离子副反应系数 $\alpha[Y(N)]$

C. 酸效应系数 $\alpha[Y(H)]$ 和共存离子副反应系数 $\alpha[Y(N)]$

D. 配合物稳定常数 $K(MY)$ 和 $K(NY)$ 之比值

44. 在非缓冲溶液中用 EDTA 滴定金属离子时（　　）。

A. 溶液的 pH 升高　　B. 溶液的 pH 不变

C. $K_f^{\ominus}(MY)$变大　　D. $K_f'(MY)$变小

45. 以 EDTA 为滴定剂，下列叙述错误的是（　　）。

A. 酸度较高的溶液中，可形成 MHY 配合物

B. 在碱性较高的溶液中，可形成 MOHY 配合物

C. 不论形成 MHY 还是 MOHY，均有利于滴定反应

D. 不论溶液中 pH 的大小，只形成 MY 一种配合物

46. EDTA 的酸效应系数 $\alpha[Y(H)]$ 在一定的酸度下等于（　　）。

A. $\frac{[Y]_r}{[Y']_r}$　　B. $\frac{[H^+]_r}{[Y']_r}$　　C. $\frac{[Y']_r}{[Y]_r}$　　D. $\frac{[Y']_r}{[H_4Y]_r}$

47. 在 pH＝5.0 时，用 0.02 mol·L^{-1} EDTA 滴定 20.00 mL 0.02 mol·L^{-1}Cu^{2+}溶液，当加入 EDTA 溶液 40.00 mL 时，下列说法正确的是（　　）。

A. $\lg[Cu^{2+}]=pK'(CuY)$　　B. $pCu=-\lg K'(CuY)$

C. $\lg[Cu^{2+}]=\lg K'(CuY)$　　D. $pCu=pK'(CuY)$

48. 当溶液中有两种金属离子（M，N）共存时，欲以 EDTA 滴定 M 而使 N 不干扰，则要求（　　）。

A. $\frac{c_r(M)K'_{MY}}{c_r(N)K'_{NY}}\geqslant 10^6$　　B. $\frac{c_r(M)K'_{MY}}{c_r(N)K'_{NY}}\geqslant 10^{-6}$

C. $\frac{c_r(M)K'_{MY}}{c_r(N)K'_{NY}}\geqslant 10^8$　　D. $\frac{c_r(M)K'_{MY}}{c_r(N)K'_{NY}}\geqslant 10^{-8}$

49. EDTA 滴定法中所用的金属离子指示剂，其条件稳定常数 K'_{MIn}与 K'_{MY}的关系应为（　　）。

A. $\lg K'(MIn)/\lg K'(MY)>2$　　B. $\lg K'(MY)/\lg K'(MIn)>2$

C. $K'(MIn)/K(MY)\geqslant 100$　　D. $\lg K'(MY)-\lg K'(MIn)>2$

50. 已知二甲酚橙在 pH＜6.3 时为黄色，在 pH＞6.3 时为红色，铅与二甲酚橙形成的配合物为红色，而滴定 Pb^{2+}的最高酸度 pH＝3.2，最低酸度所对应的 pH＝7.2，若选用二甲酚橙作指示剂，则用 EDTA 滴定 Pb^{2+}的适宜 pH 范围是（　　）。

A. ＞3.2　　B. 3.2～6.3　　C. ＜6.3　　D. 3.2～7.0

51. 用 EDTA 滴定 Ca^{2+}、Mg^{2+}，若溶液中存在少量 Fe^{3+}和 Al^{3+}将对测定有干扰，消除干扰的方法是（　　）。

A. 加 KCN 掩蔽 Fe^{3+}，加 NaF 掩蔽 Al^{3+}

B. 加入抗坏血酸将 Fe^{3+}还原为 Fe^{2+}，加 NaF 掩蔽 Al^{3+}

C. 采用沉淀掩蔽法，加 NaOH 沉淀 Fe^{3+}和 Al^{3+}

D. 在酸性条件下，加入三乙醇胺，再加氨性缓冲液调至 pH＝10

52. 0.1 mol·L^{-1}的 EDTA 溶液中，Y^{4-}的酸效应系数的对数 $\lg\alpha[Y(H)]=1$，则 Y^{4-}在溶液中的百分比为（　　）。

A. 0.1%　　B. 1%　　C. 10%　　D. 20%

53. 下列滴定中，突跃范围最大的是（　　）。

A. pH＝12 时用 0.01 mol·L^{-1} EDTA 滴定等浓度的 Ca^{2+}

B. pH＝9 时用 0.01 mol·L^{-1} EDTA 滴定等浓度的 Ca^{2+}

C. pH＝12 时用 0.05 mol·L^{-1} EDTA 滴定等浓度的 Ca^{2+}

D. pH=9 时用 0.05 mol·L^{-1} EDTA 滴定等浓度的 Ca^{2+}

54. EDTA 滴定金属离子时，若其他条件不变，EDTA 和 Ca^{2+} 浓度均增大 10 倍，pM 突跃改变（　　）。

A. 1 个单位　　B. 2 个单位　　C. 10 个单位　　D. 不变化

55. 配位滴定中常用甲醛作为（　　）。

A. 掩蔽剂　　B. 解蔽剂　　C. 沉淀剂　　D. 稳定剂

56. 在 pH=5.0 的醋酸缓冲液中用 0.002 00 mol·L^{-1}的 EDTA 滴定同浓度的 Pb^{2+}。已知：$\lg K_f^{\ominus}(PbY)=18.0$，$\lg\alpha[Y(H)]=6.6$，$\lg\alpha[Pb(Ac)_2]=2.0$，化学计量点时溶液中 pPb 应为（　　）。

A. 8.2　　B. 6.2　　C. 5.2　　D. 3.2

57. 用 EDTA 滴定 Bi^{3+} 时，可用于掩蔽 Fe^{3+} 的掩蔽剂是（　　）。

A. 三乙醇胺　　B. KCN　　C. 草酸　　D. 盐酸羟胺

Ⅲ. 氧化还原滴定选择题

58. (1) 用 0.02 mol·L^{-1} $Ce(SO_4)_2$ 溶液滴定 0.1 mol·L^{-1} Fe^{2+}溶液

(2) 用 0.02 mol·$L^{-1}$$Ce(SO_4)_2$ 溶液滴定 0.05 mol·L^{-1} Fe^{2+}溶液

上述两种情况下其滴定突跃将（　　）。

A. 一样大　　B. (1) > (2)

C. (2) > (1)　　D. 缺电位值，无法判断

59. 条件电极电势是（　　）。

A. 任意温度下的电极电势

B. 任意浓度下的电极电势

C. 电对的氧化态和还原态的浓度均为 1 mol·L^{-1}时的电极电势

D. 在特定条件下，氧化态和还原态的分析浓度都是 1 mol·L^{-1}或者它们的浓度比为 1 时的实际电极电势

60. 碘量法测铜的过程中，加入 KI 的作用是（　　）。

A. 还原剂、配位剂、沉淀剂　　B. 还原剂、沉淀剂、催化剂

C. 氧化剂、配位剂、沉淀剂　　D. 氧化剂、配位剂、指示剂

61. 用 $K_2Cr_2O_7$ 法测定 Fe^{2+}时，宜选用的介质是（　　）。

A. HNO_3　　B. $HCl+H_3PO_4$

C. $H_2SO_4+H_3PO_4$　　D. H_3PO_4

62. 已知在 1 mol·L^{-1}HCl 溶液中 $\varphi'(Fe^{3+}/Fe^{2+})=0.68$ V，$\varphi'(Sn^{4+}/Sn^{2+})=0.14$ V。若 20 mL 0.10 mol·L^{-1} Fe^{3+} 的 HCl 溶液与 40 mL 0.050 mol·L^{-1} $SnCl_2$ 溶液相混合，平衡时体系的电位是（　　）。

A. 0.14 V　　B. 0.32 V　　C. 0.50 V　　D. 0.68 V

63. 在酸性介质中，以 0.1/6 mol·L^{-1} $K_2Cr_2O_7$ 标准溶液滴定 0.1 mol·L^{-1} Fe^{2+}，达计量点时的电位为 0.86 V。对该滴定反应最合适的指示剂为（　　）。

A. 亚甲基蓝 ($\varphi'=0.36$ V)　　B. 二苯胺 ($\varphi'=0.76$ V)

C. 二苯胺磺酸钠 ($\varphi'=0.85$ V)　　D. 邻二氮菲-亚铁 ($\varphi'=1.06$ V)

64. 间接碘量法中加入淀粉指示剂的适宜时间是（　　）。

A. 滴定开始时　B. 标准溶液滴定了近 50%时

C. 标准溶液滴定了近 75%时　D. 滴定至近终点时

65. 某铁矿试样含铁约 50%，现以 0.1/6 mol·L^{-1} $K_2Cr_2O_7$ 溶液滴定，欲使滴定时，标准溶液消耗的体积为 20～30 mL，应称取试样的质量范围是（　　）。[$M_r(Fe)=55.85$]

A. 0.22～0.34 g　B. 0.037～0.055 g

C. 0.074～0.11 g　D. 0.66～0.99 g

66. 用 $KMnO_4$ 法测定 H_2O_2 时，若加入两滴 $MnSO_4$，其作用是（　　）。

A. 氧化剂　B. 配位剂　C. 催化剂　D. 诱导反应剂

67. 使用碘量法时，反应不能在强酸性溶液中进行的主要原因是（　　）。

A. 反应速度慢　B. I^- 易被空气中的氧气氧化

C. I_2 易发生歧化　D. 终点不明显

68. 下列滴定曲线对称的反应是（　　）。

A. $Ce^{4+}+Fe^{2+}=\!=\!=Ce^{3+}+Fe^{3+}$

B. $2Fe^{3+}+Sn^{2+}=\!=\!=2Fe^{2+}+Sn^{4+}$

C. $I_2+2S_2O_3^{2-}=\!=\!=2I^-+S_4O_6^{2-}$

D. $MnO_4^-+5Fe^{2+}+8H^+=\!=\!=Mn^{2+}+5Fe^{3+}+4H_2O$

69. 用高锰酸钾标准溶液测定水中还原性物质时，滴定至粉红色为终点。滴定完成后 5 min发现溶液粉红色消失，其原因是（　　）。

A. 还原性物质未反应完全　B. $KMnO_4$ 标准溶液浓度太稀

C. 空气中还原性气体或尘埃使之褪色　D. $KMnO_4$ 部分生成了 MnO_2

70. 用 $c(NaOH)$ 和 $c(1/5KMnO_4)$ 相等的两溶液分别滴定相同质量 $KHC_2O_4\cdot H_2C_2O_4\cdot H_2O$，滴定至终点时消耗的两种溶液的体积关系是（　　）。

A. $V(NaOH)=V(KMnO_4)$　B. $4V(NaOH)=3V(KMnO_4)$

C. $5V(NaOH)=V(KMnO_4)$　D. $3V(NaOH)=4V(KMnO_4)$

71. 用重铬酸钾法测定铁样中铁含量，用 0.1/6 mol·L^{-1} $K_2Cr_2O_7$ 滴定，若消耗体积约 25 mL，试样含铁以 Fe_2O_3(M=159.7 g·mol^{-1}）计，其质量分数约为 0.50，则试样称取量约为（　　）。

A. 0.8 g　B. 0.6 g　C. 0.4 g　D. 0.2 g

72. 用同一 $KMnO_4$ 溶液分别滴定两份体积相等的 $FeSO_4$ 和 $H_2C_2O_4$ 溶液，如果消耗的体积相等，则说明这两份溶液的浓度 c 之间的关系为（　　）。

A. $c(FeSO_4)=2c(H_2C_2O_4)$　B. $c(H_2C_2O_4)=2c(FeSO_4)$

C. $c(FeSO_4)=c(H_2C_2O_4)$　D. $c(FeSO_4)=4c(H_2C_2O_4)$

73. 碘量法中应用碘量瓶的目的之一是（　　）。

A. 提高测定的灵敏度　B. 防止溶液溅出

C. 在暗处进行　D. 防止碘的挥发

74. Fe^{3+} 与 Sn^{2+} 反应的平衡常数对数值 $\lg K^{\ominus}$ 为（　　）。

$$[\varphi^{\ominus}(Fe^{3+}/Fe^{2+})=0.77\ V,\ \varphi^{\ominus}(Sn^{4+}/Sn^{2+})=0.15\ V]$$

A. (0.77－0.15)/0.059　B. 2×(0.77－0.15)/0.059

C. 3×(0.77－0.15)/0.059　D. 2×(0.15－0.77)/0.059

75. 用 $K_2Cr_2O_7$ 滴定 Fe^{2+}，在化学计量点时，下列关系正确的是（　　）。

A. $[Fe^{3+}]=[Cr^{3+}]$，$[Fe^{2+}]=[Cr_2O_7^{2-}]$

B. $[Fe^{3+}]=3[Cr^{3+}]$，$[Fe^{2+}]=6[Cr_2O_7^{2-}]$

C. $\varphi(Fe^{3+}/Fe^{2+})>\varphi(Cr_2O_7^{2-}/Cr^{3+})$

D. $\varphi(Fe^{3+}/Fe^{2+})<\varphi(Cr_2O_7^{2-}/Cr^{3+})$

76. 用 $Na_2C_2O_4$ 标定 $KMnO_4$ 时，由于反应速度不够快，因此滴定时溶液要维持足够的酸度和温度，但酸度和温度过高时，又会发生（　　）。

A. $H_2C_2O_4$ 挥发　　B. $H_2C_2O_4$ 分解

C. $H_2C_2O_4$ 析出　　D. $H_2C_2O_4$ 脱水成酸酐

77. 在碘量法中为了减少 I_2 的挥发，常采用的措施有（　　）。

A. 使用碘量瓶，滴定时不要剧烈摇动

B. 滴定速率稍快

C. 加入过量 KI

D. 采用 A、B、C

78. 为了使 $Na_2S_2O_3$ 标准溶液稳定，正确配制的方法是（　　）。

A. 将 $Na_2S_2O_3$ 溶液煮沸 1 h，过滤，冷却后再标定

B. 将 $Na_2S_2O_3$ 溶液煮沸 1 h，放置 7 天，过滤后再标定

C. 用煮沸冷却后的纯水配制 $Na_2S_2O_3$ 溶液后，即可标定

D. 用煮沸冷却后的纯水配制，且加入少量的 Na_2CO_3，放置 7 天后再标定

79. 欲以氧化剂 O_T 滴定还原剂 Rx，$O_T+n_1e^-=R_T$　$Ox=Rx-n_2e^-$，设 $n_1=n_2=1$，要使化学计量点时反应的完全程度达到 99.9%，两个半反应的标准电位的最小差值应为（　　）。

A. 0.177 V　　B. 0.354 V

C. 0.118 V　　D. 0.236 V

80. 用 Ce^{4+} 滴定 Fe^{2+}，当体系电位为 0.68 V 时，滴定分数为（　　）。

$$[\varphi^{\ominus}(Ce^{4+}/Ce^{3+})=1.44\ V,\ \varphi^{\ominus}(Fe^{3+}/Fe^{2+})=0.68\ V]$$

A. 0　　B. 50%　　C. 100%　　D. 200%

81. 反应 $2A^{+}+3B^{4+}=\!=\!=2A^{4+}+3B^{2+}$ 到达化学计量点时电势值是（　　）。

A. $(\varphi_A^{\ominus}+\varphi_B^{\ominus})/2$　　B. $(2\varphi_A^{\ominus}+3\varphi_B^{\ominus})/5$

C. $(3\varphi_A^{\ominus}+2\varphi_B^{\ominus})/5$　　D. $6(\varphi_A^{\ominus}-\varphi_B^{\ominus})/0.059\ 2$

82. 反应 $2A^{+}+3B^{4+}=2A^{4+}+3B^{2+}$ 达平衡时的平衡常数的对数 $\lg K^{\ominus}$ 为（　　）。

A. $(3\varphi_A^{\ominus}+2\varphi_B^{\ominus})/5$　　B. $(2\varphi_A^{\ominus}+3\varphi_B^{\ominus})/5$

C. $6(\varphi_B^{\ominus}-\varphi_A^{\ominus})/0.059\ 2$　　D. $6(\varphi_A^{\ominus}-\varphi_B^{\ominus})/0.059\ 2$

83. 下列溶液在读取滴定管读数时，读液面周边的最高点的是（　　）。

A. $KMnO_4$ 标准溶液　　B. $Na_2S_2O_3$ 标准溶液

C. EDTA 标准溶液　　D. NaOH 标准溶液

84. 以下滴定采用间接滴定方式的是（　　）。

A. $KMnO_4$ 法测定石灰石中 CaO 的含量

B. $K_2Cr_2O_7$ 法测定铁矿石中铁的含量

C. $KMnO_4$ 法测定 H_2O_2 的含量

D. 碘量法测定维生素 C 的含量

85. 用 $Na_2C_2O_4$ 标定 $KMnO_4$ 的浓度，正确的是（　　）。

A. $n(KMnO_4)=5n(Na_2C_2O_4)$　　B. $n(KMnO_4)=1/5n(Na_2C_2O_4)$

C. $n(KMnO_4)=2/5n(Na_2C_2O_4)$　　D. $n(KMnO_4)=5/2n(Na_2C_2O_4)$

86. 标定 I_2 溶液的基准物质是（　　）。

A. $Na_2S_2O_3 \cdot 5H_2O$　　B. $Na_2C_2O_4$

C. Na_2SO_3　　D. As_2O_3

87. 下列对称氧化还原反应中滴定曲线不对称的反应是（　　）。

A. $Ce^{4+}+Fe^{2+}=Ce^{3+}+Fe^{3+}$　　B. $2Fe^{3+}+Sn^{2+}=2Fe^{2+}+Sn^{4+}$

C. $Cu^{2+}+Zn=Cu+Zn^{2+}$　　D. $Zn+HgO=ZnO+Hg$

Ⅳ. 沉淀滴定选择题

88. 莫尔法测定氯离子的含量时，其滴定反应的酸度条件是（　　）。

A. 强酸性　　B. 弱碱性

C. 弱碱性或近中性　　D. 强碱性

89. 以 K_2CrO_4 为指示剂的银量法是（　　）。

A. 佛尔哈德法　　B. 罗丹明法

C. 法扬司法　　D. 莫尔法

90. 应用佛尔哈德法可直接测定的离子是（　　）。

A. Ag^+　　B. Br^-　　C. I^-　　D. SCN^-

91. 应用莫尔法测定 NH_4Cl 中的氯的含量时，其适宜的溶液酸度是（　　）。

A. $pH<7$　　B. $pH=6.5\sim7.2$

C. $pH=6.5\sim10.5$　　D. $pH>7$

92. 用莫尔法测定时，下列阳离子不干扰测定的是（　　）。

A. Pb^{2+}　　B. Na^+　　C. Ba^{2+}　　D. Hg^{2+}

93. 用法扬司法测定 Cl^- 浓度时，应选择的指示剂是（　　）。

A. 溴甲酚绿　　B. 荧光黄

C. 二甲酚橙　　D. 甲基红

94. 佛尔哈德法所用指示剂和滴定剂分别为（　　）。

A. K_2CrO_4、$AgNO_3$

B. $NH_4Fe(SO_4)_2 \cdot 12H_2O$、$NH_4SCN$

C. NH_4SCN、$NH_4Fe(SO_4)_2 \cdot 12H_2O$

D. NH_4SCN、$AgNO_3$

95. 用佛尔哈德法测定溶液中 Cl^- 时，所选用的指示剂是（　　）。

A. K_2CrO_4　　B. 荧光黄

C. $K_2Cr_2O_7$　　D. 铁铵矾

（二）填空题

96. 一甘氨酸(H_2NCH_2COOH)溶液与等物质的量的 HCl 反应后所得溶液用 NaOH 标准溶液滴定，滴定曲线如图所示，图中的 X 为________，Y 为________。

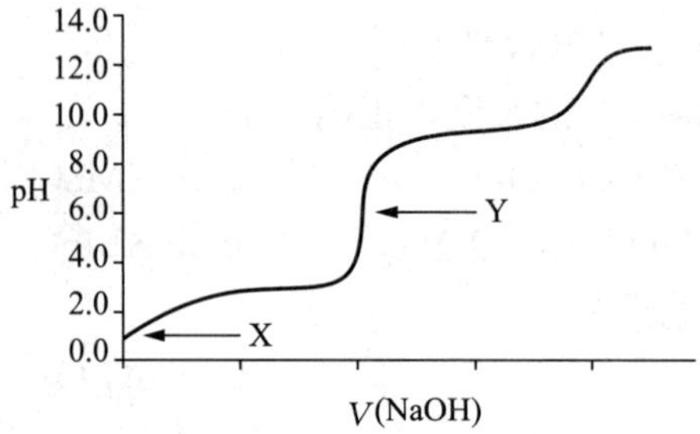

97. 用 $KMnO_4$ 法滴定 Fe^{2+} 时，Cl^- 的氧化被加快，称为________。

98. 用碘量法测定铜含量时，加入饱和 NaF 的作用是________________。

99. 用重铬酸钾法测铁，由于 Cr^{3+} 的绿色影响终点颜色的观察，常采用的措施是________。

100. 标定 $Na_2S_2O_3$ 溶液的浓度时，不直接用 $K_2Cr_2O_7$ 滴定 $Na_2S_2O_3$ 溶液的原因是________________。

101. 用碘量法测定铜盐中铜的含量时，加入 KSCN 的目的是__________。

102. 配制 $Na_2S_2O_3$ 溶液时，使用新近煮沸后冷却的蒸馏水的理由是________________________。

103. 用 Ce^{4+} 滴定 Fe^{2+} 时，滴定到 50%时溶液的电势采用___________电对的条件电势。

104. 在金属离子 M 和 N 相同浓度的混合液中，用 EDTA 标准溶液直接滴定其中的 M，若相对误差小于等于 0.1%，则要求____________________。

105. pH=12 时，以 0.010 00 $mol \cdot L^{-1}$ EDTA 滴定 20.00 mL 0.010 00 $mol \cdot L^{-1}$ Ca^{2+}。计量点时的 pCa=________。[$K^{\ominus}(CaY)=10^{10.69}$]

106. 称取 NaOH 固体配制 1 L 0.100 0 $mol \cdot L^{-1}$ 的 NaOH 标准溶液时，称量 NaOH 的仪器应为________________。

107. 用因保存不当失去部分结晶水的草酸（$H_2C_2O_4 \cdot 2H_2O$）作基准物质来标定 NaOH 的浓度，标定结果是______________________（填“偏低”“偏高”或“无影响”）。

108. 用邻苯二甲酸氢钾标定 NaOH 采用的指示剂是________，用凯氏定氮法测定蛋白质的含量时，采用的指示剂为________或________。

109. 浓度相同、体积相同的盐酸和醋酸，用与之相同浓度的 NaOH 分别滴定，选酚酞作指示剂，盐酸消耗 NaOH 的体积________醋酸消耗 NaOH 的体积。（填“大于”“小于”或“等于”）

110. 佛尔哈德法是以________为指示剂，滴定反应在________溶液中进行，用________标准溶液滴定 Ag^+。

111. 标定 $Na_2S_2O_3$ 溶液，用基准物________与过量的________反应，生成的________用 $Na_2S_2O_3$ 滴定，采用淀粉作指示剂，此法称为________滴定法。

112. 纯 NaOH、$NaHCO_3$ 固体按 1∶3 的物质的量之比溶于水中摇匀后，用双指示剂法测定。已知酚酞、甲基橙变色时，滴入 HCl 标准溶液分别为 V_1 和 V_2，则 $V_1:V_2$ 为________。

113. 用硼砂标定 HCl 滴定，采用的指示剂是________，硼砂与 HCl 反应的物质的量比是________。

114. 用 0.100 0 mol·L^{-1} 的 NaOH 滴定相同浓度的盐酸，突跃范围是 4.3～9.7，其他条件不变，若酸碱浓度均降为原来的 1/10，则突跃范围为____________________。

115. 配位滴定中，引起指示剂封闭的原因是____________________。

116. 若 M 与 L 没有副反应，则 $\alpha[M(L)]$ 的数值________1。（填"＞""＜"或"＝"）

117. $\lg K^{\ominus}(MY)=10.70$，当溶液的 pH＝9.0 时，$\lg \alpha[Y(H)]=1.28$，只考虑酸效应时，则 $\lg K'(MY)$ 等于______________。

118. 已知某 EDTA 溶液中，Y^{4-} 的浓度是其总浓度的 10%，则 Y^{4-} 的酸效应系数为________。

119. 以 EDTA 滴定钙，使用钙指示剂，溶液的 pH 应控制在________之间。

120. 配制同体积的 $KMnO_4$ 溶液，浓度分别为 $c(KMnO_4)=0.2$ mol·L^{-1} 和 $c(1/5\ KMnO_4)=0.2$ mol·L^{-1}，所称 $KMnO_4$ 的质量比为________。

121. 滴定碘法中 $Na_2S_2O_3$ 与 I_2 反应必须在中性或弱酸性条件下进行，其原因是______________。

122. 为测定试样中的 K^+，可将其沉淀为 $K_2NaCo(ONO)_6$，溶解后用 $KMnO_4$ 滴定（$NO_2^- \rightarrow NO_3^-$，$Co^{3+} \rightarrow Co^{2+}$），计算 K^+ 与 $KMnO_4$ 的物质的量之比，即 $n(K):n(KMnO_4)=$________。

123. 莫尔是以________为指示剂的银量法，终点时生成砖红色的________沉淀。

124. 在佛尔哈德法中，指示剂 Fe^{3+} 的实际用量比计算量________，这是由于______________________。

125. 莫尔法测定 Cl^- 含量时，若指示剂的用量过大时，将会使滴定终点________，而且____________________。

（三）计算及简答题

126. 用返滴定法测定 Al^{3+} 含量时，首先在 pH＝3 左右加入过量的 EDTA 并加热，使 Al^{3+} 完全配位。为何选择此 pH?

127. 用 EDTA 滴定含有少量 Fe^{3+} 的 Ca^{2+} 和 Mg^{2+} 试液时，用三乙醇胺、KCN 都可以掩蔽 Fe^{3+}，抗坏血酸则不能掩蔽。在滴定有少量 Fe^{3+} 的 Bi^{3+} 时，三乙醇胺、KCN 却不能掩蔽 Fe^{3+}，而抗坏血酸则能掩蔽，简述理由。

128. $K_2Cr_2O_7$ 法测 Fe^{2+}，用二苯胺磺酸钠作指示剂，加硫磷混酸（$H_2SO_4-H_3PO_4$）的目的是什么?

129. 某标准 NaOH 溶液保存不当吸收了空气中的 CO_2，用此溶液来滴定 HCl，分别以甲基橙和酚酞作指示剂，测得的结果是否一致，试解释其原因?

130. 配制 $KMnO_4$ 和 $Na_2S_2O_3$ 标准溶液都需加热煮沸的过程，两者有何区别，为什么?

131. 为何在强酸性溶液中可用 $KMnO_4$ 滴定还原剂，而反之则不可?

132. 若配制 EDTA 溶液的水中含有 Ca^{2+}、Mg^{2+}，在 pH＝5～6 时，以二甲酚橙作指示剂，用 Zn^{2+} 标定该 EDTA 溶液，其标定结果是偏高还是偏低？若以此 EDTA 测定 Ca^{2+}、Mg^{2+}，所得结果如何?

133. 蛋白质试样 0.232 0 g 经凯氏法处理后，加浓碱蒸馏，用过量硼酸吸收蒸出的氨，然后用 0.120 0 mol·L^{-1} HCl 21.00 mL 滴至终点，计算试样中氮的质量分数。

134. 称取土样 1.000 g 溶解后，将其中的磷沉淀为磷钼酸铵，用 20.00 mL 0.100 0 mol·L^{-1}

NaOH 溶解沉淀，过量的 NaOH 用 0.200 0 mol・L^{-1} HNO_3 7.50 mL 滴至酚酞终点，计算土样中 $w(P)$、$w(P_2O_5)$。已知：

$$H_3PO_4+12MoO_4^{2-}+2NH_4^++22H^+ = (NH_4)_2HPO_4\cdot 12MoO_3\cdot H_2O+11H_2O$$

$$(NH_4)_2HPO_4\cdot 12MoO_3\cdot H_2O+24OH^- = 12MoO_4^{2-}+HPO_4^{2-}+2NH_4^++13H_2O$$

135. 称取含 NaH_2PO_4 和 Na_2HPO_4 及其他惰性杂质的试样 1.000 g，溶于适量水后，以百里酚酞作指示剂，用 0.100 0 mol・L^{-1} NaOH 标准溶液滴至溶液刚好变蓝，消耗 NaOH 标准溶液 20.00 mL，而后加入溴甲酚绿指示剂，改用 0.100 0 mol・L^{-1} HCl 标准溶液滴至终点时，消耗 HCl 溶液 30.00 mL，试计算：(1) $w(NaH_2PO_4)$；(2) $w(Na_2HPO_4)$；(3) 该 NaOH 标准溶液在甲醛法中对氮的滴定度。

136. 称取粗铵盐 1.000 g，加过量 NaOH 溶液，加热逸出的氨吸收于 56.00 mL 0.250 0 mol・L^{-1} H_2SO_4 中，过量的酸用 0.500 0 mol・L^{-1} NaOH 回滴，用去碱 21.56 mL，计算试样中 NH_3 的质量分数。

137. pH=4.0 时，能否用 EDTA 准确滴定 0.02 mol・L^{-1} Fe^{2+}？pH=6.0，8.0 时呢？

138. 含 0.01 mol・L^{-1} Pb^{2+}、0.01 mol・L^{-1} Ca^{2+} 的 HNO_3 溶液中，能否用 0.01 mol・L^{-1} EDTA 准确滴定 Pb^{2+}？若可以，应在什么 pH 下滴定而 Ca^{2+} 不干扰？

139. 量取含 Bi^{3+}、Pb^{2+}、Cd^{2+} 的试液 25.00 mL，以二甲酚橙为指示剂，在 pH=1 时用 0.020 15 mol・L^{-1} EDTA 溶液滴定，用去 20.28 mL。调节 pH 至 5.5，用此 EDTA 滴定时又消耗 28.86 mL。加入邻二氮菲，破坏 CdY^{2-}，释放出的 EDTA 用 0.012 02 mol・L^{-1} 的 Pb^{2+} 溶液滴定，用去 18.05 mL。计算溶液中的 Bi^{3+}、Pb^{2+}、Cd^{2+} 的浓度。

140. 在 25.00 mL 含 Ni^{2+}、Zn^{2+} 的溶液中加入 50.00 mL 0.015 00 mol・L^{-1} EDTA 溶液，用 0.010 00 mol・L^{-1} Mg^{2+} 返滴定过量的 EDTA，用去 17.52 mL，然后加入二巯基丙醇解蔽 Zn^{2+}，释放出 EDTA，再用去 22.00 mL Mg^{2+} 溶液滴定。计算原试液中 Ni^{2+}、Zn^{2+} 的浓度。

141. 间接法测定 SO_4^{2-} 时，称取 3.000 g 试样溶解后，稀释至 250.00 mL。在 25.00 mL 试液中加入 25.00 mL 0.050 00 mol・L^{-1} $BaCl_2$ 溶液，过滤 $BaSO_4$ 沉淀后，滴定剩余 Ba^{2+} 用去 29.15 mL 0.020 02 mol・L^{-1} EDTA。试计算 SO_4^{2-} 的质量分数。

142. 称取硫酸镁样品 0.250 0 g，以适当方式溶解后，用 0.021 15 mol・L^{-1} EDTA 标准溶液滴定，用去 24.90 mL，计算 EDTA 溶液对 $MgSO_4\cdot 7H_2O$ 的滴定度及样品中 $MgSO_4$ 的质量分数。

143. 分析铜、锌、镁合金时，称取试样 0.500 0 g，溶解后稀释至 200.00 mL。取 25.00 mL 调至 pH=6，用 PAN 作指示剂，用 0.030 80 mol・L^{-1} EDTA 溶液滴定，用去 30.30 mL。另取 25.00 mL 试液，调至 pH=10，加入 KCN 掩蔽铜、锌，用同浓度 EDTA 滴定，用去 3.40 mL，然后滴加甲醛解蔽锌，再用该 EDTA 溶液滴定，用去 8.85 mL。计算试样中铜、锌、镁的质量分数。

144. 一定质量的 $H_2C_2O_4$ 需用 21.26 mL 的 0.238 4 mol・L^{-1} 的 NaOH 标准溶液滴定，同样质量的 $H_2C_2O_4$ 需用 25.28 mL 的 $KMnO_4$ 标准溶液滴定，计算 $KMnO_4$ 标准溶液的物质的量浓度。

145. 在酸性溶液中用高锰酸钾测定铁。$KMnO_4$ 溶液的浓度是 0.024 84 mol・L^{-1}，求此溶液对 (1) Fe；(2) Fe_2O_3；(3) $FeSO_4\cdot 7H_2O$ 的滴定度。

146. 以 $K_2Cr_2O_7$ 标准溶液滴定 0.400 0 g 褐铁矿，若用 $K_2Cr_2O_7$ 溶液的体积（以 mL 为单位）与试样中 Fe_2O_3 的质量分数相等，求 $K_2Cr_2O_7$ 溶液对铁的滴定度。

147. 称取软锰矿试样 0.401 2 g，以 0.448 8 g $Na_2C_2O_4$ 处理，滴定剩余的 $Na_2C_2O_4$ 需消耗 0.010 12 mol·L^{-1}的 $KMnO_4$ 标准溶液 30.20 mL，计算试样中 MnO_2 的质量分数。

148. 用 $KMnO_4$ 法测定硅酸盐样品中 Ca^{2+} 的含量，称取试样 0.586 3 g，在一定条件下，将钙沉淀为 CaC_2O_4，过滤、洗涤沉淀，将洗净的 CaC_2O_4 溶解于稀 H_2SO_4 中，用 0.050 52 mol·L^{-1} 的 $KMnO_4$ 标准溶液滴定，消耗 25.64 mL，计算硅酸盐中 Ca 的质量分数。

149. 将 1.000 g 钢样中的铬氧化为 $Cr_2O_7^{2-}$，加入 25.00 mL 0.100 0 mol·L^{-1} $FeSO_4$ 标准溶液，然后用 0.018 00 mol·L^{-1}的 $KMnO_4$ 标准溶液 7.00 mL 回滴过量的 $FeSO_4$，计算钢中铬的质量分数。

150. 称取 KI 试样 0.350 7 g 溶解后，用分析纯 $K_2Cr_2O_7$ 0.147 1 g 处理，将处理后的溶液煮沸，除去析出的碘，再加过量的碘化钾与剩余的 $K_2Cr_2O_7$ 作用，最后用 0.105 3 mol·L^{-1}的 $Na_2S_2O_3$ 标准溶液滴定，消耗 $Na_2S_2O_3$ 10.00 mL。试计算试样中 KI 的质量分数。

151. 用 KIO_3 作基准物质标定 $Na_2S_2O_3$ 溶液。称取 0.150 0 g KIO_3 与过量的 KI 作用，析出的碘用 $Na_2S_2O_3$ 溶液滴定，用去 24.00 mL，此 $Na_2S_2O_3$ 溶液浓度为多少？每毫升 $Na_2S_2O_3$ 相当于多少克的 I_2？

152. 抗坏血酸(摩尔质量为 176.1 g·mol^{-1})是一个还原剂，它的半反应为：$C_6H_6O_6+2H^++2e^-$ ══ $C_6H_8O_6$，它能被 I_2 氧化，如果 10.00 mL 柠檬水果汁样品用 HAc 酸化，并加 20.00 mL 0.025 00 mol·L^{-1} I_2 溶液，待反应完全后，过量的 I_2 用 10.00 mL 0.010 00 mol·L^{-1} $Na_2S_2O_3$ 滴定，计算每毫升柠檬水果汁中抗坏血酸的质量。

153. 测定铜的分析方法为间接碘量法：

$$2Cu^{2+}+4I^- = 2CuI+2I_2$$

$$I_2+2S_2O_3^{2-} = 2I^-+S_4O_6^{2-}$$

用此方法分析铜矿样中铜的含量，为了使 1.00 mL 0.105 0 mol·L^{-1} $Na_2S_2O_3$ 标准溶液能准确表示 1.00%的 Cu，应称取铜矿样多少克？

154. 称取含铜试样 0.600 0 g，溶解后加入过量的 KI，析出的 I_2 用 $Na_2S_2O_3$ 标准溶液滴定至终点，消耗 20.00 mL。已知 $Na_2S_2O_3$ 对 $KBrO_3$ 的滴定度为 $T(KBrO_3/Na_2S_2O_3)=$ 0.004 175 g·mL^{-1}，计算试样中 CuO 的质量分数。

155. 称取 0.302 8 g 只含有 KCl 和 KBr 的试样，溶于水后用 $c(AgNO_3)=0.101\ 4$ mol·L^{-1}的 $AgNO_3$ 标准溶液进行滴定，用去 30.20 mL。试计算混合物中 KCl 和 KBr 的质量分数。[$M(KCl)=74.56$ g·mol^{-1}，$M(KBr)=119.00$ g·mol^{-1}]

156. 称取 1.922 1 g KCl（分析纯）加水溶解后，在 250 mL 容量瓶中定容，取出 20.00 mL用 $AgNO_3$ 溶液滴定，用去 18.30 mL，则 $AgNO_3$ 溶液浓度为多少？[$M(KCl)=$ 74.56 g·mol^{-1}]

157. 称取一含银废液 2.075 g，加入适量 HNO_3，以铁铵矾为指示剂，消耗 25.50 mL 0.046 34 mol·L^{-1}的 NH_4SCN 溶液，计算废液中银的质量分数。[$M(Ag)=107.9$ g·mol^{-1})]

158. 称取基准物质 NaCl 0.200 0 g 溶于水，加入 $AgNO_3$ 标准溶液 50.00 mL，以铁铵矾为指示剂，用 NH_4SCN 标准溶液进行滴定，用去 25.00 mL。已知 1.00 mL NH_4SCN 标准溶液相当于 1.20 mL $AgNO_3$ 标准溶液。计算 $AgNO_3$ 和 NH_4SCN 溶液的浓度。[$M(NaCl)=58.44$ g·mol^{-1}]

四、参考答案

（一）选择题

1	2	3	4	5	6	7	8	9	10	11	12	13	14	15	16	17
D	A	B	B	B	D	B	B	B	A	C	A	B	C	B	C	D
18	19	20	21	22	23	24	25	26	27	28	29	30	31	32	33	34
C	C	B	C	B	B	B	D	B	A	C	C	C	D	B	D	B
35	36	37	38	39	40	41	42	43	44	45	46	47	48	49	50	51
C	A	B	D	D	C	D	A	C	D	D	C	A	A	D	B	D
52	53	54	55	56	57	58	59	60	61	62	63	64	65	66	67	68
C	C	A	B	B	D	A	D	A	C	A	C	D	A	C	B	A
69	70	71	72	73	74	75	76	77	78	79	80	81	82	83	84	85
C	B	C	A	D	B	B	B	D	D	B	B	C	C	A	A	C
86	87	88	89	90	91	92	93	94	95							
D	B	C	D	A	B	B	B	B	D							

（二）填空题

96. $^{+}NH_3CH_2COOH$、$^{+}NH_3CH_2COO^-$；　97. 诱导效应；

98. 掩蔽 Fe^{3+}，消除干扰；　99. 加水稀释；

100. 反应没有确定的计量关系；

101. 使 CuI 转化成溶解度更小的 CuSCN 沉淀，释放被吸附的 I_2；

102. 除去 CO_2 和 O_2，杀死水中的细菌；　103. Fe^{3+}/Fe^{2+}；

104. $c_{sp}K'_f>10^6$，$K'(MY)/K'(NY)\geqslant 10^6$；　105. 6.5；

106. 1/10 的台秤；　107. 偏低；　108. 酚酞、甲基红、甲基橙；

109. 等于；　110. 铁铵矾 $NH_4Fe(SO_4)_2$、HNO_3 强酸、NH_4SCN；

111. $K_2Cr_2O_7$、KI、I_3^-、置换；　112. 1∶3；　113. 甲基红、1∶2；

114. 5.3～8.7；

115. 指示剂与金属离子生成的配合物的稳定性大于 MY 的稳定性；

116. ＝；　117. 9.42；　118. 10；　119. 12～13；　120. 5∶1；

121. 强酸性溶液不但使 $Na_2S_2O_3$ 分解，而且 I^- 也容易被空气氧化；

122. 1∶1.1［在确定物质的量比时并不需要写出反应式，酸碱滴定中只需知道质子的得失，氧化还原反应知道电子得失或氧化数改变值即可，配位滴定多为 EDTA 滴定，大多情况是 1∶1 螯合，相对简单。本题为氧化还原 2K～6（$NO_2^- \rightarrow NO_3^-$）提供 $12e^-$，2K～（$Co^{3+} \rightarrow Co^{2+}$）得到 $1e^-$，这里是 Co^{3+} 作为氧化剂将还原的 Mn^{2+} 氧化为 MnO_4^-，所以实际 2K 相当于只提供了 $11e^-$，$MnO_4^- \longrightarrow Mn^{2+}$ 得到 $5e^-$，即 2K～(11/5)$KMnO_4$，即 $n(K)$∶$n(KMnO_4)$＝1∶1.1］；

123. K_2CrO_4、Ag_2CrO_4；　124. 小、Fe^{3+}的浓度太大会使溶液呈现较深的颜色，影响滴定终点的观察；

125. 提前、指示剂本身的黄色也会影响终点的观察。

（三）计算及简答题

126. 答：因为Al^{3+}与EDTA的反应很慢；酸度低时，Al^{3+}易水解形成一系列多羟基配合物；同时Al^{3+}对二甲酚橙指示剂有封闭作用。所以，在pH＝3左右，加入过量的EDTA加热，使Al^{3+}完全配位，剩余的EDTA溶液再用Zn^{2+}标准溶液滴定，以二甲酚橙作指示剂。

127. 答：Ca^{2+}和Mg^{2+}的测定条件是碱性，Bi^{3+}是强酸性，三乙醇胺和KCN只有在碱性条件下与Fe^{3+}形成稳定的配合物达到掩蔽Fe^{3+}的目的，但在酸性介质中则不能；抗坏血酸在酸性条件下表现还原性，将Fe^{3+}还原为Fe^{2+}，Fe^{2+}在强酸性介质中与EDTA的条件稳定常数很小，不干扰Bi^{3+}的测定。

128. 答：加入H_2SO_4以维持溶液的酸度，增强$K_2Cr_2O_7$的氧化能力，并防止Fe^{2+}及Fe^{3+}水解。加磷酸的主要目的是Fe^{3+}与磷酸生成无色的$[Fe(HPO_4)_2]^-$，降低$\varphi(Fe^{3+}/Fe^{2+})$，增大突跃范围，消除Fe^{3+}的黄色，有利于终点的观察。

129. 答：结果不一致，用酚酞结果偏高，因NaOH吸收CO_2消耗2个OH^-生成1个Na_2CO_3，用酚酞作指示剂，$Na_2CO_3 \rightarrow NaHCO_3$只提供一个$OH^-$，计算时却仍以2个$OH^-$计算盐酸的$H^+$消耗量，故结果偏高。若以甲基橙作指示剂$Na_2CO_3 \rightarrow CO_2$，仍提供2个$OH^-$故无影响。

130. 答：$KMnO_4$溶解于水形成的溶液煮沸，氧化水中的还原性物质，以便生成$MnO(OH)_2$沉淀后过滤。配制$Na_2S_2O_3$溶液只是将水煮沸赶走CO_2和杀菌，冷却后溶解$Na_2S_2O_3$以防止其被分解。

131. 答：由于$2MnO_4^- + 3Mn^{2+} + 2H_2O = 5MnO_2 + 4H^+$，故$MnO_4^-$和$Mn^{2+}$不能大量共存。在酸性介质中$MnO_4^-$与$Mn^{2+}$的反应速率慢，更重要的是，由于$KMnO_4$是滴定剂，在终点前浓度极低，上述反歧化反应不发生，而反之当$KMnO_4$被滴定时，在滴定过程中Mn^{2+}浓度增大，MnO_4^-剩余也不少时，上述反应发生，故反之不行。

132. 答：根据酸效应曲线可查出准确滴定某一金属离子的最低pH，因此，在pH＝5～6时，Zn^{2+}能被EDTA准确滴定，而Ca^{2+}、Mg^{2+}不能被滴定，所以Ca^{2+}、Mg^{2+}的存在无干扰，标定结果是准确的。

若以此EDTA溶液测定Ca^{2+}、Mg^{2+}，所得结果偏高。因为测定Ca^{2+}、Mg^{2+}时，一般是在pH＝10的条件下，此时，EDTA溶液中含有的Ca^{2+}、Mg^{2+}也要与EDTA形成配合物，从而多消耗EDTA溶液。因此，所得结果偏高。

133. 解：$$w(N)=\frac{0.1200\ mol \cdot L^{-1} \times \frac{21.00}{1000}L \times 14.00\ g \cdot mol^{-1}}{0.2320\ g}=15.21\%$$

134. 解：$$w(P)=\frac{\dfrac{\left(0.1000\ mol \cdot L^{-1} \times \frac{20.00}{1000}L - 0.2000\ mol \cdot L^{-1} \times \frac{7.50}{1000}L\right)}{24} \times 30.97\ g \cdot mol^{-1}}{1.000\ g} \times 100\%$$

$$=0.065\%$$

$$w(P_2O_5)=0.065\% \times \frac{141.9\ g \cdot mol^{-1}}{2 \times 30.97\ g \cdot mol^{-1}}=0.15\%$$

135. 解：$w(NaH_2PO_4)=\dfrac{0.1000\ mol\cdot L^{-1}\times\dfrac{20.00}{1000}L\times 120.0\ g\cdot mol^{-1}}{1.000\ g}$

$=24.00\%$

$$w(Na_2HPO_4)=\dfrac{\dfrac{0.1000\ mol\cdot L^{-1}\times(30.00-20.00)L}{1000}\times 142.0\ g\cdot mol^{-1}}{1.000\ g}=14.20\%$$

$$T(N/NaOH)=\dfrac{m(N)}{V(NaOH)}=\dfrac{n(N)\cdot M(N)}{V(NaOH)}$$

$$=\dfrac{n(NaOH)\cdot M(N)}{V(NaOH)}=c(NaOH)\cdot M(N)$$

$$=0.1000\ mol\cdot L^{-1}\times 14.01\ g\cdot mol^{-1}\times 10^{-3}\ L\cdot mL^{-1}$$

$$=1.401\times 10^{-3}\ g\cdot mL^{-1}$$

136. 解：$w(NH_3)=\dfrac{\left(0.2500\ mol\cdot L^{-1}\times\dfrac{56.00}{1000}L-0.5000\ mol\cdot L^{-1}\times\dfrac{21.56}{1000\times 2}L\right)\times 2\times 17.03\ g\cdot mol^{-1}}{1.000\ g}$

$=29.3\%$

137. 解：用配位滴定法准确滴定单一金属离子的条件是：$\lg[c(M)\ K'(MY)]\geqslant 6$（相对误差$\leqslant 0.1\%$），根据题意滴定的最高酸度为

$\lg\alpha[Y(H)]\leqslant\lg K'(FeY^{2-})-8=14.32-8=6.32$，查表得 pH=5.1。

根据 $$Fe(OH)_2\rightleftharpoons Fe^{2+}+2OH^-$$

最低酸度为

$$c_r(OH^-)=\sqrt{\dfrac{K_{sp}^{\ominus}[Fe(OH)_2]}{c_r(Fe^{2+})}}=\sqrt{\dfrac{4.87\times 10^{-17}}{0.01}}=6.98\times 10^{-8}$$

$$pOH=7.2,\ pH=14-7.2=6.8$$

准确滴定 Fe^{2+} 的 pH 范围为 5.1～6.8。

则在 pH=4.0，pH=8.0 时，不能准确滴定 Fe^{2+}，而在 pH=6.0 时可以准确滴定 Fe^{2+}。

138. 解：M、N 两种金属离子同时存在，选择性滴定 M 离子而 N 离子不干扰的条件是

$$\dfrac{c_r(M)K'(MY)}{c_r(N)K'(NY)}\geqslant 10^5$$

只考虑酸效应而无其他副反应，

$$\dfrac{c_r(Pb^{2+})K'(PbY^{2-})}{c_r(Ca^{2+})K'(CaY^{2-})}=\dfrac{c_r(Pb^{2+})K(PbY^{2-})}{c_r(Ca^{2+})K(CaY^{2-})}=\dfrac{0.01\times 10^{18.04}}{0.01\times 10^{10.69}}=10^{7.35}>10^5$$

所以，Pb^{2+} 可被准确滴定而 Ca^{2+} 不干扰。

据 $\lg[c_r(Pb^{2+})K'(PbY^{2-})]=\lg c_r(Pb^{2+})+\lg K(PbY^{2-})-\lg\alpha[Y(H)]\geqslant 6$

即 $$\lg 0.01+18.04-\lg\alpha[Y(H)]\geqslant 6$$

得 $\lg\alpha[Y(H)]\leqslant 10.04$，据此查表得 pH$\geqslant$3.2。

Pb^{2+} 不生成 $Pb(OH)_2$ 沉淀时，

$$c_r(OH^-)\leqslant\sqrt{\dfrac{K_{sp}^{\ominus}[Pb(OH)_2]}{c_r(Pb^{2+})}}=\sqrt{\dfrac{1.42\times 10^{-20}}{0.01}}=1.19\times 10^{-9}$$

$$pOH\geqslant 8.9,\qquad pH\leqslant 14-8.9=5.1$$

故滴定 Pb^{2+} 的 pH 应控制在 3.2～5.1 范围内。

139. 解：在 pH＝1 时，滴定 Bi^{3+}；pH＝5.5 时，滴定 Pb^{2+}、Cd^{2+}；解蔽 Cd^{2+} 后，滴定 Cd^{2+}。

由于 EDTA 与金属离子的螯合比为 1∶1，所以

$$c(Bi^{3+}) = \frac{c(EDTA) \cdot V(EDTA)}{V_s} = \frac{0.020\,15\ mol \cdot L^{-1} \times 20.28\ mL}{25.00\ mL}$$

$$= 0.016\,35\ mol \cdot L^{-1}$$

解蔽后，$c(Cd^{2+}) = \dfrac{V(Pb^{2+})_{标} \cdot c(Pb^{2+})_{标}}{V_s} = \dfrac{0.012\,02\ mol \cdot L^{-1} \times 18.05\ mL}{25.00\ mL}$

$$= 0.008\,678\ mol \cdot L^{-1}$$

$$c(Pb^{2+})_{样} \cdot V_{样} + c(Cd^{2+}) \cdot V_{样} = c(EDTA) \cdot V(EDTA)$$

$$c(Pb^{2+})_{标} = \frac{0.020\,15\ mol \cdot L^{-1} \times 28.86\ mL}{25.00\ mL} - 0.008\,678\ mol \cdot L^{-1}$$

$$= 0.014\,58\ mol \cdot L^{-1}$$

140. 解：

$$[c(Ni^{2+}) + c(Zn^{2+})]\ V = c(EDTA) \cdot V(EDTA) - c(Mg^{2+}) \cdot V(Mg^{2+})$$

$$c(Ni^{2+}) + c(Zn^{2+}) = \frac{0.050\,00\ L \times 0.015\,00\ mol \cdot L^{-1} - 0.010\,00\ mol \cdot L^{-1} \times 0.017\,52\ L}{0.025\,00\ L}$$

$$= 0.022\,99\ mol \cdot L^{-1}$$

解蔽 Zn^{2+} 后， $c(Zn^{2+}) \cdot V(Zn^{2+}) = c(Mg^{2+}) \cdot V(Mg^{2+})$

$$c(Zn^{2+}) = \frac{0.010\,00\ mol \cdot L^{-1} \times 22.00\ mL}{25.00\ mL} = 0.008\,800\ mol \cdot L^{-1}$$

故 $c(Ni^{2+}) = 0.022\,99\ mol \cdot L^{-1} - 0.008\,800\ mol \cdot L^{-1} = 0.014\,19\ mol \cdot L^{-1}$

141. 解：25.00 mL 试样中：

$$n(SO_4^{2-}) = n(Ba^{2+}) - n(EDTA)$$

$$= 0.050\,00\ mol \cdot L^{-1} \times 25.00\ mL - 0.020\,02\ mol \cdot L^{-1} \times 29.15\ mL$$

$$= 0.666\ mmol$$

$$= 6.66 \times 10^{-4}\ mol$$

$$w(SO_4^{2-}) = \frac{m}{m_s} = \frac{\dfrac{n(SO_4^{2-}) \cdot M(SO_4^{2-})}{25.00\ mL} \times 250.0\ mL}{3.000\ g}$$

$$= \frac{6.66 \times 10^{-4}\ mol \times 96.06\ g \cdot mol^{-1} \times 10}{3.000\ g}$$

$$= \frac{0.640\ g}{3.000\ g} = 0.213$$

142. 解： $MgSO_4 \cdot 7H_2O \sim Mg^{2+} \sim EDTA$

$$m(MgSO_4 \cdot 7H_2O) = n(MgSO_4 \cdot 7H_2O) \cdot M(MgSO_4 \cdot 7H_2O)$$

$$= c(EDTA) \cdot V(EDTA) \cdot M(MgSO_4 \cdot 7H_2O)$$

$$= 0.021\,15\ mol \cdot L^{-1} \times 24.90 \times 10^{-3}\ L \times 246.5\ g \cdot mol^{-1}$$

$$= 0.129\,8\ g$$

$$T(MgSO_4 \cdot 7H_2O/EDTA)=\frac{m(MgSO_4 \cdot 7H_2O)}{V(EDTA)}$$

$$=\frac{0.129\,8\ g}{24.90\ mL}=0.005\,213\ g \cdot mL^{-1}$$

$$m(MgSO_4)=\frac{M(MgSO_4)}{M(MgSO_4 \cdot 7H_2O)} \cdot m(MgSO_4 \cdot 7H_2O)$$

$$=\frac{120.5\ g \cdot mol^{-1}}{246.5\ g \cdot mol^{-1}} \times 0.129\,8\ g=0.063\,45\ g$$

$$w(MgSO_4)=\frac{m(MgSO_4)}{m_s}=\frac{0.063\,45\ g}{0.250\,0\ g}=0.253\,8$$

143. 解：据酸效应曲线，在 pH=6 时，Cu^{2+}、Zn^{2+}被滴定，Mg^{2+}不被滴定。25.00 mL 试液中：

$$n(Cu)+n(Zn)=c(EDTA)V_1 \quad (V_1=30.30\ mL)$$

pH=10 时，KCN 掩蔽 Cu、Zn，Mg 被滴定。

$$n(Mg)=c(EDTA)V_2 \quad (V_2=3.40\ mL)$$

$$w(Mg)=\frac{n(Mg) \cdot M(Mg) \times \frac{200.0\ mL}{25.00\ mL}}{0.500\,0\ g}$$

$$=\frac{0.030\,80\ mol \cdot L^{-1} \times 3.40 \times 10^{-3}\ L \times 24.31\ g \cdot mol^{-1} \times \frac{200.0\ mL}{25.00\ mL}}{0.500\,0\ g}$$

$$=0.040\,7$$

甲醛解蔽 Zn^{2+}，反应式为

$$[Zn(CN)_4]^{2-}+4HCHO+4H_2O = Zn^{2+}+4HOCH_2CN+4OH^-$$

$$n(Zn)=c(EDTA)V_3 \quad (V_3=8.85\ mL)$$

$$w(Zn)=\frac{m(Zn)}{m_s}=\frac{n(Zn) \cdot M(Zn) \times \frac{200.0\ mL}{25.00\ mL}}{0.500\,0\ g}$$

$$=\frac{0.030\,80\ mol \cdot L^{-}1 \times 8.85 \times 10^{-3}\ L \times 65.39\ g \cdot mol^{-1} \times \frac{200.0\ L}{25.00\ mL}}{0.500\,0\ g}$$

$$=0.285$$

$$故\ w(Cu)=\frac{[n(Cu)+n(Zn)]-n(Zn) \times \frac{200.0\ mL}{25.00\ mL} \cdot M(Cu)}{0.500\,0\ g}$$

$$=\frac{[c(EDTA)V_1-c(EDTA)V_3] \times \frac{200.0\ mL}{25.00\ mL} \times M(Cu)}{0.500\,0\ g}$$

$$=\frac{[0.030\,80\ mol \cdot L^{-1} \times (30.30-8.85) \times 10^{-3}\ L \times 63.55\ g \cdot mol^{-1}] \times \frac{200.0\ mL}{25.00\ mL}}{0.500\,0\ g}$$

$$=0.671\,8$$

144. 解：$H_2C_2O_4$ 的 $K_{a1}^{\ominus}=5.90 \times 10^{-2}$，$K_{a2}^{\ominus}=6.40 \times 10^{-5}$，而 $K_{a1}^{\ominus}/K_{a2}^{\ominus}<10^4$，所以 $H_2C_2O_4$ 的两个 H^+一起被滴定，形成一个滴定突跃。

反应式为　　$H_2C_2O_4+2NaOH = Na_2C_2O_4+2H_2O$ (1)

据题有：$5H_2C_2O_4+2MnO_4^-+6H^+ = 2Mn^{2+}+10CO_2\uparrow+8H_2O$ (2)

由（1）式得：$$\frac{m(H_2C_2O_4)}{M(H_2C_2O_4)}=\frac{1}{2}c(NaOH)\cdot V(NaOH)$$

由（2）式得：$$\frac{m(H_2C_2O_4)}{M(H_2C_2O_4)}=\frac{5}{2}c(KMnO_4)\cdot V(KMnO_4)$$

故 $$\frac{1}{2}c(NaOH)\cdot V(NaOH)=\frac{5}{2}c(KMnO_4)\cdot V(KMnO_4)$$

$$c(KMnO_4)=\frac{c(NaOH)\cdot V(NaOH)}{5V(KMnO_4)}=\frac{0.2384\ mol\cdot L^{-1}\times 21.26\ mL}{5\times 25.28\ mL}$$
$$=0.04010\ mol\cdot L^{-1}$$

145. 解：$$\frac{1}{2}Fe_2O_3\sim Fe\sim FeSO_4\cdot 7H_2O$$

$$MnO_4^-+5Fe^{2+}+8H^+ = Mn^{2+}+5Fe^{3+}+4H_2O$$

$$T(Fe/KMnO_4)=5c(KMnO_4)\cdot M(Fe)\times 10^{-3}$$
$$=5\times 0.02484\ mol\cdot L^{-1}\times 55.85\ g\cdot mol^{-1}\times 10^{-3}$$
$$=6.937\times 10^{-3}\ g\cdot mL^{-1}$$

同理，$$T(Fe_2O_3/KMnO_4)=\frac{5c(KMnO_4)\cdot M(Fe_2O_3)\times 10^{-3}}{2}$$
$$=5\times 0.02484\ mol\cdot L^{-1}\times\frac{159.7\ g\cdot mol^{-1}}{2}\times 10^{-3}$$
$$=9.917\times 10^{-3}\ g\cdot mL^{-1}$$

$$T(FeSO_4\cdot 7H_2O/KMnO_4)=5c(KMnO_4)\cdot M(FeSO_4\cdot 7H_2O)\times 10^{-3}$$
$$=5\times 0.02484\ mol\cdot L^{-1}\times 278.0\ g\cdot mol^{-1}\times 10^{-3}$$
$$=3.453\times 10^{-2}\ g\cdot mL^{-1}$$

146. 解：$$T(Fe/K_2Cr_2O_7)=\frac{m(Fe)}{V(K_2Cr_2O_7)}=\frac{\frac{2M(Fe)}{M(Fe_2O_3)}\cdot m(Fe_2O_3)}{V(K_2Cr_2O_7)}$$

因为 $$w(Fe_2O_3)=\frac{m(Fe_2O_3)}{m_s}=V(K_2Cr_2O_7)\times 10^{-3}$$

所以 $$\frac{m(Fe_2O_3)}{V(K_2Cr_2O_7)}=m_s\times 10^{-3}$$

$$T(Fe/K_2Cr_2O_7)=\frac{2M(Fe)}{M(Fe_2O_3)}\cdot m_s\times 10^{-3}$$
$$=\frac{2\times 55.85\ g\cdot mol^{-1}}{159.7\ g\cdot mol^{-1}}\times 0.4000\ g\times 10^{-3}$$
$$=2.798\times 10^{-4}\ g\cdot mL^{-1}$$

147. 解：软锰矿的主要成分是 MnO_2

$$MnO_2+C_2O_4^{2-}+4H^+ = Mn^{2+}+2CO_2\uparrow+2H_2O$$
$$2MnO_4^-+5C_2O_4^{2-}+16H^+ = 2Mn^{2+}+10CO_2\uparrow+8H_2O$$

$$w(MnO_2)=\frac{m}{m_s}=\frac{\left[\frac{m(Na_2C_2O_4)}{M(Na_2C_2O_4)}-\frac{5}{2}c(MnO_4^-)V(MnO_4^-)\right]\cdot M(MnO_2)}{m_s}$$

$$=\frac{\left(\frac{0.4488\ \text{g}}{134.0\ \text{g}\cdot\text{mol}^{-1}}-\frac{5}{2}\times 0.01012\ \text{mol}\cdot\text{L}^{-1}\times 30.20\times 10^{-3}\ \text{L}\right)\times 86.94\ \text{g}\cdot\text{mol}^{-1}}{0.4012\ \text{g}}$$

$=0.5601$

148. 解：

$$CaC_2O_4+H_2SO_4\ (\text{稀})=\!=\!=H_2C_2O_4+CaSO_4$$

$$2MnO_4^-+5H_2C_2O_4+6H^+=\!=\!=2Mn^{2+}+10CO_2\uparrow+8H_2O$$

$$n(Ca^{2+})=\frac{5}{2}c(MnO_4^-)\cdot V(MnO_4^-)$$

$$w(Ca)=\frac{n(Ca^{2+})M(Ca)}{m_s}=\frac{\frac{5}{2}c(MnO_4^-)\cdot V(MnO_4^-)\cdot M(Ca)}{m_s}$$

$$=\frac{5\times 0.05052\ \text{mol}\cdot\text{L}^{-1}\times 25.64\times 10^{-3}\ \text{L}\times 40.08\ \text{g}\cdot\text{mol}^{-1}}{2\times 0.5863\ \text{g}}$$

$=0.2214$

149. 解：

$$Cr_2O_7^{2-}+6Fe^{2+}+14H^+=\!=\!=2Cr^{3+}+6Fe^{3+}+7H_2O$$

$$MnO_4^-+5Fe^{2+}+8H^+=\!=\!=Mn^{2+}+5Fe^{3+}+4H_2O$$

$$Cr_2O_7^{2-}\sim 2Cr^{3+}\sim 6Fe^{2+}$$

$$n(Cr)=2\times\frac{1}{6}[c(FeSO_4)V(FeSO_4)-5c(MnO_4^-)V(MnO_4^-)]$$

$$=\frac{1}{3}\times(0.1000\ \text{mol}\cdot\text{L}^{-1}\times 25.00\ \text{L}-5\times 0.01800\ \text{mol}\cdot\text{L}^{-1}\times 7.00\ \text{L})\times 10^{-3}$$

$=6.233\times 10^{-4}$ mol

$$w(Cr)=\frac{n(Cr)\cdot M(Cr)}{m_s}=\frac{6.233\times 10^{-4}\ \text{mol}\times 52.00\ \text{g}\cdot\text{mol}^{-1}}{1.000\ \text{g}}=0.03241$$

150. 解：

$$Cr_2O_7^{2-}+6I^-+14H^+=\!=\!=2Cr^{3+}+3I_2+7H_2O$$

$$I_2+2S_2O_3^{2-}=\!=\!=S_4O_6^{2-}+2I^-$$

由方程式知：

$$Cr_2O_7^{2-}\sim 6I^-\sim 3I_2\sim 6S_2O_3^{2-}$$

$$n(KI)=6n(Cr_2O_7^{2-})=6[n_{\text{总}}(Cr_2O_7^{2-})-n_{\text{余}}(Cr_2O_7^{2-})]$$

$$=6\left[\frac{m(K_2Cr_2O_7)}{M(K_2Cr_2O_7)}-\frac{1}{6}n(S_2O_3^{2-})\right]$$

$$w(KI)=\frac{n(KI)\cdot M(KI)}{m}=\frac{6\left[\frac{m(K_2Cr_2O_7)}{M(K_2Cr_2O_7)}-\frac{1}{6}c(S_2O_3^{2-})V(S_2O_3^{2-})\right]\cdot M(KI)}{m_s}$$

$$=\frac{6\times\left(\frac{0.1471\ \text{g}}{294.2\ \text{g}\cdot\text{mol}^{-1}}-\frac{1}{6}\times 0.1053\ \text{mol}\cdot\text{L}^{-1}\times 10.00\times 10^{-3}\ \text{L}\right)\times 166.01\ \text{g}\cdot\text{mol}^{-1}}{0.3507\ \text{g}}$$

$=0.9216$

151. 解：

$$IO_3^-+5I^-+6H^+=\!=\!=3I_2+3H_2O$$

$$I_2+2S_2O_3^{2-}=\!=\!=2I^-+S_4O_6^{2-}\qquad IO_3^-\sim 3I_2\sim 6S_2O_3^{2-}$$

$$n(KIO_3)=\frac{m(KIO_3)}{M(KIO_3)}=\frac{1}{6}c(Na_2S_2O_3)V(Na_2S_2O_3)$$

$$\frac{0.1500\ \text{g}}{214.0\ \text{g}\cdot\text{mol}^{-1}}=\frac{1}{6}c(Na_2S_2O_3)\times 24.00\times 10^{-3}\ \text{L},\ c(Na_2S_2O_3)=0.1752\ \text{mol}\cdot\text{L}^{-1}$$

$$T(I_2/Na_2S_2O_3)=\frac{m(I_2)}{V(Na_2S_2O_3)}=\frac{1}{2}c(Na_2S_2O_3)\times M(I_2)\times 10^{-3}$$

$$=\frac{1}{2}\times 0.1752\ \text{mol}\cdot L^{-1}\times 253.8\ \text{g}\cdot \text{mol}^{-1}\times 10^{-3}$$

$$=2.223\times 10^{-2}\ \text{g}\cdot \text{mL}^{-1}$$

152. 解：

$$C_6H_8O_6+I_2 = C_6H_6O_6+2HI$$

$$I_2+2S_2O_3^{2-} = 2I^-+S_4O_6^{2-}$$

$$n_{抗}=n(I_2)_{总}-n(I_2)_{余}$$

$$=c(I_2)_{总}V(I_2)_{总}-c(I_2)_{余}V(I_2)_{余}$$

$$=0.02500\ \text{mol}\cdot L^{-1}\times 20.00\times 10^{-3}\ L-\frac{1}{2}\times 0.01000\ \text{mol}\cdot L^{-1}\times 10.00\times 10^{-3}\ L$$

$$=4.500\times 10^{-4}\ \text{mol}$$

$$\rho_{抗}=\frac{n_{抗}\cdot M_{抗}}{V_{抗}}=\frac{4.500\times 10^{-4}\ \text{mol}\times 176.1\ \text{g}\cdot \text{mol}^{-1}}{10.00\ \text{mL}}=7.925\times 10^{-3}\ \text{g}\cdot \text{mL}^{-1}$$

153. 解：

$$2Cu^{2+}\sim I_2\sim 2S_2O_3^{2-}$$

$$n(Cu^{2+})=n(Na_2S_2O_3)=c(Na_2S_2O_3)\cdot V(Na_2S_2O_3)$$

$$w(Cu)=\frac{n(Cu^{2+})\cdot M(Cu)}{m_s}=\frac{c(Na_2S_2O_3)V(Na_2S_2O_3)\times 10^{-3}\times M(Cu)}{m_s}=1.00\%$$

$$m_s=c(Na_2S_2O_3)V(Na_2S_2O_3)\times M(Cu)\times 100$$

$$=0.1050\ \text{mol}\cdot L^{-1}\times 1.00\times 10^{-3}\ L\times 63.55\ \text{g}\cdot \text{mol}^{-1}\times 100$$

$$=0.667\ \text{g}$$

154. 解：

$$2Cu^{2+}+4I^- = 2CuI\downarrow+I_2$$

$$I_2+2S_2O_3^{2-} = 2I^-+S_4O_6^{2-}$$

$$BrO_3^-+6I^-+6H^+ = Br^-+3I_2+3H_2O \qquad BrO_3^-\sim 3I_2\sim 6S_2O_3^{2-}$$

$$T(KBrO_3/Na_2S_2O_3)=\frac{\frac{1}{6}c(Na_2S_2O_3)\cdot M(KBrO_3)}{1000}$$

$$=\frac{\frac{1}{6}c(Na_2S_2O_3)\times 167.01\ \text{g}\cdot \text{mol}^{-1}}{1000}$$

$$=0.004175\ \text{g}\cdot \text{mL}^{-1}$$

$$c(Na_2S_2O_3)=0.1500\ \text{mol}\cdot L^{-1}$$

$$n(Cu)=n(CuO)=n(S_2O_3^{2-})=c(S_2O_3^{2-})\cdot V(S_2O_3^{2-})$$

$$w(CuO)=\frac{n(CuO)\cdot M(CuO)}{m_s}=\frac{c(Na_2S_2O_3)\cdot V(Na_2S_2O_3)\times M(CuO)}{m_s}$$

$$=\frac{0.1500\ \text{mol}\cdot L^{-1}\times 20.00\times 10^{-3}\ L\times 79.54\ \text{g}\cdot \text{mol}^{-1}}{0.6000\ \text{g}}=0.3977$$

155. $w(KCl)=34.15\%$，$w(KBr)=65.85\%$

156. $c(AgNO_3)=0.1127\ \text{mol}\cdot L^{-1}$

157. $w(Ag)=6.145\%$

158. $c(AgNO_3)=0.1711\ \text{mol}\cdot L^{-1}$，$c(NH_4SCN)=0.2053\ \text{mol}\cdot L^{-1}$

第十一章 电势分析法

一、基本概念与要点

（一）电势分析法原理与特点

1. 电势分析法 以测量原电池的电动势为基础，根据电动势与溶液中某种离子的活度（或浓度）之间的定量关系（能斯特方程式）来测定待测物质活度（或浓度）的一种电化学分析法。可分为直接电势法和电势滴定法两大类。

2. 直接电势法 通过直接测量电池电动势，根据能斯特方程，计算出待测物质的含量的电势分析法。

3. 电势滴定法 通过测量滴定过程中电池电动势的变化，以电势的突变确定滴定终点，再由滴定终点时所消耗的标准溶液的体积和浓度求出待测物质的含量的电势分析法。

4. 指示电极 电极电势随试液中待测离子的活度（或浓度）的变化而变化，用以指示待测离子活度（或浓度）的电极。

5. 参比电极 在一定温度下，电极电势基本稳定不变，不随试液中待测离子的活度（或浓度）的变化而变化的电极。

6. 离子选择性电极 属于薄膜电极，是由特殊材料的固态或液态敏感膜构成对溶液中特定离子具有选择性响应的电极。离子选择性电极由敏感膜（传感膜）、内参比溶液（由用以恒定内参比电极电势的 Cl^- 和能被敏感膜选择性响应的特定离子组成）、内参比电极（一般是 Ag－AgCl 电极）以及导线和电极杆等部件所构成。以离子选择性电极作指示电极的电势分析法称离子选择性电极分析法。

7. 离子选择性电极的膜电势 φ_m 横跨敏感膜两侧溶液之间产生的电势差，称离子选择性电极的膜电势 φ_m，离子选择性电极的膜电势随溶液中的响应离子（待测离子）活度的变化而变化（符合能斯特响应）。可用来指示溶液中待测离子的活度（或浓度）。

8. pH 玻璃电极的构造 pH 玻璃电极的敏感膜是由 22% Na_2O、6% CaO、72% SiO_2（物质的量比）经熔融吹制而成的玻璃球泡膜，其厚度为 0.03～0.1 mm。内参比电极是 Ag－AgCl电极。内参比溶液是 0.1 mol・L^{-1}的 HCl 溶液。

9. pH 玻璃电极的电极电势与溶液 pH 的关系 pH 玻璃电极的电极电势与溶液 pH 的定量关系为 $\varphi_{玻}=k-0.059\,pH$。

10. F^- 选择性电极的构造 F^- 选择性电极的敏感膜是由 LaF_3 单晶切片掺杂一些 EuF_2 或 CaF_2 制成厚度为 2 mm 左右的薄片。内参比电极为 Ag－AgCl 电极。内参比溶液为

$0.1\ mol\cdot L^{-1}$ NaF与 $0.1\ mol\cdot L^{-1}$ NaCl 混合溶液。

11. F^-选择性电极使用的适宜 pH　电极使用的适宜 pH 为 5～6。试液的 pH 较高（$[OH^-]\gg[F^-]$）时，因 OH^-半径与 F^-相近，OH^-能透过 LaF_3 晶格产生干扰，发生下列反应：

$$LaF_3(s)+3OH^- = La(OH)_3(s)+3F^-$$

LaF_3 晶体表面形成 $La(OH)_3$，同时释放出 F^-，增加试液中 F^-的活度，产生干扰；当试液的 pH 较低时，溶液中形成难以解离的 HF（$H^+ + F^- \rightleftharpoons HF$），降低 F^-活度而产生干扰。

（二）电势分析法的应用

1. 电动势 E 与离子活度的定量关系　当离子选择性电极（指示电极）作为负极，参比电极（常用饱和甘汞电极）作为正极组成测量电池时，$E=K\mp\frac{0.059\,2\ V}{n}\lg a_i$。

式中：i 为阳离子时，取"－"号；i 为阴离子时，取"＋"号。一定条件下，电池电动势 E 与 $\lg a_i$ 呈直线关系，这是定量分析的基础。

2. 总离子强度调节缓冲剂（TISAB）　离子强度调节剂（惰性电解质）、pH 缓冲剂和掩蔽剂合在一起构成 TISAB。

3. 直接电势法的定量方法

（1）直接比较法　$c_x=c_s\cdot 10^{(\pm n\Delta E/0.059\,2\ V)}$

为使结果有较高的准确度，使用直接比较法时，必须使标准溶液和待测试液的测定条件完全一致，其中 c_s 与 c_x 值也应尽量接近。

测定溶液 pH 时，常利用直接比较法的原理，$pH_x=pH_s+\frac{E_x-E_s}{0.059\,2\ V}$。

（2）标准曲线法　绘制 E－$\lg c_i$ 关系曲线，即标准曲线。再在同样的条件下，测出待测液的 E_x，从标准曲线上求出待测离子的浓度。

标准曲线法适用于组成清楚或简单试样的分析，且适合于同时分析大批试样。

（3）标准加入法　$c_x=\frac{c_sV_s/V_x}{10^{\frac{\pm n\Delta E}{0.059\,2\ V}}-1}$

一般要求 $V_x\geqslant 100V_s$，$c_s\geqslant 100c_x$。标准加入法适用于组成不清楚或复杂试样的分析，但不适宜同时分析大批试样。

4. 电势滴定法确定终点的方法

（1）E－V 曲线法　E－V 曲线的拐点所对应的 V'即为滴定终点所消耗滴定剂的体积。

（2）$\frac{\Delta E}{\Delta V}$－$V$ 曲线法（一阶微商法）　$\frac{\Delta E}{\Delta V}$－$V$ 曲线最高点所对应的体积 V'，即为滴定终点时所消耗滴定剂的体积。曲线最高点是用外延法绘出的。

（3）$\frac{\Delta^2 E}{\Delta V^2}$－$V$ 曲线法（二阶微商法）　$\frac{\Delta^2 E}{\Delta V^2}=0$ 时所对应的体积 V'，就是滴定终点时所消耗的滴定剂体积。

二阶微商法一般可直接通过内插法计算得到滴定终点的体积。内插法的计算方法为：在滴定终点前后找出一对 $\Delta^2E/\Delta V^2$ 数值（$\Delta^2E/\Delta V^2$ 由正到负或由负到正），按下式计算：

$$\frac{(\Delta^2E/\Delta V^2)_{i+1}-(\Delta^2E/\Delta V^2)_i}{V_{i+1}-V_i}=\frac{0-(\Delta^2E/\Delta V^2)_i}{V_{终}-V_i}$$

二、解题示例

【例 11-1】 用电势滴定法测定Cl^-时，以$AgNO_3$为标准溶液，使用的参比溶液是（　　）。

A. Pt 电极　　B. 饱和甘汞电极

C. 双盐桥甘汞电极　　D. Ag-AgCl 电极

答：C。A，Pt 电极为惰性电极，不能作为参比电极；B，饱和甘汞电极通常指单盐桥电极，盐桥 KCl 中的Cl^-与待测离子相同，使测定结果偏高；D，Ag-AgCl 电极的盐桥也是 KCl，同样影响测定结果。

【例 11-2】 电势分析法原电池中的两支电极分别为什么电极？有何特点？

答：一支为指示电极。它的电极电势随试液中待测离子的活度（或浓度）的变化而变化，用以指示待测离子活度（或浓度）。另一支为参比电极。在一定温度下，它的电极电势基本稳定不变，不随试液中待测离子的活度（或浓度）的变化而变化。

【例 11-3】 离子选择性电极和金属基电极在本质上有何不同？

答：金属基电极是以金属为基体的电极。它们的共同特点是：电极电势的产生是由于在电极表面发生了电子转移（氧化还原反应），属于电子导电。而离子选择性电极属于薄膜电极，是由特殊材料的固态或液态敏感膜构成对溶液中特定离子具有选择性响应的电极。电极电势的产生主要是溶液中的特定离子与电极敏感膜上的离子发生离子交换作用的结果，属于离子导电。

【例 11-4】 在何种情况下要用双盐桥甘汞电极？

答：若待测离子含有与甘汞电极的盐桥（KCl）相同的离子或与盐桥发生化学反应时，可用双盐桥甘汞电极作为参比电极，即在 KCl 盐桥外部再加外盐桥，常选用KNO_3或NH_4NO_3等作为外部第二盐桥溶液。

【例 11-5】 25 ℃时，用 pH=4.00 的标准溶液测得电池“玻璃电极｜$H^+(a=x)$‖饱和甘汞电极”的电动势为 0.577 V，若用待测试液代替标准溶液，测得电动势为 0.641 V，求试液的 pH 和$a(H^+)$。（设离子强度基本不变）

解：
$$pH_x=pH_s+\frac{E_x-E_s}{0.059\,2\ V}=4.00+\frac{0.641\ V-0.577\ V}{0.059\,2\ V}=5.08$$

$$a(H^+)=10^{-5.08}=8.32\times10^{-6}$$

【例 11-6】 25 ℃时，于烧杯中准确加入 100.0 mL 水样，将甘汞电极（作正极）与Ca^{2+}选择性电极（作负极）插入溶液，测定其电动势。然后将 1.00 mL 0.073 1 $mol\cdot L^{-1}$的Ca^{2+}标准溶液加入杯中后，测得电动势降低了 13.6 mV。计算水样中Ca^{2+}的浓度（$mol\cdot L^{-1}$）。

解：
$$c(Ca^{2+})=\frac{\frac{c_s\cdot V_s}{V_x}}{10^{\frac{-2(E_2-E_1)}{0.059\,2\ V}}-1}=\frac{\frac{0.073\,1\ mol\cdot L^{-1}\times1.00\ mL}{100.0\ mL}}{10^{\frac{-2\times(-0.013\,6\ V)}{0.059\,2\ V}}-1}$$

$$=3.87\times10^{-4}\ mol\cdot L^{-1}$$

三、自测题

(一) 选择题

1. 下列电极中常用来作为参比电极的是（　　）。
   A. pH 玻璃膜电极　　B. 银电极
   C. 氯电极　　D. 甘汞电极
2. 电势法测定 pH 时，用的指示电极是（　　）。
   A. 甘汞电极　　B. pH 玻璃膜电极
   C. 氯电极　　D. 银电极
3. 离子选择性电极膜电势的产生是由于（　　）。
   A. 离子在电极敏感膜上交换　　B. 电子转移
   C. 电极与溶液之间的电荷转移　　D. 溶液中的离子交换
4. pH 玻璃膜电极使用的适宜 pH 为（　　）。
   A. $1<pH<9$　　B. $pH<1$ 或 $pH>9$
   C. $pH<1$　　D. $pH>9$
5. 离子选择性电极属于（　　）。
   A. 金属基电极　　B. 薄膜电极
   C. 参比电极　　D. 甘汞电极
6. pH 玻璃电极在使用前一定要在蒸馏水中浸泡 24 h，目的在于（　　）。
   A. 清洗电极　　B. 校正电极
   C. 活化电极　　D. 检查电极好坏
7. F^- 选择性电极使用的适宜 pH 为（　　）。
   A. $1<pH<9$　　B. $pH<1$ 或 $pH>9$
   C. $pH=5\sim6$　　D. $pH>9$
8. 离子选择性电极的电化学活性元件是（　　）。
   A. 电极杆　　B. 敏感膜　　C. 内参比电极　　D. 内参比溶液
9. 离子选择性电极的内参比电极常用（　　）。
   A. 甘汞电极　　B. pH 玻璃电极
   C. Ag-AgCl 电极　　D. KCl 电极
10. 电势法中的标准加入法适用的分析对象是（　　）。
    A. 组成简单的大批样品的同时分析　　B. 组成复杂的个别样品的分析
    C. 组成复杂的大批样品的同时分析　　D. 组成不清楚的大批样品的同时分析
11. 下列有关 pH 玻璃电极的电势说法正确的是（　　）。
    A. 与试液中的 OH^- 浓度无关　　B. 与试液的 pH 成正比
    C. 与试液的 pH 成反比　　D. 以上三种说法都不对
12. 用离子选择性电极进行测定时，常用磁力搅拌器搅拌溶液，目的是（　　）。
    A. 保持离子强度恒定　　B. 减小浓差极化
    C. 保持电极表面干净　　D. 缩短响应时间

13. 欲用 pH 计测定 pH 约为 7 的试液 pH，下列最适合用来“定位”的 pH 标准缓冲溶液是（　　）。

A. 邻苯二甲酸氢钾　　B. $Na_2HPO_4-KH_2PO_4$

C. $Na_2B_4O_7\cdot10H_2O$　　D. NaAc－HAc

（二）填空题

14. 离子选择性电极的主要部件有________、________、________以及导线和电极杆等。

15. 直接电势法常用的定量方法有________、________和________。

16. 电势滴定法确定终点的常用方法主要有__________、__________和__________。

17. 电极的响应是指________________________的特征。

18. pH 玻璃电极敏感膜的组成为________________________，内参比溶液为________________________。

19. F^-选择性电极敏感膜的组成为________________________，内参比溶液为________________________。

20. 用 pH 玻璃电极测量 pH 很高（如 pH＞9）的溶液时，pH 测定值比实际值________，称为________________；而测定 pH 很低（如 pH＜1）的溶液时，pH 测定值比实际值________，称为________________。

21. 用离子选择性电极的标准加入法测定离子浓度时，标准溶液加入的体积一般要求________，浓度一般要求________，目的是____。

22. 在金属基电极中，电极电势是由________而产生的；而在离子选择性电极中，电极电势是由________________而产生的。

23. 用 pH 玻璃电极测定溶液 pH 时，若以甘汞电极作正极，则电池的符号是________。

（三）计算及简答题

24. 电势法测定 Cl^-时，用甘汞电极作参比电极，应该用单盐桥电极还是双盐桥电极？为什么？

25. 用电势分析法测定某中性溶液的 pH，应选用何种标准 pH 缓冲溶液（酸性、中性、碱性）？为什么？

26. 何谓 TISAB？它由什么组成？有何作用？

27. 试比较直接电势法中标准曲线法与标准加入法的优缺点。

28. 电势滴定法的基本原理是什么？确定滴定终点的方法有哪几种？

29. 25 ℃，用 pH＝5.21 的标准缓冲溶液测得电池“玻璃电极 | $H^+(a=x\ mol\cdot L^{-1})$ ‖ 饱和甘汞电极”的电动势为 0.279 V，若用待测试液代替标准缓冲溶液，测得电动势为 0.309 V，求试液的 pH。

30. 25 ℃时，用 pH＝4.00 的标准缓冲溶液测得电池“玻璃电极 | $H^+(a=x\ mol\cdot L^{-1})$ ‖ 饱和甘汞电极”的电动势为 0.814 V，那么在 $c(HAc)=1.00\times10^{-3}\ mol\cdot L^{-1}$的醋酸溶液中，此电池的电动势为多少？{$K^{\ominus}(HAc)=1.8\times10^{-5}$，设 $a(H^+)=[H^+]_r$}

31. 以 SCE 作正极，F^-选择性电极作负极，放入 $0.001\ mol\cdot L^{-1}$的 F^-溶液中，25 ℃时测得 $E=0.259$ V。换用含 F^-试液，测得 $E=0.312$ V。计算试液中 F^-的活度（$mol\cdot L^{-1}$）。（设离子强度基本不变）

32. 用Cl^-选择性电极作负极，饱和甘汞电极作正极组成电池，测定某柠檬汁中氯的含量。取100 mL此柠檬汁在25 ℃时测得电池电动势为28.8 mV，加入1.00 mL浓度为0.010 0 mol·L^{-1}的NaCl标准溶液后，测得电池电动势为53.5 mV。已知$M(Cl)=35.45$ g·mol^{-1}，求该柠檬汁中氯的含量（mg·L^{-1}）。

33. 用pH玻璃电极作指示电极，SCE作为参比电极，用0.122 5 mol·L^{-1}NaOH标准溶液滴定25.00 mL某一元弱酸HA溶液，测得终点附近数据如下：

V(NaOH)/mL	21.92	21.96	22.00	22.04	22.08
pH	5.80	6.51	8.75	10.00	10.69

（1）用二阶微商内插法计算滴定终点体积；

（2）计算该弱酸溶液的浓度；

（3）若滴定之前，测得弱酸溶液的pH为2.40，计算此弱酸的电离常数$K_a^{\ominus}$。

34. 吸取10.00 mL浓度为1.00 mol·L^{-1}的含F^-标准贮备液，加入一定量的TISAB，稀释至100 mL，得到浓度为1.00×10^{-1} mol·L^{-1}的含F^-标准溶液；再将浓度为1.00×10^{-1} mol·L^{-1}的含F^-标准溶液，按同样操作稀释10倍，得到浓度为1.00×10^{-2} mol·L^{-1}的含F^-标准溶液。依此类推，按上述逐级稀释的方法，制成不同浓度的含F^-的标准溶液系列。用F^-选择性电极作负极，SCE作正极，进行直接电势法测定。测得数据如下：

E/mV	−400	−382	−365	−347	−330	−314
$\lg c_r(F^-)$	−1.00	−2.00	−3.00	−4.00	−5.00	−6.00

取F^-试液20.00 mL，稀释至100 mL，在相同条件下测定，$E=-359$ mV。

（1）绘制$E-\lg c_r(F^-)$工作曲线；

（2）计算试液中F^-的浓度$c_r(F^-)$。

四、参考答案

（一）选择题

1	2	3	4	5	6	7	8	9	10	11	12	13
D	B	A	A	B	C	C	B	C	B	C	D	B

（二）填空题

14. 敏感膜、内参比电极、内参比溶液；

15. 直接比较法、标准曲线法、标准加入法；

16. $E-V$曲线法、一阶微商法、二阶微商法；

17. 电极的电势随离子活度变化；

18. 22%Na_2O、6%CaO、72%SiO_2、HCl(0.1 mol·L^{-1})；

19. LaF_3单晶切片掺杂一些EuF_2或CaF_2、NaCl(0.1 mol·L^{-1})+NaF(0.1 mol·L^{-1})；

20. 低、碱差或钠差、高、酸差；

21. $V_x\geqslant100V_s$(体积小)、$c_s\geqslant100c_x$（浓度高）、保持溶液的离子强度无显著变化；

22. 电子得失、离子在敏感膜上的交换；

23. Ag | AgCl | HCl(0.1 mol·L^{-1}) | 玻璃膜 | 试液 ‖ KCl(饱和) | Hg_2Cl_2，Hg。

(三) 计算及简答题

24. 答：用双盐桥电极。因为单盐桥中 Cl^- 与溶液中的待测离子 Cl^- 接触要影响测定结果。用双盐桥甘汞电极，外盐桥为 KNO_3，不影响 Cl^- 的测定。

25. 答：应选用中性标准 pH 缓冲溶液。用标准缓冲溶液定位，是为了消除难以测量和计算的不对称电势 $\varphi_{不对称}$ 和液体接界电势 φ_L 等影响。由于测定时是假设 $K_s=K_x$ 的，而在测量中某些因素的改变会使 K 发生变化而引进误差。为了尽可能减小测量误差，应选用 pH 尽可能与待测试液 pH 相近的标准缓冲溶液定位，保持 $K_s=K_x$，消除不对称电势 $\varphi_{不对称}$ 和液体接界电势 φ_L 等因素对 pH 测定的影响。

26. 答：TISAB 称为总离子强度调节缓冲剂。它由离子强度调节剂（惰性电解质）、pH 缓冲剂和掩蔽剂合在一起组成。TISAB 的作用为：①固定溶液离子强度，使溶液的活度系数恒定不变；②控制溶液的 pH；③掩蔽干扰离子。

27. 答：标准曲线法简便快速，特别适于同时测定大批量试样。缺点是配制标准系列较麻烦，所配标准溶液应在 E 与 $\lg c$ 呈线性范围内，且整个测定过程中的条件必须恒定。不适于测定组成复杂的样品。

标准加入法的主要优点在于能在一定程度上消除由于离子强度变化对结果的影响。特别适合组成复杂、低含量的样品的分析，但是此方法不适于同时分析大批试样。

28. 答：电势滴定法是测定在滴定过程中的电动势变化，以电势的突跃确定滴定终点，再由滴定过程中消耗的标准溶液的体积和浓度计算待测离子的浓度，以求得待测组分的含量。

电势滴定法的终点确定方法常有：$E-V$ 曲线法、$\Delta E/\Delta V-V$ 曲线法（一阶微商法）及 $\Delta^2 E/\Delta V^2-V$ 曲线法（二阶微商法）。二阶微商法确定滴定终点一般直接由内插法计算滴定终点的体积。

29. 解：
$$pH_x=pH_s+\frac{E_x-E_s}{0.0592\ V}=5.21+\frac{0.309\ V-0.279\ V}{0.0592\ V}=5.72$$

30. 解：1.00×10^{-3} mol·L^{-1}的 HAc 溶液中

$$[H^+]=\sqrt{c_r\cdot K_a^{\ominus}}\,c^{\ominus}=\sqrt{1.8\times10^{-5}\times0.001}\times1\ mol\cdot L^{-1}=1.34\times10^{-4}\ mol\cdot L^{-1}$$

$$pH(HAc)=3.87$$

$$\begin{cases}E_s=K+0.0592\ pH_s\\E(HAc)=K+0.0592\ pH(HAc)\end{cases}\quad\begin{cases}0.814\ V=K+0.0592\ V\times4.00\\E(HAc)=K+0.0592\ V\times3.87\end{cases}$$

$$E(HAc)=0.806\ V$$

31. 解：
$$\begin{cases}E_1=K_1+0.0592\lg a_1(F^-)\\E_2=K_2+0.0592\lg a_2(F^-)\end{cases}$$

因离子强度基本不变，所以认为 $K_1=K_2=K$。

$$\begin{cases}0.259\ V=K+0.0592\ V\ \lg0.001\ mol\cdot L^{-1}\\0.312\ V=K+0.0592\ V\ \lg a(F^-)\end{cases}$$

$$(0.312\ V-0.259\ V)=0.0592\ V[\lg a(F^-)+3]$$

$$\lg a(F^-)=-2.10\qquad a(F^-)=7.9\times10^{-3}\ mol\cdot L^{-1}$$

32. 解：$\rho(\mathrm{Cl})=\dfrac{\dfrac{c_s\cdot M(\mathrm{Cl})\cdot V_s}{V_x}}{10^{\frac{(E_2-E_1)}{0.0592\,\mathrm{V}}}-1}=\dfrac{\dfrac{0.0100\ \mathrm{mol\cdot L^{-1}}\times 35.45\ \mathrm{g\cdot mol^{-1}}\times 1.00\ \mathrm{mL}}{100\ \mathrm{mL}}}{10^{\frac{(0.0535\,\mathrm{V}-0.0288\,\mathrm{V})}{0.0592\,\mathrm{V}}}-1}\times 1000$

$=2.20\ \mathrm{mg\cdot L^{-1}}$

33. 解：(1) 终点体积在 21.96～22.00 mL。

21.92～22.04 mL 之间的一阶微商$\left(\dfrac{\Delta E}{\Delta V}\right)$数据如下：

$$\left.\frac{\Delta E}{\Delta V}\right|_{21.94}=\left.\frac{6.51-5.80}{21.96-21.92}\right|_{21.94}=17.75$$

$$\left.\frac{\Delta E}{\Delta V}\right|_{21.98}=\left.\frac{8.75-6.51}{22.00-21.96}\right|_{21.98}=56$$

$$\left.\frac{\Delta E}{\Delta V}\right|_{22.02}=\left.\frac{10.00-8.75}{22.04-22.00}\right|_{22.02}=31.25$$

21.94～22.02 mL 之间的二阶微商$\left(\dfrac{\Delta^2 E}{\Delta V^2}\right)$数据如下：

$$\left.\frac{\Delta^2 E}{\Delta V^2}\right|_{21.96}=\left.\frac{56-17.75}{21.98-21.94}\right|_{21.96}=956.25$$

$$\left.\frac{\Delta^2 E}{\Delta V^2}\right|_{22.00}=\left.\frac{31.25-56}{22.02-21.98}\right|_{22.00}=-618.75$$

$$\frac{(\Delta^2 E/\Delta V^2)_{i+1}-(\Delta^2 E/\Delta V^2)_i}{V_{i+1}-V_i}=\frac{0-(\Delta^2 E/\Delta V^2)_i}{V_{终}-V_i}$$

$$\frac{-618.75-956.25}{22.00\ \mathrm{mL}-21.96\ \mathrm{mL}}=\frac{0-956.25}{V_{终}-21.96\ \mathrm{mL}}$$

$$V_{终}=21.98\ \mathrm{mL}$$

(2) $c(\mathrm{NaOH})\times V_{终}(\mathrm{NaOH})=c(\mathrm{HA})\times V(\mathrm{HA})$

$0.1225\ \mathrm{mol\cdot L^{-1}}\times 21.98\ \mathrm{mL}=c(\mathrm{HA})\times 25.00\ \mathrm{mL}$　　$c(\mathrm{HA})=0.1077\ \mathrm{mol\cdot L^{-1}}$

(3) $[\mathrm{H^+}]=\sqrt{K_a^{\ominus}\times c_r(\mathrm{HA})}\,c^{\ominus}$

$10^{-2.40}\ \mathrm{mol\cdot L^{-1}}=\sqrt{K_a^{\ominus}\times 0.1077}\times 1\ \mathrm{mol\cdot L^{-1}}$　　$K_a^{\ominus}=1.5\times 10^{-4}$

34. 解：(1) E - lg $c(\mathrm{F^-})$工作曲线如下图：

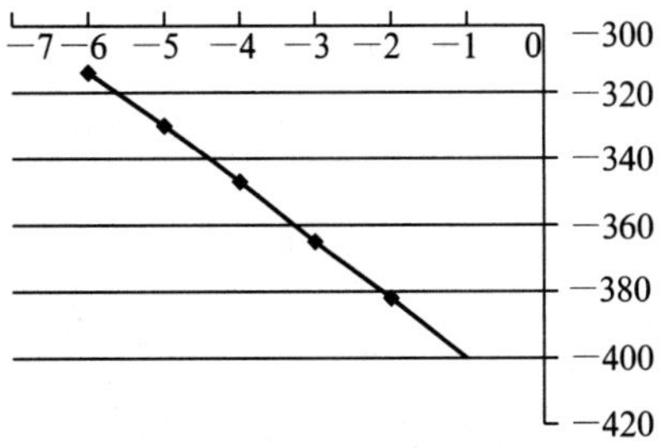

(2) 从标准曲线上查得 $E=-359$ mV 时，$c(\mathrm{F^-})=4.52\times 10^{-4}\ \mathrm{mol\cdot L^{-1}}$

原试液中 $c(\mathrm{F^-})=4.52\times 10^{-4}\ \mathrm{mol\cdot L^{-1}}\times\dfrac{100\ \mathrm{mL}}{20\ \mathrm{mL}}=2.26\times 10^{-3}\ \mathrm{mol\cdot L^{-1}}$。

第十二章

吸光光度分析法

一、基本概念与要点

（一）吸光光度法的基本原理

1. 物质对光的选择性吸收　物质吸收光的实质是光的能量被转移到物质的分子或原子中，分子或原子因此由较低能量状态跃迁到较高能量状态。只有当光的能量（$h\nu$）等于分子、原子或离子中高能级与低能级的能量差（ΔE）时，才能被吸收。因此物质对光的吸收是具有选择性的，必须满足：

$$\Delta E=h\nu$$

2. 吸收曲线　选定某物质一定浓度的溶液，以不同波长的单色光作为入射光，通过该溶液，测定该溶液对各种波长单色光的吸收程度（吸光度 A）。以入射光波长 λ 为横坐标，溶液吸光度 A 为纵坐标作图，得到该物质的吸收曲线或吸收光谱。吸收曲线说明任何一种物质或溶液对不同波长光的吸收程度是不相同的。

3. 最大吸收波长　吸收曲线上光吸收程度最大处的波长，称为该物质的最大吸收波长，用 λ_{max} 表示。

4. 互补光　两种适当颜色的单色光按一定强度比例混合可得到日光或白光，这两种单色光即为互补光。物质或溶液的颜色与其吸收光颜色成互补关系。

（二）光的吸收定律——朗伯-比尔定律

在一定浓度范围内，当一束特定波长的平行单色光通过均匀、透明、非散射且具有一定厚度液层的有色溶液时，溶液的吸光度 A 与吸光物质的浓度 c 及液层厚度 b 的乘积成正比。朗伯-比尔定律是吸光光度法定量分析的基本理论依据，其数学表达式为 $A=kbc$。

透过光强度 I_t 与入射光强度 I_0 之比称透光率（或称透光度），用 T 表示：

$$T=\frac{I_t}{I_0}$$

溶液对光的吸收程度常用吸光度 A 表示，它与透光率的关系为

$$A=\lg\frac{1}{T}=-\lg T=\lg\frac{I_0}{I_t}$$

1. 吸光系数的物理意义　吸光系数的物理意义是在一定波长、温度等条件下，吸光物质在单位浓度、单位厚度时的吸光度。吸光系数反映了物质对某一波长光的吸收能力，是吸光物质在一定条件下的特征常数，与吸光物质的性质、温度和入射光波长有关，而与吸光溶液的浓度无关，可作为定性分析的参数。同时吸光系数反映了吸光物质对光吸收的灵敏度。吸光系数

越大，定量测定的灵敏度越高。当溶液浓度 c 和液层厚度 b 的单位分别以 $g \cdot L^{-1}$ 和 cm 表示时，k 用 a 表示，称为吸光系数，单位为 $L \cdot g^{-1} \cdot cm^{-1}$；当溶液浓度 c 和液层厚度 b 的单位分别以 $mol \cdot L^{-1}$ 和 cm 表示时，k 用 ε 表示，称为摩尔吸光系数，单位为 $L \cdot mol^{-1} \cdot cm^{-1}$。朗伯-比尔定律更常用的表达式为

$$A=\varepsilon bc$$

2. 吸光度的加和性　当溶液中有多种吸光物质时，若各组分之间没有相互作用，则溶液对波长 λ 的光的总吸光度等于溶液中每一组分的吸光度之和，即吸光度具有加和性。可表示为

$$A_{总}=A_1+A_2+A_3+\cdots+A_n=(\varepsilon_1 c_1+\varepsilon_2 c_2+\varepsilon_3 c_3+\cdots+\varepsilon_n c_n)b$$

利用吸光度的加和性可进行混合溶液的多组分分析。

3. 偏离朗伯-比尔定律的因素　根据朗伯-比尔定律，吸光度 A 对溶液浓度 c 作图应得到一条通过原点的直线。但在实际工作中（特别是高浓度时），吸光度与浓度有时是非线性的，或者不通过原点。这种现象称为偏离朗伯-比尔定律。引起偏离朗伯-比尔定律的主要原因有：

① 朗伯-比尔定律本身适用范围的局限性：只有在 $c<0.01\ mol \cdot L^{-1}$ 的稀溶液中吸光度与浓度才有良好的线性关系，即朗伯-比尔定律只适用于稀溶液。

② 溶液的性质：溶液本身的物理和化学性质也会引起对朗伯-比尔定律的偏离，产生偏差。例如，溶液不均匀、吸光物质发生化学反应等都会导致对朗伯-比尔定律的偏离。

③ 仪器因素：由于仪器的单色光是通过棱镜或光栅得到的，分辨能力有限，无法获得真正的单色光。由于吸光物质对不同波长光的吸收能力不同，ε 并非真正的常数，因而产生了对朗伯-比尔定律的偏离。另外，若仪器光源电压不稳定，会使入射光强度不稳定；相同规格的吸收池厚度不完全一样；检测器灵敏度不高；转换信号线性不好；仪器内部的灰尘及各部件的散射等仪器因素都会造成误差。

（三）朗伯-比尔定律的使用条件和测量条件的选择

1. 使用条件

（1）入射光必须是单色光；

（2）吸收发生在均匀、透明、非散射的溶液中；

（3）吸收过程中，吸光物质互相不发生作用。

2. 显色反应的选择　将待测组分转变为有色化合物的化学反应，称为显色反应。

显色反应的要求：

（1）定量进行；

（2）选择性高；

（3）生成的有色物质稳定性高；

（4）反应的灵敏度高。

3. 测量条件的选择

（1）入射光波长的选择　干扰最小，吸收最大。

（2）吸光度读数范围的选择　$A=0.2\sim0.8$。

（3）参比溶液的选择　选用参比溶液的目的在于调节仪器的零点，消除由于吸收池壁及溶剂对入射光的反射和吸收带来的误差，并扣除干扰的影响，使测定得到的吸光度（A）真

正反映待测物质的吸光度，即测得的吸光度 A 仅为有色物质 MR 的吸光度，其余的吸光度均包含在参比溶液中，$A_{参}=0.000$。

（四）定量方法

（1）比较法　$c_x=\dfrac{A_x c_s}{A_s}$。

（2）标准曲线法。

二、解题示例

【例 12-1】测量某样品时，若吸收池透光面有污渍没有擦净，对测定结果的影响是（　　）。

A. 影响不确定　　B. 对测量值无影响

C. 测量值偏低　　D. 测量值偏高

答：D。因为透光面若有污渍没有擦净，会引起透过光的强度减小，而使吸光度读数偏高，根据朗伯-比尔定律，吸光度与溶液浓度成正比，因此测量结果偏高。

【例 12-2】物质或溶液为什么会有颜色？

答：物质或溶液的不同颜色正是由于物质分子选择性地吸收了日光中不同波长的单色光而产生的，由物质的本性所决定。物质或溶液的颜色与其吸收光颜色呈互补关系，当物质吸收了某一波长的单色光时，透过的光为其互补光，即所呈现的颜色。

【例 12-3】实际工作中，为什么绘制的标准曲线往往不是一条直线？

答：标准曲线不是一条直线，即产生了偏离朗伯-比尔定律的现象。主要原因有：入射光不是完全意义上的单色光；溶液的不均匀性，散射光使入射光有损失；吸光物质的性质和浓度也会影响溶液对光的吸收，吸光物质常因解离、缔合、形成新化合物或互变异构等化学变化而改变其浓度，从而对朗伯-比尔定律产生偏离。

【例 12-4】有一浓度为 $1.0\ \mu g\cdot mL^{-1}$ 的 Fe^{2+} 溶液，以邻二氮菲显色后，在比色皿厚度为 2 cm、波长 510 nm 处测得吸光度为 0.380，计算：（1）透光度 T；（2）吸光系数 a；（3）摩尔吸光系数 ε。

解：（1）$T=10^{-A}=10^{-0.380}=0.417$

（2）$a=\dfrac{A}{bc}=\dfrac{0.380}{2.0\ cm\times1.0\times10^{-3}\ g\cdot L^{-1}}=1.9\times10^{2}\ L\cdot g^{-1}\cdot cm^{-1}$

（3）$\varepsilon=\dfrac{A}{bc}=\dfrac{0.380}{2.0\ cm\times\dfrac{1.0\times10^{-3}\ g\cdot L^{-1}}{55.85\ g\cdot mol^{-1}}}=1.1\times10^{4}\ L\cdot mol^{-1}\cdot cm^{-1}$

【例 12-5】某组分 a 溶液的浓度为 $5.00\times10^{-4}\ mol\cdot L^{-1}$，在 1 cm 吸收池中于 440 nm 及 590 nm 处，其吸光度分别为 0.638 及 0.139；另一组分 b 溶液的浓度为 $8.00\times10^{-4}\ mol\cdot L^{-1}$，在 1 cm 吸收池中于 440 nm 及 590 nm 处，其吸光度分别为 0.106 及 0.470。现有 a 组分和 b 组分的混合液在 1 cm 吸收池中于 440 nm 及 590 nm 处，其吸光度分别为 1.022 及 0.414。计算混合液中 a 组分和 b 组分的浓度。

解：$A_{a(440)}=\varepsilon_{a(440)}\times b\times c_a$

$A_{a(590)}=\varepsilon_{a(590)}\times b\times c_a$

$A_{b(440)}=\varepsilon_{b(440)}\times b\times c_b$

$A_{b(590)}=\varepsilon_{b(590)}\times b\times c_b$

$0.638=\varepsilon_{a(440)}\times 1\ \text{cm}\times 5.00\times 10^{-4}\ \text{mol}\cdot\text{L}^{-1}$

$\varepsilon_{a(440)}=1.28\times 10^{3}\ \text{L}\cdot\text{mol}^{-1}\cdot\text{cm}^{-1}$

$0.139=\varepsilon_{a(590)}\times 1\ \text{cm}\times 5.00\times 10^{-4}\ \text{mol}\cdot\text{L}^{-1}$

$\varepsilon_{a(590)}=2.78\times 10^{2}\ \text{L}\cdot\text{mol}^{-1}\cdot\text{cm}^{-1}$

$0.106=\varepsilon_{b(440)}\times 1\ \text{cm}\times 8.00\times 10^{-4}\ \text{mol}\cdot\text{L}^{-1}$

$\varepsilon_{b(440)}=1.33\times 10^{2}\ \text{L}\cdot\text{mol}^{-1}\cdot\text{cm}^{-1}$

$0.470=\varepsilon_{b(590)}\times 1\ \text{cm}\times 8.00\times 10^{-4}\ \text{mol}\cdot\text{L}^{-1}$

$\varepsilon_{b(590)}=5.88\times 10^{2}\ \text{L}\cdot\text{mol}^{-1}\cdot\text{cm}^{-1}$

$$\begin{cases}1.022=1.28\times 10^{3}\ \text{L}\cdot\text{mol}^{-1}\cdot\text{cm}^{-1}\times 1\ \text{cm}\times c_a+1.33\times 10^{2}\ \text{L}\cdot\text{mol}^{-1}\cdot\text{cm}^{-1}\times 1\ \text{cm}\times c_b\\0.414=2.78\times 10^{2}\ \text{L}\cdot\text{mol}^{-1}\cdot\text{cm}^{-1}\times 1\ \text{cm}\times c_a+5.88\times 10^{2}\ \text{L}\cdot\text{mol}^{-1}\cdot\text{cm}^{-1}\times 1\ \text{cm}\times c_b\end{cases}$$

$$\begin{cases}c_a=7.62\times 10^{-4}\ \text{mol}\cdot\text{L}^{-1}\\c_b=3.43\times 10^{-4}\ \text{mol}\cdot\text{L}^{-1}\end{cases}$$

三、自测题

(一) 选择题

1. 可见光的波长是（　　）nm。
   A. 10～200　　B. 200～400　　C. 400～800　　D. 200～800
2. $KMnO_4$ 呈紫红色，是因为 $KMnO_4$（　　）。
   A. 吸收紫红色的光　　B. 发射紫红色的光
   C. 吸收紫红色的光的互补光　　D. 发射紫红色的光的互补光
3. 可见分光光度计，常用的光源是（　　）。
   A. 钨灯　　B. 氢灯　　C. 汞灯　　D. 空心阴极灯
4. 用光度法测定多组分有色混合物是利用朗伯-比尔定律的（　　）。
   A. 选择性　　B. 通用性　　C. 兼容性　　D. 加和性
5. 吸光度测量时，通常读取的读数是（　　）。
   A. ε　　B. A　　C. λ　　D. I
6. 参比溶液是指（　　）。
   A. 吸光度为零的溶液　　B. 吸光度为固定值的溶液
   C. 吸光度为 1 的溶液　　D. 以上三种溶液均不是
7. 吸光光度法的吸光度读数范围一般应控制为（　　）。
   A. 0～1　　B. 0.1～0.2　　C. 0.2～0.8　　D. 1～2
8. 某物质摩尔吸光系数很大，则表明（　　）。
   A. 测定该物质的精密度很高　　B. 该物质浓度很大
   C. 光通过该物质溶液的光程长　　D. 该物质对某波长光的吸光能力很强
9. 下列说法正确的是（　　）。
   A. 当溶液浓度变大时其最大吸收波长变长

B. 在一定波长下，当溶液浓度变小时其吸光度变小

C. 吸收池的厚度扩大一倍，其摩尔吸光系数也增大一倍

D. 若入射光波长变大，则摩尔吸光系数也变大

10. 下列影响吸光度大小的因素为（　　）。

A. 溶液浓度　　B. 测定温度

C. 参比溶液　　D. 以上因素均影响

11. 显色反应中，显色剂的选择原则是（　　）。

A. 显色剂的摩尔吸光系数越大越好　　B. 显色反应产物的摩尔吸光系数越大越好

C. 显色剂必须是无机物　　D. 显色剂必须无色

12. 下列因素会引起标准溶液偏离朗伯-比尔定律的是（　　）。

A. 浓度太小　　B. 入射光太强

C. 入射光太弱　　D. 使用了复合光

13. 下列因素中不会引起偏离朗伯-比尔定律的是（　　）。

A. 单色光不纯　　B. 溶液浓度太高

C. 吸收池的厚度　　D. 介质不均匀

14. 下列说法正确的是（　　）。

A. 吸光光度法只能测定有色溶液

B. 对于吸光度较低的溶液，可加大吸收池厚度

C. 吸光度越大，测量的准确度越大

D. 摩尔吸光系数越大，测量的灵敏度越低

15. 吸光光度法测定有色化合物 MR 时，如果 MR 会部分解离成 R，并且 $A_R > A_{MR}$，则所绘制的工作曲线将（　　）。

A. 仍是直线　　B. 向上弯曲　　C. 向下弯曲　　D. 影响不定

16. 符合朗伯-比尔定律的有色溶液稍加稀释时，标准曲线的斜率（　　）。

A. 增大　　B. 减小　　C. 不变　　D. 影响不确定

17. 某符合朗伯-比尔定律的有色溶液，当浓度为 c 时，其透光率为 T。若浓度增大 1 倍，则此溶液的吸光度为（　　）。

A. $10T$　　B. $2T$　　C. $2\lg T$　　D. $-2\lg T$

18. 某一含 Ca 试样，Ca 含量为 0.01%左右，应选择的定量分析方法是（　　）。

A. 重量法　　B. $KMnO_4$ 滴定法

C. EDTA 滴定法　　D. 吸光光度法

19. 在吸光光度法中，吸收曲线指的是（　　）。

A. $A-c$ 曲线　　B. $A-\lambda$ 曲线　　C. $A-\varepsilon$ 曲线　　D. $A-T$ 曲线

20. 符合朗伯-比尔定律的有色溶液稀释时，其吸收曲线的最大吸收峰的位置（　　）。

A. 上移　　B. 下移　　C. 左移　　D. 右移

21. 在吸光光度法中，设入射光强度为 1.00，透过光强度为 0.50，则吸光度 A 为（　　）。

A. 2.00　　B. 0.301　　C. 0.434　　D. 0.602

22. 在吸光光度法中，为了把吸光度读数控制在适当范围，下列方法中不可取的是（　　）。

A. 控制试样的称取量　　B. 改变比色皿的厚度

C. 改变入射光的波长　　D. 选择适当的参比溶液

23. 光度分析中，用 1 cm 比色皿测得透光率为 T，若改用 2 cm 比色皿测得透光率为（　　）。

A. $2T$　　B. $T^{1/2}$　　C. T^2　　D. $2\lg T$

24. 如调节参比溶液的 $T=99.0\%$就进行测定，将造成吸光度的绝对误差为（　　）。

A. 1.00　　B. 0.004 4　　C. −1.00　　D. −0.004 4

[提示：$A_{真}=A_{测}+(-\lg T)$，$A_{测}-A_{真}=\lg T$]

25. 罐头食品中的绿色豌豆，是用一定比例的姜黄素和亮蓝两种食用色素混合成的绿色对豌豆进行着色，右图为这些色素的吸收曲线，若用可见分光光度法对其中的姜黄素的含量进行测定，下列测量波长误差最小的是（　　）。

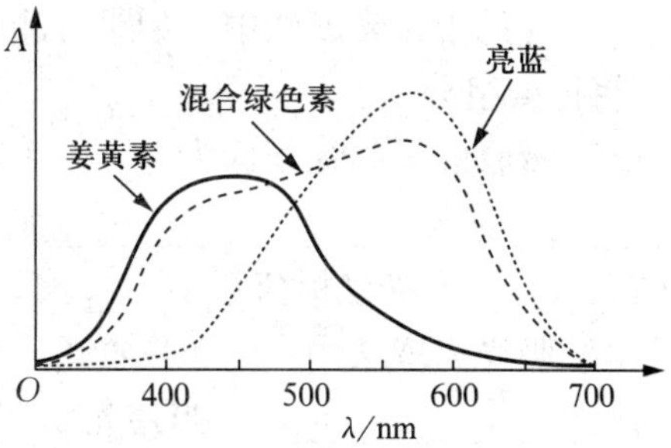

A. 400 nm　　B. 500 nm

C. 650 nm　　D. 300 nm

26. 在普通吸光光度法中，以纯溶剂作参比溶液时，测得某试液的透光率为 10%，某标准溶液的透光率为 20%。若参比溶液换为该标准溶液，其他条件不变，则试液的透光率将变为（　　）。

A. 30%　　B. 20%　　C. 40%　　D. 50%

27. 用光度法测定 $KMnO_4$（$M=158.0\ g\cdot mol^{-1}$）溶液浓度时，已知其浓度约等于 $5\times10^{-3}\ g\cdot L^{-1}$，摩尔吸光系数 $\varepsilon=4\ 740\ L\cdot mol^{-1}\cdot cm^{-1}$，欲使透光率接近 50%，比色皿应选（　　）。

A. 1.0 cm　　B. 2.0 cm　　C. 3.0 cm　　D. 0.5 cm

28. 用参比溶液调节仪器零点时，只能调至透光率为 95.0%，若此时测得某有色溶液的透光率为 35.2%，则溶液的真正透光率（　　）。

A. 大于 35.2%　　B. 小于 35.2%　　C. 无法确定　　D. 等于 35.2%

29. 用 1 cm 吸收池在 508 nm 下测定邻二氮菲亚铁（$\varepsilon=1.1\times10^4\ L\cdot mol^{-1}\cdot cm^{-1}$）的吸光度。今有 0.20%的含铁（$M=55.85\ g\cdot mol^{-1}$）样品制成的溶液 100 mL。下列说法中错误的是（　　）。

A. 按 $A=0.2\sim0.8$ 范围，测定浓度应控制在 $4.8\times10^{-5}\sim8.4\times10^{-5}\ mol\cdot L^{-1}$

B. 上述 A 项中浓度应控制在 $1.8\times10^{-5}\sim7.2\times10^{-5}\ mol\cdot L^{-1}$

C. 按 $A=0.2\sim0.8$ 范围，则称取含铁试样的质量范围应为 0.05～0.20 g

D. 为使测定误差最小（$A=0.434$），应称取试样为 0.11 g 左右

30. 无色的邻二氮菲和红色的溴邻苯三酚红可与 Ag^+形成蓝色的三元配合物。现欲用此反应测定 $Mg(NO_3)_2$ 溶液中的 Ag^+含量，参比溶液应选（　　）。

A. 蒸馏水　　B. 试剂空白

C. 含显色剂的试样溶液　　D. 不含显色剂的试样溶液

（二）填空题

31. 紫外-可见光的波长范围为________，紫外-可见光谱是由于分子中价电子在________能级之间跃迁而产生的。

32. 紫外-可见分光光度计的主要部件是________、________、吸收池、__________以及信号显示系统。可见光区可用____________材料吸收池，紫外光区则用____________材料吸收池。

33. 在一定温度下，摩尔吸光系数与____________和____________有关，而与____________及____________无关。

34. 吸光光度法中入射波长选择的原则是____________________、__________________。

35. 可见吸光光度法中，如果待测组分是无色的，必须加入________，发生________反应，将待测组分__________。

36. 吸收曲线的纵坐标为________，横坐标为________，曲线中峰值对应的横坐标值称________，它与____________有关，而与溶液的________无关。溶液浓度越大，吸收峰值________，横坐标值________。

37. 吸光光度法中，由于仪器透光率 T 读数的测量误差而引起的浓度测量相对误差的关系为____________，当透光率 $T=$____________，吸光度 $A=$________时，浓度测量误差最小。吸光度的读数范围可通过调节溶液的____________和选用适当的____________来实现。

38. 吸光光度法中对高含量组分的测定可采用________________法测定，选择________________作参比溶液。

（三）简答或计算题

39. 吸光光度法中为什么要选用参比溶液？讨论如何选用参比溶液。

40. 分光光度计的每一部件的主要作用是什么？

41. 吸光度与透光率有什么关系？溶液的颜色与吸收的光有什么关系？

42. 吸收曲线和工作曲线各自有什么意义？

43. 某溶液用 2 cm 比色皿测量时，$T=60\%$，若分别改用 3 cm 比色皿和将浓度稀释一倍后，A 和 T 分别等于多少？

44. 5.0×10^{-5} mol · L^{-1} $KMnO_4$ 溶液，在 $\lambda_{525\ nm}$ 处用 3.0 cm 的吸收池测得吸光度 $A=0.336$。

（1）计算摩尔吸光系数 ε；

（2）若仪器透光度绝对误差 $\Delta T=0.4\%$，计算浓度的相对误差 $\frac{\Delta c}{c}$。

45. 两份透光率分别为 36.0% 和 48.0% 的同一物质的溶液等体积混合后，混合溶液的透光率是多少？

46. 某钢样含镍约 0.12%，用丁二酮肟比色法（$\varepsilon=1.3\times10^4$ L · mol^{-1} · cm^{-1}）进行测定。试样溶解后，显色、定容至 100 mL。取部分试液于波长 470 nm 处用 1 cm 比色皿进行测定，如希望吸光度在 0.2～0.8，试样的称量范围是多少？

47. 称取纯的某吸光物质 0.047 8 g 溶解后定容至 500 mL，从中吸取 2.00 mL 显色后定容至 50 mL，于最大吸收波长处用 2.0 cm 吸收池测得吸光度为 0.516，已知该吸光物质的 $\varepsilon=1.5\times10^4$ L · mol^{-1} · cm^{-1}。计算该吸光物质的摩尔质量。

48. 某含铜硬币质量为 3.011 g，在 25 mL 稀 HCl 中浸泡一周后，将酸液中的 Cu^{2+} 还原

为 Cu^+ 后，加显色剂显色，用 20.00 mL 氯仿萃取后，用2.0 cm吸收池测得 $A=0.250(\varepsilon=7.9\times10^3\ L\cdot mol^{-1}\cdot cm^{-1})$。问该硬币损失多少铜？（以%表示）

49. 有一种标准 Pb^{2+} 溶液，浓度为 16.0 $\mu g\cdot L^{-1}$，显色后测得吸光度 A 为 0.250。另有一含 Pb^{2+} 的待测试液，在同样条件下测得吸光度 A 为 0.320。

计算（1）待测试液中 Pb^{2+} 的浓度；

（2）若 $b=1$ cm，求摩尔吸光系数 ε。[$A_r(Pb)=207$]

50. 用吸光光度法测定含有两种配合物 x 和 y 的溶液的吸光度（$b=1.0$ cm），获得下列数据：

溶液	浓度 $c/(mol\cdot L^{-1})$	吸光度 $A_1(\lambda=285\ nm)$	吸光度 $A_2(\lambda=365\ nm)$
x	5.0×10^{-4}	0.053	0.430
y	1.0×10^{-4}	0.950	0.050
x+y	未知	0.640	0.370

计算未知液中 x 和 y 的浓度。

51. NO_2^- 在 355 nm 处 $\varepsilon_{355}=23.3\ L\cdot mol^{-1}\cdot cm^{-1}$，$\varepsilon_{355}/\varepsilon_{302}=2.50$；$NO_3^-$ 在 355 nm 处的吸收可忽略，在 302 nm 处的 $\varepsilon_{302}=7.24\ L\cdot mol^{-1}\cdot cm^{-1}$。今有含 NO_2^- 和 NO_3^- 的试液，用 1 cm 吸收池测得 $A_{302}=0.861$，$A_{355}=0.678$。计算试液中 NO_2^- 和 NO_3^- 的浓度。

52. 用吸光光度法测定微量 Fe 时，标准溶液由 0.215 9 g 铁铵矾 [$NH_4Fe(SO_4)_2\cdot12H_2O$] 溶于水，定量稀释成 500 mL 配成。根据下列数据，绘制标准曲线。

标准溶液体积 V/mL	0.00	2.00	4.00	6.00	8.00	10.00
吸光度 A	0.000	0.165	0.320	0.480	0.630	0.790

取某试液 5.00 mL，稀释至 250 mL。取此稀释液 2.00 mL，与绘制标准曲线相同条件下显色和测定吸光度，测得 $A=0.500$。

（1）计算标准溶液中 Fe 的浓度（$mg\cdot mL^{-1}$）；

（2）用标准曲线法求试液中 Fe 的含量（$mg\cdot mL^{-1}$）。

$M_r[NH_4Fe(SO_4)_2\cdot12H_2O]=482.2$；$A_r(Fe)=55.845$。

53. 苯胺与苦味酸（$M=229\ g\cdot mol^{-1}$）作用可生成 1∶1 的苦味酸胺盐，其最大吸收波长 $\lambda_{max}=360$ nm，摩尔吸光系数 $\varepsilon=1.00\times10^4\ L\cdot mol^{-1}\cdot cm^{-1}$。将 0.050 0 g 苯胺试样溶解后定容为 250 mL，取 25.00 mL 该溶液与足量的苦味酸反应后，转入 250 mL 容量瓶并定容至刻度线，用 1.00 cm 比色皿在 360 nm 处测得其吸光度 $A=0.750$。求苯胺的摩尔质量。

四、参考答案

（一）选择题

1	2	3	4	5	6	7	8	9	10	11	12	13	14	15
C	C	A	D	B	D	C	D	B	D	B	D	C	B	B
16	17	18	19	20	21	22	23	24	25	26	27	28	29	30
C	D	D	B	B	B	C	C	D	A	D	B	A	A	B

(二) 填空题

31. 200～780(750～800)nm、电子；

32. 光源、单色器、检测器、玻璃、石英；

33. 吸光物质的结构性质、测定波长、吸光物质的浓度、吸收池厚度；

34. 干扰最小、吸收最大；

35. 显色剂、显色、转化为有色物质；

36. 吸光度 A、波长 λ、最大吸收波长、有色物质的性质、浓度、越高、不变；

37. $\frac{\Delta c}{c}=\frac{0.434\Delta T}{T\lg T}$ (或$\frac{\Delta c}{c}=\frac{0.434\Delta T}{-A\cdot T}$)、36.8%、0.434、浓度、吸收池；

38. 示差法、浓度比待测试液浓度稍低的标准溶液。

(三) 计算及简答题

39. 答：选用参比溶液的目的在于扣除由于吸收池、溶剂、显色剂、试剂以及待测试液中其他组分对吸光度测量带来的误差，使测量得到的吸光度（A）真正反映待测物质的吸光度。

试样、显色剂及所加的辅助试剂都无色时，用纯溶剂作参比；试样无色，显色剂及所加的辅助试剂略有色，采用不加试样的空白溶液作参比（试剂空白）；试样略有吸收，而显色剂及所加的辅助试剂无色，可采用待测试样为参比（试样空白）；试样、显色剂及所加的辅助试剂均略有色，可先在试样中入掩蔽剂，褪色后再加入显色剂等试剂，选此溶液作为参比（褪色空白）。

40. 答：光源的作用是发射出特定波长范围的连续光作为测定的入射光；单色器的作用是将光源发出的连续光分解为各种波长的单色光，它是分光光度计的核心部件；吸收池又称比色皿，用于盛放被测溶液；检测器是光电转换器件，其作用是接收未被吸收池中溶液吸收的透过光，利用光电效应将其光信号转换为电流信号；信号显示装置的作用是将检测器输出的电流信号以吸光度 A 或透光率 T 的方式显示出来。

41. 答：吸光度 A 与透光率 T 的关系为 $A=\lg\frac{1}{T}=-\lg T$

物质溶液的颜色与吸收光的颜色呈互补色。

42. 答：吸收曲线（A-λ）描述了物质对不同波长光的吸收能力，它可作为选择入射光波长或定性检测的依据；工作曲线（$A-c$）表示溶液浓度与吸光度的线性关系，根据待测物质的吸光度可以从工作曲线上查出待测物质的浓度。

43. 解：$A=-\lg T=-\lg 0.60=0.222$

改变比色皿后：

$\frac{A_1}{A_2}=\frac{b_1}{b_2}$ $\qquad \frac{0.222}{A_2}=\frac{2}{3}$ $\qquad A_2=0.333$ $\qquad T_2=46.5\%$

改变浓度后：

$\frac{A_1}{A_2}=\frac{c_1}{c_2}$ $\qquad \frac{0.222}{A_2}=\frac{c_1}{1/2c_1}$ $\qquad A_2=0.111$ $\qquad T_2=77.4\%$

44. 解：(1) $\varepsilon=\frac{A}{bc}=\frac{0.336}{3.0\ \text{cm}\times 5.0\times 10^{-5}\ \text{mol}\cdot\text{L}^{-1}}=2.2\times 10^{3}\ \text{L}\cdot\text{mol}^{-1}\cdot\text{cm}^{-1}$

(2) $\frac{\Delta c}{c}=\frac{0.434}{T\lg T}\Delta T=\frac{0.434}{-A10^{-A}}\Delta T=\frac{0.434}{-0.336\times 10^{-0.336}}\times 0.4\%=-1.1\%$

45. 解：

$$A_1 = -\lg T_1 = -\lg 36.0\% = 0.444$$

$$A_2 = -\lg T_2 = -\lg 48.0\% = 0.319$$

$$A_{混} = 1/2A_1 + 1/2A_2 = 1/2 \times 0.444 + 1/2 \times 0.319 = 0.382 \qquad T = 41.5\%$$

46. 解：

$$A = \varepsilon bc$$

当 $A=0.2$ 时：　$0.2 = 1.3 \times 10^4\ \mathrm{L \cdot mol^{-1} \cdot cm^{-1}} \times 1\ \mathrm{cm} \times c$

$$c = 1.5 \times 10^{-5}\ \mathrm{mol \cdot L^{-1}}$$

称取试样 $m = 1.5 \times 10^{-5}\ \mathrm{mol \cdot L^{-1}} \times 0.1\ \mathrm{L} \times 59\ \mathrm{g \cdot mol^{-1}} / 0.12\% = 0.074\ \mathrm{g}$

当 $A=0.8$ 时：　$0.8 = 1.3 \times 10^4\ \mathrm{L \cdot mol^{-1} \cdot cm^{-1}} \times 1\ \mathrm{cm} \times c$

$$c = 6.0 \times 10^{-5}\ \mathrm{mol \cdot L^{-1}}$$

称取试样 $m = 6.0 \times 10^{-5}\ \mathrm{mol \cdot L^{-1}} \times 0.1\ \mathrm{L} \times 59\ \mathrm{g \cdot mol^{-1}} / 0.12\% = 0.30\ \mathrm{g}$

试样称量范围：0.074～0.30 g

47. 解：

$$A = \varepsilon bc$$

$$0.516 = 1.5 \times 10^4\ \mathrm{L \cdot mol^{-1} \cdot cm^{-1}} \times 2.0\ \mathrm{cm} \times c$$

$$c = 1.72 \times 10^{-5}\ \mathrm{mol \cdot L^{-1}}$$

$$m = cVM$$

$$0.0478\ \mathrm{g} \times \frac{2.00\ \mathrm{mL}}{500\ \mathrm{mL}} = 1.72 \times 10^{-5}\ \mathrm{mol \cdot L^{-1}} \times 50 \times 10^{-3}\ \mathrm{L} \times M$$

$$M = 222\ \mathrm{g \cdot mol^{-1}}$$

48. 解：

$$A = \varepsilon bc$$

$$c = 0.250/(7.9 \times 10^3\ \mathrm{L \cdot mol^{-1} \cdot cm^{-1}} \times 2.0\ \mathrm{cm}) = 1.6 \times 10^{-5}\ \mathrm{mol \cdot L^{-1}}$$

$$m = cVM = 1.6 \times 10^{-5}\ \mathrm{mol \cdot L^{-1}} \times 20.00 \times 10^{-3}\ \mathrm{L} \times 64\ \mathrm{g \cdot mol^{-1}} = 2.0 \times 10^{-5}\ \mathrm{g}$$

$$损失\ \mathrm{Cu}\ 量 = 2.0 \times 10^{-5}\ \mathrm{g} / 3.011\ \mathrm{g} = 0.00066\%$$

49. 解：(1) $\dfrac{A_1}{A_2} = \dfrac{c_1}{c_2}$　　$\dfrac{0.250}{0.320} = \dfrac{16.0\ \mu\mathrm{g \cdot L^{-1}}}{c_2}$　　$c_2 = 20.5\ \mu\mathrm{g \cdot L^{-1}}$

(2)

$$A = \varepsilon bc$$

$$0.250 = \varepsilon \times 1\ \mathrm{cm} \times \frac{16.0 \times 10^{-6}\ \mathrm{g \cdot L^{-1}}}{207\ \mathrm{g \cdot mol^{-1}}}$$

$$\varepsilon = 3.23 \times 10^6\ \mathrm{L \cdot mol^{-1} \cdot cm^{-1}}$$

50. 解：根据题目已知条件（$b=1$ cm），可以列出以下方程：

$0.053 = \varepsilon_1^x \times 1\ \mathrm{cm} \times 5.0 \times 10^{-4}\ \mathrm{mol \cdot L^{-1}}$

$0.430 = \varepsilon_2^x \times 1\ \mathrm{cm} \times 5.0 \times 10^{-4}\ \mathrm{mol \cdot L^{-1}}$

$0.950 = \varepsilon_1^y \times 1\ \mathrm{cm} \times 1.0 \times 10^{-4}\ \mathrm{mol \cdot L^{-1}}$

$0.050 = \varepsilon_2^y \times 1\ \mathrm{cm} \times 1.0 \times 10^{-4}\ \mathrm{mol \cdot L^{-1}}$

分别解得

$\varepsilon_1^x = 1.1 \times 10^2\ \mathrm{L \cdot mol^{-1} \cdot cm^{-1}}$

$\varepsilon_2^x = 8.6 \times 10^2\ \mathrm{L \cdot mol^{-1} \cdot cm^{-1}}$

$\varepsilon_1^y = 9.5 \times 10^3\ \mathrm{L \cdot mol^{-1} \cdot cm^{-1}}$

$\varepsilon_2^y = 5.0 \times 10^2\ \mathrm{L \cdot mol^{-1} \cdot cm^{-1}}$

代入下列方程：

$$\begin{cases}0.640=\varepsilon_1^x b\varepsilon_x+\varepsilon_1^y bc_y\\0.370=\varepsilon_2^x bc_x+\varepsilon_2^y bc_y\end{cases}$$

联立求解，可得

$$\begin{cases}c_x=3.9\times10^{-4}\ \text{mol}\cdot\text{L}^{-1}\\c_y=6.3\times10^{-5}\ \text{mol}\cdot\text{L}^{-1}\end{cases}$$

51. 解：

$$A_{355}=\varepsilon_{355}\cdot c(NO_2^-)\cdot b$$

$$c(NO_2^-)=0.678/(23.3\ \text{L}\cdot\text{mol}^{-1}\cdot\text{cm}^{-1}\times1\ \text{cm})=0.029\,1\ \text{mol}\cdot\text{L}^{-1}$$

$$A_{302}=\varepsilon_{302}(NO_2^-)\cdot c(NO_2^-)\cdot b+\varepsilon_{302}(NO_3^-)\cdot c(NO_3^-)\cdot b$$

$$0.861=(23.3\ \text{L}\cdot\text{mol}^{-1}\cdot\text{cm}^{-1}/2.50)\times0.029\,1\ \text{mol}\cdot\text{L}^{-1}\times1\ \text{cm}+7.24\ \text{L}\cdot\text{mol}^{-1}\cdot\text{cm}^{-1}\times c(NO_3^-)\times1\ \text{cm}$$

$$c(NO_3^-)=0.081\,5\ \text{mol}\cdot\text{L}^{-1}$$

52. 解：(1) $\rho(\text{Fe}_{标})=\dfrac{0.215\,9\times10^3\ \text{mg}\times\dfrac{55.845\ \text{g}\cdot\text{mol}^{-1}}{482.2\ \text{g}\cdot\text{mol}^{-1}}}{500\ \text{mL}}$

$=0.050\,00\ \text{mg}\cdot\text{mL}^{-1}$

(2) 作 $A-V$ 标准曲线，查得当 $A=0.500$ 时，$V_x=6.30$ mL

$$\rho(\text{Fe}_{试})=\frac{0.050\,00\ \text{mg}\cdot\text{mL}^{-1}\times6.30\ \text{mL}}{5.00\ \text{mL}\times\dfrac{2.00\ \text{mL}}{250\ \text{mL}}}=7.88\ \text{mg}\cdot\text{mL}^{-1}$$

53. 解：根据 $A=\varepsilon bc$，可得比色皿中苦味酸苯胺的浓度为

$$c=\frac{A}{\varepsilon\cdot b}=\frac{0.750}{1.00\times10^4\ \text{L}\cdot\text{mol}^{-1}\cdot\text{cm}^{-1}\times1.00\ \text{cm}}=7.50\times10^{-5}\ \text{moL}\cdot\text{L}^{-1}$$

$$M(苯胺)=\frac{0.050\,0\ \text{g}\times\dfrac{25.00\ \text{mL}}{250\ \text{mL}}}{7.50\times10^{-5}\ \text{mol}\cdot\text{L}^{-1}\times0.250\ \text{L}}=267\ \text{g}\cdot\text{mol}^{-1}$$

综　合　练　习

综合练习 1（无机部分）

一、单项选择题（每题 2 分，共 60 分）

1. 有一半透膜，将纯水和蔗糖水溶液隔开，其结果是（　　）。

A. 水向溶液渗透，并建立渗透平衡

B. 溶液向水渗透，建立渗透平衡

C. 水向溶液渗透，不能建立渗透平衡

D. A，C 都有可能，决定于溶液的浓度、盛水的量及使用的装置的大小

2. 在下列哪种情况时，真实气体的性质与理想气体相近？（　　）

A. 低温和高压　　B. 高温和低压

C. 低温和低压　　D. 高温和高压

3. 下列说法不正确的是（　　）。

A. 温度 T 时，当纯溶剂与其蒸气处于平衡时，蒸气的压力称为纯溶剂的饱和蒸气压

B. 温度 T 时，液体混合物的蒸气压等于各纯组分液体的蒸气压之和

C. 温度 T 时，难挥发非电解质稀溶液的蒸气压小于同温度下纯溶剂的饱和蒸气压

D. 纯溶剂的饱和蒸气压的大小与容器体积的大小有关

4. 按酸碱质子理论，$[Fe(OH)_2(H_2O)_4]^+$ 的共轭酸是（　　）。

A. $[Fe(OH)(H_2O)_5]^{2+}$　　B. Fe^{3+}

C. H^+　　D. $Fe(OH)_3$

5. 下列各物质质量相同的是（　　）。

A. 1 mol H_3PO_4 与 2 mol$(1/3H_3PO_4)$　　B. 1 mol H_2SO_4 与 2 mol$(1/2H_2SO_4)$

C. 3 mol HNO_3 与 1 mol$(1/3HNO_3)$　　D. 2 mol $H_2C_2O_4$ 与 2 mol$(1/2H_2C_2O_4)$

6. 蛋白质水溶液加入大量电解质以后（　　）。

A. 不发生凝结　　B. 发生凝结

C. 不发生盐析　　D. 发生盐析

7. 配制 pOH＝4.0 的缓冲溶液，应选择的缓冲系是（　　）。

A. H_3PO_4－NaH_2PO_4（$pK_a^{\ominus}=2.12$）　　B. $NH_3 \cdot H_2O$－NH_4Cl（$pK_b^{\ominus}=4.75$）

C. HCOOH－HCOONa（$pK_a^{\ominus}=3.77$）　　D. HAc－NaAc（$pK_a^{\ominus}=4.75$）

8. 下列四种物质的水溶液，沸点最高的是（　　）。

A. 0.1 mol·kg^{-1}的 $CaCl_2$ 溶液　　B. 0.2 mol·kg^{-1}的蔗糖溶液

C. 0.15 mol·kg^{-1}的 NaCl 溶液　　D. 0.1 mol·kg^{-1}的 $FeCl_3$ 溶液

9. 欲配制澄清的 $Fe_2(SO_4)_3$ 水溶液，在稀释前应先加入足量的（　　）。

A. Na_2SO_4　　B. H_2SO_4　　C. Fe　　D. $NH_3 \cdot H_2O$

10. 如果某反应的 $\Delta_r H_m > 0$，$\Delta_r S_m > 0$，在低温时反应的（　　）。

A. $\Delta_r G_m > 0$　　B. $\Delta_r G_m = 0$

C. $\Delta_r G_m < 0$　　D. 无法判断

11. 下列电解质对用 $FeCl_3$ 水解得到的 $Fe(OH)_3$ 溶胶有最强的凝结能力的是（　　）。

A. $AlCl_3$　　B. Na_2SO_4　　C. $K_4[Fe(CN)_6]$　　D. $MgSO_4$

12. 基元反应中的零级反应的速率（　　）。

A. 随着反应的进行而减小　　B. 与反应物浓度成正比

C. 与反应物浓度无关　　D. 为零

13. 缓冲溶液的 pH 最主要是由下列哪一种因素决定？（　　）

A. 缓冲对的解离平衡常数　　B. 缓冲对的浓度比

C. 溶液的总浓度　　D. 溶液的温度

14. $[Cu(NH_3)_4]^{2+}$ 的 $K_{d4}^{\ominus}$（四级不稳定常数）等于（　　）。

A. $\dfrac{1}{K_{f4}^{\ominus}}$　　B. $\dfrac{1}{K_{f2}^{\ominus}}$　　C. $\dfrac{1}{K_{f3}^{\ominus}}$　　D. $\dfrac{1}{K_{f1}^{\ominus}}$

15. 下列物质的数值不为零的是（　　）。

A. $\Delta_c H_m^{\ominus}(SO_2, g)$　　B. $\Delta_f H_m^{\ominus}(O_2, g)$

C. $\Delta_f G_m^{\ominus}(H_2, g)$　　D. $S_m^{\ominus}(O_2, g)$

16. 在标准状态下，1 mol 石墨燃烧反应的焓变值为 $-393.7\ kJ \cdot mol^{-1}$，1 mol 金刚石燃烧反应的焓变值为 $-395.6\ kJ \cdot mol^{-1}$，则 1 mol 石墨变成金刚石的反应的焓变为（　　）。

A. $-789.3\ kJ \cdot mol^{-1}$　　B. 0

C. $+1.9\ kJ \cdot mol^{-1}$　　D. $-1.9\ kJ \cdot mol^{-1}$

17. 一定温度下，相同浓度的 NaAc、Na_3PO_4、H_3PO_4、$(NH_4)_2SO_4$、$HCOONH_4$、NH_4Ac 溶液中 pH 最大的是（　　）。

A. H_3PO_4　　B. NaAc　　C. NH_4Ac　　D. Na_3PO_4

18. 已知下列反应的平衡常数

(1) $C(s) + O_2(g) = CO_2(g)$　　$K_1^{\ominus}$

(2) $CO(g) + 1/2O_2(g) = CO_2(g)$　　$K_2^{\ominus}$

则反应 $C(s) + 1/2O_2(g) = CO(g)$ 的 $K^{\ominus}$ 值为（　　）。

A. $K_1^{\ominus} + K_2^{\ominus}$　　B. $K_1^{\ominus} - K_2^{\ominus}$　　C. $K_1^{\ominus} \times K_2^{\ominus}$　　D. $K_1^{\ominus} / K_2^{\ominus}$

19. Ag_3PO_4 在水中的溶解度为 $a/2\ mol \cdot L^{-1}$，则其 $K_{sp}^{\ominus}$ 可表示为（　　）。

A. $\dfrac{27a^4}{16}$　　B. $27a^4$　　C. $\dfrac{27a^4}{8}$　　D. $\dfrac{16a^4}{27}$

20. 由反应　a：$2NO_2(g) \rlap{=}{=\!=} N_2O_4(g)$　　$\Delta_r G_m^{\ominus} = -5.8\ kJ \cdot mol^{-1}$

b：$N_2(g) + 3H_2(g) = 2NH_3(g)$　　$\Delta_r G_m^{\ominus} = -16.7\ kJ \cdot mol^{-1}$ 知（　　）。

A. 反应 a 较反应 b 快　　B. 反应 b 较反应 a 快

C. 两反应速度相同　　D. 无法判断两反应速度

21. 加入下列物质不能使血红色的 $[Fe(SCN)_6]^{3-}$ 溶液颜色褪去的是（　　）。

A. 加入 NH_4F 溶液　　B. 加入 $FeCl_2$ 溶液

C. 加入金属 Zn　　D. 加入 NaOH 溶液

22. $[Co(NH_3)(H_2N-CH_2CH_2-NH_2)(H_2O)Cl_2]Cl$ 配合物中 Co 的氧化数和配位数分别为（　　）。

A. +2，4　　B. +2，6

C. +3，5　　D. +3，6

23. 下列各组物质不能共存的是（　　）。

A. Fe^{2+} 和 Sn^{2+}　　B. I^- 和 $Cr_2O_7^{2-}$（酸性介质中）

C. H_2S 和 HCl（酸性介质中）　　D. Cl^-、Br^-、I^-

24. 将反应 $Cu^{2+}+Zn=Cu+Zn^{2+}$ 组成原电池，若在 Zn 半电池溶液中通入 NH_3，则原电池的电动势 E 将（　　）。

A. 不变　　B. 减小　　C. 增大　　D. 无法判断

25. 对于下面两个反应方程式，说法完全正确的是（　　）。

$2Fe^{3+}+Sn^{2+} \rightleftharpoons Sn^{4+}+2Fe^{2+}$　　$Fe^{3+}+1/2Sn^{2+} \rightleftharpoons 1/2Sn^{4+}+Fe^{2+}$

A. 两式的 $\Delta_rG_m^\ominus$、$E^\ominus$、$K^\ominus$ 都相等　　B. 两式的 $\Delta_rG_m^\ominus$、$E^\ominus$、$K^\ominus$ 都不相等

C. 两式的 $\Delta_rG_m^\ominus$ 相等，$E^\ominus$、$K^\ominus$ 不相等　　D. 两式的 $E^\ominus$ 相等，$\Delta_rG_m^\ominus$、$K^\ominus$ 不相等

26. 下列说法错误的是（　　）。

A. 铜容器不能用于储存氨水

B. $[Ag(NH_3)_2]^+$ 的氧化能力比相同浓度的 Ag^+ 强

C. 加强碱可以破坏 $[Fe(SCN)_6]^{3-}$

D. $[Fe(SCN)_6]^{3-}$ 中的 Fe^{3+} 能被 $SnCl_2$ 还原

27. 基元反应 $A(s)+2B(g) \longrightarrow$ 产物，当体系体积缩小为原来的 1/2 时，其反应速率变为原来的（　　）倍。

A. 2　　B. 4　　C. 6　　D. 8

28. 下列各平衡体系，能同时产生同离子效应和盐效应的是（　　）。

A. HAc 溶液中加入 KCl　　B. $NH_3 \cdot H_2O$ 中加入 $NaNO_3$

C. PbI_2 和水平衡体系中加入 $NaNO_3$　　D. AgCl 和水平衡体系中加入 NaCl

29. 反应 $3A^{2+}+2B \rightleftharpoons 3A+2B^{3+}$ 在标准状态下电池电动势为 1.8 V，某浓度时反应的电池电动势为 1.6 V，则此时该反应的 $\lg K^\ominus$ 值为（　　）。

A. $\frac{3\times1.8}{0.0592}$　　B. $\frac{3\times1.6}{0.0592}$　　C. $\frac{6\times1.6}{0.0592}$　　D. $\frac{6\times1.8}{0.0592}$

30. $AgCl+3Cl^-=[AgCl_4]^-$ 的竞争平衡常数 $K_j^\ominus$ 为（　　）。

A. $K_j^\ominus=K_{sp}^\ominus(AgCl)-K_f^\ominus(AgCl_4^-)$　　B. $K_j^\ominus=K_{sp}^\ominus(AgCl)+K_f^\ominus(AgCl_4^-)$

C. $K_j^\ominus=K_{sp}^\ominus(AgCl)\times K_f^\ominus(AgCl_4^-)$　　D. $K_j^\ominus=K_{sp}^\ominus(AgCl)/K_f^\ominus(AgCl_4^-)$

二、判断题（正确的填“T”，错误的填“F”。每题 1 分，共 10 分）

1. 强酸溶液的 pH 一定比弱酸溶液的 pH 小。（　　）

2. 氨水溶液中加入 HCl，可形成缓冲溶液。（　　）

3. 不同的化学反应，其化学反应的速度：浓度大的反应速度肯定比浓度小的反应速度快。（　　）

4. 在任意条件下都可用 $\Delta_r G_m^{\ominus}<0$ 判断化学反应是否能自发进行。 (　　)

5. 电极电势 $\varphi^{\ominus}$ 值与电极反应的本性、电极反应的书写方式及计量系数有关。 (　　)

6. 对于任何外加的酸、碱或者稀释，缓冲溶液都能保持其 pH 不变。 (　　)

7. $KMnO_4$ 能氧化 SO_3^{2-}，自身还原产物一定是 Mn^{2+}。 (　　)

8. 配位数就等于配位体数。 (　　)

9. 一定温度下，难溶电解质的溶度积 $K_{sp}^{\ominus}$ 小的肯定比溶度积 $K_{sp}^{\ominus}$ 大的先沉淀。 (　　)

10. 高分子化合物对溶胶只有保护作用而没有敏化作用。 (　　)

三、计算题（将解题过程写在答题纸上。每题 10 分，共 30 分）

1. 已知

	$CO_2(g)$	$NH_3(g)$	$H_2O(g)$	$(NH_2)_2CO(s)$
$\Delta_f H_m^{\ominus}/(kJ\cdot mol^{-1})$	−394	−46	−242	−333
$S_m^{\ominus}/(J\cdot K^{-1}\cdot mol^{-1})$	214	193	189	105

求反应　$CO_2(g)+2NH_3(g) \rightleftharpoons H_2O(g)+(NH_2)_2CO(s)$

①在标准状态下，反应能否正向进行？

②计算 298 K 时的 $K_p^{\ominus}$ 值。

2. 在 100 mL 0.2 $mol\cdot L^{-1}$ $MnCl_2$ 溶液中加入 100 mL 含有 NH_4Cl 的 0.1 $mol\cdot L^{-1}$ $NH_3\cdot H_2O$ 溶液，问在此 $NH_3\cdot H_2O$ 溶液中需含有多少克 NH_4Cl 才不致生成 $Mn(OH)_2$ 沉淀？

已知：$K_{sp}^{\ominus}[Mn(OH)_2]=1.7\times10^{-15}$，$K_b^{\ominus}(NH_3\cdot H_2O)=1.8\times10^{-5}$，$M_r(NH_4Cl)=53.5$。

3. 将 Cu 片插入 0.1 $mol\cdot L^{-1}$ $[Cu(NH_3)_4]^{2+}$ 和 0.1 $mol\cdot L^{-1}$ NH_3 的混合溶液中，298 K 时测得该电极电势 $\varphi=0.056$ V。求 $[Cu(NH_3)_4]^{2+}$ 的稳定常数 $K_f^{\ominus}$ 值。

已知：$\varphi^{\ominus}(Cu^{2+}/Cu)=0.340$ V。

综合练习 1（无机部分）答案

一、单项选择题（每题 2 分，共 60 分）

1. A　2. B　3. D　4. A　5. B　6. D　7. B　8. D　9. B　10. A　11. C　12. C
13. A　14. D　15. D　16. C　17. D　18. D　19. A　20. D　21. B　22. D　23. B
24. C　25. D　26. B　27. B　28. D　29. D　30. C

二、判断题（正确的填“T”，错误的填“F”。每题 1 分，共 10 分）

1. F　2. T　3. F　4. F　5. F　6. F　7. F　8. F　9. F　10. F

三、计算题（将解题过程写在答题纸上。每题 10 分，共 30 分）(其他计算方法正确均可给分)

1. 解：根据　$\Delta_r H_m^{\ominus}(298\ K)=\sum\Delta_f H_m^{\ominus}$（生成物）$-\sum\Delta_f H_m^{\ominus}$（反应物）

$\Delta_r H_m^{\ominus}(298\ K)=(-242-333)-(-394-2\times46)=-89(kJ\cdot mol^{-1})$ (2 分)

又根据 $\Delta_r S_m^{\ominus}(298\ K)=\sum S_m^{\ominus}$（生成物）$-\sum S_m^{\ominus}$（反应物）

$\Delta_r S_m^{\ominus}(298\ K)=(189+105)-(214+2\times193)=-306(J\cdot K^{-1}\cdot mol^{-1})$ （2分）

因为 $\Delta_r G_m^{\ominus}(298\ K)=\Delta_r H_m^{\ominus}(298\ K)-T\Delta_r S_m^{\ominus}(298\ K)$ （2分）

所以 $\Delta_r G_m^{\ominus}(298\ K)=-89-298\times(-306)\times10^{-3}=2.2(kJ\cdot mol^{-1})$

$\Delta_r G_m^{\ominus}(298\ K)>0$，在标准状态下，反应逆向进行。 （1分）

平衡时 $\Delta_r G_m^{\ominus}(298\ K)=-RT\ln K_p^{\ominus}$

$$\ln K_p^{\ominus}=\frac{\Delta_r G_{298}^{\ominus}}{-RT}=\frac{2.2\times10^3}{-8.314\times298}=-0.89$$ （2分）

$$K_p^{\ominus}=0.41$$ （1分）

2. 解：等体积混合后：

$c(Mn^{2+})=0.2/2=0.1(mol\cdot L^{-1})$ $c(NH_3\cdot H_2O)=0.1/2=0.05(mol\cdot L^{-1})$ （2分）

$$c(Mn^{2+})\cdot c^2(OH^-)=K_{sp}^{\ominus}$$ （2分）

$$c(OH^-)=\sqrt{\frac{K_{sp}^{\ominus}}{c(Mn^{2+})}}=\sqrt{\frac{1.7\times10^{-15}}{0.1}}=1.3\times10^{-7}(mol^{-1})$$ （2分）

若不生成 $Mn(OH)_2$ 沉淀，必须 $c(OH^-)<1.3\times10^{-7}\ mol\cdot L^{-1}$，设加入 NH_4Cl 的浓度为 c_s，在 $NH_3\cdot H_2O-NH_4Cl$ 体系中

$$c_s=\frac{K_b^{\ominus}\cdot c_b}{c(OH^-)}=\frac{1.8\times10^{-5}\times0.05}{1.3\times10^{-7}}=6.9\ (mol\cdot L^{-1})$$ （2分）

在 200 mL 里应含有 NH_4Cl 质量为（NH_4Cl 摩尔质量$=53.5\ g\cdot mol^{-1}$）

$$0.2\times6.9\times53.5=73.8(g)$$

在氨水中加 73.8 g NH_4Cl 才不致生成 $Mn(OH)_2$ 沉淀。 （2分）

3. 解：

$$Cu^{2+}+4NH_3 \rightleftharpoons [Cu(NH_3)_4]^{2+}$$

$$x \qquad 0.1+4x \qquad 0.1-x$$ （2分）

$$K_f^{\ominus}=\frac{[Cu(NH_3)_4^{2+}]}{[Cu^{2+}]\cdot[NH_3]^4}$$ （2分）

$$K_f^{\ominus}=\frac{0.1-x}{(0.1+4x)^4\cdot x}$$

由于 $K_f^{\ominus}$ 大，而且还有 NH_3 存在，$0.1-x\approx0.1$，$0.1+4x\approx0.1$

$$c(Cu^{2+})=x=\frac{1\ 000}{K_f^{\ominus}}$$ （2分）

据电极反应 $Cu^{2+}+2e^- \rightleftharpoons Cu$，则

$$\varphi\{[Cu(NH_3)_4]^{2+}/Cu\}=\varphi(Cu^{2+}/Cu)=\varphi^{\ominus}(Cu^{2+}/Cu)+\frac{0.059\ 2}{2}\lg\frac{1\ 000}{K_f^{\ominus}}$$ （2分）

$$0.056=0.340+\frac{0.059\ 2}{2}\lg\frac{1\ 000}{K_f^{\ominus}} \qquad K_f^{\ominus}=3.93\times10^{12}$$ （2分）

综合练习 2（无机部分）

一、判断题（正确的填“T”，错误的填“F”。每题 1 分，共 20 分）

1. 缓冲溶液的 pH 主要决定于缓冲比 $c_{酸}/c_{共轭碱}$ 或 $c_{碱}/c_{共轭酸}$。 （　）

2. 反应 $A+2B \longrightarrow 2C+D$ 的级数为三级。 （　）

3. 若 AgBr 和 AgCl 的 $K_{sp}^{\ominus}$ 分别为 5.0×10^{-13} 和 1.8×10^{-10}，根据溶度积规则，后者在水中的溶解度更大些。 （　）

4. 某一碱溶液中加入水稀释后，由于解离度增加，$c(OH^-)$ 也增加。 （　）

5. 升高温度时，活化能大的化学反应，反应速率增加得更多。 （　）

6. 对于下面两个反应方程式，两式的 $\Delta_r G_m^{\ominus}$、$E^{\ominus}$、$K^{\ominus}$ 都相等。 （　）

$2Fe^{3+}+Sn^{2+} \rightleftharpoons Sn^{4+}+2Fe^{2+}$；$Fe^{3+}+1/2Sn^{2+} \rightleftharpoons 1/2Sn^{4+}+Fe^{2+}$

7. 根据解离平衡：$H_2S \longrightarrow 2H^+ + S^{2-}$ 可知溶液中 H^+ 浓度是 S^{2-} 浓度的 2 倍。 （　）

8. 配位体的个数即为中心离子的配位数。 （　）

9. 螯合物比一般配合物更稳定，是因为其分子内存在环状结构。 （　）

10. 配合物 $Na_3[Co(H_2O)(CN)_2Cl_3]$ 的名称为三氯二氰一水合钴酸钠。 （　）

11. $\Delta U=Q+W$ 适用于敞开体系。 （　）

12. 因为 $\Delta H=Q_p$，而 H 是状态函数，所以 Q_p 是状态函数。 （　）

13. 同离子效应使难溶电解质的溶解度增大。 （　）

14. 酸碱质子理论认为，HCO_3^- 的共轭碱是 CO_3^{2-}。 （　）

15. 催化剂加快正反应速率，减小逆反应的速率。 （　）

16. 在任意条件下都可用 $\Delta_r G_m<0$ 判断化学反应是否能自发进行。 （　）

17. 牛奶是常见的 W/O 型乳状液，粗原油属于 O/W 型乳状液。 （　）

18. 质量作用定律适用于复杂反应的每一步反应。 （　）

19. 在饱和的 AgI 溶液中加入 KI，银离子浓度不变。 （　）

20. 在溶胶电泳实验中，胶粒向电场负极移动，则胶粒带负电荷。 （　）

二、单项选择题（每题 2 分，共 50 分）

1. 满足下列（　）条件的反应可自发进行。

A. $\Delta H>0$，$\Delta S>0$，高温　　B. $\Delta H>0$，$\Delta S>0$，低温

C. $\Delta H<0$，$\Delta S<0$，高温　　D. $\Delta H>0$，$\Delta S<0$，低温

2. 已知下面四个反应的 $\Delta_r H_{m\,298}^{\ominus}$，其中表示液态水的标准摩尔生成热的是（　）。

A. $2H(g)+O(g) \longrightarrow H_2O(g)$　　$\Delta_r H_{m\,298(1)}^{\ominus}$

B. $H_2(g)+1/2O_2(g) \longrightarrow H_2O(l)$　　$\Delta_r H_{m\,298(2)}^{\ominus}$

C. $H_2(g)+1/2O_2(g) \longrightarrow H_2O(g)$　　$\Delta_r H_{m\,298(3)}^{\ominus}$

D. $2H_2(g)+O_2(g) \longrightarrow 2H_2O(l)$　　$\Delta_r H_{m\,298(4)}^{\ominus}$

3. 在 HAc 溶液中，加入 NaAc 会导致（　）。

A. 同离子效应　　B. 同离子效应和盐效应

C. 盐效应　　D. 降低溶液中 Ac^- 浓度

4. 升高温度能加快反应速度的主要原因是（　　）。

A. 能加快分子运动的速度，增加碰撞机会　B. 能提高反应的活化能

C. 能加快反应物的消耗　　D. 能增大能量因子

5. 在由电对 $Cr_2O_7^{2-}/Cr^{3+}$ 组成的电极中，若增大溶液的 pH，则电极电势将（　　）。

A. 增大　B. 减小　C. 不变　D. 无法判断

6. 按酸碱质子理论，下面物质既可以是酸，也可以是碱的是（　　）。

A. SO_4^{2-}　B. HSO_3^-　C. NH_4^+　D. HAc

7. 决定酸或碱强弱的主要因素是（　　）。

A. 浓度　B. 解离度　C. 解离平衡常数　D. 溶解度

8. 已知一定温度下，Ag_2CrO_4 的 $K_{sp}^{\ominus}=1.1\times10^{-12}$，$PbCrO_4$ 的 $K_{sp}^{\ominus}=1.8\times10^{-14}$，那么它们在水中的溶解度（　　）。

A. $Ag_2CrO_4>PbCrO_4$　　B. $Ag_2CrO_4<PbCrO_4$

C. $Ag_2CrO_4=PbCrO_4$　　D. 不能确定

9. 下列说法欠妥的是（　　）。

A. 配合物中心原子可以是中性原子或带正电荷的离子

B. 螯合物以六元环、五元环较稳定

C. 配位数就是配位体的个数

D. 二乙二胺合铜（Ⅱ）离子比四氨合铜（Ⅱ）离子稳定

10. 0.4 mol·L^{-1} HAc 溶液中 H^+ 浓度是 0.1 mol·L^{-1} HAc 溶液中 H^+ 浓度的（　　）。

A. 1 倍　B. 2 倍　C. 3 倍　D. 4 倍

11. 液体沸腾过程中，下列几种物理量中数值增加的是（　　）。

A. 蒸气压　B. 摩尔自由能　C. 摩尔熵　D. 液体质量

12. 在 $Cr(H_2O)_4Cl_3$ 的溶液中，加入过量 $AgNO_3$ 溶液，只有 1/3 的 Cl^- 被沉淀，说明（　　）。

A. 反应进行得不完全　　B. $Cr(H_2O)_4Cl_3$ 的量不足

C. 反应速度快　　D. 其中的两个 Cl^- 与 Cr^{3+} 形成了配位键

13. 配制 pH＝5.0 的缓冲溶液，应选择的缓冲系是（　　）。

A. $H_3PO_4-NaH_2PO_4$($pK_a^{\ominus}=2.12$)　　B. HAc－NaAc($pK_a^{\ominus}=4.75$)

C. HCOOH－HCOONa($pK_a^{\ominus}=3.77$)　　D. $NH_3\cdot H_2O-NH_4Cl$($pK_b^{\ominus}=4.75$)

14. 已知反应：(1) $SO_2(g)+1/2O_2(g)\rightleftharpoons SO_3(g)$ 的标准平衡常数为 $K_1^{\ominus}$

(2) $SO_3(g)+CaO(s)\rightleftharpoons CaSO_4(s)$ 的标准平衡常数为 $K_2^{\ominus}$

则反应 (3) $SO_2(g)+1/2O_2(g)+CaO(s)\rightleftharpoons CaSO_4(s)$ 的标准平衡常数 $K_3^{\ominus}$ 为（　　）。

A. $K_3^{\ominus}=K_1^{\ominus}K_2^{\ominus}$　B. $K_3^{\ominus}=K_1^{\ominus}/K_2^{\ominus}$　C. $K_3^{\ominus}=K_2^{\ominus}/K_1^{\ominus}$　D. 不能判断

15. 相同质量摩尔浓度的蔗糖水溶液和氯化钠水溶液，其沸点是（　　）。

A. 前者大于后者　B. 后者大于前者　C. 两者相同　D. 无法判断

16. 在可逆反应中加入催化剂，下列叙述正确的是（　　）。

A. 改变了反应的 $\Delta_r G_m$

B. 改变了反应的 $\Delta_r H_m$

C. 改变了正逆反应的活化能，但改变量 ΔE_a 不同

D. 改变了正逆反应的活化能，且改变量 ΔE_a 相同

17. 7.8 g 某难挥发非电解质固体溶于 10.0 g 水中，溶液的凝固点为－2.5℃，则该物质的分子质量是（　　）。[K_f（水）＝1.86]

A. $\frac{0.01\times1.86\times7.8}{2.5}$　　B. $\frac{7.8\times2.5}{1.86\times0.01}$

C. $\frac{2.5\times0.01}{7.8\times1.86}$　　D. $\frac{7.8\times1.86}{2.5\times0.01}$

18. 反应 $2Br^- + H_2O_2 + 2H^+ \longrightarrow Br_2 + 2H_2O$ 的速率方程式为 $v=k\cdot c(Br^-)\cdot c(H_2O_2)\cdot c(H^+)$，下述正确的是（　　）。

A. 该反应是基元反应，反应级数为 3

B. 该反应不是基元反应，反应级数为 3

C. 该反应是基元反应，反应分子数为 3

D. 该反应不是基元反应，反应级数不能确定

19. 下列电解质对用 $FeCl_3$ 水解得到的 $Fe(OH)_3$ 溶胶有最强凝结能力的是（　　）。

A. $AlCl_3$　　B. Na_2SO_4

C. $K_3[Fe(CN)_6]$　　D. $MgSO_4$

20. 原电池（－）$Zn\mid Zn^{2+}(1\ mol\cdot L^{-1})\parallel Cu^{2+}(1\ mol\cdot L^{-1})\mid Cu$(＋)，若在 Zn^{2+} 中加入氨水，则原电池的电池电动势将（　　）。

A. 增大　　B. 减小

C. 不变　　D. A，B，C 都不对

21. 能较好地溶解 AgBr 的试剂是（　　）。

A. $NH_3\cdot H_2O$　　B. HNO_3　　C. $Na_2S_2O_3$　　D. HF

22. 对于任意可逆反应，能改变平衡常数的是（　　）。

A. 增加反应物浓度　　B. 增加生成物浓度

C. 加入催化剂　　D. 改变反应温度

23. SO_2(g) 的下列各热力学函数中，被规定为零的是（　　）。

A. $S_m^\ominus$　　B. $\Delta_f H_m^\ominus$　　C. $\Delta_f G_m^\ominus$　　D. $\Delta_c H_m^\ominus$

24. 对于一个化学反应来说，下列说法正确的是（　　）。

A. 放热越多，反应速度越快　　B. 活化能越小，反应速度越快

C. 自由能下降越多，反应速度越快　　D. 平衡常数越大，反应速度越快

25. 若某化学反应的反应物的初始浓度为 $c_{A,0}$，t 时刻反应物浓度为 c_A，$t_{\frac{1}{2}}$ 为反应的半衰期，k 为一级反应的速率常数，下列说法**错误**的是（　　）。

A. $c_A=\frac{1}{2}c_{A,0}$ 的反应时间为 $t_{\frac{1}{2}}$　　B. 一级反应的 $t_{\frac{1}{2}}=\frac{\ln2}{k}$

C. 一级反应的 $t_{\frac{1}{2}}=k\ln2$　　D. 一级反应的 $t_{\frac{1}{2}}$ 与 $c_{A,0}$ 无关

三、计算题（将解题过程写在答题纸上。每题 10 分，共 30 分）

1. 将 0.2 $mol\cdot L^{-1}$ 的 $[Ag(NH_3)_2]^+$ 与等体积的 0.2 $mol\cdot L^{-1}$ 的 KBr 溶液混合，有无

AgBr 沉淀生成？已知 $[Ag(NH_3)_2]^+$ 的 $K_f^\ominus=1.0\times10^7$，AgBr 的 $K_{sp}^\ominus=5.0\times10^{-13}$。

2. 已知与合成氨反应相关的热力学数据如下：

	N_2	+	$3H_2$	===	$2NH_3$
$\Delta_f H_m^\ominus/(kJ\cdot mol^{-1})$	0		0		−45.19
$S_m^\ominus/(J\cdot K^{-1}\cdot mol^{-1})$	191.5		130.6		192.5

计算 298 K 时的 $K_p^\ominus$。在 1 000 K 时，该反应能否自发进行？

3. 将铜丝插入浓度为 $1\ mol\cdot L^{-1}$ $CuSO_4$ 溶液中，银丝插入浓度为 $1\ mol\cdot L^{-1}$ $AgNO_3$ 溶液中组成原电池。

（1）计算该电池的标准电动势；

（2）若通氨气于 $CuSO_4$ 溶液中，使达平衡时的浓度为 $1\ mol\cdot L^{-1}$，计算此时的电池电动势；（忽略通入氨气后溶液的体积变化）

（3）若在（1）中加 NaCl 固体于 $AgNO_3$ 溶液中，使 Cl^- 浓度保持 $1\ mol\cdot L^{-1}$，计算此时的电池电动势，并指出电池反应的方向。（忽略加入 NaCl 后溶液体积的变化）

已知：$K_f^\ominus\{[Cu(NH_3)_4]^{2+}\}=2.08\times10^{13}$，$K_{sp}^\ominus(AgCl)=1.8\times10^{-10}$，

$\varphi^\ominus(Cu^{2+}/Cu)=0.34\ V$，$\varphi^\ominus(Ag^+/Ag)=0.799\ V$。

综合练习 2（无机部分）答案

一、判断题（正确的填“T”，错误的填“F”。每题 1 分，共 20 分）

1. F　2. F　3. T　4. F　5. T　6. F　7. F　8. F　9. T　10. F　11. F

12. F　13. F　14. T　15. F　16. F　17. F　18. T　19. F　20. F

二、单项选择题（每题 2 分，共 50 分）

1. A　2. B　3. B　4. D　5. B　6. B　7. C　8. A　9. C　10. B　11. C　12. D

13. B　14. A　15. B　16. D　17. D　18. B　19. C　20. A　21. C　22. D　23. D

24. B　25. C

三、计算题（将解题过程写在答题纸上。每题 10 分，共 30 分）（其他计算方法正确均可给分）

1. 解：混合时，$[Br^-]=0.1\ mol\cdot L^{-1}$，$[Ag(NH_3)_2]^+=0.1\ mol\cdot L^{-1}$　（2 分）

$$Ag^+ + 2NH_3 = [Ag(NH_3)_2]^+$$

	Ag^+	$2NH_3$	$[Ag(NH_3)_2]^+$
初始时	0	0	0.1
平衡时	x	$2x$	$0.1-x$

（3 分）

由 $K_f^\ominus=(0.1-x)/4x^3$ 可解得 $[Ag^+]=x=1.34\times10^{-3}\ mol\cdot L^{-1}$　（3 分）

因为 $[Ag^+][Br^-]=1.34\times10^{-4}>K_{sp}^\ominus$，所以有 AgBr 沉淀生成。　（2 分）

2. 解：$\Delta_r H_m^\ominus(298\ K)=2\times(-45.19)-(3\times0+1\times0)=-90.38\ kJ\cdot mol^{-1}$　（2 分）

$\Delta_r S_m^\ominus(298\ K)=2\times192.5-(3\times130.6+1\times191.5)=-198.3\ J\cdot mol^{-1}\cdot K^{-1}$　（2 分）

由 $\Delta_r G_m^\ominus=\Delta_r H_m^\ominus-T\times\Delta_r S_m^\ominus=-RT\ln K_p^\ominus$ 得

$-90.38\times1\,000-298\times(-198.3)=-8.314\times298\ln K_p^\ominus$

$K_p^{\ominus}=3.05\times10^5$ （3 分）

1 000 K 时，因为 $\Delta_r G_m^{\ominus}\approx\Delta_r H_m^{\ominus}-T\times\Delta_r S_m^{\ominus}>0$，所以该反应不能自发进行。 （3 分）

3. 解：（1）$E^{\ominus}=\varphi_+^{\ominus}-\varphi_-^{\ominus}=\varphi^{\ominus}(Ag^+/Ag)-\varphi^{\ominus}(Cu^{2+}/Cu)$

$=0.799-0.34=0.459(V)$ （2 分）

（2）$\varphi(Cu^{2+}/Cu)=\varphi^{\ominus}(Cu^{2+}/Cu)+\dfrac{0.0592}{2}\lg c(Cu^{2+})$

又 $[Cu(NH_3)_4]^{2+}=Cu^{2+}+4NH_3$

$$\frac{1}{K_f^{\ominus}}=\frac{[Cu^{2+}]_r[NH_3]_r^4}{[Cu(NH_3)_4^{2+}]_r}$$

$$[Cu^{2+}]_r=\frac{[Cu(NH_3)_4^{2+}]_r}{K_f^{\ominus}[NH_3]_r^4}$$

因为 $[NH_3]_r^4=1$，达平衡时 $[Cu^{2+}]_r$ 很小，$[Cu(NH_3)_4^{2+}]_r\approx1$，所以

$$[Cu^{2+}]_r=\frac{1}{K_f^{\ominus}}$$

故 $\varphi(Cu^{2+}/Cu)=\varphi^{\ominus}(Cu^{2+}/Cu)+\dfrac{0.0592}{2}\lg\dfrac{1}{K_f^{\ominus}}$ （3 分）

$=0.34+\dfrac{0.0592}{2}\lg\dfrac{1}{2.08\times10^{13}}=-0.054(V)$ （1 分）

此时电动势

$E=\varphi_+^{\ominus}-\varphi_-^{\ominus}=\varphi^{\ominus}(Ag^+/Ag)-\varphi(Cu^{2+}/Cu)=0.799-(-0.054)=0.853\ V$ （1 分）

（3）在 $AgNO_3$ 溶液中加入 NaCl 生成 AgCl 沉淀，使 $\varphi(Ag^+/Ag)$ 减小。根据题意，平衡时 Cl^- 的浓度为 $1\ mol\cdot L^{-1}$，则

$\varphi(Ag^+/Ag)=\varphi^{\ominus}(Ag^+/Ag)+0.0592\lg K_{sp}^{\ominus}$ （3 分）

$=0.799+0.0592\lg(1.8\times10^{-10})$

$=0.222(V)$

$E=\varphi_+-\varphi_-=0.222-0.34=-0.12(V)$ （1 分）

综合练习 3（无机部分）

一、单项选择题（每题 2 分，共 60 分）

1. 0.5 L 含 30 g $CO(NH_2)_2$ 的溶液渗透压为 Π_1，1 L 含 0.5 mol $C_6H_{12}O_6$ 的溶液渗透压为 Π_2，在相同温度下则（ ）。（相对原子质量：C 12；N 14；H 1；O 16）

A. $\Pi_1<\Pi_2$ B. $\Pi_1=\Pi_2$ C. $\Pi_1>\Pi_2$ D. 无法判断

2. 要使溶液的凝固点降低 1.0 ℃，需向 100 g 水中加入 KCl 的物质的量是（ ）。（水的 $K_f=1.86\ K\cdot kg\cdot mol^{-1}$）

A. 0.027 mol B. 0.054 mol C. 0.27 mol D. 0.54 mol

3. 用稍过量的 KCl 和 $AgNO_3$ 溶液混合制备 AgCl 溶胶，若分别用浓度相同的下列电解质使该溶胶聚沉，聚沉能力由小到大的顺序是（ ）。

A. $KCl<FeCl_3<ZnSO_4$ B. $ZnSO_4<KCl<FeCl_3$

C. $KCl<ZnSO_4<FeCl_3$ D. $FeCl_3<ZnSO_4<KCl$

4. 若 35.0% $HClO_4$ 水溶液的密度为 $1.251\ g\cdot cm^{-3}$，$HClO_4$ 的相对分子质量为 100.5，则其物质的量浓度和质量摩尔浓度分别为（ ）。

A. $5.36\ mol\cdot L^{-1}$和 $4.36\ mol\cdot kg^{-1}$ B. $13.0\ mol\cdot L^{-1}$和 $2.68\ mol\cdot kg^{-1}$

C. $4.36\ mol\cdot L^{-1}$和 $5.36\ mol\cdot kg^{-1}$ D. $2.68\ mol\cdot L^{-1}$和 $3\ mol\cdot kg^{-1}$

5. 一定温度下，取相同质量的下列各物质分别溶于相同体积的水中配制成稀溶液，其中蒸气压下降 Δp 最小的是（ ）。（M_r 为相对分子质量）

A. $Na_2SO_4(M_r=142)$ B. $CaCl_2(M_r=111)$

C. $MgCl_2(M_r=95)$ D. 尿素［$(NH_2)_2CO$］$(M_r=60)$

6. 在温度 T 时，反应 $2A(g)+B(g)\rightleftharpoons 2C(g)$ 的 $K^{\ominus}$值等于 1，在温度 T，标准状态及不做非体积功的条件下，上述反应（ ）。

A. 能从左向右进行 B. 能从右向左进行

C. 恰好处于平衡状态 D. 条件不够，不能判断

7. 已知 $\Delta_f H_m^{\ominus}(Al_2O_3)=-1\,676\ kJ\cdot mol^{-1}$，则标准状态时，108 g 的 Al(s) 完全燃烧生成 $Al_2O_3(s)$ 时的热效应为（ ）。（相对原子质量：Al 27，O 16）

A. 1 676 kJ B. −1 676 kJ C. 3 352 kJ D. −3 352 kJ

8. 关于熵，下列叙述中正确的是（ ）。

A. 0 K 时，纯物质的完美晶体 $S_m^{\ominus}=0$

B. 稳定单质的 $S_m^{\ominus}$、$\Delta_f H_m^{\ominus}$、$\Delta_f G_m^{\ominus}$ 均等于零

C. 在一个反应中，随着生成物的增加，熵增大

D. $\Delta S>0$ 的反应总是自发进行的

9. 已知：298 K，100 kPa 下：

	石墨	金刚石
$\Delta_f H_m^{\ominus}/(kJ\cdot mol^{-1})$	0.0	1.88
$S_m^{\ominus}/(J\cdot mol^{-1}\cdot K^{-1})$	5.74	2.39

下列叙述正确的是（ ）。

A. 根据焓和熵的观点，石墨比金刚石稳定

B. $\Delta_f G_m^\ominus$（金刚石）>$\Delta_f G_m^\ominus$（石墨）

C. 根据熵的观点，石墨比金刚石稳定，但根据焓的观点，金刚石比石墨稳定

D. A 和 B

10. 已知反应 $2Cu_2O(s)+O_2(g) \rightleftharpoons 4CuO(s)$ 在 300 K 时，其 $\Delta_r G_m^\ominus=-107.9\ kJ \cdot mol^{-1}$，400 K 时，$\Delta_r G_m^\ominus=-95.33\ kJ \cdot mol^{-1}$，则该反应的 $\Delta_r H_m^\ominus$ 和 $\Delta_r S_m^\ominus$ 近似值各为（　　）。

A. $187.4\ kJ \cdot mol^{-1}$，$-0.126\ kJ \cdot mol^{-1} \cdot K^{-1}$

B. $-187.4\ kJ \cdot mol^{-1}$，$0.126\ kJ \cdot mol^{-1} \cdot K^{-1}$

C. $-145.6\ kJ \cdot mol^{-1}$，$-0.126\ kJ \cdot mol^{-1} \cdot K^{-1}$

D. $145.6\ kJ \cdot mol^{-1}$，$-0.126\ kJ \cdot mol^{-1} \cdot K^{-1}$

11. 当反应 $A_2+B_2 \longrightarrow 2AB$ 的速率方程 $v=kc(A_2)c(B_2)$ 时，则此反应（　　）。

A. 一定是基元反应　　B. 一定是非基元反应

C. 不能肯定是否是基元反应　　D. 为一级反应

12. 已知某反应的速率常数 k 的单位是 s^{-1}，则反应级数是（　　）。

A. 零级　　B. 一级　　C. 二级　　D. 三级

13. 用不同物质表示同一反应的速率而数值并不相等的根本原因是（　　）。

A. 不同物质对应着不相同的速率常数

B. 不同物质的计量数不同

C. 不同物质具有不同的瞬时速率

D. 不同物质具有不同的初始速率

14. 某化学反应进行 30 min 反应完成 50%，进行 60 min 反应完成 100%，则反应是（　　）。

A. 零级反应　　B. 一级反应　　C. 二级反应　　D. 三级反应

15. 已知 NH_4Cl 溶液的浓度为 c，则该溶液的 pH 可用下面（　　）公式计算。

A. $pH=7-\frac{1}{2}pK_b^\ominus-\frac{1}{2}\lg c$　　B. $pH=7-\frac{1}{2}pK_b^\ominus+\frac{1}{2}\lg c$

C. $pH=7+\frac{1}{2}pK_b^\ominus+\frac{1}{2}\lg c$　　D. $pH=7+\frac{1}{2}pK_b^\ominus-\frac{1}{2}\lg c$

16. 将 100 mL $0.2\ mol \cdot L^{-1}$的 $NH_3 \cdot H_2O$ 和 100 mL $0.1\ mol \cdot L^{-1}$的 HCl 溶液混合，溶液的 pH 为（　　）。($K_b^\ominus=1.8\times10^{-5}$)

A. 10.26　　B. 9.36　　C. 9.26　　D. 8.36

17. H_3PO_4 的一、二、三级解离常数分别为 $K_{a1}^\ominus$，$K_{a2}^\ominus$，$K_{a3}^\ominus$，它的三元碱 Na_3PO_4 的第一步碱的解离平衡常数 $K_{b1}^\ominus$为（　　）。

A. $\frac{K_w^\ominus}{K_{a1}^\ominus}$　　B. $\frac{K_w^\ominus}{K_{a2}^\ominus}$　　C. $\frac{K_w^\ominus}{K_{a3}^\ominus}$　　D. $\frac{K_w^\ominus}{K_{a1}^\ominus \cdot K_{a2}^\ominus}$

18. 298 K 水的 $K_w^\ominus=1.0\times10^{-14}$，313 K 时 $K_w^\ominus=3.8\times10^{-14}$，在 313 K 时 $c(H^+)=1.0\times10^{-7}\ mol \cdot L^{-1}$的溶液是（　　）。

A. 酸性　　B. 碱性

C. 中性　　D. 以上答案都不对

19. 向 $Cr(H_2O)_4Cl_3$ 溶液中加过量 $AgNO_3$ 溶液，只有 1/3 的 Cl^- 被沉淀，说明（　　）。

A. 反应进行得不完全　　B. $Cr(H_2O)_4Cl_3$ 的量不足

C. 反应速度快　　D. 有两个 Cl^- 与 Cr^{3+} 形成了配位键

20. 在硝酸溶液中不溶解的是（　　）。

A. Ag_2CO_3　　B. Ag_3PO_4　　C. Ag_2SO_3　　D. HgS

21. 已知：$K_{sp}^{\ominus}(AgCl)=1.8\times10^{-10}$，$K_{sp}^{\ominus}(Ag_2CrO_4)=1.8\times10^{-12}$。在含 Cl^- 和 CrO_4^{2-} 浓度均为 0.3 mol·L^{-1}的溶液中，加 $AgNO_3$ 应是（　　）。

A. Ag_2CrO_4 先沉淀，Cl^- 和 CrO_4^{2-} 能完全分离开

B. AgCl 先沉淀，Cl^- 和 CrO_4^{2-} 不能完全分离开

C. AgCl 先沉淀，Cl^- 和 CrO_4^{2-} 能完全分离开

D. Ag_2CrO_4 先沉淀，Cl^- 和 CrO_4^{2-} 不能完全分离开

22. CaC_2O_4 的 $K_{sp}^{\ominus}$ 为 2.6×10^{-9}，要使 1 L 0.002 0 mol·L^{-1} $CaCl_2$ 溶液定量沉淀，需要的草酸根的量最少是（　　）。

A. 2.6×10^{-3} mol　　B. 3.6×10^{-3} mol

C. 5.6×10^{-10} mol　　D. 4.6×10^{-3} mol

23. 已知 $[Ag(SCN)_2]^-$ 和 $[Ag(NH_3)_2]^+$ 的 $K_d^{\ominus}$ 分别为 2.69×10^{-8} 和 8.91×10^{-8}。当溶液中 $c(SCN^-)=0.010$ mol·L^{-1}，$c(NH_3)=1.0$ mol·L^{-1}，$c[Ag(SCN)_2^-]=c[Ag(NH_3)_2^+]=1.0$ mol·L^{-1}时，反应：$[Ag(NH_3)_2]^+ + 2SCN^- = [Ag(SCN)_2]^- + 2NH_3$ 进行的方向为（　　）。

A. 处于平衡状态　　B. 自发向左

C. 自发向右　　D. 无法预测

24. 下列配合物估计不存在的是（　　）。

A. $[Pt(NO_2)_2(NH_3)_2]$　　B. $[Co(NO_2)_2(en)_2Cl_2]$

C. $K_2[Fe(CN)_5(NO)]$　　D. $K_2[PtCl_6]$

25. 已知水的 $K_f=1.86$ K·kg·mol^{-1}，0.005 mol·kg^{-1}化学式为 $FeK_3C_6N_6$ 的配合物水溶液，其凝固点为−0.037 ℃，这个配合物在水中的解离方式为（　　）。

A. $FeK_3C_6N_6 \longrightarrow Fe^{3+} + K_3(CN)_6^{3-}$

B. $FeK_3C_6N_6 \longrightarrow 3K^+ + Fe(CN)_6^{3-}$

C. $FeK_3C_6N_6 \longrightarrow 3KCN + Fe(CN)_2^+ + CN^-$

D. $FeK_3C_6N_6 \longrightarrow 3K^+ + Fe^{3+} + 6CN^-$

26. 某金属离子 M^{2+} 可以生成两种不同的配离子 $[MX_4]^{2-}$ 和 $[MY_4]^{2-}$，已知 $[MX_4]^{2-}$ 与 $[MY_4]^{2-}$ 的浓度相同时，$[MX_4]^{2-}$ 溶液中 M^{2+} 浓度较大，则（　　）。

A. $K_f^{\ominus}([MX_4]^{2-}) < K_f^{\ominus}([MY_4]^{2-})$

B. $K_f^{\ominus}([MX_4]^{2-}) > K_f^{\ominus}([MY_4]^{2-})$

C. $K_f^{\ominus}([MX_4]^{2-}) = K_f^{\ominus}([MY_4]^{2-})$

D. 不能比较 $K_f^{\ominus}([MX_4]^{2-})$ 与 $K_f^{\ominus}([MY_4]^{2-})$ 的大小

27. 已知某配合物的组成为 $CoCl_3\cdot5NH_3\cdot H_2O$。其水溶液显弱酸性，加入强碱并加热至沸腾有氨放出，同时产生 Co_2O_3 沉淀；加 $AgNO_3$ 于该化合物溶液中，有 AgCl 沉淀生成，

过滤后再加 $AgNO_3$ 溶液于滤液中无变化，但加热至沸腾有 AgCl 沉淀生成，且其质量为第一次沉淀量的 1/2。则该配合物的化学式最可能为（　　）。

A. $[CoCl_2(NH_3)_4]Cl \cdot NH_3 \cdot H_2O$　　B. $[Co(NH_3)_5(H_2O)]Cl_3$

C. $[CoCl_2(NH_3)_3(H_2O)]Cl \cdot 2NH_3$　　D. $[CoCl(NH_3)_5]Cl_2 \cdot H_2O$

28. 对于电极反应 $O_2+4H^++4e^-=2H_2O$ 来说，当 $p(O_2)=100$ kPa 时，酸度对电极电势影响的关系式是（　　）。

A. $\varphi=\varphi^{\ominus}+0.059\,2pH$　　B. $\varphi=\varphi^{\ominus}-0.059\,2pH$

C. $\varphi=\varphi^{\ominus}+0.014\,8pH$　　D. $\varphi=\varphi^{\ominus}-0.014\,8pH$

29. 电池反应：$H_2(100\ kPa)+2AgCl(s)=2HCl(aq)+2Ag(s)$，$E^{\ominus}=0.220$ V，当电池的电动势为 0.385 V 时，电池溶液 pH 的计算式为（　　）。

A. $(\varphi-\varphi^{\ominus})/p(H_2)$　　B. $(0.358-0.220)/0.059\,2$

C. $(0.358-0.220)/(2\times0.059\,2)$　　D. $2\times(0.358-0.220)/0.059\,2$

30. 在相同条件下有反应式（1）$A+B=2C$，$\Delta_rG_m^{\ominus}(1)$，$E_1^{\ominus}$；（2）$1/2A+1/2B=C$，$\Delta_rG_m^{\ominus}(2)$，$E_2^{\ominus}$。则对应于（1）和（2）两式关系正确的是（　　）。

A. $\Delta_rG_m^{\ominus}(1)=2\Delta_rG_m^{\ominus}(2)$，$E_1^{\ominus}=2E_2^{\ominus}$　　B. $\Delta_rG_m^{\ominus}(1)=\Delta_rG_m^{\ominus}(2)$，$E_1^{\ominus}=E_2^{\ominus}$

C. $\Delta_rG_m^{\ominus}(1)=2\Delta_rG_m^{\ominus}(2)$，$E_1^{\ominus}=E_2^{\ominus}$　　D. $\Delta_rG_m^{\ominus}(1)=\Delta_rG_m^{\ominus}(2)$，$E_1^{\ominus}=2E_2^{\ominus}$

二、判断题（正确的填“T”，错误的填“F”。每题 1 分，共 10 分）

1. 将 10%葡萄糖溶液用半透膜隔开，为使渗透压达到平衡，必须在某侧溶液液面上加一压强，此压强就是该葡萄糖溶液的渗透压。（　　）

2. 已知在相同温度时，凝固点为－0.52℃的泪水与 0.81% NaCl 水溶液具有相同的渗透压，则两种溶液互为等渗溶液。（　　）

3. 因为 $\Delta_rG_m^{\ominus}(T)=-RT\ln K^{\ominus}$，所以温度升高，$K^{\ominus}$肯定减小。（　　）

4. 基元反应为零级反应的反应速率与反应物的浓度无关。（　　）

5. 同离子效应将使弱酸或者弱碱的解离度降低，若要降低 HAc 的解离度，故加入 NaAc 固体越多，HAc 的解离度就越降低。（　　）

6. 难溶硫化物如 FeS、CuS 和 ZnS 中有的溶于盐酸，有的不溶于盐酸，主要是因为它们的晶体结构不同。（　　）

7. HF、H_2SiO_3 皆是弱酸，但是 H_2SiF_6 却是强酸。（　　）

8. 水溶液中，I_2 不能氧化 Fe^{2+}，但当有过量 F^- 存在时，I_2 却能氧化 Fe^{2+}。这是因为 Fe^{3+} 与 F^- 反应生成 $[FeF_6]^{3-}$，使 Fe^{3+}/Fe^{2+} 的电极电势降低，即 $\varphi(I_2/I^-)>\varphi(Fe^{3+}/Fe^{2+})$。（　　）

9. 根据碱性介质中，$\varphi^{\ominus}(ClO^-/Cl_2)=0.40$ V，$\varphi^{\ominus}(Cl_2/Cl^-)=1.36$ V，则这两电对所含物质中，最强氧化剂为 Cl_2，最强还原剂也为 Cl_2，因此氯气在碱性介质中自动发生歧化反应，反应方程式为 $Cl_2+2OH^-=ClO^-+Cl^-+H_2O$。（　　）

10. 常见配合物的形成体多为过渡金属的离子或原子，而配位原子则可以是任何元素的原子。（　　）

三、计算题（将解题过程写在答题纸上。每题 10 分，共 30 分）

1. 在 3 支试管中各加入 20.0 mL 的溶胶用以测定聚沉值。要使该溶胶聚沉：第一支试管中最少加入 4.00 mol · L^{-1} KCl 溶液 0.53 mL；第二支试管中最少加入 0.050 0 mol · L^{-1} Na_2SO_4 溶液 1.25 mL；第三支试管最少加入 0.033 mol · L^{-1} Na_3PO_4 溶液 0.74 mL。试计算三种电解质的聚沉值，说明溶胶带何种电荷，并指出三种电解质聚沉能力的顺序。

2. 反应 $HgO(s) \xlongequal{} Hg(g) + 1/2O_2(g)$ 于 693 K 达平衡时总压为 5.16×10^4 Pa，于 723 K 达平衡时总压为 1.08×10^5 Pa，求 HgO 分解反应的 $\Delta_r H_m^{\ominus}$。

3. 根据下列数据：$\varphi^{\ominus}(Ag^+/Ag)=0.799$ V，$\varphi^{\ominus}(Cu^{2+}/Cu^+)=0.153$ V，$K_{sp}^{\ominus}(AgCl)=1.8\times10^{-10}$，$K_{sp}^{\ominus}(CuCl)=1.2\times10^{-6}$，计算反应 $Ag+Cu^{2+}+2Cl^- \xlongequal{} CuCl+AgCl$ 的平衡常数 $K^{\ominus}$。

综合练习 3（无机部分）答案

一、单项选择题（每题 2 分，共 60 分）

1. C　2. A　3. C　4. C　5. D　6. C　7. D　8. A　9. D　10. C　11. C
12. B　13. B　14. A　15. A　16. C　17. C　18. B　19. D　20. D　21. B
22. D　23. B　24. B　25. B　26. A　27. D　28. B　29. B　30. C

二、判断题（正确的填“T”，错误的填“F”。每题 1 分，共 10 分）

1. F　2. T　3. F　4. T　5. F　6. T　7. T　8. T　9. T　10. F

三、计算题（将解题过程写在答题纸上。每题 10 分，共 30 分）(其他计算方法正确均可给分)

1. 解：

KCl 的聚沉值为

$$\frac{4.00\times0.53/1\,000}{(20.0+0.53)/1\,000}\times1\,000=103.3\ \text{mmol}\cdot\text{L}^{-1} \qquad (3\text{ 分})$$

Na_2SO_4 的聚沉值为

$$\frac{0.050\,0\times1.25/1\,000}{(20.0+1.25)/1\,000}\times1\,000=2.94\ \text{mmol}\cdot\text{L}^{-1} \qquad (3\text{ 分})$$

Na_3PO_4 的聚沉值为

$$\frac{0.033\times0.74/1\,000}{(20.0+0.74)/1\,000}\times1\,000=1.18\ \text{mmol}\cdot\text{L}^{-1} \qquad (3\text{ 分})$$

由三种电解质的聚沉值大小可知，电解质负离子对该溶胶起主要聚沉作用，该溶胶带正电荷。对该溶胶而言，三种电解质的聚沉能力由大到小的顺序为 $Na_3PO_4>Na_2SO_4>KCl$。

（1 分）

2. 解：设平衡时的总压为 $p_{总}$，则

$$p(Hg)=\frac{2}{3}p_{总} \qquad p(O_2)=\frac{1}{3}p_{总}$$

则 $$K^{\ominus}_{693}=\frac{[p(\mathrm{Hg})/p^{\ominus}]\cdot[p(\mathrm{O_2})/p^{\ominus}]^{1/2}}{1}$$

$$=\left(\frac{\frac{2}{3}\times 5.16\times 10^4}{10^5}\right)\times\left(\frac{\frac{1}{3}\times 5.16\times 10^4}{10^5}\right)^{1/2}$$

$$=0.344\times 0.4147$$

$$=0.143$$ （3分）

$$K^{\ominus}_{723}=\left(\frac{\frac{2}{3}\times 1.08\times 10^5}{10^5}\right)\times\left(\frac{\frac{1}{3}\times 1.08\times 10^5}{10^5}\right)^{1/2}$$

$$=0.72\times 0.60$$

$$=0.432$$ （3分）

$$\lg\frac{K^{\ominus}_2}{K^{\ominus}_1}=\frac{\Delta_r H^{\ominus}_m}{2.303R}\left(\frac{T_2-T_1}{T_2\cdot T_1}\right)$$

$$\lg\frac{0.432}{0.143}=\frac{\Delta_r H^{\ominus}_m}{2.303\times 8.314}\times\left(\frac{723-693}{723\times 693}\right)$$

$$0.48=\frac{\Delta_r H^{\ominus}_m}{19.15}\times\frac{30}{501\,039}$$

$$\frac{0.48\times 19.15}{6.0\times 10^{-5}}=\Delta_r H^{\ominus}_m=153.5(\mathrm{kJ\cdot mol^{-1}})$$ （4分）

3. 解：题中反应涉及的两个氧化还原半反应为

（1） $AgCl+e^- = Ag+Cl^-$

（2） $Cu^{2+}+Cl^-+e^- = CuCl$

对于半反应（1）：

$$\varphi^{\ominus}(\mathrm{AgCl/Ag})=\varphi^{\ominus}(\mathrm{Ag^+/Ag})+0.0592\lg K^{\ominus}_{sp}(\mathrm{AgCl})$$ （4分）

$$=0.799+0.0592\lg(1.8\times 10^{-10})$$

$$=0.222(\mathrm{V})$$

对于半反应（2）：

$$\varphi^{\ominus}(\mathrm{Cu^{2+}/CuCl})=\varphi^{\ominus}(\mathrm{Cu^{2+}/Cu^+})-0.0592\lg K^{\ominus}_{sp}(\mathrm{CuCl})$$ （4分）

$$=0.153-0.0592\lg(1.2\times 10^{-6})$$

$$=0.504(\mathrm{V})$$

$$\lg K^{\ominus}=\frac{\varphi^{\ominus}(\mathrm{Cu^{2+}/CuCl})-\varphi^{\ominus}(\mathrm{AgCl/Ag})}{0.0592}$$

$$=\frac{0.504-0.222}{0.0592}$$

$$=4.76$$ （2分）

所以 $$K^{\ominus}=5.8\times 10^4$$

综合练习 4（无机部分）

一、单项选择题（每题 2 分，共 60 分）

1. 17 ℃时，17.5 g 蔗糖（$C_{12}H_{22}O_{11}$）溶于 150 mL 水中，该溶液所产生的渗透压为（　　）。（$C_{12}H_{22}O_{11}$的相对分子质量为 342）

A. 8.2×10^{2} Pa　　B. 8.2×10^{5} Pa　　C. 4.8×10^{4} Pa　　D. 4.1×10^{5} Pa

2. 在下列过程中，不能形成胶体的是（　　）。

A. 煮沸的蒸馏水中滴入 $FeCl_3$ 浓溶液，制得透明的红褐色物质

B. 在亚砷酸溶液中通入 H_2S，产生透明的淡黄色物质

C. 把硝酸与水按比例混合

D. 用 $SnCl_2$ 溶液还原极稀的 $AuCl_3$ 溶液

3. 饮水中残余 Cl_2 可以允许的浓度是 2×10^{-6} g · mL^{-1}，与此相当的质量摩尔浓度为（　　）。（Cl_2 相对分子质量为 71）。

A. 3×10^{-6} mol · kg^{-1}　　B. 3×10^{-5} mol · kg^{-1}

C. 3×10^{-3} mol · kg^{-1}　　D. 3 mol · kg^{-1}

4. 1.17%的 NaCl 溶液产生的渗透压与同温度的下列溶液渗透压最接近的是（　　）。（相对原子质量：Na 23，Cl 35.5）

A. 1.17%葡萄糖溶液　　B. 1.17%蔗糖溶液

C. 0.20 mol · L^{-1}葡萄糖溶液　　D. 0.40 mol · L^{-1}蔗糖溶液

5. 当 1 mol 难挥发非电解质溶于 4 mol 溶剂中，溶液的蒸气压与纯溶剂的蒸气压之比为（　　）。

A. 1∶5　　B. 1∶4　　C. 4∶5　　D. 5∶4

6. 金属铝是一种强还原剂，它可将其他金属氧化物还原为金属单质，其本身被氧化为 Al_2O_3，则 298 K 时，1 mol Fe_2O_3 被 Al 还原的 $\Delta_r G_m^{\ominus}$ 为（　　）。

[已知：$\Delta_f G_m^{\ominus}(Al_2O_3, s)=-1\,582$ kJ · mol^{-1}，$\Delta_f G_m^{\ominus}(Fe_2O_3, s)=-742.2$ kJ · mol^{-1}]

A. 839.8 kJ · mol^{-1}　　B. −839.8 kJ · mol^{-1}

C. 397.3 kJ · mol^{-1}　　D. −393.7 kJ · mol^{-1}

7. 盖斯定律认为化学反应的热效应与途径无关，这是因为反应在（　　）。

A. 可逆条件下进行　　B. 恒压无非体积功条件下进行

C. 恒容无非体积功条件下进行　　D. 以上 B、C 都正确

8. 在下列反应中，反应所放出的热量最少的是（　　）。

A. $CH_4(l)+2O_2(g)\rightleftharpoons CO_2(g)+2H_2O(g)$

B. $CH_4(g)+2O_2(g)\rightleftharpoons CO_2(g)+2H_2O(g)$

C. $CH_4(g)+2O_2(g)\rightleftharpoons CO_2(g)+2H_2O(l)$

D. $CH_4(g)+3/2O_2(g)\rightleftharpoons CO(g)+2H_2O(l)$

9. 已知 $C_2H_2(g)+5/2O_2(g)\rightleftharpoons H_2O(l)+2CO_2(g)$　　$\Delta_r H_{m,1}^{\ominus}$

$C(s)+O_2(g)\rightleftharpoons CO_2(g)$　　$\Delta_r H_{m,2}^{\ominus}$

$H_2(g)+1/2O_2(g) \rightleftharpoons H_2O(g) \quad \Delta_r H^{\ominus}_{m,3}$

则 $\Delta_f H^{\ominus}_m(C_2H_2, g)$ 与 $\Delta_r H^{\ominus}_{m,1}$、$\Delta_r H^{\ominus}_{m,2}$、$\Delta_r H^{\ominus}_{m,3}$ 的关系为（　　）。

A. $\Delta_f H^{\ominus}_m(C_2H_2, g)=\Delta_r H^{\ominus}_{m,1}+\Delta_r H^{\ominus}_{m,2}+\Delta_r H^{\ominus}_{m,3}$

B. $\Delta_f H^{\ominus}_m(C_2H_2, g)=2\Delta_r H^{\ominus}_{m,2}-\Delta_r H^{\ominus}_{m,3}-\Delta_r H^{\ominus}_{m,1}$

C. $\Delta_f H^{\ominus}_m(C_2H_2, g)=2\Delta_r H^{\ominus}_{m,2}+\Delta_r H^{\ominus}_{m,3}+\Delta_r H^{\ominus}_{m,1}$

D. $\Delta_f H^{\ominus}_m(C_2H_2, g)=2\Delta_r H^{\ominus}_{m,2}+\Delta_r H^{\ominus}_{m,3}-\Delta_r H^{\ominus}_{m,1}$

10. 在 298 K 反应 $BaCl_2 \cdot H_2O(s) \rightleftharpoons BaCl_2(s)+H_2O(g)$ 达平衡时，$p(H_2O)=330$ Pa，则反应的 $\Delta_r G^{\ominus}_m$ 为（　　）$kJ \cdot mol^{-1}$。

A. －14.2　　B. 14.2　　C. 142　　D. －142

11. 在酸性溶液中，甲酸甲酯的水解反应及其速率方程如下：

$HCOOCH_3+H_2O \longrightarrow HCOOH+CH_3OH \qquad v=kc(HCOOCH_3)c(H^+)$

在反应方程式中没有 H^+，而速率方程中有 $c(H^+)$，对此的解释正确的是（　　）。

A. H^+是催化剂

B. H^+是该反应中间过程的一种反应物

C. H^+是最慢的那一步反应中的反应物

D. 以上理由都可能对

12. 两个化学反应Ⅰ和Ⅱ，其反应的活化能分别为 E_{I} 和 E_{II}，$E_{\text{I}}>E_{\text{II}}$，若反应温度变化情况相同（由 $T_1 \rightarrow T_2$），则反应的速率常数 k_1 和 k_2 的变化情况为（　　）。

A. k_1 改变的倍数大　　B. k_2 改变的倍数大

C. k_1 和 k_2 改变的倍数相同　　D. k_1 和 k_2 均不改变

13. 20 ℃时 100 g 水中 $PbCl_2$ 溶解度为 0.99 g，100℃时 100 g 水中为 3.34 g，所以反应 $PbCl_2(s) = Pb^{2+}(aq)+2Cl^-(aq)$ 的 $\Delta_r H^{\ominus}_m$ 是（　　）。

A. 大于零　　B. 小于零　　C. 等于零　　D. 不能确定

14. 在某温度下，反应 $A+B = G+F$ 达平衡，已知 $\Delta H<0$，升高温度平衡逆向移动的原因是（　　）。

A. $v_{正}$ 减小，$v_{逆}$ 增大　　B. $k_{正}$ 减小，$k_{逆}$ 增大

C. $v_{正}$ 和 $v_{逆}$ 都减小　　D. $v_{正}$ 增加的倍数小于 $v_{逆}$ 增加的倍数

15. 20 mL 0.10 $mol \cdot L^{-1}$ 的 HCl 溶液和 20 mL 0.10 $mol \cdot L^{-1}$ 的 NaAc 溶液混合，其 pH 为（　　）。[已知 $K^{\ominus}_a(HAc)=1.8\times10^{-5}$]

A. 3.97　　B. 3.02　　C. 3.42　　D. 3.38

16. 向 0.10 $mol \cdot L^{-1}$ HCl 溶液中通 H_2S 气体至饱和（0.10 $mol \cdot L^{-1}$），溶液中 S^{2-} 浓度为（　　）。（已知 H_2S 的 $K^{\ominus}_{a1}=9.1\times10^{-8}$，$K^{\ominus}_{a2}=1.1\times10^{-12}$）

A. 1.0×10^{-18} $mol \cdot L^{-1}$　　B. 1.1×10^{-12} $mol \cdot L^{-1}$

C. 1.0×10^{-19} $mol \cdot L^{-1}$　　D. 9.5×10^{-5} $mol \cdot L^{-1}$

17. 下列反应中水作为碱的是（　　）。

A. $H_2O+CH_3O^- = OH^-+CH_3OH$

B. $H_2O+CH_3CO_2H = H_3O^++CH_3CO_2^-$

C. $2H_2O+2Na = 2NaOH+H_2$

D. $2H_2O+2F_2 = 4HF+O_2$

18. 关系式$\frac{[H^+]_r^2[S^{2-}]_r}{[H_2S]_r}=K_{a1}^{\ominus}\cdot K_{a2}^{\ominus}$成立的条件是（　　）。

A. 只适用于饱和 H_2S 水溶液

B. 只适用于不饱和 H_2S 水溶液

C. 适用于有其他酸共存时的 H_2S 水溶液

D. 上述三种溶液都适用

19. 已知 $BaSO_4$ 和 $BaCO_3$ 的 $K_{sp}^{\ominus}$分别是 1.1×10^{-10} 和 5.1×10^{-9}，下列判断不正确的是（　　）。

A. 在含有 $BaSO_4$ 沉淀的溶液里加入足量的 CO_3^{2-}，会有 $BaCO_3$ 沉淀生成

B. 在含有 $BaSO_4$ 沉淀的溶液里加入足量的 CO_3^{2-}，不会有 $BaCO_3$ 沉淀生成

C. 在含有 $BaCO_3$ 沉淀的溶液里加入足量的 SO_4^{2-}，一定有 $BaSO_4$ 沉淀生成

D. $BaSO_4$ 沉淀转化为 $BaCO_3$ 沉淀较难，反之则易。

20. 已知 AgI 和 AgCl 的 $K_{sp}^{\ominus}$分别为 8.3×10^{-17} 和 1.8×10^{-10}，向含相同浓度的 I^- 和 Cl^- 的混合溶液中逐滴加入 $AgNO_3$ 溶液，当 AgCl 开始沉淀时，溶液中 $c(I^-)/c(Cl^-)$ 比值为（　　）。

A. 2.5×10^{-7}　　B. 4.6×10^{-7}　　C. 4.0×10^{-8}　　D. 2.0×10^{-8}

21. 下列叙述中正确的是（　　）。

A. 溶解度大的物质，其 $K_{sp}^{\ominus}$一定较大

B. 某离子沉淀完全是指其完全变成沉淀

C. 分步沉淀是指一种物质完全沉淀后，另一种物质才生成沉淀

D. 当溶液中离子积大于难溶电解质的 $K_{sp}^{\ominus}$时，则有沉淀产生

22. 已知难溶物 AB、AB_2 及 XY、XY_2，且 $K_{sp}^{\ominus}(AB)>K_{sp}^{\ominus}(XY)$，$K_{sp}^{\ominus}(AB_2)>K_{sp}^{\ominus}(XY_2)$，溶解度单位为 $mol\cdot L^{-1}$，则下列叙述中，正确的是（　　）。

A. AB 溶解度大于 XY，AB_2 溶解度小于 XY_2

B. AB 溶解度大于 XY，AB_2 溶解度大于 XY_2

C. AB 溶解度大于 XY，XY 的溶解度一定大于 XY_2 的溶解度

D. AB_2 溶解度大于 XY_2，AB 的溶解度一定大于 XY_2 的溶解度

23. 当溶液中存在两种配体，并且都能与中心离子形成配合物时，在两种配体浓度相同的条件下，中心离子形成配合物的倾向是（　　）。

A. 两种配合物形成都很少　　B. 两种配合物形成都很多

C. 主要形成 $K_d^{\ominus}$较大的配合物　　D. 主要形成 $K_d^{\ominus}$较小的配合物

24. 对于配合物 $[Cu(NH_3)_4][PtCl_4]$，下列叙述中错误的是（　　）。

A. 前者是内界，后者是外界　　B. 二者都是配离子

C. 前者为配阳离子，后者为配阴离子　　D. 两种配离子构成一个配合物

25. 已知巯基（—SH）与某些重金属离子形成强配位键，预计是重金属离子的最好的螯合剂的物质为（　　）。

A. $CH_3—SH$　　B. H—SH

C. $CH_3—S—S—CH_3$　　D. $HS—CH_2—CH_2—CH_2—OH$

26. $AgCl+3Cl^-$ ══ $[AgCl_4]^{3-}$ 的竞争平衡常数 $K_j^{\ominus}$为（　　）。

A. $K_j^\ominus = K_{sp}^\ominus(AgCl) - K_f^\ominus(AgCl_4^{3-})$　　B. $K_j^\ominus = K_{sp}^\ominus(AgCl) + K_f^\ominus(AgCl_4^{3-})$

C. $K_j^\ominus = K_{sp}^\ominus(AgCl) \times K_f^\ominus(AgCl_4^{3-})$　　D. $K_j^\ominus = K_{sp}^\ominus(AgCl) / K_f^\ominus(AgCl_4^{3-})$

27. 分别在含有下列离子的水溶液中加入过量氨水，沉淀不消失的是（　　）。

A. Fe^{3+}　　B. Cu^{2+}　　C. Zn^{2+}　　D. Ag^+

28. 不用惰性电极的电池反应是（　　）。

A. $H_2 + Cl_2 \longrightarrow 2HCl(aq)$

B. $Ce^{4+} + Fe^{2+} \longrightarrow Ce^{3+} + Fe^{3+}$

C. $Ag^+ + Cl^- \longrightarrow AgCl(s)$

D. $2Hg^{2+} + Sn^{2+} + 2Cl^- \longrightarrow Hg_2Cl_2 + Sn^{4+}$

29. 在由 Cu^{2+}/Cu 和 Ag^+/Ag 组成的标准原电池的正负极中，加入一定量的氨水，达平衡后 $[NH_3 \cdot H_2O] = 1\ mol \cdot L^{-1}$，则电池的电动势比未加氨水前将（　　）。

[已知 $Cu(NH_3)_4^{2+}$ 的 $K_f^\ominus = 2.1 \times 10^{13}$，$Ag(NH_3)_2^+$ 的 $K_f^\ominus = 1.1 \times 10^7$]

A. 变大　　B. 变小　　C. 不变　　D. 无法判断

30. 正极为饱和甘汞电极，负极为玻璃电极，分别插入以下各种溶液，组成四种电池，使电池电动势最大的溶液是（　　）。

A. $0.10\ mol \cdot L^{-1}$ HAc　　B. $0.10\ mol \cdot L^{-1}$ HCOOH

C. $0.10\ mol \cdot L^{-1}$ NaAc　　D. $0.10\ mol \cdot L^{-1}$ HCl

二、判断题（正确的填"T"，错误的填"F"。每题1分，共10分）

1. 两种或几种互不发生化学反应的等渗溶液以任意比例混合后的溶液仍是等渗溶液。（　　）

2. 在温度 t 时，液体A较液体B有较高的蒸气压，由此可以合理推断A比B有较低的沸点。（　　）

3. 某体系经过一系列变化，每一步与环境间均有能量交换，但变化的最终状态与始态相同，由此可以判定总过程的热的吸收或放出为零。（　　）

4. 速率方程中各物质浓度的指数等于反应方程式中各物质的计量数时，该反应即为基元反应。（　　）

5. 任何一元弱酸都适用于近似公式：$[H^+]_r = \sqrt{K_a^\ominus \cdot c}$。（　　）

6. 溶度积规则的实质是反应自由能判据在沉淀反应中的应用。（　　）

7. 已知 $[Fe(CN)_6]^{3-}$ 的 $K_f^\ominus = 1.0 \times 10^{42}$，$[FeF_6]^{3-}$ 的 $K_f^\ominus = 2.0 \times 10^{14}$，则反应：$[Fe(CN)_6]^{3-} + 6F^- \longrightarrow [FeF_6]^{3-} + 6CN^-$ 应向生成 $[Fe(CN)_6]^{3-}$ 的方向进行。（　　）

8. 已知电对 $Ag^+ + e^- \longrightarrow Ag$，$\varphi^\ominus = 0.799\ V$，AgI 的 $K_{sp}^\ominus = 8.3 \times 10^{-17}$，则电对 $AgI + e^- \longrightarrow Ag + I^-$ 的标准电极电势等于 0.153 V。（　　）

9. 将氢电极 $[p(H_2) = 100\ kPa]$ 插入纯水中，与标准氢电极（正极）组成一个原电池，则 $E = -0.414\ V$。（　　）

10. 金属离子 A^{2+}、B^{2+} 可分别形成 $[A(NH_3)_6]^{2+}$ 和 $[B(NH_3)_6]^{2+}$，它们的稳定常数分别为 4×10^5 和 2×10^{10}，则相同浓度的 $[A(NH_3)_6]^{2+}$ 和 $[B(NH_3)_6]^{2+}$ 溶液中，A^{2+} 和 B^{2+} 的浓度关系是 $c(A^{2+}) > c(B^{2+})$。（　　）

三、计算题（将解题过程写在答题纸上。每题 10 分，共 30 分）

1. 阿波罗登月火箭用联氨 $N_2H_4(l)$ 作燃料，用 $N_2O_4(g)$ 作氧化剂，两者反应生成 $N_2(g)$ 和 $H_2O(l)$。已知 $\Delta_f H_m^{\ominus}(N_2O_4, g)=9.2\ kJ \cdot mol^{-1}$，$\Delta_f H_m^{\ominus}(H_2O, l)=-285.8\ kJ \cdot mol^{-1}$，$\Delta_f H_m^{\ominus}(N_2H_4, l)=50.6\ kJ \cdot mol^{-1}$。写出 $N_2H_4(l)$ 在 $N_2O_4(g)$ 中燃烧的反应方程式，并计算燃烧 1.00 kg 联氨所放出的热量；如果在 300 K、100 kPa 下，需要多少升 $N_2O_4(g)$？

2. 在 100 mL 0.20 $mol \cdot L^{-1}$ $MnCl_2$ 溶液中加入 100 mL 含有 NH_4Cl 的 0.10 $mol \cdot L^{-1}$ $NH_3 \cdot H_2O$ 溶液，问在此 $NH_3 \cdot H_2O$ 溶液中需含有多少克 NH_4Cl 才不致生成 $Mn(OH)_2$ 沉淀？

已知：$K_{sp}^{\ominus}[Mn(OH)_2]=1.7\times10^{-15}$，$K_b^{\ominus}(NH_3 \cdot H_2O)=1.8\times10^{-5}$，$M\ (NH_4Cl)=53.5\ g \cdot mol^{-1}$。

3. 50 mL 0.10 $mol \cdot L^{-1}$ $AgNO_3$ 溶液与等体积的 6.0 $mol \cdot L^{-1}$氨水混合后，向此溶液中加入 0.119 g KBr 固体，有无 AgBr 沉淀析出？如欲阻止 AgBr 析出，原混合溶液中氨的初浓度至少应为多少？（忽略体积变化）

已知：$K_f^{\ominus}\{[Ag(NH_3)_2]^+\}=1.1\times10^7$，$K_{sp}^{\ominus}(AgBr)=5.0\times10^{-13}$，KBr 的摩尔质量为 $119\ g \cdot mol^{-1}$。

综合练习 4（无机部分）答案

一、单项选择题（每题 2 分，共 60 分）

1. B　2. C　3. B　4. D　5. C　6. B　7. D　8. D　9. D　10. B　11. C
12. A　13. A　14. D　15. B　16. A　17. B　18. D　19. B　20. B　21. D
22. B　23. D　24. A　25. D　26. C　27. A　28. C　29. B　30. C

二、判断题（正确的填“T”，错误的填“F”。每题 1 分，共 10 分）

1. T　2. T　3. F　4. F　5. F　6. T　7. T　8. F　9. F　10. T

三、计算题（将解题过程写在答题纸上。每题 10 分，共 30 分）(其他计算方法正确均可给分)

1. 解：其反应方程式为 $2N_2H_4(l)+N_2O_4(g)=\!=\!=3N_2(g)+4H_2O(l)$　　（2 分）

该反应的标准反应热为 $\Delta_r H_m^{\ominus}(298)=\sum(\Delta_f H_m^{\ominus})_{产}-\sum(\Delta_f H_m^{\ominus})_{反}$

$\Delta_r H_m^{\ominus}(298)=[(-285.8\times4)+0]-[(50.6\times2)+9.2]=-1\,253.6(kJ \cdot mol^{-1})$　（3 分）

1.00 kg 联氨即为 1 000/32＝31.25 mol

$31.25\times(-1\,253.6)/2=-19\,587.5(kJ)$

故可以放出 19 587.5 kJ 的能量。　　（3 分）

$pV=nRT$

$100\times V=(31.25/2)\times8.314\times300$

$V=389.7(L)$　　（2 分）

2. 解：等体积混合后：

$$c(Mn^{2+})=0.20/2=0.10(mol\cdot L^{-1})$$ （1分）

$$c(NH_3\cdot H_2O)=0.10/2=0.050(mol\cdot L^{-1})$$ （1分）

刚好饱和的时候，$c_r(Mn^{2+})\cdot c_r^2(OH^-)=K_{sp}^{\ominus}$

$$c(OH^-)=\sqrt{\frac{K_{sp}^{\ominus}}{c(Mn^{2+})}}=\sqrt{\frac{1.7\times10^{-15}}{0.10}}=1.3\times10^{-7}\ mol\cdot L^{-1}$$ （2分）

若不生成 $Mn(OH)_2$ 沉淀，必须 $c(OH^-)<1.3\times10^{-7}\ mol\cdot L^{-1}$，设加入 NH_4Cl 的浓度为 $c(NH_4Cl)$，在 $NH_3\cdot H_2O-NH_4Cl$ 体系中：

$$K_b^{\ominus}=\frac{c_r(NH_4Cl)c_r(OH^-)}{c_r(NH_3\cdot H_2O)}$$

$$c_r(NH_4Cl)=\frac{K_b^{\ominus}\cdot c_r(NH_3\cdot H_2O)}{c_r(OH^-)}=\frac{1.8\times10^{-5}\times0.050}{1.3\times10^{-7}}=6.9(mol\cdot L^{-1})$$ （3分）

在 200 mL 里应含有 NH_4Cl 质量为

$$0.2\times6.9\times53.5=73.8(g)$$ （2分）

在氨水中含有 73.8 g NH_4Cl 才不致生成 $Mn(OH)_2$ 沉淀。（1分）

3. 解：(1) 等体积混合浓度减半，此时 $AgNO_3$ 溶液和氨水的浓度分别为 $0.050\ mol\cdot L^{-1}$ 和 $3.0\ mol\cdot L^{-1}$，溶液的总体积为 100 mL。混合后生成 $[Ag(NH_3)_2]^+$，氨水过量，剩余 $2.9\ mol\cdot L^{-1}$。混合后设平衡时 $[Ag^+]_r=x$，则

$$[Ag(NH_3)_2]^+ \rightleftharpoons Ag^+ + 2NH_3$$

平衡时 $0.050-x\approx0.050$ $\quad x \quad$ $2.9+2x\approx2.9$

$$K_f^{\ominus}=\frac{[Ag(NH_3)_2^+]}{[Ag^+]_r\times[NH_3]_r^2} \qquad 1.1\times10^7=\frac{0.050}{x\cdot(2.9)^2}$$ （2分）

解得 $x=5.4\times10^{-10}$ $\qquad [Ag^+]=5.4\times10^{-10}\ mol\cdot L^{-1}$

溶液中 $c_r(Br^-)=\dfrac{0.119}{119\times0.1}=0.0100=1.0\times10^{-2}(mol\cdot L^{-1})$

因为 $Q=c_r(Ag^+)\cdot c_r(Br^-)=5.4\times10^{-10}\times1.0\times10^{-2}=5.4\times10^{-12}>K_{sp}^{\ominus}(AgBr)$，所以有 AgBr 沉淀析出。（3分）

(2) 此时溶液体积为 100 mL，$c(Br^-)=1.0\times10^{-2}$，要不析出 AgBr 沉淀，则

$$Q=c_r(Ag^+)\cdot c_r(Br^-)\leqslant K_{sp}^{\ominus}(AgBr)$$

$$c_r(Ag^+)\leqslant K_{sp}^{\ominus}(AgBr)/c_r(Br^-)=\frac{5.0\times10^{-13}}{1.0\times10^{-2}}=5.0\times10^{-11}$$

设平衡时 $[NH_3]_r=y$，则

$$[Ag(NH_3)_2]^+ \rightleftharpoons Ag^+ + 2NH_3$$

平衡时 $0.050-5.0\times10^{-11}\approx0.050$ $\quad 5.0\times10^{-11}$ $\quad y$

$$K_f^{\ominus}=\frac{[Ag(NH_3)_2^+]_r}{[Ag^+]_r\times[NH_3]_r^2} \qquad 1.1\times10^7=\frac{0.050}{5.0\times10^{-11}(y)^2}$$ （3分）

解得 $y=9.5$ $\qquad [NH_3]=9.5\ mol\cdot L^{-1}$

同时，生成 $0.050\ mol\cdot L^{-1}[Ag(NH_3)_2]^+$ 时，消耗了 $0.10\ mol\cdot L^{-1}$ 的氨水。故原混合液中氨的初浓度至少应为 $9.5+0.10=9.6(mol\cdot L^{-1})$ 时，才不致产生沉淀。（2分）

综合练习 5（分析部分）

一、单项选择题（每题 2 分，共 50 分）

1. 由 $w[(NH_4)_2SO_4]$换算成 $w(N)$ 的化学因数是（　　）。

A. $\frac{2M_N}{M_{(NH_4)_2SO_4}}$　　B. $\frac{M_N}{M_{(NH_4)_2SO_4}}$

C. $\frac{M_{(NH_4)_2SO_4}}{M_N}$　　D. $\frac{M_{(NH_4)_2}SO_4}{2M_N}$

2. 某化验员测定样品的含量，得到下面的结果（%）：30.44，30.48，30.52，30.56，30.60，29.82，按 Q 检验法，如以 90%的置信度检验（已知 $Q_{0.90}=0.76$），应该弃去的数字是（　　）。

A. 29.82　　B. 30.44

C. 30.56　　D. 30.60

3. 配位滴定中，滴定曲线突跃大小与溶液 pH 的关系为（　　）。

A. pH 越小，突跃越小　　B. 酸度越大，突跃越大

C. 酸度越小，突跃越小　　D. pH 越大，突跃越小

4. 一元弱碱能被强酸直接滴定的条件为（　　）。

A. $c_{r,a}K_a^{\ominus}\geqslant10^{-8}$　　B. $c_{r,b}K_b^{\ominus}\geqslant10^{-8}$

C. $K_{a1}^{\ominus}K_{a2}^{\ominus}=K_w^{\ominus}$　　D. $K_{a1}^{\ominus}/K_{a2}^{\ominus}=K_w$

5. 用 $K_2Cr_2O_7$ 法测定试样中的含铁量时，加入 H_3PO_4 的主要目的是（　　）。

A. 加快反应速度

B. 提高溶液酸度

C. 防止形成 $Fe(OH)_3$ 沉淀

D. 使 Fe^{3+}生成无色的 $[Fe(HPO_4)_2]^-$ 配合物，减少 Fe^{3+} 颜色的干扰，降低 Fe^{3+}/Fe^{2+} 电对的电极电势，增大滴定曲线的突跃范围，提高测定结果的准确度

6. 在氧化还原滴定法中，对于对称电对，当 1 mol 氧化剂和 1 mol 还原剂转移的电子数不相等时，即 $n_1\neq n_2$，化学计量点在滴定突跃中的位置是（　　）。

A. 偏向氧化性强的一方　　B. 偏向电子转移数较多的一方

C. 正中点　　D. 无法确定

7. 已知 H_2SO_4 标准溶液的浓度为 0.050 00 mol·L^{-1}，计算 H_2SO_4 标准溶液对 NaOH 的滴定度 T_{NaOH/H_2SO_4}（　　）。（已知 NaOH 的摩尔质量为 40.01 g·mol^{-1}）

A. 0.004 001 g·mL^{-1}　　B. 0.040 01 g·mL^{-1}

C. 0.400 1 g·mL^{-1}　　D. 4.001 g·mL^{-1}

8. 用 $KMnO_4$ 法测定 $CaCO_3$ 样品中的钙含量时，应采用的滴定方式为（　　）。

A. 直接滴定方式　　B. 返滴定方式

C. 置换滴定方式　　D. 间接滴定方式

9. 已知用 0.100 0 mol·L^{-1} NaOH 标准溶液滴定 0.100 0 mol·L^{-1} HCl 溶液，滴定的突跃

范围是 pH 4.30～9.70，如果用 0.010 00 $mol \cdot L^{-1}$ NaOH 标准溶液滴定 0.010 00 $mol \cdot L^{-1}$ HCl 溶液，不能选用的指示剂变色范围为（　　）。

A. 甲基橙的变色范围（pH＝3.1～4.4）

B. 中性红的变色范围（pH＝6.8～8.0）

C. 甲基红的变色范围（pH＝4.4～6.2）

D. 酚酞的变色范围（pH＝8.0～10.0）

10. 下列滴定反应中，化学计量点的电极电势能用公式 $\varphi_{sp}=\frac{n_1\varphi_1'+n_2\varphi_2'}{n_1+n_2}$ 计算的是（　　）。

A. $I_2+2S_2O_3^{2-} \rightleftharpoons 2I^- +S_4O_6^{2-}$

B. $2Fe^{3+}+Sn^{2+} \rightleftharpoons 2Fe^{2+}+Sn^{4+}$

C. $Cr_2O_7^{2-}+6Fe^{2+}+14H^+ \rightleftharpoons 2Cr^{3+}+6Fe^{3+}+7H_2O$

D. $AsO_3^{3-}+I_2+H_2O \rightleftharpoons AsO_4^{3-}+2I^-+2H^+$

11. 配位滴定法中，用 EDTA 直接滴定单一金属离子，应具备的条件是（　　）。

A. $c_M \cdot K'_{MY} \geqslant 10^6$　　B. $c_M \cdot K'_{MY} \geqslant c_N \cdot K'_{NY}$

C. $c_M \cdot K'_{MY}/(c_N \cdot K'_{NY}) \geqslant 10^5$　　D. $K'_{MY} \geqslant 10^6$

12. 如果要求分析结果的相对误差≤±0.1%，使用灵敏度为 0.1 mg 的分析天平称取试样时，至少应称取（　　）。

A. 0.1 g　　B. 0.2 g

C. 0.05 g　　D. 0.5 g

13. 由精密度好就可以判定分析结果的（　　）。

A. 随机误差小　　B. 系统误差小

C. 准确度高　　D. 准确度低

14. 在滴定分析中，计量点与滴定终点两者（　　）。

A. 含义相同　　B. 越接近，滴定误差越大

C. 越接近，滴定误差越小　　D. 必须重合

15. 用 0.100 0 $mol \cdot L^{-1}$ NaOH 溶液分别滴定 25.00 mL 未知浓度的 H_2SO_4 和 HCOOH 溶液，若消耗的溶液体积相同，则 H_2SO_4 和 HCOOH 这两种溶液的浓度关系是（　　）。

A. $c(HCOOH)=c(H_2SO_4)$　　B. $4c(HCOOH)=c(H_2SO_4)$

C. $c(HCOOH)=2c(H_2SO_4)$　　D. $2c(HCOOH)=c(H_2SO_4)$

16. 在 EDTA 配位滴定中，下列叙述中错误的是（　　）。

A. 在酸度较高的溶液中，可形成 MHY 配合物

B. 在碱性较高的溶液中，可形成 MOHY 配合物

C. 不论形成 MHY 还是 MOHY 配合物，均有利于滴定反应

D. 不论溶液的 pH 大小，只形成 MY 一种形式配合物

17. 用 20.00 mL $KMnO_4$ 溶液在酸性介质中恰能氧化 0.134 0 g $Na_2C_2O_4$，则 $KMnO_4$ 溶液的浓度（$mol \cdot L^{-1}$）为（　　）。（已知 $Na_2C_2O_4$ 的摩尔质量为 134.0 $g \cdot mol^{-1}$）

A. 0.050 00　　B. 0.125 0

C. 0.010 00　　D. 0.020 00

18. 下列表达不正确的是（　　）。

A. 吸收光谱曲线表明吸光物质的吸光度随波长的变化而变化

B. 吸收光谱曲线以波长为纵坐标、吸光度为横坐标

C. 吸收光谱曲线中，最大吸收处的波长为最大吸收波长

D. 吸收光谱曲线表明吸光物质的光吸收特性

19. 用吸光光度法测定某有色溶液时，在最大吸收波长处用 1 cm 比色皿测定，A 值为 0.17，要使 A 值在 0.2～0.8 范围内，最简单的方法是（　　）。

A. 改用 0.5 cm 的比色皿　　B. 改用 2 cm 的比色皿

C. 改变波长　　D. 增大浓度

20. 下列叙述不正确的是（　　）。

A. 摩尔吸光系数的大小与其物质的浓度无关

B. 摩尔吸光系数的大小与其物质的吸收波长无关

C. 某物质的摩尔吸光系数大，表明该物质对某波长的光吸收能力强

D. 某物质的摩尔吸光系数大，表明用分光光度法测定该物质时其检测下限低

21. 在分光光度法中，测得的吸光度值都是相对于参比溶液的，是因为（　　）。

A. 吸收池和其他试剂对入射光有吸收和反射的作用

B. 入射光为非单色光

C. 入射光不是平行光

D. 溶液中的吸光物质产生了解离、缔合等化学反应

22. 用 EDTA 标准溶液滴定金属离子 M，当达到化学计量点时，溶液中金属离子 M 的浓度是（　　）。（不考虑副反应）

A. $pM=1/2[p(MY)-pK_f^{\ominus}(MY)]$　　B. $pM=1/2[pK_f^{\ominus}(MY)-p(MY)]$

C. $pM=1/2[p(MY)+pK_f^{\ominus}(MY)]$　　D. $pM=1/2[pK_f^{\ominus}(MY)+p(MY)]$

23. 下列叙述中错误的是（　　）。

A. 酸效应使 EDTA 配合物的稳定性降低

B. 水解效应使 EDTA 配合物的稳定性降低

C. 配位效应使 EDTA 配合物的稳定性降低

D. 各种副反应使 EDTA 配合物的稳定性降低

24. 吸光光度分析中，在某浓度时以 1.0 cm 比色皿测得透光度为 T。若浓度增大 1 倍，透光度为（　　）。

A. T^2　　B. $\frac{T}{2}$　　C. $2T$　　D. $\sqrt{T}$

25. 下列四种酸碱滴定，突跃范围由大到小的顺序是（　　）。

① 0.1 $mol \cdot L^{-1}$ NaOH 溶液滴定等浓度的 HCl 溶液

② 0.1 $mol \cdot L^{-1}$ NaOH 溶液滴定等浓度的 HAc 溶液［已知 $K^{\ominus}(HAc)=1.75\times10^{-5}$］

③ 1.0 $mol \cdot L^{-1}$ NaOH 溶液滴定等浓度的 HCl 溶液

④ 0.1 $mol \cdot L^{-1}$ NaOH 溶液滴定等浓度的 HCOOH 溶液［已知 $K^{\ominus}(HCOOH)=1.8\times10^{-4}$］

A. ③>①>④>②　　B. ①>④>②>③

C. ①>②>③>④　　D. ①<②<③<④

二、判断题（正确的填“T”，错误的填“F”。每题1分，共20分）

1. 可直接配制成标准溶液的纯物质称为基准物质。（　）
2. $KMnO_4$ 法测定 Fe^{2+}，若以 HCl 为介质，会使测定结果偏低。（　）
3. $c(5KMnO_4)=5c(KMnO_4)$。（　）
4. 溶液的 pH 决定$\frac{[In^-]}{[HIn]}$比值的大小，当 $pH=pK^{\ominus}(HIn)$ 时，指示剂呈混合色。（　）
5. $0.1\ mol\cdot L^{-1}$ HCl 溶液能滴定 $0.1\ mol\cdot L^{-1}$ NaAc 溶液，是因为 $K^{\ominus}(HAc)=1.8\times10^{-5}$，满足 $cK_a^{\ominus}\geqslant10^{-8}$。（　）
6. 有两种均符合朗伯-比尔定律的不同有色溶液，测定时若 b、I_0 及溶液浓度均相同，则吸光度相等。（　）
7. $CuSO_4$ 溶液呈蓝色，是因为 $CuSO_4$ 溶液吸收了可见光中的蓝色光。（　）
8. 相对误差=(测定值−平均值)×100%/平均值。（　）
9. 在用 EDTA 标准溶液滴定金属离子的反应中，因酸效应的作用，$K_f'(MY)$ 总是大于 $K_f^{\ominus}(MY)$。（　）
10. 金属指示剂具备的条件之一是 $\lg K_f'(MY)-\lg K_f'(MIn)>2$。（　）
11. 碘量法中误差的主要来源是单质 I_2 的挥发。（　）
12. 通过增加平行测定次数来消除系统误差，可以提高分析结果的准确度。（　）
13. 用 EDTA 标准溶液滴定某一金属离子的最高 pH 可以在酸效应曲线上方便地查出。（　）
14. 根据误差的性质和来源，误差可分为系统误差和随机误差。（　）
15. 在吸光光度法中，要求有色化合物 MR 与显色剂 R 之间的颜色差别要大，满足 $\lambda_{max}(MR)-\lambda_{max}(R)\geqslant60$ nm。（　）
16. 有效数字是指分析工作中实际能测量到的数字，所以每一位数字都是准确的。（　）
17. 配位剂 EDTA 与大部分金属离子形成的配合物的配位比为 1∶1。（　）
18. 标准溶液的配制方法分为直接配制法和间接配制法，后者也称为标定法。（　）
19. pH=4.23 的有效数字是三位。（　）
20. 用 NaOH 标准溶液滴定 H_3PO_4 到第一化学计量点时，溶液中 $[H^+]$ 浓度的计算式为 $[H^+]=\sqrt{K_{a1}^{\ominus}K_{a2}^{\ominus}}$。（　）

三、计算题（将解题过程写在答题纸上。共30分）

1. （12分）某试样可能是 NaOH、Na_2CO_3、$NaHCO_3$ 三者之一或它们中两者的混合物。称取该试样 1.200 0 g 溶于水后，用 15.00 mL 0.500 0 $mol\cdot L^{-1}$ HCl 滴定至酚酞终点，继续滴定至甲基橙终点，又用去 HCl 22.00 mL。

已知摩尔质量：NaOH 40.00 $g\cdot mol^{-1}$，Na_2CO_3 106.0 $g\cdot mol^{-1}$，$NaHCO_3$ 84.00 $g\cdot mol^{-1}$。

（1）判断试样的组成；

（2）计算试样中各成分的质量分数。

2. （10分）已知 pH=3.0，4.0，5.0 和 6.0 时，$\lg\alpha_{Y(H)}$ 分别为 10.8，8.5，6.6 和 4.8；$\lg K_f^{\ominus}(ZnY)=16.5$，$K_{sp}^{\ominus}[Zn(OH)_2]=5.0\times10^{-16}$。计算用 0.020 00 $mol\cdot L^{-1}$

EDTA标准溶液滴定同浓度 Zn^{2+} 的适宜酸度范围，即最高酸度（最低 pH）和最低酸度（最高 pH）。

3.（8 分）用丁二酮肟比色法测定某合金钢中的镍，称取一定量的试样溶解后定容为 100.0 mL。移取 10.00 mL，显色后稀释至 50.00 mL。用 1.00 cm 的比色皿于 470 nm 处测其吸光度（摩尔吸光系数 $\varepsilon_{470}=1.3\times10^4$），欲使镍的质量分数恰好等于吸光值，则应称取试样多少克？（已知镍的摩尔质量为 58.69 $g\cdot mol^{-1}$）

综合练习 5（分析部分）答案

一、单项选择题（每题 2 分，共 50 分）

1. A　2. A　3. A　4. B　5. D　6. B　7. A　8. D　9. A　10. B　11. A　12. B
13. A　14. C　15. C　16. D　17. D　18. B　19. B　20. B　21. A　22. A　23. D
24. A　25. A

二、判断题（正确的填“T”，错误的填“F”。每题 1 分，共 20 分）

1. T　2. F　3. F　4. T　5. F　6. F　7. F　8. F　9. F　10. T　11. F　12. F
13. F　14. T　15. T　16. F　17. T　18. T　19. F　20. T

三、计算题（将解题过程写在答题纸上。共 30 分）（其他计算方法正确均可给分）

1. 解：(1) 因为 $V_1=15.00$ mL，$V_2=22.00$ mL，$V_2>V_1>0$，所以试样组成是 Na_2CO_3 和 $NaHCO_3$。（2 分）

(2) $$w(Na_2CO_3)=\frac{cV_1\times10^{-3}\times M(Na_2CO_3)}{m}\times100\%$$

$$=\frac{0.500\,0\times15.00\times10^{-3}\times106.0}{1.200\,0}\times100\% \quad (5\text{ 分})$$

$$=66.25\%$$

$$w(NaHCO_3)=\frac{c(V_2-V_1)\times10^{-3}\times M(NaHCO_3)}{m}\times100\%$$

$$=\frac{0.500\,0\times(22.00-15.00)\times10^{-3}\times84.00}{1.200\,0}\times100\% \quad (5\text{ 分})$$

$$=24.5\%$$

2. 解：因为满足 $cK_f'\geqslant10^6$ 条件的金属离子才能用配位滴定的方法来测定，而 $c_{计}=0.010\,00\ mol\cdot L^{-1}$，则 $K_f'\geqslant10^8$。所以

$$\lg K_f'=\lg K_f^{\ominus}-\lg\alpha_{Y(H)}\geqslant8$$

$\lg\alpha_{Y(H)}\leqslant\lg K_f^{\ominus}-8=16.5-8=8.5$　　最低 pH=4.0　（5 分）

$$[Zn^{2+}][OH^-]^2=K_{sp}^{\ominus}[Zn(OH_2)]=5.0\times10^{-16}$$

$$[OH^-]=\sqrt{\frac{K_{sp}[Zn(OH)_2]}{[Zn^{2+}]}}=\sqrt{\frac{5.0\times10^{-16}}{0.020\,00}}=1.6\times10^{-7}$$

pOH=6.8　pH=14−pOH=14−6.8=7.2　　最高 pH=7.2　（5 分）

适宜酸度范围为 pH 4.0～7.2。

3. 解：设称取试样质量为 m(g)，镍的质量分数为 a，则

$$\frac{a \cdot m}{58.69 \times \frac{100.0}{1\,000}} \times 10.00 = c \times 50.00 \qquad (4分)$$

$$c = \frac{a \cdot m}{29.35}$$

由朗伯-比尔定律 $A = \varepsilon bc$，得

$$A = a = \varepsilon b \times \frac{a \cdot m}{29.35} = 1.3 \times 10^{4} \times 1.00 \times \frac{a \cdot m}{29.35} \qquad (4分)$$

$$m = 0.002\,3\ \text{g}$$

综合练习 6（分析部分）

一、填空题（每空 1 分，共 10 分）

1. 配制 EDTA 并用 $CaCO_3$ 标定 EDTA 时宜选________作指示剂。

2. 用 $K_2Cr_2O_7$ 法测定 Fe^{2+} 时选________作指示剂。

3. 对一试样做 6 次平行测定，已知偏差 $d_1 \sim d_5$ 分别为 0，0.000 3，−0.000 2，−0.000 1，0.000 2，则 $d_6=$________。

4. 用吸收了 CO_2 的 NaOH 标准溶液滴定 H_3PO_4 至第一计量点，测定结果将________。（填偏大、偏小或不变）

5. 实验室中常选用基准物质________来标定 HCl。

6. $CuSO_4$ 溶液显蓝色，是因为它选择性地吸收了白光中的________色光。

7. 草酸（$H_2C_2O_4$）的 $K_{a1}^{\ominus}=5.90\times10^{-2}$，$K_{a2}^{\ominus}=6.40\times10^{-5}$，则 0.100 0 mol·$L^{-1}$ NaOH 滴定 0.100 0 mol·L^{-1} $H_2C_2O_4$ 时有________个明显的突跃范围。

8. 已知 $T(KMnO_4)=0.003\ 161$ g·mL^{-1}，$KMnO_4$ 的摩尔质量为 158.03 g·mol^{-1}，则 $c(1/5KMnO_4)=$________mol·L^{-1}。

9. 混合指示剂有两类，一类是由两种或两种以上的指示剂混合而成，另一类是由某种指示剂和一种________组成，也是利用颜色互补作用来提高颜色变化的敏锐性。

10. 用 EDTA 法准确滴定金属离子的判别式为____________。

二、判断题（正确的填“T”，错误的填“F”。每题 1 分，共 10 分）

1. 酸式滴定管一般用于盛放酸性溶液，但不能盛放碱性溶液和氧化性溶液。（　）

2. 分光光度法中的待测液可用量筒量取加入。（　）

3. 多元弱碱在水中各型体的分布主要取决于该溶液的 pH。（　）

4. $KMnO_4$ 氧化还原滴定法的优点是氧化能力强，可采用多种滴定方式，应用广泛而且不需要外加指示剂。（　）

5. 移液管在使用前必须用所移取的溶液润洗 2～3 次。（　）

6. 精密度高，那么测定的准确度必然高。（　）

7. 为保持系统误差一致，使用滴定管时，每次均应从零刻度或稍下位置开始滴定。（　）

8. 比尔定律对浓溶液和稀溶液均适用。（　）

9. 偏差与误差一样有正负之分，但平均偏差恒为正值。（　）

10. 酸碱指示剂用量的多少只影响颜色变化的敏锐程度，不影响变色范围。（　）

三、单项选择题（每题 2 分，共 50 分）

1. 下列属于随机误差的是（　）。

A. 试样未经充分混匀　　B. 称量时试样吸收了空气中的水分

C. 滴定时有液滴溅出　　D. 滴定管内壁残留有难溶污垢

2. $x=0.3120\times48.123\times(27.25-16.10)/0.2845$ 的计算结果应取几位有效数字？（　　）

A. 一位　　B. 二位　　C. 三位　　D. 四位

3. 间接碘量法测 Cu^{2+}，反应中各物质间的物质的量的关系为（　　）。

A. $n(Cu^{2+})=n(I_2)=n(Na_2S_2O_3)$

B. $n(Cu^{2+})=n(1/2I_2)=n(Na_2S_2O_3)$

C. $n(1/2Cu^{2+})=n(1/2I_2)=n(1/2Na_2S_2O_3)$

D. $n(1/2Cu^{2+})=n(I_2)=n(Na_2S_2O_3)$

4. 标定 NaOH 溶液常用的基准物是（　　）。

A. 硼砂　　B. 草酸钠

C. $CaCO_3$　　D. 邻苯二甲酸氢钾

5. 某样品的两次平行测定结果为 20.18%和 20.12%，则其相对相差为（　　）。

A. 0.3%　　B. 0.2978%　　C. 0.30%　　D. −0.30%

6. 用 $0.10\ mol\cdot L^{-1}$ HCl 溶液滴定同浓度的 $NH_3\cdot H_2O$($K_b^{\ominus}=1.80\times10^{-5}$) 时，最佳的指示剂为（　　）。

A. 甲基红（$pK_{HIn}^{\ominus}=5.0$）　　B. 溴甲酚蓝（$pK_{HIn}^{\ominus}=4.1$）

C. 甲基橙（$pK_{HIn}^{\ominus}=3.4$）　　D. 中性红（$pK_{HIn}^{\ominus}=7.0$）

7. 某人在以邻苯二甲酸氢钾标定 NaOH 溶液时，下述记录中正确的是（　　）。

	A	B	C	D
移取标准液体积/mL	20.00	20.000	20.0	20.00
滴定管终读数/mL	24.30	24.080	23.5	24.10
滴定管初读数/mL	0.2	0.000	0.2	0.05
V(NaOH)/mL	24.10	24.080	23.3	24.05

8. 碘量法中对于 KSCN 的说法正确的是（　　）。

A. 应该在滴定开始前就加入 KSCN

B. 应该在滴定接近一半的时候加入 KSCN

C. 应该在滴定接近终点时加入 KSCN

D. 加不加 KSCN 对实验结果没有影响

9. 用 $KMnO_4$ 法滴定 Fe^{2+} 时，若用 HCl 调节酸度，Cl^- 的氧化加快，下列说法正确的是（　　）。

A. 这种现象称为催化反应　　B. 这种现象称为诱导反应

C. Cl^- 的氧化会使结果偏低　　D. Cl^- 的氧化不影响测定的结果

10. 已知 pH＝3.0，4.0，5.0 和 6.0 时，$\lg\alpha_{Y(H)}$ 分别为 10.8，8.6，6.6 和 4.8；$\lg K_f^{\ominus}(ZnY)=16.6$。用 $2.0\times10^{-2}\ mol\cdot L^{-1}$ EDTA 滴定同浓度 Zn^{2+} 的最高酸度时的 pH 等于（　　）。

A. 3.0　　B. 4.0　　C. 5.0　　D. 6.0

11. 下列叙述中**不正确**的是（　　）。

A. 分析化学是研究物质的分离、鉴定、测定原理和方法的科学

B. 根据操作原理和方法的不同，定量分析可分成化学分析法和仪器分析法

C. 定量分析的程序一般包括采样、样品调制、前处理、测定和数据处理等过程

D. 分析化学的任务是测定各组分的含量

12. 减小测定中的随机误差常采用的方法是（　　）。

A. 空白试验　　B. 增加平行测定次数

C. 校正仪器　　D. 对照试验

13. 配位滴定中，Fe^{3+}、Al^{3+}对铬黑 T 指示剂有（　　）。

A. 僵化作用　　B. 氧化作用　　C. 封闭作用　　D. 沉淀作用

14. 碘量法测铜的过程中，加入 KI 的作用是（　　）。

A. 还原剂、沉淀剂、催化剂　　B. 还原剂、配位剂、沉淀剂

C. 氧化剂、配位剂、指示剂　　D. 氧化剂、配位剂、沉淀剂

15. 用酸碱滴定法测定 $CaCO_3$ 含量时，应采用（　　）。

A. 直接滴定法　　B. 间接滴定法　　C. 置换滴定法　　D. 返滴定法

16. 一有色溶液遵守光吸收定律，当选用 2.0 cm 比色皿时，测得透光率为 T，若改用 1.0 cm比色皿，透光率应为（　　）。

A. $2T$　　B. $1/2T$　　C. T^2　　D. $\sqrt{T}$

17. 在 EDTA 配位滴定中，只考虑酸度影响，下列叙述正确的是（　　）。

A. 酸效应系数越大，配合物的稳定性越大

B. 酸效应系数越小，配合物的稳定性越大

C. pH 越大，酸效应系数越大

D. 酸效应系数越大，滴定突跃范围越大

18. Fe^{3+}、Al^{3+}、Ca^{2+}、Mg^{2+} 的混合溶液中，用 EDTA 法测定 Fe^{3+}、Al^{3+}，要消除 Ca^{2+}、Mg^{2+}的干扰，最简便的方法是（　　）。

A. 沉淀分离法　　B. 氧化-还原掩蔽法　　C. 配位掩蔽法　　D. 控制酸度法

19. 示差分光光度法和一般分光光度法的不同点在于参比溶液不同。前者的参比溶液为（　　）。

A. 蒸馏水　　B. 比被测溶液浓度稍低的标准溶液

C. 试剂空白　　D. 试样空白

20. 用重铬酸钾法测定铁样中铁含量，用 0.100 0/6 $mol \cdot L^{-1}$ $K_2Cr_2O_7$ 滴定，若消耗体积约 25 mL，试样含铁以 Fe_2O_3 计，其质量分数约为 0.50，则试样称取量（g）约为（　　）。[$M(Fe_2O_3)=159.7\ g \cdot mol^{-1}$]

A. 0.8　　B. 0.6　　C. 0.4　　D. 0.2

21. 用 $K_2Cr_2O_7$ 法测 Fe^{2+}，加入 H_3PO_4 的主要目的是（　　）。

A. 同 Fe^{3+}形成稳定的无色化合物，减少黄色对终点的干扰

B. 减小 $\varphi(Fe^{3+}/Fe^{2+})$ 的数值，增大突跃范围

C. 提高酸度，使滴定趋于完全

D. A 和 B

22. NaOH 标准溶液滴定 HAc 至化学计量点时的 $c(H^+)$ 浓度计算式为（　　）。（$K_a^{\ominus}$ 是 HAc 的解离平衡常数）

A. $\sqrt{c_r \cdot K_a^{\ominus}}$　　B. $\sqrt{c_r \cdot K_w^{\ominus}/K_a^{\ominus}}$

C. $c_r \cdot K_a^{\ominus}$　　D. $\sqrt{\dfrac{K_a^{\ominus} \cdot K_w^{\ominus}}{c_r}}$

23. 下列物质中，不能用强酸标准溶液直接滴定的是（　　）。

A. Na_2CO_3（H_2CO_3 的 $K_{a1}^{\ominus}=4.2\times10^{-7}$，$K_{a2}^{\ominus}=5.6\times10^{-11}$）

B. $Na_2B_4O_7 \cdot 10H_2O$（H_3BO_3 的 $K_{a1}^{\ominus}=5.8\times10^{-10}$）

C. NaAc（HAc 的 $K_a^{\ominus}=1.8\times10^{-5}$）

D. $NaHCO_3$

24. 下列玻璃仪器中，不属于精密量器的是（　　）。

A. 移液管　　B. 容量瓶　　C. 滴定管　　D. 量筒

25. 用同一 $KMnO_4$ 标准溶液分别滴定体积相等的 $FeSO_4$ 和 $H_2C_2O_4$ 溶液，如消耗 $KMnO_4$ 的体积相等，则两溶液浓度的关系为（　　）。

A. $c(FeSO_4)=c(H_2C_2O_4)$　　B. $2c(FeSO_4)=c(H_2C_2O_4)$

C. $c(FeSO_4)=2c(H_2C_2O_4)$　　D. $c(FeSO_4)=\dfrac{2}{5}c(H_2C_2O_4)$

四、计算题（将解题过程写在答题纸上。每题 10 分，共 30 分）

1. 某一待测样 1.000 g（可能为 Na_2CO_3、$NaHCO_3$、NaOH 之一或它们的混合物），以酚酞为指示剂，需要消耗 0.250 0 mol·L^{-1} HCl 标准溶液 20.40 mL 滴定至终点，再以甲基橙为指示剂，继续用该 HCl 滴定至橙色，又消耗该 HCl 溶液 28.46 mL，试求该混合碱的组成及其各自的质量分数。

已知：$M(Na_2CO_3)=106.0$ g·mol^{-1}，$M(NaHCO_3)=84.00$ g·mol^{-1}，$M(NaOH)=40.00$ g·mol^{-1}。

2. 土样 0.500 0 g，溶解后将其中的锰氧化为 MnO_4^-，准确配成 100.0 mL 溶液，于 $\lambda=520$ nm、$b=2.0$ cm 时测得吸光度为 0.62，已知 $\varepsilon=2.2\times10^3$ L·mol^{-1}·cm^{-1}，计算土样中锰的质量分数。（Mn 的相对原子质量为 54.94）

3. 以铬黑 T(EBT) 作指示剂，在 pH=10 的缓冲溶液中，用 EDTA 配位滴定法测定自来水中 Ca 和 Mg，滴定 100.0 mL 水样消耗 0.010 00 mol·L^{-1} EDTA 标准溶液 18.90 mL；另取同一水样 100.0 mL，调节 pH=12，以钙指示剂作指示剂，用 0.010 00 mol·L^{-1} EDTA标准溶液滴定需要 12.16 mL。求每升水含 Ca 和 Mg 各多少毫克。

已知：$M(Ca)=40.00$ g·mol^{-1}，$M(Mg)=24.30$ g·mol^{-1}。

综合练习 6（分析部分）答案

一、填空题（每空 1 分，共 10 分，有效数字错误扣 0.5 分）

1. 钙指示剂　2. 二苯胺磺酸钠　3. −0.000 2　4. 不变　5. 硼砂或 Na_2CO_3　6. 黄　7. 1　8. 0.100 0　9. 惰性染料　10. $\lg[K_f'(MY) \cdot c(M)] \geq 6$

二、判断题（正确的填“T”，错误的填“F”。每题1分，共10分）

1. F 2. F 3. T 4. T 5. T 6. F 7. T 8. F 9. T 10. F

三、单项选择题（每题2分，共50分）

1. B 2. D 3. B 4. D 5. A 6. A 7. D 8. C 9. B 10. B 11. D 12. B
13. C 14. B 15. D 16. D 17. B 18. D 19. B 20. C 21. D 22. D 23. C
24. D 25. C

四、计算题（将解题过程写在答题纸上。每题10分，共30分）（其他计算方法正确均可给分）

1. 解：由于 $V_2>V_1>0$，所以该混合碱的组成为 Na_2CO_3、$NaHCO_3$。 （5分）

$$w(Na_2CO_3)=\frac{0.020\,40\times0.250\,0\times106.0}{1.000}\times100\%=54.06\%$$ （2分）

$$w(NaHCO_3)=\frac{(0.028\,46-0.020\,40)\times0.250\,0\times84.00}{1.000}\times100\%=16.9\%$$ （3分）

（有效数字错误扣1分）

2. 解：$A=\varepsilon bc$ （2分）

$c=A/(\varepsilon b)=0.62/(2.0\times2.2\times10^3)=1.4\times10^{-4}(\text{ mol}\cdot\text{L}^{-1})$ （4分）

$$w(Mn)=\frac{1.4\times10^{-4}\times0.100\,0\times54.94}{0.500\,0}\times100\%=0.15\%$$ （4分）

（有效数字错误扣1分）

3. 解：由题意可知，pH＝12时以钙指示剂作指示剂，消耗的EDTA标准溶液12.16 mL就是Ca离子消耗的。而Mg离子消耗EDTA的标准溶液为 $18.90-12.16=6.74$ mL。

$$Ca^{2+}\text{的含量}=\frac{\frac{12.16}{1\,000}\times0.010\,00\times40.00\times1\,000}{\frac{100}{1\,000}}=48.64\text{ mg}\cdot\text{L}^{-1}$$ （5分）

$$Mg^{2+}\text{的含量}=\frac{\frac{18.90-12.16}{1\,000}\times0.010\,00\times24.30\times1\,000}{\frac{100}{1\,000}}=16.4\text{ mg}\cdot\text{L}^{-1}$$ （5分）

（有效数字错误扣1分）

综合练习 7（分析部分）

一、单项选择题（每题 2 分，共 50 分）

1. 用重量法测定试样中的砷，首先使其形成 Ag_3AsO_4 沉淀，然后转化为 AgCl，并以此为称量形式，则用 As_2O_3 表示的换算因数是（　　）。

A. $M(As_2O_3)/M(AgCl)$　　B. $2M(As_2O_3)/3M(AgCl)$

C. $3M(AgCl)/M(As_2O_3)$　　D. $M(As_2O_3)/6M(AgCl)$

2. 在滴定分析测定中，属于偶然误差的是（　　）。

A. 试样未经充分混匀　　B. 滴定时有液滴溅出

C. 砝码生锈　　D. 滴定管最后一位估读不准确

3. 用同一 $KMnO_4$ 标准溶液滴定体积相等的 $FeSO_4$ 和 $H_2C_2O_4$ 溶液，耗用的标准溶液体积相等，则 $FeSO_4$ 与 $H_2C_2O_4$ 两种溶液的浓度之间的关系为（　　）。

A. $2c(FeSO_4)=c(H_2C_2O_4)$　　B. $c(FeSO_4)=2c(H_2C_2O_4)$

C. $c(FeSO_4)=c(H_2C_2O_4)$　　D. $5c(FeSO_4)=c(H_2C_2O_4)$

4. pH＝0.02，其有效数字位数为（　　）。

A. 1　　B. 2　　C. 3　　D. 不能确定

5. 滴定分析中，对化学反应的主要要求是（　　）。

A. 反应必须定量完成

B. 反应必须有颜色变化

C. 反应中的反应物之间，反应的化学计量数比必须是 1∶1 的计量关系

D. 反应必须用基准物的溶液作滴定剂

6. 用 0.100 0 $mol\cdot L^{-1}$ NaOH 溶液分别滴定 25.00 mL 未知浓度的 H_2SO_4 和 HCOOH 溶液，若消耗的溶液体积相同，则 H_2SO_4 和 HCOOH 这两种溶液的浓度关系是（　　）。

A. $c(HCOOH)=c(H_2SO_4)$　　B. $4c(HCOOH)=c(H_2SO_4)$

C. $c(HCOOH)=2c(H_2SO_4)$　　D. $2c(HCOOH)=c(H_2SO_4)$

7. 以 NaOH 滴定 H_3PO_4（$K_{a1}^{\ominus}=7.6\times10^{-3}$，$K_{a2}^{\ominus}=6.2\times10^{-8}$，$K_{a3}^{\ominus}=4.4\times10^{-13}$）至生成 NaH_2PO_4，溶液的 pH 为（　　）。

A. 3.6　　B. 4.7

C. 5.8　　D. 9.8

8. 测定 $CaCO_3$ 的含量时，加入一定量过量的 HCl 标准溶液与其完全反应，过量部分 HCl 用 NaOH 溶液滴定，此滴定方式属于（　　）。

A. 直接滴定方式　　B. 返滴定方式

C. 置换滴定方式　　D. 间接滴定方式

9. 下列化合物的溶液**不能**直接准确滴定的是（　　）。

A. Na_2CO_3（H_2CO_3 的 $K_{a1}^{\ominus}=4.2\times10^{-7}$，$K_{a2}^{\ominus}=5.6\times10^{-11}$）

B. $Na_2B_4O_7\cdot10H_2O$（H_3BO_3 的 $K_{a1}^{\ominus}=5.8\times10^{-10}$）

C. NaAc（HAc 的 $K_{a}^{\ominus}=1.8\times10^{-5}$）

D. Na_3PO_4（H_3PO_4 的 $K_{a1}^{\ominus}=7.5\times10^{-3}$，$K_{a2}^{\ominus}=6.2\times10^{-8}$，$K_{a3}^{\ominus}=2.2\times10^{-13}$）

10. 以下各酸碱溶液的浓度均为 0.10 mol·L^{-1}，其中不能分步滴定的是（　　）。

A. $H_2C_2O_4$（$K_{a1}^{\ominus}=5.9\times10^{-2}$，$K_{a2}^{\ominus}=6.4\times10^{-5}$）

B. Na_2CO_3（$K_{b1}^{\ominus}=1.8\times10^{-4}$，$K_{b2}^{\ominus}=2.3\times10^{-8}$）

C. H_2CrO_4（$K_{a1}^{\ominus}=1.8\times10^{-1}$，$K_{a2}^{\ominus}=3.3\times10^{-7}$）

D. H_2SO_3（$K_{a1}^{\ominus}=1.54\times10^{-2}$，$K_{a2}^{\ominus}=1.02\times10^{-7}$）

11. 在金属离子 M 和 N 相同浓度的混合液中，用 EDTA 标准溶液直接滴定其中的 M，若相对误差≤0.3%，则要求（　　）。

A. $\lg[c(M)K'_{MY}]-\lg[c(N)K'_{NY}]\geqslant5$

B. $K'_{MY}=2$

C. $pH=pK_{MY}$

D. NIn 与 HIn 的颜色应有明显的差别

12. 在 pH 为 10.0 的氨性溶液中，已计算出 $\alpha[Zn(NH_3)]=10^{4.7}$，$\alpha[Zn(OH)]=10^{2.4}$，$\alpha[Y(H)]=10^{0.5}$。则在此条件下 $\lg K'(ZnY)$ 为（　　）。($\lg K_{ZnY}^{\ominus}=16.5$)

A. 8.9　　B. 11.8　　C. 14.3　　D. 11.3

13. 用 EDTA 标准溶液滴定金属离子 M，当达到化学计量点时，溶液中金属离子 M 的浓度是（　　）。(不考虑副反应)

A. $pM=1/2[p(MY)-pK_f^{\ominus}(MY)]$　　B. $pM=1/2[pK_f^{\ominus}(MY)-p(MY)]$

C. $pM=1/2[p(MY)+pK_f^{\ominus}(MY)]$　　D. $pM=1/2[pK_f^{\ominus}(MY)+p(MY)]$

14. 在一定酸度下，用 EDTA 滴定金属离子 M，当溶液中存在干扰离子 N 时，影响配合剂总副反应系数大小的因素是（　　）。

A. 酸效应系数 $\alpha[Y(H)]$

B. 共存离子副反应系数 $\alpha[Y(N)]$

C. 酸效应系数 $\alpha[Y(H)]$ 和共存离子副反应系数 $\alpha[Y(N)]$

D. 配合物稳定常数 $K(MY)$ 和 $K(NY)$ 之比值

15. 以 EDTA 法测定石灰石中 CaO（其摩尔质量为 56.08 g·L^{-1}）含量，用0.01 mol·L^{-1} EDTA 滴定。设试样中含 CaO 约 59%，试样溶解后定容为 250 mL。吸取25 mL进行滴定，则试样称取量应为（　　）。

A. 0.1 g 左右　　B. 0.12～0.24 g

C. 0.23～0.45 g　　D. 0.4～0.8 g

16. 间接碘量法中加入淀粉指示剂的适宜时间是（　　）。

A. 滴定开始时　　B. 标准溶液滴定了近 50%时

C. 标准溶液滴定了近 75%　　D. 滴定至近终点时

17. 某铁矿试样含铁约 50%，现以 0.100 0/6 mol·L^{-1} $K_2Cr_2O_7$ 溶液滴定，欲使滴定时标准溶液消耗的体积在 20～30 mL，应称取试样的质量范围是（　　）。[$M_r(Fe)=55.85$]

A. 0.22～0.34 g　　B. 0.037～0.055 g

C. 0.074～0.11 g　　D. 0.66～0.99 g

18. 下列反应中属不对称氧化还原反应的是（　　）。

A. $Ce^{4+}+Fe^{2+}$ ══ $Ce^{3+}+Fe^{3+}$　　B. $2Fe^{3+}+Sn^{2+}$ ══ $2Fe^{2+}+Sn^{4+}$

C. I_2+2Fe^{2+} ══ $2I^-+2Fe^{3+}$　　D. $2Ce^{4+}+Sn^{2+}$ ══ $2Ce^{3+}+Sn^{4+}$

19. Fe^{3+}与Sn^{2+}反应的平衡常数对数值（$\lg K^{\ominus}$）为（　　）。[已知$\varphi^{\ominus}(Fe^{3+}/Fe^{2+})=0.77$ V，$\varphi^{\ominus}(Sn^{4+}/Sn^{2+})=0.15$ V]

A. （0.77－0.15）/0.059 2　　B. 2×(0.77－0.15)/0.059 2

C. 3×(0.77－0.15)/0.059 2　　D. 2×(0.15－0.77)/0.059 2

20. 用Ce^{4+}滴定Fe^{2+}，当体系电位为0.68 V时，滴定分数为（　　）。

[$\varphi^{\ominus}(Ce^{4+}/Ce^{3+})=1.44$ V，$\varphi^{\ominus}(Fe^{3+}/Fe^{2+})=0.68$ V]

A. 0%　　B. 50%　　C. 100%　　D. 200%

21. 反应 $2A^{+}+3B^{4+}$ ══ $2A^{4+}+3B^{2+}$ 到达化学计量点时电势值是（　　）。

A. $(\varphi_A^{\ominus}+\varphi_B^{\ominus})/2$　　B. $(2\varphi_A^{\ominus}+3\varphi_B^{\ominus})/5$

C. $(3\varphi_A^{\ominus}+2\varphi_B^{\ominus})/5$　　D. $6(\varphi_A^{\ominus}+\varphi_B^{\ominus})/0.0592$

22. 下列说法错误的是（　　）。

A. 朗伯-比尔定律只适用于单色光

B. 当显色反应的显色产物为红色时，宜选择红色光为入射光

C. 可见光选择的光源为白炽灯

D. 摩尔吸光系数越大，说明显色反应越灵敏

23. 普通吸光光度法测定$K_2Cr_2O_7$的硫酸溶液，一般选作参比溶液的是（　　）。

A. 硫酸水溶液　　B. 某一个标准溶液

C. $K_2Cr_2O_7$的水溶液　　D. $K_2Cr_2O_7$的硫酸溶液

24. 示差吸光光度法与普通吸光光度法的不同之处是（　　）。

A. 选择的测定波长不同　　B. 使用的比色皿不同

C. 使用的参比溶液不同　　D. 标准溶液的配法不同

25. 选择显色反应时，下列各因素不必考虑的是（　　）。

A. 显色产物的ε值的大小，ε越大越好

B. 反应应当具有较高的选择性或特效性

C. 显色剂对环境的污染，越小越好

D. 显色产物的颜色

二、判断题（正确的填“T”，错误的填“F”。每题1分，共20分）

1. 用Q检验法舍弃一个可疑值后，应对其余数据继续检验，直至无可疑值为止。（　　）

2. 标定某溶液的浓度（单位：$mol\cdot L^{-1}$）得如下数据：0.019 06、0.019 10，其相对相差为0.209 6%。（　　）

3. $T(Fe/K_2Cr_2O_7)=0.005585\ g\cdot mL^{-1}$，如果一次滴定中消耗了20.00 mL $K_2Cr_2O_7$标准溶液，则被测物质中铁的质量为0.111 7 g。（　　）

4. 两位分析者同时测定某一试样中硫的质量分数，称取试样均为3.5 g，分别报告结果如下：甲，0.042%，0.041%；乙，0.040 99%，0.042 01%。甲的报告是合理的。（　　）

5. $H_2C_2O_4$的两步解离常数为$K_{a1}^{\ominus}=5.6\times10^{-2}$，$K_{a2}^{\ominus}=5.1\times10^{-5}$，因此不能分步滴定。（　　）

6. 标定 HCl 溶液用的基准物 $Na_2B_4O_7 \cdot 10H_2O$ 因保存不当失去了部分结晶水，标定出的 HCl 溶液浓度偏低。 ( )

7. 已知 H_3PO_4 的 $K_{a1}^{\ominus}=7.6\times10^{-3}$，$K_{a2}^{\ominus}=6.3\times10^{-8}$，$K_{a3}^{\ominus}=4.4\times10^{-13}$，若以 NaOH 溶液滴定 H_3PO_4 溶液，则第二化学计量点的 pH 约为 9.7。 ( )

8. 用 0.100 0 mol · L^{-1} NaOH 滴定 0.100 0 mol · L^{-1} 柠檬酸（$pK_{a1}^{\ominus}=3.13$，$pK_{a2}^{\ominus}=4.76$，$pK_{a3}^{\ominus}=6.40$）时，有 3 个突跃。

9. EDTA 滴定 Fe^{3+}、Zn^{2+} 的最低 pH 分别是 1 和 4，故可以控制 pH 只滴定 Zn^{2+} 而 Fe^{3+} 不干扰测定。

10. 用 EDTA 进行配位滴定时，被滴定的金属离子（M）浓度增大，$\lg K_f^{\ominus}(MY)$ 也增大，所以滴定突跃将变大。 ( )

11. 能形成无机配合物的反应虽然很多，但由于大多数无机配合物的稳定性不高，而且还存在分步配位的缺点，因此能用于配位滴定的并不多。 ( )

12. 配位滴定法中指示剂是根据滴定突跃的范围来选择的。 ( )

13. 在用 EDTA 标准溶液滴定金属离子的反应中，因酸效应的作用，$K_f'(MY)$ 总是大于 $K_f^{\ominus}(MY)$。 ( )

14. 在诱导效应中，虽然诱导体参与反应变成其他物质，但它不消耗滴定剂。 ( )

15. 用 $KMnO_4$ 法测定 MnO_2 时应选择直接滴定法。 ( )

16. 对氧化还原反应来说，只要满足 $\Delta\varphi^{\ominus}\geqslant 0.35$ V 的条件，该反应就能用于滴定分析。 ( )

17. 溶液的酸度越高，$KMnO_4$ 氧化 $Na_2C_2O_4$ 的反应进行得越完全，所以用基准物 $Na_2C_2O_4$ 标定 $KMnO_4$ 溶液时，溶液的酸度越高越好。 ( )

18. 某溶液的吸光度为 A，若仅将该溶液的浓度增加一倍，则其吸光度等于 $2A$。 ( )

19. 在分光光度计上，透光率的读数误差恒定，但吸光度读数越大，其误差越大。( )

20. 在吸光光度法中，偏离朗伯-比尔定律的重要原因之一是入射光的单色性较差。 ( )

三、计算题（将解题过程写在答题纸上。每题 10 分，共 30 分）

1. 准确吸取 25.00 mL H_2O_2 样品溶液置于 250 mL 容量瓶中，加水至刻度，摇匀。吸取此稀释液 25.00 mL 置于锥形瓶中，加 H_2SO_4 酸化，用 0.025 32 mol · L^{-1} $KMnO_4$ 标准溶液滴定，到达终点时消耗 $KMnO_4$ 标准溶液 27.68 mL。试计算每 100 mL 样品溶液中含 H_2O_2 的质量。已知 $M(H_2O_2)=34.02$ g · mol^{-1}。

2. 称取含有 KI 的试样 0.500 0 g，溶于水先用 Cl_2 氧化 I^- 为 IO_3^-，煮沸除去过量 Cl_2 后，加过量 KI 并酸化，析出 I_2 耗去 0.020 82 mol · L^{-1} $Na_2S_2O_3$ 21.30 mL，计算 KI 的质量分数。

已知：$5I^-+IO_3^-+6H^+ = 3I_2+3H_2O$，$M(KI)=166.0$ g · mol^{-1}。

3. 有一试样用重量法获得 Al_2O_3 及 Fe_2O_3 共重 0.500 0 g，将此混合物用酸溶解，再用重铬酸钾法测铁。若重铬酸钾标准溶液的浓度为 0.033 33 mol · L^{-1}，消耗 25.00 mL，计算混合物中 FeO 的质量分数。已知 $M(FeO)=71.85$ g · mol^{-1}。

综合练习 7（分析部分）答案

一、单项选择题（每题 2 分，共 50 分）

1. D　2. D　3. B　4. B　5. A　6. C　7. B　8. B　9. C　10. A　11. A　12. D
13. A　14. C　15. C　16. D　17. A　18. C　19. B　20. B　21. C　22. B　23. A
24. C　25. D

二、判断题（正确的填“T”，错误的填“F”。每题 1 分，共 20 分）

1. T　2. F　3. T　4. T　5. T　6. T　7. F　8. F　9. F　10. F　11. T　12. F
13. F　14. F　15. F　16. F　17. F　18. F　19. F　20. T

三、计算题（将解题过程写在答题纸上。每题 10 分，共 30 分）（其他计算方法正确均可给分）

1. 解：$2MnO_4^- + 5H_2O_2 + 6H^+ \xlongequal{} 2Mn^{2+} + 5O_2\uparrow + 8H_2O$　（2 分）

$$w(H_2O_2) = \frac{5/2c(KMnO_4) \times V(KMnO_4) \times 10^{-3} \times M(H_2O_2)}{25.00} \times 250 \times \frac{100}{25.00}$$

$$= \frac{5/2 \times 0.025\,32 \times 27.68 \times 34.02}{25.00}$$　（8 分）

$$= 2.384$$

2. 解：$I^- \sim IO_3^- \sim 3I_2 \sim 6S_2O_3^{2-}$　（4 分）

$$w(KI) = \frac{1/6c(S_2O_3^{2-})V(S_2O_3^{2-})M(KI)}{m_{样品}}$$

$$= \frac{1/6 \times 0.020\,82 \times 21.30 \times 166.0}{0.500\,0 \times 1\,000}$$　（6 分）

$$= 0.024\,54$$

3. 解：$Cr_2O_7^{2-} + 6Fe^{2+} + 14H^+ \xlongequal{} 2Cr^{3+} + 6Fe^{3+} + 7H_2O$　（2 分）

$$Cr_2O_7^{2-} \sim 6FeO$$　（2 分）

$$w(FeO) = \frac{6 \times 0.033\,33 \times 25.00 \times 10^{-3} \times 71.85}{0.500\,0}$$　（6 分）

$$= 0.718\,4$$

综合练习 8（分析部分）

一、单项选择题（每题 2 分，共 48 分）

1. 某铁矿试样含铁 50%左右，现以 0.016 67 mol・L^{-1} $K_2Cr_2O_7$ 溶液滴定，欲使滴定时标准溶液消耗的体积在 20 mL 至 30 mL，应称取试样的质量范围是（　　）。[M_r(Fe)＝55.847]

A. 0.22～0.34 g　　B. 0.037～0.055 g

C. 0.074～0.11 g　　D. 0.66～0.99 g

2. 有一铜矿试样，测定其含水量为 1.00%，干试样中铜的质量分数为 54.00%，湿试样中铜的质量分数为（　　）。

A. 54.10%　　B. 53.46%　　C. 55.00%　　D. 53.00%

3. 下列滴定分析操作中会产生系统误差的是（　　）。

A. 指示剂选择不当

B. 试样溶解不完全

C. 所用蒸馏水质量不高

D. 称样时天平平衡点有±0.1 mg 的波动

4. 今欲配制 1 L 0.010 00 mol・L^{-1} $K_2Cr_2O_7$（摩尔质量为 294.2 g・mol^{-1}）溶液。所用分析天平的准确度为±0.1 mg。若相对误差要求为±0.2%，则称取 $K_2Cr_2O_7$ 应称准至（　　）。

A. 0.1 g　　B. 0.01 g　　C. 0.001 g　　D. 0.000 1 g

5. 下列计算式的计算结果（X）应取的有效数字位数为（　　）。

$$X=[0.3120\times48.12\times(21.25-16.10)]/(0.2845\times1000)$$

A. 一位　　B. 二位　　C. 三位　　D. 四位

6. 以下各酸碱溶液的浓度均为 0.10 mol・L^{-1}，其中只能准确滴定到第一步的物质是（　　）。

A. 草酸（$K_{a1}^{\ominus}=5.9\times10^{-2}$，$K_{a2}^{\ominus}=6.4\times10^{-5}$）

B. 联氨（$K_{b1}^{\ominus}=3.0\times10^{-5}$，$K_{b2}^{\ominus}=7.59\times10^{-15}$）

C. 邻苯二甲酸（$K_{a1}^{\ominus}=1.1\times10^{-3}$，$K_{a2}^{\ominus}=3.91\times10^{-6}$）

D. 亚硫酸（$K_{b1}^{\ominus}=1.54\times10^{-2}$，$K_{b2}^{\ominus}=1.02\times10^{-7}$）

7. 纯 NaOH、$NaHCO_3$ 固体按 1∶3 的物质的量溶于水中摇匀后，用双指示剂法测定。已知酚酞、甲基橙变色时，滴入 HCl 标准溶液分别为 V_1 和 V_2，则 V_1/V_2 为（　　）。

A. 2∶1　　B. 1∶2　　C. 3∶1　　D. 1∶3

8. 已知浓度的 NaOH 标准溶液放置时吸收了少量的 CO_2，用它标定盐酸时，不考虑终点误差，标定出来的盐酸的浓度（　　）。

A. 偏高　　B. 偏低

C. 决定于滴定时所有用的指示剂　　D. 无影响

9. 用 0.10 mol・L^{-1} HCl 标准溶液滴定 0.10 mol・L^{-1}乙醇胺（$pK_b^{\ominus}=4.50$）时，最好

应选用的指示剂是（　　）。

A. 甲基橙 [$pK^{\ominus}(HIn)=3.4$]　　B. 溴甲酚绿 [$pK^{\ominus}(HIn)=4.9$]

C. 酚红 [$pK^{\ominus}(HIn)=8.0$]　　D. 酚酞 [$pK^{\ominus}(HIn)=9.1$]

10. 现有一含 H_3PO_4 和 NaH_2PO_4 的溶液，用 NaOH 标准溶液滴定至甲基橙变色，滴定体积为 a(mL)，同一试液若改用酚酞作指示剂，滴定体积为 b(mL)，则 a 和 b 的关系是（　　）。

A. $a>b$　　B. $b=2a$

C. $b>2a$　　D. $a=b$

11. 在 pH=12 时，以 $0.010\,0\ mol\cdot L^{-1}$ EDTA 滴定 20.00 mL $0.010\,0\ mol\cdot L^{-1}\ Ca^{2+}$，计量点时的 pCa 值为（　　）。[$K'(CaY)=10^{10.68}$]

A. 5.3　　B. 6.5　　C. 8.0　　D. 2.0

12. 以 EDTA 为滴定剂，下列叙述错误的是（　　）。

A. 在酸度较高的溶液中，可形成 MHY 配合物

B. 在碱性较高的溶液中，可形成 MOHY 配合物

C. 不论形成 MHY 还是 MOHY，均有利于滴定反应

D. 不论溶液 pH 大小，只形成 MY 一种配合物

13. 当溶液中有两种（M，N）金属离子共存时，欲以 EDTA 滴定 M 而使 N 不干扰，则要求（　　）。

A. $\dfrac{c_r(M)K'_{MY}}{c_r(N)K'_{NY}}\geqslant 10^6$　　B. $\dfrac{c_r(M)K'_{MY}}{c_r(N)K'_{NY}}\geqslant 10^{-6}$

C. $\dfrac{c_r(M)K'_{MY}}{c_r(N)K'_{NY}}\geqslant 10^8$　　D. $\dfrac{c_r(M)K'_{MY}}{c_r(N)K'_{NY}}\geqslant 10^{-8}$

14. 用 EDTA 滴定金属离子 M，若要求相对误差小于 0.1%，则滴定的酸度条件必须满足（　　）。式中，$c(M)$ 为滴定计量点时金属离子的浓度；$\alpha[Y(H)]$ 为 EDTA 的酸效应系数；K_{MY} 为金属离子 M 与 EDTA 的配合物的稳定常数；K'_{MY} 为金属离子 M 与 EDTA 配合物的条件稳定常数。

A. $c(M)K_{MY}\geqslant 10^6$　　B. $c(M)\dfrac{K'_{MY}}{\alpha[Y(H)]}\leqslant 10^6$

C. $c(M)\dfrac{K_{MY}}{\alpha[Y(H)]}\geqslant 10^6$　　D. $c(M)\dfrac{\alpha[Y(H)]}{K'_{MY}}\geqslant 10^6$

15. 用 $KMnO_4$ 溶液滴定 Fe^{2+}，化学计量点电势处于滴定突跃的（　　）。

A. 中点偏下　　B. 中点

C. 中点偏上　　D. 随浓度的不同而不同

16. 反应 $2A^{+}+3B^{4+}=2A^{4+}+3B^{2+}$ 达平衡时的平衡常数的对数 $\lg K^{\ominus}$ 为（　　）。

A. $(\varphi_A^{\ominus}+\varphi_B^{\ominus})/2$　　B. $(2\varphi_A^{\ominus}+3\varphi_B^{\ominus})/5$

C. $(3\varphi_A^{\ominus}+2\varphi_B^{\ominus})/5$　　D. $6(\varphi_B^{\ominus}-\varphi_A^{\ominus})/0.059\,2$

17. 配制同体积的 $KMnO_4$ 溶液，浓度分别为 $c(KMnO_4)=0.2\ mol\cdot L^{-1}$ 和 $c(1/5\ KMnO_4)=0.2\ mol\cdot L^{-1}$，所称 $KMnO_4$ 的质量比为（　　）。

A. 5∶1　　B. 1∶1

C. 1∶5　　D. 无法判断

18. 用重铬酸钾法测定铁样中铁含量，用$\frac{0.1}{6}$ mol·L^{-1} $K_2Cr_2O_7$ 滴定，若消耗体积约25 mL，试样含铁以 Fe_2O_3(M=159.7 g·mol^{-1}）计，其质量分数约为0.50，则试样称取量(g）约为（　　）。

A. 0.8　　B. 0.6

C. 0.4　　D. 0.2

19. 滴定碘法中 $Na_2S_2O_3$ 与 I_2 之间反应必须在中性或弱酸性条件下进行，其原因是（　　）。

A. 强酸性溶液不但 $Na_2S_2O_3$ 会分解，而且 I^- 也容易被空气氧化

B. 强酸性溶液中 I_2 易挥发

C. 强碱性溶液中会吸收 CO_2 引起 $Na_2S_2O_3$ 分解

D. 在酸性溶液中指示剂变色不明显

20. 一般光度法用纯溶剂作参比溶液时，测得某试液的透光率为15%。若参比溶液换为透光率为25%的标准溶液，其他条件不变，则试液的透光率将变为（　　）。

A. 40%　　B. 50%　　C. 30%　　D. 60%

21. Fe 和 Cd 的摩尔质量分别为55.85 g·mol^{-1}和112.4 g·mol^{-1}，各用一种显色反应以吸光光度法测定。同样质量的 Fe 和 Cd 分别被显色成体积相同的溶液，前者用2 cm 比色皿，后者用1 cm 比色皿，所得吸光度相等。此两种显色反应产物的摩尔吸光系数（　　）。

A. 基本相同　　B. Fe 的约为 Cd 的2倍

C. Cd 的约为 Fe 的2倍　　D. Cd 的约为 Fe 的4倍

22. 用邻二氮杂菲测定水样中微量铁，使用试剂空白为参比溶液的作用是（　　）。

A. 消除基体对吸光度测量的干扰

B. 提高灵敏度

C. 提高反应的重现性

D. 减小偶然误差对测定的影响

23. 光度测量中的吸光度读数有误差，下列有关叙述中**错误**的是（　　）。

A. 吸光度的数值不同，其读数误差不同

B. 透光率的数值越大，吸光度的读数误差越大

C. 一般光度计宜选用的读数范围，其吸光度为0.2～0.8

D. 测量误差最小时的吸光度数值为0.434

24. 在吸光光度法分析中，使待测试液的透光率接近0.368，目的在于（　　）。

A. 减小仪器读数误差　　B. 减小浓度的测定误差

C. 使工作曲线斜率不变　　D. 使最大吸收波长稳定不变

二、判断题（正确的填“T”，错误的填“F”。每题1分，共20分）

1. Q 检验法进行数据处理时，若 $Q_{计} \leqslant Q_{0.90}$，该可疑值应舍去。（　　）

2. 准确称取分析纯 $KMnO_4$(158.03 g·mol^{-1})3.160 6 g 溶解定容于1.000 L 的容量瓶中，所得 $KMnO_4$ 标准溶液的浓度为$\frac{0.100\,0}{5}$ mol·L^{-1}。（　　）

3. 指示剂的选择原则是：变色敏锐，用量少。 （ ）

4. 测定的精密度好，但准确度不一定好，消除了系统误差后，精密度好的，结果准确度就好。 （ ）

5. 酸碱滴定过程中，滴定终点和化学计量点之间存在一定差异。 （ ）

6. 将 0.1 $mol\cdot L^{-1}$ HA($K_a^{\ominus}=1.0\times10^{-5}$) 与 0.1 $mol\cdot L^{-1}$ HB($K_a^{\ominus}=1.0\times10^{-9}$) 等体积混合，溶液的 pH 为 3.3。 （ ）

7. 已知 H_3PO_4 的 $K_{a1}^{\ominus}=7.6\times10^{-3}$，$K_{a2}^{\ominus}=6.3\times10^{-8}$，$K_{a3}^{\ominus}=4.4\times10^{-13}$。用 NaOH 溶液滴定 H_3PO_4 至生成 NaH_2PO_4 时，溶液的 pH 约为 4.66。 （ ）

8. 用因吸潮带有少量水的基准试剂 Na_2CO_3 标定 HCl 溶液的浓度时，结果偏高。 （ ）

9. 在配位反应中，当溶液的 pH 一定时，K_{MY}越大则 K'_{MY}就越大。 （ ）

10. 若被测金属离子与 EDTA 配位反应速度慢，则一般可采用置换滴定方式进行测定。 （ ）

11. 在测定水的硬度时，指示剂铬黑 T 与水中 Ca^{2+}、Mg^{2+} 形成的配合物呈蓝色，铬黑 T 本身呈酒红色。 （ ）

12. 在 EDTA(Y) 滴定金属离子 M 时，若 $K'_{MIn}\ll K'_{MY}$，则指示剂封闭。 （ ）

13. 氧化还原滴定能否准确进行主要取决于氧化还原反应的平衡常数的大小。 （ ）

14. 对于氧化还原滴定，只要反应达到平衡，理论上可以用任何一个电对的能斯特方程计算溶液的电势。 （ ）

15. 用于 $K_2Cr_2O_7$ 法中的酸性介质只能是硫酸，而不能用盐酸。 （ ）

16. 用基准试剂 $Na_2C_2O_4$ 标定 $KMnO_4$ 溶液时，需将溶液加热至 75～85 ℃进行滴定，若超过此温度，会使测定结果偏低。 （ ）

17. 分别用 0.02 $mol\cdot L^{-1}$和 0.06 $mol\cdot L^{-1}$ $KMnO_4$ 滴定 0.10 $mol\cdot L^{-1}$ Fe^{2+}，两种情况下滴定突跃的大小相同。 （ ）

18. 以纯溶剂作参比时，某稍低于试液浓度的标准溶液（c_s）的透光率为 20%，而试液的透光率为 12%。今以上述标准溶液为参比溶液，调节其透光率为 100%，这等于将仪器的标尺扩大了 5 倍，此时试液的透光率将变为 60%。 （ ）

19. 在朗伯-比尔定律中，摩尔吸光系数是衡量吸光光度法灵敏度的主要参数。对同种物质，入射光波长不同，摩尔吸光系数基本不变。 （ ）

20. 如果显色剂或其他试剂对测量波长也有一些吸收，一般选择试剂空白为参比溶液。如试样中其他组分有吸收，但不与显色剂反应，则当显色剂无吸收时，可用待测试样作参比溶液。 （ ）

三、计算题（将解题过程写在答题纸上。共 32 分）

1. （12 分）用邻苯二甲酸氢钾（KHP）作基准试剂标定 NaOH 溶液的浓度，得到如下四组数据：

m(KHP)/g	0.443 7	0.464 7	0.450 2	0.446 6
V(NaOH)/mL	21.18	22.20	22.09	21.27

计算说明：(1) 有无过失数据；(2) 分析结果应如何表示。

已知：$M(KHP)=204.2\ g\cdot mol^{-1}$

$P=95\%$	$n=3$	$Q=0.94$	$t=4.3$
	$n=4$	$Q=0.77$	$t=3.2$

2. （10分）称取含 NaH_2PO_4 和 Na_2HPO_4 及其他惰性杂质的试样 1.000 g，溶于适量水后，以百里酚酞作指示剂，用 0.100 0 mol·L^{-1} NaOH 标准溶液滴至溶液刚好变蓝，消耗 NaOH 标准溶液 20.00 mL，而后加入溴甲酚绿指示剂，改用 0.100 0 mol·L^{-1} HCl 标准溶液滴至终点时，消耗 HCl 溶液 30.00 mL，试计算：（1）$w(NaH_2PO_4)$；（2）$w(Na_2HPO_4)$；（3）该 NaOH 标准溶液在甲醛法中对氮的滴定度。

3. （10分）一定质量的 $H_2C_2O_4$ 需用 21.26 mL 0.238 4 mol·L^{-1} NaOH 标准溶液滴定，同样质量的 $H_2C_2O_4$ 需用 25.28 mL $KMnO_4$ 标准溶液滴定，计算 $KMnO_4$ 标准溶液的物质的量浓度。（已知 $H_2C_2O_4$ 的 $K_{a1}^{\ominus}=5.90\times10^{-2}$，$K_{a2}^{\ominus}=6.40\times10^{-5}$）

综合练习 8（分析部分）答案

一、单项选择题（每题 2 分，共 48 分）

1. A　2. B　3. C　4. C　5. C　6. B　7. D　8. C　9. B　10. C　11. B　12. D
13. A　14. C　15. C　16. D　17. A　18. C　19. A　20. D　21. D　22. A
23. B　24. B

二、判断题（正确的填“T”，错误的填“F”。每题 1 分，共 20 分）

1. F　2. F　3. F　4. T　5. T　6. F　7. T　8. T　9. T　10. F　11. F　12. F
13. F　14. T　15. F　16. F　17. T　18. T　19. F　20. T

三、计算题（将解题过程写在答题纸上。共 32 分）（其他计算方法正确均可给分）

1. 解：

①

$$c_1=\frac{0.4437}{204.2\times0.02118}=0.1026(\text{mol}\cdot\text{L}^{-1})$$

$$c_2=\frac{0.4647}{204.2\times0.02220}=0.1025(\text{mol}\cdot\text{L}^{-1})\qquad(4\text{分})$$

$$c_3=\frac{0.4502}{204.2\times0.02209}=0.09981(\text{mol}\cdot\text{L}^{-1})$$

$$c_4=\frac{0.4466}{204.2\times0.02127}=0.1028(\text{mol}\cdot\text{L}^{-1})$$

$$Q_{计}=\frac{|0.09981-0.1025|}{0.1028-0.09981}=0.90\qquad(2\text{分})$$

$Q_{计}>Q=0.77$，0.099 81 应舍去。　（1分）

②

$$\overline{x}=\frac{0.1026+0.1025+0.1028}{3}=0.1026\ \text{mol}\cdot\text{L}^{-1}\qquad(1\text{分})$$

$$S=\sqrt{\frac{\sum(x_i-\overline{x})^2}{n-1}}=1.6\times10^{-4}\qquad(2\text{分})$$

$$\mu=\bar{x}\pm\frac{tS}{\sqrt{n}}=0.102\,6\pm0.000\,4 \quad (2分)$$

2. 解：$$w(NaH_2PO_4)=\frac{0.100\,0\times\frac{20.00}{1\,000}\times120.0}{1.000}\times100\%=24.00\% \quad (3分)$$

$$w(Na_2HPO_4)=\frac{\frac{0.100\,0\times(30.00-20.00)}{1\,000}\times142.0}{1.000}\times100\%=14.20\% \quad (3分)$$

$$T(N/NaOH)=\frac{m(N)}{V(NaOH)}=\frac{0.100\,0\times0.001\times14.01}{1}=1.401\times10^{-3}(g\cdot mL^{-1}) \quad (4分)$$

3. 解：$H_2C_2O_4$ 的 $K^{\ominus}_{a1}=5.90\times10^{-2}$，$K^{\ominus}_{a2}=6.40\times10^{-5}$，$K^{\ominus}_{a1}/K^{\ominus}_{a2}<10^4$，所以 $H_2C_2O_4$ 的两个 H^+ 一起被滴定，形成一个滴定突跃。

反应式为 $$H_2C_2O_4+2NaOH=\!=\!=Na_2C_2O_4+2H_2O \quad (1) \quad (1分)$$

据题意有：$$5H_2C_2O_4+2MnO_4^-+6H^+=\!=\!=2Mn^{2+}+10CO_2\uparrow+8H_2O \quad (2) \quad (1分)$$

由（1）式得 $$\frac{m}{M(H_2C_2O_4)}=\frac{1}{2}c(NaOH)\cdot V(NaOH) \quad (2分)$$

由（2）式得

$$\frac{m}{M(H_2C_2O_4)}=\frac{5}{2}c(KMnO_4)V(KMnO_4) \quad (2分)$$

故 $$\frac{1}{2}c(NaOH)\cdot V(NaOH)=\frac{5}{2}c(KMnO_4)\cdot V(KMnO_4) \quad (2分)$$

$$c(KMnO_4)=\frac{c(NaOH)\cdot V(NaOH)}{5V(KMnO_4)}=\frac{0.238\,4\times21.26}{5\times25.28}=0.040\,10(mol\cdot L^{-1}) \quad (2分)$$

农学门类研究生入学联考化学试题
（无机及分析化学部分）

2008 年全国硕士研究生入学统一考试农学门类联考化学试题
（无机及分析化学部分）

一、单项选择题（1～15 小题，每小题 2 分，共 30 分。下列每题给出的四个选项中，只有一个选项是符合题目要求的。请在答题卡上将所选项的字母涂黑）

1. 反应 $MgCO_3(s)$══$MgO(s)+CO_2(g)$在 100 kPa，298 K 时不能正向自发进行，但在 1 000 K 时能够正向自发进行，说明该反应（　　）。

A. $\Delta_r H_m^\ominus>0$，$\Delta_r S_m^\ominus<0$　　B. $\Delta_r H_m^\ominus>0$，$\Delta_r S_m^\ominus>0$

C. $\Delta_r H_m^\ominus<0$，$\Delta_r S_m^\ominus<0$　　D. $\Delta_r H_m^\ominus<0$，$\Delta_r S_m^\ominus>0$

2. 以波函数 $\Psi_{n,l,m}$表示原子轨道时，下列表示正确的是（　　）。

A. $\Psi_{3,3,2}$　　B. $\Psi_{3,1,1/2}$　　C. $\Psi_{3,2,0}$　　D. $\Psi_{4,0,-1}$

3. 有 a、b、c 三种主族元素，若 a 元素的阴离子与 b、c 元素的阳离子具有相同的电子结构，且 b 元素的阳离子半径大于 c 元素的阳离子半径，则这三种元素的电负性从小到大的顺序是（　　）。

A. b＜c＜a　　B. a＜b＜c　　C. c＜b＜a　　D. b＜a＜c

4. 由计算器计算（6.626×8.314 5)÷(9.11×0.100 0）的结果为60.474 069，按有效数字运算规则，其结果应表示为（　　）。

A. 60　　B. 60.5　　C. 60.47　　D. 60.474

5. 反应 $2HCl(g)$══$H_2(g)+Cl_2(g)$ 的 $\Delta_r G_m^\ominus=190.44\ kJ\cdot mol^{-1}$，则 HCl(g) 的 $\Delta_f G_m^\ominus$ 为（　　）。

A. $-95.22\ kJ\cdot mol^{-1}$　　B. $+95.22\ kJ\cdot mol^{-1}$

C. $-190.44\ kJ\cdot mol^{-1}$　　D. $+190.44\ kJ\cdot mol^{-1}$

6. 将某聚合物 2.5 g 溶于 100.0 mL 水中，在 20 ℃时测得的渗透压为 101.325 Pa。已知 $R=8.314\ kPa\cdot L\cdot mol^{-1}\cdot K^{-1}$，该聚合物的摩尔质量是（　　）。

A. $6.0\times10^2\ g\cdot mol^{-1}$　　B. $4.2\times10^4\ g\cdot mol^{-1}$

C. $6.0\times10^5\ g\cdot mol^{-1}$　　D. $2.1\times10^6\ g\cdot mol^{-1}$

7. 某反应在 716 K 时，$k_1=3.10\times10^{-3}\ mol^{-1}\cdot L\cdot min^{-1}$；745 K 时，$k_2=6.78\times10^{-3}\ mol^{-1}\cdot L\cdot min^{-1}$，该反应的反应级数和活化能分别为（　　）。

A. 1 和$-119.7\ kJ\cdot mol^{-1}$　　B. 1 和 $119.7\ kJ\cdot mol^{-1}$

C. 2 和$-119.7\ kJ\cdot mol^{-1}$　　D. 2 和 $119.7\ kJ\cdot mol^{-1}$

8. 用 $0.100\ 0\ mol\cdot L^{-1}$ NaOH 溶液滴定 $0.10\ mol\cdot L^{-1}$ $H_2C_2O_4$ 溶液，应选择的指示剂

为（　　）。

A. 溴甲酚绿　　B. 甲基红　　C. 酚酞　　D. 中性红

9. 若用失去部分结晶水的 $Na_2B_4O_7 \cdot 10H_2O$ 标定 HCl 溶液的浓度，标定的结果将（　　）。

A. 偏高　　B. 偏低　　C. 无影响　　D. 不确定

10. 有利于配位化合物转化为难溶物质的条件是（　　）。

A. $K_{sp}^{\ominus}$ 越大，$K_f^{\ominus}$ 越大　　B. $K_{sp}^{\ominus}$ 越小，$K_f^{\ominus}$ 越大

C. $K_{sp}^{\ominus}$ 越大，$K_f^{\ominus}$ 越小　　D. K_{sp} 越小，$K_f^{\ominus}$ 越小

11. 某基元反应 $2A(g)+B(g)=C(g)+D(g)$ 的初始分压 $p_A=81.04\ kPa$，$p_B=60.78\ kPa$。当反应至 $p_C=20.2\ kPa$ 时，反应速率大约是初始速率的（　　）。

A. 1/6　　B. 1/16　　C. 1/24　　D. 1/48

12. $CaSO_4$ 沉淀转化成 $CaCO_3$ 沉淀的条件是（　　）。

A. $c(SO_4^{2-})/c(CO_3^{2-})<K_{sp}^{\ominus}(CaSO_4)/K_{sp}^{\ominus}(CaCO_3)$

B. $c(SO_4^{2-})/c(CO_3^{2-})>K_{sp}^{\ominus}(CaSO_4)/K_{sp}^{\ominus}(CaCO_3)$

C. $c(SO_4^{2-})/c(CO_3^{2-})>K_{sp}^{\ominus}(CaCO_3)/K_{sp}^{\ominus}(CaSO_4)$

D. $c(SO_4^{2-})/c(CO_3^{2-})<K_{sp}^{\ominus}(CaCO_3)/K_{sp}^{\ominus}(CaSO_4)$

13. 某金属指示剂 HIn 在溶液中存在下列平衡：

$$\underset{(黄)}{HIn} \xrightleftharpoons{pK_a^{\ominus}=12.41} H^+ + \underset{(红)}{In^-}$$

它与金属离子形成红色的配合物。使用该指示剂的 pH 范围及滴定终点时溶液的颜色分别是（　　）。

A. pH<12.41，红色　　B. pH>12.41，红色

C. pH>12.41，黄色　　D. pH<12.41，黄色

14. 在 25 ℃时，反应 $2A^{3+}+3B=2A+3B^{2+}$ 组成原电池，标准电动势为 $E^{\ominus}$。改变反应体系中物质浓度后，电动势变为 E，该反应的 $\lg K^{\ominus}$ 为（　　）。

A. $\dfrac{3\times E^{\ominus}}{0.059\ 2}$　　B. $\dfrac{6\times E^{\ominus}}{0.059\ 2}$　　C. $\dfrac{6\times E}{0.059\ 2}$　　D. $\dfrac{3\times E}{0.059\ 2}$

15. 分光光度法测 Fe^{2+} 时，用 2 cm 比色皿在 λ_{max} 处测得溶液的吸光度是 0.90。为减小误差，可采用的方法是（　　）。

A. 增大溶液浓度　　B. 增加测定次数

C. 改变测定波长　　D. 改用 1 cm 比色皿

二、填空题（31～42 小题，每空 1 分，共 15 分。请将答案写在答题纸指定位置上）

31. 在氢原子中，4s 和 3d 轨道的能量高低为 E_{4s}____(1)____E_{3d}；在钾原子中，4s 和 3d 轨道的能量高低为 E_{4s}____(2)____E_{3d}。（填“>”“<”或“=”）（提示：单电子原子和多电子原子轨道能级顺序的区别）

32. 某混合碱以酚酞作指示剂，用 HCl 标准溶液滴定到终点时，消耗 HCl 标准溶液 V_1；再以甲基橙作指示剂滴定到终点时，又消耗 HCl 标准溶液 V_2。若 $V_2<V_1$，则该混合碱由____(3)____组成。（提示：双指示剂法定性判断混合碱的组成）

33. 在定量分析中，某学生使用万分之一分析天平和 50 mL 滴定管，将称量和滴定的数

据分别记为 0.25 g 和 24.1 mL，正确的数据记录为＿＿(4)＿＿g 和＿＿(5)＿＿mL。（提示：万分之一分析天平可称准到小数点后第四位，50 mL滴定管要估读到小数点后第二位。仪器能测到的数字为有效数字）

34. 在 25 ℃和 100 kPa 时，Zn 和 $CuSO_4$ 溶液的反应在可逆电池中进行，放热 6.00 $kJ \cdot mol^{-1}$，并做电功 200 $kJ \cdot mol^{-1}$。此过程的 $\Delta_r S_m^{\ominus}$ 为＿＿(6)＿＿。

35. 将氧化还原反应 $2MnO_4^- + 10Cl^- + 16H^+ = 2Mn^{2+} + 5Cl_2 + 8H_2O$ 设计成原电池，该电池符号为＿＿(7)＿＿。[提示：反应物中作氧化剂的电对（MnO_4^-/Mn^{2+}）为正极写在右边，还原剂电对（Cl_2/Cl^-）作负极写在左边，不同氧化数的离子组成的氧化还原电极和气体电极都要用惰性电极 Pt。各离子和气体分别标明压力 p 和浓度 c。一般而言，正负极分别包含各自电极反应除 H_2O 外的所有物质。如负极 $Cl_2 + 2e^- \rightleftharpoons 2Cl^-$，正极 $MnO_4^- + 8H^+ + 5e^- = Mn^{2+} + 4H_2O$]

36. 用 0.100 0 $mol \cdot L^{-1}$ NaOH 标准溶液滴定 0.10 $mol \cdot L^{-1}$ HCl 和0.10 $mol \cdot L^{-1}$ H_3PO_4 混合溶液时，可能有＿＿(8)＿＿个滴定突跃。已知：H_3PO_4 的 $K_{a1}^{\ominus} = 7.5 \times 10^{-3}$，$K_{a2}^{\ominus} = 6.2 \times 10^{-8}$，$K_{a3}^{\ominus} = 2.2 \times 10^{-13}$。

37. 已知 $[Co(NH_3)_6]^{3+}$ 的 $\mu = 0$，则 Co^{3+} 杂化轨道的类型是＿＿(9)＿＿，配离子的空间构型是＿＿(10)＿＿。

38. 在一定波长下，用 2 cm 比色皿测得 Al^{3+}-铬天青 S 的透光度为 60.0%；改用 3 cm 比色皿时，此溶液的吸光度为＿＿(11)＿＿。

39. $[CrCl(H_2O)_5]Cl_2$ 的系统命名是＿＿(12)＿＿。

40. 已知反应 $Fe_3O_4(s) + CO(g) \rightleftharpoons 3FeO(s) + CO_2(g)$ 的 $\Delta_r H_m^{\ominus} > 0$。在恒压降温时，平衡向＿＿(13)＿＿移动。（填“左”或“右”）

41. 向浓度均为 0.010 $mol \cdot L^{-1}$的 Ag^+ 和 Pb^{2+} 溶液中滴加 K_2CrO_4 溶液，先产生的沉淀是＿＿(14)＿＿。已知：$K_{sp}^{\ominus}(Ag_2CrO_4) = 1.1 \times 10^{-12}$，$K_{sp}^{\ominus}(PbCrO_4) = 1.8 \times 10^{-14}$。（提示：难溶电解质含离子多的与相近 $K_{sp}^{\ominus}$ 的含离子少的难溶电解质比较，溶解度大，如 Ag_2CrO_4 与 AgCl，此处 $PbCrO_4$ 比 Ag_2CrO_4 含离子少，溶度积小，溶解度小）

42. 在相同温度下，$Cl_2O(g)$、$F_2(g)$、$Cl_2(g)$ 和 $H_2(g)$ 的 $S_m^{\ominus}$ 由大到小的顺序是＿＿(15)＿＿。（提示：都是气体，则分子越复杂，分子质量越大，$S_m^{\ominus}$ 越大）

三、计算、分析与合成题（60～64 小题，共 30 分。请将答案写在答题纸指定位置）

60. （6 分）下列元素基态原子的电子排布式是否正确？若不正确，违背了什么原理？请写出正确的电子排布式。

（1）Li：$1s^2 2p^1$；

（2）Al：$1s^2 2s^2 2p^6 3s^3$；

（3）N：$1s^2 2s^2 2p_x^2 2p_y^1$。

61. （4 分）下列 0.10 $mol \cdot L^{-1}$的弱酸或弱碱能否用酸碱滴定法直接滴定？为什么？

（1）苯甲酸（$pK_a^{\ominus} = 4.21$）；

（2）六次甲基四胺（$pK_b^{\ominus} = 8.85$）。

62. （5 分）准确称取 0.201 7 g 维生素 C（$C_6H_8O_6$）试样，加入新煮沸的冷蒸馏水 100.0 mL 和稀 HAc 10.0 mL，以淀粉作指示剂，用 0.050 00 $mol \cdot L^{-1}$的 I_2 标准溶液

滴定至终点，用去 20.53 mL。计算试样中 $C_6H_8O_6$ 的质量分数。已知：$M(C_6H_8O_6)=176.1\ g\cdot mol^{-1}$。

63.（8 分）在 100 g 乙醇中加入 12.2 g 苯甲酸，沸点升高了 1.13 ℃；在 100 g 苯中加入 12.2 g 苯甲酸，沸点升高了 1.21 ℃。计算苯甲酸在两种溶剂中的摩尔质量。计算结果说明了什么？已知：乙醇的 $K_b=1.19\ K\cdot kg\cdot mol^{-1}$，苯的 $K_b=2.53\ K\cdot kg\cdot mol^{-1}$。

64.（7 分）用 0.020 00 $mol\cdot L^{-1}$ EDTA 溶液滴定 0.020 $mol\cdot L^{-1}$ Ca^{2+} 溶液，计算滴定允许的最高 pH 和最低 pH。已知：$\lg K_f^\ominus(CaY)=10.69$，$K_{sp}^\ominus[Ca(OH)_2]=4.68\times10^{-6}$，有关 pH 所对应的酸效应系数见下表：

pH	8.0	7.8	7.6	7.4
$\lg\alpha_{Y(H)}$	2.27	2.47	2.68	2.88

2008 年全国硕士研究生入学统一考试农学门类联考化学试题参考答案及解析

（无机及分析化学部分）

一、单项选择题

1. 答案 B。根据吉布斯-亥姆霍兹公式 $\Delta_rG_m^\ominus=\Delta_rH_m^\ominus-T\Delta_rS_m^\ominus$，焓增熵增反应，高温自发；焓减熵减反应，低温自发。本题若不告诉反应条件也可判断答案，分解反应一般是吸热的，即焓增（$\Delta_rH_m^\ominus>0$），反应物为一种固体，生成物是两种且有气体，应是熵增（$\Delta_rS_m^\ominus>0$）。

2. 答案 C。量子数取值，A 错，l 应小于 n，B 错，m 非 m_s，不可取 1/2，D 错，m 只可取 0，其数字最大为 $\pm l$。

3. 答案 A。主族元素的阴阳离子具有相同的电子结构，应在相邻的上下两周期，阴离子对应的非金属元素，阳离子对应的金属元素，b 和 c 元素在同一周期，b 元素的阳离子半径大，价电子少于 c 元素，则 c 的族数大于 b，在 b 的右方。同周期主族元素的电负性从左到右增大，主族非金属元素的电负性大于主族金属元素。

4. 答案 B。乘除法的结果的相对误差与相对误差最大（有效数字最少）的 9.11 相适应。

5. 答案 A。$\Delta_fG_m^\ominus$ 对应的反应为 $1/2H_2(g)+1/2Cl_2(g)$══$HCl(g)$。

6. 答案 C。依数性 $\Pi=c_BRT=\dfrac{m_B/M_B}{V}RT$，$M_B=\dfrac{m_BRT}{\Pi V}$。

7. 答案 D。实验活化能无负值，速率常数的单位的通式为 $(mol\cdot L^{-1})^{1-n}\cdot$（时间)$^{-1}$，对照题给条件，反应级数 $n=2$。不必用阿仑尼乌斯式进行计算。

8. 答案 C。滴定终点生成物 $Na_2C_2O_4$ 显碱性。A，B，D 的 $pK^\ominus(HIn)$ 分别为 5.0，5.0，7.4。

9. 答案 B。计算值 m（硼砂）/M（硼砂）<实测值 m（硼砂）/M（硼砂失水）。

10. 答案 D。$K_f^\ominus$ 越小，配位化合物越不稳定，易解离，$K_{sp}^\ominus$ 越小，沉淀越易生成。$K_j^\ominus=1/(K_{sp}^\ominus\cdot K_f^\ominus)$，分母小，$K_j^\ominus$ 大。

11. 答案 A。对于基元反应 $v=kp_A{}^2\cdot p_B$，在密闭容器、等温条件下，$p\propto n$，则反应后

$$p'_A=81.04\ \text{kPa}-2\times20.2\ \text{kPa}=40.6\ \text{kPa},$$

$$p'_B=60.78\ \text{kPa}-20.2\ \text{kPa}=40.6\ \text{kPa}$$

12. 答案 A。$CaSO_4+CO_3^{2-}\rightleftharpoons CaCO_3+SO_4^{2-}$　$K_j^{\ominus}=K_{sp}^{\ominus}(CaSO_4)/K_{sp}^{\ominus}(CaCO_3)$，$Q=c_r(SO_4^{2-})/c_r(CO_3^{2-})<K_j^{\ominus}$，$\Delta_rG_m<0$。

13. 答案 D。$pH=pK_a^{\ominus}+lg[In^-]_r/[HIn]_r$，$pH<pK_a^{\ominus}$，$[In^-]_r<[HIn]_r$，游离指示剂显黄色，滴定至红色配合物游离出黄色的 [HIn] 指示终点。

14. 答案 B。电池反应电子转移的物质的量 n，数值等于氧化数变化值 6。计算 $K^{\ominus}$要用 $E^{\ominus}$，不能用 E。

15. 答案 D。浓度不变，吸光度与液层厚度 b 成正比。改变波长可改变吸光度，但灵敏度降低，除非有其他离子干扰，一般选择 λ_{max}。

二、填空题

31. (1) $>$、(2) $<$；　32. (3) NaOH 和 Na_2CO_3；

33. (4) 0.250 0、(5) 24.10；　34. (6) 651 $J\cdot mol^{-1}\cdot K^{-1}$；

35. (7) $(-)Pt\mid Cl_2(p)\mid Cl^-(c_1)\parallel MnO_4^-(c_2),\ Mn^{2+}(c_3),\ H^+(c_4)\mid Pt(+)$；

36. (8) 2（甲基橙指示剂 HCl 被滴定，$H_3PO_4\rightarrow H_2PO_4^-$ 被滴定，一个突跃，酚酞作指示剂 $H_2PO_4^-\rightarrow HPO_4^{2-}$ 为第二个突跃。$HPO_4^{2-}\rightarrow PO_4^{3-}$，已不满足 $c_{sp,r}K_{ai}^{\ominus}\geqslant10^{-8}$，$K_{ai}^{\ominus}/K_{a(i+1)}^{\ominus}>10^4$ 的判据）；

37. (9) d^2sp^3、(10) 正八面体（Co^{3+} 的电子构型为 $3d^6$，$\mu=0$，d 轨道无成单电子，用内轨成键）；

38. (11) 0.333($A=-lg\,T$，$A\propto b$)；

39. (12) 二氯化一氯·五水合铬（Ⅲ）；

40. (13) 左；　41. (14) $PbCrO_4$；

42. (15) $Cl_2O(g)>Cl_2(g)>F_2(g)>H_2(g)$。

三、计算、分析与合成题

60. (6 分) (1) 不正确，违背了能量最低原理，正确的为 $1s^22s^1$。

(2) 不正确，违背了泡利（Pauli）不相容原理，正确的为 $1s^22s^22p^63s^23p^1$。

(3) 不正确，违背了洪特（Hund）规则，正确的为 $1s^22s^22p_x^12p_y^12p_z^1$。

61. (4 分) (1) 能用酸碱滴定法直接滴定，因为 $cK_a^{\ominus}>10^{-8}$。

(2) 不能用酸碱滴定法直接滴定，因为 $cK_b^{\ominus}<10^{-8}$。

62. (5 分)　$C_6H_8O_6+I_2=C_6H_6O_6+2HI$

$$w(C_6H_8O_6)=\frac{c(I_2)\cdot V(I_2)\cdot M(C_6H_8O_6)}{m_s}\times100\%$$

$$=\frac{0.050\,00\ mol\cdot L^{-1}\times20.53\times10^{-3}\ L\times176.1\ g\cdot mol^{-1}}{0.201\,7\ g}\times100\%$$

$$=89.62\%$$

63.（8 分）$\Delta T_b = K_b b_B = K_b \cdot \dfrac{m_B}{M_B \cdot m_A}$

在乙醇溶剂中，$1.13\ \text{K} = 1.19\ \text{K} \cdot \text{kg} \cdot \text{mol}^{-1} \times \dfrac{12.2\ \text{g}}{M_1 \times 0.100\ \text{kg}}$，$M_1 = 128\ \text{g} \cdot \text{mol}^{-1}$

在苯溶液中，$1.21\ \text{K} = 2.53\ \text{K} \cdot \text{kg} \cdot \text{mol}^{-1} \times \dfrac{12.2\ \text{g}}{M_2 \times 0.100\ \text{kg}}$，$M_2 = 255\ \text{g} \cdot \text{mol}^{-1}$

因为 M_2 约为 M_1 的两倍，说明苯甲酸在乙醇中以单分子形式存在，而在苯中主要以双分子缔合形式存在。

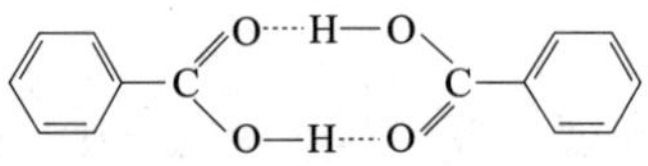

64.（7 分）$\lg \alpha_{Y(H)} = \lg K_f^{\ominus}(\text{CaY}) - 8 = 10.69 - 8 = 2.69$

查表得 pH=7.6，因此滴定允许的最低 pH 为 7.6

$[Ca^{2+}]_r \cdot [OH^-]_r^2 = K_{sp}^{\ominus}[Ca(OH)_2]$

$[OH^-]_r^2 = K_{sp}^{\ominus}[Ca(OH)_2]/[Ca^{2+}]_r = 4.68 \times 10^{-6}/0.020 = 2.3 \times 10^{-4}$

$[OH^-] = 1.5 \times 10^{-2}\ \text{mol} \cdot \text{L}^{-1}$，pOH=1.82

pH=12.18，因此滴定允许的最高 pH 为 12.18

2009 年全国硕士研究生入学统一考试农学门类联考化学试题
（无机及分析化学部分）

一、单项选择题（1～15 小题，每小题 2 分，共 30 分。下列每题给出的四个选项中，只有一个选项是符合题目要求的。请在答题卡上将所选项的字母涂黑）

1. 在相同条件下，水溶液甲的凝固点比水溶液乙的高，则两水溶液的沸点相比为（　　）。

A. 甲的较低　　B. 甲的较高

C. 两者相等　　D. 无法确定

2. 已知 $[Co(NH_3)_6]^{3+}$ 的 $\mu=0$，则 Co^{3+} 的杂化方式、配离子的空间构型分别为（　　）。

A. sp^3d^2 杂化，正八面体　　B. sp^3d^2 杂化，三方棱柱体

C. d^2sp^3 杂化，正八面体　　D. d^2sp^3 杂化，四方锥

3. 生物化学工作者常将 37 ℃时的速率常数与 27 ℃时的速率常数之比称为 Q_{10}。若某反应的 Q_{10} 为 2.5，则反应的活化能约为（　　）。

A. $15\ \text{kJ} \cdot \text{mol}^{-1}$　　B. $26\ \text{kJ} \cdot \text{mol}^{-1}$

C. $54\ \text{kJ} \cdot \text{mol}^{-1}$　　D. $71\ \text{kJ} \cdot \text{mol}^{-1}$

4. 下列分子中，中心原子为 sp 杂化的是（　　）。

A. H_2O　　B. NH_3

C. BH_3　　D. CO_2

5. 测得某种新合成有机酸的 $pK_a^{\ominus} = 4.35$，其 $K_a^{\ominus}$ 为（　　）。

A. 4.467×10^{-5}　　B. 4.47×10^{-5}

C. 4.5×10^{-5}　　D. 5×10^{-5}

6. $Mg(OH)_2$ 和 $MnCO_3$ 的 $K_{sp}^{\ominus}$ 数值相近，在 $Mg(OH)_2$ 和 $MnCO_3$ 两份饱和溶液中 Mg^{2+} 和 Mn^{2+} 浓度的关系是（　　）。

A. $c(Mg^{2+})>c(Mn^{2+})$　　B. $c(Mg^{2+})=c(Mn^{2+})$

C. $c(Mg^{2+})<c(Mn^{2+})$　　D. 无法确定

7. 间接碘量法中，加入淀粉指示剂的适宜时间为（　　）。

A. 滴定开始时　　B. 标准溶液滴定了近 50%时

C. 滴定至近终点时　　D. 滴定至 I_3^- 的红棕色褪尽时

8. 配位滴定中，Fe^{3+}、Al^{3+} 对铬黑 T 有（　　）。

A. 僵化作用　　B. 氧化作用

C. 沉淀作用　　D. 封闭作用

9. 等温等压下，已知反应 A ══ 2B 的 $\Delta_r H_m^{\ominus}(1)$ 及反应 2A ══ C 的 $\Delta_r H_m^{\ominus}(2)$，则反应 C ══ 4B 的 $\Delta_r H_m^{\ominus}$ 为（　　）。

A. $2\Delta_r H_m^{\ominus}(1)-\Delta_r H_m^{\ominus}(2)$　　B. $\Delta_r H_m^{\ominus}(2)-2\Delta_r H_m^{\ominus}(1)$

C. $\Delta_r H_m^{\ominus}(1)+\Delta_r H_m^{\ominus}(2)$　　D. $2\Delta_r H_m^{\ominus}(1)+\Delta_r H_m^{\ominus}(2)$

10. 某有色物质溶液，测得其吸光度为 A_1，第一次稀释后测得其吸光度为 A_2，再稀释一次，测得吸光度为 A_3，已知 $A_1-A_2=0.500$，$A_2-A_3=0.250$。透光度比值 T_3/T_1 应为（　　）。

A. 5.62　　B. 5.16　　C. 3.16　　D. 1.78

11. 已知 $K_{sp}^{\ominus}(CaSO_4)=9.1\times10^{-6}$，$K_{sp}^{\ominus}[Ca(OH)_2]=5.5\times10^{-6}$，等体积 0.10 $mol\cdot L^{-1}$ $CaCl_2$ 和 0.10 $mol\cdot L^{-1}$ Na_2SO_4 溶液混合，在 pH 为 9.0 时，溶液会出现（　　）。

A. $Ca(OH)_2$ 沉淀　　B. $CaSO_4$ 沉淀

C. $CaSO_4$ 和 $Ca(OH)_2$ 沉淀　　D. 无沉淀

12. 饱和、1 $mol\cdot L^{-1}$ 和 0.1 $mol\cdot L^{-1}$ 三种甘汞电极的电极电势依次用 φ_1、φ_2 和 φ_3 表示。电极反应为 $Hg_2Cl_2(s)+2e^-$ ══ $2Hg(l)+2Cl^-(aq)$，25 ℃时电极电势大小的关系为（　　）。

A. $\varphi_1>\varphi_2>\varphi_3$　　B. $\varphi_2>\varphi_1>\varphi_3$

C. $\varphi_3>\varphi_2>\varphi_1$　　D. $\varphi_3>\varphi_1>\varphi_2$

13. 氢气的燃烧反应为 $2H_2(g)+O_2(g)$ ══ $2H_2O(g)$。若 1 mol H_2 完全燃烧生成水，反应进度 ξ 为（　　）。

A. 2 mol　　B. 1.5 mol　　C. 1 mol　　D. 0.5 mol

14. 已知 298 K 时，反应 $N_2(g)+3H_2(g)$ ══ $2NH_3(g)$ 的 $\Delta_r H_m^{\ominus}=-92.2$ $kJ\cdot mol^{-1}$，该反应的 $\Delta_r U_m^{\ominus}$ 值为（　　）。

A. -97.2 $kJ\cdot mol^{-1}$　　B. -87.2 $kJ\cdot mol^{-1}$

C. -82.2 $kJ\cdot mol^{-1}$　　D. -75.2 $kJ\cdot mol^{-1}$

15. 电势分析中，pH 玻璃电极的内参比电极一般为（　　）。

A. 标准氢电极　　B. Ag－AgCl 电极

C. 铂电极　　D. 银电极

二、填空题（31～39 小题，每空 1 分，共 15 分。请将答案写在答题纸指定位置上）

31. 已知反应 N_2+2O_2 ══ N_2O_4 的 $\Delta_r H_m^{\ominus}=9.16$ $kJ\cdot mol^{-1}$。若降低温度，反应速率将

___(1)___，化学平衡将向___(2)___方向移动。

32. Cr 的价电子构型为___(3)___，Cu 的价电子构型为___(4)___。

33. NH_4CN 水溶液的质子条件式为___(5)___。

34. 用 EDTA 滴定 Pb^{2+}、Zn^{2+} 混合溶液中的 Pb^{2+} 时，加入酒石酸的作用是___(6)___，加入 KCN 的作用是___(7)___。

35. 莫尔（Mohr）法是以___(8)___作指示剂，用___(9)___标准溶液测定 Cl^-（Br^-）的银量法。

36. 用等体积的 1.0 $mol \cdot L^{-1}$ HAc 溶液和 1.0 $mol \cdot L^{-1}$ NaAc 溶液配制的缓冲溶液，其 pH＝___(10)___，在 100 mL 该缓冲溶液中加入 1 mL 0.1 $mol \cdot L^{-1}$ HCl 溶液，溶液的 pH 将___(11)___。已知：$K_a^{\ominus}(HAc)=1.75\times10^{-5}$。

37. $KMnO_4$ 法测定 Ca^{2+} 时，$n(Ca^{2+}):n(KMnO_4)=$___(12)___。

38. 将 0.505 0 g 的 MgO 试样溶于 25.00 mL 0.092 57 $mol \cdot L^{-1}$ H_2SO_4 溶液中，然后用 0.111 2 $mol \cdot L^{-1}$ NaOH 溶液滴定，消耗 24.30 mL。MgO 的质量分数为___(13)___，这种滴定方式称为___(14)___法。已知：$M(MgO)=40.31\ g \cdot mol^{-1}$。

39. 四（异硫氰酸根）·二氨合铬（Ⅲ）酸铵的化学式是___(15)___。

三、计算、分析与合成题（54～58 小题，共 30 分。请将答案写在答题纸指定位置上）

54. （4 分）分光光度法中，在一定波长下，为了使吸光度在最适宜的读数范围内，通常采取哪些措施？

55. （6 分）试解释下列事实：（1）碘的熔点、沸点比溴的高；（2）乙醇的熔点、沸点比乙醚的高；（3）邻硝基苯酚的熔点比间硝基苯酚的低。

56. （8 分）对于生命起源问题，有人提出最初植物或动物内的复杂分子是由简单分子自发形成的。例如，尿素（NH_2CONH_2）的生成可以用如下反应方程式表示：

$$CO_2(g)+2NH_3(g)=\!=\!=NH_2CONH_2(s)+H_2O(l)$$

（1）利用下表中的热力学数据计算上述反应在 298.15 K 时的 $\Delta_r G_m^{\ominus}$，说明该反应在 298.15 K、标准状态下能否自发进行。

（2）计算在标准状态下，该反应不能自发进行的最低温度。

	$CO_2(g)$	$NH_3(g)$	$NH_2CONH_2(s)$	$H_2O(l)$
$\Delta_f G_m^{\ominus}/(kJ \cdot mol^{-1})$	−394.36	−16.45	−196.7	−237.13
$S_m^{\ominus}/(J \cdot mol^{-1} \cdot K^{-1})$	213.7	192.4	104.6	69.91

57. （7 分）已知电极反应：

$$MnO_4^- +8H^+ +5e^- =\!=\!= Mn^{2+} +4H_2O \quad \varphi^{\ominus}=1.51\ V$$

$$Cl_2+2e^- =\!=\!= 2Cl^- \quad \varphi^{\ominus}=1.36\ V$$

将这两个电极组成原电池。

（1）写出电池符号及电池反应方程式；

（2）计算电池的标准电动势；

（3）计算电池反应的标准平衡常数。

58. （5 分）某试样可能含有 Na_3PO_4、Na_2HPO_4、NaH_2PO_4 或它们的混合物以及其他不与酸作用的杂质。称取试样 2.000 0 g，溶解后用甲基橙作指示剂，以 0.500 0 $mol \cdot L^{-1}$

HCl 标准溶液滴定时消耗 32.00 mL，称取相同质量的试样，用酚酞作指示剂，消耗 HCl 标准溶液 12.00 mL。判断试样的组成并计算各组分的质量分数。

已知：$K_{a1}^{\ominus}(H_3PO_4)=7.1\times10^{-3}$，$K_{a2}^{\ominus}(H_3PO_4)=6.3\times10^{-8}$，$K_{a3}^{\ominus}(H_3PO_4)=4.8\times10^{-13}$，$M(Na_3PO_4)=163.9\ g\cdot mol^{-1}$，$M(Na_2HPO_4)=142.0\ g\cdot mol^{-1}$，$M(NaH_2PO_4)=120.0\ g\cdot mol^{-1}$。

2009 年全国硕士研究生入学统一考试农学门类联考化学试题参考答案及解析

（无机及分析化学部分）

一、单项选择题

1. 答案 A。溶液的依数性，甲的凝固点高，ΔT_f 小，b 小，沸点低。

2. 答案 C。根据配合物的价键理论，配位数为 6 的空间构型不可能是三方棱柱体和四方锥。Co^{3+}，$3d^6$，$\mu=0$，内轨。

3. 答案 D。反应速率与温度关系应用阿仑尼乌斯对数式计算，$\lg 2.5=\frac{E_a}{2.303R}\left(\frac{T_2-T_1}{T_1\cdot T_2}\right)$，注意 T 的单位为 K，$1\ kJ=10^3\ J$。

4. 答案 D。无机分子 sp 杂化为 AB_2 型，H_2O 为 sp^3 不等性杂化。

5. 答案 C。$pK_a^{\ominus}$ 为 4.35 的有效数字是两位。

6. 答案 A。分析见 41 题（2008 年）

7. 答案 C。过早，淀粉包夹 I_2 多，难被滴定，过迟，I_3^- 红棕色褪尽，不显蓝色。

8. 答案 D。

9. 答案 A。盖斯定律。

10. 答案 A。$A=-\lg T$，①$-\lg T_1+\lg T_2=0.500$，②$-\lg T_2+\lg T_3=0.250$，解①，②联立方程组。

11. 答案 B。依据溶度积规则判断。pH 为 9.0 时，$c_r(OH^-)=10^{-5}$，$Q=c_r(Ca^{2+})\cdot c_r^2(OH^-)<K_{sp}^{\ominus}[Ca(OH)_2]$，无 $Ca(OH)_2$ 沉淀生成，$Q=c_r(Ca^{2+})\cdot c_r(SO_4^{2-})>K_{sp}^{\ominus}(CaSO_4)$，有 $CaSO_4$ 沉淀生成。

12. 答案 C。由电极反应的能斯特方程可知 Cl^-（广义的还原态）浓度增大电极电势减小。

13. 答案 D。$\xi=\frac{n_B(t)-n_B(0)}{\nu_B}=\frac{\Delta n_B}{\nu_B}=\frac{-1\ mol}{-2}=0.5\ mol$

14. 答案 B。$\Delta_r H_m^{\ominus}=\Delta_r U_m^{\ominus}+\Delta n_B RT$

$$\begin{aligned}\Delta_r U_m^{\ominus}&=\Delta_r H_m^{\ominus}-\Delta n_B RT\\&=-92.2\ kJ\cdot mol^{-1}-(2-4)\times8.314\ kJ\cdot mol^{-1}\cdot K^{-1}\times10^{-3}\times298\ K=-87.2\ kJ\cdot mol^{-1}\text{。}\end{aligned}$$

15. 答案 B。

二、填空题

31. （1）降低、（2）逆反应；　32. （3）$3d^5 4s^1$、（4）$3d^{10} 4s^1$；

33. （5）$c(H^+)+c(HCN)=c(NH_3)+c(OH^-)$（参与质子转移的零水准为 NH_4^+ 和 CN^-）；

34. （6）控制酸度、（7）掩蔽 Zn^{2+}（EDTA 滴定重要特点：①控制酸度；②防止其他金属离子干扰，KCN 的作用多为掩蔽）；

35. （8）K_2CrO_4、（9）$AgNO_3$；　36. （10）4.76、（11）基本不变；

37. （12）5∶2；　38. （13）7.69%、（14）返滴定；

39. （15）$NH_4[Cr(NCS)_4(NH_3)_2]$。

三、计算、分析与合成题

54. （4 分）采取的措施有：控制溶液的浓度，改变比色皿的厚度。

55. （6 分）（1）同类化合物的相对分子质量越大，色散力越大。因为碘的相对分子质量大于溴的相对分子质量，碘的色散力大于溴的色散力，所以碘的熔点、沸点比溴高。

（2）因为乙醇能形成分子间氢键，而乙醚不能形成分子间氢键，所以乙醇的熔点、沸点比乙醚高。

（3）因为邻硝基苯酚形成分子内氢键，间硝基苯酚形成分子间氢键，一般含有分子内氢键的物质的熔点低于含有分子间氢键的同分异构体的熔点，所以邻硝基苯酚的熔点比间硝基苯酚的低。

56. （8 分）（1）298.15 K 时反应的 $\Delta_r G_m^\ominus$ 为

$$\begin{aligned}\Delta_r G_m^\ominus &= \Delta_f G_m^\ominus(NH_2CONH_2, s)+\Delta_f G_m^\ominus(H_2O, l)-\Delta_f G_m^\ominus(CO_2, g)-2\Delta_f G_m^\ominus(NH_3, g)\\ &= -196.7\ kJ\cdot mol^{-1}+(-237.13\ kJ\cdot mol^{-1})-(-394.36\ kJ\cdot mol^{-1})-\\ &\quad 2\times(-16.45\ kJ\cdot mol^{-1})\\ &= -6.57\ kJ\cdot mol^{-1}\end{aligned}$$

$\Delta_r G_m^\ominus<0$，该反应在 298.15 K、标准状态下能自发进行。

（2）298.15 K 时反应的 $\Delta_r H_m^\ominus$ 和 $\Delta_r S_m^\ominus$ 为

$$\begin{aligned}\Delta_r S_m^\ominus &= S_m^\ominus(NH_2CONH_2, s)+S_m^\ominus(H_2O, l)-S_m^\ominus(CO_2, g)-2S_m^\ominus(NH_3, g)\\ &= 104.6\ J\cdot mol^{-1}\cdot K^{-1}+69.91\ J\cdot mol^{-1}\cdot K^{-1}-213.7\ J\cdot mol^{-1}\cdot K^{-1}-\\ &\quad 2\times 192.4\ J\cdot mol^{-1}\cdot K^{-1}\\ &= -424\ J\cdot mol^{-1}\cdot K^{-1}\end{aligned}$$

$$\begin{aligned}\Delta_r H_m^\ominus &= \Delta_r G_m^\ominus + T\Delta_r S_m^\ominus\\ &= -6.57\ kJ\cdot mol^{-1}+298\ K\times(-424\ kJ\cdot mol^{-1}\cdot K^{-1}\times 10^{-3})\\ &= -133\ kJ\cdot mol^{-1}\end{aligned}$$

在标准状态下，反应不能自发进行的条件为

$$\Delta_r G_m^\ominus=\Delta_r H_m^\ominus - T\Delta_r S_m^\ominus>0$$

$$-133\ kJ\cdot mol^{-1}-T\times(-424\ kJ\cdot mol^{-1}\cdot K^{-1}\times 10^{-3})>0$$

$$T>\frac{133\ kJ\cdot mol^{-1}}{424\ kJ\cdot mol^{-1}\cdot K^{-1}\times 10^{-3}}=314\ K$$

57.（7 分）（1）电池符号：$(-)Pt, Cl_2(p)\,|\,Cl^-(c_1)\,\|\,MnO_4^-(c_2), Mn^{2+}(c_3), H^+(c_4)\,|\,Pt(+)$

电池反应：$2MnO_4^- + 10Cl^- + 16H^+ \xlongequal{} 2Mn^{2+} + 5Cl_2 + 8H_2O$

（2）电池的标准电池电动势：

$$E^\ominus = \varphi^\ominus(MnO_4^-/Mn^{2+}) - \varphi^\ominus(Cl_2/Cl^-) = 1.51\ V - 1.36\ V = 0.15\ V$$

（3）电池反应的标准平衡常数：

$$\lg K^\ominus = \frac{nE^\ominus}{0.0592\ V} = 16.9\ V^{-1} nE^\ominus = 16.9\ V^{-1} \times 10 \times 0.15\ V = 25.34$$

$$K^\ominus = 2.2 \times 10^{25}$$

58.（5分）分析：试样不可能三种共存，因 Na_3PO_4 要与 NaH_2PO_4 反应，不能大量共存，则只有 Na_3PO_4 和 Na_2HPO_4 共存与 Na_2HPO_4 和 NaH_2PO_4 共存的两种可能。

盐酸滴定至酚酞终点消耗的体积小于滴定至甲基橙终点消耗的体积，故试样组成为 Na_3PO_4 和 Na_2HPO_4。

滴定至酚酞终点时，Na_3PO_4 的含量

$$w(Na_3PO_4) = \frac{m(Na_3PO_4)}{m_s} \times 100\% = \frac{c(HCl) \cdot V(HCl) \cdot M(Na_3PO_4)}{m_s} \times 100\%$$

$$= \frac{0.5000\ mol \cdot L^{-1} \times 12.00 \times 10^{-3}\ L \times 163.9\ g \cdot mol^{-1}}{2.000\ g} \times 100\%$$

$$= 49.17\%$$

滴定至甲基橙终点时，Na_2HPO_4 的含量

$$w(Na_2HPO_4) = \frac{m(Na_2HPO_4)}{m_s} \times 100\% = \frac{c(HCl) \cdot V(HCl) \cdot M(Na_2HPO_4)}{m_s} \times 100\%$$

$$= \frac{0.5000\ mol \cdot L^{-1} \times (32.00 - 2 \times 12.00) \times 10^{-3}\ L \times 142.0\ g \cdot mol^{-1}}{2.000\ g} \times 100\%$$

$$= 28.40\%$$

2010 年全国硕士研究生入学统一考试农学门类联考化学试题
（无机及分析化学部分）

一、单项选择题（1～15 小题，每小题 2 分，共 30 分。下列每题给出的四个选项中，只有一个选项是符合题目要求的。请在答题卡上将所选项的字母涂黑）

1. 温度相同时，物质的量浓度相同的下列物质的水溶液，其渗透压按从大到小的顺序排列正确的是（　　）。

A. $C_{12}H_{22}O_{11} > CO(NH_2)_2 > NaCl > CaCl_2$

B. $CaCl_2 > NaCl > CO(NH_2)_2 = C_{12}H_{22}O_{11}$

C. $CaCl_2 > CO(NH_2)_2 > NaCl > C_{12}H_{22}O_{11}$

D. $NaCl > C_{12}H_{22}O_{11} = CO(NH_2)_2 > CaCl_2$

2. 反应 $2NO(g) + O_2(g) \rightleftharpoons 2NO_2(g)$ 的 $\Delta_r H_m^\ominus < 0$，下列条件均能使平衡向右移动的是（　　）。

A. 升温，增压　　　　B. 降温，增压

C. 升温，减压　　　　D. 降温，减压

3. 由反应 $Fe(s)+2Ag^+(aq)=\!=\!=Fe^{2+}(aq)+2Ag(s)$ 组成原电池。将 Ag^+ 浓度减小到原来浓度的 1/10，则电池电动势的变化是（　　）。

A. 增加 0.059 2 V　　B. 减小 0.059 2 V

C. 增加 0.118 V　　D. 减小 0.118 V

4. 用直接电势法测定离子浓度，工作曲线的纵坐标、横坐标分别为（　　）。

A. 工作电池电动势、离子浓度

B. 指示电极的电极电势、离子浓度

C. 工作电池电动势、离子相对浓度的负对数

D. 膜电势、离子相对浓度的负对数

5. CO_2 中的 C 原子、NH_3 中的 N 原子采取的杂化轨道类型分别是（　　）。

A. sp^2、sp^2　　B. sp、不等性 sp^3

C. sp^3、sp^3　　D. sp^2、不等性 sp^3

6. 各组分浓度均为 $0.1\ mol\cdot L^{-1}$ 的下列溶液中，pH 最小的是（　　）。

A. HAc－HCl 混合溶液　　B. HAc－NaAc 混合溶液

C. NH_4Cl 溶液　　D. HCl 溶液

7. 丙烷的燃烧反应为 $C_3H_8(g)+5O_2(g)=\!=\!=3CO_2(g)+4H_2O(l)$，已知 132 g $C_3H_8(g)$ 完全燃烧时放出 6 600 kJ 热量，则该反应的反应热是（　　）。

A. $-1\ 100\ kJ\cdot mol^{-1}$　　B. $-2\ 200\ kJ\cdot mol^{-1}$

C. $3\ 300\ kJ\cdot mol^{-1}$　　D. $6\ 600\ kJ\cdot mol^{-1}$

8. 反应 $Cu_2O(s)+1/2O_2(g)=2CuO(s)$，在 400 K 时 $\Delta_rG_m^\ominus=-95.33\ kJ\cdot mol^{-1}$；在 300 K 时 $\Delta_rG_m^\ominus=-107.9\ kJ\cdot mol^{-1}$。该反应的 $\Delta_rH_m^\ominus$ 和 $\Delta_rS_m^\ominus$ 分别近似为（　　）。

A. $187.4\ kJ\cdot mol^{-1}$、$126\ J\cdot mol^{-1}\cdot K^{-1}$

B. $-187.4\ kJ\cdot mol^{-1}$、$126\ J\cdot mol^{-1}\cdot K^{-1}$

C. $-145.7\ kJ\cdot mol^{-1}$、$-126\ J\cdot mol^{-1}\cdot K^{-1}$

D. $145.7\ kJ\cdot mol^{-1}$、$126\ J\cdot mol^{-1}\cdot K^{-1}$

9. 下列各组卤化物中，其离子键成分按从大到小的顺序排列正确的是（　　）。

A. CsF＞RbCl＞KBr＞NaI　　B. CsF＞RbBr＞KCl＞NaI

C. RbBr＞CsI＞NaF＞KCl　　D. KCl＞NaF＞CsI＞RbBr

10. 已知 H_2CO_3 的 $K_{a1}^\ominus=4.47\times10^{-7}$，$K_{a2}^\ominus=4.68\times10^{-11}$，则 $0.1\ mol\cdot L^{-1}$ $NaHCO_3$ 溶液的 pH 为（　　）。

A. 8.3　　B. 9.3　　C. 10.1　　D. 12.3

11. 在吸光光度法中，吸光度可表示为（　　）。

A. $\lg(I_t/I_0)$　　B. $\lg T$　　C. $-\lg T$　　D. I_0/I_t

12. 欲使 M^{2+} 与浓度为 $0.001\ mol\cdot L^{-1}$ 的 N^{2+} 分离，将 M^{2+} 定性沉淀完全生成 MS，而 N^{2+} 不生成沉淀 NS，则沉淀 NS 与 MS 溶度积的比值至少应大于（　　）。

A. 10^6　　B. 10^2　　C. 10^{-2}　　D. 10^{-6}

13. 在配位滴定中，以 EDTA 为滴定剂时，下列叙述错误的是（　　）。

A. 在酸性较大的溶液中，可形成 MHY 配合物

B. 在碱性较大的溶液中，可形成 MOHY 配合物

C. 不论形成 MHY 还是 MOHY，均有利于滴定反应

D. 不论溶液 pH 的大小，只形成 MY 一种配合物

14. 已知：$\varphi^{\ominus}(F_2/F^-)=2.87$ V，$\varphi^{\ominus}(Cl_2/Cl^-)=1.36$ V，$\varphi^{\ominus}(Br_2/Br^-)=1.09$ V，$\varphi^{\ominus}(I_2/I^-)=0.54$ V，$\varphi^{\ominus}(Fe^{3+}/Fe^{2+})=0.77$ V，则在标准状态下，下列叙述正确的是（　　）。

A. 全部卤族元素均能被 Fe^{3+} 氧化

B. 在卤族元素中，除 F^- 外，均能被 Fe^{3+} 氧化

C. 在卤族元素中，只有 Br^- 和 I^- 能被 Fe^{3+} 氧化

D. 在卤族元素中，只有 I^- 能被 Fe^{3+} 氧化

15. 在 1 mol・L^{-1} H_2SO_4 溶液中，$\varphi^{\ominus\prime}(Ce^{4+}/Ce^{3+})=1.44$ V，$\varphi^{\ominus\prime}(Fe^{3+}/Fe^{2+})=0.68$ V。以 Ce^{4+} 滴定 Fe^{2+} 时，最适宜的指示剂为（　　）。

A. 二苯胺磺酸钠（$\varphi^{\ominus\prime}=0.84$ V）

B. 亚甲基蓝（$\varphi^{\ominus\prime}=0.52$ V）

C. 邻二氮菲-亚铁（$\varphi^{\ominus\prime}=1.06$ V）

D. 硝基邻二氮菲-亚铁（$\varphi^{\ominus\prime}=1.25$ V）

二、填空题（31～40 小题，每空 1 分，共 15 分。请将答案写在答题纸指定位置上）

31. 将 10.0 mL 0.10 mol・L^{-1} KBr 溶液与 8.0 mL 0.050 mol・L^{-1} $AgNO_3$ 溶液混合，制备 AgBr 溶胶。该溶胶的胶团结构式为__(1)__，稳定剂是__(2)__。

32. 若滴定管的读数误差不超过±0.1%，则取用的滴定剂的体积至少应为__(3)__mL。

33. 用 EDTA 标准溶液测定水的硬度时，应加入__(4)__，对水中含有少量的 Fe^{3+} 和 Al^{3+} 进行掩蔽。

34. 尼古丁($C_{10}H_{14}N_2$）是二元弱碱。0.050 mol・L^{-1}尼古丁水溶液的pH=__(5)__，其中 $c(C_{10}H_{14}N_2H_2^{2+})$=__(6)__mol・$L^{-1}$。已知：$K_{b1}^{\ominus}(C_{10}H_{14}N_2)=7.0\times10^{-7}$，$K_{b2}^{\ominus}(C_{10}H_{14}N_2)=1.4\times10^{-11}$。

35. 某原子轨道的 $n=4$、$l=3$，写出 m 的所有取值__(7)__。

36. 配合物［CoCl(SCN)(en)$_2$］NO_2 的名称为__(8)__。

37. $(NH_4)_2HPO_4$ 水溶液的质子条件式为__(9)__。

38. 在定量分析中，增加平行实验次数的主要目的是__(10)__。

39. 以 Na_2CO_3 为基准物质标定 HCl 溶液，当基准物质中含有少量的 K_2CO_3 时，标定结果将__(11)__。（填“偏低”“偏高”或“不变”）

40. 在 0.10 mol・L^{-1} NH_3・H_2O 溶液中，浓度最大的组分是__(12)__，浓度最小的组分是__(13)__。加入少量 NH_4Cl(s) 后，NH_3・H_2O 的解离度将__(14)__，溶液的 pH 将__(15)__。（14、15 两空填“增大”“不变”或“减小”）

三、计算、分析与合成题（56～60 小题，共 30 分。请将答案写在答题纸指定位置上）

56. （5 分）氯和氮的电负性都等于 3.0，液态 NH_3 分子之间存在较强的氢键，而液态 HCl 分子之间形成氢键的倾向很小。请解释上述现象。

57. （5 分）用甲醛法测定氨的含量时，称取 0.500 g 铵盐试样，用0.280 0 mol・L^{-1}的 NaOH 溶液滴定至终点，消耗 18.30 mL NaOH 溶液。在 $w(NH_3)=17\%$、$w(NH_3)=$

17.4%、$w(NH_3)$=17.44%和 $w(NH_3)$=17.442%四个分析报告中，哪一个合理？为什么？

58.（6分）计算 $Mg(OH)_2$ 在 0.010 $mol \cdot L^{-1}$ $MgCl_2$ 溶液中的溶解度和溶液的 pH。已知：$Mg(OH)_2$ 的 $K_{sp}^{\ominus}=5.6\times10^{-12}$。

59.（8分）蔗糖在人体的新陈代谢过程中发生下列反应：

$$C_{12}H_{22}O_{11}(s)+12O_2(g)=\!=\!=12CO_2(g)+11H_2O(l)$$

（1）根据表中热力学数据，计算蔗糖在体温 37 ℃进行新陈代谢时的 $\Delta_r G_m^{\ominus}(310\ K)$；

（2）若有 30%的自由能可被利用做有用功，则食用 100 g 蔗糖可做多少有用功？

已知：$M(C_{12}H_{22}O_{11})=342\ g\cdot mol^{-1}$。

	$C_{12}H_{22}O_{11}(s)$	$O_2(g)$	$CO_2(g)$	$H_2O(l)$
$\Delta_f H_m^{\ominus}/(kJ\cdot mol^{-1})$	−2 221.7	0	−393.51	−285.84
$\frac{S_m^{\ominus}}{J\cdot mol^{-1}\cdot K^{-1}}$	360.2	205.03	213.6	69.94

60.（6分）瓷水槽里沉积的红棕色 $Fe(OH)_3$ 常用 $H_2C_2O_4$ 溶液洗涤除去。计算下列溶解反应的平衡常数。

$$Fe(OH)_3(s)+3H_2C_2O_4(aq)=\!=\!=[Fe(C_2O_4)_3]^{3-}(aq)+3H_2O+3H^+(aq)$$

已知：$K_{sp}^{\ominus}[Fe(OH)_3]=2.6\times10^{-39}$，$K_f^{\ominus}\{[Fe(C_2O_4)_3]^{3-}\}=1.0\times10^{20}$；

$K_{a1}^{\ominus}(H_2C_2O_4)=6.0\times10^{-2}$，$K_{a2}^{\ominus}(H_2C_2O_4)=6.0\times10^{-5}$。

2010年全国硕士研究生入学统一考试农学门类联考化学试题参考答案及解析

（无机及分析化学部分）

一、单项选择题

1. 答案 B。依数性是溶质在溶液中微粒数目多少的表现，相同物质的量浓度，影响依数性大小的顺序为含离子多的电解质＞含离子少的电解质＞弱电解质＞非电解质。

2. 答案 B。考察影响平衡移动的因素。

3. 答案 B。反应物中作为氧化剂组成的电对为正极，氧化态浓度降低电池电动势减小。

4. 答案 C。

5. 答案 B。C原子的杂化类型为 sp、$sp^2(CO_3^{2-})$ 和 $sp^3(CH_4)$，CO_2 为 AB_2 型分子，应为 sp 杂化，同类型的如 CS_2 也是 sp 杂化。

6. 答案 A。HAc－HCl 体系中，虽然 HAc 为弱酸，又存在同离子效应，但 HAc 仍然要解离出 H^+，尽管很少，H^+ 的总浓度还是大于同浓度的单纯的 HCl，pH 由小到大的顺序是 A＜D＜B＜C。

7. 答案 B。132 g C_3H_8 是 3 mol，反应为 1 mol $C_3H_8(g)$ 完全燃烧，反应热 $\Delta_r H_m^{\ominus}=\Delta_r H^{\ominus}/\xi=-6\ 600\ kJ/3\ mol$，放热为负。

8. 答案 C。$\Delta_r H_m^{\ominus}$ 和 $\Delta_r S_m^{\ominus}$ 随温度变化不大，用 300 K 和 400 K 两个吉布斯-亥姆霍兹公式 $\Delta_r G_m^{\ominus}=\Delta_r H_m^{\ominus}-T\Delta_r S_m^{\ominus}$ 联立解得。

9. 答案 A。用电负性差值大小判断。

10. 答案 A。两性物质 $NaHCO_3$ 的 $[H^+]_r=\sqrt{K_{a1}^{\ominus}\cdot K_{a2}^{\ominus}}$，$pH=1/2(pK_{a1}^{\ominus}+pK_{a2}^{\ominus})$。

11. 答案 C。

12. 答案 B。M^{2+}定性沉淀完全指 $[M]\leqslant 10^{-5}\ mol\cdot L^{-1}$，$[S^{2-}]_r\leqslant K_{sp}^{\ominus}(MS)/10^{-5}$，代入 $[S^{2-}]_r\cdot[N^{2+}]_r=K_{sp}^{\ominus}(NS)$，$[K_{sp}^{\ominus}(MS)/10^{-5}]\times 0.001=K_{sp}^{\ominus}(NS)$。

13. 答案 D。$M+Y\rightleftharpoons MY$，当 MY 发生副反应时，MY 的浓度降低，平衡正向移动，此类副反应使条件稳定常数增大，有利于滴定。酸度大，$\alpha_Y(H)$也大，显然是不利于滴定反应的，此题只是针对生成 MHY 而言，判断是否有利于反应。由于配位反应的复杂性，酸性较大的溶液生成 MHY 也是可能的。在 EDTA 的滴定反应中酸效应的影响是起主导作用的，酸度增大，条件稳定常数减小，不利于滴定。

14. 答案 D。判断氧化还原反应的方向，电极电势大的氧化态能氧化电极电势比它小的还原态。

15. 答案 C。指示剂的变色点即 $\varphi^{\ominus\prime}$（本书用 φ' 代替），条件电极电势尽量接近滴定的计量点溶液的电势，滴定反应为对称氧化还原反应 $\varphi_{sp}=\dfrac{n_1\varphi_1'+n_2\varphi_2'}{n_1+n_2}=\dfrac{1.44\ V+0.68\ V}{2}=1.06\ V$。

二、填空题

31. （1）$[(AgBr)_m\cdot nBr^-\cdot(n-x)K^+]^{x-}\cdot xK^+$、（2）KBr；

32. （3）20；　33. （4）三乙醇胺；

34. （5）10.27、（6）1.4×10^{-11}；

分析：$C_{10}H_{14}N_2+H_2O\rightleftharpoons C_{10}H_{14}N_2H^++OH^-\quad K_{b1}^{\ominus}$

$C_{10}H_{14}N_2H^++H_2O\rightleftharpoons C_{10}H_{14}N_2H_2^++OH^-\quad K_{b2}^{\ominus}$

$K_{b1}^{\ominus}\gg K_{b2}^{\ominus}$，不考虑二级解离，$[OH^-]_r=\dfrac{K_w^{\ominus}}{[H^+]_r}=\sqrt{c_r\cdot K_{b1}^{\ominus}}$

不考虑二级解离，即 $[C_{10}H_{14}N_2H^+]_r\approx[OH^-]_r$，

$K_{b2}^{\ominus}=\dfrac{\cancel{[OH^-]_r}\cdot[C_{10}H_{14}N_2H_2^+]_r}{\cancel{[C_{10}H_{14}N_2H^+]_r}}=[C_{10}H_{14}N_2H_2^+]_r=1.4\times10^{-11}$

35. （7）±3、±2、±1、0；

36. （8）亚硝酸一氯·一（硫氰酸根）·二（乙二胺）合钴（Ⅲ）；

37. （9）$[H^+]+[H_2PO_4^-]+2[H_3PO_4]=[NH_3]+[PO_4^{3-}]+[OH^-]$ 或 $c(H^+)+c(H_2PO_4^-)+2c(H_3PO_4)=c(NH_3)+c(PO_4^{3-})+c(OH^-)$；

38. （10）减小偶然误差；　39. （11）偏高；

40. （12）$NH_3\cdot H_2O$、（13）H^+、（14）减小、（15）减小。

三、计算、分析与合成题

56. （5 分）答：氢与电负性很大、半径很小的原子形成共价键时，氢能与电负性很大的其他原子形成氢键。因为氯原子半径较大，氮的原子半径较小，所以液态 HCl 分子间形成氢键的倾向很小，而液态氨分子间存在较强的氢键。

57. （5 分）答：$w(NH_3)=17.4\%$合理。结果应与有效数字最少即称取的 0.500 g 铵盐（其相对误差最大）保持一致。

58.（6 分）解：设 $Mg(OH)_2$ 的溶解度为 s

$$Mg(OH)_2(s) \rightleftharpoons Mg^{2+} \quad + \quad 2OH^-$$

平衡浓度/$(mol \cdot L^{-1})$　　　$0.010+s \approx 0.010$　　　$2s$

$K_{sp}^{\ominus}[Mg(OH)_2]=[Mg^{2+}]_r \cdot [OH^-]_r^2=0.010\times(2s)^2$

$$s=\sqrt{\frac{K_{sp}^{\ominus}[Mg(OH)_2]}{4[Mg^{2+}]_r}}=\sqrt{\frac{5.6\times10^{-12}}{4\times0.010}}=1.2\times10^{-5}$$

$$[OH^-]_r=2\times1.2\times10^{-5}=2.4\times10^{-5}$$

$$pOH=4.62 \qquad pH=9.38$$

59.（8 分）解：(1) $\Delta_r H_m^{\ominus}=\sum_B \nu_B \Delta_r H_m^{\ominus}(B)=12\times(-393.51\ kJ\cdot mol^{-1})+$
$11\times(-285.84\ kJ\cdot mol^{-1})-(-2\,221.7\ kJ\cdot mol^{-1})$
$=-5\,644.66\ kJ\cdot mol^{-1}$

$\Delta_r S_m^{\ominus}=\sum_B \nu_B S_m^{\ominus}(B)=12\times213.6\ J\cdot mol^{-1}\cdot K^{-1}+11\times69.94\ J\cdot mol^{-1}\cdot K^{-1}-$
$12\times205.03\ J\cdot mol^{-1}\cdot K^{-1}-360.2\ J\cdot mol^{-1}\cdot K^{-1}$
$=511.98\ J\cdot mol^{-1}\cdot K^{-1}$

$\Delta_r G_m^{\ominus}(310\ K)=\Delta_r H_m^{\ominus}-310\ K\times\Delta_r S_m^{\ominus}$
$=-5\,644.66\ kJ\cdot mol^{-1}-310\ K\times511.98\times10^{-3}\ kJ\cdot mol^{-1}\cdot K^{-1}$
$=-5\,803.37\ kJ\cdot mol^{-1}$

(2) $W'_{max}=\xi\cdot\Delta_r G_m^{\ominus}\times30\%$

$$=\frac{m(C_{12}H_{22}O_{11})}{M(C_{12}H_{22}O_{11})}\cdot\Delta_r G_m^{\ominus}\times30\%$$

$$=\frac{100\ g}{342\ g\cdot mol^{-1}}\times(-5\,803.37\ kJ\cdot mol^{-1})\times30\%$$

$$=-509.07\ kJ$$

所以，可做 509.07 kJ 的有用功。

60.（6 分）从总反应中存在平衡的物质分析：

$Fe(OH)_3(s)$ 存在沉淀溶解平衡：

$$Fe(OH)_3(s) \rightleftharpoons \cancel{Fe^{3+}}+3OH^- \quad K_{sp}^{\ominus}$$

$H_2C_2O_4$ 解离平衡：

$$3H_2C_2O_4 \rightleftharpoons 6H^+ + \cancel{3C_2O_4^{2-}} \quad (K_{a1}^{\ominus}\cdot K_{a2}^{\ominus})^3$$

$[Fe(C_2O_4)_3]^{3-}$ 的配位平衡：

$$\cancel{Fe^{3+}}+\cancel{3C_2O_4^{2-}} \rightleftharpoons [Fe(C_2O_4)_3]^{3-} \quad K_f^{\ominus}$$

H_2O 解离的逆反应平衡：

$$+)\qquad 3H^+ + 3OH^- \rightleftharpoons 3H_2O \qquad (1/K_w^{\ominus})^3$$

$$Fe(OH)_3(s)+3H_2C_2O_4(aq) = [Fe(C_2O_4)_3]^{3-}(aq)+3H_2O+3H^+(aq)$$

$K_j^{\ominus}=K_{sp}^{\ominus}\cdot(K_{a1}^{\ominus}\cdot K_{a2}^{\ominus})^3\cdot K_f^{\ominus}\cdot(1/K_w^{\ominus})^3$
$=2.6\times10^{-39}\times1.0\times10^{20}\times(6.0\times10^{-2}\times6.0\times10^{-5})^3\times(1.0\times10^{-14})^{-3}$
$=1.2\times10^7$

总反应中存在平衡的物质是反应物和生成物，相应的平衡保持其反应物或生成物，乘上相应的计量系数，平衡常数也以此计量系数为方次，各平衡反应相加得总反应，其平衡常数等于各平衡常数的乘积。

2011 年全国硕士研究生入学统一考试农学门类联考化学试题
（无机及分析化学部分）

一、单项选择题（1～15 小题，每小题 2 分，共 30 分。下列每题给出的四个选项中，只有一个选项是符合题目要求的。请在答题卡上将所选项的字母涂黑）

1. 在 298 K 和标准状态时，下列反应均为非自发反应，其中在高温时仍为非自发的反应是（　　）。

A. $Ag_2O(s)=\!=\!=2Ag(s)+1/2O_2(g)$

B. $N_2O_4(g)=\!=\!=2NO_2(g)$

C. $6C(s)+6H_2O(g)=\!=\!=C_6H_{12}O_6(s)$

D. $Fe_2O_3(s)+3/2C(s)=\!=\!=2Fe(s)+3/2CO_2(g)$

2. 已知 298 K 时，

$$H_2(g)+Br_2(l)=\!=\!=2HBr(g) \qquad \Delta_r H_m^{\ominus}=-72.8\ kJ\cdot mol^{-1}$$
$$N_2(g)+3H_2(g)=\!=\!=2NH_3(g) \qquad \Delta_r H_m^{\ominus}=-92.2\ kJ\cdot mol^{-1}$$
$$NH_3(g)+HBr(g)=\!=\!=NH_4Br(s) \qquad \Delta_r H_m^{\ominus}=-188.3\ kJ\cdot mol^{-1}$$

则 $\Delta_f H_m^{\ominus}(NH_4Br，s)$为（　　）。

A. $270.8\ kJ\cdot mol^{-1}$　　B. $-270.8\ kJ\cdot mol^{-1}$

C. $-343.3\ kJ\cdot mol^{-1}$　　D. $-541.6\ kJ\cdot mol^{-1}$

3. 用 HCl 标准溶液标定 NaOH 溶液，由于滴定管读数时最后一位数字估测不准而产生误差，为减小这种误差可以采用的方法是（　　）。

A. 空白试验　　B. 对照试验

C. 增加平行测定次数　　D. 设法读准每一次读数

4. Na_2S 溶液的质子条件式为（　　）。

A. $c(H^+)+c(HS^-)+2c(H_2S)=c(OH^-)$

B. $c(H^+)+c(Na^+)=c(HS^-)+2c(S^{2-})+c(OH^-)$

C. $c(H^+)+c(H_2S)=c(HS^-)+2c(S^{2-})+c(OH^-)$

D. $c(H^+)+c(H_2S)+c(HS^-)=c(OH^-)$

5. 已知 $2NO+2H_2=\!=\!=N_2+2H_2O$ 的反应历程如下：

$$2NO+H_2=\!=\!=N_2+H_2O_2\ （慢），H_2O_2+H_2=\!=\!=2H_2O\ （快）$$

该反应对 NO 的反应级数为（　　）。

A. 零级　　B. 一级　　C. 二级　　D. 三级

6. 将 $AgNO_3$ 溶液和 KI 溶液混合制得 AgI 溶胶，测得该溶胶的聚沉值为：Na_2SO_4，140 mmol；$Mg(NO_3)_2$，6.0 mmol。该溶胶的胶团结构式为（　　）。

A. $[(AgI)_m\cdot nI^-\cdot(n-x)K^+]^{x-}\cdot xK^+$

B. $[(AgI)_m\cdot nI^-\cdot(n-x)NO_3^-]^{x-}\cdot xNO_3^-$

C. $[(AgI)_m \cdot nAg^+ \cdot (n-x)NO_3^-]^{x+} \cdot xNO_3^-$

D. $[(AgI)_m \cdot nI^- \cdot (n-x)I^-]^{x+} \cdot xI^-$

7. 下列分析纯试剂中，可作基准物质的是（　　）。

A. $KMnO_4$　　B. KI　　C. $K_2Cr_2O_7$　　D. $Na_2S_2O_3$

8. 配合物 $[Co(NH_3)(en)Cl_3]$ 中，Co 的氧化数和配位数分别是（　　）。

A. +3 和 5　　B. +3 和 6　　C. +2 和 5　　D. +2 和 6

9. 某显色剂 In 在 pH=3～6 时呈黄色，pH=6～12 时呈橙色，pH>12 时呈红色，该显色剂与金属离子的配合物 MIn 也呈红色，显色反应的反应条件为（　　）。

A. 中性　　B. 弱酸性　　C. 弱碱性　　D. 强碱性

10. 相同温度下，$NH_3(l)$、$PH_3(l)$ 和 $AsH_3(l)$ 的饱和蒸气压高低顺序为（　　）。

A. $NH_3(l)>PH_3(l)>AsH_3(l)$　　B. $NH_3(l)>AsH_3(l)>PH_3(l)$

C. $AsH_3(l)>PH_3(l)>NH_3(l)$　　D. $PH_3(l)>AsH_3(l)>NH_3(l)$

11. 用强酸或强碱滴定下列物质，只有一个滴定突跃的是（　　）。

A. $(CH_2)_6N_4(K_b^\ominus=1.4\times10^{-9})$

B. $H_3BO_3(K_a^\ominus=5.8\times10^{-10})$

C. $Na_3PO_4(K_{a1}^\ominus=6.9\times10^{-3}, K_{a2}^\ominus=6.23\times10^{-8}, K_{a3}^\ominus=4.8\times10^{-13})$

D. NaOH 和 NaAc$[K_a^\ominus(HAc)=1.8\times10^{-5}]$ 混合溶液

12. AgCl(s)在纯水、0.01 mol·L^{-1} $CaCl_2$ 溶液、0.01 mol·L^{-1} NaCl 溶液和 0.05 mol·L^{-1} $AgNO_3$ 溶液中的溶解度分别为 S_0、S_1、S_2 和 S_3，则（　　）。

A. $S_0>S_1>S_2>S_3$　　B. $S_0>S_2>S_1>S_3$

C. $S_0>S_1=S_2>S_3$　　D. $S_0>S_2>S_3>S_1$

13. 已知 $K_f^\ominus\{[Fe(CN)_6]^{3-}\}>K_f^\ominus\{[Fe(CN)_6]^{4-}\}$，$K_f^\ominus\{[Fe(phen)_3]^{3+}\}<K_f^\ominus\{[Fe(phen)_3]^{2+}\}$(phen 为邻菲啰啉)。下列关系式正确的为（　　）。

A. $\varphi^\ominus\{[Fe(phen)_3]^{3+}/[Fe(phen)_3]^{2+}\}>\varphi^\ominus(Fe^{3+}/Fe^{2+})>\varphi^\ominus\{[Fe(CN)_6]^{3-}/[Fe(CN)_6]^{4-}\}$

B. $\varphi^\ominus(Fe^{3+}/Fe^{2+})>\varphi^\ominus\{[Fe(phen)_3]^{3+}/[Fe(phen)_3]^{2+}\}>\varphi^\ominus\{[Fe(CN)_6]^{3-}/[Fe(CN)_6]^{4-}\}$

C. $\varphi^\ominus(Fe^{3+}/Fe^{2+})>\varphi^\ominus\{[Fe(CN)_6]^{3-}/[Fe(CN)_6]^{4-}\}>\varphi^\ominus\{[Fe(phen)_3]^{3+}/[Fe(phen)_3]^{2+}\}$

D. $\varphi^\ominus\{[Fe(CN)_6]^{3-}/[Fe(CN)_6]^{4-}\}>\varphi^\ominus\{[Fe(phen)_3]^{3+}/[Fe(phen)_3]^{2+}\}>\varphi^\ominus(Fe^{3+}/Fe^{2+})$

14. 下列分子中，偶极矩等于 0 的为（　　）。

A. CS_2　　B. PCl_3　　C. $SnCl_2$　　D. AsH_3

15. 已知 $\varphi^\ominus(Fe^{3+}/Fe^{2+})=+0.77$ V，$\varphi^\ominus(Fe^{2+}/Fe)=-0.44$ V，则 $\varphi^\ominus(Fe^{3+}/Fe)$ 等于（　　）。

A. +0.40 V　　B. +0.55 V　　C. −0.037 V　　D. +1.65 V

二、填空题（31～39 小题，每空 1 分，共 15 分。请将答案写在答题纸指定位置上）

31. 306 K 时，反应 $N_2O_4(g) \rightleftharpoons 2NO_2(g)$ 的 $K_p^\ominus=0.26$。在容积为 10 L 的容器中加入 4.0 mol N_2O_4 和 1.0 mol NO_2，则开始时 $p_总$ =＿（1）＿kPa，反应向＿（2）＿方向进行。

32. 佛尔哈德法是以＿（3）＿作指示剂，在＿（4）＿性溶液中，用＿（5）＿标准溶液滴定含 Ag^+ 溶液的沉淀滴定法。

33. 单电子原子的原子轨道能量由量子数＿（6）＿决定，而多电子原子的原子轨道能量由量子数＿（7）＿决定。

34. 某分析计算式为$\dfrac{0.1872\times\left(\dfrac{22.00-16.39}{100.00}\right)\times\dfrac{172.206}{3}}{1.6182}\times100\%$，其计算结果的有效数字位数应为___(8)___。

35. 配离子 $[Cr(NH_3)_6]^{3+}$ 中心离子的杂化轨道类型是___(9)___。

36. 在稀 HCl 介质中用 $KMnO_4$ 滴定 Fe^{2+} 时，会因___(10)___的受诱氧化使 $KMnO_4$ 的用量增加，引起___(11)___误差。

37. 符合朗伯-比尔定律的某有色溶液，通过 1 cm 比色皿时透光度为 50%，若通过 2 cm 比色皿时，其透光度为___(12)___，吸光度为___(13)___。

38. 某体系向环境放热 2 000 J，对环境做功 800 J，该体系的热力学能（内能）变化 $\Delta U=$___(14)___。

39. 下述 3 个反应：① $S(s)+O_2(g)\longrightarrow SO_2(g)$

② $H_2(g)+O_2(g)\longrightarrow H_2O_2(l)$

③ $C(s)+H_2O(g)\longrightarrow CO(g)+H_2(g)$

$\Delta_r S_m^\ominus$ 由小到大的顺序为___(15)___。

三、计算、分析与合成题（52～56 小题，共 30 分，请将答案写在答题纸指定位置上）

52.（4 分）说明 BF_3 中心原子 B 的杂化轨道类型、BF_3 的分子构型和成键原子间共价键的键型。

53.（4 分）影响配位滴定突跃范围的因素有哪些？它们是如何影响突跃范围的？

54.（6 分）已知蛙肌细胞内液的渗透浓度为 240 $mmol\cdot L^{-1}$，若把蛙肌细胞分别置于质量浓度为 10.01 $g\cdot L^{-1}$，7.02 $g\cdot L^{-1}$，3.05 $g\cdot L^{-1}$的 NaCl 溶液中，将会发生什么现象？已知：$M(NaCl)=58.5\ g\cdot mol^{-1}$。

55.（8 分）计算 298 K 时反应 $Sn^{2+}(0.1\ mol\cdot L^{-1})+Hg^{2+}(0.01\ mol\cdot L^{-1})=\!=\!=Sn^{4+}(0.02\ mol\cdot L^{-1})+Hg(l)$ 的 $K^\ominus$、$\Delta_r G_m^\ominus$ 及 $\Delta_r G_m$。

已知：$\varphi^\ominus(Hg^{2+}/Hg)=0.856\ V$，$\varphi^\ominus(Sn^{4+}/Sn^{2+})=0.154\ V$，$F=96\ 485\ C\cdot mol^{-1}$。

56.（8 分）生物学实验中，常用三（羟甲基）甲胺（Tris）及其盐酸盐（Tris－HCl）配制缓冲溶液。欲配制 1 L pH＝7.50 的缓冲溶液，需 $c(Tris)=0.15\ mol\cdot L^{-1}$的 Tris 溶液，$c(HCl)=0.30\ mol\cdot L^{-1}$的盐酸各多少毫升？已知：$pK_b^\ominus(Tris)=6.15$。

2011 年全国硕士研究生入学统一考试农学门类联考化学试题 参考答案及解析

（无机及分析化学部分）

一、单项选择题

1. 答案 C。吉布斯-亥姆霍兹公式的应用，焓增熵增高温自发，A、B、D 均为熵增，A、B 为分解反应，一般吸热，D 为高炉炼铁的反应，吸热，高温自发。C 为熵减，化合反应一般放热，从常识判断答案也应为 C。

2. 答案 B。盖斯定律的应用，标准摩尔生成焓的概念。

3. 答案 C。误差的分类和减小方法。

4. 答案 A。零基准是大量存在并参与质子传递的物质，本题为 S^{2-} 和 H_2O，条件式中不应有零基准物质。

5. 答案 C。反应机理中的慢反应为速率决定步骤，依据质量作用定律知其速率方程，确定反应级数。

6. 答案 A。溶胶的聚沉值决定于电解质反离子所带电荷的多少，从而可判断溶胶所带电荷，胶团结构的正确表示。

7. 答案 C。

8. 答案 B。en 为乙二胺，二齿配体。

9. 答案 B。避免显色剂本身颜色的干扰。

10. 答案 D。本题实为判断沸点高低。$NH_3(l)$ 存在氢键，沸点高，$PH_3(l)$ 的相对分子质量小于 AsH_3，色散力小于 AsH_3。

11. 答案 D。A、B 的 $c_rK_a^{\ominus}<10^{-8}$，不能被直接准确滴定，C 有两个突跃。

12. 答案 B。同离子效应。

13. 答案 A。$3phen+Fe^{3+}\rightleftharpoons[Fe(phen)_3]^{3+}\quad K_f^{\ominus}\{[Fe(phen)_3]^{3+}\}$

$[Fe^{3+}]_r=1/K_f^{\ominus}\{[Fe(phen)_3]^{3+}\}$

$3phen+Fe^{2+}\rightleftharpoons[Fe(phen)_3]^{2+}\quad K_f^{\ominus}\{[Fe(phen)_3]^{2+}\}$

$[Fe^{2+}]_r=1/K_f^{\ominus}\{[Fe(phen)_3]^{2+}\}$

$[Fe(phen)_3]^{3+}+e^-\rightleftharpoons[Fe(phen)_3]^{2+}$

配离子电对进行的电极反应实质是 $Fe^{3+}+e^-\rightleftharpoons Fe^{2+}$

$$\varphi(Fe^{3+}/Fe^{2+})=\varphi^{\ominus}(Fe^{3+}/Fe^{2+})+0.059\,2\text{ V}\lg\frac{K_f^{\ominus}[Fe(phen)_3^{2+}]}{K_f^{\ominus}[Fe(phen)_3^{3+}]}$$

$K_f^{\ominus}\{[Fe(phen)_3]^{3+}\}<K_f^{\ominus}\{[Fe(phen)_3]^{2+}\}$，

$K_f^{\ominus}\{[Fe(phen)_3]^{2+}\}/K_f^{\ominus}\{[Fe(phen)_3]^{3+}\}>1$，

同理 $K_f^{\ominus}\{[Fe(CN)_6]^{4-}\}/K_f^{\ominus}\{[Fe(CN)_6]^{3-}\}<1$。

14. 答案 A。上述分子均有异核原子，电负性各不相同，键有极性，P 和 As 为 N 族元素，类比 NH_3，Sn 为金属元素，Cl 电负性大，$SnCl_2$ 有离子化合物的性质，类比 CO_2。

15. 答案 C。由元素电势图方法可算出。

(1) $Fe^{3+}+e^-\rightleftharpoons Fe^{2+}\quad \Delta_rG_m^{\ominus}(1)=-n_1F\varphi_1^{\ominus}$

(2) $Fe^{2+}+2e^-\rightleftharpoons Fe\quad \Delta_rG_m^{\ominus}(2)=-n_2F\varphi_2^{\ominus}$

(1)+(2) 得 $Fe^{3+}+3e^-\rightleftharpoons Fe$

$\Delta_rG_m^{\ominus}=\Delta_rG_m^{\ominus}(1)+\Delta_rG_m^{\ominus}(2)$

$-nF\varphi^{\ominus}=-n_1F\varphi_1^{\ominus}-n_2F\varphi_2^{\ominus}$，$n=n_1+n_2$

$$\varphi^{\ominus}=\frac{n_1\varphi_1^{\ominus}+n_2\varphi_2^{\ominus}}{n}$$

二、填空题

31. (1) 1.3×10^3、(2) 左；

32.（3）铁铵矾 [或 $NH_4Fe(SO_4)_2$]、（4）酸、（5）NH_4SCN；

33.（6）n、（7）n、l；　34.（8）3；　35.（9）d^2sp^3；

36.（10）Cl^-、（11）正（或"系统"或"方法"）；　37.（12）25%、（13）0.602；

38.（14）−2 800 J；　39.（15）②①③。

三、计算、分析与合成题

52.（4 分）BF_3 中 B 原子采用 sp^2 杂化轨道，分子构型为平面三角形，B—F 键为 σ 键。

53.（4 分）影响配位滴定突跃范围的因素有 $c(M)$、K_f'（或 $K_f^\ominus$ 和溶液的 pH）。在 EDTA 滴定中，待测金属离子的 $c(M)$ 越大，配合物的 K_f'（或 $K_f^\ominus$ 越大，溶液的 pH 越大），突跃范围就越大。其他合理解释也给分。

54.（6 分）因为 10.01 g・L^{-1}，7.02 g・L^{-1}，3.05 g・L^{-1} NaCl 溶液的渗透浓度分别为

$$c_{os1}(NaCl)=2\times\frac{10.01\ g\cdot L^{-1}\times10^3}{M(NaCl)}=2\times\frac{10.01\ g\cdot L^{-1}\times10^3}{58.5\ g\cdot mol^{-1}}=342\ mmol\cdot L^{-1}$$

$$c_{os2}(NaCl)=2\times\frac{7.02\ g\cdot L^{-1}\times10^3}{M(NaCl)}=2\times\frac{7.02\ g\cdot L^{-1}\times10^3}{58.5\ g\cdot mol^{-1}}=240\ mmol\cdot L^{-1}$$

$$c_{os3}(NaCl)=2\times\frac{3.05\ g\cdot L^{-1}\times10^3}{M(NaCl)}=2\times\frac{3.05\ g\cdot L^{-1}\times10^3}{58.5\ g\cdot mol^{-1}}=104\ mmol\cdot L^{-1}$$

与蛙肌细胞内液比较，10.01 g・L^{-1}，7.02 g・L^{-1}，3.05 g・L^{-1}的 NaCl 溶液分别为高渗、等渗和低渗溶液，所以蛙肌细胞分别置于质量浓度为10.01 g・L^{-1}，7.02 g・L^{-1}，3.05 g・L^{-1}的 NaCl 溶液中，蛙肌细胞将分别出现萎缩（细胞液中的水渗出）、正常和膨胀（NaCl 溶液中的水渗入细胞内）。

55.（8 分）

$$\lg K^\ominus=\frac{nE^\ominus}{0.059\,2\ V}=\frac{n[\varphi^\ominus(Hg^{2+}/Hg)-\varphi^\ominus(Sn^{4+}/Sn^{2+})]}{0.059\,2\ V}$$

$$=\frac{2\times(0.856\ V-0.154\ V)}{0.059\,2\ V}$$

$$=23.72$$

$$K^\ominus=5.2\times10^{23}$$

$$\Delta_rG_m^\ominus=-RT\ln K^\ominus=-nFE^\ominus=-2\times96\,485\ C\cdot mol^{-1}\times[\varphi^\ominus(Hg^{2+}/Hg)-\varphi^\ominus(Sn^{4+}/Sn^{2+})]$$

$$=-2\times96\,485\ C\cdot mol^{-1}\times(0.856\ V-0.154\ V)$$

$$=-135.5\ kJ\cdot mol^{-1}$$

$$Q=\frac{c_r(Sn^{4+})}{c_r(Sn^{2+})\cdot c_r(Hg^{2+})}=\frac{0.02}{0.1\times0.01}=20$$

$$\Delta_rG_m=\Delta_rG_m^\ominus+RT\ln Q=-135.5\ kJ\cdot mol^{-1}+8.314\times10^{-3}\ kJ\cdot mol^{-1}\cdot K^{-1}\times298.15\ K\ \ln20$$

$$=-128.1\ kJ\cdot mol^{-1}$$

56.（8 分）

$$pOH=pK_b^\ominus(Tris)-\lg\frac{c(Tris)}{c(Tris-HCl)}\qquad 6.50=6.15-\lg\frac{c(Tris)}{c(Tris-HCl)}$$

$$\lg \frac{c(\text{Tris})}{c(\text{Tris-HCl})}=-0.35 \qquad \frac{c(\text{Tris})}{c(\text{Tris-HCl})}=0.45$$

设需要 Tris 溶液的体积为 x，HCl 溶液的体积为 y，则

$$\begin{cases} x+y=1\,000\ \text{mL} \\ \dfrac{0.15\ \text{mol}\cdot\text{L}^{-1}x-0.30\ \text{mol}\cdot\text{L}^{-1}y}{0.30\ \text{mol}\cdot\text{L}^{-1}y}=0.45 \end{cases} \quad x=743.6\ \text{mL} \quad y=256.4\ \text{mL}$$

2012 年全国硕士研究生入学统一考试农学门类联考化学试题
（无机及分析化学部分）

一、单项选择题（1～15 小题，每小题 2 分，共 30 分。下列每题给出的四个选项中，只有一个选项是符合题目要求的。请在答题卡上将所选项的字母涂黑）

1. 同浓度下列化合物的水溶液中，pH 最大的是（　　）。

A. NaCl　　B. $NaHCO_3$　　C. Na_2CO_3　　D. NH_4Cl

2. 关于元素 N 和 O，下列叙述错误的是（　　）。

A. 作用于原子最外层电子的有效核电荷：N<O

B. 原子半径：N>O

C. 第一电离能：O>N

D. 第一电子亲和能的绝对值：O>N

3. 欲使 $Mg(OH)_2$ 溶解，可加入（　　）。

A. NaCl　　B. NH_4Cl　　C. $NH_3 \cdot H_2O$　　D. NaOH

4. pH 的实用定义为（　　）。

A. $\varphi(膜)=K-\dfrac{2.303RT}{F}\text{pH}$　　B. $E=K+\dfrac{2.303RT}{F}\text{pH}$

C. $\text{pH}=\text{pH}_s+\dfrac{F(E-E_s)}{2.303RT}$　　D. $\dfrac{d^2E}{dV^2}=0$

5. 试样质量大于 0.1 g 的分析，称为（　　）。

A. 痕量分析　　B. 半微量分析

C. 微量分析　　D. 常量分析

6. 在一定温度时，水在饱和蒸气压下汽化，下列各函数变化为零的是（　　）。

A. ΔU　　B. ΔH　　C. ΔS　　D. ΔG

7. 采用间接碘量法标定 $Na_2S_2O_3$ 溶液浓度时，必须控制好溶液的酸度，$Na_2S_2O_3$ 和 I_2 发生反应的条件必须是（　　）。

A. 中性或微酸性　　B. 强酸性

C. 中性或微碱性　　D. 强碱性

8. 下列配离子的 $K_f^{\ominus}$ 相对大小正确的是（　　）。

A. $K_f^{\ominus}\{[Zn(NH_3)_4]^{2+}\}>K_f^{\ominus}\{[Zn(en)_2]^{2+}\}$

B. $K_f^{\ominus}\{[Ag(CN)_2]^{-}\}<K_f^{\ominus}\{[Ag(NH_3)_2]^{+}\}$

C. $K_f^{\ominus}\{[Cu(NH_3)_4]^{2+}\}<K_f^{\ominus}\{[Cu(en)_2]^{2+}\}$

D. $K_f^{\ominus}\{[FeF_6]^{3-}\} > K_f^{\ominus}\{[Fe(CN)_6]^{3-}\}$

9. 某混合碱以酚酞作指示剂，用 HCl 标准溶液滴定至终点时，消耗 HCl 溶液 V_1；再以甲基橙作指示剂滴定至终点时，又消耗 HCl 溶液 V_2，若 $V_2 > V_1$，试样组成为（　　）。

A. Na_2CO_3　　B. $Na_2CO_3 - NaHCO_3$

C. $NaHCO_3$　　D. $NaOH - Na_2CO_3$

10. 在吸光度测量中，参比溶液的（　　）。

A. 吸光度为 0.434　　B. 吸光度为∞

C. 透光度为 0%　　D. 透光度为 100%

11. 若两种电解质稀溶液之间不发生渗透现象，下列叙述正确的是（　　）。

A. 两溶液凝固点下降值相等　　B. 两溶液物质的量浓度相等

C. 两溶液体积相等　　D. 两溶液质量摩尔浓度相等

12. 在 298 K 及 100 kPa 时，基元反应 $O_3(g) + NO(g) \rightleftharpoons O_2(g) + NO_2(g)$ 的活化能为 10.7 kJ·mol^{-1}，$\Delta_r H_m^{\ominus}$ 为 −193.8 kJ·mol^{-1}，其逆反应的活化能为（　　）。

A. 204.5 kJ·mol^{-1}　　B. 183.1 kJ·mol^{-1}

C. −183.1 kJ·mol^{-1}　　D. −204.5 kJ·mol^{-1}

13. 溶液中含有浓度均为 0.01 mol·L^{-1} 的 Fe^{3+}、Cr^{3+}、Zn^{2+} 和 Mg^{2+}，开始产生氢氧化物沉淀时，所需 pH 最小的是（　　）。

已知：$K_{sp}^{\ominus}[Fe(OH)_3] = 1.1 \times 10^{-36}$，$K_{sp}^{\ominus}[Cr(OH)_3] = 7.0 \times 10^{-31}$，

$K_{sp}^{\ominus}[Zn(OH)_2] = 1.0 \times 10^{-17}$，$K_{sp}^{\ominus}[Mg(OH)_2] = 1.8 \times 10^{-11}$

A. Mg^{2+}　　B. Cr^{3+}　　C. Zn^{2+}　　D. Fe^{3+}

14. 下列各组分子中，中心原子均采取 sp^3 不等性杂化的是（　　）。

A. PCl_3 和 NF_3　　B. BF_3 和 H_2O　　C. CCl_4 和 H_2S　　D. $BeCl_2$ 和 BF_3

15. 标准状态下，某反应在任意温度下均正向自发进行，若温度升高，该反应平衡常数（　　）。

A. 增大　　B. 减小且大于 1　　C. 减小且趋于 0　　D. 不变

二、填空题（31～42 小题，每空 1 分，共 15 分。请将答案写在答题纸指定位置上）

31. 将物质的量浓度相同的 60 mL KI 稀溶液与 40 mL $AgNO_3$ 稀溶液混合制得 AgI 溶胶，该溶胶进行电泳时，胶粒向__(1)__极移动。

32. 标准状态下，符合 $\Delta_r G_m^{\ominus} = \Delta_f G_m^{\ominus}$(AgCl，s) 的反应式为__(2)__。

33. 分光光度法中，显色反应越灵敏，有色物质的摩尔吸光系数__(3)__。

34. $[Al(H_2O)_6]^{3+}$ 的共轭碱是__(4)__。

35. 已知某温度时，反应 $CaCO_3(s) \rightleftharpoons CaO(s) + CO_2(g)$ 的 $\Delta_r G_m^{\ominus}$，该温度下反应达到平衡时，$p(CO_2)/p^{\ominus} =$__(5)__。

36. 共价键具有__(6)__性和__(7)__性的特点。

37. 高锰酸钾滴定法常用的酸性介质是__(8)__。

38. 硝酸二氯·二（乙二胺）合钴（Ⅲ）的化学式是__(9)__。

39. EDTA 与金属离子形成螯合物时，螯合比一般为__(10)__。

40. 某反应的速率方程为 $v = kc^m(A)c^n(B)$，当 $c(B)$ 不变，$c(A)$ 减少 50%时，v 为原

来的$\frac{1}{4}$；当c(A) 不变，c(B) 增大至原来的 2 倍时，v 为原来的 1.41 倍，则 m 等于 ___(11)___，n 等于 ___(12)___。

41. 邻硝基苯酚和对硝基苯酚较易溶于水的是___(13)___。

42. 在原电池 (－)Cu | $Cu^{2+}(c_1)$ || $Ag^{+}(c_2)$ | Ag(＋) 中，若只将$CuSO_4$溶液稀释，则该原电池电动势将___(14)___；若只在 $AgNO_3$ 溶液中滴加少量 NaCN 溶液，则原电池电动势将___(15)___。(填“不变”“增大”或“减小”)

三、计算、分析与合成题（57～61 小题，共 30 分，请将答案写在答题纸指定位置上）

57. (5 分) 如果 $H_2C_2O_4 \cdot 2H_2O$ 长期保存在盛有干燥剂的干燥器中，用此基准物质标定 NaOH 溶液的浓度，结果是偏高还是偏低？为什么？

58. (5 分) 在－78 ℃时向 $NiBr_2$ 的 CS_2 溶液中加入乙基二苯基膦[PEt(Ph)$_2$，单齿配体]，生成化学式为 [PEt(Ph)$_2$]$_2$NiBr$_2$ 的红色配合物。在室温下静置时，该配合物转变成具有相同化学式的绿色配合物。红色配合物是反磁性的，而绿色配合物是顺磁性的。这两个配合物的中心离子分别采取何种杂化类型？并说明理由。

59. (5 分) 298 K 时，6.50 g 苯在弹式量热计中完全燃烧，放热272.3 kJ。求该反应的 $\Delta_r U_m^\ominus$ 和 $\Delta_r H_m^\ominus$。已知 $M(C_6H_6)=78\ g \cdot mol^{-1}$。

60. (5 分) 在 475 nm 处，某酸碱指示剂酸式的摩尔吸光系数 (ε_{HIn}) 为 120 L·mol^{-1}·cm^{-1}，碱式的摩尔吸光系数 (ε_{In^-}) 为 1 052 L·mol^{-1}·cm^{-1}。浓度为 1.00×10^{-3} mol·L^{-1}的该指示剂，在 475 nm 处用 1 cm 比色皿测得吸光度为 0.864。计算该溶液中指示剂酸式的浓度。

61. (10 分) 称取 0.400 0 g 某一元弱碱纯样品 BOH，加水 50.0 mL 溶解后用 0.100 0 mol·L^{-1} HCl 标准溶液滴定，当滴入 HCl 标准溶液 16.40 mL 时，测得溶液 pH＝7.50；滴定至化学计量点时，消耗 HCl 标准溶液 32.80 mL。

(1) 计算 BOH 的摩尔质量和 $K_b^\ominus$；

(2) 计算化学计量点时的 pH；

(3) 选用何种指示剂？

2012 年全国硕士研究生入学统一考试农学门类联考化学试题参考答案及解析

(无机及分析化学部分)

一、单项选择题

1. 答案 C。弱酸强碱盐，水解显碱性，pH 越大，碱性越强，CO_3^{2-} 是二元碱，$K_{b1}^\ominus(CO_3^{2-}) \gg K_{b2}^\ominus(CO_3^{2-})$。

2. 答案 C。N 原子核外电子排布式为 $1s^22s^22p^3$，N 原子的 2p 轨道为半满的稳定结构，而 O 原子核外电子排布式为 $1s^22s^22p^4$，失去一个 2p 电子后形成半满的稳定结构，故 O 的第一电离能应比 N 小。

3. 答案 B。$Mg(OH)_2$ 是碱，NH_4Cl 是酸，A、C、D 均为碱。

4. 答案 C。酸度计的原理。

5. 答案 D。

6. 答案 D。水在正常沸点时的蒸发，可看作热力学等温等压只做体积功的可逆过程，是平衡态。

7. 答案 A。间接碘量法，在酸性条件下，$Na_2S_2O_3$ 要歧化为 S 和 SO_2，在强碱性条件下，I_2 要歧化为 I^- 和 IO_3^-。

8. 答案 C。en 为乙二胺，为双基配体，易形成螯合物，在相同条件下一般比单基配体形成的配合物更稳定；强配体 CN^- 形成的螯合物比 NH_3 和 F^- 形成的螯合物更稳定。

9. 答案 B。双指示剂法测定混合碱的原理。

10. 答案 D。参比溶液作为空白，透光度为 100%，吸光度为 0。

11. 答案 A。难挥发稀溶液的依数性，只与溶质在溶液中的粒子数量有关，微粒浓度相同并不表示溶质本身的浓度就相同。

12. 答案 A。$\Delta_r H_m^\ominus = E_{a正} - E_{a逆}$。

13. 答案 D。一般根据溶度积规则即可计算出开始沉淀时各自所需的 $c(OH^-)$，哪种物质需要的 $c(OH^-)$ 小，溶液中的 $c(H^+)$ 大，pH 就小。但本题不需计算，$Zn(OH)_2$ 和 $Mg(OH)_2$ 虽与 $Cr(OH)_3$ 和 $Fe(OH)_3$ 不同类型，但其 $K_{sp}^\ominus$ 远小于后者，只需比较同类型的 $Cr(OH)_3$ 和 $Fe(OH)_3$ 的 $K_{sp}^\ominus$ 的大小即可。

14. 答案 A。PCl_3 和 NF_3，P 和 N 同为ⅤA 族，分子结构与 NH_3 类似，最外层电子都是 5 个，中心原子均采用 sp^3 不等性杂化成键。

15. 答案 B。根据吉布斯-亥姆霍兹公式，任意温度均正向自发进行，即 $\Delta_r G_m^\ominus < 0$，说明该反应的 $\Delta_r H_m^\ominus < 0$，$\Delta_r S_m^\ominus > 0$，是放热反应，升高温度，平衡常数减小；而 $\Delta_r G_m^\ominus = -RT\ln K^\ominus$，$K^\ominus > 1$。

二、填空题

31. （1）正［I^- 稍过量制得 AgI 负溶胶，电泳时向阳（正）极移动］；

32. （2）$Ag(s) + \frac{1}{2}Cl_2(g) \xlongequal{} AgCl(s)$；　33. （3）越大；

34. （4）$[Al(H_2O)_5(OH)]^{2+}$（较 $[Al(H_2O)_6]^{3+}$ 少一个质子）；

35. （5）$10^{-\Delta_r G_m^\ominus/(2.303RT)}$ 或 $e^{-\Delta_r G_m^\ominus/(RT)}$；

36. （6）方向、（7）饱和；　37. （8）H_2SO_4（或硫酸）；

38. （9）$[CoCl_2(en)_2]NO_3$；　39. （10）1∶1；　40. （11）2、（12）0.5；

41. （13）对硝基苯酚（邻硝基苯酚要形成分子内氢键，使它在水中的溶解度低于只形成分子间氢键的对硝基苯酚）；

42. （14）增大（稀释后负极的氧化态 Cu^{2+} 浓度降低，电极电势减小，正极电极电势不变，故原电池电动势增大）、（15）减小（因形成$[Ag(CN)_2]^-$，正极的氧化态 Ag^+ 浓度降低，电极电势减小，负极不变，故原电池电动势减小）。

三、计算、分析与合成题

57. （5 分）答：结果会偏低。若长期保存于干燥器中，草酸会失去结晶水，标定时消耗 NaOH 标准溶液体积偏大，标定结果偏低。

58.（5 分）答：Ni^{2+}的外层电子结构为 $3d^8$，3d 轨道上有两个成单电子，红色配合物是反磁性的，说明没有未成对电子，3d 轨道上的电子发生了重排，由题条件知，两个配合物配位数应为 4，Ni^{2+}的一个腾空的 3d 轨道和 1 个 4s 和 2 个 4p 轨道采取 dsp^2 杂化。绿色配合物是顺磁性的，说明有未成对电子，3d 轨道上的电子未发生重排，Ni^{2+}的 1 个 4s 和 3 个 4p 轨道采取 sp^3 杂化。

59.（5 分）解：$C_6H_6(l)+\frac{15}{2}O_2(g)=\!=\!=6CO_2(g)+3H_2O(l)$

$\sum \nu_B(g)=6-7.5=-1.5 \qquad \xi=\frac{m}{M}=\frac{6.50\ g}{78\ g\cdot mol^{-1}}=0.0833\ mol$

$\Delta U=Q_V=\xi\cdot\Delta_r U_m^\ominus \qquad \Delta_r U_m^\ominus=\frac{Q_V}{\xi}=\frac{-272.3\ kJ}{0.0833\ mol}=-3269\ kJ\cdot mol^{-1}$

$$\begin{aligned}\Delta_r H_m^\ominus &=\Delta_r U_m^\ominus+\sum \nu_B(g)RT\\ &=-3269\ kJ\cdot mol^{-1}+(-1.5)\times 8.314\ J\cdot mol^{-1}\cdot K^{-1}\times 298\ K\times 10^{-3}\\ &=-3273\ kJ\cdot mol^{-1}\end{aligned}$$

（对写法不同的反应方程式，其计算结果合理的也给分）

60.（5 分）解：$A=\varepsilon_{HIn}bc_1+\varepsilon_{In^-}bc_2$

设指示剂酸式的浓度为 x，则碱式的浓度为 $1.00\times10^{-3}-x$

$0.864=120\ L\cdot mol^{-1}\cdot cm^{-1}\times 1\ cm\times x+1052\ L\cdot mol^{-1}\cdot cm^{-1}\times 1\ cm\times(1.00\times10^{-3}-x)$

$$x=2.02\times10^{-4}\ mol\cdot L^{-1}$$

指示剂酸式的浓度为 $2.02\times10^{-4}\ mol\cdot L^{-1}$。

61.（10 分）

解：(1) 计算 BOH 的摩尔质量：

$\frac{0.4000\ g}{M}=0.1000\ mol\cdot L^{-1}\times 32.80\times10^{-3}\ L \qquad M=122.0\ g\cdot mol^{-1}$

计算 $K_b^\ominus$：

$$pOH=pK_b^\ominus+\lg\frac{c(B^+)}{c(BOH)}$$

$$c(B^+)=c(BOH) \qquad pK_b^\ominus=pOH=14.00-7.50=6.50$$

$$K_b^\ominus=3.2\times10^{-7}$$

(2) 计算化学计量点时的 pH：

$$c(B^+)=\frac{0.1000\ mol\cdot L^{-1}\times 32.80\ mL}{32.80\ mL+50.0\ mL}=0.0396\ mol\cdot L^{-1}$$

$$\begin{aligned}c(H^+)&=\sqrt{\frac{K_w^\ominus}{K_b^\ominus}\cdot c(B^+)}=\sqrt{\frac{1.0\times10^{-14}}{3.2\times10^{-7}}\times 0.0396}\\ &=3.5\times10^{-5}\ mol\cdot L^{-1}\end{aligned}$$

$$pH=4.66$$

(3) 甲基红（或甲基橙）

2013 年全国硕士研究生入学统一考试农学门类联考化学试题
（无机及分析化学部分）

一、单项选择题（1～15 小题，每小题 2 分，共 30 分。下列每题给出的四个选项中，只有一个选项是符合题目要求的）

1. 微溶化合物 Ag_2CrO_4（$K_{sp}^{\ominus}=1.12\times10^{-12}$）在 0.001 0 $mol\cdot L^{-1}$ $AgNO_3$ 溶液中的溶解度为 s_1，在 0.001 0 $mol\cdot L^{-1}$ K_2CrO_4 溶液中的溶解度为 s_2，两者关系为（　　）。

A. $s_1>s_2$　　B. $s_1<s_2$　　C. $s_1=s_2$　　D. 不确定

2. 具有下列价电子构型的基态原子中，第一电离能最小的是（　　）。

A. $2s^22p^3$　　B. $2s^22p^4$　　C. $2s^22p^5$　　D. $2s^22p^6$

3. 对正溶胶 $Fe(OH)_3$ 聚沉能力最大的是（　　）。

A. Na_3PO_4　　B. NaCl　　C. $MgCl_2$　　D. Na_2SO_4

4. 已知反应 A $\rightleftharpoons$ B 在 298 K 时 $k_{正}=100k_{逆}$，正逆反应活化能的关系为（　　）。

A. $E_{a正}<E_{a逆}$　　B. $E_{a正}>E_{a逆}$　　C. $E_{a正}=E_{a逆}$　　D. 不确定

5. 下列化合物中存在氢键的是（　　）。

A. CH_4　　B. HCl　　C. H_2S　　D. H_3BO_3

6. 下列各组物质中，全部是两性物质的是（　　）。

A. H_2、NO_2^-、HSO_4^-、$H_2PO_4^-$　　B. CN^-、H_2O、PO_4^{3-}、OH^-

C. Cl^-、NH_4^+、H_2O、HAc　　D. HCO_3^-、HPO_4^{2-}、HS^-、H_2O

7. 已知 18 ℃时 $K_w^{\ominus}=6.4\times10^{-15}$，25 ℃时 $K_w^{\ominus}=1.0\times10^{-14}$，下列说法中正确的是（　　）。

A. 水的质子自递反应是放热过程

B. 水在 25 ℃时的 pH 大于在 18 ℃时的 pH

C. 在 18 ℃时，水中氢氧根离子的浓度是 8.0×10^{-8} $mol\cdot L^{-1}$

D. 水的质子自递反应是熵减反应

8. 下列配合物中，稳定性受酸效应影响最小的为（　　）。

A. $[CdCl_4]^{2-}$　　B. $[Ag(S_2O_3)_2]^{3-}$　　C. $[MgY]^{2-}$　　D. $[FeF_6]^{3-}$

9. 配位滴定中，确定某金属离子能被 EDTA 准确滴定的最低 pH（允许相对误差为 0.1%）的依据是（　　）。

A. $\lg(c_M K_{MY}^{\ominus\prime})\geqslant5$，$\lg\alpha_{Y(H)}=\lg K_{MY}^{\ominus}-\lg K_{MY}^{\ominus\prime}$

B. $\lg(c_M K_{MY}^{\ominus})\geqslant8$，$\lg\alpha_{Y(H)}=\lg K_{MY}^{\ominus\prime}-\lg K_{MY}^{\ominus}$

C. $\lg(c_M K_{MY}^{\ominus\prime})\geqslant6$，$\lg\alpha_{Y(H)}=\lg K_{MY}^{\ominus}-\lg K_{MY}^{\ominus\prime}$

D. $\lg(c_M K_{MY}^{\ominus})\geqslant6$，$\lg\alpha_{Y(H)}=\lg K_{MY}^{\ominus\prime}-\lg K_{MY}^{\ominus}$

10. 由电对 Zn^{2+}/Zn 与 Cu^{2+}/Cu 组成铜锌原电池，298 K 时，若 Zn^{2+} 和 Cu^{2+} 的浓度分别为 1 $mol\cdot L^{-1}$ 和 10^{-8} $mol\cdot L^{-1}$，此时原电池的电动势比标准状态时的电动势（　　）。

A. 下降 0.48 V　　B. 上升 0.48 V　　C. 下降 0.24 V　　D. 上升 0.24 V

11. 已知 298 K 时，反应 $N_2(g)+O_2(g)\rightleftharpoons 2NO(g)$　　$K_1^{\ominus}$

$N_2(g)+3H_2(g)\rightleftharpoons 2NH_3(g)$　　$K_2^{\ominus}$

$$2H_2(g)+O_2(g)\rightleftharpoons 2H_2O(g) \qquad K_3^{\ominus}$$

则反应 $4NH_3(g)+5O_2(g)\rightleftharpoons 4NO(g)+6H_2O(g)$ 的 $K_4^{\ominus}$ 为（　　）。

A. $(K_1^{\ominus})^2\cdot(K_3^{\ominus})^3\cdot(K_2^{\ominus})^2$　　B. $(K_1^{\ominus})^2\cdot(K_3^{\ominus})^3/(K_2^{\ominus})^2$

C. $2K_1^{\ominus}+3K_3^{\ominus}-2(K_2^{\ominus})^2$　　D. $(K_1^{\ominus})^2/(K_3^{\ominus})^3\cdot(K_2^{\ominus})^2$

12. 莫尔(Mohr)法采用的指示剂是（　　）。

A. 铁铵矾　　B. 荧光黄　　C. 铬酸钾　　D. 二苯胺磺酸钠

13. 已知 $\varphi^{\ominus}(H_2O_2/H_2O)=1.78$ V，$\varphi^{\ominus}(Fe^{3+}/Fe^{2+})=0.77$ V，$\varphi^{\ominus}(Cu^{2+}/Cu)=0.34$ V，$\varphi^{\ominus}(Sn^{4+}/Sn^{2+})=0.15$ V，下列各组物质在标准状态下能共存的是（　　）。

A. Fe^{3+}，Cu　　B. Fe^{2+}，Sn^{4+}　　C. Sn^{2+}，Fe^{3+}　　D. H_2O_2，Fe^{2+}

14. 用 EDTA 直接滴定有色金属离子，终点所呈现的颜色是（　　）。

A. MIn 的颜色　　B. In 的颜色

C. MY 的颜色　　D. MY 和 In 的混合色

15. 298 K、定压条件下，1 mol 白磷和 1 mol 红磷与足量的 $Cl_2(g)$完全反应生成 $PCl_5(s)$时，$\Delta_r H_m^{\ominus}$ 分别为-447.1 kJ·mol^{-1}和-429.5 kJ·mol^{-1}，白磷和红磷的 $\Delta_f H_m^{\ominus}(298\ K)$分别为（　　）。

A. 0 kJ·mol^{-1}，-17.6 kJ·mol^{-1}　　B. 0 kJ·mol^{-1}，$+17.6$ kJ·mol^{-1}

C. $+17.6$ kJ·mol^{-1}，0 kJ·mol^{-1}　　D. -17.6 kJ·mol^{-1}，0 kJ·mol^{-1}

二、填空题（31～40 小题，每空 1 分，共 15 分）

31. 工业上利用反应 $2H_2S(g)+SO_2(g)=3S(s)+2H_2O(g)$除去废气中的剧毒气体 H_2S，此反应为__(1)__反应。（填“吸热”或“放热”）

32. 某元素的原子序数比氪小，当它失去三个电子后，最外层 $l=2$ 的轨道内电子为半充满状态，则该元素的基态原子核外电子排布式为__(2)__。

33. 在酸性介质中，氧电极的标准电极电势 $\varphi^{\ominus}(O_2/H_2O)=1.23$ V，则在 $p(O_2)=100$ kPa 和 pH=14.00 的条件下，$\varphi(O_2/H_2O)$等于__(3)__V。

34. 要使乙二醇水溶液的凝固点为-12 ℃，须向 100 g 水中加入乙二醇__(4)__g。已知：$K_f(H_2O)=1.86$ K·kg·mol^{-1}，$M(C_2H_6O_2)=62.08$ g·mol^{-1}。

35. $[Co(NH_3)_2(H_2O)_4]Cl_3$ 的系统命名为__(5)__。

36. 在 OF_2 分子中，O 原子以__(6)__杂化轨道与 F 原子成键，分子的空间构型为__(7)__。

37. 在$[Ag(CN)_2]^-$、$[FeF_6]^{3-}$、$[Fe(CN)_6]^{4-}$和$[Cu(NH_3)_4]^{2+}$四种配离子中，属于内轨型配离子的是__(8)__和__(9)__。

38. 直接电势法测定溶液的 pH 时，常用的参比电极可选用__(10)__，指示电极可选用__(11)__。

39. 下列各电极中，$\varphi^{\ominus}$最大的是__(12)__，最小的是__(13)__。（填标号）

①$\varphi^{\ominus}(Ag^+/Ag)$　②$\varphi^{\ominus}(AgBr/Ag)$　③$\varphi^{\ominus}(AgI/Ag)$　④$\varphi^{\ominus}(AgCl/Ag)$

40. 缓冲溶液缓冲容量的大小取决于缓冲系统共轭酸碱对的__(14)__和__(15)__。

三、计算、分析与合成题（56～60 小题，共 30 分）

56.（5 分）根据以下数据说明，为什么不能用 $CaCl_2$ 和 H_2CO_3 水溶液混合得到 $CaCO_3$

沉淀。

已知：$K_{a1}^{\ominus}(H_2CO_3)=4.2\times10^{-7}$，$K_{a2}^{\ominus}(H_2CO_3)=5.6\times10^{-11}$，$K_{sp}^{\ominus}(CaCO_3)=2.5\times10^{-9}$，$s(CaCl_2)=74.5\ g\cdot(100\ g\ H_2O)^{-1}$，$M(CaCl_2)=111\ g\cdot mol^{-1}$。

57.（5 分）已知 H_3A 的 $K_{a1}^{\ominus}=2.0\times10^{-2}$，$K_{a2}^{\ominus}=1.0\times10^{-6}$，$K_{a3}^{\ominus}=1.0\times10^{-12}$，能否用 0.100 0 $mol\cdot L^{-1}$ NaOH 溶液直接准确滴定 0.1 $mol\cdot L^{-1}$ H_3A？如能直接准确滴定，有几个突跃？说明理由。

58.（6 分）将某含铁试液 2.00 mL 定容至 100.0 mL，从中吸取 2.00 mL 显色定容至 50.00 mL，用 1 cm 比色皿测得透光度为 39.8%，原试液中铁的含量为多少（$g\cdot L^{-1}$）？已知显色化合物的摩尔吸光系数为 $1.1\times10^4\ L\cdot mol^{-1}\cdot cm^{-1}$，铁的相对原子质量为 55.85。

59.（8 分）根据以下热力学数据，判断在 298 K、标准状态下，如下反应能否进行。

$$N_2(g)+H_2O(l)\longrightarrow NH_3(g)+O_2(g)$$

	$N_2(g)$	$H_2O(l)$	$NH_3(g)$	$O_2(g)$
$\Delta_f H_m^{\ominus}/(kJ\cdot mol^{-1})$	0	−285.8	−46.1	0
$S_m^{\ominus}/(J\cdot mol^{-1}\cdot K^{-1})$	191.5	69.9	192.3	205

60.（6 分）标定浓度约为 0.04 $mol\cdot L^{-1}$ 的 $KMnO_4$ 标准溶液时，基准物 $Na_2C_2O_4$ 的称量范围是多少？已知 $M(Na_2C_2O_4)=134.0\ g\cdot mol^{-1}$。

2013 年全国硕士研究生入学统一考试农学门类联考化学试题参考答案及解析

（无机及分析化学部分）

一、单项选择题

1. 答案 B。$s_1/c^{\ominus}=[CrO_4^{2-}]_r=\dfrac{K_{sp}^{\ominus}(Ag_2CrO_4)}{[Ag^+]_r^2}=1.12\times10^{-6}$

$s_2/c^{\ominus}=[Ag^+]_r=\sqrt{\dfrac{K_{sp}^{\ominus}(Ag_2CrO_4)}{[CrO_4^{2-}]_r}}=3.3\times10^{-5}$

2. 答案 B。同周期主族元素从左至右，第一电离能升高。但当原子轨道全满或半满时，结构稳定，电离能反常升高。

3. 答案 A。

4. 答案 A。根据反应速率的碰撞理论：

$$k=P\cdot Z_0\cdot e^{-\frac{E_a}{RT}}$$

影响速率常数大小的最重要因素为反应的活化能。忽略指前因子的影响。

5. 答案 D。H_3BO_3 分子中含有 3 个羟基，氢原子与电负性大、半径小的氧原子连接，可形成分子间氢键。其他三种物质中，氢原子或与电负性较小、或与原子半径较大的原子连接。

6. 答案 D。

7. 答案 C。温度升高，$K^{\ominus}$增大，可知反应吸热，故答案 A 不正确；自发的吸热反应必为熵增，故答案 D 不正确；一定温度下，纯水的 $pH=\dfrac{1}{2}pK_w^{\ominus}$，故答案 B 不正确；纯水中

$[H^+]_r=[OH^-]_r=\sqrt{K_w^\ominus}$。

8. 答案 A。配合物中，配体的碱性越弱，接受质子能力越弱，酸效应对其稳定性影响越小。此题中各种配体，Cl^- 碱性极弱，接受质子能力极弱。

9. 答案 C。

10. 答案 C。标准状态下，锌铜原电池中，铜电极为正极，$E^\ominus=\varphi^\ominus(Cu^{2+}/Cu)-\varphi^\ominus(Zn^{2+}/Zn)$。题中条件下，负极为标准锌电极，$E=\varphi(Cu^{2+}/Cu)-\varphi^\ominus(Zn^{2+}/Zn)$，正极电极电势可依能斯特方程算得：

$$\varphi(Cu^{2+}/Cu)=\varphi^\ominus(Cu^{2+}/Cu)+\frac{2.303RT}{2F}\lg c_r(Cu^{2+})$$

$$\varphi(Cu^{2+}/Cu)=\varphi^\ominus(Cu^{2+}/Cu)-0.24\ V$$

即正极电极电势比标准电极电势低 0.24 V，所以原电池电动势降低 0.24 V。

11. 答案 B。2×反应式（1）+3×反应式（3）−2×反应式（2）可得总反应式。

12. 答案 C。

13. 答案 B。

14. 答案 D。有色金属离子与 EDTA 生成颜色更深的有色螯合物。

15. 答案 A。化学热力学规定，参考状态的磷元素为白磷，而不是性质更稳定的红磷，所以 $\Delta_f H_m^\ominus\{P(白磷)\}=0$，答案 C、D 均不正确。根据题中所列数据：

（1）$P(白磷)+\frac{5}{2}Cl_2 = PCl_5$　　$\Delta_r H_m^\ominus(1)=-447.1\ kJ\cdot mol^{-1}$

（2）$P(红磷)+\frac{5}{2}Cl_2 = PCl_5$　　$\Delta_r H_m^\ominus(2)=-429.5\ kJ\cdot mol^{-1}$

反应式(1)−反应式(2)得

$$P(白磷) = P(红磷)$$

根据物质的标准摩尔生成焓定义可知，该反应的标准摩尔焓变等于红磷的标准摩尔生成焓：

$$\Delta_r H_m^\ominus=\Delta_f H_m^\ominus\{P(红)\}=\Delta_r H_m^\ominus(1)-\Delta_r H_m^\ominus(2)=-17.6\ kJ\cdot mol^{-1}$$

二、填空题

31. （1）放热。该自发反应为气体物质的量减少，即熵减的反应，故为放热。

32. （2）$1s^2 2s^2 2p^6 3s^2 3p^6 3d^6 4s^2$。$l=2$ 的轨道为 d 轨道；又因其原子序数小于氪，所以该元素必位于第四周期。

33. （3）0.40 V。

$$4H^+(aq)+O_2(g)+4e^- = 2H_2O(l)$$

$$\varphi(O_2/H_2O)=\varphi^\ominus(O_2/H_2O)+\frac{2.303RT}{4F}\lg\{c_r^4(H^+)\cdot p(O_2)\}$$

$$=\varphi^\ominus(O_2/H_2O)+\frac{2.303RT}{4F}\lg(10^{-14})^4=1.23\ V-0.83\ V=0.40\ V$$

34. （4）40。

$$\Delta T_f=K_f\cdot b(C_2H_6O_2)=K_f\cdot\frac{m(C_2H_6O_2)}{M(C_2H_6O_2)\cdot m(H_2O)}$$

解得

$$m(C_2H_6O_2)\approx 40\ g$$

35. （5）氯化二氨·四水合钴（Ⅲ）。

36. （6）非等性 sp^3，（7）V形。

37. （8）$[Fe(CN)_6]^{4-}$，（9）$[Cu(NH_3)_4]^{2+}$。中心原子 Ag^+，无空的 d 轨道，故其配合物只能是外轨型；配位原子氟，电负性大，与中心原子电负性差大，其孤对电子只能进入中心原子的外层轨道，形成外轨型配合物；配位原子碳，电负性小，易于给出孤对电子，对中心原子电子构型影响较大，易于生成内轨型配合物；配位原子氮，电负性不很大，所以可生成内轨型或外轨型配合物。按配合物的价键理论，$[Cu(NH_3)_4]^{2+}$ 中，中心原子 Cu^{2+} 的 1 个未成对 3d 电子激发至 1 条空的 4p 轨道，中心原子使用 dsp^2 杂化轨道与 4 个配体键合。

38. （10）甘汞电极，（11）pH 玻璃膜电极。

39. （12）①，（13）③。

40. （14）浓度，（15）浓度比。

三、计算、分析与合成题

56. （5 分）碳酸水溶液中，$[CO_3^{2-}]_r \approx K_{a2}^{\ominus}(H_2CO_3)$。所以欲生成碳酸钙沉淀，溶液中钙离子浓度最低为

$$[Ca^{2+}]_r = \frac{K_{sp}^{\ominus}(CaCO_3)}{[CO_3^{2-}]_r} = \frac{K_{sp}^{\ominus}(CaCO_3)}{K_{a2}^{\ominus}(H_2CO_3)} = 44.6$$

$$[Ca^{2+}] = 44.6\ mol \cdot L^{-1}$$

而即使在 $CaCl_2$ 饱和溶液中，钙离子浓度也仅仅约为［因原题遗漏该饱和溶液密度数据，现假设氯化钙的密度 $\rho(CaCl_2) = 745\ g \cdot L^{-1}$］：

$$c(Ca^{2+}) = \frac{\rho(CaCl_2)}{M(CaCl_2)} = \frac{m(CaCl_2)}{M(CaCl_2) \cdot V} = \frac{745\ g}{111\ g \cdot mol^{-1} \times 1\ L} = 6.7\ mol \cdot L^{-1}$$

故不可能生成碳酸钙沉淀。

57. （5 分）$c_r K_{a1}^{\ominus} > 10^{-8}$，但 $K_{a1}^{\ominus}/K_{a2}^{\ominus} < 10^5$，故第一化学计量点附近无明显 pH 突跃。

$c_r K_{a2}^{\ominus} > 10^{-8}$，但 $K_{a2}^{\ominus}/K_{a3}^{\ominus} > 10^5$，故第二化学计量点附近有一明显 pH 突跃，可用指示剂检测，即滴定可准确进行。滴定反应为：$H_3A + 2OH^- = HA^{2-} + 2H_2O$

$c_r K_{a3}^{\ominus} < 10^{-8}$，故第三化学计量点附近无明显 pH 突跃。

58. （6 分）$A = -\lg T = -\lg 0.398 = 0.400$

根据光吸收定律 $A = \varepsilon bc$ 可得

$$c(Fe) = \frac{A}{\varepsilon b} = \frac{0.400}{1.1 \times 10^4\ L \cdot mol^{-1} \cdot cm^{-1} \times 1\ cm} = 3.6 \times 10^{-5}\ mol \cdot L^{-1}$$

$$c_0(Fe) = c(Fe) \times \frac{100.0\ mL}{2.00\ mL} \times \frac{50.0\ mL}{2.00\ mL} = 0.045\ mol \cdot L^{-1}$$

$\rho(Fe) = c_0(Fe) \cdot M(Fe) = 2.5\ g \cdot L^{-1}$

59. （8 分）$2N_2(g) + 6H_2O(l) = 4NH_3(g) + 3O_2(g)$

$\Delta_r H_m^{\ominus} = \sum \nu_B \cdot \Delta_f H_m^{\ominus} = 1\,530\ kJ \cdot mol^{-1}$

$\Delta_r S_m^{\ominus} = \sum \nu_B \cdot S_m^{\ominus} = 0.581\,8\ kJ \cdot K^{-1} \cdot mol^{-1}$

$\Delta_r G_m^{\ominus} = \Delta_r H_m^{\ominus} - T\Delta_r S_m^{\ominus} = 1\,357\ kJ \cdot mol^{-1} > 0$

故 298 K、标准状态下此反应正向不可能进行。

60. （6分）$2MnO_4^- + 5H_2C_2O_4 + 6H^+ = 2Mn^{2+} + 10CO_2 + 8H_2O$

$m(Na_2C_2O_4) = \frac{5}{2}c(KMnO_4)V(KMnO_4)M(Na_2C_2O_4)$

$V(KMnO_4) = 20$ mL 时：$m(Na_2C_2O_4) = 0.27$ g

$V(KMnO_4) = 30$ mL 时：$m(Na_2C_2O_4) = 0.40$ g

基准物称量范围为 0.27～0.40 g。

2014 年全国硕士研究生招生考试农学门类联考化学试题
（无机及分析化学部分）

一、单项选择题（1～15 小题，每小题 2 分，共 30 分。下列每题给出的四个选项中，只有一个选项是符合题目要求的）

1. 微观粒子具有的特征是（　　）。

A. 微粒性　　B. 波动性　　C. 波粒二象性　　D. 穿透性

2. 下列分子中，属于极性分子的是（　　）。

A. H_2S　　B. BeF_2　　C. BF_3　　D. CH_4

3. 下列浓度为 0.10 $mol \cdot L^{-1}$ 的溶液中，能用酸碱滴定法直接准确滴定的是（　　）。

A. NaAc　　B. NH_4Cl　　C. Na_2CO_3　　D. H_3BO_3

4. 下列四种物质中，$\Delta_f H_m^\ominus$ 为零的物质是（　　）。

A. C(金刚石)　　B. CO(g)　　C. CO_2(g)　　D. Br_2(l)

5. 用 $Na_2C_2O_4$ 标定 $KMnO_4$ 溶液时，滴定开始前不慎将被滴定溶液加热至沸，如果继续滴定，则标定的结果将会（　　）。

A. 无影响　　B. 偏高　　C. 偏低　　D. 无法确定

6. 化学反应 $N_2(g) + 3H_2(g) = 2NH_3(g)$，其定压反应热 Q_p 和定容反应热 Q_V 的相对大小是（　　）。

A. $Q_p < Q_V$　　B. $Q_p = Q_V$　　C. $Q_p > Q_V$　　D. 无法确定

7. 在反应Ⅰ与Ⅱ中，$\Delta_r H_m^\ominus(\text{Ⅰ}) > \Delta_r H_m^\ominus(\text{Ⅱ}) > 0$，若升高反应温度，下列说法正确的是（　　）。

A. 两个反应的平衡常数增大相同的倍数

B. 两个反应的反应速率增大相同的倍数

C. 反应Ⅰ的平衡常数增加倍数较多

D. 反应Ⅱ的反应速率增加倍数较多

8. 定量分析中，多次平行测定的目的是（　　）。

A. 减小系统误差　　B. 减小偶然误差

C. 避免试剂误差　　D. 避免仪器误差

9. 下列各组量子数(n，l，m，m_s)取值合理的为（　　）。

A. 3，2，3，$+\frac{1}{2}$　　B. 3，2，−2，$-\frac{1}{2}$

C. 3，3，−1，$+\frac{1}{2}$　　　　D. 3，−3，2，$-\frac{1}{2}$

10. 已知 $Ca_3(PO_4)_2$ 的 $K_{sp}^{\ominus}$，在其饱和溶液中 $c(Ca^{2+})$ 为（　　）。

A. $\sqrt[5]{K_{sp}^{\ominus}}\ mol \cdot L^{-1}$　　　　B. $\sqrt[5]{\frac{9}{4}K_{sp}^{\ominus}}\ mol \cdot L^{-1}$

C. $\sqrt[5]{\frac{2}{3}K_{sp}^{\ominus}}\ mol \cdot L^{-1}$　　　　D. $\sqrt[5]{\frac{1}{108}K_{sp}^{\ominus}}\ mol \cdot L^{-1}$

11. 以二苯胺磺酸钠为指示剂，用重铬酸钾法测定 Fe^{2+} 时，加入磷酸的主要目的是（　　）。

A. 增大突跃范围　　　　B. 防止 Fe^{3+} 水解

C. 调节溶液酸度　　　　D. 加快反应速率

12. 欲使原电池(−)Zn｜$Zn^{2+}(c_1)$ ‖ $Ag^{+}(c_1)$｜Ag(+)的电动势下降，可采取的方法为（　　）。

A. 在银半电池中加入固体硝酸银　　　　B. 在锌半电池中加入固体硫化钠

C. 在银半电池中加入氯化钠　　　　D. 在锌半电池中加入氨水

13. 在碘量法测铜的实验中，加入过量 KI 的作用是（　　）。

A. 还原剂、沉淀剂、配位剂　　　　B. 氧化剂、配位剂、掩蔽剂

C. 沉淀剂、指示剂、催化剂　　　　D. 缓冲剂、配位剂、预处理剂

14. 一定条件下，乙炔可自发聚合为聚乙烯，此反应（　　）。

A. $\Delta_r H_m > 0$、$\Delta_r S_m > 0$　　　　B. $\Delta_r H_m < 0$、$\Delta_r S_m < 0$

C. $\Delta_r H_m > 0$、$\Delta_r S_m < 0$　　　　D. $\Delta_r H_m < 0$、$\Delta_r S_m > 0$

15. 将溶液中 7.16×10^{-4} mol 的 MnO_4^- 还原，需 0.066 0 $mol \cdot L^{-1}$ 的 Na_2SO_3 溶液 26.98 mL，则 Mn 元素还原后的氧化数为（　　）。

A. +6　　　　B. +4　　　　C. +2　　　　D. 0

二、填空题（31～40 小题，每空 1 分，共 15 分）

31. 热力学物理量 H、Q_p、W、Q_V 中，属于状态函数的是__(1)__。

32. 浓度均为 0.1 $mol \cdot L^{-1}$ 的 NH_4Cl、Na_3PO_4 和 NH_4Ac 水溶液，其 pH 由大到小的顺序为__(2)__。

33. 浓度为 c 的溶液可吸收 40% 的入射光，同样条件下，浓度为 $0.5c$ 的同种溶液的透光度为__(3)__。

34. 标定好的氢氧化钠标准溶液，保存不当吸收了 CO_2，如果用其测定苹果中果酸总量，将产生__(4)__误差。(填“正”或“负”)

35. Na_3PO_4 水溶液的质子条件式为__(5)__。

36. NCl_3 的分子构型为__(6)__，中心原子的杂化轨道类型是__(7)__。

37. Br 的元素电势图为 $BrO_3^- \xrightarrow{0.535\,7} BrO^- \xrightarrow{0.455\,6} Br_2 \xrightarrow{1.077\,4} Br^-$（$BrO_3^-$ 至 Br_2：1.423；BrO^- 至 Br^-：0.766 5），其中能发生歧化反应

的物质是___(8)___和___(9)___。

38. 在电势分析中，参比电极要满足可逆性、重现性和___(10)___的基本要求；在分光光度法测定中，有色溶液对一定波长的单色光的吸收程度与溶液中吸光物质的性质、浓度和___(11)___等因素有关。

39. 三氯化五氨·一水合钴(Ⅲ)的化学式为___(12)___，配位数为___(13)___。

40. 浓度均为 $0.1\ mol \cdot kg^{-1}$ 的 NaCl、$CaCl_2$、HAc 和 $C_6H_{12}O_6$ 水溶液的渗透压最大的是___(14)___，最小的是___(15)___。

三、计算、分析与合成题（56～60 小题，共 30 分）

56. （4 分）比较 CO、N_2 和 HF 的沸点高低，并说明理由。

57. （4 分）请用配合物价键理论解释$[Ni(CN)_4]^{2-}$是反磁性的，而$[Ni(NH_3)_4]^{2+}$是顺磁性的。

58. （6 分）测定奶粉中 Ca^{2+} 的含量。称取 3.00 g 试样，经灰化处理溶解后，调节 pH＝10，以铬黑 T 作指示剂，用 $0.010\ 00\ mol \cdot L^{-1}$ EDTA 标准溶液滴定，消耗 24.20 mL。计算奶粉中钙的质量分数。已知 $M(Ca)=40.08\ g \cdot mol^{-1}$。

59. （8 分）在血液中，$H_2CO_3 - HCO_3^-$ 缓冲对的功能之一是从细胞组织中除去运动产生的乳酸(HLac)，其反应式为 $HLac + HCO_3^- \rightleftharpoons H_2CO_3 + Lac^-$。

(1) 求该反应的标准平衡常数 $K^{\ominus}$；

(2) 在正常血液中，$c(H_2CO_3)=1.4\times10^{-3}\ mol \cdot L^{-1}$，$c(HCO_3^-)=2.7\times10^{-2}\ mol \cdot L^{-1}$，假定血液的 pH 由此缓冲对决定，求血液的 pH。

已知 $K_{a1}^{\ominus}(H_2CO_3)=4.3\times10^{-7}$，$K_{a2}^{\ominus}(H_2CO_3)=5.6\times10^{-11}$，$K_a^{\ominus}(HLac)=8.4\times10^{-4}$。

60. （8 分）$0.20\ mol \cdot L^{-1} NH_3$ 溶液与 $0.020\ mol \cdot L^{-1} [Cu(NH_3)_4]Cl_2$ 溶液等体积混合，有无 $Cu(OH)_2$ 沉淀生成？

已知 $K_{sp}^{\ominus}[Cu(OH)_2]=2.2\times10^{-20}$，$K_b^{\ominus}(NH_3)=1.76\times10^{-5}$，$K_f^{\ominus}([Cu(NH_3)_4]^{2+})=4.8\times10^{12}$。

2014 年全国硕士研究生招生考试农学门类联考化学试题参考答案及解析

（无机及分析化学部分）

一、单项选择题

1. 答案 C。
2. 答案 A。
3. 答案 C。
4. 答案 D。
5. 答案 B。温度超过 90 ℃，草酸分解：$H_2C_2O_4 = CO_2 + CO + H_2O$，标定时所用 $KMnO_4$ 溶液体积偏小，结果偏高。
6. 答案 A。根据 $\Delta_r H_m = \Delta_r S_m + \sum\nu_B(g)RT$，因反应 $\sum\nu_B(g)=(-1)+(-3)+2=-2<0$，故 $\Delta_r S_m > \Delta_r H_m$。

7. 答案C。根据Van't Hoff方程 $\ln\frac{K_2^\ominus}{K_1^\ominus}=\frac{\Delta_r H_m^\ominus}{R}\left(\frac{1}{T_1}-\frac{1}{T_2}\right)$ 可知，反应的 $\Delta_r H_m$ 绝对值越大者，标准平衡常数受温度影响越大。注意：不可将说明速率常数与温度关系的Arrhenius方程 $\ln\frac{k_2}{k_1}=\frac{E_a}{R}\left(\frac{1}{T_1}-\frac{1}{T_2}\right)$ 与之混淆。

8. 答案B。

9. 答案B。根据角量子数 l、磁量子数 m 的取值规则：$l=0$，1，2，…，$n-1$，$m=0$，±1，±2，…，$\pm l$，可知A、C、D均错误。

10. 答案B。$Ca_3(PO_4)_2 \longrightarrow 3Ca^{2+}+2PO_4^{3-}$

设 $$[Ca^{2+}]_r=x，则[PO_4^{3-}]_r=\frac{2}{3}x$$

得 $$x^3\times\left(\frac{2}{3}x\right)^2=\frac{4}{9}x^5=K_{sp}^\ominus，[Ca^{2+}]_r=\sqrt[5]{\frac{9}{4}K_{sp}^\ominus}$$

11. 答案A。

12. 答案C。欲使原电池电动势下降，可设法降低正极（银电极）电极电势，即降低 $c(Ag^+)$，或升高负极（锌电极）电极电势，即升高 $c(Zn^{2+})$。银电极中加入NaCl，由于生成AgCl沉淀，可降低 $c(Ag^+)$。

13. 答案A。

14. 答案B。乙炔聚合为聚乙烯为熵减反应，$\Delta_r S_m<0$。对于 $\Delta_r S_m<0$ 的自发反应，反应必然放热，即 $\Delta_r H_m<0$。

15. 答案C。$n\left(\frac{1}{2}Na_2SO_3\right)=c\left(\frac{1}{2}Na_2SO_3\right)V(Na_2SO_3)$

$$=2\times0.066\,0\ \text{mol}\cdot\text{L}^{-1}\times0.026\,98\ \text{L}=0.003\,56\ \text{mol}$$

根据等物质的量规则，设 $KMnO_4$ 在反应中反应电荷数 $n=x$，则

$$n\left(\frac{1}{x}KMnO_4\right)=x\times0.000\,716\ \text{mol}=n\left(\frac{1}{2}Na_2SO_3\right)=0.003\,56\ \text{mol}$$

$$n\approx4.97\approx5$$

故被还原后Mn的氧化数为+2。

二、填空题

31. (1) H。

32. (2) Na_3PO_4、NH_4Cl、NH_4Ac。

33. (3) 63%。

$$A_1=1.00-0.40=0.60$$
$$A_1=-\lg T_1=-\lg 0.60=0.22$$

根据光吸收定律：

$$A_2=\frac{1}{2}A_1=0.11=-\lg T_2$$
$$T_2=77\%$$

34. (4) 正。

35. （5）$3[H_3PO_4]+2[H_2PO_4^-]+[HPO_4^{2-}]+[H^+]=[OH^-]$

设定 H_2O、PO_4^{3-} 为零水准物质：

$PO_4^{3-}+H_2O=HPO_4^{2-}+OH^-$

$PO_4^{3-}+2H_2O=H_2PO_4^-+2OH^-$

$PO_4^{3-}+3H_2O=H_3PO_4+3OH^-$

$H_2O=H^+OH^-$

质子条件式：

$3[H_3PO_4]+2[H_2PO_4^-]+[HPO_4^{2-}]+[H^+]=[OH^-]$

36. （6）三角锥，（7）非等性 sp^3 杂化。

37. （8）Br_2，（9）BrO^-［或（8）BrO^-，（9）Br_2］。

在碱性介质中，标准状态下，$\varphi^{\ominus}(Br_2/Br^-)>\varphi^{\ominus}(BrO^-/Br_2)$，故 Br_2 歧化：

$$Br_2+2OH^-=BrO^-+Br^-+2H_2O$$

$\varphi^{\ominus}(BrO^-/Br^-)>\varphi^{\ominus}(BrO_3^-/BrO^-)$，故 BrO^- 歧化：

$$3BrO^-=BrO_3^-+2Br^-$$

38. （10）电极电势稳定、电极电势与被测物质浓度无关，（11）液层厚度。

39. （12）$[Co(NH_3)_5\cdot(H_2O)]Cl_3$，（13）6。

40. （14）$CaCl_2$，（15）$C_6H_{12}O_6$。

三、计算、分析与合成题

56. （4分）沸点高低顺序 $HF>CO>N_2$。因为 HF 与 CO、N_2 相比，分子间除了具有取向力、诱导力和色散力，还有氢键存在，故其沸点最高。CO 是极性分子，分子间具有取向力、诱导力和色散力。N_2 是非极性分子，分子间只有色散力，故沸点最低。

57. （4分）Ni^{2+}，价电子结构为 $3d^8$，其中含有 2 个未成对电子。配体 CN^- 中，配位原子 C 电负性较低，与中心原子 Ni^{2+} 电负性相差较小，故配位原子上的孤电子对对 Ni^{2+} 的价电子结构影响较大，使价层电子发生重排，8 个价电子分配于 4 条 3d 轨道中，产生一条空的 3d 轨道，因此 3d 轨道中无未成对电子。此条空的 3d 轨道与 1 条 4s 轨道、2 条 4p 轨道杂化，形成 4 条 dsp^2 杂化轨道，接受 4 个配体中配位原子上的孤电子对形成内轨型配合物。由于 3d 轨道中无未成对电子，因此 $[Ni(CN)_4]^{2-}$ 为反磁性物质。

在 $[Ni(NH_3)_4]^{2+}$ 中，由于配位原子 N 的电负性较大，与中心原子电负性差值较大，故其上的孤电子对对中心原子 3d 电子影响较小，只能进入中心原子的最外层轨道。形成配合物时，中心原子采用 sp^3 杂化轨道与配位原子成键，形成外轨型配合物。因此 3d 轨道中仍有 2 个未成对电子，故其为顺磁性物质。

【说明】NH_3 作为配体与不同中心原子形成配合物时，既可能形成外轨型配合物，又可能形成内轨型配合物。如 $[Cu(NH_3)_4]^{2+}$ 即为内轨型配合物。

58. （6分）$Ca^{2+}+H_2Y^{2-}=[CaY]^{2-}+2H^+$

$$\omega(Ca)=\frac{c(H_2Y^{2-})V(H_2Y^{2-})M(Ca)}{m_s}$$

$$=\frac{0.024\,20\ L\times0.010\,00\ mol\cdot L^{-1}\times40.08\ g\cdot mol^{-1}}{3.00\ g}=0.323\%$$

59.（8 分）(1)：$HLac \rightleftharpoons H^+ + Lac^-$　　$K^\ominus(1)=K_a^\ominus(HLac)$

(2)：$H_2CO_3 \rightleftharpoons H^+ + HCO_3^-$　　$K^\ominus(2)=K_{a1}^\ominus(H_2CO_3)$

(1) — (2)：$HLac + HCO_3^- \rightleftharpoons H_2CO_3 + Lac^-$

$$K^\ominus=\frac{K^\ominus(1)}{K^\ominus(2)}=\frac{K_a^\ominus(HLac)}{K_{a1}^\ominus(H_2CO_3)}=2.0\times10^3$$

$$pH=pK_{a1}^\ominus-\lg\frac{[H_2CO_3]_r}{[HCO_3^-]_r}=7.66$$

60.（8 分）混合后：$c\{[Cu(NH_3)_4]^{2+}\}=0.010\ mol\cdot L^{-1}\approx[Cu(NH_3)_4^{2+}]$

$c(NH_3)=0.10\ mol\cdot L^{-1}\approx[NH_3]$

$Cu^{2+}+4NH_3 \rightleftharpoons [Cu(NH_3)_4]^{2+}$

$$[Cu^{2+}]_r=\frac{[Cu(NH_3)_4^{2+}]_r}{[NH_3]_r^4\cdot K_f^\ominus}=2.1\times10^{-11}$$

$$[OH^-]_r=\sqrt{K_b^\ominus(NH_3)\cdot c_r(NH_3)}=1.3\times10^{-3}$$

$Q=c_r(Cu^{2+})\cdot c_r^2(OH^-)=3.5\times10^{-17}>K_{sp}^\ominus\{Cu(OH)_2\}$

所以有 $Cu(OH)_2$ 沉淀生成。

2015 年全国硕士研究生招生考试农学门类联考化学试题

（无机及分析化学部分）

一、单项选择题（1～15 小题，每小题 2 分，共 30 分。下列每题给出的四个选项中，只有一个选项是符合题目要求的）

1. 在难挥发物质的稀水溶液中，凝固点相同的是（　　）。

　A. 沸点升高值相等的两溶液　　B. 物质的量浓度相等的两溶液

　C. 物质的量相等的两溶液　　D. 质量摩尔浓度相等的两溶液

2. 已知下列热化学方程式：

$Zn(s)+\frac{1}{2}O_2(g) = ZnO(s)$　　$\Delta_r H_m^\ominus(1)=-350\ kJ\cdot mol^{-1}$

$Hg(l)+\frac{1}{2}O_2(g) = HgO(s)$　　$\Delta_r H_m^\ominus(2)=-90\ kJ\cdot mol^{-1}$

则反应 $Zn(s)+HgO(s) = ZnO(s)+Hg(l)$ 的 $\Delta_r H_m^\ominus(3)$ 为（　　）

　A. $-440\ kJ\cdot mol^{-1}$　　B. $-260\ kJ\cdot mol^{-1}$

　C. $260\ kJ\cdot mol^{-1}$　　D. $440\ kJ\cdot mol^{-1}$

3. 测定溶液 pH 时，常用的氢离子指示电极为（　　）。

　A. 甘汞电极　　B. Ag - AgCl 电极

　C. 玻璃电极　　D. 铂电极

4. 定量分析中，对照试验的目的是（　　）。

　A. 检验偶然误差　　B. 检验系统误差

　C. 检验蒸馏水的纯度　　D. 检验操作的精密度

5. 下列 $0.10\ mol\cdot L^{-1}$ 的酸性溶液中，能用 $0.100\,0\ mol\cdot L^{-1}$ NaOH 溶液直接准确滴定

的是（　　）。

A. $ClCH_2COOH$（$pK_a^{\ominus}=2.86$）　　B. H_3BO_3（$pK_a^{\ominus}=9.27$）

C. NH_4Cl（NH_3 的 $pK_a^{\ominus}=4.74$）　　D. H_2O_2（$pK_a^{\ominus}=11.62$）

6. 已知 $K_{sp}^{\ominus}[Ca(OH)_2]=5.5\times10^{-6}$，$K_{sp}^{\ominus}[Mg(OH)_2]=1.8\times10^{-11}$，$K_{sp}^{\ominus}[Mn(OH)_2]=1.9\times10^{-13}$，$K_{sp}^{\ominus}[Ni(OH)_2]=2.0\times10^{-15}$。向相同浓度的 Ca^{2+}、Mg^{2+}、Mn^{2+} 和 Ni^{2+} 混合溶液中逐滴加入 NaOH 溶液，首先沉淀的离子是（　　）。

A. Ca^{2+}　　B. Mg^{2+}　　C. Mn^{2+}　　D. Ni^{2+}

7. 用半透膜隔开两种不同浓度的蔗糖溶液，为了保持渗透平衡，可以在浓蔗糖溶液上方施加一定的压力，这个压力为（　　）。

A. 浓蔗糖溶液的渗透压　　B. 稀蔗糖溶液的渗透压

C. 两种蔗糖溶液的渗透压之和　　D. 两种蔗糖溶液的渗透压之差

8. 298.15 K 时，$Ag_2O(s)$ 的 $\Delta_f H_m^{\ominus}=-30\ J\cdot mol^{-1}$，$S_m^{\ominus}=122\ J\cdot mol^{-1}\cdot K^{-1}$，则 $Ag_2O(s)$ 的 $\Delta_f G_m^{\ominus}$ 为（　　）。

A. $-92\ kJ\cdot mol^{-1}$　　B. $92\ kJ\cdot mol^{-1}$

C. $-66\ kJ\cdot mol^{-1}$　　D. 无法确定

9. 用 EDTA 滴定 Ca^{2+}、Mg^{2+} 时，能掩蔽 Fe^{3+} 的掩蔽剂是（　　）。

A. 抗坏血酸　　B. 盐酸羟胺　　C. 三乙醇胺　　D. NaCl

10. 电极反应 $Zn^{2+}(aq)+2e^-\!=\!=\!=Zn(s)$ 的电极电势为 $\varphi_1^{\ominus}$，$2Zn^{2+}(aq)+4e^-\!=\!=\!=2Zn(s)$ 的电极电势为 $\varphi_2^{\ominus}$，则 $Zn(s)\!=\!=\!=Zn^{2+}(aq)+2e^-$ 的电极电势 $\varphi_3^{\ominus}$ 与 $\varphi_1^{\ominus}$、$\varphi_2^{\ominus}$ 的关系为（　　）。

A. $2\varphi_1^{\ominus}=\varphi_2^{\ominus}$；$\varphi_1^{\ominus}=-\varphi_3^{\ominus}$　　B. $(\varphi_1^{\ominus})^2=\varphi_2^{\ominus}$；$(\varphi_1^{\ominus})^{-1}=\varphi_3^{\ominus}$

C. $\varphi_1^{\ominus}=\varphi_2^{\ominus}=\varphi_3^{\ominus}$　　D. $\varphi_1^{\ominus}=\varphi_2^{\ominus}$；$\varphi_1^{\ominus}=-\varphi_3^{\ominus}$

11. 在含有 Pb^{2+} 和 Cd^{2+} 的溶液中，通入 H_2S 至沉淀完全时，溶液中 $c(Pb^{2+})/c(Cd^{2+})$ 为（　　）。

A. $K_{sp}^{\ominus}(PbS)\cdot K_{sp}^{\ominus}(CdS)$　　B. $K_{sp}^{\ominus}(CdS)/K_{sp}^{\ominus}(PbS)$

C. $K_{sp}^{\ominus}(PbS)/K_{sp}^{\ominus}(CdS)$　　D. $[K_{sp}^{\ominus}(PbS)\cdot K_{sp}^{\ominus}(CdS)]^{1/2}$

12. 已知 35.0% $HClO_4$（$M=100\ g\cdot mol^{-1}$）水溶液的密度为 $1.251\ g\cdot mL^{-1}$，则其质量摩尔浓度为（　　）。

A. $5.38\ mol\cdot kg^{-1}$　　B. $4.38\ mol\cdot kg^{-1}$

C. $3.00\ mol\cdot kg^{-1}$　　D. $2.68\ mol\cdot kg^{-1}$

13. 已知体积为 V、浓度为 $0.2\ mol\cdot L^{-1}$ 的一元弱酸水溶液（$\alpha<5\%$），若使其解离度增加一倍，则溶液的体积应稀释为（　　）。

A. $2V$　　B. $4V$　　C. $6V$　　D. $10V$

14. 0.5 mol $O_2(g)$ 与 1 mol CO(g) 完全反应生成 1 mol $CO_2(g)$，反应进度为（　　）。

A. 1 mol　　B. 2 mol　　C. 3 mol　　D. 无法判定

15. 用 $0.100\,0\ mol\cdot L^{-1}$ NaOH 溶液滴定 $0.100\,0\ mol\cdot L^{-1}$ HCOOH 溶液，滴定突跃范围的 pH 为 6.74～9.70。可选用的指示剂是（　　）。

A. 甲基橙（$pK_{HIn}^{\ominus}=3.4$）　　B. 中性红（$pK_{HIn}^{\ominus}=4.4$）

C. 溴酚蓝（$pK_{HIn}^{\ominus}=4.1$）　　D. 甲基红（$pK_{HIn}^{\ominus}=5.2$）

二、填空题（31～40 小题，每空 1 分，共 15 分）

31. 磷酸的 $pK_{a3}^{\ominus}=12.36$，该数值的有效数字是___(1)___位。

32. 用铁铵矾作指示剂的银量法称为___(2)___法。

33. 用万分之一的分析天平称量时，要使试样的称量误差≤0.1%，至少应称取试样___(3)___g。

34. 已知 $K_b^{\ominus}(A^-)=1.0\times10^{-6}$，则缓冲溶液 $HA-A^-$ 的缓冲范围的 pH 为___(4)___。

35. 火柴头中的 P_4S_3 在氧气中燃烧时生成 P_4O_{10}(s)和 SO_2(g)，在 298.15 K 和标准状态下，1 mol P_4S_3 燃烧放热 3 677 kJ，其热化学方程式为___(5)___。

36. 用差减法称取基准物质 $K_2Cr_2O_7$ 时，有少量 $K_2Cr_2O_7$ 掉在桌面上未被发现，则配得的标准溶液浓度将偏___(6)___（填"低"或"高"）。用此溶液测定试样中铁时，会引起___(7)___误差（填"正"或"负"）。

37. 判断下列过程的熵变。（填"正""负"或"零"）

①溶解少量食盐于水中：___(8)___；②活性炭表面吸附氧气：___(9)___。

38. 某+2 价金属离子有 9 个价电子，价电子的主量子数为 3、角量子数为 2，该元素位于周期表中第___(10)___周期___(11)___族。

39. 在室温下，0.10 mol·L^{-1} HA($K_a^{\ominus}=1.0\times10^{-3}$)溶液中，$c(H^+)=$___(12)___mol·L^{-1}，HA 的共轭碱的 $K_b^{\ominus}$___(13)___。

40. 下图给出了氧族元素氢化物的沸点变化趋势。H_2O 的沸点最高的原因是___(14)___；H_2Te 的沸点比 H_2S 高的原因是___(15)___。

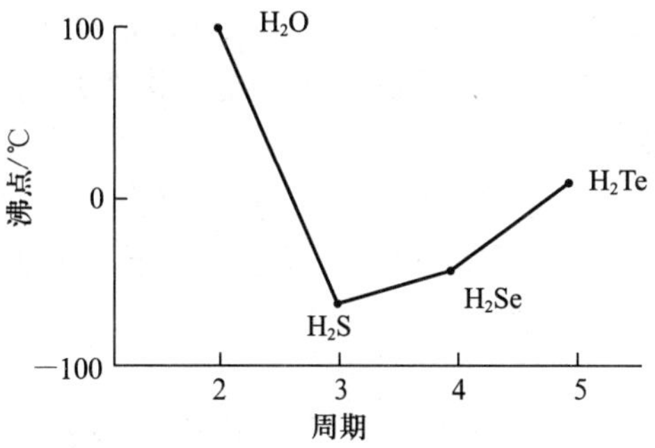

三、计算、分析与合成题（56～60 小题，共 30 分）

56. （6 分）比较下列配离子稳定性的大小，并说明理由。

(1) $[Fe(H_2O)_6]^{3+}$ 和 $[Fe(CN)_6]^{3-}$；

(2) $[Co(NH_3)_6]^{3+}$ 和 $[Co(en)_3]^{3+}$。

57. （4 分）指出下列分子中的极性分子并说明其空间构型。

$CHCl_3$、BCl_3、NCl_3、CS_2、SiH_4

58. （8 分）298.15 K 时，将电极 $Cd\mid Cd^{2+}(1.00\times10^{-4}\ mol\cdot L^{-1})$ 和 $Fe\mid Fe^{2+}(1.00\ mol\cdot L^{-1})$ 组成原电池。

(1) 计算电池的电动势；

（2）写出电池反应，并计算该反应的标准平衡常数。

已知：$\varphi^{\ominus}(Cd^{2+}/Cd)=-0.403\ V$，$\varphi^{\ominus}(Fe^{2+}/Fe)=-0.447\ V$。

59.（5分）测定某一元脂肪胺的相对分子质量，先用脂肪胺与苦味酸（$M=229\ g\cdot mol^{-1}$）反应得到苦味酸铵盐。称取 0.030 4 g 苦味酸铵盐，用 95%的乙醇溶解，定容至 1 L。将此溶液在 0.5 cm 比色皿中于 380 nm 测得吸光度为 0.400。已知苦味酸铵盐在 380 nm 的摩尔吸收系数为 $1.35\times10^{4}\ L\cdot mol^{-1}\cdot cm^{-1}$。求该脂肪胺的相对分子质量。

60.（7分）已知 298.15 K 时，$\Delta_f H_m^{\ominus}(NO)=90.25\ kJ\cdot mol^{-1}$，反应 $N_2(g)+O_2(g)$══$2NO(g)$的 $K^{\ominus}=4.5\times10^{-31}$。

（1）计算 500 K 时该反应的 $K^{\ominus}$；

（2）汽车内燃机中汽油的燃烧温度可达 1 575 K，根据平衡移动原理说明该温度是否有利于 NO 的生成。

2015 年全国硕士研究生招生考试农学门类联考化学试题参考答案及解析

（无机及分析化学部分）

一、单项选择题

1. 答案 A。难挥发、非电解质稀溶液的沸点上升，以及非电解质稀溶液的凝固点下降，均与溶质的质量摩尔浓度成正比。故答案 B、C 均不正确。若两溶液中一为非电解质溶液，一为电解质溶液，如为$b(C_6H_{12}O_6)=b(NaCl)$的两溶液，由于 NaCl 在水中解离，溶液中溶质粒子的总浓度$b(Na^+)=b(Cl^-)$大于$b(C_6H_{12}O_6)$，溶液的凝固点不等。若两溶液均为电解质溶液，则因为两电解质正、负离子的比例不同，或两电解质解离度不同，两溶液的凝固点也会不同。故答案 D 不正确。

2. 答案 B。反应式（1）－反应式（2）得反应式（3）

根据盖斯定律：$\Delta_r H_m^{\ominus}(3)=\Delta_r H_m^{\ominus}(1)-\Delta_r H_m^{\ominus}(2)=-260\ kJ\cdot mol^{-1}$

3. 答案 C。

4. 答案 B。

5. 答案 A。$c(HB)=0.1\ mol\cdot L^{-1}$的弱一元酸可被准确滴定（终点误差不大于±0.2%）的条件为弱酸 $K_a^{\ominus}\geqslant10^{-7}$，即 $pK_a^{\ominus}\leqslant7$。其中 $pK_a^{\ominus}(NH_4^+)=14.00-4.74=9.26$。故只有答案 A 准确。

6. 答案 D。四种难溶氢氧化物均为 1∶2 型。类型相同的难溶电解质，若被沉淀离子浓度相同，则溶度积最小者首先被沉淀。

7. 答案 D。

8. 答案 D。标准状态、298.15 K，Gibbs 方程给出的是同一过程的 $\Delta_r G_m^{\ominus}$、$\Delta_r H_m^{\ominus}$、$\Delta_r S_m^{\ominus}$ 之间的关系。$\Delta_f G_m^{\ominus}(Ag_2O)$和 $\Delta_f H_m^{\ominus}(Ag_2O)$分别是过程 $2Ag(s)+\frac{1}{2}O_2(g)$══$Ag_2O(s)$的 $\Delta_r G_m^{\ominus}$、$\Delta_r H_m^{\ominus}$，而 $S_m^{\ominus}(Ag_2O)$是标准状态下 1 mol Ag_2O 由 0 K 升温至 298.15 K 过程中系统的熵变，不是过程 $2Ag(s)+\frac{1}{2}O_2(g)$══$Ag_2O(s)$的 $\Delta_r S_m^{\ominus}$。

9. 答案 C。

10. 答案 C。电极电势是电极与标准氢电极组成原电池的电动势，与电极反应的写法无关。

11. 答案 C。在含有 PbS(s)和 CdS(s)沉淀的溶液中，同时存在以下两平衡：

$PbS(s) = Pb^{2+}(aq) + S^{2-}(aq)$ 和 $CdS(s) = Cd^{2+}(aq) + S^{2-}(aq)$

$[Pb^{2+}]_r[S^{2-}]_r = K^{\ominus}_{sp}(PbS)$

$[Cd^{2+}]_r[S^{2-}]_r = K^{\ominus}_{sp}(CdS)$

根据多重平衡原理，两方程中硫离子浓度相等。二式相比可得 C。

12. 答案 A。

$$b(HClO_4) = \frac{n(HClO_4)}{m(H_2O)} = \frac{w(HClO_4)\rho V/M(HClO_4)}{\rho V - w(HClO_4)\rho V}$$

$$= \frac{w(HClO_4)\rho/M(HClO_4)}{\rho - w(HClO_4)\rho}$$

$$= \frac{(0.350 \times 1.251\ g \cdot mL^{-1})/100\ g \cdot mol^{-1}}{1.251\ g \cdot mL^{-1} - 0.350 \times 1.251\ g \cdot mL^{-1}}$$

$$= 0.005\,38\ mol \cdot g^{-1} = 5.38\ mol \cdot kg^{-1}$$

13. 答案 B。

$$\alpha_1 = \sqrt{\frac{K^{\ominus}_a}{c_1}}，\alpha_2 = \sqrt{\frac{K^{\ominus}_a}{c_2}}$$

$$\frac{\alpha_2}{\alpha_1} = \sqrt{\frac{c_1}{c_2}} = 2$$

$$\frac{c_1}{c_2} = 4$$

14. 答案 D。根据反应进度定义：$\Delta\xi = \nu_B^{-1} \cdot \Delta n_B$

式中，化学计量数 ν_B 需根据化学反应式确定，所以无反应式则无法确定反应进度。

15. 答案 B。酸碱滴定中，所选用指示剂的变色点 $pK^{\ominus}_a$ 应在滴定的 pH 突跃范围内。

二、填空题

31. (1) 2。

32. (2) 佛尔哈德。

33. (3) 0.2。

34. (4) 7.0～9.0。

35. (5) $P_4S_3(s) + 8O_2(g) = P_4O_{10}(s) + 3SO_2(g)$

$\Delta_r H^{\ominus}_m(298.15\ K) = -3\,677\ kJ \cdot mol^{-1}$

若写为 $nP_4S_3(s) + 8nO_2(g) = nP_4O_{10}(s) + 3nSO_2(g)$

$\Delta_r H^{\ominus}_m(298.15K) = n \times (-3\,677)\ kJ \cdot mol^{-1}$ 亦正确。

36. (6) 低，(7) 正。

37. (8) 正，(9) 负。

38. (10) 四，(11) ⅠB。根据题意，该元素基态原子价电子结构为 $3d^{10}4s^1$。

39. (12) 1.0×10^{-2}，(13) 1.0×10^{-9}。

40. (14) H_2O 分子间存在氢键，(15) H_2Te 分子间色散力较高。

三、计算、分析与合成题

56. (6分) (1) $[Fe(CN)_6]^{3-}$ 的稳定性高于 $[Fe(H_2O)_6]^{3+}$。前者配位原子是C，其电负性与中心原子电负性相差较小，易于给出孤电子对，对中心原子内层d电子结构影响较大，所得配合物为内轨型配合物。后者，配位体水分子中的配位原子是O，其电负性与中心原子电负性相差较大，其孤电子对只能进入中心原子的外层轨道，对中心原子内层d电子影响较小，所得配合物为外轨型。同一中心原子所形成的配合物，内轨型较外轨型稳定。

(2) $[Co(en)_3]^{3+}$ 的稳定性高于 $[Co(NH_3)_6]^{3+}$。乙二胺（en）是多齿配体，与 Co^{2+} 形成螯合物；NH_3 是单齿配体，与 Co^{3+} 形成简单配合物。同一中心原子所形成的螯合物稳定性较简单配合物高。

57. (4分) $CHCl_3$，极性分子，四面体构型（中心原子以 sp^3 杂化轨道与3个Cl、1个H原子键合，分子无中心对称性）。

NCl_3，极性分子，三角锥构型（中心原子以 sp^3 不等性杂化轨道与3个Cl原子键合，分子无中心对称性）。

(BCl_3，中心原子以等性 sp^2 杂化轨道与Cl原子键合，平面正三角形构型，分子呈中心对称，无极性；CS_2，中心原子以等性sp杂化轨道与S原子键合，直线形构型，分子呈中心对称，无极性；SiH_4，中心原子以等性 sp^3 杂化轨道与H原子键合，正四面体形，分子呈中心对称，无极性)

58. (8分) (1)

$$\varphi(Cd^{2+}/Cd)=\varphi^{\ominus}(Cd^{2+}/Cd)+\frac{2.303RT}{2F}\lg c_r(Cd^{2+})$$

$$=-0.403\ V+\frac{0.059\ V}{2}\lg(1.00\times10^{-4})$$

$$=-0.521\ V$$

$$E=\varphi^{\ominus}(Fe^{2+}/Fe)-\varphi(Cd^{2+}/Cd)=0.074\ V$$

(2) 原电池反应为：$Fe^{2+}+Cd═Fe+Cd^{2+}$

$$\lg K^{\ominus}=\frac{2FE^{\ominus}}{2.303RT}=\frac{2F[\varphi^{\ominus}(Fe^{2+}/Fe)-\varphi^{\ominus}(Cd^{2+}/Cd)]}{2.303RT}$$

$$K^{\ominus}=3.2\times10^{-2}$$

若原电池反应写为：$nFe^{2+}+nCd═nFe+nCd^{2+}$，则 $K^{\ominus}=(3.2\times10^{-2})^n$

59. (5分) $RNH_2+HOC_6H_2(NO_2)_3=RNH_3OC_6H_2(NO_2)_3$

$$c\{RNH_3OC_6H_2(NO_2)_3\}=\frac{A}{b\varepsilon}=\frac{0.400}{0.5\ cm\times1.35\times10^4\ L\cdot mol^{-1}\cdot cm^{-1}}$$

$$=5.93\times10^{-5}\ mol\cdot L^{-1}$$

$$n\{RNH_3OC_6H_2(NO_2)_3\}=c\{RNH_3OC_6H_2(NO_2)_3\}\cdot V=5.93\times10^{-5}\ mol$$

$$M\{RNH_3OC_6H_2(NO_2)_3\}=\frac{m\{RNH_3OC_6H_2(NO_2)_3\}}{n\{RNH_3OC_6H_2(NO_2)_3\}}$$

$$=\frac{0.0304\ g}{5.93\times10^{-5}\ mol}=513\ g\cdot mol^{-1}$$

$M_r(RNH_2)=M_r\{RNH_3OC_6H_2(NO_2)_3\}-M_r\{HOC_6H_2(NO_2)_3\}$

$=513-229=284$

60.（7 分）$N_2(g)+O_2(g)═══2NO(g)$　　　$\Delta_r H_m^{\ominus}=2\Delta_f H_m^{\ominus}(NO)=180.5\ kJ\cdot mol^{-1}$

$$\ln\frac{K_2^{\ominus}}{K_1^{\ominus}}=\frac{\Delta_r H_m^{\ominus}}{R}\left(\frac{1}{T_1}-\frac{1}{T_2}\right)$$

$$\ln\frac{K^{\ominus}(500\ K)}{4.5\times10^{-31}}=\frac{180.5\ kJ\cdot mol^{-1}}{0.008\ 31\ kJ\cdot mol^{-1}\cdot K^{-1}}\times\left(\frac{1}{298\ K}-\frac{1}{500\ K}\right)$$

$$K^{\ominus}(500\ K)=2.7\times10^{-18}$$

因反应的 $\Delta_r H_m^{\ominus}>0$，是吸热反应，温度升高平衡向右移动，有利于产物生成。

2016 年全国硕士研究生招生考试农学门类联考化学试题

（无机及分析化学部分）

一、单项选择题（1～15 小题，每小题 2 分，共 30 分。下列每题给出的四个选项中，只有一个选项是符合题目要求的。）

1. 0.08 $mol\cdot L^{-1}$ KI 和 0.01 $mol\cdot L^{-1}$ $AgNO_3$ 溶液等体积混合制得溶胶，电解质（1）$MgSO_4$、（2）$CaCl_2$ 和（3）Na_3PO_4 对该溶胶的聚沉能力的强弱顺序是（　　）。

A.（1）>（2）>（3）　　　　B.（2）>（1）>（3）

C.（3）>（1）>（2）　　　　D.（3）>（2）>（1）

2. 298 K 时，反应 E(aq)+F(aq)═══G(aq)+H(aq) 的 $\Delta_r G_m^{\ominus}=-10\ kJ\cdot mol^{-1}$。将 E 和 F 等物质的量混合，达到平衡时，体系的组成为（　　）。

A. E 和 F

B. G 和 H

C. E、F、G 和 H，但 G 和 H 的物质的量大于 E 和 F

D. E、F、G 和 H，但 E 和 F 的物质的量大于 G 和 H

3. 下图表示反应速率常数随温度变化的趋势，其中符合阿仑尼乌斯（Arrhenius）方程的是（　　）。

A.
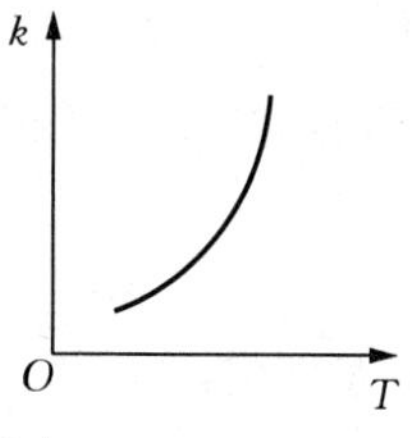

B.
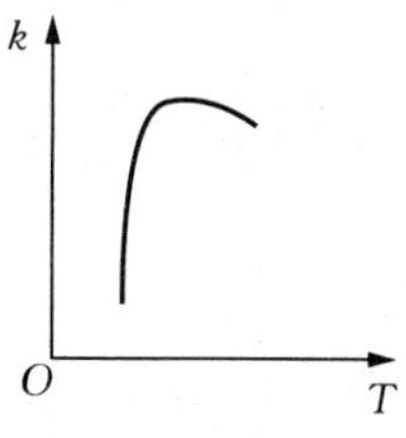

C.
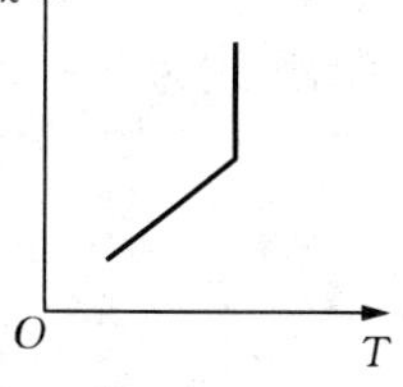

D.
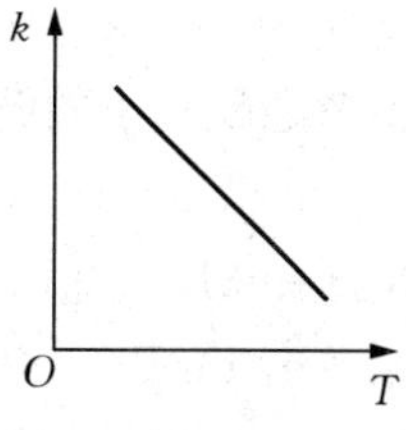

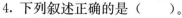

4. 下列叙述正确的是（　　）。

A. 杂化轨道都是等价轨道

B. 成键时，杂化轨道只能形成 σ 键

C. 2s 原子轨道和 3p 原子轨道杂化形成 sp^2 杂化轨道

D. 1 个 s 原子轨道和 1 个 p 原子轨道杂化形成 1 个 sp 杂化轨道

5. 取 8.5 mL 浓 HCl 配制 0.10 $mol \cdot L^{-1}$ 的 HCl 标准溶液 1 L，量取浓 HCl 需用（　　）。

A. 量筒　　B. 吸量管

C. 滴定管　　D. 容量瓶

6. 标定 NaOH 溶液时，滴定前碱式滴定管中气泡未赶尽，滴定中气泡消失，会导致（　　）。

A. 滴定体积偏大　　B. 滴定体积偏小

C. 标定结果不变　　D. 标定结果偏大

7. 用硼砂标定 HCl 溶液，标定结果偏高，可能的原因是（　　）。

A. 硼砂失去了部分结晶水

B. 滴定终点时，HCl 溶液过量

C. 未用 HCl 溶液润洗酸式滴定管

D. 差减法称量硼砂时，有少量硼砂撒落在三角瓶外

8. 在下列溶液中，难溶电解质 AgBr 的溶解度最大的是（　　）。

A. H_2O　　B. $AgNO_3$　　C. KBr　　D. $Na_2S_2O_3$

9. 0.010 $mol \cdot L^{-1}$ NaA 溶液的 pH＝8.00，则 HA 的 $K_a^{\ominus}$ 为（　　）。

A. 1.0×10^{-16}　　B. 1.0×10^{-14}

C. 1.0×10^{-10}　　D. 1.0×10^{-4}

10. 在 298 K，$p(O_2)=100$ kPa 时，电极反应为 $O_2+4H^++4e^-$ ═══ $2H_2O$，该电极的电极电势与酸度的关系式为（　　）。

A. $\varphi=\varphi^{\ominus}+0.059\,2\text{ pH}$　　B. $\varphi=\varphi^{\ominus}-0.059\,2\text{ pH}$

C. $\varphi=\varphi^{\ominus}+\frac{0.059\,2}{4}\text{pH}$　　D. $\varphi=\varphi^{\ominus}-\frac{0.059\,2}{4}\text{pH}$

11. 玻璃电极使用前必须在纯水中浸泡一定时间，其主要目的是（　　）。

A. 清洗电极　　B. 校正电极

C. 润湿电极　　D. 活化电极

12. 配位滴定中，金属指示剂的 $K^{\ominus}(MIn)$ 应适当小于 $K^{\ominus'}(MY)$，若 $K^{\ominus}(MIn)>K^{\ominus'}(MY)$，会使（　　）。

A. 终点推迟　　B. 终点提前

C. 指示剂不变色　　D. 指示剂变色缓慢

13. 已知水的 $K_f=1.86\ K \cdot kg \cdot mol^{-1}$，0.005 $mol \cdot kg^{-1}$ 配合物 $FeK_3C_6N_6$ 溶液的凝固点为－0.037 ℃，若不考虑配离子的解离，该配合物在水中的解离形式为（　　）。

A . $FeK_3C_6N_6$ ═══ $Fe^{3+}+[K_3(CN)_6]^{3-}$

B. $FeK_3C_6N_6$ ═══ $3K^++[Fe(CN)_6]^{3-}$

C. $FeK_3C_6N_6$ ═══ $Fe^{3+}+3K^++6CN^-$

D. $FeK_3C_6N_6$ ═══ $3K^++3CN^-+Fe(CN)_3$

14. 分光光度分析时，加入的显色剂及其他辅助试剂在测定波长处均有一定的吸收，则参比溶液应选用（　　）。

A. 溶剂　　B. 试液

C. 试剂　　D. 试液和显色剂

15. 一定能自发进行的反应过程是（　　）。

A. $\Delta H>0$，$\Delta S>0$　　B. $\Delta H<0$，$\Delta S<0$

C. $\Delta H>0$，$\Delta S<0$　　D. $\Delta H<0$，$\Delta S>0$

二、填空题（31～40 小题，每空 1 分，共 15 分）

31. 1 073 K 时，反应 $C(s)+CO_2(g)$══$2CO(g)$的 $K^{\ominus}=7.5\times10^{-2}$，当 $m(C)=2$ kg，$p(CO_2)=p(CO)=100$ kPa 时，反应＿(1)＿向进行。（填“正”或“逆”）

32. 已知 $pK_a^{\ominus}(HF)=3.20$，$pK_b^{\ominus}(NH_3)=4.75$ 和 $pK_a^{\ominus}(HCN)=9.21$。0.10 mol・L^{-1}的 HF、NH_4Cl 和 HCN 中，能被 0.100 0 mol・L^{-1} NaOH 标准溶液准确滴定的是＿(2)＿。

33. 已知 $K_f^{\ominus}([Fe(C_2O_4)_3]^{3-})>K_f^{\ominus}([Fe(C_2O_4)_3]^{4-})$，则 $\varphi^{\ominus}([Fe(C_2O_4)_3]^{3-}/[Fe(C_2O_4)_3]^{4-})$＿(3)＿$\varphi^{\ominus}(Fe^{3+}/Fe^{2+})$。（填“>”“<”或“=”）

34. 过量 SO_4^{2-} 可以使 Ba^{2+} 沉淀完全，但过量太多会有明显的＿(4)＿效应，导致沉淀部分溶解。

35. NH_4HCO_3 水溶液的质子条件式为＿(5)＿。

36. 791 K 时，在定容下乙醛的分解反应 $CH_3CHO(g)$══$CH_4(g)+CO(g)$为二级反应，该反应的速率方程为＿(6)＿。当反应速率增加 1 倍时，CH_3CHO 的浓度应为原来的＿(7)＿倍。

37. Zn^{2+}的价电子排布式为＿(8)＿，Zn 在元素周期表中位于＿(9)＿族。

38. 将蔗糖($C_{12}H_{22}O_{11}$)、葡萄糖($C_6H_{12}O_6$)和尿素$[CO(NH_2)_2]$各 10 g 分别溶于 1 kg 水，配成的溶液凝固点最低的是＿(10)＿，沸点最低的是＿(11)＿。

39. 在 1.0 mol・L^{-1} H_2SO_4 中，用 0.100 0 mol・$L^{-1}$$Ce(SO_4)_2$ 标准溶液滴定 20.00 mL 同浓度的 Fe^{2+} 溶液，滴定曲线见下图。图中横坐标和纵坐标分别为＿(12)＿和＿(13)＿。

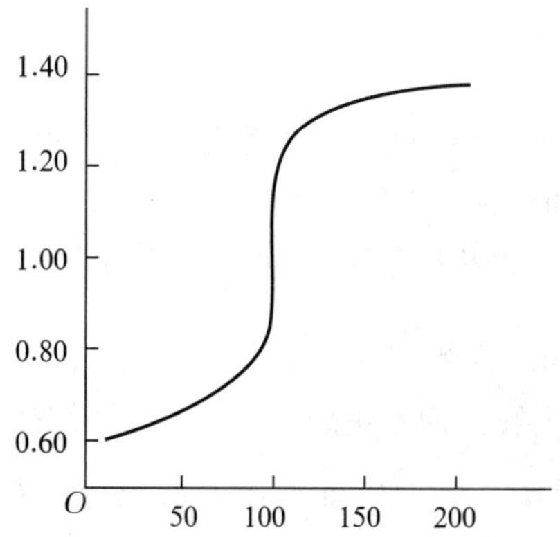

40. 在$[RuBr_2(NH_3)_4]^+$中，Ru 的氧化数和配位数分别是＿(14)＿和＿(15)＿。

三、计算、分析与合成题（56～60 小题，共 30 分）

56.（4 分）用杂化轨道理论解释：SF_6 能稳定存在，而 OF_6 不存在。

57.（6 分）简述沉淀转化的条件，并说明 $SrSO_4$ 沉淀可以转化为 $SrCO_3$ 沉淀。

已知 $K_{sp}^{\ominus}(SrSO_4)=3.2\times10^{-7}$，$K_{sp}^{\ominus}(SrCO_3)=1.1\times10^{-10}$。

58.（8 分）在 298 K、标准状态下，各物质的热力学数据见下表：

	CuO(s)	C(s)	Cu(s)	CO_2(g)
$\Delta_f H_m^{\ominus}/(kJ\cdot mol^{-1})$	−157	0	0	−393.5
$S_m^{\ominus}/(J\cdot mol^{-1}\cdot K^{-1})$	42.63	5.74	33.15	213.6

（1）计算 700 K 时，反应 $2CuO(s)+C(s)═2Cu(s)+CO_2(g)$ 的 $\Delta_r G_m^{\ominus}$ 和 $K^{\ominus}$；

（2）说明 CuO 在木材燃烧的火焰（约 700 K）中是否能被碳还原。

59.（6 分）称取 $CaCO_3$ 试样 0.250 0 g，加入 25.00 mL 0.300 0 $mol\cdot L^{-1}$的 HCl 溶液溶解，煮沸除去 CO_2；用 0.010 0 $mol\cdot L^{-1}$ NaOH 标准溶液滴定过量的酸，消耗 25.50 mL。假设 $CaCO_3$ 试样中的杂质不干扰测定，计算试样中 $CaCO_3$ 的质量分数。

已知 $M_r(CaCO_3)=100.1$。

60.（6 分）在酸性介质中，锰元素电势图为

$$\varphi_A^{\ominus}/V \qquad MnO_4^- \xrightarrow{0.56} MnO_4^{2-} \xrightarrow{2.26} MnO_2$$

设除 H^+ 外各物质均处于标准状态，计算 298 K 时，MnO_4^{2-} 在水溶液中稳定存在的最高 $c(H^+)$。

2016 年全国硕士研究生招生考试农学门类联考化学试题 参考答案及解析

（无机及分析化学部分）

一、单项选择题

1. 答案 C。制备此溶胶时，Ag^+ 过量，作为电位离子使溶胶带正电荷。对于正电溶胶，所加电解质阴离子所带负电荷越高，对溶胶聚沉能力越强。

2. 答案 C。根据题意，反应达平衡时，$c(E)=c(F)$，$c(G)=c(H)$。又因 $\Delta_r G_m^{\ominus}<0$，故 $K^{\ominus}>1$，即 $\frac{[G]_r\cdot[H]_r}{[E]_r\cdot[F]_r}>1$，故 C 正确。

3. 答案试卷中给出的 4 个答案均不正确。

Arrhenius 方程 $k=Ae^{\frac{-E_a}{RT}}$ 中，R、E_a 和 T 均大于 0，$k-T$ 关系曲线示意图如下。可见，随温度升高，速率常数增大，且高温时，温度变化对速率常数的影响不如低温时明显。该曲线的渐近线为 $k=A$。

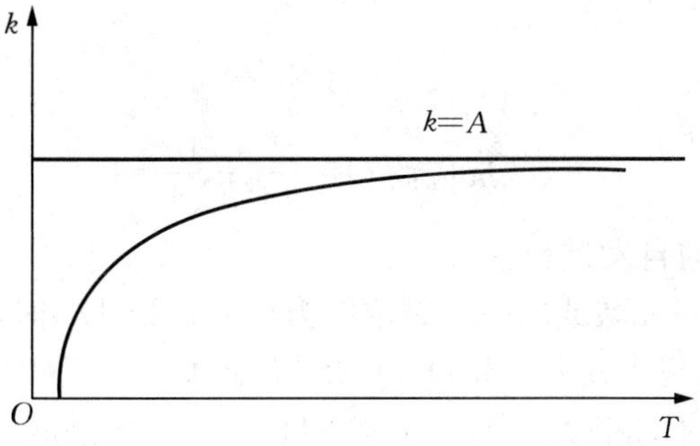

4. 答案 B。

5. 答案 A。

6. 答案 A。

7. 答案 D。

标定结果按下式计算：

$$c(\mathrm{HCl})=\frac{2m(\mathrm{Na_2B_4O_7\cdot 10H_2O})}{M(\mathrm{Na_2B_4O_7\cdot 10H_2O})V(\mathrm{HCl})}$$

因称量时部分硼砂撒落，致使计算时硼砂质量高于实际用量，使得标定结果偏高。

8. 答案 D。由于同离子效应，AgBr 在 $AgNO_3$ 溶液、KBr 溶液中溶解度小于其在水中的溶解度。由于 AgBr 转化为更稳定的$[Ag(S_2O_3)_2]^{3-}$，AgBr 在 $Na_2S_2O_3$ 溶液中的溶解度大于其在水中的溶解度。

9. 答案 D。对于一元弱碱 NaA 水溶液：

$$\mathrm{pOH}=\frac{1}{2}[\mathrm{p}K_\mathrm{b}^\ominus(\mathrm{A^-})+\mathrm{p}c_\mathrm{r}(\mathrm{A^-})]$$

解得 $\mathrm{p}K_\mathrm{b}^\ominus(\mathrm{A^-})=10$

因 $\mathrm{p}K_\mathrm{b}^\ominus(\mathrm{A^-})+\mathrm{p}K_\mathrm{a}^\ominus(\mathrm{HA})=14.0$

解得 $\mathrm{p}K_\mathrm{a}^\ominus(\mathrm{HA})=4.0$，即 $K_\mathrm{a}^\ominus(\mathrm{HA})=1.0\times10^{-4}$

10. 答案 B。

$p(O_2)=100$ kPa 时，电极 $4H^++O_2+4e^-=\!=\!=2H_2O$

$$\varphi(\mathrm{H^+/H_2O})=\varphi^\ominus(\mathrm{H^+/H_2O})+\frac{2.303\,RT}{4F}\lg c_\mathrm{r}^4(\mathrm{H^+})$$

$$=\varphi^\ominus(\mathrm{H^+/H_2O})+\frac{2.303\,RT}{F}\lg c_\mathrm{r}(\mathrm{H^+})$$

$$=\varphi^\ominus(\mathrm{H^+/H_2O})-\frac{2.303\,RT}{F}\mathrm{pH}$$

11. 答案 D。

12. 答案 C。此现象称为指示剂的封闭。

13. 答案 B。

14. 答案 C。

15. 答案 D。

二、填空题

31. (1) 逆。

$$反应商\ Q=\frac{p_r^2(CO)}{p_r(CO_2)}=1$$

$Q>K^{\ominus}$，故反应逆向自发进行。

32. (2) HF。在弱一元酸或弱一元碱浓度为 $0.1\ mol \cdot L^{-1}$时，只有被测酸、碱的 $pK_a^{\ominus}$ 或 $pK_b^{\ominus} \leqslant 7.0$，才可保证终点误差不超过$\pm 0.2\%$，此即弱一元酸、碱可被准确滴定的条件。$pK_a^{\ominus}(HF)<7.0$，$pK_a^{\ominus}(HCN)>7.0$，$pK_a^{\ominus}(NH_4^+)=14.0-pK_b^{\ominus}(NH_3)=9.25>7.0$。故答案为 HF。

33. (3) <。

$\varphi^{\ominus}\{[Fe(C_2O_4)_3]^{3-}/[Fe(C_2O_4)_3]^{4-}\}$等于 $c\{[Fe(C_2O_4)_3]^{3-}\}=c\{[Fe(C_2O_4)_3]^{4-}\}=1\ mol \cdot L^{-1}$时之 $\varphi(Fe^{3+}/Fe^{2+})$。因此只要计算出溶液中 $c\{[Fe(C_2O_4)_3]^{3-}\}=c\{[Fe(C_2O_4)_3]^{4-}\}=1\ mol \cdot L^{-1}$时之$\frac{[Fe^{3+}]_r}{[Fe^{2+}]_r}$，即可得出结论。根据两配合物稳定常数表达式：

$$K_f^{\ominus}\{Fe(C_2O_4)_3^{3-}\}=\frac{[Fe(C_2O_4)_3^{3-}]_r}{[Fe^{3+}]_r[C_2O_4^{2-}]_r^3}$$

$$K_f^{\ominus}\{Fe(C_2O_4)_3^{4-}\}=\frac{[Fe(C_2O_4)_3^{4-}]_r}{[Fe^{2+}]_r[C_2O_4^{2-}]_r^3}$$

得

$$\frac{[Fe^{3+}]_r}{[Fe^{2+}]_r}=\frac{K_f^{\ominus}\{Fe(C_2O_4)_3^{4-}\}}{K_f^{\ominus}\{Fe(C_2O_4)_3^{3-}\}}$$

将其代入 Fe^{3+}/Fe^{2+} 电极的 Nernst 方程：

$$\varphi^{\ominus}\{[Fe(C_2O_4)_3]^{3-}/[Fe(C_2O_4)_3]^{4-}\}=\varphi^{\ominus}(Fe^{3+}/Fe^{2+})+\frac{2.303RT}{F}\lg\frac{K_f^{\ominus}\{Fe(C_2O_4)_3^{4-}\}}{K_f^{\ominus}\{Fe(C_2O_4)_3^{3-}\}}$$

因 $K_f^{\ominus}\{Fe(C_2O_4)_3^{4-}\}<K_f^{\ominus}\{Fe(C_2O_4)_3^{3-}\}$，故 $\varphi^{\ominus}\{[Fe(C_2O_4)_3]^{3-}/[Fe(C_2O_4)_3]^{4-}\}<\varphi^{\ominus}(Fe^{3+}/Fe^{2+})$。

34. (4) 盐。

35. (5) $[H^+]+[H_2CO_3]=[OH^-]+[NH_3]+[CO_3^{2-}]$

选 H_2O、NH_4^+ 和 HCO_3^- 为零水准物质：

$H_2O = H^+ + OH^-$

$NH_4^+ = H^+ + NH_3$

$HCO_3^- = H^+ + CO_3^{2-}$

$HCO_3^- + H^+ = H_2CO_3$

得质子条件式：$[H^+]+[H_2CO_3]=[OH^-]+[NH_3]+[CO_3^{2-}]$

36. (6) $v=kc^2(CH_3CHO)$，(7) $\sqrt{2}$。

37. (8) $3d^{10}$，(9) ⅡB。

38. (10) 尿素，(11) 蔗糖。

三种非电解质溶液中，尿素的摩尔质量最低，其水溶液的质量摩尔浓度最高，故凝固点降低最大，凝固点最低。蔗糖的摩尔质量最大，其水溶液的质量摩尔浓度最低，故其沸点升高最小，沸点最低。

39. （12）滴定百分数，（13）溶液的电极电势。

40. （14）＋3，（15）6。

三、计算、分析与合成题

56. （4 分）S 是第三周期元素，基态原子含有 6 个价电子，原子价电子层为 3s、3p 和 3d 原子轨道，它们能量相近，在与 F 化合时，S 原子的 1 个 3s、3 个 3p、2 个 3d 原子轨道可混杂成 6 条等性 sp^3d^2 杂化轨道，生成稳定的 SF_6。O 是第二周期元素，价电子层为 2s 和 2p 原子轨道，不可能形成 sp^3d^2 杂化轨道而与其他原子成键，所以不存在 OF_6。

57. （6 分）沉淀转化反应的方向，与难溶电解质类型、溶度积大小以及所加试剂的浓度有关，不可简单说成只与溶解度有关。

对于类型相同的难溶电解质，溶度积大者易于转化为溶度积较小者。如 $SrSO_4$ 易于转化为 $SrCO_3$。

58. （8 分）$2CuO+C = 2Cu+CO_2$

298 K 时：

$\Delta_r H_m^\ominus = \Delta_f H_m^\ominus(CO_2) - 2\Delta_f H_m^\ominus(CuO) = -79.5\ kJ \cdot mol^{-1}$

$\Delta_r S_m^\ominus = S_m^\ominus(CO_2) + 2S_m^\ominus(Cu) - S_m^\ominus(C) - 2S_m^\ominus(CuO) = 188.9\ J \cdot mol^{-1} \cdot K^{-1}$

$\Delta_r G_m^\ominus(700\ K) \approx \Delta_r H_m^\ominus - T\Delta_r S_m^\ominus = -211.7\ kJ \cdot mol^{-1}$

根据 $-RT\ln K^\ominus(T) = \Delta_r G_m^\ominus(T)$

得 $K^\ominus(700\ K) = 6.3 \times 10^{13}$

因 $\Delta_r G_m^\ominus(700\ K) < 0$，故 700 K 时 CuO 可被 C 还原。

59. （6 分）$CaCO_3 + 2HCl = CaCl_2 + H_2O + CO_2$

$HCl + NaOH = NaCl + H_2O$

$$w(CaCO_3) = \frac{[c(HCl)V(HCl) - c(NaOH)c(NaOH)]\ M(CaCO_3)}{2m_s}$$

$$= \frac{(0.300\,0\ mol \cdot L^{-1} \times 0.025\,00\ L - 0.100\,0\ mol \cdot L^{-1} \times 0.025\,00\ L) \times 100.1\ g \cdot mol^{-1}}{2 \times 0.250\,0\ g}$$

$= 1.001$

试卷中 $c(NaOH) = 0.010\,0\ mol \cdot L^{-1}$，似应为 $0.100\,0\ mol \cdot L^{-1}$。

60. （6 分）MnO_4^{2-} 稳定存在，即其歧化反应 $3MnO_4^{2-} + 4H^+ = 2MnO_4^- + MnO_2 + 2H_2O$ 不能发生。因为电极 $MnO_4^- + e^- = MnO_4^{2-}$ 的电极电势不受介质酸度影响，故只需考虑当其他各反应物均处于标准状态，如何控制 H^+ 浓度，使得 $\varphi(MnO_4^{2-}/MnO_2) < \varphi^\ominus(MnO_4^-/MnO_4^{2-})$，即 $\varphi^\ominus(MnO_4^{2-}/MnO_2) < 0.56\ V$ 即可。

$$MnO_4^{2-} + 4H^+ + 2e^- = MnO_2 + 2H_2O$$

当其他各反应物均处于标准状态时：

$$\varphi(MnO_4^{2-}/MnO_2) = \varphi^\ominus(MnO_4^{2-}/MnO_2) + \frac{2.303\,RT}{2F}\lg c_r^4(H^+)$$

$$= 2.26\ V + \frac{0.059\ V}{2}\lg c_r^4(H^+) < 0.56\ V$$

解得

$$c(H^+) < 4.4 \times 10^{-15}\ mol \cdot L^{-1}$$

参 考 文 献

何兰英，等，2003. 普通化学学习指导与习题精解 . 天津：南开大学出版社 .

黄蔷蕾，等，2006. 无机及分析化学习题与学习指导 . 北京：中国农业出版社 .

刘东，2006. 分析化学学习指导与习题 . 北京：高等教育出版社 .

彭崇慧，等，2009. 分析化学 . 3 版 . 北京：北京大学出版社 .

孙英，等，2010. 普通化学学习指导 . 北京：中国农业大学出版社 .

王仁国，等，2005. 普通及无机化学学习指导 . 成都：四川科学技术出版社 .

王仁国，2006. 无机及分析化学 . 北京：中国农业出版社 .

武汉大学化学系分析化学教研室，2005. 分析化学例题与习题 . 北京：高等教育出版社 .

解从霞，等，2008. 基础化学教程习题解析 . 北京：科学出版社 .

宣贵达，2005. 无机及分析化学学习指导 . 北京：高等教育出版社 .

张金桐，2005. 普通化学 . 北京：中国农业出版社 .

赵士铎，等，2007. 化学复习指南暨习题解析 . 北京：中国农业大学出版社 .

David E Goldberg，2000. Chemistry（影印版）. 北京：高等教育出版社 .

Ralph H Petrucci，William S Harood，F Geoffrey，2009. General Chemistry Principles and Modern Applications. 8th Edition（影印版）. 北京：高等教育出版社 .

图书在版编目（CIP）数据

无机及分析化学学习指导 / 赵茂俊，王仁国主编．
—2版．—北京：中国农业出版社，2018.8（2023.7重印）
普通高等教育农业部“十三五”规划教材配套教材
全国高等农林院校“十三五”规划教材
ISBN 978-7-109-24276-0

Ⅰ.①无…　Ⅱ.①赵…②王…　Ⅲ.①无机化学-高等学校-教学参考资料②分析化学-高等学校-教学参考资料　Ⅳ.①O61②O65

中国版本图书馆 CIP 数据核字（2018）第 178995 号

中国农业出版社出版
（北京市朝阳区麦子店街 18 号楼）
（邮政编码 100125）
责任编辑　曾丹霞

中农印务有限公司印刷　　新华书店北京发行所发行
2012 年 8 月第 1 版　　2018 年 8 月第 2 版
2023 年 7 月第 2 版北京第 6 次印刷

开本：787mm×1092mm　1/16　　印张：19.5
字数：470 千字
定价：38.00 元